国家卫生和计划生育委员会"十二五"规划教材

全国高等医药教材建设研究会"十二五"规划教材

全国高等学校教材

供卫生检验与检疫专业用

仪 器 分 析

主　编　李　磊　高希宝

副主编　许　茜　杨冰仪　贺志安

编　委　(以姓氏笔画为序)

牛凌梅（河北医科大学）　　　　　余　蓉（成都中医药大学）

石　勇（吉林大学）　　　　　　　张丽萍（包头医学院）

刘丽燕（哈尔滨医科大学）　　　　茅　力（南京医科大学）

许　茜（东南大学）　　　　　　　周　颖（复旦大学）

李　磊（南京医科大学）　　　　　贺志安（新乡医学院）

李贵荣（南华大学）　　　　　　　高希宝（山东大学）

杨叶梅（昆明医科大学）　　　　　程祥磊（南昌大学）

杨冰仪（广东药学院）　　　　　　曾红燕（四川大学）

吴拥军（郑州大学）

秘　书　王　丽（南京医科大学）

人民卫生出版社

图书在版编目（CIP）数据

仪器分析 / 李磊，高希宝主编 . —北京：人民卫生
出版社，2014

ISBN 978-7-117-20083-7

Ⅰ . ①仪… Ⅱ . ①李…②高… Ⅲ . ①仪器分析 –
高等学校 – 教材 Ⅳ . ① O657

中国版本图书馆 CIP 数据核字（2014）第 286404 号

| 人卫社官网 | www.pmph.com | 出版物查询，在线购书 |
| 人卫医学网 | www.ipmph.com | 医学考试辅导，医学数据库服务，医学教育资源，大众健康资讯 |

仪 器 分 析

主　　编：李　磊　高希宝
出版发行：人民卫生出版社（中继线 010-59780011）
地　　址：北京市朝阳区潘家园南里 19 号
邮　　编：100021
E - mail：pmph @ pmph.com
购书热线：010-59787592　010-59787584　010-65264830
印　　刷：三河市潮河印业有限公司
经　　销：新华书店
开　　本：787 × 1092　1/16　印张：30
字　　数：749 千字
版　　次：2015 年 1 月第 1 版　2023 年 12 月第 1 版第 12 次印刷
标准书号：ISBN 978-7-117-20083-7/R·20084
定　　价：52.00 元

打击盗版举报电话：**010-59787491**　**E-mail：WQ @ pmph.com**
（凡属印装质量问题请与本社市场营销中心联系退换）

全国高等学校卫生检验与检疫专业第2轮规划教材出版说明

为了进一步促进卫生检验与检疫专业的人才培养和学科建设,以适应我国公共卫生建设和公共卫生人才培养的需要,全国高等医药教材建设研究会于2013年开始启动卫生检验与检疫专业教材的第2版编写工作。

2012年,教育部新专业目录规定卫生检验与检疫专业独立设置,标志着该专业的发展进入了一个崭新阶段。第2版卫生检验与检疫专业教材由国内近20所开办该专业的医药卫生院校的一线专家参加编写。本套教材在以卫生检验与检疫专业(四年制,理学学位)本科生为读者的基础上,立足于本专业的培养目标和需求,把握教材内容的广度与深度,既考虑到知识的传承和衔接,又根据实际情况在上一版的基础上加入最新进展,增加新的科目,体现了"三基、五性、三特定"的教材编写基本原则,符合国家"十二五"规划对于卫生检验与检疫人才的要求,不仅注重理论知识的学习,更注重培养学生的独立思考能力、创新能力和实践能力,有助于学生认识并解决学习和工作中的实际问题。

该套教材共18种,其中修订12种(更名3种:卫生检疫学、临床检验学基础、实验室安全与管理),新增6种(仪器分析、仪器分析实验、卫生检验检疫实验教程:卫生理化检验分册/卫生微生物检验分册、化妆品检验与安全性评价、分析化学学习指导与习题集),全套教材于2015年春季出版。

4

全国高等学校卫生检验与检疫专业
第2轮规划教材目录

前　言

基于社会和经济发展对人才培养的需要，全国高等医药教材建设研究会在充分调研的基础上，于2013年8月23日在四川大学华西公共卫生学院召开了"全国高等学校卫生检验与检疫专业规划教材第2轮修订论证会"。根据全国卫生检验与检疫专业教学大纲内容和仪器分析快速发展的现状，决定在第1轮教材基础上新增《仪器分析》教材。

仪器分析是医药技术类专业的核心课程。在教材编写之初，全面征求了相关高校的意见，形成了与教学大纲匹配的编写大纲。编写时充分体现"三基"（基本理论、基本知识、基本技能）、"五性"（思想性、科学性、启发性、先进性、实用性）、"三特定"（特定对象、特定要求、特定限制）的编写原则。首先在内容上与时俱进：按仪器分析原理形成相对独立、相互关联的主题内容模块——光学分析、电化学分析、色谱分析、质谱与联用技术；结合现代仪器分析的发展，单列一章内容介绍样品前处理技术原理及装置；考虑卫生安全工作需要和标准的变更，将国家食品安全标准、职业卫生标准、饮用水标准、中国药典等对分析方法的要求充实到教材的对应章节，保证教材的实用性、适用性和参考价值。其次在编排上彰显特色：全书各章均按概述、基本概念和原理（仪器结构原理）、仪器构成和特点、技术方法、应用进行阐述，规范了教材编排的结构体系；为便于课堂教学和自主学习，本教材在每章内容之后进行了提炼总结，梳理了基础知识和内容框架，提示了重点和难点内容，给出了学习要求；每章最后附有复习思考题，供教学参考选用；书末附有关键词中英文对照。利于学生系统性、连贯性掌握仪器分析技术。

本教材内容全面，适用性广，除了供卫生检验与检疫专业使用外，还可供预防医学、医学检验、药学、食品科学与工程、食品质量与安全、生物科学、生物技术、环境科学等其他相关专业使用，也可作为医药卫生类专业研究生学习、自学考试及从事卫生检验与检疫工作人员的参考用书。

本教材由全国16所高校的教师合作编写，参编教师均来自仪器分析教学一线，具有丰富的仪器分析教学经验和科研成果。南京医科大学、山东大学等编者所在院校给予了大力支持。在此一并致谢。

限于编者水平，教材中可能存在某些疏漏和不足，恳请专家和读者批评指正，以便不断修订完善。

编　者

2014 年 10 月

目 录

第一章　绪　论

第一节　仪器分析的产生与发展

一、仪器分析的产生

仪器分析（instrumental analysis）是以物质的物理或物理化学性质为基础，利用较精密、特殊的仪器设备，研究物质在分析过程中产生的信号与其组成或结构之间的内在关系和变化规律，进而获取物质的化学组成、含量、化学结构及形态等信息的一类分析方法，亦称为"分析化学中的仪器方法"。

分析化学（analytical chemistry）是研究物质的组成、含量、结构和形态等化学信息的分析方法及理论的一门科学，是化学学科的一个分支。根据分析方法学建立的原理不同，常将分析化学分为化学分析法（chemical analysis）和仪器分析法两大类。因此，仪器分析法是基于分析化学的整体发展而产生的。

分析化学的发展历史悠久。在科学发展史上，分析化学曾经是化学研究的开路先锋，对元素的发现、原子量的测定、化学平衡定律的确立等，都作出了重要贡献。在 19 世纪中期，分析化学已包含鉴定物质组成的定性手段和定量技术相关的内容，但还没有建立起系统的理论体系。20 世纪初，发展成熟的物理化学溶液理论（特别是四大反应的平衡理论）引入了分析化学，使分析技术发展有了自身的理论体系支撑，如分析化学中的滴定曲线、滴定误差、指示剂作用原理、沉淀的生成和溶解等基本理论。这种变革标志着分析化学从单纯的操作技术发展为一门学科。但是，这一时期分析化学中化学分析仍占主导地位，仪器分析种类尚少，精度也相对较低。考虑到传统的化学分析的局限性，20 世纪早期，化学工作者开始寻找更加灵敏、高效的分析方法，发现利用物质的物理或物理化学性质（如光学性质、电化学性质等）与其组成和结构的相关关系，可以对各类物质进行分析，逐渐出现了较大型的分析仪器和仪器分析方法。

二、仪器分析的发展

20 世纪 30 年代后期，随着工农业和科学技术的发展，特别是生命科学、环境科学、材料科学的突飞猛进，发现了微量或痕量化学物质就足以对材料质量、环境与生态、健康与安全等产生重要影响。因此，对极微量成分的检测和识别，不断对分析化学提出了更高的要求，由此推动了分析化学突破经典化学分析为主的局面，开创了仪器分析新阶段。同时，这一时期的物理学发展促进了基于物质物理性质或物理化学性质的分析方法的建立和发展（例如，光学分析法的建立）。

20 世纪 40 年代后，一系列重大科学问题的发现和发明（例如，分配色谱法的发明、气态原子核磁性的共振方法研究、宏观核磁共振现象的发现等)使仪器分析进入大发展时期。另一方面,相关学科的检测需求也推动了仪器分析的进步。半导体材料的发展,要求建立检测微量杂质的超纯物质分析方法;生物复杂体系、天然产物研究、新化学物合成等都要求进行多组分分离和结构测定;生物医药、临床诊断等也要求对生物大分子进行分析,这些要求都是经典的化学分析所无法解决的。仪器分析的发展引发了分析化学的第二次变革。

20 世纪 70 年代后期,以计算机广泛应用为标志的信息时代的来临,给分析化学特别是仪器分析的发展带来了新的发展空间,促使分析化学进入第三次变革:计算机处理数据的快速、准确,使分析仪器高通量检测和自动控制能力大大增强;计算机促进分析数据统计处理进入化学计量学时代,利用数学和统计学的方法设计或选择最优条件,并从分析测量数据中获取最大程度的化学信息;以计算机为基础的自动化、智能化新型仪器不断出现:傅里叶变换红外光谱仪、色谱 - 质谱联用仪等。这些变革促使仪器分析成为一门自动化、信息化、综合性科学。

近年来,仪器分析的自动化、微型化及联用技术的发展取得了长足进步。仪器分析不再局限于定性、定量分析,而是向更为广泛的功能发展:从常量分析到微量、痕量或超痕量分析;从组成分析到形态分析;从总体分析到微区分析;从宏观组成到微观结构分析;从整体到表面及逐层分析;从静态到快速反应动态追踪分析;从破坏试样到无损分析;从离线分析到在线、实时分析等。卫生统计学和化学计量学的发展,使仪器分析获得的大量实验数据实现了快速处理和高通量统计。目前,仪器分析已超越了化学领域,成为以多学科为基础的综合性分析学科。

从仪器分析的产生、发展和历史演变中可以看出,科学理论和方法学的相互作用,需要中介和技术桥梁。理论要想起到指导作用并转化为方法,就需要特定的仪器、设备和试剂;而制作和使用仪器或工具,正是通常所说的技术桥梁。例如,光谱学原理早在牛顿时期就已初步形成,到 18 世纪已经发展成熟,利用光谱线特征进行物质鉴定的思想也有人提出,但直到 19 世纪中期,出现了光谱仪,才实现了光谱分析。技术是实现和实践方法的保证,仪器分析方法尤其如此。

仪器分析是自然科学原理和多种仪器方法的组合。仪器分析法不断吸收当代科学技术的最新成就,是化学、物理学、电子学和生物学等多种学科相互渗透的产物。如果是单纯的分析技术培养或训练,仪器分析的目的只是为了获得待测物准确可靠的数据或图谱等信息;但事实上,仪器分析已广泛地应用于自然科学的各类研究,并用于分析评价和解决各种卫生分析的理论及实际问题。

三、仪器分析与化学分析的关系

需要指出,仪器分析和化学分析存在密切的关系,在学习和应用时,不能将两者截然分开。

1. 仪器分析是在化学分析的基础上发展起来的 如上所述,在分析化学形成自身的基本理论之后,一方面由于生产和科学技术发展的需要,另一方面由于物理学革命使人们的认识进一步深化,分析化学发生了革命性的变革,在传统的化学分析发展的同时,出现了以仪器为主要手段的仪器分析。

2. 有些仪器分析方法的原理,涉及有关化学分析的基本理论 例如,色谱分析的柱前衍生和柱后衍生技术、光学分析法中非光谱干扰的去除等。

3. 仪器分析方法必须与试样处理、分离及掩蔽等化学分析手段相结合,才能完成分析的全过程 例如,原子荧光分析法的氢化物发生分析、化学发光分析等。

4. 仪器分析有时还需要采用化学富集的方法提高灵敏度 例如,流动注射分析中的在线萃取技术等。

另外,有些仪器分析方法,如分光光度分析法,由于涉及大量的有机试剂和配位化学等理论,所以在不少书籍中,把它列入化学分析。

第二节 仪器分析的内容、特点和学习要求

一、仪器分析的内容

仪器分析是化学学科的重要分支,也是卫生分析化学的核心内容。通过使用仪器,测定与物质组成、含量和结构相关的一些物理或物理化学信号,从而对样品进行定性、定量和结构等分析,如物质的光学特性、电学特性、吸附和扩散行为、质荷比等。一个完整的仪器分析过程,涉及从样品采集、制样或样品前处理、分离分析、检测到结果处理的系列操作,有时还根据检测结果进行方法学评价。因此,仪器分析内容广泛。熟悉仪器分析的原理、了解样品特征、选择和优化分析条件、维护仪器操作性能、处理和评价实验结果等都是仪器分析的重要环节,而这些内容涉及光学、电学、仪器科学、计算机科学等相关领域。仪器分析体现了多学科交叉、科学与技术的高度融合。

本教材涵盖了卫生分析中常用的光学分析法、电化学分析法、色谱分析法、质谱法及联用技术内容,同时介绍了仪器分析样品前处理的原理及装置。

(一) 光学分析法

光学分析法是基于物质发射的电磁辐射或电磁辐射与物质的相互作用而建立的一类仪器分析方法。光学分析法分为光谱法和非光谱法两类。

1. 光谱法 物质与电磁辐射相互作用时,物质内部发生量子化能级之间的跃迁。按能级跃迁的方向,光谱法可分为吸收光谱法(如紫外 - 可见吸收光谱法、红外吸收光谱法、原子吸收光谱法、核磁共振波谱法等)、发射光谱法(如原子发射光谱法、荧光光谱法等)和散射光谱法(如拉曼光谱法等)。根据与电磁辐射作用的物质是以气态原子还是以分子形式存在,光谱法可分为原子光谱法和分子光谱法。原子光谱法包括原子发射光谱法、原子吸收光谱法、原子荧光光谱法和 X- 射线荧光光谱法等;分子光谱法包括紫外 - 可见吸收光谱法、红外吸收光谱法、分子荧光光谱法及拉曼光谱法等。

2. 非光谱法 不涉及物质内部能级跃迁,仅测量电磁辐射的某些基本性质(反射、折射、干涉、衍射和偏振)的变化,主要有折射法、旋光法、浊度法、X- 射线衍射法和圆二色谱法等。

(二) 电化学分析法

电化学分析法是根据溶液中物质的电化学性质及其变化规律,建立在以电位、电导、电流和电量等电学量与被测物质某些量之间的计量关系基础之上,对组分进行定性和定量的仪器分析方法,是仪器分析方法的重要组成部分。

根据测定的电化学参数不同,电化学分析法分为电位分析法、电解分析法、电导分析法、极谱法和伏安法等。

（三）色谱分析法

色谱分析法是基于混合物各组分在固定相与流动相两相间吸附、分配、离子交换、渗透等作用的差异而进行分离、分析的方法。

按流动相的分子聚集状态，色谱法可分为气相色谱法、液相色谱法和超临界流体色谱法；按色谱过程的分离机制，色谱法可分为吸附色谱法、分配色谱法、离子交换色谱法、分子排阻色谱法等四种基本类型；按操作形式，色谱法可分为柱色谱法和平面色谱法。

色谱法具有高灵敏度、高选择性、高分离效能、分析速度快和应用广泛等特点，是分离分析复杂样品多组分组成的主要方法。

（四）质谱分析法与联用技术

质谱分析法是利用多种离子化技术，将物质分子转化为运动的气态离子并按质荷比大小进行分离，记录其信息（质谱图）进行物质分析的方法。

质谱的形成过程包括离子化、质量分离和离子检测。将试样通过导入系统进入离子源，在离子源中被电离成各种带电荷的离子，并在加速电场作用下形成离子束射入质量分析器，按质荷比大小依次到达检测器，信号经放大、记录得到质谱图。根据质谱图提供的信息，可以进行物质的定性定量分析、结构鉴定、同位素比测定、固体表面结构和组成分析等。

根据分析物的性质，质谱分析法分为无机质谱和有机质谱。无机质谱法即原子质谱法，主要用于无机元素微量分析和同位素分析等；有机质谱法即分子质谱法，主要用于有机化合物的结构鉴定，提供化合物的分子量、元素组成以及官能团等结构信息。实践证明，质谱法是研究有机化合物结构最有力的工具之一。

质谱分析法是一种独立的分析技术，同时，质谱仪也可作为其他分离检测技术的检测器进行联用分析。混合物经过适当分离（如色谱分离）后，进入质谱仪进行检测，能完成多组分的定性、定量和结构分析。例如，凝胶渗透色谱 - 气相色谱 - 质谱法、高效液相色谱 - 电感耦合等离子体 - 质谱法等。

（五）热分析法

热分析法是基于热力学原理和物质的热力学性质而建立的分析方法。研究物质的热力学性质（物理的或化学的性质）与温度之间的关系，并利用这种关系分析物质的组成。

根据测定的物理参数又分为多种方法。主要有差（示）热分析法、差示扫描量热法、热重量法和导数热重量法等。因为热分析法内容已经在物理化学相关章节中学习过，本书不再赘述。

（六）放射化学分析法

放射化学分析法是通过测定放射性或核现象进行微量分析的一门学科，也称核分析化学。

常用的方法分为两类：一种是以放射性同位素为指示剂的方法，如放射分析法、放射化学分析、同位素稀释法等；二是选择适当种类和能量的入射粒子轰击样品，探测样品中放出的各种特征辐射的性质和强度的方法，如活化分析、粒子激发、X- 射线荧光分析、核磁共振谱等。考虑到放射化学分析法中用放射性同位素标记的反应存在着放射性污染，现在逐渐被其他方法所代替，本书只对部分内容进行简要介绍。

二、仪器分析的特点

与经典的化学分析相比，仪器分析具有显著的特点。

（一）灵敏度高,适用于微量、痕量和超痕量成分的测定

灵敏度反映测定方法或仪器对待测物质信息的响应能力或信号捕捉能力。传统的化学分析方法,灵敏度较低;而仪器设备可以配备高灵敏的检测元件,利于对物质信号的观察和处理,所以仪器分析的最低检出限大大降低。例如,原子吸收分光光度法测定某些元素的绝对灵敏度可达 10^{-15}g。需要说明的是,大多数仪器分析灵敏度较高,但并不是所有仪器分析灵敏度都比传统的化学分析方法高。

（二）选择性好,有较高的分辨能力

选择性反映分析方法或分析仪器对待测样品中化学物质的鉴别、识别能力。对于环境、食品及生物材料等复杂体系,很多仪器分析方法可通过调整或优化测定条件,使共存的组分测定时相互间不产生干扰。也可以通过多种仪器的联用,达到先将待测成分在线分离,再后续检测,避免干扰的目的。另外,随着物理学的进步和仪器分析新结构、新原理的发展,已相继出现了商业化的高分辨仪器分析设备,例如,有些组合式串联质谱仪分辨率可达 10^5 以上。值得注意的是,经典分析中的重量或容量分析法的选择性比有些仪器分析法要好。

（三）分析速度快,便于实现在线分析或自动化

分析速度对于提高工作效率、提升公共卫生及重大疾病的应急反应能力十分重要。仪器分析操作相对简便、快速,重现性好。计算机终端辅助的仪器分析易于实现自动化、信息化,自动进样模块的引入进一步提升了仪器分析的速度,实现高通量检测。分析仪器间"接口"技术的发展,利于进行在线(on-line)检测。

（四）仪器分析的样品用量少

卫生分析检测的对象不仅仅是较容易获得的水、空气和食品等,而且有临床样品、生物标本、生物或微生物代谢产物等,后者所能提供的样品数量可能很少,有些样品可能还很宝贵。由于仪器分析的灵敏度高,样品用量可由化学分析的毫升、毫克级降低至微升、微克级,甚至于更低的水平,能满足有些卫生分析中样品量较少的分析检测需要。

（五）可进行无损分析和检测

化学分析一般都是破坏性的,通过样品中组分的化学反应进行分析。但很多仪器分析方法可在待测物质的原始状态下进行,实现样品的非破坏性检测及表面、微区分析、形态分析等。例如,微区分析是利用各种微束或探针技术来直接进行原位分析。许多微区分析手段可同时进行形态观察和结构测定。较早使用的微区分析技术有激光光谱、电子探针、各类电镜、激光烧蚀等离子质谱、二次离子探针质谱、扫描核探针和同步辐射 X 射线探针等。

（六）仪器设备较贵,且有些仪器测定方法相对误差较大

仪器设备承载仪器分析的任务。与化学分析相比,仪器设备较贵。为了提高仪器分析的经济性,降低使用成本,就要根据分析工作任务、使用要求等进行适当的设备选型。

化学分析法的相对误差一般都可以控制在 0.2% 以内,有些仪器分析法,如示差光度法等也可以达到化学分析的准确度,但有些仪器分析的相对误差较大,一般在 1%~5%,有时甚至大于 10%,但对微量、痕量分析来说,还是基本上符合分析要求的。

三、仪器分析的学习要求

仪器分析是卫生检验与检疫、药学、医学检验、生物科学、生物技术、食品、化学、环境等专业必修的专业基础主干课程之一。从本科教育角度分析,本课程的学习对象是完成无机化学、分析化学(化学分析部分)、有机化学及部分物理化学等先行课程的学习,且具备一定高等教学、普通物理学基础的大学三年级学生。通过本课程的学习,要求学生掌握常用仪器分析方法的基本原理、基本知识和基本实验操作技术;了解各类仪器分析设备的基本构成及使用注意事项;根据分析目标和分析样品的特征,结合各种仪器分析方法的特点及应用范围,初步具有选择适宜的仪器并进行方法优化的能力。近几十年来,仪器分析快速发展,学生在学习本课程时,应了解近代仪器分析的发展趋势及新方法、新技术的概况,增强自身的创新意识和能力。

学习仪器分析课程时应根据本课程的特点及与其他课程的联系,在普通基本原理上下功夫,在实验课程和实际应用中加以巩固和加深,在科学研究中开拓、创新。学习时应注意以下几点:

1. 密切联系其他课程　仪器分析中的基本理论,除了其本身的某些具体原理外,是以其他学科或其他课程的理论为基础的。例如,物理学中的光、电、磁学,化学中的相平衡理论、化学平衡原理等。因此,学习仪器分析时,要把它们密切联系起来,融会贯通。

2. 善于比较、归纳和总结　仪器分析方法多样,光学分析、电化学分析、色谱分析、质谱及联用分析的某些知识存在一定联系,但它们的基本理论、基本原理具有本质上的不同,应加以区别。学习时要将各种方法从原理、特点、仪器设备到应用等各方面加以比较和归纳总结。

3. 将原理和实际应用紧密结合　仪器分析是一门实践性很强的科学,理论学习要联系实际,在实际应用中加强理论学习。按照课程的要求,配套进行仪器分析实验课的教学。运用所学的知识对具体的分析对象,选择合适的分析方法进行分析,而且在实践中巩固和加深所学的知识。

4. 培养自学能力　在学习基础知识、基本方法的基础上,要进一步的深化和实践,拓宽知识,掌握新方法、新技术,增强自身的创新意识和创新能力。

第三节　仪器分析方法和分析结果评价的基本指标

利用仪器分析解决某个具体问题时,需要建立并评价相应的分析方法。评价分析方法有明确的指标。

一、精密度

精密度(precision)是指在规定条件下,对同一或类似被测样品重复测量所得示值或测得值间的一致程度。所谓"规定条件"可以是期间精密度条件、重复性测量条件或复现性测量条件。相对应的精密度为期间精密度、重复性和复现性。

精密度反映仪器分析方法或测定系统中存在的随机误差的大小。精密度仅仅依赖于随机误差的分布而与真值或规定值无关。在进行物质含量测定和杂质的定量测定时应考虑仪器分析方法的精密度。

（一）表示方法及分类

精密度是定性的概念,只能将精密度描述为"高"或"低",但通常用不精密的程度以数字形式表示。例如,在规定测量条件下的标准偏差、相对标准偏差、方差或变异系数等。偏差越小,精密度越高。

1. 期间精密度　也称中间精密度。在同一个实验室,由不同分析人员按相同的测试方法,在不同时间内用不同设备测定的结果之间的精密度,称为期间精密度(intermediate precision)。

2. 重复性 在重复性测量条件下的精密度称为重复性(repeatability)。"重复性测量条件"是指在同一实验室,由同一分析人员使用相同的设备,按相同的测试方法,在短时间内对同一或类似被测对象重复测量的一组条件。

3. 复现性 也称再现性。在复现性测量条件下的精密度称为复现性(reproducibility)。"复现性测量条件"指在不同的实验室,由不同的分析人员使用不同设备,按相同的测试方法,对同一或类似被测对象重复测量的一组条件。

(二)仪器分析方法精密度评价

1. 平行测定次数与随机误差的关系 在测定次数较少时,随机误差随测定次数的增加迅速减少。当测定次数大于5时,其变化开始缓慢;当测定次数大于10后,变化已不明显。因此,在一般的测定中,平行测定5~7次就能满足减少随机误差的要求。例如,气相色谱法和高效液相色谱法的精密度评价对同一供试液进行至少5次以上的测定。

2. 期间精密度试验 为考察随机变动因素对精密度的影响,应进行期间精密度试验。变动因素包括不同日期、不同分析人员、不同设备。对于时间变动因素,一般在一个工作日内进行的精密度考察称为日内精密度,在不同工作日(每日进行一次测量,一般连续测量20~30天)进行的精密度考察称为日间精密度。

3. 重复性试验 一般要求在规定范围内,至少用9个测定结果进行评价。例如,可以从样品供试品液制备开始,设计3个不同浓度,每个浓度各分别制备3份供试溶液,进行测定。计算重复测定结果的平均值和相对标准偏差(relative standard deviation,RSD)。RSD一般应根据样品含量高低、含量测定方法和繁简进行制订,RSD一般应小于15%;在定量限附近,RSD应小于20%。

4. 复现性试验 当分析方法将被法定标准采用时,应进行复现性试验。例如,建立食品安全国家标准分析方法时,通过协同检验得出复现性结果。协同检验及复现性结果均应记载在起草说明中。应注意复现性试验样品本身的质量均匀性和储存运输中的环境影响因素,以免影响复现性结果。在建立标准的仪器分析方法时,一般要求组织多个实验室(8~15个)进行多水平(4~6个)精密度协同评价。

仪器分析方法的精密度检测均应报告标准偏差、相对标准偏差和可信限。

二、准确度

准确度(accuracy)是仪器分析测得值与其真实值或参考量值(用作比较的经协商同意的标准值)之间的一致程度,是反映分析方法或测量系统存在系统误差和随机误差的综合指标,反映测定结果的可靠性。严格地说,准确度与正确度不同,正确度(trueness)是指无穷多次重复测量所得量值与参考量值之间的一致程度。正确度是个定性的概念,反映了测量的系统误差。因此,准确度的描述容纳了正确度和精密度的内涵。

(一)准确度表示方法

准确度是用来描述测量误差大小的定性指标。误差大小可以用绝对误差和相对误差来表示。测得的量值与参考量值(或真值)之差称为绝对误差;绝对误差与参考量值(或真值)之比称为相对误差。仪器分析方法中,如果测量的相对误差小,就表示该测量准确度较高。

（二）仪器分析方法准确度评价

准确度应在规定的范围内测试。可以通过测定标准参考物质、测定加标回收率、与标准方法比较等方法对准确度进行评价。

1. **标准参考物质法** 标准参考物质（standard reference material，SRM）指某些具有确定含量的组分、在实际样品定量测定中用作计算被测组分含量的直接或间接的参照标准的一类物质。取与待测试样基质相似的一定量标准参考物质，在规定的试验条件下进行检测，根据测量值与给定的标准参考量值可计算出相对误差。误差越小，准确度越高。

2. **加标回收率法** 在没有标准参考物质试样的情况下，可以向样品中加入一定量的被测成分的纯物质或已知量的标准物质，用相同的方法进行定量分析，通过计算获得纯物质的测量值与加入量的比值，称为加标回收率。

（1）加标回收率种类：在不含被测物质的空白样品基质中加入定量的纯物质或标准物质，按样品的处理步骤分析，得到的结果与理论值的比值即为空白加标回收率。取相同的样品两份，其中一份加入定量的待测成分标准物质，两份试样同时按相同的分析步骤分析，加标的一份所得的结果减去未加标一份所得的结果，其差值同加入标准物质的理论值之比即为样品加标回收率。

加标回收率的测定是实验室内经常用于自控的一种质量控制技术。一般情况下，加标回收率越接近 100%，表明系统误差越小，测量准确度越高。对于一个实际的分析任务，测量准确度的判定往往要考虑具体的分析方法和待测参数的性质。

（2）注意事项：为减少加标回收率的测量偏差，加标量不能过大，一般为待测物含量的0.5~2.0 倍，且加标后的总含量不应超过方法的测定上限。加标物的浓度应较高，使加标体积一般不超过原始试样体积的 1%。凡是可以用加标回收率来评价分析方法和测量系统准确度的分析项目，计算加标回收率时，应首先考虑采用以物质的量值法计算。但在加标体积对加标试样测定值不产生影响的情况下，可以采用浓度法计算。

3. **标准方法比较法** 在建立仪器分析方法时，样品测定结果可以与已知准确度的标准测定方法（例如，国家标准、药典等）的测定结果进行比较，以衡量方法的准确性。

进行仪器分析方法准确度评价时，在规定范围内，至少用 9 个测定结果进行比较。例如，设计高、中、低 3 个不同浓度，每个浓度各分别制备 3 份供试品溶液，进行测定。应报告已知加入量的回收率（%），或测定结果平均值与真实值之差及其可信限。

（三）分析仪器和方法校正

仪器分析时，需对定量分析方法进行校正，即建立测定的分析信号与被分析物质浓度的关系。然而，与经典的分析方法不同，仪器分析一般都需要由与被分析物质相同基质的标准试样进行校正，并以如下关系式为基础进行定量分析：

$$S=f(c) \tag{1-1}$$

式中 S 是测得的净响应信号（扣除背景的读数），c 为物质的浓度（或含量），当 $f(c)$ 为线性函数时，上式可以写成

$$S=K_1c \tag{1-2}$$

当 $f(c)$ 为非线性函数时，又可以写成

$$S=A+K_2B \tag{1-3}$$

式（1-3）中 B 是浓度的非线性函数，K_1、K_2 和 A 与所选用的仪器、试样的物理化学性质以及基体组成等因素有关。

一般来说,最常用的校正方法有三种:工作曲线法、标准加入法和内标法。在进行定量分析时,选择哪一种方法,必须考虑仪器方法、仪器的响应、试样基质中存在的干扰、被分析试样数量等诸因素,才能得到准确度高的分析数据。需要指出,在多组分同时定量测定中,可结合外标法和内标法进行。

三、线性与灵敏度

(一)标准曲线和工作曲线

1. 校准曲线 校准曲线(calibration curve)是指在规定条件下,表示被测量值与仪器仪表实际测定值之间关系的曲线。校准曲线包括工作曲线和标准曲线。

工作曲线(working curve)是指配制 4~6 个不同浓度的标准溶液,加入与实际样品类似的基体中制成加标模拟样品,然后采用与样品测定完全相同的分析步骤进行测定(即需要预处理),以加标模拟样品中待测物质的浓度或量为横坐标、以检测信号值(响应值)为纵坐标绘制的校准曲线。如果标准溶液的分析步骤与样品测定不一样(不需要做预处理),得到的校准曲线称为标准曲线(standard curve)。对校准曲线的检测信号值及其浓度数据进行回归分析,建立回归方程并作图,再根据样品待测成分的信号值推算其含量。对于一个具体的分析任务,采用工作曲线还是标准曲线要根据样品及基质的复杂处理情况来确定。若样品处理不复杂,一般可用标准溶液直接测定,但需进行空白校正。如果试样的预处理较复杂,致使待测成分污染或损失不可忽略时,应与试样同样处理后再测定,即应做工作曲线。

2. 线性和线性范围 线性(linear)是指检测信号值与试样中被测物浓度直接呈正比关系的程度。校准曲线回归方程中,检测信号值与浓度的相关系数(correlation coefficient)反映了校准曲线线性的优劣。相关系数是用以反映变量之间相关关系密切程度的统计指标。相关系数的绝对值越接近 1,表明校准曲线的线性关系越好。

仪器分析工作中,应在规定的范围内测定线性关系。可用贮备液经精密稀释,或分别精密称样,制备一系列供试样品的方法进行测定,至少制备 5 份供试样品。以测得的响应信号作为被测物浓度的函数作图,观察是否呈线性,再用最小二乘法进行线性回归。必要时,响应信号可经数学转换,再进行线性回归计算。测量时,应列出回归方程、相关系数和线性图。

线性范围(linear range)是指待测物质的浓度或量与测量信号值呈线性关系的浓度或量的范围。从实际应用的角度考虑,线性范围是指从定量测定的最低浓度扩展到校正曲线偏离线性浓度的范围。样品的测定应在此范围内进行。分析方法的线性范围至少应有 2 个数量级,某些方法可达 5~6 个数量级。

范围应根据分析方法的具体应用和线性、准确度、精密度结果和要求确定。一般的含量测定,范围应为测试浓度的 80%~120%;保健食品溶出度或释放度中的溶出量测定,范围应为限度的 ±20%,如规定了限度范围,则应为下限的 -20% 至上限的 +20%;杂质测定时,范围应根据初步实测,拟订为规定限度的 ±20%;如果含量测定与杂质检查同时进行,用归一化法,则线性范围应为杂质规定限度的 -20% 至含量限度(或上限)的 +20%。

(二)灵敏度

仪器灵敏度(sensitivity)是分析仪器在稳定条件下对被测量物质微小变化的响应。不同的仪器有不同的灵敏度范围。同一仪器也因检测器的配置或者待测分析物等的不同而有不一样的灵敏度。仪器分析方法的灵敏度是指测定方法对待测物质单位浓度(或质量)的变化所引起的响应值的变化程度,在一定程度上依赖于仪器的灵敏度。

根据国际纯粹与应用化学联合会（international union of pure and applied chemistry, IUPAC）的规定，灵敏度的定量定义是校准灵敏度或校准曲线的斜率，它是指在测定浓度范围中校准曲线的斜率。在分析化学中使用的许多校准曲线都是线性的，一般是通过测量一系列标准溶液来求得。

1. 灵敏度表示方法　测定方法的灵敏度一般用标准曲线的斜率来表示。斜率越大，灵敏度越高。值得注意的是，在仪器分析中，各种仪器方法通常有自己习惯使用的灵敏度概念，如在原子吸收光谱法中，常用"特征浓度"即所谓1%净吸收灵敏度来表示，特征浓度越高，灵敏度越低。在原子发射光谱法中也常采用相对灵敏度来表示不同元素的分析灵敏度，它是指能检出某元素在试样中的最小浓度。可参考后续章节中的相关内容。

2. 仪器分析方法灵敏度评价　灵敏度受到两个因素的限制：即校准曲线的斜率和测量设备的重现性或精密度。在相同精密度的两个方法中，校准曲线的斜率较大，则方法比较灵敏。同样，在校准曲线有相等斜率的两种方法中，精密度好的有较高的灵敏度。

校准曲线的斜率常随环境温度、试剂批号和贮存时间等试验条件的改变而变动。因此，在测定试样的同时，绘制校准曲线最为理想，否则应在测定试样的同时，平行测定零浓度和中等浓度标准溶液各两份，取均值相减后与原校准曲线上的相应点核对，其相对差值根据方法精密度不得大于5%~10%，否则应重新绘制校准曲线。

色谱仪器的灵敏度与检测器以及目标分析物有很大关系。例如，气相色谱分析时，如用火焰离子化检测器时，灵敏度一般为10^{-6}级；用火焰光度检测器时，则对含磷、含硫的有机化合物灵敏度较高，可以达到10^{-8}级，但对其他化合物应较低；如果用电子俘获检测器，则对电负性化合物响应较高，可以达到10^{-9}级以上，甚至10^{-11}级；如果将气相色谱与质谱联用，在全扫描模式下，灵敏度与火焰离子化检测器差不多，而选择离子模式下灵敏度会提高1~2个数量级；如果是串联质谱，则灵敏度会更高。液相色谱也一样，灵敏度与检测器有关。

四、检出限与定量限

（一）基本概念

1. 检出限　IUPAC《分析术语纲要》中规定：检出限（detection limit, LD, 或 limit of detection, LOD）是指由特定的分析步骤能够合理地检测出的最小分析信号求得的最低浓度（或质量），即可信检出的最低水平。在误差分布遵从正态分布的条件下，由统计的观点出发，可以对检出限作如下的定义：检出限是指以适当的置信概率（通常为95%）能定性判定待测物质存在所需要的最小浓度或量。它是由最小检测信号值导出的。

检出限一般有仪器检出限、分析方法检出限之分。仪器检出限是指分析仪器能检出与噪声相区别的小信号的能力，而方法检出限不但与仪器噪声有关，而且还决定于方法全部流程的各个环节，如取样、分离富集、测定条件优化等，即分析者、环境、样品性质等对检出限均有影响。实际工作中应说明获得检出限的具体条件。

2. 定量限　定量限（quantification limit, LQ 或 limit of quantification, LOQ），也称测定限，是定量分析方法实际能准确测定的某组分的下限，即定量分析实际可以达到的极限，可信定量的最低水平。从统计学的角度分析，定量限是在一定的置信概率（通常为95%）时，可以被准确定量测定的被测物的最低浓度或最低量。

3. 检出限与定量限的区别　与检出限不同，定量限不仅受到测定噪声限制，而且还受到空白背景绝对水平的限制，只有当分析信号比噪声和空白背景大到一定程度时才能可靠地分辨与检测出来。

有些分析方法虽然能可靠地检测其分析信号,证明某成分在试样中确实存在,并根据信号获得检出限,但定量测定的误差可能非常大,测量的结果仅具有定性分析的价值。因此,定量限在数值上应高于检出限。

(二)检出限和定量限表示方法

检出限和定量限可以用浓度或质量表示。通常采用多次空白试验进行测定。在不加样品的情况下,按测定样品相同的方法和步骤对空白样品(或浓度接近空白值)分析检测20~30次,求其测定信号平均值 $\overline{X}_b$ 及其标准偏差 S_b,则在一定置信水平能被检出的物质最小信号可以表示为:

$$X_L=\overline{X}_b+K \times S_b \tag{1-4}$$

K 值为一定置信水平确定的系数;S_b 则反映测量方法或仪器噪声水平的高低。通过信号 - 浓度的关系,即测定方法的灵敏度 S(亦称工作曲线的斜率)将信号 X_L 转化为浓度值。与 $X_L-\overline{X}_b$ 相对应的物质的浓度或量即为检出限 LOD:

$$LOD= \frac{X_L-\overline{X}_b}{S} = \frac{K \times S_b}{S} \tag{1-5}$$

因此,降低噪声 S_b 以及增加仪器灵敏度或信号 S 强度,都能降低检出限。可见,分析方法的检出限与仪器的信噪比(signal-to-noise ratio,S/N)有关。只有当有用的信号大于噪音信号时,仪器才有可能识别有用信号。多数情况下,N 是恒定的,与 S 大小无关。当测量信号较小时,测量的相对误差将增加。因此,信噪比(S/N)是衡量仪器性能和分析方法好坏的有效指标。

对于系数 K,IUPAC 建议光谱分析法取 $K=3$。由于低浓度水平的测量误差可能不遵从正态分布,且空白的测定次数有限,因而与 $K=3$ 相应的置信水平大约为 90%。色谱法以产生 2 倍噪声信号时的待测物质浓度或量为检出限,即 $K=2$,实际工作中,常分别以信噪比 3∶1 和 10∶1 时相应浓度或注入仪器的量确定检出限和定量限,检测结果的置信度为 95%。

检出限和定量限的评价要根据样品特性、检测目的及实验条件等综合进行。例如,国家标准 GB5009.33 中食品中亚硝酸盐和硝酸盐测定时,离子色谱法检出限分别为 0.2mg/kg 和 0.4mg/kg;而分光光度法中亚硝酸盐和硝酸盐检出限分别为 1mg/kg 和 1.4mg/kg。总的原则是满足检测要求。

五、稳定性

稳定性(stability)是指测量仪器保持其计量特性随时间恒定的能力,是仪器分析评价的基本指标。稳定性反映了在测定条件有小的变动时,测定结果不受影响的承受程度。仪器及分析方法的稳定为把仪器分析方法用于常规检验提供了依据。开始研究分析方法时就应考虑其稳定性。如果测试条件要求苛刻,则应在方法中注明。

影响仪器分析方法稳定性的因素有多种。典型的变动因素包括:仪器种类、被测溶液的稳定性,样品的提取次数、时间等。液相色谱法中流动相的组成和 pH、不同品牌或不同批号的同类型色谱柱、柱温、流速等都是需要考虑的因素。气相色谱法中不同品牌或批号的色谱柱、固定相以及不同类型的担体、柱温、进样口和检测器温度等是建立条件时不可或缺的因素。建立仪器分析方法时,应通过试验说明小的变动能否影响系统的适应性,以确保方法有效。具体因素可参考相关章节的仪器分析内容。

第四节 仪器分析的发展趋势

物理学、化学及材料科学的进步,使得仪器分析新原理、新方法不断涌现,也使制备新的设备组件成为可能。信息和计算机科学的发展为分析仪器模块化组成和自动化运行注入了新的活力。仪器分析的发展趋势主要有以下几个方面:

一、提高灵敏度、选择性和分辨率

随着科学的发展,微量分析已远远不够,越来越多要求作痕量、超痕量、甚至是原子、分子水平上的分析。基于生物、环境、食品等复杂体系痕量分析的需要,应用新材料、新技术进一步提高仪器分析方法的灵敏度、选择性和分辨率将备受重视。

二、仪器设备的微型化、智能化

很多公共卫生突发事件的卫生检验检疫工作需要进行现场、在线、实时、遥感等分析,甚或要求作非破坏性的无损、非浸(侵)入、活体等分析。基于此,应用新型集成材料和计算机控制的微型化、自动化的仪器分析方法将逐渐成为常规分析的主要手段。发展仪器分析的新原理、新技术,建立智能型在体、实时、在线联用分析方法、无损检测技术等将成为重要发展趋势。

三、仪器接口及联用技术

鉴于每种仪器分析设备的局限性和卫生分析检测成分及形态的复杂性,完成一项针对性的检测任务往往需要多种分析仪器的组合。仪器联用分析的关键是发展"接口"技术。仪器联用技术将成为推动组合化学、蛋白组学、代谢组学和金属组学等新兴学科发展的重要手段。例如,由液相色谱、气相色谱、超临界流体色谱和毛细管电泳等所组成的色谱学是现代分离、分析的主要组成部分并获得了很快的发展。以色谱、光谱和质谱技术为基础所开展的各种联用、接口及样品引入技术已成为当今分析化学发展中的热点之一。

四、生物大分子多维结构表征及检测

仪器分析研究将在生命科学、生物医药和卫生监测等发挥重要作用,分析仪器将是生物大分子多维结构表征及功能研究、疾病诊断的重要工具。

20世纪70年代以来,世界各发达国家都将生命科学及其有关的生物工程列为科学研究中最优先发展的领域。在欧、美、日等地区和国家具有战略意义的宏大研究规划"尤利卡计划"、"人类基因图"及"人体研究新前沿"中,生物大分子的结构分析研究都占据重要的位置。我国在2000年前发展高技术战略的规划中,也把生物技术列为七个重点领域之一。一方面生命科学及生物工程的发展向分析化学提出了新的挑战。另一方面仿生过程的模拟,又成为现代分析化学取之不尽的源泉。当前采用以色谱、质谱、核磁共振、荧光、磷光、化学发光、免疫分析以及化学传感器、生物传感器、化学修饰电极和生物电分析化学等为主体的各种分析手段,不但在生命体和有机组织的整体水平上,而且在分子和细胞水平上来认识和研究生命过程中某些大分子及生物活性物质的化学和生物本质方面,已日益显示出十分重要的作用。

五、扩展时空多维信息

现代分析化学的发展已不再局限于将待测组分分离出来进行表征和测量,而是成为一门为物质提供尽可能多的化学信息的科学。随着人们对客观物质的认识的深入,某些过去所不甚熟悉的领域,如多维、不稳态和边界条件等也逐渐提到分析化学家的日程上来。例如现代核磁共振波谱、红外光谱、质谱等的发展,可提供有机物分子的精细结构、空间排列构型及瞬态等变化的信息,为人们对化学反应历程及生命过程的认识展现了光辉的前景。化学计量学的发展,更为处理和解析各种化学信息提供了重要基础。

本 章 小 结

1. 基础知识　仪器分析的产生和发展过程;仪器分析的概念、内容、特点及学习要求;仪器分析方法评价指标及发展趋势。涉及多个重要概念:仪器分析、精密度、准确度、重复性、复现性(再现性)、回收率、校准曲线、工作曲线、标准曲线、线性、灵敏度、检出限、定量限等。

2. 核心内容　仪器分析的手段是"仪器",依据是物质的物理或物理化学原理,其核心是方法学。仪器分析方法学考察需要评价其精密度、准确度及线性范围等,并要求给出检测方法的检出限、定量限。在制定法定标准分析方法时,有必要进行实验室间的比对,评价方法的复现性。

3. 学习要求　了解仪器分析发展历史及发展趋势;掌握仪器分析的定义、内容及特点;熟悉仪器分析及结果的评价指标及方法。从整体上思考仪器分析在自然科学和社会发展中的地位及重要作用。

(李　磊,许　茜)

思考题

1. 简述仪器分析与分析化学、化学分析的关系。
2. 试述仪器分析的定义、特点及内容。
3. 举例说明仪器分析方法的应用。
4. 试述仪器分析方法的主要评价指标及评价方法。
5. 从仪器分析的发展历史中领悟到了什么?

第二章 光学分析法概论

光学分析法（optical analytical method）是基于能量作用于物质后产生电磁辐射信号或电磁辐射与物质相互作用后产生辐射信号的变化而建立起来的一类分析方法，是仪器分析的重要分支。电磁辐射包括从波长极短的 γ 射线到无线电波的所有电磁波谱范围，而不只局限于光学光谱区。电磁辐射与物质的相互作用方式有发射、吸收、反射、折射、散射、干涉、衍射、偏振等，各种相互作用的方式均可建立起对应的分析方法。其中，应用最为普遍的是基于电磁辐射与物质作用建立的光谱方法。目前，随着分析任务和分析对象的不断扩大，所接触的样品越来越复杂，光谱方法已扩展到其他各种形式的能量与物质的相互作用，如声波、粒子束（离子和电子）等与物质的作用。光学分析法在研究物质组成、结构、表面分析等领域具有其他分析方法不可替代的地位。

第一节 电磁辐射及其与物质的相互作用

一、电磁辐射与电磁波谱

（一）电磁辐射

电磁辐射是一种以接近光速（在真空中为 2.997925×10^{10} cm/s）通过空间，而不需要以任何物质作为传播媒介的能量形式。按照经典物理学的观点，电磁辐射是在空间传播着的交变电磁场，称之为电磁波。电磁波包括无线电波、微波、红外光、可见光、紫外光、X 射线、γ 射线等。电磁波具有波粒二象性。

1. 波动性　电磁辐射按正弦波动形式传播，与其他波（如声波）不同，电磁波不需传播介质，可在真空中传输。光的衍射、折射、偏振和干涉等明显地表现出其波动性。用频率 ν、波长 λ、波速 c 描述波动性。

$$\lambda = c/\nu \qquad (2\text{-}1)$$

频率 ν：电磁波在一秒内振荡的次数，单位为 Hz 或 s^{-1}。

波长 λ：电磁波相邻两个同位相点之间的距离，单位为 m、cm、μm、nm 及埃。

波速 c：电磁辐射传播的速度。电磁辐射在不同介质中传播的速度是不同的，但在真空中所有电磁辐射的传播速度都等于光速。

$$c = \lambda\nu = 2.997925 \times 10^{10} \text{cm/s} \qquad (2\text{-}2)$$

波数 σ：1cm 内波的数目，单位为 cm^{-1}。

2. 粒子性　光是由"光微粒子"（光量子或光子）所组成。当物质发射电磁辐射或电磁辐射被物质吸收时，就会发生能量跃迁，此时电磁辐射不仅具有波的特性，而且表现出明显的粒子性。光电效应现象就明显表现出其粒子性。

光量子能量与波长关系为：

$$E=h\nu=hc/\lambda$$

（2-3）

h 为普朗克常数（6.626×10^{-34}J·s），c 为光速。

由式 2-3 可知，不同频率或波长的光能量不同，短波能量大，长波能量小。

（二）电磁波谱

电磁辐射按照波长（频率、能量）大小的顺序排列就得到电磁波谱，电磁波谱是一个跨越 10^{15} 波长范围的极宽的波谱带。一般可将电磁波谱分成表 2-1 所示的若干区域，不同的波长对应着物质不同类型的能级跃迁。

表 2-1　电磁波谱区

波谱区	频率（Hz）	波长范围	能量 /eV	跃迁类型
γ 射线区	$>10^{20}$	<0.005nm	$>2.5 \times 10^{5}$	原子核能级
χ 射线区	$10^{20} \sim 10^{16}$	0.005~10nm	$2.5 \times 10^{5} \sim 1.2 \times 10^{2}$	内层电子能级
远紫外区	$10^{16} \sim 10^{15}$	10~200nm	$1.2 \times 10^{2} \sim 6.2$	
紫外区	$10^{15} \sim 7.5 \times 10^{14}$	200~400nm	6.2~3.1	原子的电子能级或分子的
可见光区	$7.5 \times 10^{14} \sim 4.0 \times 10^{14}$	400~780nm	3.1~1.7	成键电子能级
近红外区	$4.0 \times 10^{14} \sim 1.2 \times 10^{14}$	0.78~2.5μm	1.7~0.5	分子振动能级
中红外区	$1.2 \times 10^{14} \sim 6 \times 10^{12}$	2.5~50μm	0.5~0.025	
远红外区	$6 \times 10^{12} \sim 10^{11}$	50~1000μm	$2.5 \times 10^{-2} \sim 1.2 \times 10^{-4}$	分子转动能级
微波区	$10^{11} \sim 10^{8}$	0.1~100cm	$1.2 \times 10^{-4} \sim 1.2 \times 10^{-6}$	
射频区	$10^{8} \sim 10^{5}$	1~1000m	$1.2 \times 10^{-6} \sim 1.2 \times 10^{-9}$	电子自旋或核自旋能级

根据能量的高低，电磁波谱又可分为三个区域。

1. 高能区　包括 γ 射线区和 χ 射线区。高能辐射的粒子性比较突出。

2. 中能辐射区　包括紫外区、可见光区和红外光区。由于对这部分辐射的研究和应用要使用一些共同的光学实验技术（如透镜聚焦、棱镜或光栅分光等），故又称此光谱区为光学光谱区。

3. 低能辐射区　包括微波区和射频区，通常称为波谱区。

二、电磁辐射与物质的相互作用

（一）波尔理论

波尔理论是关于原子结构的一种理论，是 1913 年波尔在卢瑟福原子模型基础上，将普朗克的量子概念应用于原子系统后建立的。

波尔假定：氢原子核外电子是处在一定的线性轨道上绕核作圆周运行的，正如太阳系的行星绕太阳运行一样。

氢原子的核外电子在轨道上运行时具有一定的、不变的能量，不辐射电磁波，这种状态被称为定态。原子从一个定态跃迁到另一个定态，会发射或吸收一个光子，其频率为：

$$\nu = \frac{|E_k - E_n|}{h}$$

（2-4）

氢原子核外电子的轨道不是连续的,而是分立的,在轨道上运行的电子具有一定的角动量 L,其大小必须是 $h/2\pi$ 的整数倍:

$$L=mvr=n(h/2\pi) \tag{2-5}$$

式(2-5)中 m 为电子质量,v 为电子线速度,r 为电子线性轨道的半径。n=1,2,3,4,5,6……

随着 n 增大,E_n 增大,但能量间隔减小,当 n→∞ 时,能级趋于连续,电子脱离核束缚成为自由电子。

能量最低的定态叫做基态;能量高于基态的定态叫做激发态。如图 2-1 所示,当辐射通过物质时,电磁辐射的交变电场会使分子或原子外层电子相对其核震荡,使分子或原子发生周期性极化。如入射电磁辐射能量与分子或原子基态与激发态间的能差相等,分子或原子就会选择性地吸收此部分能量,从基态跃迁到能量较高的激发态。但激发态寿命很短,通常以热的形式或以荧光、磷光的形式发射出所吸收的能量,返回基态或能量较低的激发态。发射光子的能量为跃迁前后两个能量之差。

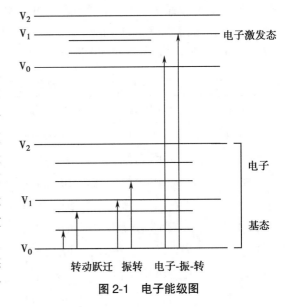

图 2-1　电子能级图

如果入射的电磁辐射能量与通过的分子或原子基态与激发态间的能差不等,则电磁辐射不被吸收,从而产生透射、非拉曼散射、反射、折射等现象。

（二）作用类型和光谱

1. 辐射的吸收与发射　产生相应的吸收光谱和发射光谱。

（1）辐射的吸收与吸收光谱:当辐射通过某物质时,辐射中某些频率的辐射被物质的成分选择性地吸收,从而使辐射强度减弱的现象,称为辐射的吸收。基于此现象建立起来的分析方法称为吸收光谱法。

辐射的吸收使物质成分能级从低能态跃迁至高能态,能级跃迁的能差为 ΔE。

$$\Delta E=E_2-E_1=h\nu \tag{2-6}$$

辐射被吸收的程度（吸光度或透光率）对辐射波长或频率的分布图成为吸收光谱。不同物质因其能级跃迁的能差不同,选择吸收的辐射频率不同,故有不同的吸收光谱。

（2）辐射的发射与发射光谱

物质吸收辐射的能量后,处于高能态（E_2）的物质不稳定,瞬间（10^{-8} 秒）返回基态或低能态（E_1）,多余的能量以电磁辐射的形式释放出来。

$$E_2-E_1=h\nu \tag{2-7}$$

发射辐射的强度（能量）对辐射波长或频率的分布图称为发射光谱。不同物质因其能级跃迁的能差不同,选择吸收的辐射频率不同,故发射出不同的发射光谱。

物质对能量的吸收可分为非电磁辐射激发和电磁辐射激发两类,非电磁辐射激发有热激发和电激发等多种形式。电磁辐射激发又称为光致发光,作为激发源的辐射光子称为一次光子,而物质受激后辐射跃迁发射的光子称为二次光子、荧光或磷光。

2. 辐射的其他作用方式　包括散射、折射和反射、干涉和衍射、偏振等。

（1）辐射的散射：电磁辐射与物质发生相互作用后，部分辐射偏离原入射方向而分散传播的现象，称为辐射的散射。

当辐射光子与物质分子发生弹性碰撞，只改变传播方向而没有能量交换时，称为Rayleigh 散射。一般当物质分子粒径比辐射光的波长短时，发生 Rayleigh 散射。

当辐射光子与物质分子发生非弹性碰撞，产生能量交换，发射与入射光不同波长的散射光时，称为 Raman 散射。Raman 散射与物质分子的振动和转动能级有关。不同物质分子振动和转动能级特征不同，所以不同物质具有不同的 Raman 散射光谱。

（2）折射和反射：当光射到物体表面时，有一部分光会被物体反射回来，这种现象叫做光的反射。平行光射到光滑的反射面上时，反射光仍然被平行的反射出去，称为镜面反射。平行光射到粗糙的反射面上，反射光将沿各个方向反射出去称为漫反射。

镜面反射和漫反射都是反射现象，都遵守反射定律，但反射面不同（光滑和粗糙）：一个方向的入射光，镜面反射的反射光只射向一个方向，而漫反射射向四面八方。

当光从一种介质斜射入另一种介质时，传播方向一般会发生变化，这种现象叫光的折射。光的折射与光的反射一样都是发生在两种介质的交界处，只是反射光返回原介质中，而折射光则进入到另一种介质中。由于光在两种不同的介质中传播速度不同，故在两种介质的交界处传播方向发生变化，这就是光的折射。在两种介质的交界处，既发生折射，同时也发生反射。反射光光速与入射光相同，折射光光速与入射光不同。

不同介质对光的折射率不同，而同一介质对不同波长的光具有不同的折射率。波长越长折射率越小，这是棱镜分光的原理。

（3）干涉和衍射：当频率相同、振动方向相同、周期相等或周期差恒定的两列光波在空间相遇时发生叠加，在某些区域总加强，在另外一些区域总减弱，从而出现亮暗相间的条纹的现象叫光的干涉现象。产生干涉的条件是两个振动情况总是相同的相干波源，只有相干波源发出的光互相叠加，才能产生干涉现象。

光在遇到障碍物时，偏离直线传播方向而弯曲向其后方传播的现象叫做光的衍射。光波绕过障碍物或通过狭缝时，以约 180° 的角度向外辐射，光波传播方向发生弯曲，产生衍射现象。光发生明显衍射现象的条件是当孔或障碍物的尺寸比光波波长小，或者跟波长差不多时，光才能发生明显的衍射现象。

（4）偏振：振动方向与传播方向的不对称性叫做偏振，它是横波与纵波的一个最明显的区别，只有横波才有偏振现象。

在光波的传播过程中，光波的电振动矢量 E 和磁振动矢量 H 都与传播速度垂直，因此光波是横波，它具有偏振性。

如果光波电矢量的振动方向只局限在一确定的平面内，则这种偏振光称为平面偏振光，若轨迹在传播过程中为一直线，称为线偏振光。如果光波电矢量末端轨迹随时间在垂直于传播方向的平面上作圆形或椭圆形规则地改变，则称为圆偏振光或椭圆偏振光。如果光波电矢量的振动在传播过程中只是在某一确定的方向上占有相对优势，这种偏振光就称为部分偏振光。

偏振光通过某介质后，其振动方向会发生一定角度的旋转，旋转的这个角度叫旋光度，旋光度与介质的浓度、长度、折射率等因素有关。

第二节　光学分析法分类

一、光谱法与非光谱法

（一）光谱法

光学分析法分为光谱法和非光谱法。光谱法是基于物质与电磁辐射相互作用时,检测因物质内部发生的量子化能级跃迁而产生的吸收、发射及散射的波长和强度进行分析的方法。

根据作用的物质不同,光谱法可分为原子光谱法和分子光谱法;根据检测的目标不同,光谱法又分为吸收光谱法、发射光谱法和散射光谱法。

（二）非光谱法

非光谱法是基于物质与电磁辐射相互作用时,测量不涉及物质内部能级跃迁,仅改变辐射传播方向的物理性质,如折射、散射、干涉、衍射以及偏振等辐射变化的分析方法。

根据测量辐射的物理性质,非光谱法可分为干涉法、偏振法、衍射法和旋光法等。

二、原子光谱法与分子光谱法

（一）原子光谱法

原子光谱法主要是由电磁辐射与产生光谱的基本粒子为气态原子发生相互作用,使原子核外电子能级发生变化,产生辐射或吸收而生成的光谱分析法。它的主要特征是由若干条强度不同的谱线和暗区相间而成的线状光谱。

根据测量辐射性质的不同,原子光谱法可分为利用原子对辐射的发射性质建立起来的分析方法,称为原子发射光谱分析,主要用于多种微量元素的同时定量分析。利用原子对辐射的吸收性质建立起来的分析方法,称为原子吸收光谱分析,主要用于微量单元素的定量分析。利用原子对辐射激发的再发射性质建立起来的分析方法,称为原子荧光光谱分析,主要用于微量单元素的定量分析。

（二）分子光谱法

分子光谱法主要是由电磁辐射与产生光谱的基本粒子为物质分子发生相互作用,使分子中电子能级以及分子振动能级、分子转动能级发生变化,产生辐射或吸收而生成的光谱分析法。

它的主要特征是由几条光带和暗区相间而成的带状光谱。带光谱是由许多量子化的振动能级叠加在分子基态能级上而形成的。

根据测量辐射性质的不同,分子光谱法可分为分子吸收光谱法,包括紫外可见分光光度法和红外可见分光光度法;分子发射光谱法,包括分子荧光、磷光分光光度法、化学发光法、拉曼光谱法和核磁共振光谱法等。

三、吸收光谱法与发射光谱法

（一）吸收光谱法

利用物质吸收光能后所产生的吸收光谱进行分析的方法,称为吸收光谱法。一束平行单色光垂直通过某均匀非散射吸光物质时,当电磁辐射能与该物质中的分子、离子或原子的两个能级间跃迁所需的能量满足 $\Delta E = h\nu$ 的关系时,物质会选择性的吸收这些波长的辐射,使透过光中的这些波长的光减弱,产生吸收光谱。

其吸光度 A 与吸光物质的浓度 c 及吸收层厚度 b 成正比,符合朗伯 - 比尔定律。

$$A=\lg(1/T)=kbc \tag{2-8}$$

其中:A 为吸光度,T 为透光度,c 为物质浓度,b 为吸收层厚度。

常用的吸收光谱法有紫外可见分光光度法、红外可见分光光度法、原子吸收光度法和核磁共振光谱法等。

(二)发射光谱法

当电子辐射与物质作用后,物质粒子被辐射能激发,从低能级跃迁到高能级后,瞬间又重新跃迁到低能级,此过程若以光的形式释放出能量,便形成发射光谱。通过测量物质发射光谱的波长和强度变化进行定性和定量分析的方法称为发射光谱法。

物质粒子可通过电致激发、热致激发或光致激发等过程获得跃迁能量,变为激发态原子或分子,再从激发态跃迁至低能态或基态时,产生原子或分子发射光谱。

$$M+h\nu_1 \rightarrow M^*$$
$$M^* \rightarrow M+h\nu_2$$

在一定条件下,发射光谱强度与物质浓度的关系符合罗马金 - 赛伯公式。

$$I=ac^b \tag{2-9}$$

其中:I 为谱线强度,c 为物质浓度,b 为自吸系数,a 为比例系数。

根据发射光谱所在的光谱区和激发方式不同,发射光谱法分为 γ 射线光谱法、χ 射线荧光光谱法、原子发射光谱法、原子荧光光谱法、分子荧光光谱法、分子磷光光谱法和化学发光分析法等。

(三) Raman 散射光谱法

当频率为 ν_0 的单色光照射到透明物质时,电磁辐射会发生散射现象,如果这种散射现象不仅使辐射的传播方向发生变化,同时使物质分子与辐射发生能量交换,则发生了 Raman 散射。在 Raman 散射光谱中,在原有谱线两侧的对称位置上,将出现一些新的弱谱线,长波侧的谱线较短波侧的强些。前者称斯托克斯线,后者称反斯托克斯线。二者统称为拉曼谱线。这些谱线特征将由散射物质的性质决定。产生拉曼散射的原因是散射分子的转动能态和振动能态发生变化,结果使得 Raman 散射光的频率 ν_m 与入射光的频率 ν_0 不同,发生了 Raman 位移,位移的大小与分子的振动和转动能级信息有关,利用 Raman 位移建立的分析方法称为 Raman 光谱法,常用于分子结构的研究和分子的定性、定量分析。

第三节 光学分析仪器

一、光谱分析仪器

专用于分析研究吸收光谱、发射光谱或荧光光谱的电磁辐射强度和波长关系的仪器称为光谱分析仪或分光光度计。光谱仪器通常包括五个基本单元,即辐射源、分光系统、样品池、检测器和数据记录与处理系统。

根据研究的光谱性质不同,此五部分基本单元按照仪器结构需要,以不同的组合方式构成不同的光谱分析仪。

(一)辐射源

光谱分析中,辐射源是整个光谱分析仪的关键构成部件,辐射源必须具有足够的输出功率和稳定性,才能保证分析过程和分析结果的准确与稳定。在分析过程中,由于辐射源功率的波动和电源输出功率的变化呈指数关系,所以需要使用稳压电源以保证辐射源输出功率的稳定,或者使用参比光束的方法来减少辐射源输出波动对测定结果所产生的干扰和影响。

常用的辐射光源有连续光源和线光源两种。一般连续光源主要用于分子吸收光谱法,而线光源用于荧光、原子吸收和 Raman 光谱法。

1. 连续光源　连续光源可在较大的波长范围内发射强度平稳的具有连续波长的连续光谱。常用的连续光源有氢灯、氘灯、氙灯、钨丝灯等。

(1)紫外光源:紫外连续光源常用氢灯和氘灯,可在低压下以电激发的形式发射波长范围在 160~375nm 的连续光谱。

低压氢灯是在涂有氧化物的灯丝与金属电极间形成电弧而发射,启动电压为 400V 的直流电压,放电后维持直流电弧的维持电压为 40V。高压氢灯是以 2000~6000V 的高电压使两个铝电极之间放电而发射。氘灯的工作方式与氢灯类似,只是其发射的光谱强度是氢灯的 3~5 倍,使用寿命也相对较长。

(2)可见光源:可见光源最常用的是钨丝灯,可发射波长范围为 320~2500nm 的连续可见光谱,在大多数分析仪器中,钨丝灯的工作温度为 2870K。氙灯有时也可作为可见光源,电流通过氙灯时,可发射波长范围在 250~700nm 的连续光谱强辐射。

(3)红外光源:常用的红外光源是利用电加热的形式,将惰性固体温度升高到 1500~2000K 之间时,发射最强波数范围在 6000~5000cm^{-1} 的连续红外光谱,常用的红外光谱光源有奈斯特灯和硅碳棒。

2. 线光源　主要特征是能提供若干条强度不同的特定波长的谱线和暗区相间而成的线状光谱。常用的线光源有金属蒸汽灯、空心阴极灯和激光等。

(1)金属蒸汽灯:金属蒸气灯的结构是在透明的封套内充入低压金属蒸气,将电压加到固定在封套上的一对电极上时,直接或间接地通过金属蒸气的放电以激发出特征金属元素线光谱输出的光源。

常用的金属蒸气光源有汞灯和钠蒸气灯,汞灯产生的是波长范围为 254~734nm 的线光谱,而钠蒸气灯主要产生 589.0nm 和 589.6nm 的一对谱线。

(2)空心阴极灯:空心阴极灯(hollow cathode lamp,HCL)是一种特殊形式的低压气体放电光源,放电集中于阴极空腔内。当在两极之间施加 200~500V 电压时,便产生辉光放电。在电场作用下,电子在飞向阳极的途中,与载气原子碰撞并使之电离,放出二次电子,使电子与正离子数目增加,以维持放电。正离子从电场获得动能。如果正离子的动能足以克服金属阴极表面的晶格能,当其撞击在阴极表面时,就可以将原子从晶格中溅射出来。除溅射作用之外,阴极受热也要导致阴极表面元素的热蒸发。溅射与蒸发出来的原子进入空腔内,再与电子、原子、离子等发生第二类碰撞而受到激发,发射出相应元素的特征的共振辐射。与此同时,HCL 所发射的谱线中还包含了内充气、阴极材料和杂质元素等谱线。

(3)激光:是辐射强度非常高、单色性和方向性非常好的高强度新型线光源,广泛应用于 Raman 光谱、荧光光谱、发射光谱、傅里叶变换红外光谱等光谱分析领域。

常用的激光器有红宝石激光器,主要发射 693.4nm 波长的激光、He-Ne 激光器,主要发射 632.8nm 波长的激光和 Ar 离子器,主要发射 514.5nm 和 488.0nm 波长的激光。

(二)分光系统

分光系统的作用是将复杂的复合光分解成为单色光或有一定宽度的谱带,也称为单色器。分光系统由入射狭缝、准直镜(如透镜或反射镜)、色散元件(如棱镜或光栅)以及出射狭缝组成。

1. 棱镜　棱镜在分光系统的作用是通过光的折射原理将复合光分解为单色光,它是分光系统的重要组成元件。

由于不同波长的光在同一介质中具有不同的折射率,介质对波长短的光折射率大,而对波长长的光折射率小。因此,平行光经过棱镜色散后,按波长顺序分解为不同波长的单色光,经聚焦后在焦面的不同位置成像,从而得到按波长顺序展开的光谱。

棱镜的分辨能力取决于棱镜的几何尺寸和材料,棱镜的顶角越大或折射率越大,分开两条相邻谱线的能力越强。但顶角越大,反射损失也越大,一般采用60°顶角角度。棱镜对相邻两条谱线的分辨率与波长有关,短波长部分的分辨率比长波长部分分辨率大。

要增加棱镜对谱线的色散率,可以增加棱镜的数目,增大棱镜的顶角,也可以通过改变棱镜的材质来实现。对400~800nm波长范围内的谱线,玻璃棱镜比石英玻璃棱镜的色散率大,但在200~400nm波长范围内,玻璃材料对紫外线有强烈的吸收作用,故在此波长范围内只能采用石英玻璃材质的棱镜。

2. 光栅　光栅是由精确刻有大量等宽度、等距离平行线条刻痕的玻璃片或金属片制成,可近似的将其视为一系列等宽度、等距离的透光狭缝。光栅产生色散的作用是由多狭缝干涉和单狭缝衍射联合作用的结果。

光栅与棱镜比较,两者分光的原理不同,光栅是多狭缝干涉和单狭缝衍射的分光原理,棱镜是折射分光原理;光栅的角色散率与光的波长无关,而棱镜的角色散率与波长有关,棱镜的色散光区受棱镜材质的限制,波长小于120nm、大于50μm时不能使用;棱镜的尺寸越大分辨率越高,但制造越困难,同样分辨率的光栅重量轻,制造简单。光栅存在由于刻痕误差造成的鬼线和光谱重叠问题,而棱镜没有。

3. 狭缝　狭缝是保证光谱纯度并控制光线辐射能量大小的缝状装置,是光谱仪的主要部件之一。狭缝是由两片加工精密、具有锐利边锋、且相互平行的金属片组成,有固定狭缝,单边可调的非对称式狭缝和双边可调的对称狭缝。进入单色器或从单色器射出的光谱宽度和辐射能量,均由狭缝宽度调节。

狭缝宽度是光谱分析仪的重要参数之一。分光系统的分辨能力表示系统能分开最小波长间隔的能力,而波长间隔的大小决定于狭缝宽度、色散元件分辨率以及所用光学材料性质等因素。

在原子发射光谱分析中,定性分析常用较窄的狭缝宽度,提高分辨率,以便消除邻近谱线的干扰;而定量分析常采用较宽的狭缝宽度,得到较大的谱线强度,提高灵敏度。

在原子吸收光谱分析中,由于吸收线的数目较少,谱线重叠的几率较小,常采用较宽的狭缝宽度,以得到较大的谱线强度。但如果背景发射较强,狭缝较宽会带来较大的背景吸收,干扰分析测定。

(三)样品池

样品池是电磁辐射与试样相互作用的场所,是光谱分析仪器重要的组成部件之一。

1. 吸收池　是由透明的光学材料制成,根据不同的检测方法和检测目的,采用不同的材料制成不同结构的样品装置。

对于紫外-可见分光光度法,紫外区采用石英材料制成单向透明石英比色皿,可见区采用硅酸盐玻璃制成单向透明的玻璃比色皿。荧光分析法采用石英材料制成双向透明的石英比色皿,以便于在垂直方向检测试样发射的荧光光谱。红外光谱法,可根据检测所需的不同波长范围,选用不同材料的晶体制成吸收池的窗口。

2. 特殊装置 原子吸收分光光度法中,试样在雾化器中雾化后,待测元素在火焰或石墨炉中加热,由离子态转化为原子状态,称为原子化器。

在原子发射光谱分析中,根据不同需要,试样被直接喷入火焰、直流电弧、高压火花、微波或等离子体等激发能源装置中,激发原子化后,发射试样元素特征谱线。

(四)检测器

检测器又称鉴定器,是检测物质各组分特性及其量变化的器件,根据样品各组分的物理化学性质将各待测组分物理或化学特性转化为相应的电信号,通过接收、放大、整理后进行分析测定,是光谱分析仪器的关键部件。

光谱分析法中的检测器应具有灵敏度高、线性范围广、重现性好、稳定性好、响应速度快等特点,对不同物质的响应规律性强,具有较强的分辨能力。

常用的检测器有光检测器和热检测器两类。

1. 光检测器 光信号经过光纤传输到达接收端后,在接收端有一个接收光信号的元件,将光信号转变成电信号,然后再由电子线路进行放大的过程,最后再还原成原来的信号。这一接收转换元件称作光检测器,或者光电检测器。

主要有硒光电池、光电二极管、光电倍增管、硅二极管阵列检测器和半导体检测器等。

2. 热检测器 热检测器是根据装置吸收辐射引起的热效应来测量入射辐射强度及其变化规律的器件。常用的热检测器有真空热电偶检测器和热释电检测器等。

(五)数据记录与处理系统

由检测器将各种接收信号转变成电信号后,用检流计、微安计、数字显示器、光子计数器等设备显示和记录检测结果,应用计算机通用或专用接口,将接收到的检测信号与计算机专用软件及相应的终端设备连接,将记录的检测结果进行智能化处理后,显示和记录到显示器和储存器中,以便进行相应的分析和计算,最终输出完整的检测结果。

二、非光谱仪器

(一)折光仪

利用光的折射原理,通过测量物质的折光率测定物质浓度以及判断物质品质的分析方法,称为折光法。

1. 基本原理 当一束光通过两种不同物质界面时,一部分光线被反射回第一种介质,另一部分光进入第二种介质,由于光线在各种不同的介质中传播的速度不同,故在两种介质的交界处传播方向发生变化,从而发生光的折射。

无论入射角度怎样改变,入射角的正弦值与折射角 β 正弦值的比值,恒等于光在两种介质中的传播速度之比,是一个与性质相关的物理常数,称为相对折射率。而介质相对于真空的折射率称为绝对折射率。通过测量物质的折光率可以测定物质浓度以及判断物质品质。

物质对光的折射率随光波长的改变而变化,随光波长的增加,折射率减小。通常采用固定波长 589.3nm 的钠黄光 D 线作为光源。物质对光的折射率随温度变化而改变,随温度升高折射率减小。通常折光仪上的刻度是在标准温度 20℃标定的,如测定温度超过或低于20℃时,应加上或减去校正值。

2. 折光仪 阿贝折光仪结构如图 2-2 所示。

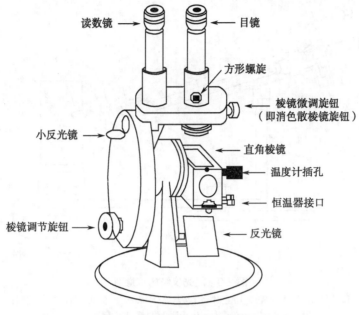

读数镜
目镜
方形螺旋
棱镜微调旋钮
（即消色散棱镜旋钮）
小反光镜
直角棱镜
温度计插孔
恒温器接口
棱镜调节旋钮
反光镜

图 2-2 阿贝折光仪结构示意图

（二）旋光仪

旋光仪是测定物质旋光度的仪器。通过对样品旋光度的测量,可以分析确定物质的浓度、含量及纯度等。

1. 旋光现象和旋光度 当一束平面偏振光通过某些物质时,其振动方向会发生改变,此时光的振动面旋转一定的角度,这种现象称为物质的旋光现象,这种物质称为旋光物质。旋光物质使偏振光振动面旋转的角度称为旋光度。旋光度与物质浓度成正比。单位浓度和单位长度下的旋光度称为比旋光度,一般用[a]表示,是旋光物质的特征物理常数。

2. 影响旋光度的因素 旋光物质的旋光度主要取决于物质本身的结构。另外,还与光线透过物质的厚度,测量时所用光的波长和温度有关。

（1）溶剂:如果被测物质是溶液,影响因素还包括物质的浓度和溶剂的影响。因此旋光物质的旋光度,在不同的溶液中,测定结果通常不一样。因此,一般用比旋光度作为量度物质旋光能力的标准。

（2）温度:温度升高会使待测溶液的密度降低,旋光管膨胀使长度增加。另外,温度变化还会使待测物质分子间发生缔合或离解,使旋光度发生改变。

3. 旋光仪 常用的旋光仪有泡式旋光仪、漏斗式旋光仪和恒温式旋光仪。

目测旋光仪的结构如图 2-3 所示。主要部件有:钠光灯、起偏镜、测试管、检偏镜、目镜等。

（三）浊度仪

浊度仪是用来测定溶液浊度的装置。当一束平行光通过样品溶液时,如溶液中有悬浮颗粒存在,会发生散射作用,光束会因此改变其传播方向。这种由于溶液中悬浮颗粒对入射光引起的阻碍程度,称为浊度,单位为 NTU,1NTU 相当于 1L 水中含有 1mg 的 SiO_2。在入射光恒定条件下,在一定浊度范围内,散射光强度与溶液的混浊度成正比。

浊度仪光源发出的平行光穿过样品溶液,经散射作用后分解成透过光(T_p)和散射光(Td),经积分球分别接收散射光和透过光及信号放大与处理后,按下式计算浊度:

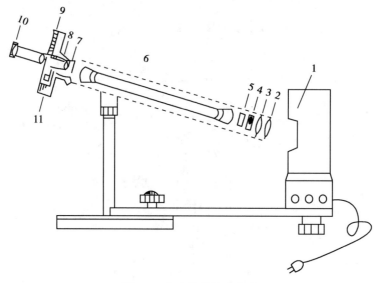

图 2-3 旋光仪结构示意图

1. 光源；2. 会聚透镜；3. 滤色片；4. 起偏镜；5. 石英片；6. 测试管；7. 检偏镜；
8. 望远镜物镜；9. 刻度盘；10. 望远镜目镜；11. 刻度盘转动手柄

$$NTU = K \frac{T_d}{T_p} \qquad (2\text{-}10)$$

式（2-10）中 K 为比例常数。

浊度仪的光学系统由一个钨丝灯、一个用于监测散射光的 90° 检测器和一个透射光检测器组成。仪器微处理器可以计算来自 90° 检测器和透射光检测器的信号比率。该比率计算技术可以校正因色度或吸光物质产生的干扰和补偿因灯光强度波动而产生的影响，可以提供长期的校准稳定性。光学系统的设计也可以减少漂移光，提高测试的准确性。

（四）χ 射线衍射仪

χ 射线衍射仪是利用衍射原理，研究物质内部微观结构，精确进行物相分析，定性分析和定量分析的设备。参见本书第八章相关内容。

（五）圆二色谱仪

圆二色谱仪是通过测量生物分子的圆二色光谱，研究生物分子二级结构如蛋白质 α- 螺旋、β- 折叠、β- 转角等特定的立体结构、蛋白质构象，以及光学活性物质检测、药物定量分析等的设备。参见本书第八章相关内容。

第四节 光学分析发展趋势

随着科学技术的发展，特别是生命科学和环境科学的发展，对光谱分析不仅要求痕量和超痕量分析，而且要进行形态分析、微区分析、微观结构分析、无损试样分析以及在线分析等。以计算机应用为主要标志的信息化技术，对科学技术发展带来巨大冲击，作为仪器分析重要分支的光谱分析亦处于重大变革时期。

一、发展方向

现代光谱分析技术正向智能化、数字化方向发展。

1. 基于微电子技术和计算机技术的应用实现分析仪器的自动化,通过计算机控制器和数字模型进行数据采集、运算、统计、分析、处理,提高分析仪器数据处理能力,数字图像处理系统实现了分析仪器数字图像处理功能的发展。

2. 分析仪器的联用技术向测试速度超高速化、分析试样超微量化、分析仪器超小型化的方向发展。

二、发展趋势

1. 高通量分析　单位时间内可分析测试大量的样品。

2. 极端条件分析　单分子单细胞分析与操纵为热门的课题。

3. 实时、现场或原位分析　从样品采集到数据输出,实现快速的或一条龙式的分析。

4. 联用分析　即将两种(或两种以上)分析技术联用,互相补充,从而完成更复杂的分析任务。联用技术及联用仪器的组合方式,特别是三联甚至四联系统的出现,已成为现代分析仪器发展的重要方向。

5. 阵列技术　如果把联用分析技术看成计算机中的串行方法,那么阵列技术就等同于计算机中的并行运算方法。

现代仪器分析技术正在不断地朝着快速、准确、自动、灵敏及适应特殊分析的方向迅速发展。仪器分析技术还将不断地吸取相关学科的新思想、新理念、新方法和新技术,改进和完善现有的仪器分析方法,并逐步研究和开发一批新的仪器分析技术。

本 章 小 结

1. 基本知识　电磁辐射与电磁波谱的性质及其与物质的相互作用方式;光学分析法分类以及原子光谱法、分子光谱法、吸收光谱法和发射光谱法的基本原理;光谱分析仪器和非光谱分析仪器的结构、主要部件构造及工作原理;光学分析法及其仪器的发展方向和趋势。

2. 核心内容　光学分析法应用广泛,发展迅速。重点是电磁辐射的性质、与物质的相互作用方式、光谱分析法的类型及光学分析法的基本原理及应用。关键是在掌握各类光学分析法的基本原理及仪器组成基础上深刻理解不同分析法的特点。

3. 学习要求　了解光谱分析法的发展趋势;熟悉光谱分析法的分类及分析仪器的结构、主要部件构造及工作原理;掌握电磁辐射与电磁波谱的性质、与物质的相互作用方式及各光谱分析法的基本原理。

（高希宝）

思考题

1. 简述电磁辐射与物质的相互作用。

2. 简述光谱分析法的分类。

3. 简述非光谱分析法。

4. 什么是 Raman 散射?

第三章　紫外 - 可见分光光度法

紫外 - 可见分光光度法（ultraviolet-visible spectrophotometry，UV-VIS）是根据物质分子对紫外和可见光谱区电磁辐射的吸收特征和吸收程度而建立起来的定性、定量分析方法。这种分子吸收光谱产生于价电子和分子轨道上的电子在电子能级间的跃迁，在紫外光区（波长 200~400nm）测定称为紫外分光光度法，在可见光区（波长 400~780nm）测定称为可见分光光度法。

该方法准确度高，重现性好，仪器简单，操作简便，易于掌握和推广，是卫生检验与检疫、医学检验、药物分析、食品分析、环境监测及生物技术等领域广泛采用的一种仪器分析方法。

第一节　紫外 - 可见分光光度法基本原理

一、紫外 - 可见吸收光谱

（一）紫外 - 可见吸收光谱的形成

1. 分子对电磁辐射的选择性吸收　当辐射通过固体、液体或气体等透明介质分子时，物质的分子则选择性地吸收辐射。若入射的电磁辐射能量正好与介质分子基态与激发态之间的能量差相等，介质分子就会选择性吸收这部分辐射能，从基态跃迁至激发态，然后以热或光等形式释放能量，返回基态。这种选择性地吸收辐射能而产生紫外 - 可见吸收的光谱，又称为分子吸收光谱。以光的形式释放能量的过程称为发射。若入射的电磁辐射能量与介质分子基态与激发态之间的能量差不相等，则电磁辐射不被吸收，分子极化所需的能量仅被介质分子瞬间（10^{-14}~10^{-15} 秒）保留，然后被再发射，从而产生光的透射、非拉曼光谱、反射、折射等物理现象。

在分子中，除了电子绕原子核的相对运动外，还有原子在其平衡位置上的振动及分子作为整体绕重心的转动，这三种运动对应三种能级，分别称为电子能级、振动能级及转动能级。电子能级包括基态和激发态，在每个电子能级上有许多间距较小的振动能级，在每个振动能级上又有许多间距更小的转动能级，这些能级均呈量子化。

分子电子能级间的能量差为 1~20eV（对应波长约 1.25~0.06μm），主要位于紫外 - 可见光区。分子发生电子能级跃迁时所产生的吸收光谱称为电子光谱，常称为紫外 - 可见吸收光谱。由于分子发生电子能级跃迁时伴随着振动能级和转动能级的跃迁，所以紫外 - 可见吸收光谱实质上包含了电子能级跃迁、振动能级跃迁和转动能级跃迁，因此分子的电子光谱是由许多谱线叠加在一起所形成的带状光谱。

由于各种物质分子的内部结构不同，且发生能级跃迁时吸收光能具有量子化的特征，因此，物质对光的吸收具有选择性。

2. 紫外－可见吸收光谱及其特征 如前所述，物质分子选择性吸收光的能量，在微观上表现为由较低的能级跃迁到较高的能级；在宏观上表现为透射光通过物质分子时光强度变小。若能记录光照射前后光强度的变化并以其为纵坐标，以波长为横坐标，就可以绘制出光强度变化对波长的关系曲线。

在实际操作中，通常配制某一溶液，在紫外－可见分光光度计上，利用紫外－可见光区不同波长（λ）的单色光通过溶液，测定其吸光度（A），以波长为横坐标，对应的吸光度为纵坐标作图，所绘制的峰形曲线称为紫外－可见吸收光谱，又称为分子吸收光谱，简称为吸收光谱（absorption spectrum）（图3-1）。

吸收光谱具有一些特征。曲线上凸起的部分称为吸收峰（absorption peak），最大吸收峰的峰顶所对应的波长称为最大吸收波长（maximum absorption wavelength，λ_{max}）；曲线上凹陷的部分称为谷（valley）；吸收峰旁有时出现一个小的曲折，形状像肩的弱吸收峰，这一弱吸收峰称为肩峰（shoulder peak）；在吸收光谱短波长端有时呈现出强吸收而不成峰形的部分，称为末端吸收（end absorption）。吸收光谱是紫外－可见分光光度法选择测量波长的依据，它反映物质对不同波长光吸收能力的分布情况和分子内部能级分布状况，是由产生谱带的跃迁能级间的能量差所决定。吸收谱带的强度与分子偶极矩变化、跃迁几率有关，可以提供分子结构的信息。吸收光谱的特征（形状、λ_{max} 等）是物质定性分析的依据。如果定量分析时，要通过绘制吸收光谱选择合适的测定波长，一般选择 λ_{max}，以获得较高的测定灵敏度。

（二）紫外－可见吸收光谱与分子结构的关系

各种物质的分子内部结构不同，基态与激发态间能级差则不同，因而发生能级跃迁时吸收电磁辐射的波长不同，从而产生不同的紫外－可见吸收光谱。在紫外－可见光谱区域内，有机化合物的吸收带主要由 $\sigma \rightarrow \sigma^*$、$n \rightarrow \sigma^*$、$\pi \rightarrow \pi^*$、$n \rightarrow \pi^*$ 及电荷转移跃迁产生；无机化合物的吸收带主要由电荷转移跃迁和配位场跃迁产生。

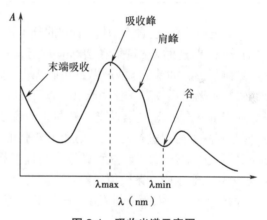

图3-1 吸收光谱示意图

1. 有机化合物的电子跃迁类型 在紫外－可见光谱区域内，有机化合物吸收一定能量的电磁辐射后，分子单键中的 σ 电子、双键中的 π 电子和 O、N、X 或 S 等杂原子上未成键的孤对电子（即 n 电子）都有可能跃迁到能级较高的 σ^* 或 π^* 轨道上，图3-2 为分子中价电子能级及跃迁示意图。

（1）$\sigma \rightarrow \sigma^*$ 跃迁：实现 $\sigma \rightarrow \sigma^*$ 跃迁所需的能量最大，所吸收的辐射波长一般小于 150nm，位于远紫外区（又称真空紫外区）。如饱和烃类化合物的 C—H 键及 C—C 键只有 σ 电子，只能发生 $\sigma \rightarrow \sigma^*$ 跃

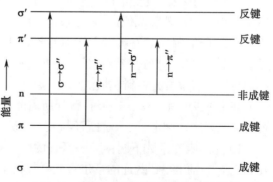

图3-2 分子中价电子能级及跃迁示意图

迁,如甲烷λ_{max}为125nm,乙烷λ_{max}为135nm。由于它们在200~800nm无吸收带,所以在紫外-可见吸收光谱分析中常用作溶剂(如己烷、环己烷等)。因此一般不讨论由σ→σ*跃迁所引起的吸收谱带。

（2）n→σ*跃迁:含有非成键n电子的杂原子(如—OH、—NH₂、—X等基团)的饱和烃类衍生物都可能发生这种跃迁。发生n→σ*跃迁所需的能量比σ→σ*跃迁的小,大多是接近或在近紫外区,λ_{max}一般在稍低于200nm的区域内(表3-1),如CH_3Cl的λ_{max}为173nm,CH_3OH的λ_{max}为183nm。由于n→σ*跃迁产生的吸收峰多为弱吸收峰,在紫外区有时不易观察到这类跃迁。

表3-1 非共轭生色团的最大吸收

生色团	跃迁类型	λ_{max}(nm)
—C—C—	σ→σ*	150
—O—	n→σ*	185
—N<	n→σ*	195
—S—	n→σ*	195
>C＝O	π→π*	190
	n→π*	300（弱）
>C＝C<	π→π*	190

（3）π→π*跃迁:含有双键、三键的分子均可发生π→π*跃迁,吸收峰大多在紫外区。孤立的π→π*跃迁的λ_{max}一般在200nm附近,π→π*跃迁的能量随着π-π共轭程度的增大而减少,λ_{max}则红移,如苯的π→π*跃迁吸收峰λ_{max}为255nm,而苯酚的λ_{max}为270nm;吸收程度则增强,摩尔吸光系数值一般大于10^4,属于强吸收。

（4）n→π*跃迁:化合物分子中同时存在孤电子对和双键(含>C＝O,—C＝N等)时,这些基团除了可以进行π→π*跃迁,有较强的吸收外,由于杂原子有n电子,同时又有π*轨道,又可发生n→π*跃迁,这种跃迁所需能量较少,可以在近紫外或可见光区有不太强的吸收(表3-1),摩尔吸光系数值一般在十到几百,如丙酮n→π*跃迁的λ_{max}为275nm。

由于σ键、非共轭双键及n→σ*跃迁在常用的UV-VIS光谱范围内不被激发,因此也不产生干扰。

（5）电荷转移跃迁:是指电子从给予体向接受体的轨道上跃迁,其实质是分子内的氧化还原过程。如三苯胺取代的多芳香环体系可产生这种分子内的电荷转移跃迁吸收带,三苯胺作为电子给予体,具有吸电子能力的芳香基为电子接受体,从而发生分子内的电荷转移跃迁。在分子结构上做适当调整的分子内电荷转移化合物可以实现高发光效率,目前已被广泛地应用在有机发光材料领域。

在上述跃迁中,π→π*、n→π*跃迁所需能量在紫外或可见光谱区,吸收的波长可用紫外-可见分光光度计测定。π→π*跃迁与n→π*跃迁有两个显著差别:

1）摩尔吸光系数不同:π→π*跃迁的摩尔吸光系数很大,单个不饱和键的摩尔吸光系数在10^4左右;而n→π*跃迁的摩尔吸光系数很小,一般在10~100范围内。

2）溶剂的极性对这两种跃迁吸收峰波长影响不同:当溶剂的极性增加时,π→π*跃迁所产生的吸收峰向长波长移动,称长移(红移);而 n→π* 跃迁所产生的吸收峰随溶剂的极性增加则向短波长移动,称短移(蓝移或紫移)。因为在 π→π* 跃迁的情况下,激发态的极性比基态的强,极性溶剂使激发态 π* 的能量比 π 的能量降低的多,π→π* 跃迁就容易,因而使吸收峰红移。而在 n→π* 跃迁中,非成键 n 电子在基态时与极性溶剂容易形成稳定的氢键,引起 n 轨道能量降低,使跃迁时所需能量增多则变得不易发生,从而使吸收峰蓝移。这种溶剂效应提示,在有机化合物的紫外吸收光谱测定中,应根据具体情况选择适当的溶剂。常用的溶剂有己烷、庚烷、环己烷、乙醇和水等。

2. 无机化合物的电子跃迁类型　与某些有机物相似,无机化合物可在电磁辐射的照射下,产生无机化合物的电子光谱,其电子跃迁形式一般分为两大类。

(1)电荷转移跃迁:金属配合物中电子从配位体(电子给予体)的轨道跃迁到中心离子(电子接受体)的轨道上的跃迁称为电荷转移跃迁。电荷转移吸收光谱出现的波长位置,取决于中心离子和配体相应电子轨道的能量差。不少过渡金属离子与含有生色团的试剂反应所生成的配合物以及水合无机离子,均可产生电荷转移跃迁,如 $AgBr$、HgS 等,正是由于这类跃迁而产生了颜色。这种跃迁其摩尔吸光系数一般大于 10^4,测定灵敏度高,常利用此类跃迁产生的吸收测定金属离子的含量。

(2)配位场跃迁:按照晶体场理论,某些金属离子在溶液中与水或其他配位体生成配合物时,镧系和锕系元素原来能量相等的 f 轨道或过渡金属元素能量相等的 d 轨道会在配位体的配位场作用下,分裂成能量不等的 f 轨道或 d 轨道,在光能激发下,低能态 f 电子或 d 电子跃迁到高能态的 f 轨道或 d 轨道上,这种跃迁称为配位场跃迁,其摩尔吸光系数一般小于 10^2。吸收光的波长取决于分裂能的大小,因此,这种吸收光谱受配位体性质影响较大,配位体的配位场越强,f 轨道或 d 轨道分裂能就越大,吸收峰波长就越短。

二、光的吸收定律

(一)Lambert-Beer 定律

当一束光强度为 I_0 的单色光通过吸光物质的溶液时,设吸收光的强度为 I_a,透过光的强度为 I_t,吸收池表面反射的强度为 I_r,它们之间的关系为:

$$I_0 = I_a + I_t + I_r \tag{3-1}$$

在紫外-可见分光光度法测定时,一般选用参比溶液调零后再测定样品溶液,吸收池的材料和结构都相同,因此反射光的强度 I_r 基本相同,其影响不予考虑。故上式可简化为:

$$I_0 = I_a + I_t \tag{3-2}$$

透过光强度 I_t 与入射光强度 I_0 之比称为透光率(transmittance),用 T 表示,实际应用中透光率通常用百分透光率 $T\%$ 表示。透光率越大,表示透过的光越多,吸收的光则越少。

$$T = \frac{I_t}{I_0} \tag{3-3}$$

朗伯(Lambert)于 1760 年建立了朗伯定律:在溶液浓度一定的条件下,溶液对单色光的吸收程度与溶液厚度成正比。

比尔(Beer)于 1852 年建立了比尔定律:在溶液厚度一定的条件下,溶液对单色光的吸收程度与溶液浓度成正比。

综合考虑吸光度与液层厚度 b 和溶液浓度 c 的关系,则将两定律合并成为 Lambert-Beer 定律,即:

$$\ln \frac{I_0}{I_t} = K'bc \tag{3-4}$$

其中，K' 为比例常数。将自然对数换算成常用对数，则上式为

$$\lg \frac{I_0}{I_t} = 0.434K'bc = Kbc \tag{3-5}$$

用 A 代表 $\lg \frac{I_0}{I_t}$，A 称为吸光度（absorbance）。结合式 3-5，

得

$$A = \lg \frac{I_0}{I_t} = \lg \frac{1}{T} = Kbc \tag{3-6}$$

Lambert-Beer 定律可表述为：在一定条件下，物质的吸光度与溶液浓度和液层厚度的乘积成正比。Lambert-Beer 定律是光吸收的基本定律，是吸收光谱法定量分析的依据。

式（3-6）中，比例常数 K 随溶液的浓度单位不同分别用 ε（摩尔吸光系数）和 a（吸光系数）表示。

摩尔吸光系数 ε：当溶液浓度 c 以 mol/L、厚度 b 以 cm 为单位时，K 用 ε 表示，其单位为 L/（mol·cm）。此时式（3-6）又可表示为：

$$A = \varepsilon bc \tag{3-7}$$

摩尔吸光系数 ε 的大小与浓度及液层厚度无关，与吸光物质的性质、入射光波长、溶剂等因素有关。①物质性质不同，ε 值大小不同，所以 ε 为物质的特征常数；②溶剂不同，同种物质的 ε 值不同，因此应指明溶剂；③入射光波长不同，ε 值不同，因此应指明波长。在一定条件下，ε 值可作为定性参数之一。

在定量分析时，常用 ε 值评价方法的灵敏度。ε 值愈大，测定的灵敏度愈高。因此，在分析工作中，可通过实验条件的优化使分析物质的 ε 值尽可能大，从而获得尽可能高的测定灵敏度。某一物质的 ε 值，则是通过测定适当浓度溶液的吸光度后，代入式（3-7）计算得到。

吸光系数 a：当浓度 c 以 g/L、厚度 b 以 cm 为单位时

$$A = abc \tag{3-8}$$

吸光度具有加和性。在特定的波长下，若溶液中存在两种或两种以上可吸收入射光的物质时（假设它们之间没有相互作用），则总吸光度等于各物质吸光度之和。这种加和性是分光光度法测定混合组分的理论基础，但同时表明共存组分也可带来干扰。

（二）偏离 Lambert-Beer 定律的因素

在一定条件下，固定液层厚度 b，测定各标准溶液的吸光度 A，以吸光度 A 为纵坐标，浓度 c 为横坐标作图，得到的直线称为标准曲线。但实验发现，只有在适当的浓度范围时，A 与 c 才呈现良好的线性关系。当溶液浓度较高或者较低时，标准曲线则发生向下或向上弯曲，即偏离 Lambert-Beer 定律（图 3-3）。

影响 Lambert-Beer 定律成立的因素有多种，最主要的影响因素有：

1. 光学因素　理论上，Lambert-Beer 定律只适

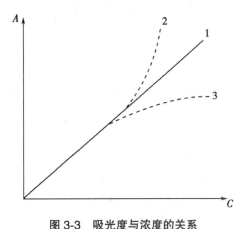

图 3-3　吸光度与浓度的关系
1. 遵守 Lambert-Beer 定律；2. 产生正偏差；
3. 产生负偏差

用于单色光,而实际上单色光的谱带总是有一定的宽度,而且还有一些由单色器带来的杂散光。

(1)非单色光:在实际测定中,紫外-可见分光光度计使用的是连续光源,经单色器分光,分出的单色光波长宽度取决于单色器的分辨率和狭缝大小。为保证有足够光强(灵敏度),狭缝要有一定的宽度,即包含一定波长范围的有限宽度的谱带,所以得到并非纯粹的单色光,而是具有一定波长范围的复合光,从而引起偏离光吸收定律。在分析时一般选择 λ_{max} 作为测定波长,溶液对其他波长的吸光度小于 λ_{max} 处的吸光度,此时非单色光造成负偏离。

(2)杂散光:从单色器得到的光,有些与所需单色光的波长相隔较远不在谱带宽度范围内,这种光称为杂散光。杂散光的产生可能是由于仪器元件的某些瑕疵及光学元件受尘埃污染或霉蚀所引起。样品溶液一般不吸收杂散光而造成负偏离。

2. 溶液的物理及化学因素　当溶液的浓度过高(大于 0.01mol/L)时,吸光物质质点间的平均距离缩小到一定程度,相邻质点的电荷分布彼此相互影响,从而改变物质对特定的光的吸收能力,使吸光度与浓度之间的线性关系发生改变。此外,均匀性较差的溶液,如胶体溶液、乳浊液或悬浊液,入射光除了被待测物质吸收外,还会有少部分光因折射、散射或反射而改变方向而损失,使得透过光的强度减弱,而实际测定的吸光度增加,产生正偏离。

当溶液中的吸光物质发生离解、缔合、配位或配合物组成发生变化时,可引起吸光物质浓度的变化,从而导致吸光度改变,偏离光吸收定律。

Lambert-Beer 定律在入射光为平行的单色光、溶液均匀、吸光粒子(分子或粒子)的行为互不影响的条件下才严格成立。但有些条件可能难以达到,如不能获得单一波长的光,溶液中粒子的电荷分布相互影响等。因此,Lambert-Beer 定律是一个有限的定律,应用时有一定的局限性。

第二节　紫外 - 可见分光光度计

紫外-可见分光光度计是一类应用普遍的分析仪器,型号很多。其基本组成可分为光源、单色器、吸收池、检测器、显示系统等五个部分,基本结构如方框图所示:

光源 → 单色器 → 吸收池 → 检测器 → 显示系统

一、主要部件

(一)光源

光源在所需的光谱区域内提供连续光谱,应具有足够的光强度和良好稳定性。紫外 - 可见分光光度计一般用氢灯或氘灯作为紫外光区的光源,用钨灯或卤钨灯作为可见光区的光源。

1. 氢灯或氘灯　该光源能发射 180~400nm 波长范围的连续光谱。在相同的条件下,氘灯的发光强度比氢灯约大 4 倍,但氘灯的价格较贵。由于玻璃吸收紫外线,故采用石英窗口。

2. 钨灯或卤钨灯　该光源能发射 350~2500nm 波长范围的连续光谱,最适宜的使用范围是 360~1000nm。卤钨灯是在灯内充有碘或溴的低压蒸气,其发光强度和使用寿命方面优于钨灯。

（二）单色器

单色器（monochromator）是将光源发出的连续光谱分离出所需要的单色光的器件，是分光光度计的关键部件。单色器主要由入口狭缝、出口狭缝、准直镜、色散元件等几部分组成。

1. 入口狭缝　光源的光由此进入单色器，其作用是限制杂散光进入。

2. 出口狭缝　用于限制通带宽度，其作用是让色散后所需波长的光通过。

3. 色散元件　其作用是把混合光分散为单色光，是单色器的关键部分。常用的色散元件有棱镜和光栅。

（1）棱镜：由玻璃或石英材料制成，玻璃棱镜用于可见光区，石英棱镜用于紫外或可见光区。棱镜是利用其对不同波长光的折射率的不同使复合光色散为单色光。波长愈长，折射率愈小；反之，折射率愈大，结果各种波长的光被分开。棱镜单色器的缺点在于色散率随波长变化，得到的光谱呈非均匀排列，色散是非线性的，且传递光的效率较低。

（2）光栅：常用的是平面反射光栅，其原理是基于在光学级平滑玻璃的铝镀膜上刻划出平行等距的刻痕，有每毫米600条、1200条、2800条等。是利用光的衍射原理将复合光色散出连续单波长光的光学器件。通过调节机构转动光栅获得单色光，使不同波长的光依次通过出射狭缝，从而获得连续不同波长的单色光。在连续光谱的不同位置也可以按需要设置几个出射狭缝，通过各狭缝得到几个固定波长的单色光。

4. 准直镜　它的作用是将来自入口狭缝的发散光变成平行光，并把来自色散元件的平行光聚焦于出口狭缝。

（三）吸收池

吸收池（absorption cell）用于盛装待测溶液。常规的紫外－可见分光光度计配有玻璃比色皿和石英比色皿作为吸收池，光学玻璃制成的吸收池用于可见光区，石英材料制成的吸收池用于紫外光区，也可用于可见光区。为减少光的损失，吸收池的光学面必须完全垂直于光束方向。在高精度的分析测定中，一般要求盛装空白溶液与盛装样品溶液的吸收池厚度和透光性均应一致，尤其在定量分析时应注意挑选配套的比色皿，以减少系统误差。挑选的方法是将配套使用的比色皿装入同样的溶液，于所选用的波长下测定透光率，透光率之差应小于0.5%。

（四）检测器

检测器（detector）的作用是检测信号、测量单色光通过溶液后光强度变化，并将光信号转变成电信号。常用的检测器有光电管、光电倍增管和光电二极管阵列检测器。

1. 光电管　是基于光电效应的基本光电转换器件，光电管可分为真空光电管和充气光电管两种。光电管的典型结构是在球形玻璃壳内装一个阳极和一个阴极，在内球面上涂一层光电材料（如碱金属或碱金属氧化物）作为阴极，球心放置小球形或小环形金属作为阳极。当光照射到光敏阴极时，在光能的作用下，阴极发射出电子，电子在电场作用下射向阳极产生电流。光愈强，发射的电子就愈多，电流就愈大。该电流通过负载电阻 R 转变成电压信号，经输出放大后显示出来。光电管线路示意图如图3-4所示。光电管的缺点是灵敏度较低。

2. 光电倍增管　在玻璃管内除装置涂有光敏材料的阴极和光电阳极外，还增设若干个光电倍增阴极，即二次发射极，一般设有9个倍增极。光电倍增极的形状及位置设置得正好使前一极的倍增极发射的电子继续轰击后一级倍增极。当光照射到阴极上时，阴极即发射光电子。这些光电子在电场加速下，轰击到第一倍增极上，每一个光电子可使该倍增极激发

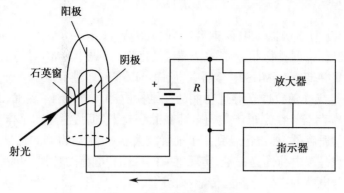

图3-4　光电管线路示意图

出多个额外次级光电子,这些次级光电子又被加速轰击到第二个倍增极上,使第二倍增极又发射出更多的光电子。这个过程继续重复下去,直到最后一个倍增极。最终这些经倍增的光电子被集中到阳极上去,产生较强的电流。由于所产生的电子流每经过一个倍增极便被放大一次,因此这种光电管称为光电倍增管。光电倍增管电极间的电压越高,放大倍数就越大。所产生的电流经过负载电阻 R 形成电压信号,经放大器放大后由显示系统显示出来。光电倍增管线路示意图如图3-5所示。光电倍增管对信号放大能力强,能测量更为微弱的光信号。光电管和光电倍增管不宜长时间连续使用,特别是在强光照射或大电流下,其灵敏度有下降趋势。

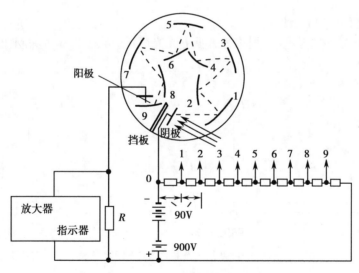

图3-5　光电倍增管线路示意图

　　3. 光电二极管阵列检测器　　20世纪80年代出现一种光学多通道检测器,即光电二极管阵列检测器(photo-diode array detector,PDAD)。光电二极管阵列是在晶体硅上紧密排列一系列光电二极管,每个二极管相当于一个单色仪的出口狭缝。两个二极管中心距离的波长单位称为采样间隔,因此在二极管阵列分光光度计中,二极管数目愈多,分辨率愈高。有的阵列型光电检测器由1024个二极管组成阵列,在极短的时间可在190~820nm范围内获得全光光谱。其最大优点在于可以获得时间、波长和吸光度的三维立体空间谱图,是目前较先进的紫外检测器。

4. 电荷耦合阵列检测器　电荷耦合阵列检测器（charge-coupled device array detector, CCD 检测器）是由一系列排得很紧密的金属－氧化物－半导体（MOS）电容器组成,由光子产生的电荷被收集并储存在 MOS 电容器中,从而可以准确地进行像素寻址而滞后极微。这种装置是具有随机或准随机像素寻址功能的二维检测器。可以将一个 CCD 看作许多个光电检测模拟移位寄存器。在光子产生的电荷被贮存起来之后,沿近水平方向被一行一行地通过一个高速移位寄存器,并被记录到一个前置放大器上,最后得到的信号被贮存在计算机里。它的突出特点是以电荷作为信号,实现电荷的存储和电荷的转移。因此,CCD 工作过程的主要原理是信号电荷的产生、存储、传输和检测。CCD 具有很多优异的性能:光谱范围宽、量子效率高、暗电流小、噪声低、线性范围宽等。但 CCD 检测器紫外光响应弱,信号接收率低,阻碍它的进一步发展。

（五）显示系统

显示系统（display system）是将检测器输出的信号经处理转换成透光率和吸光度再显示出来。显示方式有表头显示、数字显示等。有些仪器可直接读取浓度,配有计算机的可进行测定条件设置、数据处理、结果显示及打印。

二、分光光度计的类型

分光光度计有多种类型,按光束类别分:单光束分光光度计和双光束分光光度计;按波长类别分:单波长分光光度计和双波长分光光度计;按工作波长范围分:可见分光光度计、紫外－可见分光光度计。

（一）单光束分光光度计

若仪器只有可见光区光源,则称为可见分光光度计。典型的单光束可见分光光度计光学系统示意图如图 3-6 所示。

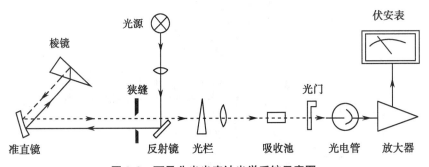

图 3-6　可见分光光度计光学系统示意图

根据实际需要将钨灯或氢灯发射的连续光导入到光路中,经聚光和反射由入口狭缝进入单色器,照射到准直镜上的入射光被反射后变成一束平行光射到背面镀铝的棱镜上被色散,色散出来的光再经准直镜的反射,汇聚于出口狭缝上,经吸收池其透过光照射到光电管上产生电流,经放大、转换后由显示系统显示。

常用的 721 型、722 型可见分光光度计及 751 型、752 型紫外－可见分光光度计均属于单波长单光束型分光光度计,这种简易分光光度计结构简单,操作方便,维护容易,适于常规分析。

（二）双光束分光光度计

图 3-7 为双光束分光光度计的光学系统示意图。由图看出，光源发出的连续光经单色器分光后获得一束光强度为 I_0 的单色光，该单色光通过切光器（也叫斩光器，为旋转扇面镜，一部分透光，一部分反光）被分为强度相等的两束光，一束光通过参比池 R，另一束通过样品池 S。从参比池出来的光束 I_R 和由样品池出来的光束 I_S 又通过另一切光器轮流交替照到同一检测器上，检测器在不同的时间接收和处理参比信号和样品信号，其信号差经转换变为透光率或吸光度，由显示系统显示出来。

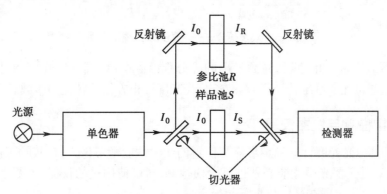

图 3-7　单波长双光束分光光度计光学系统示意图

设入射光的光强度为 I_0，因切光器旋转较快，所以被切光器分成强度均为 I_0 的两束光。这两束光分别通过参比池和样品池，透过光的强度分别为 I_R 和 I_S，根据 Lambert-Beer 定律得：

$$A_S=\lg\frac{I_0}{I_S} \qquad A_R=\lg\frac{I_0}{I_R}$$

$$A_S-A_R=\lg\frac{I_0}{I_S}-\lg\frac{I_0}{I_R}=\lg\frac{I_R}{I_S}$$

设 $A_S-A_R=A$，则

$$A=\lg\frac{I_R}{I_S} \tag{3-9}$$

由式（3-9）可见，I_0 已消去，表明光强度瞬间波动不影响吸光度 A 值。由于被切光器分成的两束光强度相等，分别通过参比溶液和样品溶液，因而能自动消除光源强度变化所引起的误差。

（三）双波长分光光度计

光源发出的光被分成两束，分别经过两个单色器，得到两束强度相同、波长分别为 λ_1 和 λ_2 的单色光，再经反射和切光器的旋转，使 λ_1、λ_2 两单色光以一定频率交替照射到同一吸收池。图 3-8 为双波长分光光度计光学系统示意图。其透过光被检测器交替地接收，经信号处理系统处理后，可直接获得两个波长吸光度的差值 ΔA。ΔA 与溶液浓度 c 成正比。

$$\Delta A=A_{\lambda_2}-A_{\lambda_1}=(\varepsilon_2-\varepsilon_1)bc \tag{3-10}$$

在上述分析条件下，因不需参比溶液，所以可以消除因吸收池不匹配及参比溶液与样品溶液基体差异等造成的误差。对于多组分混合物、浑浊试样分析，以及存在背景干扰以及共存组分干扰的情况下，采用双波长分光光度法，通过选择两个适当的波长，可以对吸收光谱相互重叠的混合物分别定量,也可测定背景吸收较大的样品,提高了测定的选择性,扩大了分光光度法的应用范围。

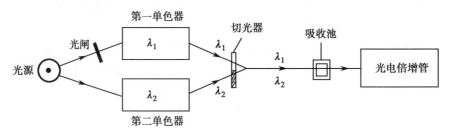

图3-8 双波长分光光度计光学系统示意图

此类仪器装有两个单色器,光源发出的光分别由两个单色器得到两个波长的单色光。这类仪器可以通过光学系统转换,使双波长分光光度计很方便地转化为单波长工作方式。

三、光学性能与仪器校正

紫外－可见分光光度计的稳定可靠与仪器的光学性能密切相关,在实际工作中,对于新安装的仪器,对其主要光学性能必须进行全面检测,对已使用过的仪器,也要定期检测仪器的性能指标,以保证仪器在最佳状态下运行。

（一）波长准确度

1. 表示方法 波长准确度(wavelength accuracy)是指仪器波长指示器上所指示的波长值与实际输出的波长值间的符合程度,亦称波长精度,用波长的实际测定值与理论值的差值表示。紫外－可见分光光度计的波长准确度是很重要的技术指标,特别是比较不同仪器的测试结果时,波长准确度显得更为重要。波长误差主要取决于仪器设计制造误差及仪器搬动后使波长装置部件与出射狭缝间的相对位置变化引起的误差,它对定性、定量及结果分析影响较大。

2. 测定方法 波长准确度的测量方法较多,常用的是低压汞灯发射线法和稀土玻璃(如镨钕玻璃、钬玻璃)检查法等。现有的紫外－可见分光光度计检测器大多性能完备,具有完善的自动波长校准功能。

（1）低压汞灯发射线法:按仪器正常扫描方式进行全部测量,读出最大吸光度波长,依顺序逐一核对谱带的位置。如果超过规定指标,应按说明书规定步骤校正。

（2）镨钕玻璃检查法:在可见光区校正波长最简便的方法是绘制镨钕玻璃滤光片的吸收光谱。镨钕玻璃滤光片的吸收峰为 528.7nm 和 807.7nm,通常采用此双峰谱线进行波长校正。如果测出的峰的最大吸收波长与仪器标示值相差 ±3nm 以上,则需要细微调节波长刻度校正螺丝。如果测出的最大吸收波长与仪器波长显示值之差大于 ±10nm,则需重新调整光源位置或检修单色器的光学系统。

（二）光度准确度

1. 表示方法 对紫外可见分光光度计光度准确度的表示方法主要用吸光度准确度(ΔA)或透光率准确度(ΔT)表示。国际上绝大多数国家用吸光度准确度表示,它是指标准样品在 λ_{max} 处吸光度的测定值与真值之间的偏差。偏差越小,准确度越高。

2. 测定方法 选用纯度高、稳定性好的物质作为测试光度准确度的材料,最主要的是铬酸钾、重铬酸钾、硝酸钾、中性滤光片等,其中以铬酸钾和重铬酸钾溶液应用最普遍。

（三）光度重复性

1. 表示方法　光度重复性（photometric repeatability）又称光度精密度（photometric precision），是指多次测量中的离散性，一般采用 3~5 次中的最大值与最小值之差表示。光度重复性反映紫外 - 可见分光光度计分析测试结果的稳定性及可靠性。

2. 测定方法　由同一操作者对选择的一个标准样品或自选的其他样品进行光谱扫描 3~5 次，然后在图谱上选择几个特征吸收峰，计算各峰值的最大值与最小值之差，其中最大的差值代表仪器的光度重复性。人们常常将光度准确度和光度重复性的测定在一次操作中完成。

（四）杂散光

1. 表示方法　杂散光（stray light）是指检测器在给定波长的接收光线中混杂有不属于入射线光束或通带外部的光线。杂散光直接影响分析的准确度，使分析结果偏离朗伯 - 比尔定律，杂散光是分光光度计的误差来源之一。当杂散光被试样吸收时，测量值大于真实值，出现正偏离。当杂散光不被试样吸收时，测量值小于真实值，出现负偏离。

2. 测定方法　一般采用截止滤光法，选用滤光片或滤光液测定杂散光。

第三节　紫外 - 可见分光光度法分析条件的选择

有些物质在紫外或可见光区有较强的吸收，分析时，只要将样品制备成溶液，即可采用紫外 - 可见分光光度法测定待测组分。

由于大多数物质在紫外及可见光区没有吸收或吸收较弱，不能直接进行分光光度法测定，通常选择适当的试剂与试样中的待测组分反应，把它转变成吸光系数较大的有色化合物，然后进行紫外 - 可见分光光度法测定。这种反应的优劣对分析测定的灵敏度及准确度有很大影响。另外，为了得到较好的测量灵敏度和准确度，必须注意选择适宜的测量条件。

一、溶剂

溶剂的性质对待测组分吸收光谱的波长和吸收系数都有影响，因此在选择溶剂时除了不能与样品有反应外，还要求样品在溶剂中能达到一定浓度，且在所要测定的波长范围内，溶剂本身没有吸收。极性溶剂的吸收曲线平稳，价格便宜，故在分析中，常用水或醇等作为测定溶剂。许多溶剂在紫外区有吸收峰，只能在其吸收较弱的波段使用。

若溶剂与溶质发生较强的相互作用，则可以改变紫外 - 可见吸收光谱。溶剂极性不仅对最大吸收波长有影响，而且还影响吸收光谱的精细结构。当物质处于蒸气状态时，由于分子间的相互作用力减小到最低程度，电子光谱的精细结构（振转光谱）清晰可见；当物质处于非极性溶剂中时，由于溶质分子和溶剂分子间的相互碰撞，使精细结构部分消失；当物质处于极性溶剂中时，由于溶剂化作用，限制了分子的振动和转动，使精细结构完全消失，分子的电子光谱只呈现宽的谱线。如苯酚在异辛烷溶剂中呈现出其振转光谱的精细结构，而在水溶液中苯酚最大吸收波长出现蓝移，同时精细结构消失，其原因是苯酚与水形成了氢键。

由于溶剂对紫外 - 可见光谱有影响，因此在吸收光谱上或数据表中必须注明所用溶剂；对已知化合物作紫外光谱比较时，应注意所用溶剂一致性。在进行紫外分光光度分析时，必须正确选择溶剂。选择溶剂应注意：①溶剂应能很好地溶解待测样品，溶剂对溶质应是惰性的，所组成的溶液应具有良好的化学和光化学稳定性；②在溶解度允许的范围内，尽量选择极性较小的溶剂；③溶剂在样品的吸收光谱区应无明显吸收。

二、显色反应及其条件

（一）显色反应及要求

1. 显色反应　很多物质在紫外及可见光区没有吸收或吸收较弱，不能直接进行分光光度法测定，一般选择适当的试剂，将待测组分转化为有色化合物，再进行测定。这种将试样中被测组分转变成有色化合物的化学反应，称为显色反应，所用的试剂称为显色剂。显色反应必须符合要求，且在最佳的条件下进行显色反应，才能获得满意的灵敏度和准确度。

2. 显色反应要求　显色反应主要有配位反应、偶合反应、氧化还原反应等，其中配位反应应用广泛。为了满足对分析测定的要求，显色反应必须符合以下要求：①待测组分应定量地转变成有色化合物，二者有确定的化学计量关系；②有色化合物的组成恒定，有足够的稳定性，摩尔吸光系数较大（应在 10^4 以上），以使测量的灵敏度高、重现性好、误差小；③有色化合物与显色剂之间的颜色要有明显的差别。颜色变化愈明显，试剂空白值愈小；④选择性好，干扰少，或容易消除干扰。

（二）显色反应条件

显色反应能否满足光度法的要求，除了主要与显色剂的性质有关外，控制好显色反应条件也很重要。显色条件主要包括显色剂用量、溶液酸度、显色温度、显色时间及干扰离子消除，可以通过试验确定合适的显色反应条件。

1. 显色剂用量　显色反应可表示如下：

$$M \quad + \quad R \quad \rightleftharpoons \quad MR$$
$$\text{（待测组分）} \qquad \text{（显色剂）} \qquad \text{（有色化合物）}$$

根据化学平衡移动原理，为了保证反应尽可能地反应完全，必须加入过量的显色剂。但有时过量太多，会使配合物的组成改变，导致颜色改变，不利于测定。例如，用 SCN^- 来测定 Mo^{5+}：

$$Mo^{5+}+3SCN^- \rightleftharpoons Mo(SCN)_3^{2+} \xrightarrow{+2SCN^-} Mo(SCN)_5 \xrightarrow{+SCN^-} Mo(SCN)_6^-$$
$$\text{浅红色} \qquad\qquad \text{橙红色} \qquad\qquad \text{浅红色}$$

当 SCN^- 量不足时生成浅红色的 $Mo(SCN)_3^{2+}$，吸光度较小；当 SCN^- 适量时生成橙红色的 $Mo(SCN)_5$，吸光度较大；若 SCN^- 过量太多，就会生成浅红色的 $Mo(SCN)_6^-$，反而使吸光度降低。当显色剂过量太多时，有些共存物质也会产生反应，以致干扰测定。此外，有许多显色剂本身有颜色，若用量过多，会使空白值增大。

合适的显色剂用量可通过实验确定。图 3-9 为吸光度与显色剂加入量的关系。由图可以看出，用量在 X_1 至 X_2ml 之间时，吸光度值比较大且比较恒定。显然，合适的显色剂用量应在 X_1 至 X_2ml 之间。

2. 溶液酸度　在显色反应中，控制溶液的酸度十分重要。pH 对显色反应多个方面都有影响，主要有：对显色剂颜色的影响、对显色反应平衡的影响、对金

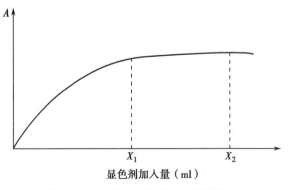

图 3-9　吸光度与显色剂加入量的关系

属离子存在状态的影响等。

(1) 酸度对显色剂颜色的影响:不少显色剂在不同的酸度下具有不同的颜色,必须选择合适的 pH 以使显色剂的颜色不干扰测定。

(2) 酸度对显色反应的影响:不少有机显色剂是弱酸,如水杨酸、磺基水杨酸等,在水溶液中可产生离解。离解平衡与显色反应之间的关系如下:

$$HR \rightleftharpoons R^- + H^+$$

$$\uparrow\downarrow M^+$$

$$MR$$

显然,当 $[H^+]$ 增大时,平衡将向形成 HR 的方向移动,导致 $[R^-]$ 降低,促进有色化合物 MR 离解,从而影响显色反应。当 $[H^+]$ 太小时,在某些情况下会引起配合物的组成改变,导致配合物的颜色改变。

(3) 酸度对金属离子存在状态的影响:当溶液的 pH 较高时,许多高价金属离子(Fe^{3+}、Al^{3+}、Bi^{3+} 等)可发生水解产生氢氧化物沉淀,从而使金属离子的浓度降低,影响测定结果的准确性。

总之,控制溶液的酸度对显色反应十分重要。而适宜的酸度则是通过实验来确定。其方法是固定溶液中待测组分和显色剂的浓度,在不同的 pH 条件下进行显色,分别测定溶液的吸光度,绘制 A-pH 曲线,从中找出 A 较大时所对应的适宜的 pH 范围。

3. 显色温度 大多数显色反应在室温下就能迅速反应完全,但有的显色反应需要加热至一定的温度才能反应完全。合适的显色温度必须通过实验来确定。方法是配制一组溶液,在固定其他条件的情况下,分别在不同温度下显色后,测定各溶液的吸光度,绘制 A-T（℃）曲线,选择 A 较大时所对应的温度进行显色。

4. 显色时间 不同的显色反应其反应速度不同,显色溶液达到色调稳定、吸光度最大所需的时间也不同。另外,经显色反应形成的有色化合物稳定性也不一样,许多有色溶液放置一定时间后,由于光的照射、空气的氧化、试剂的分解等原因则会褪色。因此,适宜的显色时间必须通过实验确定。其方法是配制一份显色溶液,从加入显色剂开始计时,每隔几分钟测定一次吸光度,然后绘制 A-t（min）曲线。应选择 A 最大时所对应的时间为最适宜的显色时间,并在 A 保持较大的时间内完成测定。

5. 干扰离子消除方法 若样品溶液中的共存离子本身有颜色,或能与显色剂生成有色化合物等都会影响测定结果。检验离子干扰的方法,一般在待测组分的标准溶液中加入一定量的干扰离子(样品中可能存在的离子),测定标准溶液和含有干扰离子的标准溶液的吸光度,计算分析结果的相对误差。通常找出相对误差为 ±5% 时所加入的干扰离子的量,这个量越小,表明此离子越易引起干扰。当有共存离子干扰时,必须采取措施予以消除。消除方法主要有:

(1) 加入配位掩蔽剂:配位掩蔽剂与干扰离子生成无色配合物来消除干扰。例如,用丁二酮肟测定镍时,铁有干扰,可用柠檬酸作掩蔽剂来消除铁的干扰。

(2) 加入氧化剂或还原剂:氧化剂或还原剂与干扰离子发生反应,从而改变干扰离子的价态来消除干扰。例如,用铬天青 S 测定铝时 Fe^{3+} 有干扰,加入抗坏血酸使 Fe^{3+} 还原为 Fe^{2+} 可消除干扰。

(3) 选择适宜的显色条件:如控制溶液的酸度,使干扰离子不与显色剂反应而消除干扰。例如,用磺基水杨酸测定 Fe^{3+} 时,Cu^{2+} 则与磺基水杨酸生成绿色配合物而干扰测定。若控制溶液的 pH 在 2.5 左右时,Cu^{2+} 则不与试剂显色,从而消除了 Cu^{2+} 的干扰。

(4)分离干扰离子:若采取上述几种方法不能消除干扰时,可采用沉淀、离子交换或溶剂萃取等方法分离干扰离子以消除干扰。注意,这些分离方法的操作相对较烦琐,也易引起误差。

三、测量条件

在进行紫外 - 可见分光光度法测定时,需要对测量波长、吸光度读数范围、参比溶液等测量条件加以选择,以获得较高的测量灵敏度和准确度。

(一)测量波长

一般根据待测组分的吸收光谱来选择测量波长。在 λ_{max} 处待测组分的吸光系数最大,灵敏度最高,且吸光度一般随波长的波动变化较小,可以得到最佳的测量精度,因此选择最大吸收波长 λ_{max} 作为测量波长。如果干扰组分在待测组分 λ_{max} 处也有吸收时,就不宜选择 λ_{max} 作为测量波长,应根据"吸收大、干扰小"的原则选择测量波长。

(二)吸光度读数范围

由于分光光度计的电路、检测器及工作环境条件等多方面具有一定程度的不确定性,会造成透光率测定值有一定的误差(ΔT)。仪器的性能不同,误差大小也不同。性能越好,误差越小。一般认为,大多数分光光度计的 ΔT 在 $\pm 0.002 \sim \pm 0.01$ 之间,且 ΔT 在透光率的整个读数范围内为定值。透光率标尺的刻度是等分的,但因吸光度 A 与透光率 T 呈负对数关系,吸光度 A 标尺的刻度则是不等分的。在不同的透光率读数时,同样大小的 ΔT 所对应的 ΔA 不相同,浓度误差 Δc 也不相同。

根据光的吸收定律,经数学推导得出 ΔT 引起的浓度相对误差 $\Delta c/c$ 的计算公式为

$$\frac{\Delta c}{c} = \frac{0.434 \Delta T}{T \lg T} \tag{3-11}$$

式中,ΔT 为透光率读数误差。

若 $\Delta T = \pm 1\%$ 时,根据式(3-11)可计算出不同 T(或 A)时的 $\Delta c/c$(表 3-2)。

表 3-2 不同 $T\%$ 时的 $\Delta c/c^*$(假定 $\Delta T = \pm 1\%$)

$T(\%)$	95	90	80	70	65	60	50	40	30	20	15	10
A	0.022	0.046	0.097	0.155	0.187	0.222	0.301	0.399	0.523	0.699	0.824	1.000
$\Delta c/c(\%)$	20.5	10.5	5.6	4.0	3.6	3.3	2.9	2.7	2.8	3.1	3.5	4.3

* $\Delta c/c(\%)$ 数值前的 $\pm$ 号从略,当 ΔT 为"+"时,$\Delta c/c(\%)$ 为"−",反之亦然

将 $\frac{\Delta c}{c}$ 对 $T\%$ 作图得一曲线(图 3-10)。

由表 3-2 和图 3-10 可以看出,$T\%$ 在 15%~65% 或 A 在 0.8~0.2 范围内,浓度相对误差较小。为了得到较高的测量准确度,A 一般应在 0.2~0.8 范围内读数。在实际分析时,可通过控制溶液的浓度及改变吸收池的厚度等因素使吸光度在 0.2~0.8 范围内。当然,分光光度计的精度不同,ΔT 大小也不一样。仪器精度更高的光度计,ΔT 会更小,由读数引起的浓度的相对误差也会更小,此时吸光度的读数范围也可更宽。适宜的吸光度读数范围与分析结果

准确度的要求有关。

（三）参比溶液

参比溶液（reference solution）也称空白溶液（blank solution）。测量试液的吸光度时，需先用参比溶液调节透光率 T 为 100%，吸光度 $A=0$（双波长分光光度法除外），以消除溶液中其他成分及吸收池和溶剂等因素对入射光的反射、折射和吸收所带来的误差。参比溶液应根据不同的情况合理选用。

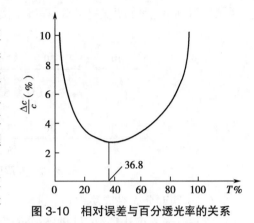

图 3-10 相对误差与百分透光率的关系

1. 溶剂参比　当溶液中只有待测组分在测定波长下有吸收，而其他组分均无吸收时，可用纯溶剂作参比溶液，称为"溶剂参比"或"溶剂空白"。

2. 试剂参比　若除了待测组分外，显色剂及其他试剂在测定条件下也有吸收时，则按显色反应的条件，除不加待测组分外，应取与测定试液所用的相同试剂制备参比溶液，称为"试剂参比"或"试剂空白"。

3. 试样参比　如果只是试样基体有色，而显色剂无色，且显色剂也不与试样基体显色，则按显色反应的条件，除不加显色剂外，应取相同的试样溶液制备参比溶液，称为"试样参比"或"试样空白"。

4. 平行操作参比　为了抵消在分析过程中引入干扰物质的影响，可用不含待测组分的样品按照与试样完全相同的分析步骤进行平行操作，以所得的溶液作为参比溶液，称为"平行操作参比"或"平行操作空白"。有时也用试剂空白溶液作为参比，测定出平行操作参比溶液的值，常称为空白值，根据此空白值可判断在分析测定过程中引入干扰组分的多少，在结果计算时用试液的测定值减去空白值。在实际分析工作中，由于不易找到不含待测组分的样品，因此常用溶剂或蒸馏水进行平行操作。

四、提高分析灵敏度和准确度的方法

提高分析灵敏度和准确度的方法主要有示差分光光度法、萃取分光光度法、胶束增溶分光光度法等，介绍如下：

（一）示差分光光度法

普通分光光度法用于高浓度或很稀溶液的测定时，因吸光度值太大或太小，超出了适宜的吸光度读数范围而引入较大的光度误差。若用示差分光光度法（简称示差法），由于扩展了读数标尺，因而提高了测定的灵敏度和准确度，减少了误差。示差法可分为高浓度示差法、低浓度示差法和最精密示差法三种。高浓度示差法的原理如下：

以比待测溶液浓度（c_x）稍低的标准溶液（c_s）作参比调 A 为零，由 Lambert-Beer 定律得：

$$A_x=Kbc_x \qquad A_s=Kbc_s$$

前式减去后式得：

$$\Delta A=A_x-A_s=Kb(c_x-c_s)=Kb\Delta c$$
$$\Delta A=K'\Delta c（b \text{ 为一定值}） \qquad (3-12)$$

显然，ΔA 与 Δc 成正比，以 ΔA 对 Δc 作图，可得一直线。由于用 c_s 调零，故测得的 A 值就是 A_x 与 A_s 的差值 ΔA，而 $c_x=\Delta c+c_s$。高浓度示差法的标尺扩展如图 3-11 所示。由于使待

测试液从普通分光光度法的高吸光度区域的测量扩展到示差法中的光度误差较小的吸光度区域进行测量,使光度误差降低,提高了测量的准确度。

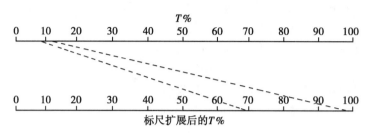

图 3-11　高浓度示差法标尺扩展原理图

（二）萃取分光光度法

萃取分光光度法是溶剂萃取与分光光度法相结合的一种分析方法。本法先将待测组分的配合物用有机溶剂萃取,然后在萃取后的有机相中进行分光光度测定。萃取对待测组分具有富集作用,还可消除干扰离子,使分离和测定在较简单的一些操作步骤中结合进行,在一定程度上加快了分析速度,提高了方法的灵敏度和选择性。

（三）胶束增溶分光光度法

表面活性剂在水相中有生成胶体的倾向,随其浓度的增大,体系由真溶液转变为胶体溶液,形成极细小的胶束,体系的性质随之发生明显的变化。这些胶束对一些显色剂有增溶作用,即胶束能使原来溶解度较小的物质在溶剂中的溶解度增加。由于形成胶束而使显色产物溶解度增大的现象,称为胶束增溶效应。由于这种胶束增溶效应,增大了显色分子的有效吸光截面,增强其吸光能力,使吸光系数显著增大,提高显色反应的灵敏度。所以胶束增溶分光光度法是利用表面活性剂的增强、增敏、增稳等作用,以提高显色反应的灵敏度、对比度或选择性,改善显色反应条件,并在水相中直接进行光度测量的分光光度法。

第四节　紫外－可见分光光度法的应用

紫外－可见分光光度法已作为常规方法广泛地应用于环境、水质、食品、药物及生物材料中物质的定性、定量、鉴定鉴别及结构分析中。

一、定性分析

如前所述,产生无机化合物电子光谱的电子跃迁形式一般分为两大类:电荷转移跃迁和配位场跃迁。不少过渡金属离子与含生色团的试剂反应所生成的配合物以及许多水合无机离子,均可产生电荷转移跃迁而形成有颜色的配合物;并且绝大多数过渡金属离子都有未充满的 d 轨道,在溶液中与水或其他配位体生成配合物时,就可以吸收适当波长的辐射能,发生 d-d 跃迁,配位体的配位场越强,d 轨道分裂能就越大,吸收峰波长就越短。例如,H_2O 的配位场强度小于 NH_3 的配位场强度,所以 Cu^{2+} 的水合离子呈现浅蓝色,吸收峰在 749nm 处,而铜氨络离子呈深蓝色,吸收峰在 663nm 处。因此可以利用这些光谱信息,研究配合物的结构,并为现代无机配合物键合理论提供了有用的信息。

由于紫外光谱较为简单,光谱信息少,特征性不强,且不少简单官能团在近紫外没有吸收或吸收很弱,因此,这种方法在有机化合物的定性分析及结构鉴定方面的应用有较大的局限性。但是它适用于不饱和有机化合物,尤其是含有共轭体系的生色团,在结合红外光谱、核磁共振谱、质谱等结构分析中,发挥着重要的作用。一般定性分析有如下两种方法。

（一）吸收光谱曲线比较法

吸收光谱的形状、吸收峰的数目和位置及相应的摩尔吸光系数,是定性分析的基本依据,而最大吸收波长 λ_{max} 及相应的 ε_{max} 是定性分析的主要参数。比较法有标准物质比较法和标准谱图比较法两种。利用标准物质比较,未知物和标准物质应平行操作,在相同溶剂中配制相同浓度,测定和比较未知物与已知标准物质的吸收光谱曲线;为了进一步确证,有时更换溶剂分别测定后再作比较,若所得光谱图仍和标准物质一致,则二者可能是同一物质。若两个化合物吸收光谱不同时,则可以肯定它们不是同一种化合物。若得不到标准物质,也可以与文献上的标准图谱进行比较,但要注意其测定条件的一致性。

（二）最大吸收波长及吸收系数一致性的比较法

两种化合物的紫外吸收光谱相同,有时未必是同一种化合物。因为紫外吸收光谱中通常只有 2~3 个较宽的吸收峰,具有相同发色团的不同分子结构,有时在较大分子中不影响发色团的紫外吸收峰,导致不同分子结构产生相同的紫外吸收光谱,但是它们的吸收系数是有差别的,所以在比较吸收波长的同时还要比较吸收系数。

二、纯度检测

当纯物质与含杂质样品的紫外吸收光谱有差别时,就可以用紫外分光光度法检查物质的纯度。检测的灵敏度取决于目标物与杂质间吸光系数的差异。如 Vc 在紫外光谱区域有吸收,其水溶液体系的 λ_{max} 为 265nm,0.01mol/LHCl 溶液体系的 λ_{max} 为 244nm,而杂质在此区域没有吸收。因此通过比较相同浓度试样和标样在最大吸收波长处的吸光度,从而确定试样中 Vc 的纯度。

若一种化合物在某一波段的紫外和可见光区域内无吸收或吸收很弱,而杂质有吸收时,则该化合物的生产精制应当进行到规定波长处的吸收系数降到最低时为止。中国药典中有些药物就是以此作为杂质限度检查的依据。此外,有些药物的杂质是通过比色法与杂质对照品比较进行控制的。

利用紫外分光光度法还可以检测 DNA 样品的纯度,当 DNA 样品中含有蛋白质、酚或其他小分子污染物时,会影响 DNA 吸光度的准确测定。DNA 在 260nm 处有较强的吸收,而蛋白质的特征吸收在 280nm 处,通常情况下同时检测 DNA 样品 260nm 处和 280nm 处的吸收度值 A_{260} 和 A_{280},可大致判断所提取的 DNA 的纯度。A_{260}/A_{280} 的值在 1.7~1.9 之间,说明提取纯度较好;低于 1.7,说明提取的 DNA 中残留有较多的蛋白质或酚;若大于 2.0,说明有 RNA 污染或 DNA 链断裂。

三、定量分析

紫外－可见分光光度法主要用于定量分析,定量的依据是 Lambert-Beer 定律,定量方法主要有:

（一）标准曲线法

配制一系列不同浓度的标准溶液（一般 5~7 个）,在待测物质的最大吸收波长处,以适当的空白溶液为参比,分别测定系列溶液的吸光度 A。然后以 A 为纵坐标,以浓度 c 为横坐标,绘制标准曲线。

用同样方法配制待测试样的溶液,在相同条件下测定其吸光度A_x,然后从标准曲线上查出与吸光度A_x相对应的试样溶液的浓度c_X。也可由系列标准溶液测定数据求得直线回归方程和线性相关系数,根据直线回归方程求算未知试液的浓度,根据线性相关系数判断线性的优劣。标准曲线法适合批量样品的分析测定。

（二）直接比较法

当标准曲线经过原点时,可用直接比较法定量。配制标准溶液c_s及与其浓度相近的待测试样溶液c_x,在相同条件下分别测定它们的吸光度A_s和A_x。根据吸收定律:

$$A_s=Kbc_s \qquad A_x=Kbc_x$$

因K、b相同,故由此推得:

$$c_x= \frac{A_x}{A_s} \times c_s \qquad\qquad (3\text{-}13)$$

此法比较简便,但误差相对较大。使用时要注意前提条件,分析时还要使c_s与c_x尽可能的接近,以提高测定结果的准确性。

（三）双波长分光光度法

当某一组分的吸收光谱对待测组分的吸收光谱产生干扰时,若采用单波长分光光度法进行定量测定,在处理结果时须解联立方程式,比较费时。而对于背景吸收较大的溶液,则无法采用单波长分光光度法测定。上述情况可采用双波长分光光度法进行测定,其定量分析方法如下:

在分析时,调整交替照射到吸收池上的两束波长分别为λ_1和λ_2的单色光的强度相等,设均为I_0,通过吸收池后,光的强度分别为I_1和I_2,待测组分对λ_1和λ_2的吸光度分别为A_1和A_2,背景吸收与光散射为A_S(因λ_1和λ_2接近,两个波长下的A_S可视为相等),则有

$$A_1=\varepsilon_1bc+A_S \qquad A_2=\varepsilon_2bc+A_S$$
$$\Delta A=A_2-A_1=(\varepsilon_2-\varepsilon_1)bc \qquad\qquad (3\text{-}14)$$

式中ε_1及ε_2分别为待测组分在λ_1和λ_2处的摩尔吸光系数。

式(3-14)表明,ΔA与溶液中待测组分的浓度c成正比。由此可知,只要λ_1和λ_2选择适当,就可以消除干扰组分的吸收,从而实现对待测组分的定量测定。

用双波长分光光度法对两个组分混合物中某个组分测定时,可采用等吸收点法消除干扰。等吸收点法是指在干扰组分的吸收光谱上,选择两个适当的波长λ_1和λ_2,干扰组分在这两个波长处具有相等的吸光度,而待测组分对这两个波长的吸光度差值应足够大,以便有足够高的灵敏度。

以测定阿司匹林中水杨酸的含量为例,用作图法说明等吸收点波长λ_1和λ_2的选择方法(图3-12)。

首先绘制出纯品水杨酸(e)和阿司匹林(d)及混合物(s)的吸收光谱。然后在干扰组分阿司匹林的吸收光谱上选定有利于测定的两个等吸收点的波长λ_1和λ_2。以混合物曲线上的峰值(280nm)作为测定波

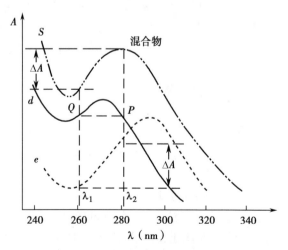

图3-12　作图法选择等吸收点波长λ_1和λ_2

长 λ_2,在选定的 λ_2 位置作横坐标的垂线与 d 曲线相交一点 P,再从 P 点作平行于横坐标的直线与 d 曲线相交于另一点 Q,选择与 Q 点相对应的波长(260nm)作为参比波长 λ_1。

根据图 3-12 可求出混合物在 λ_2 处的吸光度 A_2 及在 λ_1 处的吸光度 A_1 为:

$$A_2 = A_2^d + A_2^e \qquad A_1 = A_1^d + A_1^e$$

$$\Delta A = A_2 - A_1 = A_2^d + A_2^e - A_1^d - A_1^e \qquad 因 A_2^d = A_1^d$$

$$\Delta A = A_2 - A_1 = (\varepsilon_2^e - \varepsilon_1^e) bc \tag{3-15}$$

上式说明,水杨酸在 λ_2 及 λ_1 处吸光度差值 ΔA 与水杨酸的浓度 c 成正比,而与干扰组分阿司匹林的量无关,从而可以消除阿司匹林的干扰。

(四)导数光谱法

导数光谱法(derivative spectroscopy)是解决干扰物质与待测物质的吸收光谱互相重叠,消除胶体和悬浮物散射影响和背景吸收的良好定量方法。

1. 基本原理 根据吸收光谱的数据,每隔一个波长间隔 $\Delta\lambda$(一般为 1~2nm)逐点计算出 $\dfrac{\Delta A}{\Delta\lambda}$ 的值。

$$\left(\frac{\Delta A}{\Delta\lambda}\right)_i = \frac{A_{i+1} - A_i}{\lambda_{i+1} - \lambda_i} \tag{3-16}$$

A_i 为相应于 λ_i 时的吸光度,A_{i+1} 为相应于 $\lambda_i + \Delta\lambda$ 处的吸光度。绘制 $\dfrac{\Delta A}{\Delta\lambda} \sim \lambda$ 曲线,得到的图形为一阶导数光谱,依次类推可求出高一阶的导数光谱。此外还可以利用带有微处理机的分光光度计直接绘制出吸收光谱及其一阶和高阶导数光谱。以高斯曲线模拟的吸收光谱(称零阶光谱)及其一至四阶的导数光谱如图 3-13 所示。利用导数光谱对组分进行定性、定量分析的方法称为导数光谱法。此法尤其在多组分的同时测定、浑浊溶液测定、背景干扰消除及复杂光谱的辨析等方面具有独特的优越性。

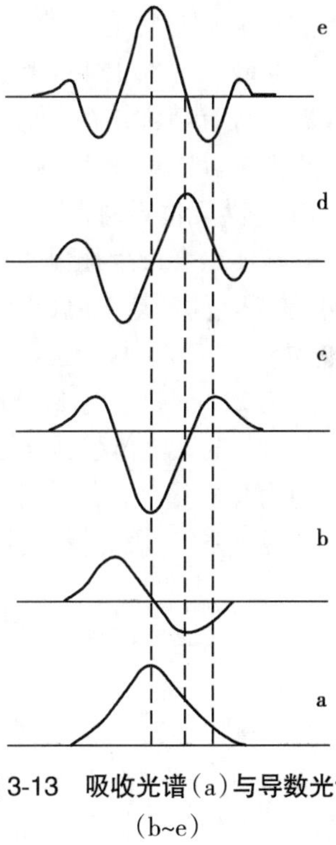

根据导数的物理意义及图 3-13 可知,在吸收光谱的极大点处,其奇数阶时导数为零,而偶数阶时导数为极值;在吸收曲线的拐点处,其奇数阶导数为极大或极小,而偶数阶导数为零。随着导数阶数的增加,峰数增加,峰宽度变窄,分辨能力提高,有利于重叠谱带及肩峰的分离和鉴别。

导数光谱法的定量依据,根据 Lambert-Beer 定律得:

$$\frac{d^n A}{d\lambda^n} = \frac{d^n \varepsilon}{d\lambda^n} \times bc \tag{3-17}$$

图 3-13 吸收光谱(a)与导数光谱(b~e)

由式(3-17)可知,在一定条件下,吸光度 A 的 n 阶导数值与待测组分的浓度 c 成正比。

2. 导数光谱法 从各阶导数光谱曲线方程式看出,在一定的条件下,导数信号值与待测组分的浓度成正比。通过测量导数光谱上的导数信号值可获得定量数据,通常采用几何法测量出定量所需的数据。常用的测量方法有峰-谷法、基线法和峰-零法(图 3-14)。

（1）峰 - 谷法：在导数光谱上测量峰与相邻谷之间的距离，该值与待测组分的浓度成正比，如图 3-14 中 a、c 所示。此法灵敏度高，较为常用。

（2）基线法：该法又称正切法。在导数光谱上对两个相邻峰作切线，然后测量切线到两峰之间的谷的距离，该值与待测组分的浓度成正比，如图 3-14 中 b 所示。

（3）峰 - 零法：在导数光谱上测量峰至基线间的距离，该值与待测组分的浓度成正比，如图 3-14 中 d 所示。

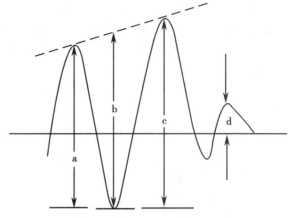

图 3-14　导数光谱法定量数据测量法

四、结构分析

紫外 - 可见分光光度法可以进行化合物中某些特征基团及共轭体系的判断。

（一）特征基团的判别

有机化合物基团，如羰基、硝基、苯环、共轭体系等，都有其特征的紫外或可见吸收谱带。如在 270~300nm 处有弱的吸收带，且随溶剂极性增强而发生蓝移，则是羰基 $n→π^*$ 跃迁所产生的吸收带。在 184nm 附近有强吸收带，在 204nm 附近有中强吸收带，在 260nm 附近有弱吸收带且有精细结构，则是苯环的特征吸收谱带。因此通过与有关资料中某些基团的特征吸收带进行比对，进而推测其可能含有的特征基团。

（二）共轭体系的判断

共轭体系会产生很强的吸收带，通过绘制吸收光谱，可以判断化合物是否存在共轭体系或共轭的程度。如果一化合物在 210nm 以上无强吸收带，可以认为该化合物不存在共轭体系；若在 215~250nm 区域有强吸收带，则该化合物可能有两至三个双键的共轭体系，如 1,3 丁二烯，λ_{max} 为 217nm，ε_{max} 为 21 000L/（mol·cm）；若 260~350nm 区域有很强的吸收带，则可能有三至五个双键的共轭体系，如癸五烯有五个共轭双键，λ_{max} 为 335nm，ε_{max} 为 118 000L/（mol·cm）。

利用有机化合物的紫外吸收光谱特征可初步推断有机化合物的分子骨架、官能团及是否有共轭体系等，因此在有机化合物的结构分析方面有一定的作用。

本 章 小 结

1. 基础知识　紫外 - 可见吸收光谱的形成机理及主要特征；Lambert-Beer 定律以及偏离的影响因素；紫外 - 可见分光光度计基本结构、类型及仪器的校正方法；紫外 - 可见分光光度法分析条件的选择及应用。

2. 核心内容　紫外 - 可见分光光度法主要用于物质的定量分析，其依据是 Lambert-Beer 定律。紫外 - 可见吸收光谱与分子结构有关，利用有机化合物的紫外吸收光谱特征可初步推断其分子骨架、官能团及是否存在共轭体系等，在有机化合物结构研究中发挥重要作用。

3. 学习要求　了解紫外 - 可见吸收光谱形成机理及电子跃迁类型；掌握紫外 - 可见吸收光谱特征、Lambert-Beer 定律、摩尔吸光系数特点及影响因素、紫外 - 可见分光光度法分析条件的选择及应用；熟悉紫外 - 可见分光光度计的结构、单双光束、双波长分光光度计的工作原理及分光光度计的光学性能、仪器校正方法。

（吴拥军）

思考题

1. 什么是吸收光谱？其特征及用途是什么？

2. 什么是 Lambert-Beer 定律？数学表达式及各物理量的意义如何？发生 Lambert-Beer 定律偏离的主要因素有哪些？

3. 简述紫外 - 可见分光光度计的主要部件及作用。

4. 进行紫外 - 可见分光光度法测定时，主要选择哪些测量条件？

5. 某化合物的相对分子质量为 250，称取该化合物 0.0600g 配制成 500ml 溶液，稀释 200 倍后放在 1.0cm 的吸收池中测得的吸光度为 0.600。计算化合物的摩尔吸光系数。[2.50×10^5 L/(mol·cm)]

6. 锌卟啉溶解于有机溶剂制成不同的浓度，放在 1.0cm 的吸收池中于 435nm 波长处测得各种浓度的溶液的吸光度，结果见下表：

$C/10^{-6}$mol/L	1.00	3.20	7.40	9.10	12.00	16.00
$A/10^{-2}$	1.80	3.60	6.90	9.30	10.60	13.80

同样的空的吸收池作为参比。

（1）在 435nm 波长处，计算锌卟啉溶液的摩尔吸光系数？[8054L/(mol·cm)]

（2）若有机溶剂浓度为 19.2mol/L，在 435nm 波长处，计算有机溶剂的摩尔吸光系数？[5.90×10^{-4} L/(mol·cm)]

（3）若用该有机溶剂作为参比溶液，重复同样的实验，试推测其结果会有怎样的变化？（吸光度降低，标准曲线通过或接近原点）

（4）用有机溶剂作为参比溶液，若通过锌卟啉溶液的透光率为 33%，试计算锌卟啉溶液的浓度？（6.00×10^{-5} mol/L）

第四章　分子发光分析法

物质分子在外界能量（光能、电能、化学能、热能等）作用下，从基态跃迁到激发态，在返回基态时以发射辐射能的形式释放能量，这种现象称为分子发光（molecular luminescence）。分子发光包括荧光（fluorescence）、化学发光（chemiluminescence）、生物发光（bioluminescence）、磷光（phosphorescence）和散射光（light scattering）。通过测量某些物质的分子发射辐射能的特性、强度来对物质进行定性、定量分析的方法称为分子发光分析法（molecular luminescence analysis）。

分子发光分析法的特点是灵敏度高、选择性好，在化学、生命科学、环境科学、医药和卫生检验领域有特殊的重要性。本章主要讨论分子荧光分析法、化学发光分析法，同时简要介绍磷光分析法和生物发光分析法。

第一节　分子荧光分析

一、基本原理

（一）荧光和磷光的发生过程

1. 分子能级与能级的多重性　条件不同，分子会处于不同的电子能级、振动能级和转动能级。室温时，大多数分子处于最低振动能级（基态）；当分子吸收一定的能量后，就可能会发生能级跃迁，到达激发态。分子在激发态是不稳定的，会很快跃迁回到基态。

基态时，分子中的电子按照能量最低原则成对的排列于一定的轨道上。根据 Pauli 不相容原理，分子内同一轨道中的两个电子必须具有相反的自旋方向，即自旋量子数 S 分别为 $\frac{1}{2}$ 和 $-\frac{1}{2}$，总自旋量子数的代数和为 0，其分子态的多重性 $M=2s+1=2\left[\left(\frac{1}{2}\right)+\left(-\frac{1}{2}\right)\right]+1=1$，该分子就处于单重态（图 4-1a）。绝大多数的分子基态是处于单重态的。倘若分子吸收能量后在跃迁过程中不发生自旋方向的改变，则分子处于激发单重（线）态（图 4-1b）。如果在跃迁到高能级的过程中伴随着电子自旋方向的改变，这时分子便具有两个不配对的电子，则有 $M=2s+1=2\left[\left(\frac{1}{2}\right)+\left(\frac{1}{2}\right)\right]+1=3$，该分子处在激发三重态（图 4-1c），用符号 T 表示。处在分立的电子轨道的非成对电子，平行自旋比配对自旋更稳定，因此，三重激发态的能级比相应的单重激发态的能级要低。

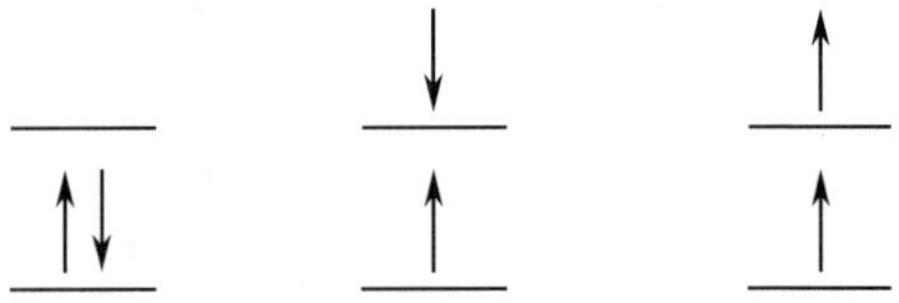

（a）基态　　（b）单重激发态　　（c）三重激发态

图 4-1　基态和激发态

2. 荧光和磷光的产生 分子吸收能量后,处于基态最低振动能级的分子跃迁到第一电子激发态以至更高激发态的各个不同的振动能级,成为激发单重态分子。激发态分子不稳定(平均寿命大约 10^{-8} 秒),通常以辐射跃迁方式或无辐射跃迁方式释放出能量,再回到基态,这一过程称为去激发过程。分子吸收能量后去激发的光物理过程如图 4-2 所示。

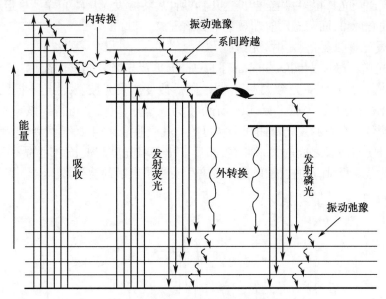

图 4-2 荧光、磷光的形成及能级图

当去激发过程以光的形式发生辐射跃迁时,产生荧光或磷光现象。无辐射跃迁是指以热的形式辐射其多余的能量,包括振动弛豫、内部转换、系间窜跃及外部转移等。各种跃迁方式发生的可能性及其程度,既和物质分子结构有关,也和激发时的物理和化学环境等因素有关。图 4-2 中 S_0,S_1,S_2 分别表示分子的基态、第一和第二激发单重态,T_1 表示第一激发三重态。

3. 能量传递 去激发过程通常有以下几种能量传递方式。

(1)振动弛豫(vibrational relaxation):被激发到激发态(如 S_1 和 S_2)的分子能通过与溶剂分子的碰撞,把多余的振动能量极为迅速地(约为 $10^{-14} \sim 10^{-11}$ 秒)以热的形式传递给周围的分子,而自身返回该电子能级的最低振动能级,此过程为振动弛豫。

(2)内部转移(internal conversion):又称内转换,当 S_1 的较低振动能级和 S_2 的较高振动能级能量接近或重叠时,分子有可能从 S_1 以无辐射方式过渡到 S_2,这个过程称为内部转移。内部转移发生的时间为 $10^{-14} \sim 10^{-11}$ 秒。

由于振动弛豫和内转换的发生速度非常快,因此被激发后的分子很快回到电子第一激发态的最低振动能级,所以高于第一激发态的荧光发射十分少见。

(3)荧光(fluorescence):当分子处于第一电子激发态的最低振动能级时仍不稳定,再以辐射形式发射光量子而返回基态的任意振动能级,这一过程称为荧光。荧光发射过程约为 $10^{-9} \sim 10^{-7}$ 秒,由于振动弛豫和内部转换使激发态分子失去部分能量,因此荧光的波长总比激发波长要长。

(4)系间窜跃(intersystem crossing):在激发和去激发过程中,通常电子的旋转状态保持不变,但在某些状态下,单重激发态电子会通过系间窜跃改变其自旋状态,出现三重态。当两种能态的振动能级重叠时,系间窜跃的概率增大。

（5）磷光（phosphorescence）:激发单重态分子经系间窜越到达激发三重态后,经过迅速的振动弛豫到达第一激发三重态的最低振动能级,再以辐射形式发射光量子回到基态的过程,后面这一过程被称为磷光。磷光发射涉及电子自旋状态的改变,属于"禁阻跃迁",因此磷光的寿命要比荧光长得多,甚至会长达几秒,所以,将激发光从磷光样品移走后,常常还可以观察到后发光现象,而荧光发射却观察不到该现象。

（二）激发光谱和荧光（发射）光谱

1. 激发光谱　激发光谱（excitation spectrum）,是荧光激发光谱的简称。绘制激发光谱曲线时,固定测量波长为荧光最大发射波长,然后改变激发光波长,测定不同波长下的荧光强度,然后以激发光波长为横坐标,以荧光强度为纵坐标作图,就可得到该荧光物质的激发光谱（图4-3虚线部分）。激发光谱曲线形状可能与其吸收光谱相同,但两者性质上是不同的,前者是荧光强度与波长之间的关系曲线,而后者则是吸光度与波长之间的关系曲线。此光谱上最大荧光强度所对应的波长,就是激发产生荧光最灵敏的波长（λ_{ex}）。

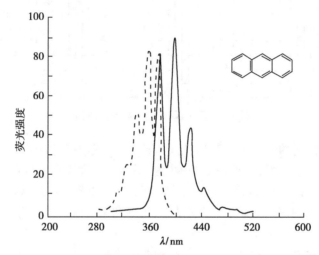

图4-3　环己烷为溶剂的蒽的激发光谱（虚线）和荧光光谱（实线）

2. 荧光（发射）光谱　荧光发射光谱（fluorescence spectrum）,简称荧光光谱。如果将激发波长固定在物质的最大激发波长处,测定不同荧光波长时的荧光强度 I,以荧光波长为横坐标,以荧光强度 I 为纵坐标作图,即为荧光光谱（图4-3实线部分）。此光谱上最大荧光强度所对应的波长称为最大荧光波长（λ_{em}）。

3. 激发光谱和荧光光谱的特征　激发光谱和荧光光谱是荧光物质的特征光谱,不仅可用来鉴别荧光物质,而且是选择测定波长的依据。激发光谱和荧光光谱具有以下特征:

（1）荧光光谱的形状与激发波长无关:从荧光发射的过程可知,处于不同激发态的分子最终都是从第一电子激发单重态的最低振动能级跃迁回到基态的各振动能级而产生荧光的。所以,不管使用激发光谱中的哪一个波长,所得到的荧光光谱形状不变,只是强度改变。

（2）荧光波长比激发光波长长:这是由于激发光以无辐射跃迁损失了一部分能量到达第一电子激发态最低振动能级,再发射荧光,因此荧光发射能量比激发能量低,故荧光波长比激发光波长要长。这种波长红移的现象于1852年首次被 Stokes 所发现,因此又被称之为 Stokes 位移（Stokes shift）。

（3）激发光谱与荧光光谱呈现镜像对称关系：以蒽的环己烷溶液为例，激发光谱中的小峰是蒽分子吸收能量后从基态跃迁到激发态的各个不同的振动能级所造成的。而发射光谱中的小峰则是由蒽分子从第一电子激发态的最低振动能级跃迁到基态的各个不同振动能级，释放不同能量的光子所产生。大多数分子的基态和第一电子激发态的振动能级的分布是相似，因此，也就出现了激发光谱与荧光光谱相似的镜像对称关系。

（三）荧光发射的量子产率

荧光的发生涉及基态分子吸收能量和激发态分子发射能量两个过程，因此，能够发射荧光的物质必须同时具备两个条件：一是物质分子必须具有强的紫外 - 可见吸收的特征结构；二是物质必须具有较高的荧光效率。

物质发射荧光的光子数和所吸收的激发光光子数的比值称为荧光效率（fluorescence efficiency），或称为荧光量子产率，用 φ 表示：

$$\varphi = \frac{发射荧光的光量子数}{吸收光的光量子数} = \frac{发射荧光的分子数}{吸收光的分子数} \tag{4-1}$$

可见 φ 的极大值为 1，但事实上大部分荧光物质的 φ 值均小于 1。许多对光有吸收的物质不一定会发出荧光，因为在激发态分子释放能量的方式除发射荧光以外，还有许多无辐射跃迁过程与之竞争。

二、荧光分析仪器

（一）基本结构

荧光分析的仪器既有简单的滤光片荧光计（fluorometer），也有结构复杂的精密荧光分光光度计（spectrophotometer）。前者结构简单，价格便宜；后者则构造精细，不仅定量测定的灵敏度和选择性高，还可用于荧光物质的定性鉴定。尽管仪器的类型不同，但其基本部件通常都是由激发光源、单色器（或滤光片）、样品池、检测器和放大、模 / 数转换与记录系统五个部分组成（图 4-4）。除了基本部件的性能不同外，荧光仪与紫外可见分光光度计的最大区别是，荧光的检测窗口通常在与激发光垂直的方向上，目的是消除透射光和散射光对荧光测量的干扰。

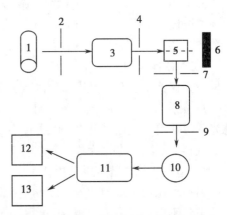

图 4-4 荧光分析仪的基本结构示意图

1. 光源；2、4、7、9. 狭缝；3. 第一单色器；5. 样品池；6. 吸光物质；8. 第二单色器；10. 检测器；11. 放大器；12. 显示器；13. 记录仪

1. **光源** 理想的光源应具有稳定性好、强度大、适用波长范围宽并且在整个波段范围内强度一致等特点，因为光源的稳定性将直接影响测定结果的重现性和精确度，而光源的强度直接影响测定的灵敏度。常用的光源有高压汞灯、卤钨灯、氙灯和可调谐染料激光器。

高压汞灯产生强烈的线光谱，一般的滤光片荧光光度计的光源大都用汞灯或卤钨灯（碘钨灯或溴钨灯 300~700nm）作光源。

高压氙灯是一种短弧气体放电灯，是目前荧光分光光度计中应用最广泛的一种光源，灯内装有氙气，通电后氙气电离，同时产生较强的连续光谱，分布在 250~700nm 之间，而且在整个波段内，发光强度几乎相等，但氙灯需要稳压电源以保证电源的稳定。由于氙灯的启动电压约 20~40kV，所以当仪器配有计算机时，应使氙灯点着稳定后再开计算机。

可调谐染料激光器是荧光分析中的理想光源,是用有机荧光染料溶液作为活性介质,以其他光源进行激励的激光器。它不仅功率强大,而且单色性好,热能低,可极大地提高荧光分析的灵敏度。

2. 单色器　测定荧光的仪器需有两个单色器,第一单色器在光源与样品池之间,称激发单色器,其作用是选择特定波长的激发光。第二单色器在样品池和检测器之间,称为荧光单色器,它可以把容器的反射光、溶剂的散射光以及溶液中杂质所产生的荧光除去,只让特征波长的荧光通过。大部分荧光分光光度计用衍射光栅作单色器,光栅的分光能力强,且色散是线性的,可以进行光谱扫描。但是色散后的光线有级数,须加前置滤光片加以消除。

3. 样品池　普通玻璃会吸收 320nm 以下的紫外光,不适用于紫外光区的荧光分析,所以,荧光测定用的样品池一般用石英制成,且样品池的形状以散射光较少的方形为宜。低温荧光测定时可在石英池外套上一个盛放液氮的石英真空瓶,来降低温度。

4. 检测器　用紫外可见光为激发光源时产生的荧光多为可见荧光,强度较弱,因此要求检测器的灵敏度较高,现在的荧光仪器多采用光电倍增管进行检测。当有些物质的荧光发射强度较弱时,光量子计数器会被用作荧光分光光度计的检测器,以获得灵敏的检测效果。此外,在有些情况下,二极管阵列检测器也被用作荧光分光光度计的检测器。它具有检测效率高、动态范围宽、线性响应好、坚固耐用和寿命长等优点。但它的检测灵敏度明显不如光电倍增管,但却能同时接受荧光体的整个发射光谱,有利于进行定性分析。

5. 放大与记录系统　电信号经放大器放大,再经模/数转换后,可由表头指示或数字显示荧光强度,由记录仪记录结果。现代分析仪器都配有计算机和相应的操作软件,进行仪器参数的自动控制和荧光光谱数据的采集处理。

(二)仪器类型

荧光仪器主要有荧光光度计和荧光分光光度计两类。

1. 荧光光度计(滤光片荧光计)　用溴钨灯或汞灯作光源,单色器为滤光片,通过第一滤光片可获得一定通带宽度的激发单色光,通过第二滤光片可得到所需要波长范围的荧光。该类仪器一般用光电管为检测器,电信号经放大后用微安表指示出来。结构简单,价格较便宜,但只适用于物质的定量分析。

另一种比较高级的荧光光度计是第一单色器用滤光片,第二单色器用棱镜分光,这样的仪器虽然不能得到激发光谱,但可得到荧光发射光谱,而且定量分析的灵敏度、选择性得到了提高。

2. 荧光分光光度计　荧光分光光度计常采用氙灯作光源,通过狭缝经光栅分光后照射到被测物质上,发射的荧光用光电倍增管检测,经放大器放大后由数据采集系统记录结果。它不仅定量分析的灵敏度高和选择性好,而且可以扫描绘出物质的荧光激发和发射光谱,作定性鉴定。

三、荧光分析技术

1. 衍生荧光法　荧光衍生法大致可分为化学衍生法、电化学衍生法和光化学衍生法,它们分别采用化学反应、电化学反应和光化学反应,使不发荧光的分析物质转化为荧光物质。其中,化学衍生法用得最多。一些化合物结构中的某些官能团能与荧光衍生化试剂反应,从而产生强烈荧光,例如许多无机金属离子的荧光测定方法,就是通过使它们与某些金属螯合剂反应生成具有荧光的螯合物之后加以测定的。

2. 同步荧光分析　常规的荧光激发光谱和发射光谱是在分别固定荧光发射光波长和激发光波长下获得的光谱。同步荧光分析(synchronous fluorometry)是根据激发和发射单色器在扫描过程中彼此保持的关系可分为固定波长差、固定能量差和可变波长同步扫描三类。固定波长差法是将激发和发射单色器波长维持一定差值 $\Delta\lambda$(通常选用最大激发波长 λ_{ex} 和最大发射波长 λ_{em} 之差),得到同步荧光光谱。荧光物质的浓度与同步荧光光谱中的峰高呈线性关系,可用于定量分析。

同步扫描技术具有光谱简单,谱带窄、分辨率高、光谱重叠少等优点,从而提高了选择性,减少散射光等的影响。

3. 荧光偏振分析　荧光偏振技术(fluorescence polarization)就是在荧光分光光度计的激发和发射光路上分别加上起偏器和检偏器,即可分别观察到平行于检偏器或垂直于起偏器的荧光。荧光体的偏振度与荧光体的转动速度呈反比:对于大分子而言,由于分子运动缓慢,发射光保持较高的偏振程度;而对于小分子,分子的转动和无规则运动很快,发射光相对激发光将会被不同程度地去偏振。

荧光偏振技术被广泛用于研究分子间的作用,如蛋白质与核酸、抗原与抗体的结合作用等。若样品中有小分子抗原,连接到被荧光探针标记的抗体上后,荧光偏振度下降,从而可用于抗原或抗体的测定。

4. 三维荧光分析　普通荧光分析所得的光谱是二维光谱,即荧光强度随波长(激发波长或发射波长)的变化而变化的曲线。如果同时考虑激发光波长和发射光波长对荧光强度的影响,则荧光强度应该是激发光波长和发射光波长两个变数的函数。描述荧光强度同时随激发波长和发射波长变化的关系图谱,称为三维荧光光谱,也称总发光光谱。三维荧光光谱可用两种图形方式表示:三维曲线光谱图和平面显示的等强度线光谱图(等高线光谱)。三维荧光光谱图可清楚表现出激发波长和发射波长变化时荧光强度的变化信息,提供了更加完整的荧光光谱信息。作为一种指纹鉴定技术,进一步扩展荧光光谱法的应用范围。

5. 荧光免疫分析　用荧光物质作标记的免疫分析方法称为荧光免疫分析法(fluoroimmunoassay)。作为荧光标记物,应具有以下特点:高的荧光强度;其发射的荧光与背景荧光有明显区别;它与抗原或抗体的结合不破坏其免疫活性;标记过程简单、快速;水溶性好;所形成的免疫复合物稳定性好。常用的荧光物质有荧光素、异硫氰酸荧光素、四乙基罗丹明、四甲基异硫氰基荧光素等。与其他免疫分析法一样,FIA 存在两种模式,即竞争型和夹心型。

6. 时间分辨荧光分析　由于不同分子的荧光寿命不同,可在激发和检测之间延缓一段时间,使具有不同荧光寿命的物质得以分别检测,即时间分辨荧光法(time-resolved fluorometry)。采用带时间延迟设备的脉冲光源和带有门控时间电路的检测器件,可以在固定延迟时间后和门控宽度内得到时间分辨荧光光谱。如果选择了合适的延迟时间,可以把待测组分的荧光和其他组分或杂质的荧光以及仪器的噪声分开而不受干扰。例如,钍 - 桑色素 -TOPO-SLS 体系,Th、Zr、Al 的配合物都可以产生荧光,但钍的配合物一旦光致激发立即产生荧光,而锆和铝的配合物在光致激发 12 秒之后才产生荧光,并不断增强,此时钍的配合物荧光强度基本保持恒定。因此,在 12 秒之内测定荧光信号,可基本消除锆、铝对钍测定的干扰。12 秒之后可获取三者的总荧光强度。该方法与免疫技术相结合,可进一步发展成为时间分辨荧光免疫分析技术(time-resolved fluoroimmunoassay,TRFIA)。

近年来,TRFIA 作为一种新型的非放射性免疫标记技术,其应用已不再局限于临床诊断,已渗入生物学研究的各个领域。镧系元素螯合物,如铕和铽的螯合物能与蛋白质等化合物形成复合物,镧系离子螯合物的荧光衰变时间极长,是传统荧光的 10^3~10^6 倍;激发光与发射光之间的 Stokes 位移大,可达 290nm。继而通过时间延迟和波长分辨,将异性荧光和背景荧光分辨开,使干扰达到几乎为零。

TRFIA 具有灵敏度高、操作简便、示踪物稳定、标准曲线范围宽、不受样品自然荧光干扰、无放射性污染、多标记等优点,成为 90 年代后非放射性免疫分析发展的一个新里程碑。

四、影响荧光产生的因素

(一) 荧光的产生与物质结构的关系

1. 荧光与有机化合物结构的关系　在现存的大量有机化合物中,只有小部分可以被激发并产生荧光,这是因为荧光的产生与有机化合物自身的结构密切相关。影响有机化合物产生荧光的结构因素有:

(1) 共轭 π 键结构:实验表明,绝大多数能产生荧光的物质都含有芳香环或杂环,这些分子具有共轭的 $\pi \rightarrow \pi^*$ 跃迁,分子体系共轭程度愈大,荧光效率愈高(表 4-1)。这是因为 $\pi \rightarrow \pi^*$ 跃迁具有较大的摩尔吸光系数(一般比 $n \rightarrow \pi^*$ 跃迁大 10^2~10^3 倍);其次,$\pi \rightarrow \pi^*$ 跃迁的寿命约为 10^{-7}~10^{-9} 秒,比 $n \rightarrow \pi^*$ 跃迁的寿命 10^{-5}~10^{-7} 秒更短。此外,在 $\pi \rightarrow \pi^*$ 跃迁过程中,通过系间窜跃至三重发态的速率常数较小(因为 $S_1 \rightarrow T_1$ 的能级差较大)。

另外,含有共轭双键的脂肪族和脂环族化合物也可能产生荧光,如维生素 A,但这类化合物极少。

表 4-1　三个化合物的共轭结构与荧光效率的关系

化合物	激发波长 λ_{ex}(nm)	发射波长 λ_{em}(nm)	荧光效率 φ
苯	205	278	0.11
萘	286	321	0.29
蒽	350	404	0.36

(2) 刚性平面结构:实验发现,多数具有刚性平面结构的有机化合物分子都具有较强的荧光发射。一般来说,物质分子的刚性平面构型可使分子与溶剂或其他溶质分子的相互作用减小,从而减少能量外转移的损失,有利于荧光的发射。例如,虽然荧光素与酚酞的结构十分相近,但是由于荧光素呈平面构型,它在 0.1mol/L NaOH 溶液中的荧光效率为 0.92,是强荧光物质。而酚酞由于没有氧桥的作用,分子不易保持平面,没有荧光。

荧光素　　　　　　　　　　酚酞

另外,同样的长共轭分子中,刚性和共平面性越大,共轭效应越大,荧光效率越大。例如:在相同条件下,芴的荧光效率可达 1.0,而联苯却仅约为 0.2。

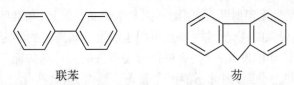

联苯　　　　　　　　　　　　　芴

（3）取代基效应：在芳香族化合物的芳环上，取代基不同，对荧光物质的荧光光谱和荧光强度都有很大影响。表 4-2 列出了部分基团对苯的荧光效率和荧光波长的影响。一般来说，给电子基团，如 —NH_2、—OH、—OCH_3、—CN 等，能增加分子的 π 电子共轭程度，使荧光效率提高，导致荧光增强。而吸电子基团，如 —COOH、—NO_2、—CHO、—C=O、—F、—Cl 等，可减弱分子 π 电子共轭性，使荧光减弱甚至熄灭。

表 4-2 取代基对苯的荧光的影响

化合物	分子式	λ_{em}/nm	F	化合物	分子式	λ_{em}/nm	F
苯	C_6H_6	270-310	10	酚离子	$C_6H_5O^-$	310-400	10
甲苯	$C_6H_5CH_3$	270-320	17	苯甲醚	$C_6H_5OCH_3$	285-345	20
丙苯	$C_6H_5C_3H_7$	270-320	17	苯胺	$C_6H_5NH_3$	310-405	20
氟代苯	C_6H_5F	270-320	10	苯胺离子	$C_6H_5NH_3^+$	—	0
氯代苯	C_6H_5Cl	275-345	7	苯甲酸	C_6H_5COOH	310-390	3
溴代苯	C_6H_5Br	290-380	5	苯甲氰	C_6H_5CN	280-360	20
碘代苯	C_6H_5I	—	0	硝基苯	$C_6H_5NO_2$	—	0
苯酚	C_6H_5OH	285-365	18				

注：λ_{em} 为荧光发射波长；F 为相对荧光强度

取代基的空间位阻效应对荧光也有影响。例如，在下图化合物的萘环的 8 位上引入磺酸基，由于空间阻碍使—NH_2 或—$N(CH_3)_2$ 与萘之间的键发生扭转而偏离了平面构型，影响了 p-π 共轭作用，削弱了 π 电子共轭程度，导致荧光减弱。

φ=0.75　　　　　　　　　　　φ=0.03

立体异构现象对荧光强度也有显著影响，例如 1,2-二苯乙烯的反式异构体是强荧光物质，而其顺式异构体不发生荧光。

反式　　　　　　　　　　　　　顺式

2. 金属螯合物与荧光　除过渡元素的顺磁性原子会产生荧光外，大多数无机盐类金属离子,在溶液中只能发生无辐射跃迁,因而不能产生荧光。但是,在某些特殊情况下,一些金属的螯合物却能产生很强的荧光,这一特点可用于痕量金属离子的测定。

(1)螯合物中配位体的发光:一些有机化合物本身虽然具有共轭双键,但是不具有刚性结构,分子并不处于同一平面,因此不能产生荧光。然而,当这些化合物和金属离子形成螯合物时,随着分子刚性作用的增强、平面结构的形成,往往就会发出荧光。例如,2,2'-二羟基偶氮苯本身不发生荧光,但当它与 Al^{3+} 形成螯合物后,就能产生荧光。能产生这类荧光的金属离子通常都具有硬酸性结构,如 Be、Mg、Al、Zr、Th 等。

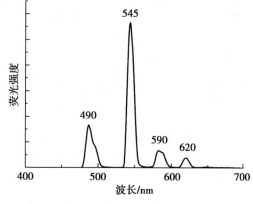

2'-二羟基偶氮苯   2,2'-二羟基偶氮苯–Al螯合物

(2)螯合物中金属离子的特征荧光:这类发光过程通常是螯合物首先通过配位体的 $\pi\rightarrow\pi^*$ 跃迁而被激发,接着配位体把能量转移给金属离子,导致 $d\rightarrow d^*$ 跃迁或 $f\rightarrow f^*$ 跃迁,最终发射的是 $d^*\rightarrow d$ 跃迁或 $f^*\rightarrow f$ 跃迁光谱。例如,Cr(Ⅲ)具有 d^3 结构,它与乙二胺等形成螯合物后,将最终产生 $d^*\rightarrow d$ 跃迁发光。Mn(Ⅱ)具有 d^5 结构,它与 8-羟基喹啉-5-磺酸形成螯合物后,也将产生 $d^*\rightarrow d$ 跃迁发光。

3. 镧系离子与荧光 许多镧系元素在溶液中都具有荧光,例如,铽(Ⅲ)、钇(Ⅲ)和铈(Ⅲ)能出现很强的荧光。因此,直接利用它们在水溶液中产生的荧光,即能成为检测这些元素离子最灵敏的方法。铽(Ⅲ)的检测灵敏度可至 $10\mu g/L$ 到 $1mg/L$ 数量级;铈(Ⅲ)在溶液中可检测至 $10\mu g/L$ 数量级,而铈(Ⅳ)无荧光。铽(Ⅲ)离子的荧光光谱如图 4-5 所示。当然,对铕、镝、钐来说,其荧光较弱,检测灵敏度较低,需要形成金属螯合物才能产生较强的荧光。

图 4-5 铽离子的荧光光谱

(二)影响荧光强度的外部因素

1. 温度 溶液的荧光强度对温度十分敏感,一般规律是随着温度的升高,荧光物质溶液的荧光效率和荧光强度减小。这是由于:

(1)温度升高加快了振动弛豫而丧失了振动能量。

(2)温度升高时,介质黏度减小,分子运动加快,分子间碰撞几率增加,使分子无辐射跃迁增加,荧光效率降低。

(3)有些荧光物质在较高温度下会发生光分解,导致荧光效率降低,所以降低温度有利于提高荧光效率。在低温条件下,荧光强度显著增强。低温荧光分析技术已成为荧光分析的重要手段。

2. 溶剂 在不同的溶剂中,同一种荧光物质的荧光光谱的特征和荧光强度都有一定差异。溶剂的影响主要与溶剂的黏度、极性、纯度有关:

(1)荧光强度在一定范围内可随溶剂黏度的减小而减小。因为溶剂黏度减小时,增加了分子间碰撞机会,使无辐射跃迁增加,荧光强度减弱。

（2）荧光波长随溶剂极性增大而红移。许多共轭芳香族化合物激发时产生 $\pi \rightarrow \pi^*$ 跃迁，其激发态电子比基态具有更大的极性，随着溶剂极性的增大，激发态能量的降低程度比基态大，使荧光光谱随溶剂的极性增大而向长波方向移动。

（3）溶剂中的杂质会使被测物的荧光增强或减弱，甚至改变荧光光谱的形状，最终干扰样品的测定。如用乙醇作溶剂时，若其中含有微量蒽，会使溶剂本身产生荧光。特别是当溶剂中存在降低荧光强度的物质时，常常因不易被发觉而引入误差。因此要使用纯度高的溶剂或在使用前设法纯化溶剂，消除干扰。

（4）溶剂和荧光物质形成化合物，或溶剂使荧光物质的电离状态改变，使荧光峰的波长和荧光强度发生变化。如在萘胺的乙醇溶液中加入盐酸，随着溶液中盐酸浓度的增加，萘胺的—NH_2 基逐渐被—NH_3Cl 基所代替，而—NH_3Cl 基对萘环的特征频率的影响小于—NH_2，因此溶液的荧光光谱趋近于萘的荧光光谱。

3. pH　溶液体系的 pH 既影响待测的荧光物质，又会影响被测金属离子与有机试剂生成络合物的反应。

（1）对荧光物质的影响：荧光物质本身是弱酸或弱碱时，溶液的酸度对荧光物质具有较大的影响。主要原因是，弱酸或弱碱的荧光物质会在不同酸度条件下产生分子和离子间的平衡改变，不同的存在形态具有不同的荧光光谱和荧光效率。以依诺沙星为例，不同 pH 条件下的存在形式的平衡如下：

依诺沙星在 pH<5.0 的溶液中主要以阳离子的形式存在；而 pH 约为 7.0 时则是以两性离子的形式存在；当溶液的 pH>9.0 时，依诺沙星以阴离子的形式存在。不同 pH 条件下，其荧光强度和最大荧光波长都会发生明显的变化（图 4-6）。

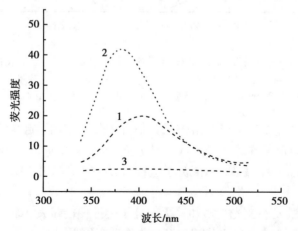

图 4-6　依诺沙星在不同 pH 条件下的荧光光谱
1. pH 3.5；2. pH 7.4；3. pH 12.0

（2）对被测金属离子与有机试剂反应生成络合物的影响：利用金属离子与有机试剂生成络合物进行金属离子测定时，络合物的稳定性和组成受溶液 pH 影响较大，进而会影响到它们的荧光性质。例如 Ga^{2+} 与邻二羟基偶氮苯在 pH3~4 的溶液中形成 1:1 的络合物时，会产生荧光。而在 pH6~7 的溶液中则形成 1:2 的络合物，不产生荧光。

可见，荧光物质的荧光光谱、荧光效率及荧光强度随溶液 pH 的变化而变化，为提高实验结果的灵敏度和准确度，在实验时要严格控制溶液的 pH。

4. 散射光　当一束平行单色光照射样品溶液时，大部分入射光被吸收和透过，小部分光子和物质分子相互碰撞，使光子的运动方向发生改变而向不同角度散射，这种光称为散射光（scattering light）。在荧光分析中，干扰荧光测定的散射光主要有三种：Rayleigh 散射、Raman 散射和 Tyndall 散射。前两种散射的介绍见本书第二章。当样品池中如有胶体颗粒或气泡存在时，入射光就会改变方向而进入检测器，产生 Tyndall 散射，其波长和激发光的波长一致，当样品溶液除去胶粒和气泡后，Tyndall 散射即可消除。

有时溶剂的拉曼光谱与物质的荧光光谱相互重叠影响荧光测量，故激发光的选择一方面要考虑较高的灵敏度，另一方面要使溶剂的拉曼散射光与荧光峰相距远些，以避免干扰。由于拉曼散射光波长随激发光波长的改变而改变，而荧光物质的荧光波长与激发光波长无关，可通过选择适当的激发光波长，把物质的荧光与溶剂拉曼散射光区别开来。例如：在测定硫酸奎宁溶液时（图 4-7），如果激发光波长选择 350nm，则拉曼散射峰与硫酸奎宁的荧光光谱有部分重叠，影响测定结果。如果将激发光波长选择为 320nm，则可以消除拉曼散射光对测定的影响。

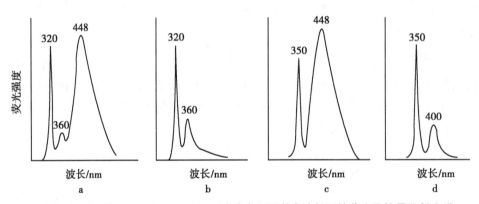

图 4-7　硫酸奎宁及 0.05mol/L H_2SO_4 溶液在不同激发波长下的荧光及拉曼散射光谱
a. 硫酸奎宁 –0.05mol/L H_2SO_4 溶液（λ_{ex}=320nm）；b. 0.05mol/L H_2SO_4 溶液（λ_{ex}=320nm）；
c. 硫酸奎宁 –0.05mol/L H_2SO_4 溶液（λ_{ex}=350nm）；d. 0.05mol/L H_2SO_4 溶液（λ_{ex}=350nm）

5. 荧光猝灭　荧光物质分子与溶剂或其他溶质分子作用引起荧光强度下降或荧光强度与浓度不呈线性的现象称荧光猝灭或荧光熄灭（fluorescence quenching）。引起荧光猝灭的物质称荧光猝灭剂，如：卤素离子、氧分子、重金属离子、硝基化合物、重氮化合物等。引起荧光猝灭的原因有：

（1）碰撞猝灭：激发态荧光物质和猝灭剂分子碰撞使能量发生转移。荧光分子以无辐射跃迁的方式回到基态，产生猝灭作用。又被称作动态猝灭。

（2）静态猝灭：荧光分子与猝灭剂分子作用生成了本身不发光的络合物，造成猝灭。

（3）转入三重态的猝灭：荧光物质分子中引入溴、碘或氧后，易发生体系间跨越，由单重态跃迁到三重态,而无荧光发射,引起猝灭。

(4)荧光物质的自猝灭:当荧光物质浓度较高时,由于荧光分子间碰撞几率增加,形成二聚体或多聚体,产生荧光自猝灭现象。溶液浓度越高,自猝灭现象越严重。

(5)内滤效应(inner-filter effect):当溶液中存在能吸收荧光物质的激发光或发射光的物质时,会使体系的荧光减弱,这种现象称为内滤效应。如果荧光物质的荧光发射光谱短波长的一端与该物质的吸收光谱长波长的一端有重叠,当浓度较大时,部分基态分子将吸收体系发射的荧光,从而使荧光强度降低,这种"自吸收"现象也是一种内滤作用。

(三)荧光分析注意事项

荧光分析是一种痕量分析技术,对溶液、仪器工作条件和环境特别敏感,工作中需要注意以下问题:

1. 防止污染 荧光污染通常是指所用器皿、溶剂混有非待测荧光物质,或者荧光溶液制备、保存不当而引起的荧光干扰现象。如各类洗涤剂和常用洗液都能产生荧光,手上的油脂也会污染所用器皿产生非特异性的荧光。因此,器皿用一般方法洗净后,可在 8mol/L HNO_3 溶液中浸泡一段时间,再用蒸馏水洗净使用。

此外,滤纸、涂活塞用的润滑油类都有较强的荧光,橡皮塞、软木塞和去离子水也可造成荧光污染,均应避免使用。

2. 溶液保存 溶液长期放置,因细菌滋生会产生荧光污染和光散射;极稀的溶液会因被器壁吸附或被溶液中的氧分子氧化而造成损失。因此,所用溶液最好新鲜配制并设法除去溶解氧的干扰。

五、荧光分析法的特点及应用

(一)荧光分析法的特点

1. 灵敏度高 与紫外 - 可见分光光度法比较,荧光是从入射光的直角方向检测,即在黑背景下检测荧光的发射。所以一般来说,荧光分析的灵敏度要比紫外可见分光光度法高2~4 个数量级,它的测定下限在 0.1~0.001μg/ml 之间。

2. 选择性强 荧光法既能依据特征发射,又能依据特征吸收来鉴定物质。假如某几个物质的发射光谱相似,可以从激发光谱的差异把它们区分开来;而如果它们的吸收光谱相同,则可用发射光谱将其区分。

3. 可提供比较多的物理参数 荧光分析法能提供包括激光光谱和发射光谱以及荧光强度、荧光效率、荧光寿命等许多物理参数。这些参数反映了分子的各种特性,能从不同角度提供被研究的分子的信息。

另外,荧光分析法样品用量少,操作简便。

(二)荧光分析法定性及定量基础

1. 定性分析 在分光光度法中,被测物质只有一种特征的吸收光谱,而荧光物质的特征光谱包括激发光谱和荧光光谱两种,因此,鉴定物质的可靠性较强。当然,必须在标准品对照下进行定性。除了根据荧光物质的两个特征光谱定性外,还可根据物质的荧光寿命、荧光效率、荧光偏振等参数进行定性分析。

例如,大气烟尘中苯并[a]芘的测定。样品分离纯化后,在荧光分光光度计上以386nm 为激发波长,扫描获得样品的荧光光谱。再固定 407nm 的荧光波长,扫描获得样品的激发光谱。如果确系苯并[a]芘,则荧光光谱、激发光谱应和标准品的光谱完全一致。

2. 定量分析 其定量基础是荧光强度与溶液浓度的相关性。

（1）荧光强度与溶液浓度之间的关系：当强度为 I_0 的入射光激发荧光物质溶液后，可以从溶液的各个方向观察到荧光，但由于激发光的一部分可透过溶液，因此不适合在透射光方向观察荧光，为了消除透射光的影响，一般是在与激发光源垂直的方向观测（图 4-8）。

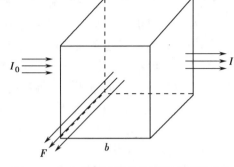

图 4-8 一束光照射荧光物质的溶液时光的吸收和发射示意图

假设强度为 I_0 的入射光，照射到浓度为 c、液层厚度为 b 的荧光物质溶液上，透射光强度为 I，被溶液吸收光强度为 I_0-I，溶液的荧光效率为 φ，荧光强度为 F。根据光吸收定律

$$\frac{I}{I_0}=10^{-abc} \tag{4-2}$$

则

$$I=I_0 10^{-abc} \tag{4-3}$$

可得

$$I-I_0=I_0-I_0 10^{-abc}=I_0(1-10^{-abc}) \tag{4-4}$$

由于溶液的荧光强度 F 与被测溶液吸收的光强度及荧光效率成正比

则

$$F=k\varphi I_0(1-10^{-abc}) \tag{4-5}$$

即

$$F=k\varphi I_0(1-e^{-2.3abc}) \tag{4-6}$$

式中 k 为比例常数

因为

$$e^x=1+x+\frac{x^2}{2!}+\frac{x^3}{3!}+\cdots+\frac{x^n}{n!}$$

代入上式可得：

$$F=k\varphi I_0\left\{1-\left[1+(-2.3abc)+\frac{(-2.3abc)^2}{2!}+\frac{(-2.3abc)^3}{3!}+\cdots+\frac{(-2.3abc)^n}{n!}\right]\right\} \tag{4-7}$$

如果浓度 c 很小，当 $2.3abc<0.05$ 时，中括号内第二项以后的数值可以忽略不计，上式可以简化为：

$$F=k\varphi I_0 \times 2.3abc \tag{4-8}$$

对某一荧光物质来说，当固定测定条件时，常数项合并，则

$$F=k'c \tag{4-9}$$

对某一物质的稀溶液（$abc<0.05$），在一定的条件下，当激发光波长、强度和液层厚度恒定时，物质发出的荧光强度与该溶液的浓度成正比。这就是分子荧光分析法定量分析的依据。

（2）定量分析方法：包括标准曲线法、标准对照法、荧光猝灭法及多组分混合物的荧光分析。

1）标准曲线法：取已知量的标准品按试样相同方法处理后，配制成一系列不同浓度的标准溶液。在最佳实验条件下，分别测定标准溶液的相对荧光强度和空白溶液的相对荧光强度；扣除空白值以后，以荧光强度为纵坐标、标准溶液浓度为横坐标，绘制校准曲线；然后将处理后的试样配成一定浓度的溶液，在同一条件下测定其相对荧光强度，扣除空白值以后，从校准曲线上求出其含量。

2）标准对照法：如果荧光物质的校准曲线通过零点，就可选择在其线性范围内，用标准对照法进行测定。配制一个浓度在线性范围内的标准溶液，测定其荧光强度 F_s。然后，在同

样条件下,测定试样溶液的荧光强度 F_x,分别扣除空白(F_0),按照式 4-10 的比例关系计算试样中的物质浓度,求得试样中荧光物质的含量。

$$\frac{F_s-F_0}{F_x-F_0}=\frac{C_s}{C_x}\qquad C_x=\frac{F_s-F_0}{F_x-F_0}\times C_s \qquad\qquad (4\text{-}10)$$

3）荧光猝灭法:荧光猝灭影响荧光测定,这是荧光分析中的不利因素,但是如果一个荧光物质在加入某种猝灭剂后,荧光强度的减小和荧光熄灭剂的浓度呈线性关系,则可以利用这一性质建立猝灭剂的荧光测定法,称为荧光猝灭法(fluorescence quenching method)。与校准曲线法相似,对一定浓度的荧光物质体系,分别加入一系列不同浓度的猝灭剂,配制成一组荧光物质与猝灭剂的混合溶液,然后在相同条件下测定它们的荧光强度。以猝灭剂的浓度为横坐标,猝灭剂加入前(F_0)和加入后(F)溶液的荧光强度的比值为纵坐标,绘制工作曲线。此工作曲线所对应的线性回归方程即为 Stern-Volmer 方程(式 4-11)。

$$\frac{F_0}{F}=1+K[\,Q\,] \qquad\qquad (4\text{-}11)$$

其中,K 是 Stern-Volmer 猝灭常数。

荧光猝灭法比直接荧光法灵敏度更高、选择性更强。例如,利用氧分子对硼酸根 - 二苯乙醇酮配合物的荧光猝灭效应,进行微量氧的测定。经典的铝 - 桑色素配合物的荧光强度因微量氟离子的存在而引起荧光猝灭,利用这一性质可测定样品中氟离子的含量,这时溶液的荧光强度与氟离子的浓度成反比。可以采用该法测定的元素有氟、硫、氰离子、铁、银、钴、镍、铜、钨、钼、锑、钛等。

4）多组分混合物的荧光分析:在荧光分析中,也可以像紫外 - 可见分光光度法一样,从混合物中不经分离同时测定多个组分的含量。

如果混合物中各组分荧光发射峰相距较远,且相互间无显著干扰,则可分别在不同波长测量各个组分的荧光强度,从而利用标准曲线法或直接比较法求出各个组分的含量。如果荧光峰相互干扰,但激发谱有显著差别,其中一个组分在某一激发波长下不吸收光,不产生荧光,因而可选择不同的激发光进行测定。如不同组分的荧光光谱相互重叠,则需要利用荧光强度的加和性质,在适宜波长处测量混合物的荧光强度。再根据各被测物质在适宜荧光波长的最大荧光强度,列出联立方程式,求算各个组分的含量。

（三）荧光分析法的应用

1. 无机化合物的分析　国家标准方法中分子荧光分析法用于无机化合物的分析仅见于硒的分析。在酸性条件下 Se(IV)与 2,3- 二氨基萘反应生成具有荧光性质的 4,5- 苯并苯硒脑实现硒的测定。而在实际的科研工作中,一些非金属和金属无机化合物也可使用分子荧光分析法进行测定。如 F^-、CN^- 等可以从某些不发射荧光的金属有机配合物中夺取金属离子,而释放出能发射荧光的配位体,从而测定它们的含量。一些慢反应能在某些金属离子的催化作用下加速进行,利用这些催化动力学的性质,可以测定金属离子的含量,如铜、铍、铁、钴、锇、银、金、锌、铅、钛、钒、锰、过氧化氢及氰离子等都可采用这种方法测定。

2. 有机化合物的分析　天然具有荧光发射性质的化合物可以用直接荧光法进行测定。如:多环胺类、萘酚类、嘌呤类、吲哚类、多环芳烃类、具有芳环或芳杂环结构的氨基酸及蛋白质等,约有 200 多种。为了提高测定方法的灵敏度和选择性,常通过液相色谱分离 - 荧光检测实现多种有机化合物的分离分析,如水产品中的孔雀石绿和结晶紫、河豚毒素、禽类制品中的氟喹诺酮类、食品中的维生素等。

在生命科学研究工作及医疗工作中,所遇到的分析对象常常是分子庞大而结构复杂的有机化合物,如维生素、氨基酸和蛋白质、胺类和甾族化合物、酶和辅酶以及各种药物、毒物和农药等,这些复杂化合物一般都能发射荧光,可以用荧光分析法进行测定或研究其结构或生理作用机制。

某些化合物的荧光测定方法列于表 4-3 中。

表 4-3　一些化合物的荧光分析方法应用实例

待测物	试剂	$\lambda_{ex}(nm)$	$\lambda_{em}(nm)$
糠醛	蒽酮	465	505
蒽	—	365	400
苯基水杨酸	N,N'-二甲基甲酰胺	366	410
维生素 A	无水乙醇	345	490
氨基酸	氧化酶等	315	425
肾上腺素	乙二胺	420	525
青霉素	α-甲氧基-6-氯-9-(β-氨乙基)氨基氮杂蒽	420	500
Al^{3+}	石榴茜素 R	470	500
$B_4O_7^{2-}$	二苯乙醇酮	370	450
Li^+	8-羟基喹啉	370	580
F^-	石榴茜素 R-铝配合物(猝灭)	470	500

第二节　化学发光与生物发光分析

物质的分子因吸收了光能而被激发发光现象称为光致发光(如,分子荧光、分子磷光)。若在化学反应中,产物分子吸收了反应过程中释放的化学能而被激发发光,称为化学发光(chemi-luminescence,CL)。根据化学发光强度或化学发光总量与被测物浓度的关系测定物质组分含量的方法称为化学发光分析法。而发生在生物体内并有酶类物质参加的化学发光反应称为生物发光(bioluminescence,BL),其对应的分析方法称为生物发光法。

一、化学发光基本原理

(一)化学发光反应

在没有任何光、热或电场等激发的情况下,反应体系中的某些物质分子吸收了化学反应释放的能量而由基态跃迁至激发态,受激分子由激发态回到基态时,能量以光的形式辐射出去,完成一个化学发光过程。其过程可以通过图 4-9 所示的两个过程来表示。

直接氧化还原反应产生化学发光的过程:

$$A+B \longrightarrow C^*+D$$
$$C^* \longrightarrow C+h\nu$$

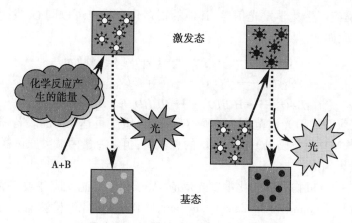

图 4-9 化学发光及激发态分子形成过程

能量转移产生化学发光的过程:

$$A+B \longrightarrow C^*+D$$
$$C^*+F \longrightarrow C+F^*$$
$$F^* \longrightarrow F+h\nu$$

此外,还存在另一种情况的化学发光反应过程:间接化学发光。间接化学发光分析过程包含两个化学反应,第一个反应能够定量生成某一化学发光反应体系所需反应物(或催化剂),另一个反应则为相应的化学发光反应。根据化学发光强度测定第一个反应中某一反应物的含量。间接化学发光过程如下:

$$A+B \longrightarrow C+D$$
$$C+D \longrightarrow E^*+F$$
$$E^* \longrightarrow E+h\nu$$

(二)化学发光产生的条件

化学发光的产生必须满足以下条件:

1. 充分的能量　化学反应必须能释放出足够的能量(170~300kJ/mol),以引起电子激发;由于化学激发的瞬时性,这个能量必须由某一步骤单独提供。因为前一步反应释放的能量将因振动弛豫消失在溶液中而不遗留至下一步。许多氧化还原反应所提供的能量与此相当,因此大多数化学发光反应为氧化还原反应。

2. 形成激发态中间产物　至少要有一种物质能够接受化学反应提供的能量,并能有效地生成激发态产物。对于有机物分子的液相化学发光来说,容易生成激发态产物的常是芳香族化合物和羰基化合物。

3. 能量以光的形式释放　要观察到化学发光现象,激发态分子必须在反应条件下能够以光的形式释放能量回到基态。

(三)化学发光分类

1. 气相化学发光　气相化学发光已广泛用于大气污染检测,测定对象主要有两类:一类是常温下呈气态的氰化物、硫化物、氮化物、臭氧和乙烯等;另一类是在火焰中易生成气态原子的 P、N、S、Te 和 Se 等元素,这一类也被称为火焰气相发光。

(1)臭氧的化学发光反应体系:在气相化学发光体系中,使用最为广泛的气相化学发光试剂就是 O_3。不仅氮氧化合物如 NO、硫氧化合物如 SO_2 和烃类化合物如乙烯和异戊二烯

等通过与 O_3 的反应产生化学发光信号，其他的很多化合物也可以同 O_3 发生反应产生化学发光。典型的反应如下：

$$NO+O_3 \xrightarrow{\text{常温}} NO_2^* \longrightarrow NO_2+h\nu(\lambda \geqslant 600nm)$$

$$SO_2+O_3 \xrightarrow{\text{常温}} SO_2^* \longrightarrow SO_2+h\nu(\lambda_{max}=280nm)$$

$$C_2H_4+O_3 \xrightarrow{\text{常温}} HCHO^* \longrightarrow HCHO+h\nu(\lambda_{max}=435nm)$$

NO 与 O_3 反应的发射光谱范围为 600~875nm，灵敏度可达 1ng/ml。若需同时测定大气中的 NO_2，可先将 NO_2 还原成 NO，测得 NO 的总量后，再从总量中减去原试样中 NO 的含量，即为 NO_2 的含量。

（2）含硫、磷的有机物的气相化学发光反应：基于化学发光反应并被广泛使用的检测器当属火焰光度检测器（flame photometric detection，FPD），又称硫磷检测器，它是一种对含磷、硫有机化合物具有高选择性和高灵敏度的检测器，其检出限可达 10^{-12}g/s（对 P）或 10^{-11}g/s（对 S）。这种检测器可用于大气中痕量硫化物农副产品及水中的纳克级有机磷和有机硫农药残留量的测定。其化学发光原理如下式：

$$RS+O_2 \longrightarrow CO_2+SO_2$$

$$SO_2+H_2 \longrightarrow H_2O+S$$

$$S+S \xrightarrow{390\,℃} S_2^* \longrightarrow S_2+h\nu(\lambda_{max}=394nm)$$

含磷化合物燃烧时生成磷的氧化物，然后在富氢火焰中被氢还原，形成化学发光的 HPO^* 碎片，并发射出 λ_{max} 为 526nm 的特征光谱。

$$H+PO \xrightarrow{\text{火焰}} HPO^* \longrightarrow HPO+h\nu(\lambda_{max}=526nm)$$

2. 液相化学发光　液相化学发光反应在痕量分析中十分重要。在不断地研究与实践中，人们发现了许多化学发光体系，在卫生检验相关研究领域应用较多的体系有以下几种。

（1）鲁米诺发光体系：鲁米诺（luminol）是发现最早和应用最多的化学发光化合物，传统的鲁米诺发光体系一般由发光剂（鲁米诺、异鲁米诺等）、氧化剂和催化剂组成，其反应机理如下：

在碱性溶液中，鲁米诺可被许多氧化剂［如 H_2O_2、$K_3Fe(CN)_6$、NaClO、KIO_4、$KMnO_4$ 及活性氧等］氧化而发光，其中 H_2O_2 最为常用。但鲁米诺氧化发光的反应速度较慢，通常添加某些酶类或无机催化剂加快反应的进行。常用的酶类有辣根过氧化酶、过氧化氢酶、血红蛋白等，无机类催化剂如 Fe^{3+}、Cr^{3+}、Cu^{2+}、Co^{3+} 和它们的配合物等。

（2）吖啶类化合物发光体系：光泽精（lucigenin）是第一个被发现有化学发光性质的吖啶类化合物，这类化合物在有 H_2O_2 和 OH^- 存在时能迅速产生化学发光。光泽精的化学发光机制为：

光泽精发光体系是一个非常缓慢的氧化反应，当 Sn^{4+}、Fe^{2+}、U^{3+} 等金属离子作为催化剂时，光泽精发光体系的发光速率急剧加快，发光强度也随之增强。另外，还有很多有机化合物对光泽精的化学发光有明显的增强作用，如抗坏血酸、尿酸、羟胺、丙酮等。因此该化学发光试剂主要被用于无机还原剂和有机还原剂的测定。

（3）过氧化草酸酯类化合物发光体系：过氧化草酸酯类（peroxyoxalate）化学发光反应体系是指芳香草酸酯、过氧化氢和荧光剂组成的化学发光反应。过氧草酸类化合物的化学发光反应被认为是目前效率最高的非酶催化的发光反应体系，最大的量子产率高达 34%。过氧化草酸酯类化学发光体系与鲁米诺和其他化学发光反应不同，它必须加入的荧光物质通过能量转移产生明显的化学发光。当加入的荧光物质的种类不同时，发出光的颜色也不同。由于该发光反应的量子产率高、强度大、寿命长的特点，过氧草酸酯类试剂除了在分析化学领域被广泛地研究和应用，还适合于各种化学光源的研制与开发。

3. 电化学发光　电化学发光（electro-chemiluminescence，ECL），又称电致化学发光，是指通过电化学手段，在电极表面产生一些电生的物质，然后这些电生物质之间或电生物质与待测体系中的某些组分之间通过电子传递形成激发态，由激发态返回到基态而产生的一种发光现象。电化学发光是电化学技术与化学发光分析有机的结合，该技术集成了化学发光的高灵敏度和电化学电位可控性等优点，克服了化学发光分析中难以实现时间和空间上的控制、化学发光试剂难以重复使用等存在的一些缺点，现已广泛应用于免疫分析和 DNA 分析。

三联吡啶钌 $[Ru(bpy)_3]^{2+}$ 是目前 ECL 中应用最为广泛和常见的体系。1972 年 Tokel 和 Bard 首次报道了用电化学方法产生 $[Ru(bpy)^{2+}]^*$，观察到 $[Ru(bpy)_3]^{2+}$ 电化学发光现象。奠定了 $[Ru(bpy)_3]^{2+}$ 电化学发光在分析科学中的应用基础。$[Ru(bpy)_3]^{2+}$ 的化学结构如下。

由于[Ru(bpy)$_3$]$^{2+}$具有水溶性好、化学性能稳定、氧化还原可逆、发光效率高、应用的pH范围较宽以及可电化学再生和激发态寿命长等特点而广泛应用于电化学发光分析。

二、化学发光仪的基本组成

化学发光仪主要由三部分组成:样品室、检测系统、信号处理系统(图4-10)。

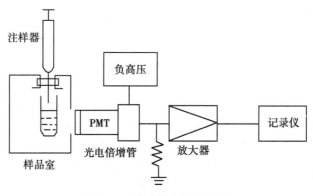

图4-10 化学发光仪示意图

1. **样品室** 样品室为化学发光反应物提供反应的场所,必须置于密封的暗室中,以便有效地隔离杂散光,避免外界光的干扰。样品室与光电倍增管之间应设有保护光电管阴极的快门。样品与试剂的混合方式可分为静态注射方式(图4-11)和流动注射方式,流动注射方式将在流动注射化学发光分析一节中进行详细阐述。

2. **检测系统** 检测系统主要包括光电倍增管和负高压电源。光电倍增管用于定量检测化学反应发光的光强度。负高压电源的稳定性对光电倍增管增益影响很大,所以要求负高压电源稳定性必须优于0.1%。对微弱发光体系,负

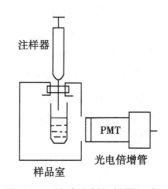

图4-11 流动注射加样器示意图

高压电源稳定性应达0.05%以上,负高压越高光电倍增管的增益越大,发光测量的灵敏度越高。

3. **数据处理与记录系统** 按检测器的工作方式,数据处理的方式可分为二类:直流电压型和交流光子计数型。

(1)直流电压型:早期市售液相化学发光仪多为注射进样的直流电压型发光仪,放大器为直流放大。在样品室中快速混合样品和试剂后,测量化学发光强度随时间的变化轮廓。定量分析可以用峰高,也可以用混合点开始经过一个固定延滞时间的积分面积或者整个峰的积分面积进行计算。

(2)光子计数型:光子计数型发光仪如图4-12所示,在弱发光体系中光电倍增管输出的信号为各个离散的脉冲状态,以各脉冲数作为信号,经脉冲高度甄别器将其与噪声脉冲分离,有很好的稳定性和信噪比,因此有较高的灵敏度和重现性,线性范围宽,特别适合于微弱发光体系的定量分析。

早期的发光仪采用模拟数据在电表上显示或用记录仪记录,随着计算机技术的迅速发展,信号采集系统与计算机相结合使得化学发光的信息处理内容更丰富、速度更快捷。

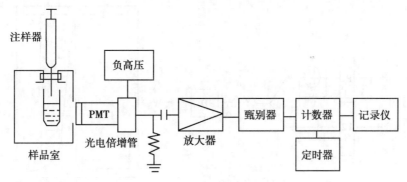

图 4-12　光子计数型发光仪示意图

三、流动注射化学发光分析

在分析化学中,化学发光通常是在比较快的反应中产生的,因此,必须同时满足以下两个条件,化学发光分析才能具有实际应用价值:一是化学发光现象必须在化学反应进行的同时进行光检测;二是被分析物与发光反应试剂的混合重现性好。所以,直到丹麦分析化学家 Ruzicka 和 Hansen 提出流动注射分析法(flow injection analysis,FIA)以后,具有实际分析应用能力的化学发光方法才得到了巨大的促进。流动注射是自动分析的一种形式,它让样品和试剂在流入导管时产生混合,其混合的程度可以通过选择一定的流速条件来控制。不像一般的流动分析,流动注射分析不使用气泡来隔断流路。采用注射的方法是进行快速、重现测量的最方便的手段,它特别适用于自动化化学发光分析。因此,要理解流动注射化学发光分析,首先要简单介绍流动注射分析的基本原理。

(一) 流动注射分析法的基本原理

与建立在平衡体系基础上的分析方法不同,FIA 是把试样溶液直接以"样品塞"的形式注入管道试剂流中,在物理和化学非动态平衡状态下进行测定的分析方法。

1. 流动注射分析的基本过程　流动注射分析装置如图 4-13a 所示,以此为例,FIA 分析过程是通过蠕动泵(P1)将一定体积的液体样品(S)间歇性地通过进样阀(V)注入一定流速的载流(C)中,注入的样品由载流携带以"试样塞"的形式向前匀速流动。由于对流和分子扩散作用,"试样塞"被载流分散成具有一定浓度梯度的试样带。在反应器(F)中,试样带中的被测组分与蠕动泵(P2)输送的试剂发生化学反应,生成可供检测的产物,被传送到检测器(D)进行检测。连续记录检测信号(如吸光度、化学发光强度、电极电位、荧光强度等),得到一峰形信号曲线(图 4-13b)。一定条件下输出信号峰的峰高 H 或峰面积 A 与被测物浓度有关,可作为定量分析的依据。

在 FIA 中,载流的作用一是推动"试样塞"进入反应管道及检测器;二是尾随试样带自动清洗进样阀,为下一个试样的检测做好准备。FIA 系统所独有的自动、简单、快速的清洗方式,是其分析速度快的主要原因。

如图 4-13b 所示,从注入样品到峰值出现的时间称为留存时间,用 T 表示。在留存时间内试样与载流之间同时发生了两个动力学过程。一是试样在载流中的物理分散过程;二是试样与试剂发生化学反应过程。了解这些过程的机制有利于优化流路设计,提高采样频率,降低消耗,充分利用化学反应,提高灵敏度。

2. 试样带的物理分散过程　将一定体积的试样以塞子的形式注入载流的瞬间,试样塞

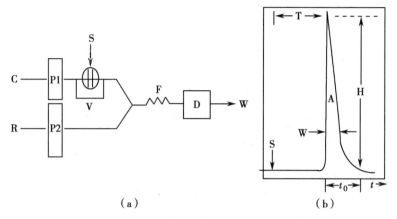

（a） （b）

图 4-13 FIA 流程和输出记录曲线示意图

中待测组分的浓度在试样塞的各处是相同的,等于原试样溶液中该组分的浓度。当试样塞随载流在管道中向下游运动时,由于对流和分子扩散作用,试样塞不可避免地被载流分散成抛物线形的试样带。

（1）对流:当液体缓慢流过导管时,流体截面各处轴上流速是不相同的。由于层间摩擦力作用,管壁附近部分流速慢,管心部分流速快,自身形成"对流"。对流导致试样带形成长长的拖尾(图 4-14a)。试样带在管路中流经的路程越长,试样塞被分散得越开,试样带就越宽,其中心的组分浓度越低,记录得到的峰高越低、峰宽越大。

（2）分子扩散:溶液内存在浓度差时,分子从高浓度向低浓度方向的迁移现象称为分子扩散。由于对流,造成了导管内同一截面上试样分子浓度不同,将发生径向分子扩散,试样带前端的分子将向管壁附近扩散,而尾部分子将向管中心扩散。这种分子扩散对于对流起了修正作用。

试样塞在管道中的分散过程和相应的记录信号如图 4-14 所示。

物理分散程度直接影响信号曲线的峰形。主要影响因素有:载流流速、进样量、管径、留存时间和扩散系数等。其中影响最大的是载流流速,流速快,对流加大,峰宽增大。但实验中保持条件相同时,其物理分散过程都是重复的。

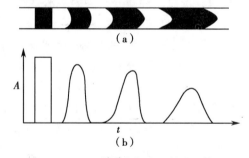

图 4-14 FIA 中对流与分子扩散示意图

（二）流动注射分析装置

流动注射分析的装置一般由载流驱动系统(蠕动泵)、进样阀、混合反应器、检测器和记录系统组成。

1. 溶液驱动单元 理想状况下,流动注射分析的要求是流速恒定、重现性好;流速不受黏度变化或其他阻力的影响;能瞬时停止和启动,便于精确控制;泵的内体积小,清洗时间短;无脉冲。蠕动泵(peristaltic pump)是最常用的溶液驱动单元,其作用是输送载流、试剂溶液和试样溶液。

常用的多滚筒式蠕动泵工作原理如图 4-15 所示,沿着压板圆周方向转动的一系列滚筒不断挤压富有弹性的软管,当每个滚筒向前滚动时,两滚筒之间的软管在两个挤压点之间会形成负压,由此将液体抽吸或提升。使液体在软管内连续流动。当滚筒的滚动速度一定时,管内液体的流动速度也将恒定。

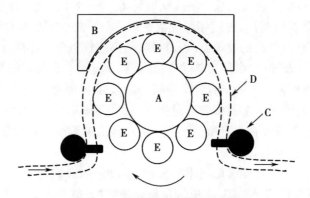

图4-15 蠕动泵工作原理示意图
A. 泵头;B. 压盖;C. 泵管定位卡口(黑色);D. 泵管;E. 滚筒

蠕动泵可分为单道蠕动泵和多道蠕动泵,多道蠕动泵的通道数量从1到16都有,但常用的是4通道。蠕动泵的软管材料有聚氯乙烯、特氟龙、硅胶或者其他类似的材料,内径一般在0.1~2.5mm之间。可用来输送蒸馏水、稀酸、稀碱溶液等。这些软管的缺点是不适宜输送各种有机溶剂。如果需使用浓酸和有机溶剂作载流时,则应使用Acidflex材料的泵管。

2. 进样阀 在FIA中,试样溶液必须以完整的"试样塞"形式注入载流中,试样与载流间的混合完全由运动中受控制的扩散与对流过程来实现,因此进样过程中必须避免试样与载流混合。进样时要求:①注入的试样应当"嵌入"载流,形成完整的试样带;②注入试样体积重现性好;③进样器的死体积小;④注入试样时对载流的流动状态干扰小。

进样阀(valve for injection)又称采样阀、注入阀或注射阀。用得最多且效果最令人满意的是类似于高效液相色谱仪中所用的旋转式六通阀。该进样阀有两个操作位置:采样位置(LOAD)和进样位置(INJECT)。注入样品的体积可以为5~200μl。这种"塞式"注入的进样方式对载流流动干扰很小,取样和注入过程均可精确重复。进样阀的基本工作模式如图4-16所示。

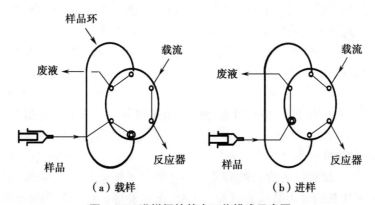

图4-16 进样阀的基本工作模式示意图

3. 反应器(流通池) 注入的试样在载流中进行分散,以试样带的形式由载流带入反应器,在反应器中试样与试剂发生化学反应,形成可被检测的物质。

反应器管内径一般为 0.4~1.0mm,最常用为 0.5mm。管内径过大会增大扩散,使单位时间内允许分析的样品数减少;管内径过小则易堵塞,系统阻力大。管道长度应根据分析对象而定,试样与试剂反应慢者应使用较长的反应器管道,反应快的可使用较短的反应器管道。

反应管道通常是盘绕着的,可以增强径向扩散、减小轴向扩散,减弱试样塞增宽的程度而导致更对称的峰,获得较高的灵敏度,而且可以提高进样频率。如果在反应管道内填充直径为管道内径 60% 的玻璃球,则称为单珠串反应器,用这种管道可以得到十分对称的峰形,而其分散程度比同规格内径的敞口直管反应器的分散度小 10 倍。

4. 检测系统　能用于 FIA 的检测器种类多,适用于不同的分析目的,这正是 FIA 适用性强的特点。检测器要求噪音水平低、线性范围宽、响应速度快和灵敏度高等。应用最多的是光学检测器和电化学检测器。

5. 数据处理系统　随着计算机技术的发展,流动注射分析与计算机技术联用,由计算机进行操作控制,可直接记录图谱、收集信息和处理数据,使流动注射分析法自动化程度大为提高。

为了更好地实现仪器操作的全自动化、节约试剂、提高检测灵敏度等目的,在 FIA 基础上还发展出了顺序注射分析、合并带技术、停流分析等自动化溶液处理与分析方法。

(三) 流动注射化学发光分析

当上述的流动注射分析的流路中的溶液更换成化学发光反应溶液、检测器变成化学发光检测器时,就构成了流动注射化学发光分析系统。进行流动注射化学发光分析需要关注以下几个方面的问题:

1. 避光问题　流动注射化学发光分析中一个特别需要注意的问题:检测器要绝对避光,否则就会引起很高的、无法控制处理的背景噪声。尽管检测器避光是非常容易做到的,但是很多时候,流路所使用的管道会引起类似的光纤传导作用造成光直接到达检测器的情况。

2. 流路构成　与其他的流动注射分析技术相比,在设计流路构成时,试剂和载流的数量是很重要的方面。在实际工作过程中,试样一般都是先注入载流,再与化学发光试剂混合,产生化学发光反应。当然,流路的设计还与化学发光反应的速度有关。如果反应是相对比较慢的,试样就可以直接注入化学发光试剂流路中。因为即使这样,反应的最大发光强度也不会在流路混合溶液进入流通池前产生。如果反应速度很快,试样就应该先注入一个独立的载流中,再在离混合流通池入口附近与化学发光试剂混合。

3. 流通池体积　理想状况下,化学发光反应从开始到完成的整个过程最好能恰好发生在混合流通池中。然而,由于实际条件的限制,不可能按照每个单独反应的要求而随意改变流通池的体积。

4. 流速　流通池的体积不足可以通过精确地控制每一个参与反应的流路的流速来弥补。实际工作中,可以通过优化泵的工作条件来调节流速,从而实现达到控制化学发光溶液到达流通池的驻留时间。

流速与化学发光反应的速度直接相关。当化学发光反应速度增加时,流速也要相应地提高。当然,此时试剂的消耗量也会增大。另外,流速会影响化学发光的峰形、峰高和样品通量(也就是单位时间内测定试样或标准溶液的个数)。

5. 试样体积　当试样和标准溶液的体积增大时,峰高和峰面积、信号时间都会变大。但是,如果试样体积过大,会导致浓度梯度差异变大(载流与试样间的对流和分子扩散受限,边缘交界处很大,而中间很小),这时很有可能会出现峰分裂的现象,导致错误的分析结果。

四、化学发光分析的特点及应用

(一)化学发光分析的特点

1. 灵敏度高　由于化学发光过程没有其他光源产生杂散光的影响,因此,化学发光分析灵敏度较高。通常的化学发光体系,检出限可达 10^{-15}mol/L,对于一个具有高量子产率,低本底值的化学发光剂,检出限甚至可达 $10^{-18}\sim10^{-24}$mol/L。化学发光分析法灵敏度高,使分析单个细胞成为可能。

2. 线性范围宽　化学发光分析的动态响应范围有一个很宽的线性范围(3~6数量级)。例如:铬(Ⅲ)催化鲁米诺 - 过氧化氢化学发光体系测量铬(Ⅲ)线性范围从 $10^{-5}\sim10^{-11}$g/ml。

3. 操作简便、快速　FIA 以快速、精密、操作简便,节省试剂及适应性广而著称,将 FIA 与高灵敏度的化学发光分析结合,分析速度可达每小时 120~200 样次,操作简便、快速,在分析监测上的应用也愈来愈广。

4. 无放射性　化学发光分析为免疫分析提供了新的手段,即化学发光免疫分析法,化学发光免疫分析法是将化学发光试剂,酶(催化剂)或者荧光物质标记到抗原(抗体)上,通过特异性免疫反应与抗体(抗原)结合后,用化学发光反应测定标记物的化学发光强度,以确定被标记的抗原(抗体)的量,该法以其高灵敏度、无放射性危害,有良好的稳定性,其标记的抗原抗体在 −20℃可保存半年到一年左右,实用面宽等特点,克服了放射性同位素的所有不足。

5. 仪器价格低廉　根据化学发光原理研制和生产的发光计,结构简单、操作方便,价格低廉。

(二)液相化学发光的影响因素

化学发光的分析性能受所有参与化学反应的组分和发射组分的发光特性的影响,因此控制化学反应条件对化学发光的产生是十分重要的。影响化学发光的主要因素有化学反应速度、反应试剂混合速度和发光增敏剂、催化剂、pH 等。

1. 反应速度　化学发光强度在一定条件下与化学反应速度成正比。如果反应速度慢,产生微弱的慢发光,则几乎测不到光的信号。对同一个反应体系,如果能改变反应条件加快反应速度,发光能在瞬间完成,就可以测到一个较强的信号。化学发光分析的灵敏度与反应速度直接相关。因此,影响反应速度的因素诸如温度、浓度、pH、竞争反应、共存物质的催化或抑制作用等都会影响化学发光分析。

2. 混合速度　化学发光动力学曲线一开始呈现强度增加的现象,这是由于试剂充分混合需要一定时间或反应处于诱导期;达到最大值后强度开始下降,这是由于试剂的消耗和化学发光的光量子效率随时间改变引起的。混合速度影响化学发光反应过程动力学,也就影响体系的反应速度,最终影响到化学发光的强度,因此,在化学发光分析检测时必须严格控制反应体系的混合速度和混合方式,以确保化学发光反应体系的稳定。

3. 发光增敏剂　在化学发光反应中加入某种发光增敏剂,可使发光体系的发光强度大大增加,增加了发光检测的灵敏度和特异性,提高了检测的稳定性。常见的发光增敏剂有卤酚类,如对碘苯酚、对溴苯酚等;萘酚类,如 β- 萘酚、α- 溴 -β- 萘酚等;酚代用品,如对碘基苯酚;胺衍生物类,如 3- 氨基荧蒽;以及 6- 羟基苯并噻唑衍生物类,如甲壳虫动物荧光素、脱氢荧光素等。例如用辣根过氧化物酶(HRP)标记生物分子,H_2O_2 作氧化剂,在鲁米诺 -HRP-

H_2O_2 体系中加入发光增强剂对碘苯酚，能使发光强度增大 10^3 倍以上。

4. 催化剂　一些化学发光反应速度较慢，发光强度小。某些催化剂加入以后可大大促进发光反应的进行，使发光强度增强。化学发光反应常用的催化剂有金属离子、过氧化物酶、卟啉类金属配合物等。利用各种催化剂对化学发光反应的催化作用这一特点，可以通过化学发光反应实现多种物质的测定。近年来，随着纳米技术的飞速发展，纳米离子对化学发光反应的极佳的催化效果被人们发现，纳米粒子参与的化学发光反应已成为化学发光领域的研究热点。

5. 溶液的 pH　pH 影响被测物质和发光体的存在形态或引起副反应，对发光体系有很大的影响。每个发光体系的最佳 pH 应该通过实验确定，并严加控制。

（三）化学发光分析方法定性及定量基础

化学发光的光量子效率 φ_{CL} 定义为：

$$\varphi_{CL}=\varphi_{ex}\varphi_{em}=\frac{光子数 /N_a}{反应物 A 的物质的量} \tag{4-12}$$

式中，N_a 为阿伏伽德罗常数。由式 4-12 可知，化学发光的光量子效率 φ_{CL} 取决于受激分子的生成效率 φ_{ex} 和受激分子的发光效率 φ_{em}。若激发态分子的发光效率 φ_{em} 很低，即使化学激活效率 φ_{ex} 很高，总效率 φ_{CL} 也是低的。因此，如果想获得一个足够高的化学发光效率的化学发光体系，理论上来讲，可以从两个方面进行着手。一方面，通过加入高效率的光接受体，提高生成激发态分子的效率 φ_{ex}，从而提高发光效率；另一方面，由于激发态产物可以通过热辐射形式失去能量，造成激发态分子发光效率 φ_{em} 的降低，因此可以通过加入防止激发态分子的猝灭的试剂，如表面活性剂等，来达到提高激发态分子发光效率 φ_{em} 的目的。

在化学发光的光量子效率一定的情况下，反应体系发出的光子数与反应物的量有关。反应物的量又取决于反应速率，因此一个化学反应体系的化学发光的强度依赖于化学发光的光量子效率和反应动力学。式 4-13 给出了 t 时刻的化学发光强度与发光反应速率的关系：

$$I_{CL(t)}=\varphi_{CL}\cdot\left(-\frac{dc}{dt}\right) \tag{4-13}$$

式中：$I_{CL(t)}$ 为 t 时刻的发光强度（光子 / 秒）；$\dfrac{dc}{dt}$ 为分析物的反应速率（即化学发光物母体的消失速率，单位为反应分子数 / 秒）。

由于化学发光物母体在反应过程中的不断消耗，化学发光强度将随反应时间而衰减，化学发光动力学曲线（化学发光强度随反应物混合时间变化的关系曲线）（图 4-17）。

当化学发光反应的实验条件确定时，在一定的浓度范围内，最大发光强度与待测物的初始浓度正比，其关系可表示为：

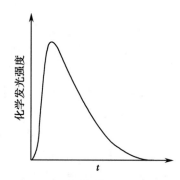

图 4-17　化学发光动力学曲线

$$I_{CLmax}=kc \tag{4-14}$$

式中：c 为待测物的浓度（mol/L）；k 在一定实验条件下是一个常数；I_{CLmax} 为最大发光强度。

对于一定的化学发光体系，总化学发光强度 I_{CL} 则有：

$$I_{CL}=\int I_{CL(t)}dt=\varphi_{CL}\int \frac{dc}{dt}dt=\varphi_{CL}c \tag{4-15}$$

式 4-14 和 4-15 为化学发光分析的定量依据。

（四）化学发光分析的应用

1. 在环境科学领域中的应用　基于特征的气相化学发光反应而产生的化学发光方法，由于具有灵敏度高、选择性好，已被英国官方的分析方法（ASTM，BSI）和美国环保署（EPA）推荐用于检测液体原油中含氮化合物的痕量分析、环境大气中臭氧的监测以及天然水中化合态氮的标准分析。而基于金属离子如 Fe^{2+} 和 Cr^{3+} 对鲁米诺 $-H_2O_2$ 的化学发光反应的线性催化作用，可分别实现对深海中低至 0.05nmol/L Fe（Ⅱ）、总 Fe 的测定以及环境水样、土壤和生物样品、粮食和食品中的微痕量铬的测定。

2. 在生命科学和医学领域的应用　化学发光免疫测定出现于 20 世纪 90 年代，由于其对检测者无害，其敏感度和精密度也均优于放射免疫分析，而且试剂稳定，并可进行全自动分析，现已基本完全替代了放射免疫分析。其中，1996 年发展的电化学发光免疫分析（electrochemiluminescence immunoassay，ECLIA），通过将电化学反应引入化学发光反应，并结合各种免疫测定的先进技术，成为目前应用最广泛的化学发光免疫分析技术。目前该技术已被广泛应用于世界各地的医院检验科，可实现甲状腺功能、激素、唐氏筛查、肿瘤标志物、贫血、心肌损伤标志物、传染病、自身免疫疾病中约 100 余种项目的检测。

五、生物发光分析

（一）生物发光原理

生物发光是化学发光的一种特殊情形，发生在生命体系中，如萤火虫、发光细菌、水母、蘑菇、真菌等各种生物发光。生物发光的特点是都有酶的参与，例如，萤火虫荧光素酶，使得发光反应的量子效率大大提高。

在分析化学中应用最广泛、认识最深入的生物发光体系有两个：细菌生物发光和萤火虫生物发光。

1. 细菌生物发光的化学反应　细菌生物发光中的关键物质包括细菌荧光素，通常被简写为 $FMNH_2$，即还原态的黄素核苷酸（flavin mononucleotide，FMN），其结构及生物发光反应如下：

$$H_2C-(CHOH)_3-CH_2-O-PO_3^{2-}$$

细菌荧光素 $FMNH_2$

$$FMNH_2 + O_2 + RCHO \xrightarrow{\text{细菌荧光素酶}} FMN + RCOOH + H_2O + h\nu$$

式中 RCHO 为长链的醛类。

2. 萤火虫生物发光的化学反应　萤火虫生物发光反应的底物为虫荧光素及 ATP，并需要 Mg^{2+} 参与。该反应体系在 562nm 处发光。虫荧光素的分子结构以及化学发光反应如下：

虫荧光素

$$\text{虫荧光素} + ATP + O_2 \xrightarrow{\text{虫荧光素酶}} \text{氧虫荧光素} + ADP + h\nu$$

由于虫荧光素酶中含有 ATP 转化酶,检出限由虫荧光素酶的纯度决定。该反应用于测定细菌污染是一个非常快速的微生物检测方法。

(二)生物发光分析方法应用

利用生物发光系统可以建立一系列生物传感器,用于检测环境中的特定物质及其含量变化。例如,近年来,基于反恐战争中防止生化袭击的要求,西方国家建立了快速检测烈性病原体的生物发光技术。方法之一是使用炭疽杆菌的特异噬菌体产生的炭疽孢子特异溶素以及虫荧光素酶检测炭疽孢子,当被检测物中存在炭疽孢子时,特异溶素将溶解该孢子并释放其内部 ATP 导致发光。方法之二是利用具有特异表面抗体并表达水母素的重组小鼠 B 淋巴细胞,一旦该细胞与特定抗原结合,则离子通道开放,使钙离子进入细胞内,激发水母素发光,目前该方法已经用于炭疽、天花、鼠疫、兔热病等病原体的检测。

另外,还有人利用海洋发光菌制备生物芯片测定水体生化耗氧量,其可检测范围达到 $0 \sim 50 \mu g/ml$。

一些物质的生物发光分析的应用列于表 4-4 中。

表 4-4 一些物质的生物发光分析

化合物	检测水平 /pmol	化合物	检测水平 /pmol
NADH	$0.5 \sim 1000$	乳酸脱氢酶	$0.001 \sim 1$
NADPH	$0.5 \sim 1000$	葡萄糖 -6- 磷酸脱氢酶	$0.001 \sim 1$
6- 磷酸 - 葡萄糖	$2 \sim 100$	乙醇脱氢酶	$0.001 \sim 10$
睾酮	$0.8 \sim 1000$	三硝基甲苯	1×10^{-5}

第三节 磷光分析法简介

分子磷光光谱在原理、仪器和应用等方面与分子荧光光谱相似,其差别在于磷光是由第一激发单重态的最低能级,经系间跨越至第一激发三重态,并经过振动弛豫至最低振动能级,然后经禁阻跃迁回到基态而产生的,因此发光速率较慢。荧光则来自短寿命的单重态,所以磷光的平均寿命比荧光长,在光照停止后还可保持一段时间。

与荧光相比,磷光具有如下三个特点。①磷光辐射的波长比荧光长,这是因为分子的 T_1 态能量比 S_1 态低;②磷光的寿命比荧光长。由于荧光是 S_1-S_0 辐射跃迁产生的,这种跃迁是自旋许可的跃迁,因而 S_1 态的辐射寿命通常在 $10^{-7} \sim 10^{-9}$ 秒;磷光是 T_1-S_0 跃迁产生的,这种跃迁属自旋禁阻的跃迁,其速率常数要小得多,因而辐射寿命要长,大约为 $10^{-4} \sim 10$ 秒;③磷光的寿命和辐射强度对于重原子和顺磁性离子是极其敏感的。

一、低温磷光

由于激发三重态的寿命长,使激发态分子发生 T_1-S_0 这种分子内部的内转化非辐射去活化过程,以及激发态分子与周围的溶剂分子间发生碰撞和能量转移过程,或发生某些光化学反应的概率增大,这些都将使磷光强度减弱,甚至完全消失。为减少这些去活化过程的影响,通常应在低温下测量磷光。低温磷光分析中,液氮是最常用的合适的冷却剂。因此要求所使用的溶剂,在液氮温度(77K)下对所分析的试样应具有良好的溶解特性,本身又容易制备和提纯,并在所研究的光谱区域内没有很强的吸收和发射。

二、室温磷光

由于低温磷光需要低温实验装置,并且溶剂选择也受到一定的限制,应用范围受到了一定的限制。所以目前发展了多种室温磷光法(room-temperature phosphorescence,RTP)。有固体基质室温磷光法(solid-substrate room-temperature phosphorescence,SS-RTP)、胶束增稳的溶液室温磷光法(micelle-stabilized room temperature phosphorescence,MS-RTP)等。

1. 固体基质室温磷光法　此法基于测量室温下吸附于固体基质上的有机化合物所发射的磷光。所用的载体种类较多,有纤维素载体(如滤纸、玻璃纤维)、无机载体(如硅胶、氧化铝)以及有机载体(如乙酸钠、高分子聚合物、纤维絮膜)等。理想的载体是既能将分析物质牢固地束缚在表面或基质中以增加其刚性,并减小三重态的碰撞猝灭等非辐射去活化过程,而本身又不产生磷光背景。

2. 胶束增稳的溶液室温磷光法　当溶液中表面活性剂的浓度达到临界胶束浓度后,便相互聚集形成胶束。由于这种胶束的多相性,改变了磷光团的微环境和定向的约束力,从而强烈影响了磷光团的物理性质,减小了内转化和碰撞能量损失等非辐射去活化过程的趋势,明显增加了三重态的稳定性,从而可以实现在溶液中测量室温磷光。利用胶束稳定的因素,结合重原子效应,并对溶液除氧,是 MS-RTP 的三个要素。

三、磷光分析法及应用

磷光分析在无机化合物测定中应用很少,主要用于药物分析、环境分析等领域的有机样品。近年来,室温磷光分析在药物分析方面的应用日益增多,并广泛应用于生物体液中痕量药物的分析。此外,磷光分析法在生物活性物质的测定上已得到应用,可以测定色氨酸、酪氨酸和研究蛋白质的结构。一些有机化合物的磷光分析见表 4-5。

表 4-5　一些有机化合物的磷光分析

化合物	溶剂	λ_{ex}/nm	λ_{em}/nm	化合物	溶剂	λ_{ex}/nm	λ_{em}/nm
腺嘌呤	WM	278	406	磺胺吡啶	EtOH	310	440
	RTP	290	470	磺胺二甲基吡啶	EtOH	280	405
色氨酸	EtOH	295	440	阿司匹林	EtOH	310	430
	RTP	280	448	蒽	EtOH	300	462
水杨酸	EtOH	315	430	香草醛	EtOH	332	519
	RTP	320	470	咖啡因	EtOH	285	440
磺胺	EtOH	297	411	可待因	EtOH	270	505
	RTP	297	426	DDT	EtOH	270	420
阿卡因盐酸	EtOH	240	400	吡哆素盐酸	EtOH	291	425
	RTP	285	460	吡啶	EtOH	310	440

注:WM 为水 - 甲醇;RTP 为室温磷光

本 章 小 结

1. **基础知识** 荧光、磷光的形成过程、荧光光谱的特点及其与分子结构的相互关系;荧光分析法的特点及荧光分析仪的基本结构;影响荧光分析的外部因素;化学发光反应过程、分类及常见体系;化学发光分析仪的基本构造及流动注射化学发光分析;影响液相化学发光的因素;荧光分析和化学发光分析法的应用。

2. **核心内容** 重点理解物质分子受激发时所吸收的能源性质及辐射机理,以及由此产生的分子发光类型。难点是分子发光产生的机制。激发光谱特征及强度与发射光谱、物质结构、环境条件以及化学反应的关系是分子发光分析的核心。关键是要能清晰地比较不同分子发光技术及应用的差异。

3. **学习要求** 了解荧光分析和化学发光法的类型,以及磷光和生物发光分析;掌握分子发光的产生过程及基本原理、荧光分析法和化学发光分析法的分析条件及应用;熟悉荧光分光光度计、化学发光仪的构造,以及荧光分析和化学发光分析新技术。

（程祥磊）

思考题

1. 试从原理和仪器两个方面比较分子荧光、磷光和化学发光的异同点。

2. 下列化合物中,哪个化合物的荧光量子产率更高? 为什么?

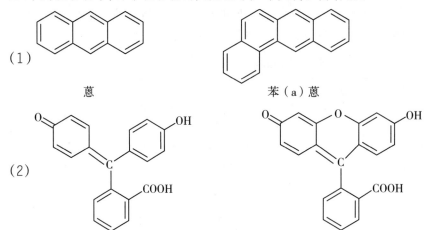

（1）　　　　蒽　　　　　　　　　苯（a）蒽

（2）

3. 浓度和温度等条件相同时,萘在 1- 氯丙烷、1- 溴丙烷、1- 碘丙烷溶剂中,哪种情况下有最大的荧光? 为什么?

4. 用流动注射化学发光法测定植物样品中的铬,准确称取 0.1000g 干燥样品,加入 H_2SO_4—HNO_3 混合酸(1+1)4.0ml,用微波消解法消解完全后,转移定容至 50.00ml,与标准溶液一起在相同的条件下测定,数据如下表(5 次测定平均值):

Cr^{3+} 标准溶液 /(ng/ml)	0.0	2.0	4.0	6.0	8.0	10.0	12.0
化学发光强度 I_{CL}	0.6	7.6	15.5	21.1	28.7	35.3	42.0

试液的相对发光值为 24.8，求样品中铬的含量。[3.5μg/g(干基)]

5. 区别下面两幅图(图 4-18,图 4-19)中某组分的光谱:吸收光谱、荧光光谱和磷光光谱,并简述判断依据。

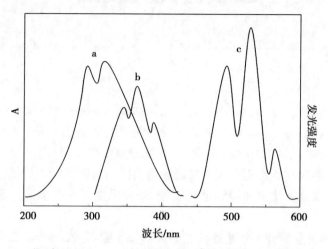

图 4-18 萘(某溶剂中,77K)的吸收光谱、荧光发射光谱和磷光发射光谱

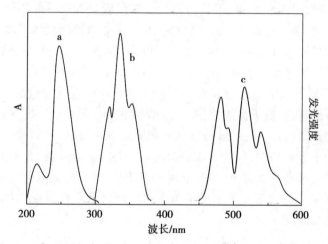

图 4-19 菲(某溶剂中,77K)的吸收光谱、荧光发射光谱和磷光发射光谱

第五章 原子吸收分光光度法

原子吸收分光光度法（atomic absorption spectrophotometry，AAS），又称原子吸收光谱法（atomic absorption spectroscopy），是一种基于待测元素的基态原子蒸气对特征光谱的吸收建立起来的元素分析法。早在19世纪初原子吸收现象就被发现，但仅局限于天体物理研究和应用。1955年，澳大利亚物理学家A.Walsh等人提出将原子吸收光谱技术应用于分析化学中，原子吸收光谱分析技术才得到迅速发展，至今已发展成为金属元素测定最主要的方法之一。

原子吸收光谱法与紫外-可见吸收光谱法都属于吸收光谱法，但二者在吸收机理上存在着本质差别，实验手段也不相同。后者属于分子能级跃迁，包括电子能级、振动能级和转动能级三种跃迁，所以是带状光谱，吸收带较宽。而前者只有原子最外层电子能级的跃迁，是一种窄带吸收，又称线状光谱，吸收宽度仅为 10^{-3}nm，要求使用锐线光源。

原子吸收分光光度法具有如下优点：①灵敏度高，检出限低。火焰原子吸收法的检出限可达 10^{-9}g/ml，石墨炉原子吸收法的检出限可达 10^{-13}g/ml；②准确度高。火焰原子吸收法相对误差小于1%，石墨炉原子吸收法相对误差约为3%~5%；③选择性好。因为被测原子吸收的是该元素的特征谱线，抗干扰能力强，一般情况下共存元素不干扰测定；④分析速度快。使用自动原子吸收光谱仪时，能在35分钟内连续测定50个试样中的6个元素；⑤试样用量少。采用石墨炉原子吸收法时，仅需5~100μl 或 0.05~30mg 即可；⑥应用范围广。目前采用原子吸收分光光度法可直接测定70多种金属元素，采用间接法也可测定某些非金属元素和有机化合物。但是原子吸收分光光度法工作曲线的线性范围较窄，所能测定的元素种类依设备附带的不同光源而定。

第一节 基本原理

一、原子吸收光谱与共振吸收线

近代原子结构理论认为，原子是由原子核和绕核运动的电子所组成，一个原子可有多种能级状态（图5-1）。在通常情况下，原子处于能量最低的状态即基态（E_0），是最稳定的状态，称为基态原子。当基态原子受外界能量激发（如光照、加热、电场等）吸收能量时，最外层的电子可跃迁到能量较高的能级，此时原子处于激发态（E_n），称为激发态原子。激发态原子很不稳定，约在 10^{-8}~10^{-7} 秒后跃迁返回至基态，并放出能量。原子能级间的跃迁伴随着能量的吸收和发射，可产生相应的原子吸收光谱和发射光谱。

光谱学上通常只考虑基态原子最外层一个价电子被激发到高能级的情况。虽然也有可能两个或多个电子同时被激发，但一般所需能量很大，不易观察到它们所形成的光谱。原子

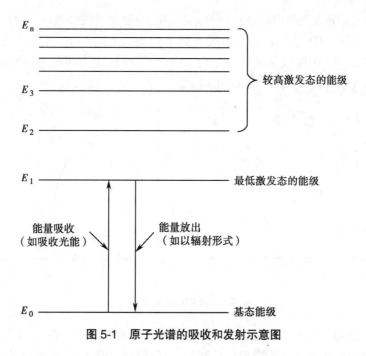

图 5-1　原子光谱的吸收和发射示意图

由基态跃迁到第一激发态(E_1)时,所吸收的一定波长的辐射线称为共振吸收线,再跃迁返回基态时,则发射相同波长的辐射线,称为共振发射线,二者统称为元素共振线(resonance line)。由于从基态至第一激发态的跃迁所需能量最低,这种跃迁最易发生,对大多数元素而言该谱线吸收最强,因此,共振线是元素最灵敏的谱线。不同元素的原子结构和外层电子排布各不相同,从基态至第一激发态的跃迁所需能量就不同,故不同元素的共振线各具其特征,所以共振线又称为元素的特征谱线。原子吸收法就是利用待测元素的基态原子蒸气吸收从光源辐射的共振线来进行分析,特征谱线通常为原子吸收法的分析线。

二、原子吸收谱线轮廓与谱线宽度

原子吸收具有良好的选择性,若用不同波长的光通过原子蒸气时,如果某一波长 λ 相应的能量等于原子由基态跃迁到激发态所需的能量 ΔE,就会引起原子对该波长辐射的吸收。因此,原子吸收的频率 ν 或波长 λ 与产生吸收跃迁的能量差相关,根据本书第二章式(2-3):

$$\Delta E = h\nu = hc/\lambda \tag{5-1}$$

式中 c 为光速(约为 3×10^8 m/s)。

从理论上讲,原子吸收时只发生电子能级跃迁,基态原子蒸气仅对某单一波长的辐射吸收,所以,在原子吸收光谱中应是一条光谱线,称为线状光谱。但是由于受多种因素的影响,实验测定的原子吸收光谱线并不是一条严格的几何线,而是具有一定频率范围(即指一定宽度)或波长范围的峰形图,称为原子吸收谱线的轮廓。

原子吸收谱线的轮廓有多种表示方法,当光强度为 I_0 的不同波长的光通过原子蒸气时,一部分被吸收,另一部分透过气态原子层。若以透过光强度 I_ν 对频率 ν(或波长 λ)作图,得到原子吸收谱线的轮廓如图 5-2a。若以吸收系数 K_ν 为纵坐标,以频率为横坐标作图,可得到原子吸收谱线的轮廓如图 5-2b 所示。K_ν 与光强度 I_0 及原子蒸气的厚度 L 无关,而与吸收介质性质和入射光频率有关。原子吸收谱线轮廓的特征可用两个指标来表征:①中心频率

v_0（或中心波长 λ_0）。吸收线的中心频率（v_0）是在谱线的最大吸收系数处,实际为元素共振线,它由原子的能级分布特征所决定;②谱线轮廓半宽度（Δv 或 $\Delta \lambda$）。吸收线的半宽度是指中心频率（或中心波长）的吸收系数的一半（$K_0/2$）处,谱线轮廓上两点之间的频率差（或波长差）。半宽度的大小约在 0.001~0.01nm 范围。

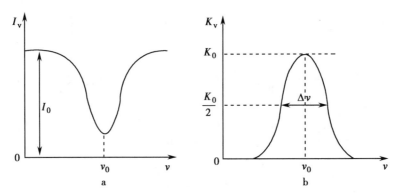

图 5-2　原子吸收线的轮廓

　　同样,原子发射线也具有一定宽度的谱线轮廓。如图 5-2 所示的原子发射线轮廓是以光强度 I_v 为纵坐标,以频率 v 为横坐标绘制的。可见发射线轮廓比吸收线轮廓要狭窄得多,半宽度约为 0.0005~0.002nm,而同种原子的吸收线轮廓与发射线轮廓的中心频率完全相同。

　　原子吸收谱线的轮廓变宽说明原子吸收变得分散,这将影响 AAS 测定灵敏度。在通常条件下,引起谱线变宽的原因主要有两类:一类是原子本身性质决定的,例如谱线的自然宽度;另一类是由外界条件影响引起的,如热变宽和压力变宽等等。下面简单介绍几种重要的变宽效应。

　　1. 自然宽度（natural width）　由原子本身性质引起。在无任何外界因素影响时谱线仍有一定宽度,这种宽度称为自然宽度,用 Δv_N 表示。它与原子发生能级跃迁时激发态原子的有限寿命（平均为 10^{-8} 秒）有关,不同谱线有不同的自然宽度。激发态原子寿命越短,自然宽度就越宽。但多数情况下 Δv_N 约为 10^{-5} nm 数量级,其值很小,不是谱线变宽的主要因素。

　　2. 多普勒变宽（Doppler broadening）　由于原子在蒸气中作无规则热运动所致,故又称为热变宽,用 Δv_D 表示。基态原子作无序热运动时,各原子的运动方向和运动速度分量不相同。当吸光原子向着光源（即背向检测器）方向运动时,相对于该基态原子而言,光源辐射的频率变低即波长变长,因此基态原子将吸收较低的频率或较长的波长,称为"红移";反之,当原子背向光源（即向着检测器）运动时,原子吸收的频率变高即波长变短,称为"紫移"。这样,由于原子的无规则热运动就使吸收谱线变宽。多普勒变宽与绝对温度 T 的平方根成正比,与待测元素的摩尔质量 M 的平方根成反比。通常多普勒变宽为 10^{-3} nm 数量级。比自然宽度约大两个数量级,是引起谱线变宽的主要因素。多普勒变宽的特点是:温度越高,谱线越宽,但中心频率保持不变。

　　3. 劳伦茨变宽（Lorentz broadening）　指待测元素的激发态原子与蒸气中其他元素的原子、分子等粒子相互碰撞而引起的谱线轮廓变宽,用 Δv_L 表示。它随原子区内总原子蒸气压增大而增大,故属于压力变宽,但还随温度升高而增大。劳伦茨变宽与多普勒变宽具有相同的数量级。劳伦兹变宽还会引起谱线轮廓变形、不对称、中心频率或波长位移。并且这种影响会随其他元素气体的性质不同而不同。所以,劳伦兹变宽是谱线变宽的又一主要因素。

4. 赫鲁兹马克变宽（Holtsmark broadening）　指同种原子之间的碰撞引起光量子的频率改变而导致的谱线变宽，又称共振变宽，用 $\Delta\nu_H$ 表示。它随被测物浓度或原子蒸气压增大而增大，故亦是一种压力变宽。通常情况下，待测元素的原子蒸气压力一般低于 133.3Pa，所以共振变宽效应很小，可以忽略不计。

除上述因素外，尚有场致变宽、塞曼效应变宽、自吸变宽等影响谱线变宽的因素。但在通常的原子吸收分析条件下，吸收线变宽主要因 Doppler 变宽和 Lorentz 变宽所引起，其他引起变宽的因素常可忽略不计。若原子蒸气温度在 2000~3000K 的范围内，原子吸收线的宽度约为 10^{-3}~10^{-2}nm。在原子吸收分析中，谱线变宽往往会导致测定的灵敏度降低。

三、Boltzman 分布定律

原子吸收分光光度法的基础是气态的基态原子对特征辐射的吸收。在原子吸收测定中，试液需在高温下挥发并离解成基态原子蒸气，其中一部分基态原子可能再吸收高温热能而被激发成为激发态原子。显然，温度越高，元素金属活性越强，吸热激发的原子数目就越多。所以，高温下原子蒸气中待测原子总数（N）和基态原子数（N_0）之间的关系，或基态原子数是否可用来代表待测原子总数是影响准确测定吸光度的重要因素。在一定温度下，按照化学热力学理论，当处于热力学平衡时，体系中激发态原子数与基态原子数之比为一定值，且服从玻尔兹曼（Boltzman）能量分布定律：

$$\frac{N_j}{N_0} = \frac{G_j}{G_0} e^{-E_j/kT} \tag{5-2}$$

式中 N_j 和 N_0 分别代表单位体积内激发原子数和基态原子数，G_j、G_0 为激发态和基态能级的统计权重（表示能级的简并度，即相同能级的数目），E_j 是激发态能量，K 为波尔兹曼常数，T 为绝对温度。

在原子光谱测定中，每种元素一定波长谱线的 G_j/G_0 和 E_j 都已知，因此用式 5-2 可计算一定温度下的 N_j/N_0 值。表 5-1 列出了某些元素共振激发态与基态原子数之比 N_j/N_0。

表 5-1　某些元素共振激发态与基态原子数之比值 N_j/N_0

元素	共振线波长（nm）	G_j/G_0	E_j（eV）	2000K	2500K	3000K
Na	589.0	2	2.104	0.99×10^{-5}	1.14×10^{-4}	5.84×10^{-4}
Ba	553.6	3	2.239	6.83×10^{-6}	3.19×10^{-5}	5.19×10^{-4}
Sr	460.7	3	2.690	4.99×10^{-7}	1.13×10^{-5}	9.01×10^{-5}
Ca	422.7	3	2.932	1.22×10^{-7}	3.67×10^{-6}	3.55×10^{-5}
Ag	328.1	2	3.778	6.03×10^{-10}	4.84×10^{-8}	8.99×10^{-7}
Cu	324.8	2	3.817	4.82×10^{-10}	4.04×10^{-8}	6.65×10^{-7}
Mg	285.2	3	4.346	3.35×10^{-11}	5.20×10^{-9}	1.50×10^{-7}
Pb	283.3	3	4.375	3.83×10^{-11}	4.55×10^{-9}	1.34×10^{-7}
Zn	213.9	3	5.795	7.45×10^{-15}	6.22×10^{-12}	5.50×10^{-10}

由表 5-1 和式 5-2 可见，①N_j/N_0 值随温度而变化，温度越高，比值就越大；②在同一温度下，不同元素电子跃迁的能级 E_j 值越小，共振线波长越长，N_j/N_0 值就越大。

原子分光光度法的原子化温度一般低于3000K,且大多数元素的共振线波长小于600nm,因此对大部分元素而言N_j/N_0值都小于1%,即蒸气中N_j远远小于N_0,N_j可以忽略不计。因此,基态原子数可代表原子总数(即:$N=N_0+N_j \approx N_0$)。说明所有的原子吸收是在基态进行的,这就大大地减少了可用于原子吸收的吸收线数目,每种元素仅有3~4个有用的吸收光谱线,这是原子吸收分光光度法灵敏度高,抗干扰力强的主要原因。

四、原子吸收值及其与原子浓度的关系

1. 积分吸收(integrated absorption)　根据原子吸收光谱特性,原子吸收值的测量方法也具有特殊性。当辐射光通过基态原子蒸气时,其中大部分吸收了中心频率ν_0的光,其余部分分别吸收了不同频率(即ν_0邻近)的光。求得原子蒸气所吸收的全部能量在原子吸收分析中称为积分吸收。积分吸收在数学上,是求图5-2b中吸收线下面所包括的整个面积,即将不同频率处的吸光系数累加,也称积分吸收系数,数学表达式为$\int K_\nu d\nu$。根据经典色散理论推导,积分吸收与原子蒸气中吸收辐射的基态原子数存在下列关系:

$$\int K_\nu d\nu = \frac{\pi e^2}{mc} N_0 f \tag{5-3}$$

上式中e和m分别为电子的电荷和质量;c为光速;f为振子强度,它代表每个原子能吸收或发射特定频率光的平均电子数,它正比于原子对特定波长辐射的吸收几率。N_0为单位体积原子蒸气中能吸收频率为$\nu_0 \pm \Delta\nu$范围内辐射的基态原子数;在一定条件下,对一定元素,$\frac{\pi e^2}{mc}$与f可视为一定值(K)。式(5-3)表明:谱线的积分吸收与单位体积原子蒸气中吸收辐射的基态原子数成线性关系,这正是原子吸收分析方法的重要理论基础。即

$$\int K_\nu d\nu = \frac{\pi e^2}{mc} N_0 f = KN_0 = KN \tag{5-4}$$

若能准确测得积分吸收值,即可计算出待测元素的原子浓度,它是一种不需要与标准比较的绝对测量方法。但是,要准确测量半宽度只有约10^{-3}nm吸收线轮廓的吸收值,就必须准确地对吸收线轮廓进行精密扫描,这要求单色器的分辨率高达50万以上,这是一般光谱仪所不能达到的,所以,积分吸收长期以来未能用于实际测定。

2. 峰值吸收(peak absorption)　1955年A.Walsh提出了采用峰值吸收系数K_0代替积分吸收,而K_0的测定仅需使用锐线光源,无需高分辨率的单色器就能做到,所以,成功地解决了原子吸收测量上的这一难题。

采用峰值吸收代替积分吸收进行定量的必要条件是使用锐线光源。所谓锐线光源是指发射线的半宽度比吸收线半宽度窄得多,且发射线中心频率与吸收线中心频率相一致的光源。A.Walsh根据谱线变宽的原理,设计了一种尽可能减小光源辐射变宽因素的影响,且与吸收谱线中心频率完全一致的光源,即待测元素空心阴极灯。峰值吸收测量的基本原理可如图5-3所示。

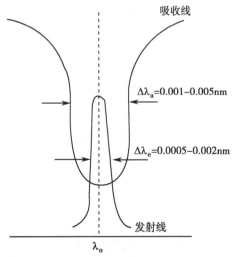

图5-3　峰值吸收测量示意图

通常原子吸收测量条件下,原子吸收谱线中心部分的轮廓取决于变宽情况,若仅考虑多普勒变宽,吸收系数为

$$K_v=K_0\exp\left\{-\frac{2(v-v)\sqrt{\ln 2}}{\Delta v_D}\right\} \tag{5-5}$$

上式的积分式为

$$\int_0^\infty K_v dv=\frac{1}{2}\sqrt{\frac{\pi}{\ln 2}}K_0\Delta v_D \tag{5-6}$$

由于锐线光源的发射线半宽度一般为吸收线半宽度的1/5~1/10,所以,峰值吸收测量实际是在中心频率两旁很窄范围内的积分吸收测量,将式5-6代入5-4得

$$K_0=\frac{2}{\Delta v_D}\sqrt{\frac{\ln 2}{\pi}}\times\frac{\pi e^2}{mc}fN_0 \tag{5-7}$$

式5-7表明原子峰值吸收系数 K_0 正比于吸收辐射的基态原子数,因此,可用峰值吸收的测量代替积分吸收的测量,并与标准比较后求得原子浓度。

3. 原子吸收与原子浓度的关系　当某特定频率的光通过原子蒸气时,原子吸收情况由图5-4所示,其透过光强度与原子蒸气厚度的关系遵守 Lambert-Beer 定律,即

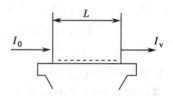

图5-4　原子吸收示意图

$$I_v=I_0 e^{-K_v L} \tag{5-8}$$

式中 L 为原子蒸气的厚度。在峰值吸收处 $K_v=K_0$,将上式用吸光度 A 表示

$$A=-\lg\frac{I_v}{I_0}=0.434K_0 L \tag{5-9}$$

将式5-7代入式5-9,并令 $K'=0.434\frac{2}{\Delta v_D}\sqrt{\frac{\ln 2}{\pi}}\cdot\frac{\pi e^2}{mc}fN_0$,简化后得简式

$$A=K'N_0 L \tag{5-10}$$

前已述及,在一定浓度范围内, $N_0=N$,而 N 与溶液中待测元素的浓度(c)成正比,所以,式5-10可以写成

$$A=Kc \tag{5-11}$$

式5-11说明,在一定实验条件下,通过测量基态原子的吸光度,即可求出样品中待测元素的含量。即为原子吸收光谱法的定量基础。

第二节　原子吸收分光光度计

一、主要部件和原理

原子吸收分光光度计的光路如图5-5所示,仪器主要由光源、原子化器、单色器、检测器和显示器五个部件组成。

(一)光源

光源的作用是辐射待测元素的特征谱线,故称为锐线光源。对光源的基本要求是:①应发射待测元素的共振线,具有足够的辐射强度,以保证较高的信噪比。背景信号低,应低于共振辐射强度的1%,且不受充入的惰性气体或其他杂质元素线的干扰;②发射线轮廓的半

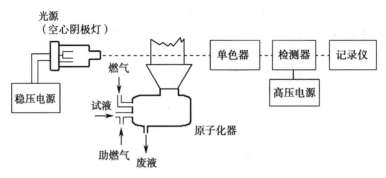

图 5-5　原子吸收分光光度计示意图

宽度应明显窄于吸收线轮廓的半宽度。③辐射强度稳定,灯的使用寿命长。符合上述要求的光源有空心阴极灯和无极放电灯等类型。

1. 空心阴极灯(hollow cathode lamp,HCL)　目前应用最广泛的是空心阴极灯,其结构如图 5-6 所示。它是一种低压气体放电管,灯管壳由硬质玻璃制成,一端为石英光学窗,管内抽成真空后充入低压(100~500Pa)惰性气体(如氦、氖、氩、氙等气体)。管内密封一个由绕有钽或钛丝的钨棒制成的阳极和一个由待测元素金属做成的空心圆筒状阴极,空心阴极腔的内径约为 2mm,作用是保证放电集中在较小的空间内,以得到高的辐射强度。空心阴极灯的放电是一种特殊形式的低压辉光放电。当两极施加 300~500V 电压时,便产生辉光放电。阴极放出的电子,在高速飞向阳极的途中与惰性气体分子(实为原子)碰撞使之电离。带正电荷的离子在电场的作用下高速飞向阴极,向阴极内腔壁猛烈撞击,将阴极表面的待测元素原子从晶格中溅射出来。溅射出来的金属原子会大量聚集于空心阴极内,再次与飞行中的其他粒子(包括电子、惰性气体的分子或离子)发生碰撞而被激发,在返回基态时发射出待测元素的特征谱线。

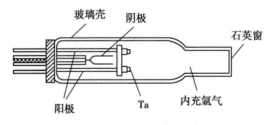

图 5-6　空心阴极灯构造

空心阴极灯的工作电流较小,一般为几毫安至 20 毫安,所以,阴极温度和气体放电温度很低,谱线的多普勒变宽很小;而且灯内气体压力很低,劳伦兹变宽也很小,二者均可忽略不计。因此,空心阴极灯可以发射很窄的特征谱线,是一种理想的锐线光源。

2. 多元素空心阴极灯　目前已研制出几种多元素空心阴极灯(表 5-2)。多元素灯是指灯管内阴极表面含有两种或多种元素,通电时,阴极负辉区能同时辐射两种或多种元素的共振线,只要选择并更换相应元素的波长,就能在一个灯上同时进行几种元素的测定。多元素空心阴极灯的缺点是辐射强度、灵敏度和使用寿命都不如单元素灯。组合的元素越多,光谱特征性越差,谱线干扰越大,使用时应加以注意。

表 5-2　几种多元素空心阴极灯

二元素灯	三元素灯	四元素灯	五元素灯	六元素灯	七元素灯
钙镁	钙镁锌	铁铜锰锌	银铬铜铁镍	钴铬铜铁锰镍	铝钙铜铁镁硅锌
钾钠	铜铁镍		钴铬铜锰镍		

3. 无极放电灯(electrodeless discharge lamp)　在一个密封的椭圆形或圆形真空石英管(直径 5~9mm,长 25~35mm)内,充入低压惰性气体并充填少量待测元素的卤化物,将石英管置于高频线圈中心,二者之间牢固固定,再安装于绝缘套内(图 5-7)。在高频电场作用下,管内产生气体放电,并激发管内惰性气体原子。随着放电的进行,石英管的温度升高,使金属卤化物蒸发和解离。待测元素原子与激发态惰性气体原子之间发生碰撞而被激发,继而发射特征谱线。

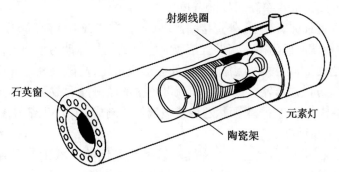

图 5-7　无极放电灯构造

无极放电灯操作简单,预热时间短,辐射强度大,使用寿命长,稳定性好。但要求管内温度为 200~400℃时,待测元素至少具有 133Pa 的蒸气压,只有几种易挥发性的元素才能制成无极放电灯。

4. 连续光源(continuum source)　近几年出现的连续光源原子吸收光谱仪是使用特制的高聚焦短弧氙灯作为光源。它属于气体放电光源,灯内充有高压氙气,在高频高电压激发下形成高聚焦弧光放电,发射波长范围为 190~900nm 的强连续光谱。这种光源能用于原子吸收法测定,原因如下:①这种短弧氙灯发射的是高强度复合光,可保证经色散后仍具有足够光强度;②由高分辨率双单色器色散后,能符合发射线宽度大大窄于吸收线宽度的要求;③采用氙灯同时进行波长定位和动态校正,可确保中心频率与元素共振线相同。

(二) 原子化器

原子化器(atomizer)或称原子化系统,其作用是提供能量使样品中的待测元素转变为基态原子蒸气,并使其进入光源的辐射光程。试样中待测元素转变为基态原子的过程称为原子化过程,此过程示意如下:

$$\text{M}^*(\text{激发态})$$
$$\Big\updownarrow \text{激发}$$
$$\text{MX}(\text{试样}) \underset{\text{2. 气化}}{\overset{\text{1. 脱溶剂}}{\rightleftharpoons}} \text{MX}(\text{气态}) \overset{\text{原子化}}{\rightleftharpoons} \text{M}(\text{基态原子}) + \text{X}(\text{气态})$$
$$\Big\updownarrow \text{离子化}$$
$$\text{M}(\text{离子}) + e$$

实现原子化过程的装置主要有：火焰原子化器、石墨炉原子化器和低温还原原子化器三类。

1. 火焰原子化法（flame atomization）　火焰原子化器是利用化学火焰的高温热能和氧化还原气氛，使试样原子化的一种装置。应用最广泛的是预混合型火焰原子化器，它由雾化器、雾化室和燃烧器三部分组成，其结构如图 5-8 所示。

（1）雾化器（nebulizer）：雾化器的作用是将试液雾化。对雾化器的要求是喷雾稳定，产生雾滴细而均匀，雾化效率高。目前普遍

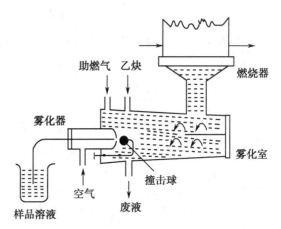

图 5-8　预混合式火焰原子化器示意图

采用的是同心双管型气体雾化器，外管接高压助燃气（空气或氧化亚氮等），内管是毛细管连接并吸入试液，并使试液成为微米级的气溶胶。它是利用气体动力学原理，当高压助燃气自气体导管中高速通过时，在中心毛细管出口处会形成负压，使试液经毛细管入口吸入，并在出口处被高速气流分散成雾滴。喷出的雾滴再经撞击球碰撞后被进一步分散成细雾，进入雾化室。雾化器通常由不锈钢、聚四氟乙烯或玻璃材料制成。中心毛细管多由铂‑铱（或铑）合金制成，以增加抗腐蚀性。

（2）雾化室：又称预混合室，其作用有：①使已雾化的试液细雾滴与燃气（如乙炔、丙烷、氢气等）、助燃气充分混合形成气溶胶后进入燃烧器；②使未被细化的雾滴试液在内壁快速沉降并凝结为液珠，并及时沿排泄管排出，以避免试样或组分沉积，产生"记忆"效应；③起缓冲和稳定混合气气压的作用，以使燃烧器产生稳定的火焰。通常在雾化室内壁喷涂以氯化聚醚之类塑料，使其具有较好的浸水性，防止挂水珠，可减少记忆效应。

（3）燃烧器（burner）：燃烧器的作用是形成火焰，使进入火焰的试样气溶胶迅速蒸发、离解和原子化。对燃烧器的要求是火焰平稳，不易"回火"，喷口不易因试样沉积而被堵塞，噪声低，调节方便。

燃烧器由不锈钢或金属钛等耐腐蚀、耐高温材料制成。燃烧器喷口一般都做成长狭缝式。这种形状既可获得原子蒸气的较长吸收光程，提高方法的灵敏度，又可防止回火，保证操作的安全。有单缝和三缝两种类型，最常用的是单缝燃烧器如图 5-9 所示。它的灵敏度高，噪声小，稳定性好。燃烧器的缝长与缝宽随火焰的种类而异，如丙烷‑空气的燃烧速度慢，火焰温度低，缝口为 100mm×0.7mm；乙炔‑空气的燃烧速度快，缝口为 100mm×0.5mm；乙炔‑氧化亚氮的缝口为 50mm×0.5mm。

火焰原子化是使试液原子化的一种理想方法。但火焰原子化的过程较复杂，燃气和助燃气的组成不同可得不同种类的火焰。如表 5-3 所示，不同种类的火焰的温度和性质也不尽相同。

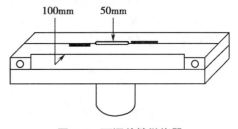

图 5-9　可调单缝燃烧器

表5-3　几种常用火焰的组成和性质

燃气	助燃气	着火温度（℃）	燃烧速度（cm/s）	火焰温度（℃）
丙烷	空气	510	82	1935
氢气	空气	530	440	2045
乙炔	空气	350	160	2125
乙炔	氧化亚氮	400	180	2955

　　同一种类的火焰,又由于燃气和助燃气比例(燃助比)不同可分为不同的火焰类型:
①化学计量焰又称中性焰。这种火焰的燃助比基本上是按照它们之间的化学反应计量比
提供的,例如乙炔-空气火焰燃助比为1:4。这种火焰是蓝色透明的,具有层次分明、温度
高、背景干扰少的特点,是目前普遍使用的一类火焰;②贫燃焰。当燃助比小于化学计量焰
时,就产生贫燃焰,例如乙炔与空气之比为1:6。这类火焰清晰,呈淡蓝色。由于燃烧充
分,火焰温度较高,但火焰燃烧不稳定,测量重复性差,仅适用于不易氧化的元素如铜、银、
钴的测定;③富燃焰。燃助比大于化学计量焰时,就产生富燃火焰,例如乙炔与空气之比为
1.2~1.5:4。呈黄色光亮,由于含有未完全燃烧的燃气,具有较强还原气氛。温度略低于化
学计量焰,适宜于氧化物熔点较高的元素如铝、钛、钼等元素测定。背景较强,干扰较多。

　　在测定时不仅需要根据不同元素选用适当的火焰种类(表5-4),同时还应根据实验条件
选择燃气和助燃气的最佳流量,得到最佳的火焰状态。

表5-4　分析元素和最佳火焰

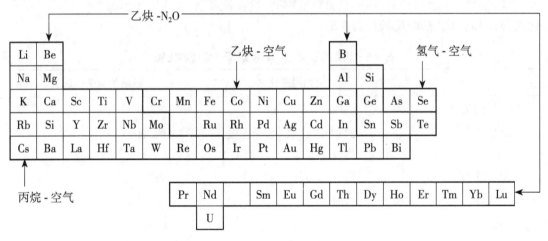

　　火焰原子化法重现性好,操作简易,所以使用广泛。但缺点是灵敏度相对较低,主要原
因:①原子化效率低或试液的利用率低(仅有10%);②原子在光路中滞留时间短以及燃烧气
体的膨胀对基态原子产生稀释。因此限制其应用。

　　2. 石墨炉原子化法(graphite furnace atomization)　石墨炉原子化器是一种电热高温
原子化器,它的原理是将石墨管作为一个电阻发热体,在通电时温度迅速升高,可达2000~
3000℃,使待测元素原子化。石墨炉原子化器主要由炉体、石墨管和电、水、气供给系统组成。
图5-10为石墨炉原子化器结构示意图。石墨管长28~50mm,内径约5mm,管两端用铜电极
夹住。管上有一进样孔,孔径1~2mm,试样用微量注射器由进样孔直接注入石墨管内。石

墨管置于有水冷却的两石墨锥之间,使石墨炉外面的温度保持在60℃以下。石墨管内外都通有惰性保护气体(如氩或氮),一方面防止高温下其在大气中被氧化燃烧,另一方面能及时除去实验过程中产生的溶剂蒸气和基体及残渣废气。

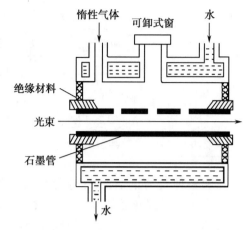

图 5-10　石墨炉原子化器构造示意图

石墨炉原子化法的通电升温过程需经过干燥、灰化、原子化及净化四个步骤。①干燥是指在溶剂沸点温度下蒸发掉样品中所含溶剂并由惰性气体带走;②灰化是指在较高温度(350~1200℃)下使样品中低沸点的无机物及有机物发生分解和气化而被除去,减少基体干扰;③原子化是指待测元素在原子化温度(1000~3000℃)下进行原子化,静止(停止吹气)加热数秒钟,同时测量和记录吸收峰值;④净化则是使温度高于原子化温度100~200℃以除去残留物,消除记忆效应,为下一次进样做准备。

石墨炉原子化法具有很多的优点:原子化在充有惰性保护气体的强还原性石墨介质中进行,有利于难熔氧化物的分解和原子化;取样量少,固体样品为 0.1~10mg,液体样品为 1~100μl;基态原子在测定区有效停留时间长,样品全部蒸发并参与光吸收,原子化效率接近 100%,所以灵敏度比火焰法增加 10~200 倍,绝对灵敏度可达 $10^{-9} \sim 10^{-14}$g;消除了化学火焰中常产生的待测组分与火焰组分间的相互作用,减少了化学干扰;某些样品无需前处理可直接测定。但也存在不足:由于它取样量少,样品组成的不均匀性影响较大,使测定的重现性较差;有较强的背景吸收和基体效应;分析成本高;设备较复杂,操作亦不够简便。石墨炉原子化法与火焰原子化法的比较见表 5-5。

表 5-5　火焰原子化法和石墨炉原子化法的比较

	火焰原子化法	石墨炉原子化法
原子化原理	燃烧热	电热
最高温度	2955℃(乙炔 - 氧化亚氮火焰)	约 3000℃
原子化效率	约 10%	90% 以上
试样体积	>1ml	5~100μl
讯号形状	平顶型	峰型
灵敏度	低	高
检出限	对 Cd,0.5ng/g 对 Al,20ng/g	对 Cd,0.002ng/g 对 Al,0.1ng/g
最佳条件下的重现性	相对标准偏差 0.5%~1.0%	相对标准偏差 1.5%~5.0%
基体效应	小	大

3. 化学还原原子化法　化学还原原子化法亦称为低温原子化法,是在室温下或在摄氏几百度的温度下,利用化学反应预处理样品,使试样原子化。分为氢化物发生法和冷原子化

法两种。

（1）氢化物发生法：有一些元素，如 Ge、Sn、Pb、As、Sb、Bi、Se 和 Te 等，采取样品溶液进样时，无论是火焰原子化法还是石墨炉原子化法均不能得到较好的灵敏度。但这些元素在酸性介质中，能与强还原剂硼氢化钠（钾）反应，生成气态氢化物，再在较低的温度下分解为气态原子。现以测定砷为例进行说明（图 5-11），在反应器中发生如下反应：

$$AsCl_3+4\ KBH_4+HCl+8\ H_2O=AsH_3\uparrow+4\ KCl+4\ HBO_2+13\ H_2\uparrow$$

所产生的 AsH_3 由载气（氮气）带出并引入石英吸收管中，在 300~900℃温度范围内，氢化物立即完全分解成基态原子，进行原子吸收光谱分析。目前主要用来测定砷、硒、锑、铋、锗、锡、铅、镉、铟及铊等十一种元素。这种原子化法的灵敏度高（一般可达 10^{-10}~10^{-9}g）；选择性好；基体干扰和化学干扰较少。

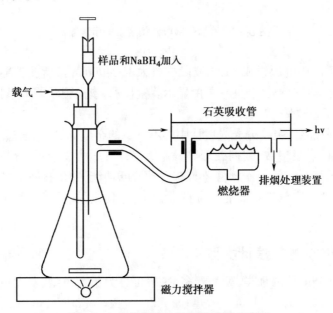

图 5-11　氢化物发生法测定砷的示意图

（2）冷原子化法：冷原子吸收法专用于测定汞。其原理是样品中的汞化合物（Hg^{2+} 或 Hg_2^{2+}）很容易被还原为金属汞。在还原器中加入样品和氯化亚锡还原剂，发生氧化还原反应：$Hg^{2+}+Sn^{2+}=Hg+Sn^{4+}$。反应产生的单质汞具有极强的挥发性，通入氮气能将汞原子蒸气带出，并经干燥管干燥后进入石英吸收池，在室温下测定吸光度。该方法适合于痕量汞的测定，灵敏度和准确度都较高，可检出 0.01g 汞。冷原子吸收法测定汞的方法见图 5-12。

（三）分光系统

分光系统的作用是将待测元素的共振吸收线与邻近的谱线分开。由于采用的是锐线光源，入射光的单色性好，无需再单色化，所以，单色器设置在原子化器之后，以避免火焰的发光干扰。其构造包括狭缝、色散元件和准直镜等，其中色散元件多采用光栅，刻痕数在每毫米 600~2800 条之间。

（四）检测及显示系统

检测系统的作用是将单色器透过的光信号转变成电信号，并经放大后由读数装置显示或由记录仪记录。主要由检测器、放大器、对数变换器和显示装置等部分所组成。检测器常

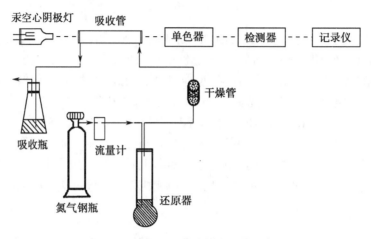

图 5-12　冷原子吸收法测定汞的示意图

由光电倍增管和负高压电源组成,工作波段一般为 190~900nm。检测器输出的信号需经放大器放大,对数转换器进行对数转换,再由显示装置显示,或由记录器记录打印。

（五）计算机工作软件

工作软件是现代原子吸收分光光度计中必不可少的组成部分,它通过计算机操作系统,设置仪器测量条件、样品参数,数据处理等。能储存并打印测量结果、分析报告、分析条件、标准曲线和原始数据。有些工作软件还具有自动诊断功能,并依据不同的元素设置不同的最佳缺省参数,有些工作软件还具有检测仪器稳定性、检出限、精密度和工作曲线的线性范围等仪器性能的功能。

二、原子吸收分光光度计类型

原子吸收分光光度计的种类、型号繁多,一般可分为单光束型、双光束型和多波道型三种类型。

（一）单波道单光束原子吸收分光光度计

这一类型的仪器只有一个单色器和一个检测器,只能同时测定一种元素。由图 5-13 可见,其基本结构类似于紫外 - 可见分光光度计,不同之处在于光源是采用空心阴极灯,是锐线光源,吸收池由原子化器代替,单色器置于原子化器之后。

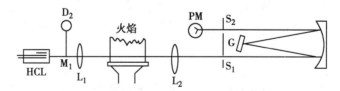

图 5-13　单道单光束原子吸收光谱仪光路图

D_2:氘灯;M_1:切光器;PM:光电倍增管;S_1:入口狭缝;S_2:出口狭缝;G:光栅;L_1,L_2:透镜

这种仪器光路系统结构简单,性能较好;共振线在外光路损失少,单色器能获得较大亮度,故有较高灵敏度;价格较低,便于推广,能满足日常分析工作的要求。缺点是:不能消除光源波动所引起的基线漂移,对测定的精密度和准确度都有一定的影响。因此在测定过程中需经常校正零点,以补偿基线的不稳。而且为了获得较为稳定的光输出,空心阴极灯需预

热 20~30 分钟,导致分析时间长。

(二)单波道双光束原子吸收分光光度计

双光束仪器是在单光束仪器的基础上对光学系统进行了改进,以消除单光束仪器因光源波动而引起的基线漂移。图 5-14 是其光学原理的示意图。

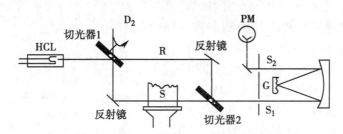

图 5-14　单道双光束原子吸收光谱仪光路图

M₁ M₂ M₃:反光镜;D₂:氘灯;HCL:空心阴极灯;PM:光电倍增管;S₁:入口狭缝;S₂:出口狭缝;G:光栅

双光束型仪器利用旋转切光器 1 将光源发射的共振线分成两个强度相等、波长相同的光束,一束为样品光束 S,直接通过原子化器(如火焰);另一束是参比光束 R,不通过原子化器。两光束在切光器 2 处相会,并交替进入单色器,得到了与切光器同步一定频率的 S 脉冲和 R 脉冲。检测系统将接收到两束脉冲信号进行同步检波放大,并经运算、转换,最后由读数装置显示出来。由于两光束均由同一光源辐射,检测系统输出的信号是这两束光的信号之差或强度之比,因此,来自光源的任何波动都能由参比光束的作用而得到补偿,给出一个稳定的输出信号,使仪器具有较高的信噪比,消除了基线漂移,检出限和精密度都有所改善。光源无需长时间预热,分析速度加快。缺点是仍存在原子化系统的不稳定和背景吸收的影响;仪器结构相对较复杂,价格较贵。

(三)双波道或多波道双光束原子吸收分光光度计

这类仪器具有两个或两个以上元素空心阴极灯,两个或两个以上单色器和检测器,可同时测定两种或两种以上的元素(图 5-15)。但仪器结构较复杂,价格昂贵,推广应用较困难。因而使用最普遍的是单波道单光束和单波道双光束原子吸收分光光度计。

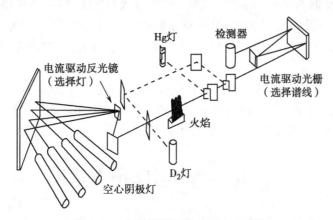

图 5-15　多道原子吸收光谱仪光路图

(四)多元素同时测定原子吸收分光光度计

近年来,德国推出了连续光源多元素同时测定的原子吸收光谱仪。它采用特制的短弧氙灯作为连续光源（190~900nm），由于该光源辐射强度大，在由石英棱镜和大面积中阶梯光栅组成的高分辨率双单色器进行色散处理后，能提供能量足够且半宽度仅为 0.002nm（280nm处）的元素共振发射线，类似于空心阴极灯，可满足峰值吸收测量所需锐线光源的要求。仪器光学原理示意如图 5-16 所示。仪器特点：①采用一只氙灯代替所有空心阴极灯，能满足全波长段各元素的原子吸收测定；②高分辨率（0.002nm）的石英棱镜 - 中阶梯光栅双单色器，较好解决了连续光源的单色性问题；③使用最

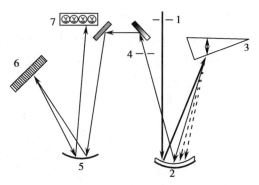

图 5-16　连续光源原子吸收光谱仪光路示意图
1. 入口狭缝；2. 抛面反射镜；3. 棱镜；4. 中间狭缝；
5. 第二反射镜；6. 中阶梯光栅；7. 检测器

新一代高性能 CCD 线阵检测器（512 点阵），可同时检测 1~2nm 波段内全部精细光谱，提供时间 - 波长 - 信号的三维信息；④采用 Ne 线作动态波长校正，能保证入射光中心波长与吸收中心波长精确一致且稳定；⑤在背景校正方面，分析时同时记录所有背景信息，可以将各种背景同时扣除，不需要传统原子吸收仪器上的背景校正装置；⑥可进行多元素顺序快速测定，分析速度之快可达到或超过普通 ICP 水平，而分析成本还低于普通原子吸收。

三、仪器的维护及注意事项

为保证仪器的正常工作状态，降低仪器故障率和延长使用寿命，做好仪器日常保养与维护工作是有效途径。

1. 元素灯的保养　空心阴极灯供电电压较高，更换元素灯时，一定要在断开电源后，进行更换；较低的灯电流有利于延长灯的使用寿命。长期不用的灯会因漏气、零部件放气等原因造成不能使用，所以应将长期不用的元素灯每隔 3~4 月通电 2~3 小时，以保障元素灯的性能，延长寿命。

2. 定期检查　检查废液管并及时倾倒废液；乙炔气路的定期检查和试漏；空压机及空气气路保养和维护。

3. 火焰原子化器的保养和维护　①雾化器：每次测定完成后，在火焰点燃状态下喷雾去离子水 5~10 分钟清洗，然后停止喷雾，待水分烘干后再关闭乙炔；②雾化室：定期取下燃烧器后用去离子水直接倒入清洗；③燃烧器：保持燃烧缝口清洁，对沾在缝口的积炭需用刀片刮除。

4. 石墨炉原子化器的保养　①石墨锥：内部有残留物时需用吸耳球将可吹掉的杂物清除，再用酒精棉擦拭清洁；②石英窗：取下后用酒精棉擦拭干净后使用后擦镜纸将污垢擦净，安装复位；③冷却水：天气过热时冷却水温度不宜过低，以免产生水雾凝结在石英窗口。

第三节　分析条件选择及优化

一、测量条件的选择

实验和测量条件的正确选择在很大程度上影响原子吸收分光光度法的灵敏度和准确度。

（一）分析线

因为共振线是各元素最灵敏的吸收线，所以，通常选择共振线作为分析线以获得最大的灵敏度。但是并不是在任何情况下都要选用最灵敏的共振线，当待测元素的共振线受到其他谱线干扰或待测元素含量过高时，就不宜选择共振线为分析线。表5-6列出了某些元素的常见分析线。例如Ni最强共振线是232.00nm，但附近有231.98nm和232.12nm原子线发射而非吸收，产生非吸收线干扰，因此常选取次灵敏线341.48nm作分析线。又如Hg、As、Se等元素的共振线位于远紫外区，火焰组分对光源辐射有明显的吸收，这时也不宜选择它们最强的共振线作为分析线。最强的吸收线仅适宜于痕量元素的测定。当分析物浓度较高时，有时宁愿选用灵敏度较低的谱线，以便得到合适的吸收值来改善校正曲线的线性范围。因此，最佳的分析线应根据具体情况由实验来确定。实验方法是，首先扫描空心阴极灯的发射光谱，了解有哪几条可供选用的谱线，然后吸入样品溶液，察看这些谱线的吸收情况，应该选用吸收值适宜且不受干扰的谱线为分析线。

表5-6　原子吸收分光光度法中常见的分析线

元素	分析线		元素	分析线		元素	分析线		元素	分析线	
Ag	328.1	338.3	Eu	459.6	462.7	Na	589.0	330.3	Sm	429.7	520.1
Al	309.3	308.2	Fe	248.3	352.3	Nb	334.3	358.0	Sn	224.6	286.3
As	193.6	197.2	Ga	287.4	294.4	Nd	463.4	471.9	Sr	460.7	407.8
Au	242.8	267.6	Gd	368.4	407.9	Ni	232.0	341.5	Ta	271.5	277.6
B	249.7	249.8	Ge	265.2	275.5	Os	290.9	305.9	Tb	432.7	431.9
Ba	553.6	455.4	Hf	307.3	286.6	Pb	216.7	283.3	Te	214.3	225.9
Be	234.9		Hg	253.7		Pd	247.6	244.8	Th	371.9	380.3
Bi	233.1	222.8	Ho	410.4	405.4	Pr	495.1	513.3	Ti	364.3	337.2
Ca	422.7	239.9	In	303.9	325.6	Pt	266.0	306.5	Tl	276.8	377.6
Cd	228.8	326.1	Ir	209.3	208.9	Rb	780.0	794.8	Tm	409.4	
Ce	520.0	369.7	K	766.5	769.9	Re	346.1	346.5	U	351.5	358.5
Co	240.7	242.5	La	550.1	418.7	Rh	343.5	339.7	V	318.4	385.6
Cr	357.9	359.4	Li	670.8	232.3	Ru	349.9	372.8	W	255.1	294.7
Cs	852.1	455.5	Lu	336.0	328.2	Sb	217.6	206.8	Y	410.2	412.8
Cu	324.8	327.4	Mg	285.2	279.6	Sc	391.2	402.0	Yb	398.8	346.4
Dy	421.2	404.6	Mn	279.5	403.7	Se	196.1	204.0	Zn	213.9	307.6
Er	400.8	415.1	Mo	313.3	317.0	Si	251.6	250.7	Zr	360.1	301.2

（二）狭缝宽度

狭缝宽度影响光谱通带宽度和检测器接受能量两个方面。狭缝宽度的选择主要根据仪器的色散能力、谱线轮廓宽度和受干扰的情况而定。原子吸收分光光度法中谱线重叠干扰的几率较小，所以，允许使用较宽的狭缝，有利于增加辐射强度，提高信噪比和改善检出限。但狭缝过宽，入射辐射的频率范围变宽，单色器分辨率降低，使得邻近分析线的其他辐射背景增强,从而使工作曲线弯曲,线性范围变窄。对于多谱线元素(如稀土元素等)或有连续背景时,宜选择较窄的狭缝,以减少干扰。最佳的狭缝宽度应通过实验确定。选择狭缝的具体方法是将试液喷入火焰中,由小至大调节狭缝宽度,并测定在不同狭缝宽度时的吸光度,达到某一宽度时,吸光度趋于稳定,为最佳的狭缝宽度。进一步增宽狭缝时,吸光度反而减小,原因是其他谱线或非吸收线出现在光通带内。所以,选择狭缝宽度的原则是不引起吸光度减小的最大狭缝宽度,即为最佳的狭缝宽度。

(三)空心阴极灯工作电流

空心阴极灯的工作电流会影响辐射强度和灯的使用寿命。灯电流过小,辐射强度低,且放电不稳定;灯电流过大,发射谱线变宽,甚至引起自吸收,使灵敏度下降,工作曲线弯曲和灯使用寿命缩短。一般商品空心阴极灯均标有最大工作电流和使用电流范围,通常以空心阴极灯上标明的最大工作电流的 1/2~2/3 作为工作电流。一般情况下,在保证有足够强度且稳定的光输出前提下,尽量选用较低的工作电流,以延长灯的使用寿命。所以,最适宜的工作电流尚需要实验确定。在使用之前空心阴极灯需经过 5~20 分钟的预热,以便发射强度稳定。

(四)原子化条件

正确选择样品的原子化的条件是整个原子吸收光谱法的关键,不同原子化法所需选择的条件各不相同。

1. 火焰原子化法　火焰原子化条件的选择包括:火焰类型和状态,燃烧器高度和雾化器的调节。在火焰原子化法中,火焰的选择与调节对提高火焰法原子化效率非常重要。不同的火焰类型的基本特性,如温度、氧化还原性、燃烧速度和对辐射的透射性等不同,因而,应根据所测定元素的电离电位高低、原子化难易和氧化还原性质来选择火焰类型。例如乙炔火焰在 200nm 以下的短波区内有明显吸收,对于分析线小于 200nm 的元素如 Se、As 等不宜使用乙炔火焰,应采用氢气火焰。对于易电离的碱金属和碱土金属易采用温度稍低的火焰,如丙烷 - 空气或氢气 - 空气火焰以防止电离干扰。对易形成难离解氧化物的元素如 B、Be、Al、Zr、稀土等,则应采用高温度火焰,最好使用富燃火焰。火焰的氧化还原性明显影响原子化效率和基态原子在火焰中的空间分布,因此,调节燃气和助燃气的流量及燃烧器的高度,可获得最高的测定灵敏度。

2. 石墨炉原子化法　在石墨炉原子化中,测量过程需经过干燥、灰化、原子化和净化四个步骤,合理选择干燥、灰化和原子化温度及持续时间十分重要。干燥的温度应比溶剂的沸点温度稍低,以防止在溶剂挥发过程中产生样品飞溅;灰化的目的是为了破坏和蒸发除去试样基体,在保证待测元素没有明显损失的前提下,应将试样加热到尽可能高的温度;原子化阶段,应选择达到最大吸收信号的最低温度作为原子化温度,此阶段应停止载气流动,以降低基态原子逸出的速度,提高基态原子在石墨炉中的停留时间和密度,有利于提高分析方法的灵敏度和改善检出限;净化温度应高于原子化温度约 100~200℃,以有效除去残渣。各阶段加热时间依不同试样而不同,需通过实验来确定,但前两个过程需平稳进行,所以,升温和持续时间应稍长一些。

3. 化学还原原子化法　氢化物发生原子化法分氢化物发生和原子化两步进行。其条件的选择包括:①反应介质和酸度的选择。影响分析的灵敏度和干扰程度,而且对不同元素测定还具有差异性;②还原剂及其用量的选择。硼氢化钾必须临用现配,其浓度选择直接影响还原效率;③辅助试剂及其用量的选择性。如测 Pb 时,Pb^{2+} 与硼氢化钾反应微弱,当加入少量铁氰化钾,反应速度明显加快;④共存离子的干扰和消除。如某些过渡金属元素存在时,能与硼氢化物反应生成金属或硼化物沉淀,并与待测元素共沉淀或吸附氢化物导致其分解,降低氢化物发生效率;⑤载气及其流量的选择。流速过低信号虽强但记忆效应大,而流速过大信号变弱;⑥反应温度和原子化温度的选择。反应温度升高能提高方法灵敏度,而提高石英炉温度可以降低共存物干扰。

二、干扰及消除方法

原子吸收分光光度法具有干扰少、选择性好的特点,但在某些情况下仍会出现一些不容忽视的干扰问题。原子吸收法中干扰效应大致可分为:光谱干扰、电离干扰、化学干扰、物理干扰及背景吸收干扰。所以,应当对这些干扰可能出现的情况,产生的原因及消除或抑制的方法有所了解。

(一) 电离干扰

电离干扰是指高温原子化过程中,待测元素原子吸热后发生电离,造成参与原子吸收的基态原子数目减少,测定结果偏低。电离干扰是一种选择性干扰,与待测元素的电离电位大小有关,碱金属和碱土金属的电离电位低,电离干扰效应最为明显。原子化温度越高,电离干扰越严重,所以,对易电离元素测定应避免温度过高。抑制或消除电离干扰更有效的方法是加入过量的消电离剂(如钾、钠、铯等元素)。例如测钾时常加入高浓度(10g/L)的钠盐或铯盐作消电离剂。测定钙或镁时,可加入氯化钾或氯化钠作消电离剂。由于高浓度的消电离剂在高温原子化过程中电离作用很强,产生大量的自由电子,使待测元素的电离受到抑制,从而降低或消除了电离干扰。常用消电离剂有氯化铯、氯化钾、氯化钠等。

(二) 化学干扰

化学干扰是指待测元素在溶液或气态中与其他共存物质之间发生化学反应,生成了难挥发或难离解的稳定化合物,从而降低了待测元素的原子化效率,使测定结果偏低,造成负误差,它是原子吸收分析中主要的干扰来源。例如钙、镁易与硫酸盐、磷酸盐、氧化铝等生成难挥发的化合物,如 $CaSO_4$、$Ca_3(PO_4)_2$、$MgO \cdot Al_2O_3$ 及 $3CaO \cdot 5Al_2O_3$ 等。又如硅、铝、硼和钛等元素在乙炔-空气火焰中容易产生难挥发难解离的氧化物。化学干扰是一种选择性的干扰。

消除或抑制化学干扰的方法需视情况而定。常用方法:

1. 加入释放剂　所加入的释放剂与待测组分相比,可与干扰组分形成更稳定或更难挥发的化合物,从而使待测元素从与干扰组分形成的化合物中释放出来,参与正常的原子化。例如磷酸盐干扰钙的测定[生成稳定的 $Ca_3(PO_4)_2$ 等],当加入镧盐或锶盐之后,镧或锶与磷酸根结合[生成更稳定的 $LaPO_4$ 或 $Sr_3(PO_4)_2$]而将钙释放出来。

2. 加入保护剂　所加入的保护剂能与待测元素在溶液中形成稳定化合物,从而阻止待测元素与干扰组分之间的结合,而保护剂一般选用与待测元素结合力强的有机化合物,它与待测元素形成的化合物在原子化高温条件下又容易分解和原子化,不干扰正常测定。例如,加入 EDTA 后可与待测元素钙、镁形成配合物,从而抑制了磷酸根对 Ca、Mg 测定的化学干扰;加入 8-羟基喹啉,能与 Al、Mg 形成稳定配合物,从而抑制了共存物可能对 Al、Mg 测定的化学干扰。

3. 提高火焰温度　化学干扰是火焰原子化法的主要干扰之一。提高火焰温度可以抑制某些化学干扰。例如,在高温乙炔-氧化亚氮火焰中,磷比钙量高 200 倍,也不干扰钙的测定,而在乙炔 - 空气火焰中,化学干扰则很严重。

另外,还可经化学分离方法使干扰元素与待测元素分离,其中溶剂萃取分离法在原子吸收光谱分析中应用最广。因为本方法不仅能消除干扰,提高测定的选择性,而且富集了待测元素,方法灵敏度进一步提高。但分离过程比较复杂。

(三)物理干扰

物理干扰是指由于试样溶液和标准溶液的物理性质(如黏度、表面张力、蒸气压、相对密度及温度等)的不同而引起雾化、溶剂蒸发、溶液挥发等过程的差异所造成的干扰。例如,在火焰原子化中,样品的黏度与密度,进样毛细管的直径、长度和浸入试样的深度等均影响试液的提升速率;试液表面张力的变化,影响雾珠和气溶胶粒子的大小与分布以及雾化效率;大量基体物质在火焰中蒸发和解离时,消耗大量的热能,而且在蒸发过程中,有可能包裹待测元素,延缓待测元素的蒸发,影响原子化效率;另外高盐含量可能造成燃烧器缝隙堵塞,改变其工作特性,也可视为物理因素干扰。

物理干扰是非选择性干扰,对溶液中各元素的影响基本相似。消除物理干扰最常用的方法是配制与待测溶液组成相似的标准溶液,尽可能保持试液与标准溶液物理性质一致,测定条件恒定等,在相同条件下对试液与标准溶液进行测定,以消除物理干扰。如采用标准加入法是消除物理干扰的有效方法。

(四)光谱干扰

光谱干扰是指在单色器的光谱通带内,除了有待测元素的分析线之外,还存在与其相邻的其他谱线所引起的干扰。常见的包括吸收线重叠干扰、非吸收线干扰和再发射线干扰三种。

1. 吸收线重叠干扰　待测元素的共振线与干扰元素共振线有重叠时,将产生"假吸收",干扰测定,导致测定结果偏高。例如选用汞 253.652nm 共振线测定汞时,若试样中还存在钴,由于钴 253.649nm 吸收线与此重叠,致使吸收值增大。又如 Al(308.215nm)和 V(308.211nm)的吸收线也严重重叠,将干扰彼此的测定。理论推测和实验结果都表明,当两元素吸收线波长差小于 0.03nm 时会产生严重干扰,目前仅发现有八对元素谱线相互干扰(表 5-7)。一般可通过另选灵敏度较高而干扰少的分析线抑制这种干扰,否则需采用"化学分离方法"除去干扰元素。

表 5-7　吸收线重叠实例(nm)

辐射线		干扰线		波长差	辐射线		干扰线		波长差
Cu	324.754	Eu	324.753	0.001	Mn	403.307	Ga	403.298	0.009
Fe	271.903	Pt	271.904	0.001	Hg	253.652	Co	253.649	0.003
Si	250.690	V	250.691	0.001	Sb	217.023	Pb	216.996	0.027
Al	308.215	V	308.211	0.004	Ge	422.657	Ga	422.673	0.016

2. 非吸收线干扰　有些元素的空心阴极灯除发射很强的待测元素共振线外,还会发射与其邻近的非吸收线(待测元素不吸收),当单色器不能将其分开时,它们将一起被检测器检测,导致吸光度降低,此称为非吸收线干扰。例如,Ni 空心阴极灯,在发射 232.00nm 共振分析线时,还发射两条与其邻近的非吸收谱线:231.98nm 和 232.14nm。当检测器检测到该非吸收线时,透过光强度与入射光强度的比值就会增大,吸光度值将减小。这种光谱干扰主要

出现在某些具有复杂光谱的元素中如铁、钴、镍等,它们的阴极灯均能发射出单色器不能完全分开的非吸收线。另外空心阴极灯中充入的惰性气体也会产生相近的谱线。这种光谱干扰的抑制措施是通过适当减小狭缝宽度来分开非吸收线。

3. 再发射线干扰　基态原子吸收共振线后由基态跃迁至激发态,但有些元素的激发态原子很不稳定,很快又由激发态返回基态,将再发射出共振线并与透过光一起进入检测器,使透过光强度变相的增大,吸光度降低,此称为再发射干扰。针对再发射线干扰,在制造仪器时,生产厂家采用光源与检测器同步脉冲供电的方法能消除这种干扰。

（五）背景吸收

背景吸收干扰是一种非原子吸收干扰,包括分子吸收、光散射及折射等。其中分子吸收是指宽频带吸收,主要有三种类型:①金属盐类分子吸收。是指原子化过程中生成的碱金属和碱土金属的卤化物、氧化物、氢氧化物等对共振线的吸收。例如 NaCl、KCl 等双原子分子在波长小于 300nm 的紫外区有吸收带;钙在乙炔 - 空气火焰中生成 $Ca(OH)_2$,在 548.0~560.0nm 有一吸收带;②无机酸分子吸收,常用的无机酸硫酸、磷酸、盐酸和硝酸中,前二者在波长 250nm 以下时有很强的分子吸收,而后二者的吸收很小,可忽略不计;③火焰气体吸收。是指燃烧火焰时产生的气体对共振线的吸收。火焰气体组成情况复杂,并与火焰的种类和类型相关。主要有 N_2、CO_2、CN、CH、OH、C_2 等分子或基团对光源辐射的吸收。光散射及折射是指原子化过程中所形成的不挥发固体微粒,对光产生散射或折射,使光偏离光路,不被检测器所检测,造成高于真实值的假吸收,使测定结果偏高。散射虽然不是光吸收现象,但客观上起到了背景吸收的作用。

实际工作中常采用几种实验方法来抵制或降低背景吸收干扰:①火焰气体的分子吸收可采用零点扣除的办法解决;②碱金属盐分子吸收,可通过高温离解,以减少吸收;当选用分析波长小于 250nm 时,样品处理时一般用 HNO_3、HCl,而不用 H_2SO_4、H_3PO_4;③利用空白溶液进行校正,配制与待测溶液基体相同的空白溶液,它将产生与待测溶液相同的背景吸收。从样品溶液的吸光度减去空白溶液的吸光度,就得到待测元素的真实吸光度。

原子吸收法中普遍存在背景吸收,它表现出三种特征:①波长特征,背景吸收虽然是带状吸收,吸收率会随波长不同而改变,但在狭窄的波长范围(0.2~2.0nm)内吸收率近似相等;②时间特征,石墨炉原子化中因为升温是程序性变化,待测元素和基体物质的蒸气浓度都将随时间急剧变化,所以,背景吸收也具有强烈的时间特征;③空间特征,火焰的不同位置基体物质的蒸气分布各异,石墨炉内基体物质的蒸气分布也不均匀,导致背景吸收的空间特征。根据上述特征可设计相应的方法进行背景校正。

目前商品仪器用于背景校正方面的设计主要有氘灯扣背景技术、塞曼效应扣背景技术和自吸扣背景技术。

1. 氘灯背景校正技术　氘灯背景校正为连续光源背景校正法,利用两个光源(图 5-17a),分别进行两次测量。一个光源是待测元素的空心阴极灯,它发射的锐线光谱通过火焰时,既产生原子吸收又产生背景吸收,此时测量值为总吸收值(A_0)。另一个光源为氘灯,它发射的连续光谱(波长 190~350nm)通过火焰时,主要产生宽带吸收,仅含有极小的原子吸收(<1%),可以忽略不计,测量值可视为背景吸收($A_背$)(图 5-17b)。两次测量值之差($A_原 = A_0 - A_背$),为扣除背景吸收后的原子吸收值。

氘灯校正背景吸收技术是简单、快速扣除背景方法,应用较广,但有很大的局限性,主要原因首先是氘灯和空心阴极灯两个光源的光束精确定位地无偏差通过原子化器中同

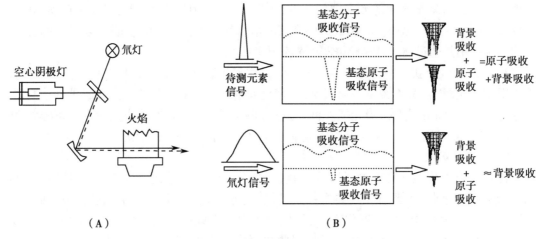

图 5-17 氘灯背景校正示意图

一体积元十分困难,若灯的调整不当,就不能准确地校正;其次氘灯测量的是光谱通带内平均背景吸收,与待测元素分析线的真实背景吸收有差异;第三氘灯只适用于短波辐射(200~400nm)。

2. 塞曼效应(Zeeman effect)背景校正技术 在外磁场作用下,原子核外电子运动发生变化而出现不同的运动状态,造成跃迁谱线分裂,此称为塞曼效应。在原子吸收法中,若将磁场作用于原子化器或光源时,会使吸收谱线分裂或发射线被偏振化分裂。在磁场作用于光源时,发射线将分裂为强度相等的两部分:π 和 $\sigma^{\pm}$(包括 σ^+ 与 σ^-)。如图 5-18 所示,其中 π 部分偏振方向平行于磁场,相当于元素共振线,而 $\sigma^{\pm}$ 部分偏振方向垂直于磁场,相当于共振线的邻近线。若仪器使用的恒定磁场(永久磁铁或直流电磁铁),仅需转动旋转偏振器,就

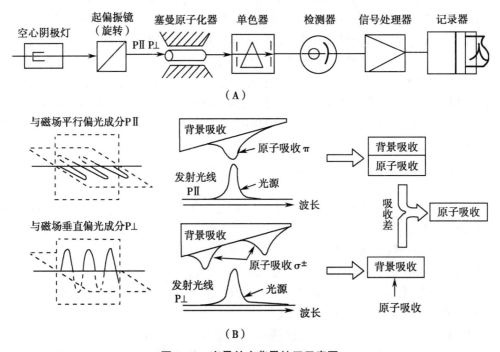

图 5-18 塞曼效应背景校正示意图

能使 π 和 σ± 交替通过原子蒸气,而 π 成分能被原子和背景共同吸收(总吸收),σ± 仅被背景吸收,两吸收值之差便为原子吸收。若使用交变磁场(交流电磁铁),当关闭磁场时谱线不分裂,测定总吸收,有磁场时谱线发生分裂,测定背景吸收,两吸收之差为原子吸收。

将磁场加在空心阴极灯时称为正向塞曼校正,而加在原子化器时称为反向塞曼校正。目前,大部分商品仪器是将塞曼效应加于原子化器(图 5-18)。

塞曼效应扣除背景使用一个光源,不需调整光束和平衡光源;在所有波长处都具有正常的光强度;故在 200~1000nm 波段内进行背景吸收校正的效果较为理想,但缺点是仪器装置较复杂,价格昂贵。

3. 自吸效应背景校正技术　自吸效应是指空心阴极灯在强电流时,溅射出大量待测元素的基态原子,它们会集中在阴极的出口处,吸收阴极激发态原子所发射的特征谱线,此称为自吸。若共振线发射强度很强,严重自吸会导致共振线全部被吸收转而仅发射邻近线,此称为自蚀。根据这一原理,设计使用脉冲电源,首先在弱电流下工作发射共振线,测定待测原子与背景的总吸收,然后再以短暂的强脉冲高电流通过空心阴极灯,使其产生自蚀而发射邻近线,此时测定的为背景吸收,二者之差即为分析元素的原子吸光度。

自吸效应背景校正技术校正能力高,能校正光谱干扰和结构背景。不足之处是高电流条件下所形成的共振谱线的自吸效应不可能达到 100%,因此背景吸收值中包含了少量的待测元素的共振吸收,使测定灵敏度明显降低。

三、样品处理及进样

1. 试样取量和处理　原子吸收分光光度法的取样量应根据待测元素的性质、含量、分析方法及要求的精度来确定。对于固体样品和组成复杂的液体样品(如血样等)须经消化处理配制成溶液;清洁的地下水或地面水,不经处理可直接测定;浑浊地面水及轻污染废水可用浓硝酸消化;污染严重的废水须用混合酸消化。

2. 进样量　火焰原子化法中进样量若过小时,信号太弱;但过大时会对火焰产生冷却效应。所以,应该在保持燃气和助燃气比例一定与总气体流量一定的条件下,测定吸光度值随喷雾量的变化,达到最大吸光度的试样喷雾量就是应当选取的试样喷雾量。对于石墨炉原子化法,也应通过实验测定吸光度值和进样量的变化关系来选择合适的进样量。

第四节　定量分析与应用

一、定量方法

目前原子吸收定量分析方法有校正曲线(包含标准曲线和工作曲线)法、标准比较法、标准加入法和内标法。

(一) 校正(标准)曲线法

根据试样中待测元素的含量,配制合适的系列标准溶液,用空白溶液作参比,按浓度由低到高的顺序依次喷入火焰,分别测量其吸光度,绘制吸光度 - 浓度校正曲线,或建立校正曲线的直线回归方程。在相同条件下测定样品溶液的吸光度值,由标准曲线查出样品溶液中待测元素的浓度,或根据线性回归方程进行计算。

校正曲线法的特点是简便快速,适合于组成简单的大批量样品分析,但不适用于基体复杂的样品。当仪器工作条件不完全重现时,可能导致校正曲线的斜率改变。而待测元素浓度较高时,因有热变宽、压力变宽和共振变宽等因素的影响,校准曲线会向浓度坐标偏离。火焰中各种干扰效应如光谱干扰、化学干扰、物理干扰等也可能导致偏离。为了保证测量的准确度,在测定前或测定完数份样品后需用标准溶液对校正曲线进行检查和校正。校正曲线的吸光度应控制在 0.2~0.8 范围之内。

(二)单标校正法

单标校正法也称为标准比较法,适用于样品数量少,浓度范围窄的情况,计算公式如下:

$$A_x=Kc_x \qquad A_s=Kc_s$$

$$c_x=\frac{A_x}{A_s} \cdot c_s \tag{5-12}$$

为了减少测量误差,要求标准溶液浓度 c_s 与样品溶液浓度 c_x 相近。

(三)标准加入法

当试样组成复杂或组成不确定时,就难以配制与待测试样组成相似的标准溶液,若应用校正曲线法将产生较大的误差。这时可以使用标准加入法,其操作如下:取相同体积的试样溶液两份,分别移入比色管 a 和 b 中,另取一定量的标准溶液加入比色管 b 中,然后将两份溶液稀释至刻度,分别测出两溶液的吸光度 A_a 和 A_b,设比色管 a 中待测元素的浓度为 c_x,在比色管 b 中的待测元素浓度就为 (c_x+c_0),根据 Beer 定律可得

$$A_a=Kc_x$$
$$A_b=K(c_0+c_x)$$

两式结合得:

$$c_x=\frac{A_a}{A_b-A_a} \cdot c_0 \tag{5-13}$$

式 5-13 为单点标准加入法的定量依据,测定时所加标准溶液的量要适中,应与样品中待测元素的含量在同一数量级内,且使测定浓度与相应的吸光度在线性范围内。

在实际工作中标准加入法多采用作图法,又称为标准增量法或直线外推法。具体操作:取 n 份(要求 $n \geq 4$)等量待测试样于 n 支比色管中,从第二份开始加入不同量的待测元素标准溶液。加入后标准溶液的浓度分别为 0、$1c_0$、$2c_0 \cdots nc_0$(c_0 为标准溶液浓度),再用同种溶剂稀释至刻度,依次测定各溶液的吸光度,以吸光度对加入待测元素的含量 m 绘图得标准曲线(图 5-19)。

如果试样中不含待测元素时,扣除背景之后,校正曲线应通过原点;反之,如果 $A-m$ 曲线不通过原点,说明试样中含有待测元素。显然,校正曲线在 Y 轴上的截距所对应的吸光度正是由试样中待测元素所引起的结果。将校正曲线外延,其延长线与 X 轴相交。原点与交点间距离所对应的质量即为所取样品溶液中待测元素的含量。

因为标准加入法保证了各管溶液的基体基本相同,所以能消除基体干扰(或

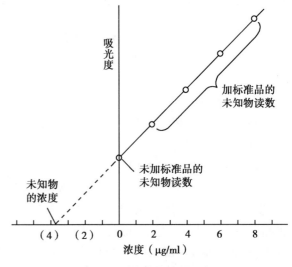

图 5-19 标准加入法图解

物理干扰），但不能消除化学干扰、电离干扰和背景吸收等，也不适用于测量灵敏度低的元素。

（四）内标法

使用双波道或多波道原子吸收分光光度计时，可以采用内标法进行定量分析。具体操作是在被测物标准溶液和试样溶液中分别加入一定量的试样中不存在的第二元素作为内标元素（例如测定镉时可选择锰为内标元素），同时测定这两种溶液的吸光度，并计算吸光度比值：$A_s/A_内$ 和 $A_x/A_内$（A_s、$A_内$ 分别为标准溶液中待测元素和内标元素的吸光度，A_x 为样品溶液的吸光度）。然后以 $A_s/A_内$ 为纵坐标，以标准溶液中待测元素的浓度 c 为横坐标，绘制 $A_s/A_内$-c 的标准曲线。再根据试样溶液的 $A_x/A_内$，从标准曲线中即可求出试样中待测元素的浓度。也可以采用单点内标法进行测定，但此时务必保证标准溶液浓度、样品溶液浓度和内标物浓度三者尽可能接近，才能得到准确结果。

内标法可消除在原子化过程中由于实验条件（如燃气及助燃气流量、基体组成、表面张力等）变化而造成的误差，所以测定准确度较高。但要注意，所选用的内标元素应与待测元素在同种原子化过程中具有相似的特性。

二、灵敏度和检出限

1. 灵敏度　根据 1975 年 IUPAC 的规定，原子吸收分光光度法的灵敏度定义为校正曲线 $A=f(c)$ 或 $A=f(m)$ 的斜率 S。$S=\dfrac{dA}{dc}$ 或 $S=\dfrac{dA}{dm}$，它表示待测元素浓度或含量改变一个单位时吸光度的变化量。以浓度单位表示灵敏度为相对灵敏度，以质量单位表示的灵敏度为绝对灵敏度。在火焰原子吸收法中是溶液进样，采用相对灵敏度较为方便，而在石墨炉原子吸收法中，吸光度取决于进入石墨管待测元素的绝对量，采用绝对灵敏度更为方便。

原子吸收分光光度法的灵敏度过去习惯用能产生 1% 的光吸收或 0.0044 吸光度的待测元素的浓度（mg/L）或质量（ng）来表示，现称为特征浓度和特征质量。

（1）特征浓度：用于火焰原子吸收法中，定义为能产生 0.0044 吸光度时所对应的待测元素的浓度（μg/ml）。计算公式为：

$$S_c=\frac{0.0044\times c_x}{A}（\mu g/ml）\tag{5-14}$$

（2）特征质量：用于石墨炉原子吸收法中，定义为能产生 0.0044 吸光度时所对应的待测元素的质量（g 或 μg）。计算公式为：

$$S_m=\frac{0.0044\times m_x}{A}（g\ 或\ \mu g）\tag{5-15}$$

影响灵敏度的因素较多，它不仅取决于待测元素的性质，还与实验操作条件的选择、仪器的性能（包括单色器的分辨率，光源的特性，检测器的灵敏度和仪器的噪声等）密切相关。在定义特征浓度（或特征质量）和灵敏度时，没有考虑测定时仪器的噪声，而实际上一个有用信号能否被检出来，同噪声的大小有密切关系，因此特征浓度（或特征质量）和灵敏度不能用来衡量一个元素被检出的最小量。因此，应该采用检出限来表征一个元素能被检出的最小量。

2. 检出限　定义为在给定的分析条件下和适当置信度下可检出待测元素的最小检出浓度（c_L）或最小检出质量（m_L）。计算公式为：

$$c_L = \frac{KS_b}{S} \tag{5-16}$$

$$m_L = \frac{KS_b}{S} \tag{5-17}$$

式中 S_b 是对基体与样品相似的空白溶液在与样品测定相同的条件下测量多次（一般20次）所得吸光度测定值的标准偏差；S 是校准曲线 $A=f(c)$ 或 $A=f(m)$ 的斜率；K 是根据所需置信度选定的置信因子，一般取 $K=3$；当测量误差为正态分布时，理论置信水平为99.6%，而在低浓度区域内，有限次数测量误差并非正态分布，所以实际的置信水平仅有90%。

检出限比灵敏度有更明确的意义，这是因为检出限考虑了测量时的噪声，明确地指出了检出限值的可信程度。这一数值不仅表示各元素的测定特性，也表示仪器噪声大小。由此可见，降低噪声，提高精密度是改善检出限的有效措施。

三、应用

原子吸收光谱法已被列为金属元素测定的首选方法和国家标准方法广泛应用于卫生检验、食品分析、临床检验、药物分析以及环保、地质、冶金、化工等领域中。

本 章 小 结

1. 基本知识　原子吸收光谱的产生及元素共振线；原子吸收线轮廓；原子吸收分光光度计的主要部件和类型；原子吸收分光光度法的原子化技术、实验条件、干扰及其消除方法、定量分析依据；基本概念包括元素共振线、谱线轮廓、峰值吸收、锐线光源、原子化器。

2. 核心内容　原子吸收分光光度法是最常用的元素分析技术之一。核心是理解峰值吸收作为定量依据必须满足的条件，重点是原子吸收光谱特征、火焰原子化和石墨炉原子化的原理、特点及其操作技术；关键是实验条件选择和原子吸收法干扰的消除措施。

3. 学习要求　了解原子吸收光谱法的特点、原子吸收线轮廓及其变宽的原因、低温原子化法的原理和应用范围、积分吸收的概念和意义；掌握原子吸收分光光度法的基本原理、元素共振线的意义、原子吸收定量分析的方法和测量条件的选择；熟悉峰值吸收的测量原理、火焰原子化器和石墨炉原子化器的构造和操作技术、原子吸收法的干扰和消除方法。

（李贵荣）

思考题

1. 为什么不同的元素具有不同的共振线？

2. 影响原子吸收谱线变宽的主要外界因素有哪些？发射轮廓线与吸收轮廓线存在哪些差异？

3. 原子吸收分光光度法采用峰值吸收时应满足哪些要求？

4. 原子吸收测量中锐线光源应符合哪些条件？

5. 空心阴极灯的工作原理及特点是什么？

6. 火焰原子化法有哪些类型的火焰？为什么说火焰温度不是越高越好？

7. 石墨炉原子化法有哪些特点？如何合理设计升温程序？

8. 原子吸收法存在哪几类干扰？分别在什么情况下出现？如何抑制或消除这些干扰？

9. 用原子吸收分光光度计以标准加入法测定铜的含量。称取 0.9421g 试样用酸溶解并稀释至 100.00ml，直接测量该溶液的吸光度为 0.220。然后从中吸取 25.00ml 并加入 25.00ml、4.50mg/L 标准铜溶液，混合后测得的吸收度为 0.310。试求试样中铜的含量（μg/g）。（263μg/g）

10. 用火焰原子吸收分光光度法测定水样中镁的含量。分别取 1.00μg/ml 镁标准溶液 0.00、1.00、2.00、3.00、4.00、5.00ml 以及 10.00ml 水样 6 份分别置于 50ml 量瓶中，各加入 5% 锶盐溶液 2.00ml，再用蒸馏水稀释至刻度。在 285.2nm 处测定其吸光度分别为：0.043、0.092、0.140、0.187、0.234、0.282 和 0.135。试计算线性回归方程，并求水样中镁的含量（mg/L）。（0.191mg/L）

第六章 原子荧光光谱法

原子荧光光谱法（atomic fluorescence spectrometry，AFS）是基于待测元素的基态原子蒸气吸收激发光源发出的特征辐射而被激发，通过测定激发态原子去活化过程中发射的特征谱线强度进行定量分析的方法。该方法是在原子吸收分光光度法和原子发射光谱法的基础上发展起来的一种元素分析方法。

1902 年，Wood 等开始研究原子荧光现象，并首次观察到丙烷与空气火焰中钠 589.0nm 谱线的原子荧光现象。1964 年 Winefordner 等人提出并论证了原子荧光火焰光谱法可作为一种新的分析方法，并创建了原子荧光光谱分析技术。我国从 20 世纪 70 年代中期开始对原子荧光分析技术进行研究，相继研制出蒸气发生 - 双道原子荧光光谱仪、氢化物发生原子荧光光谱仪（hydride generation atomic fluorescence spectrometry，HG-AFS）。由于原子荧光光谱仪谱线简单，干扰少，选择性好、灵敏度高、检出限低，可进行多元素同时测定，已广泛应用于医药卫生、生命科学、环境科学、冶金地质等领域。

第一节 基 本 原 理

一、原子荧光光谱的产生

原子荧光的产生是激发态原子以光辐射的形式释放能量（去活化）的过程。当基态原子蒸气吸收激发光源发出一定波长的辐射后，原子的外层电子从基态跃迁至激发态，由激发态回到基态或较低能态，同时发射出与激发光波长相同或不同的光，统称为原子荧光，所发射的特征光谱即为原子荧光光谱。原子荧光是一种光致发光现象。原子荧光的产生过程可表示为：

$$M+h\nu\rightarrow M^{*}$$
$$M^{*}\rightarrow M+h\nu$$

式中：M 为基态原子；M^{*} 为激发态原子。

若在辐射激发过程中伴随着热激发的发生，则称为热助激发过程。

二、原子荧光光谱的类型

原子荧光的激发机制比较复杂，产生的荧光类型较多，根据激发能源的性质和荧光产生的机理和频率，可将原子荧光分成共振荧光、非共振荧光及敏化荧光三种类型。

（一）共振荧光

当原子吸收的激发光与发射的荧光波长相同时，所产生的荧光叫做共振荧光（resonance fluorescence）（图 6-1a）。由于相应于原子激发态和基态之间共振跃迁几率比其他跃迁几率大得多,共振跃迁产生的谱线强度最大,所以共振线是元素最灵敏的分析线,在分析中应用最多。例如锌、铅原子分别吸收和再发射的 213.86nm 和 283.31nm 波长的共振线,就是典型的共振荧光。

　　原子蒸气中的某些原子,由于吸收热能被激发而处于稍高于基态的亚稳态能级时,则共振荧光可以从亚稳态能级产生

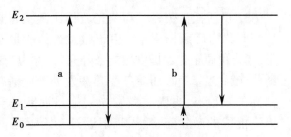

图 6-1　共振荧光示意图
a. 共振荧光;b. 热助共振荧光

(图 6-1b),即处于亚稳态能级的原子,通过吸收激发光源的某一非共振线后进一步激发到较高能级,然后再返回亚稳态,发射出相同波长的荧光,这种荧光称为热助共振荧光(thermally assisted fluorescence)。

(二)非共振荧光

　　当原子吸收的激发光和发射的荧光波长不同时,所产生的荧光叫做非共振荧光(non resonance fluorescence),包括斯托克斯荧光(Stokes fluorescence)和反斯托克斯荧光(anti-Stokes fluorescence)两大类。根据产生荧光的机理不同,斯托克斯荧光又可分为直跃线荧光(direct-line fluorescence)和阶跃线荧光(stepwise-line fluorescence)

　　1. 直跃线荧光　基态原子吸收光能被激发到高能态后,再由高能态返回至比基态能级稍高的亚稳态时,所发出的荧光称为直跃线荧光。其特点是荧光线和激发线起止于共同的高能级,但荧光波长比激发光波长要长一些(图 6-2a)。例如,铊原子吸收 377.55nm 的辐射而发射 535.05nm 的荧光,铅原子吸收 283.31nm 的辐射而发射 405.78nm 和 722.90nm 的荧光都是典型的直跃线荧光。此外,还有通过热助起源于亚稳态的直跃线荧光,称为热助直跃线荧光(图 6-2b)。它产生于基态是多重结构的原子。

　　2. 阶跃线荧光　基态原子吸收光能激发到高能态,回到基态时分两步去活化,首先由于非弹性碰撞损失部分能量,产生无辐射跃迁到一较低激发态,然后再跃迁到基态而发射荧光,称为阶跃线荧光(图 6-3a)。例如钠原子吸收 330.3nm 波长的激发光后,发射出 589.00nm 的荧光。此外,还有通过热助使激发态原子进一步被激发到更高的能级上,然后再返回到第一激发态而发射的荧光,称为热助阶跃线荧光(图 6-3b)。只有在两个或两个以上的能级能量相差很小,足以由吸收热能而产生由低能级向高能级跃迁时,才能产生热助阶跃线荧光。

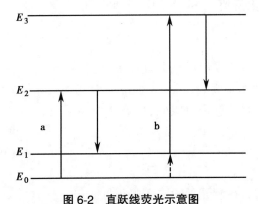

图 6-2　直跃线荧光示意图
a. 直跃线荧光;b. 热助直跃线荧光

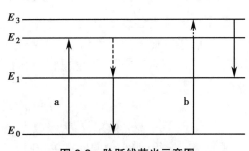

图 6-3　阶跃线荧光示意图
a. 阶跃线荧光;b. 热助阶跃线荧光

3. 反斯托克荧光　当荧光波长比激发光波长短时称为反斯托荧光。由于激发光的能量不足,通常由原子化器提供热能来补充,也称为"热助荧光"。当基态原子蒸气受热激发处于比基态稍高的亚稳态,再吸收激发光的能量而跃迁至更高能级的激发态,然后辐射跃迁返至基态时(图6-4a),或者当处于基态的原子蒸气被激发到较高的能级,再吸收热能跃迁至稍高的能级,然后辐射跃迁返至基态时,就产生热助荧光或反斯

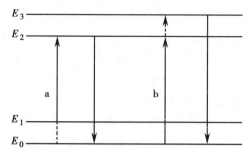

图6-4　反斯托克荧光示意图
a、b. 反斯托克荧光

托克荧光(图6-4b),这是非共振荧光的特殊情况。如铟原子吸收热能后处于一个较低态能级,在该能级上再吸收 451.18nm 的辐射而被进一步激发,当其跃迁回基态时发射 410.18nm 的荧光(图6-4a)。铬原子吸收 359.35nm 的辐射被激发后再吸收热能跃迁到更高能态,然后发射出 357.9nm 的荧光(图6-4b)。

非共振荧光,尤其是直跃线荧光,在实际分析中有重要意义,因为某些元素的荧光光谱中,在一些有利的条件下,直跃线荧光强度比共振荧光还强,在分析中用这些非共振荧光比共振荧光具有显著的优越性,如可在荧光光谱中去掉激发线,从而消除散射光的影响;当共振线波长处有强烈背景发射时,可在背景较低的非共振线波长处进行荧光测量,从而避免干扰和克服荧光辐射的自吸收。

(三) 敏化荧光

待测原子 M(接受体)不是直接吸收光被激发,而是通过碰撞吸收已被光源激发的另一个原子 A(给予体)去活化所释放的能量而被激发,处于激发态的待测原子通过辐射去活化而发射荧光,称敏化荧光(sensitized fluorescence)。

其过程可表示如下:

$$A+h\nu \rightarrow A^*$$
$$A^*+M \rightarrow A+M^*$$

产生敏化荧光的条件是给予体的浓度很高。通常在火焰原子化器中,原子浓度较低,而给予体原子主要通过碰撞去激发,所以,火焰原子化器中很难观察到敏化荧光,但在某些非火焰原子化器中能够观察到这类荧光。例如当铊和高浓度的汞蒸气相混合,用汞线 235.7nm 激发,可观察到铊原子 377.5nm 和 535.0nm 的敏化荧光。

三、原子荧光强度与原子浓度的关系

原子荧光辐射强度定义为点光源每单位立体角发出的辐射功率。在总荧光中,仅有一部分被收集并照射到检测器上,观测荧光的立体角为 Ω,当一束强度为 I_0 的平行光投射到原子蒸气时,若原子蒸气中被测元素的浓度为 N,忽略自吸收,则产生的原子荧光强度 I_F 为

$$I_F=I_A\phi(\Omega/4\pi) \tag{6-1}$$

式中,ϕ 为原子荧光效率,I_A 为吸收光强度。

根据吸收定律,当光源照射在单位吸收元上,且待测元素的浓度 N 很低时:

$$I_A=I_0(1-e^{-K_\nu NL}) \tag{6-2}$$

式中 K_ν 为吸收系数,I_0 为激发光源的强度,L 为吸收光程。将式 6-2 代入式 6-1 得:

$$I_F = \phi I_0 (\Omega/4\pi)(1 - e^{-K_\nu NL}) \tag{6-3}$$

将式 6-3 的指数项按泰勒级数展开得:

$$I_F = \phi I_0 (\Omega/4\pi)\left[K_\nu NL - \frac{(K_\nu NL)^2}{2!} + \frac{(K_\nu NL)^3}{3!} - \cdots \right] \tag{6-4}$$

在原子蒸气中被测元素的浓度很小,高次项可忽略不计,则式 6-4 可简化为:

$$I_F = \phi I_0 (\Omega/4\pi) K_\nu NL \tag{6-5}$$

当固定实验条件时,总原子化效率 ε_a 一定,即有 $N = \varepsilon_a c$,则:

$$I_F = \phi I_0 (\Omega/4\pi) K_\nu L \varepsilon_a c \tag{6-6}$$

在实验条件一定时,ϕ、I_0、K_ν、L、ε_a 均可视为常数,则式 6-6 可简化为:

$$I_F = Kc \tag{6-7}$$

由此可见,原子荧光强度与试样中被测元素浓度成线性关系,此为原子荧光定量分析的基础。式 6-7 通常适用于低浓度的原子荧光分析,随着原子浓度的增加,由于谱线变宽、自吸、散射等因素的影响,工作曲线将会偏离线性。

四、饱和荧光与荧光猝灭

(一) 饱和荧光

从原子荧光分析基本关系式(式 6-6)可以看出,原子荧光强度与激发光强度成正比。因此可以使用增加激发光强度来提高原子荧光强度,以降低检测限,但是,上述关系只是在一定的激发光源强度范围内适用,当激发光强度足够大并达到一定值后,共振荧光的低能级和高能级之间跃迁原子数达到动态平衡,这时,分布在激发态和基态的原子数的比值,仅与相应能级的统计权重比值有关,不再随激发光强度增大而增加,对激发光的吸收达到饱和进而出现原子荧光的饱和状态,称之为饱和荧光(saturated fluorescence)。应用饱和荧光分析,可以达到极低的检测限,而且荧光强度不受光源强度波动的影响。目前采用高强度的激光光源,可以使很多分析的荧光达到饱和。

(二) 荧光猝灭

在原子化器中,基态原子蒸气吸收激发光后成为激发态原子,激发态原子不稳定,很快通过去活化过程释放能量回到基态或较低能态,激发态原子去活化可通过两种途径:一是通过辐射跃迁回到基态或较低的能级,产生荧光;二是与原子化器中的其他原子、分子、电子等发生非弹性碰撞,通过无辐射跃迁回到基态或较低的能级。如果激发态原子以无辐射跃迁的途径去活化,则荧光将减弱或完全不发生,这种现象称为荧光猝灭(quenching of fluorescence)。荧光猝灭的程度可用荧光量子效率来衡量,荧光量子效率被定义为原子发射的荧光光量子数 ϕ_F 与吸收激发光光量子数之比 ϕ_A,称为荧光量子效率 ϕ

$$\phi = \frac{\phi_F}{\phi_A} \tag{6-8}$$

由于原子化过程中物理和化学作用非常复杂,荧光量子效率受试样组成、原子化条件等因素影响,在常规原子荧光分析时,荧光量子效率通常小于 1。荧光猝灭降低了荧光量子效率,也降低了荧光强度,对原子荧光分析极为不利。因此,在实际分析中应注意控制实验条件尽可能减少荧光猝灭。

第二节　仪器装置

一、原子荧光光谱仪基本构造

原子荧光分析仪器叫原子荧光光谱仪。根据有无色散系统,可分为色散型原子荧光光谱仪和非色散型原子荧光光谱仪;根据波道数又可分为单道原子荧光光谱仪和多道原子荧光光谱仪,前者适用于单元素分析,后者可作多元素分析。

原子荧光光谱仪与原子吸收分光光度计的结构基本相同,主要由激发光源、原子化器、分光系统、检测系统和数据处理系统五个部分组成,由于原子吸收光谱分析测量的是光源发射的光被待测物质的基态原子吸收的程度(吸光度 A),而原子荧光光谱分析是测量基态原子被光源发射的光激发后,所发射的荧光强度(I_F),由于这一差别,使得两种仪器各部件的配置上有明显的不同;原子吸收光谱仪各主要部件位于同一光轴上,而原子荧光光谱仪为了避免检测到光源的共振辐射,必须将激发光源的光轴置于垂直于分光系统和检测系统的光轴位置上,原子荧光光谱仪的基本结构如图 6-5 所示

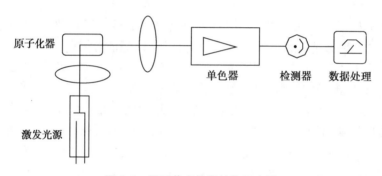

图 6-5　原子荧光仪器结构示意图

（一）激发光源

激发光源是原子荧光光谱仪的重要组成部分,在一定条件下,荧光强度与激发光源的发射强度成正比,因此一个理想光源应具备以下条件:①发射谱线强度高、无自吸现象;②稳定性好、噪声小;③发射光谱窄,且纯度高;④价格便宜,寿命长;⑤适用于大多数元素;⑥操作简单,无需复杂电源。常用的光源有空心阴极灯、无极放电灯、高性能空心阴极灯、连续光源、激光光源和等离子体光源。空心阴极灯、无极放电灯构造及工作原理与原子吸收光谱分析类似,主要介绍以下几种光源。

1. 高性能空心阴极灯　普通空心阴极灯由于其发射强度低,目前在原子荧光分析仪器中已很少使用。高性能空心阴极灯是在普通空心阴极灯中加了一对辅助电极,如图 6-6 辐射强度比普通空心阴极灯增强几倍到十几倍,稳定性好,且谱线质量高,可获得较高灵敏度和宽线性范围,与普通(单阴极)空心阴极灯相比,在总电流保持相同的条件下,由于两个阴极分担总电流,使分流到每

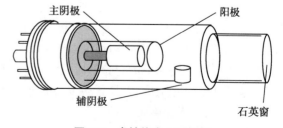

图 6-6　高性能空心阴极灯

个阴极中的电流显著减小,因此大大延长了灯的使用寿命。目前高性能空心阴极灯是原子荧光光谱仪中使用较广泛的一种光源。

2. 连续光源　由于原子荧光光谱谱线简单,而且荧光的检测方向与光源垂直,荧光强度受吸收线轮廓影响小,因而可采用连续光源而不必用高色散率的单色器。连续光源具有很高的辐射强度和稳定性,是原子荧光分析理想通用的光源,并可满足多元素同时分析的需要,从而弥补单元素空心阴极灯的不足。目前用的较多的连续光源是高压氙灯。

3. 激光光源　由于激光光源具有单色性好、相干性强、方向集中和功率密度高等优点,是原子荧光光谱仪的极好光源。激发光源的优点是可实现饱和激发,降低仪器检出限,扩大仪器的动态测量范围。目前激光光源多用可调波长的染料激光,如脉冲染料调谐激光器,配合倍频,可在 180~800nm 波段范围提供极强辐射的激发源,而且光谱带宽也可以调节,但价格昂贵、操作比较烦琐,不能进行多元素同时测定,使其在分析应用中有一定局限。

4. 等离子体光源　用于原子荧光分析的等离子体光源主要是电感耦合等离子体(inductively coupled plasma,ICP)光源。ICP 光源的特点是具有激发能量高、稳定性好、光谱干扰少、谱线宽度窄、无自吸等优点,可供选择的谱线丰富,适用于多元素分析。

(二) 原子化器

原子化器是提供分析元素自由原子蒸气的装置,直接影响元素分析的灵敏度和检出限。一个理想的原子化器应具备原子化效率高、物理或化学干扰少、稳定性好、背景发射低、原子在光路中的停留时间长、荧光猝灭少及操作简便等特点。另外,原子化器还应具有更高的温度,有利于起到热助激发的作用。

1. 火焰原子化器　与原子吸收的火焰原子化器相似,不同点在于原子荧光分析中火焰截面呈圆形或方形,以提高辐射的强度和稳定性。

原子荧光分析中常用氢火焰,如 $Ar-H_2$,N_2-H_2 等,这类火焰背景发射低,紫外区透明度高,荧光猝灭物少,因而荧光效率高,是较为理想的火焰,但由于火焰温度不高,主要用于砷、硒、锌、钠等元素的分析;空气 - 乙炔、氧化亚氮 - 乙炔火焰温度高,可用于难原子化的元素分析,但背景信号和噪音增加,影响原子荧光法的检测限。另外,火焰燃烧时会产生大量的气体分子,将引起原子荧光猝灭和分子荧光的发生,从而导致原子荧光强度降低和干扰信号加大,火焰成分的猝灭特性顺序为 $Ar<H_2<H_2O<N_2<CO<O_2<CO_2$。

火焰原子化器操作简便、价格低廉、稳定性好,在原子荧光分析中被广泛采用,但由于火焰背景和热辐射信号在 400nm 光谱区很强,故火焰原子化器只适用于分析共振线波长小于400nm 的元素,特别适于共振线小于 270nm,火焰中易于原子化的元素,如砷、铋、镉、汞、硒、锌等,其检测限优于原子吸收光谱法。

2. 电热原子化器　电热原子化器包括石墨炉、石墨杯等原子化装置,其特点与原子吸收分析相似,如取样少,原子化效率高,检出限低,背景辐射和热辐射弱,猝灭效应小,不足之处是基体干扰和背景吸收较大,精密度不如火焰原子化器。

3. ICP 原子化器　ICP 作为原子荧光分析的原子化器具有更好的蒸发和原子化效率,由于原子化温度在 3000K 以上,产生的化学、电离和散射干扰较小,且稳定性高,是一种高效的原子化器。适合于复杂试样的多元素分析,尤其是对难熔元素的原子化更为有利。

4. 氩氢火焰石英炉原子化器　氩氢火焰石英炉原子化器主要应用于蒸气发生原子荧光光谱仪中。其基本原理是反应器中的待测元素在强还原剂作用下产生挥发性的气态化合物及氢气,然后由载气(Ar)导入石英管入口,点燃氩氢火焰而使气态化合物原子化。氩氢火焰石英炉原子化器其显著特点是直接利用氢化反应过程中产生的氢气作为可燃气体,不需外加燃气,因此结构简单,操作安全方便。形成的氩氢火焰原子效率高、紫外区背景辐射低,且传输效率高、物理和化学干扰小、记忆效应小、分析灵敏度高及重现性好。在蒸气发生原子荧光光谱仪中是一种较理想的原子化器。

按照石英炉原子化器的预加热温度不同,主要分为高温石英炉原子化器和低温石英炉原子化器,石英炉管采用双层结构,外层通入氩气,可在氩 - 氢焰的周围形成氩气屏蔽层,从而降低被测元素被周围空气氧化的概率,提高原子化效率和分析灵敏度。由于低温石英炉原子化器具有灵敏度高、稳定性好、记忆效应小、电炉丝使用寿命长、易更换等特点,而被普遍使用。

（三）分光系统

由于只有吸收激发光之后,才产生荧光,因此原子荧光的谱线仅限于那些强度较大的共振线,其谱线数目比原子吸收线更少,原子荧光光谱比较简单,但光强度较弱,因此,对单色器分辨率的要求不高,单色器设计上重点是提高集光效果,以增大原子荧光辐射强度,获得较大的信噪比。一般是通过缩短单色器焦距,增大色散元件的通光孔径来提高集光能力。

根据有无色散系统将分光系统分为色散型和非色散型两类。色散型分光系统用光栅分光,检测器用光电倍增管,具有可选择的谱线多、波段范围广、光谱干扰和杂散光少等特点,适于多元素的测定。

非色散型分光系统没有光栅单色器,由滤光片分光,采用日盲光电倍增管进行检测,具有结构简单、价格低廉、光谱通带宽、荧光信号强,能得到较低检测限;但光谱干扰大,散射光的影响也较大,对光谱的纯度要求高。

（四）检测和数据处理系统

原子荧光光谱仪的检测系统主要由光电转换和放大读数两部分组成,光电转换器主要以光电倍增管为主,非色散型光谱仪必须采用日盲光电倍增管。光电转换所得信号经过前置放大器、主放大器、同步解调和积分器等系列信号接收和处理,由微机对数据进行处理和计算。

（五）工作软件

软件作为分析仪器中必不可少的组成部分,发挥着越来越重要的作用。

原子荧光光谱仪的操作软件一般采用 Windows98/2000/XP 操作系统作为工作平台的视窗软件。主机通过 RS-232 或 USB 通讯端口与微机进行通讯,通过微机的操作系统,设置仪器条件、测量条件、样品参数,数据处理等。能储存并打印测量结果、分析报告,分析条件、标准曲线和原始数据。能自动判断空心阴极灯的元素,并依据不同的元素设置不同的最佳缺省参数;能自动判断单、双阴极灯,双阴极灯能自动设置主、辅阴极电流。除常用的未知样品检测软件外,还具有检测仪器稳定性、检出限、精密度和工作曲线的线性范围等仪器性能测试的工作软件。拥有强大的在线帮助系统,简单易学,操作方便。

二、原子荧光光谱仪类型

原子荧光光谱仪根据采用色散系统的不同,分为色散型和非色散型两类。根据波道数,又分为单道和多道原子荧光光谱仪两类。

（一）单道原子荧光光谱仪

1. 色散型原子荧光光谱仪　　色散型原子荧光光谱仪由激发光源、原子化器、单色器、放大器及记录器等部分组成(图6-7)。仪器特点是光谱干扰少,元素测定可选波长范围宽,但仪器结构复杂,荧光辐射能量损失较大,不能多元素同时测定。

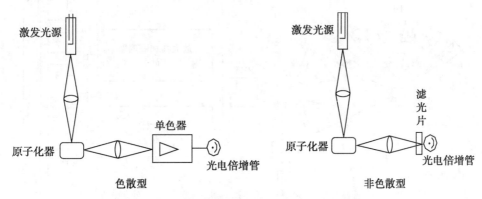

图6-7 色散和非色散型原子荧光光谱仪示意图

2. 非色散型原子荧光光谱仪 非色散型原子荧光光谱仪与色散原子光谱仪的主要差别在于其无单色器(图6-7)。通常采用滤光片消除光谱干扰,主要有普通滤光片、干涉滤光片、液体滤光片和气体滤光片。特点是仪器结构简单,价格便宜,操作简便,荧光辐射能量损失小,易于多元素同时测定,但杂散光干扰大。

(二)多道原子荧光光谱仪

多道原子荧光分析仪也分为色散型和非色散型两大类,它们的共同特点是可同时测定多种元素,自动化程度高,分析速度快。

非色散多道原子荧光光谱仪设备简单,照明立体角大,光谱通带宽,荧光信号强,不存在波长漂移现象,检测限较低,但由于受到光电倍增管的限制,同时测定的元素数目较少,而且受散射光影响较大。色散型多道原子荧光光谱波长范围较宽,杂散光较少,光谱干扰少,信噪比高,但有波长漂移现象,仪器成本高,操作也比较繁杂。

图6-8是六通道连续测定原子荧光仪的示意图,它是基于旋转滤光片的非色散、顺序型火焰原子荧光光谱仪。该仪器有6个不同的脉冲空心阴极灯,发出的辐射聚焦在火焰上,产生的荧光辐射经由反射镜系统收集后,通过一个具有6个滤光片的旋转滤光片转轮后,入射到光电倍增管而被检测。每一个脉冲空心阴极灯与一个滤光片和一个积分器相对应,当相对应的滤光片旋转至光路时,相对应的空心阴极灯和积分器处于工作状态,对一个元素进行检测,而其他的空心阴极灯及积分器处于关闭状态,分离不同的时间通道编码的信号即可分辨出与每种元素相对应的荧光信号,而对多个元素进行顺序分析,得出测定结果。

三、仪器使用注意事项及维护

为保证仪器的正常工作状态,除严格遵守仪器操作规程外,做好日常的保养与维护工作,是降低仪器故障率及延长使用寿命的有效途径。原子荧光光谱仪的维护部件包括激发光源、光学系统、进样系统及原子化系统等。

(一)激发光源

空心阴极灯供电压力较高,更换元素灯时,一定要在断开电源后,进行更换;灯若长期搁置不使用,每隔3~4个月点燃2~3小时,以保障灯的性能,延长寿命;取放灯时,避免触摸通光窗口造成污染,一旦污染,可用脱脂棉蘸无水乙醇和乙醚(1:3)的混合液轻轻擦拭。

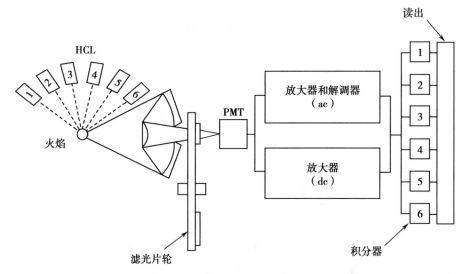

图 6-8 AFS-6 型六道原子荧光光谱仪结构示意图

（二）光学系统

透镜表面应保持清洁,切勿用手触摸造成污染,否则会降低透镜对光的透过率,影响仪器分析灵敏度。指印或油污污染,可用脱脂棉蘸无水乙醇和乙醚（1∶3）的混合液,拧至半湿后轻轻擦拭,表面灰尘,用干净洗耳球吹除即可。

（三）进样系统

使用蠕动泵进样系统应注意调节压块或卡片对泵管的压力松紧度,以保证液体的流速和流量保持平衡,以液体流速均匀且无气泡为宜;泵管与泵头间的空隙应定期涂上少量硅油,利于保护泵管延长使用寿命;泵管不能空载运行,易造成泵管损坏;每次测定完毕应将泵压块或卡片松开,防止泵管长时间受压变形而无法使用。使用注射泵进样系统应注意不要轻易拧动三位阀和多位阀之间连接管道的接口部分,以防止丝口变形产生漏液;还原剂进样系统极易产生沉淀或结晶使注射器严重磨损而漏液,因此,测定完毕后应用去离子水取代还原剂,启动仪器在工作状态多次清洗注射泵,利于延长注射泵的使用寿命。

（四）石英炉原子化器

原子化器中的石英炉管一般情况下,无需经常清洗,若受到严重污染时,须将石英炉管拆下,用硝酸溶液（1∶1）浸泡 24 小时,用去离子水清洗干净、晾干后使用;更换石英炉原子化器点火电炉丝必须采用原生产厂家的配件,因电炉丝的材料与阻值有严格规定。

第三节　原子荧光分析条件选择与优化

一、原子荧光分析条件的选择

原子荧光光谱分析法的灵敏度、精密度和准确度,在很大程度上取决于仪器分析条件的选择和优化。蒸气发生原子荧光光谱分析法是原子荧光光谱法中的一个重要分支,也是目前最具有实用价值的原子荧光分析方法和唯一形成商品化的仪器。以下主要对该仪器的有关参数的设置作简要介绍。

（一）灯电流的设置

激发光源其辐射强度依赖于灯的工作电流。在一定范围内荧光强度与激发光源强度成正比,灯电流增大,测得的荧光信号越强,灵敏度增大;灯电流过小,发射强度低,灵敏度降低且放电不稳定;但电流过大会产生自吸,影响检出限和稳定性,以及缩短灯的使用寿命。所以灯电流的设置在保证分析所需的灵敏度及稳定性的前提下,尽可能选择较小的灯电流,利于延长灯的使用寿命。最适宜的工作电流尚需实验确定。

（二）光电倍增管负高压

检测器光电倍增管的放大倍数与阴极和阳极之间所加的负高压有密切关系,在一定范围内,荧光强度随负高压增加而增强,灵敏度相应提高,但随负高压的增加会缩短光电倍增管的使用寿命且噪声增大,影响方法稳定性。因此,在满足分析灵敏度条件下,不宜设置过高负高压,以免增大的噪声影响测定重现性。最佳工作条件的选择,应根据被测元素分析灵敏度的要求进行优化,在优化过程中选用适宜的负高压和灯电流的互相配合尤为重要,通过实验确定最佳的工作条件。

（三）气体流量的设置

载气的流量对火焰的形状、大小和稳定性,对被测元素的分析灵敏度及重现性均有较大影响。载气流量过小,火焰不稳定,测定重现性差,过大时,原子蒸气被稀释,荧光信号降低。单层(非屏蔽)石英炉原子化器载气流量一般在 600~800ml/min 范围内选择;双层石英炉原子化器,载气流量的设定范围为 300~600ml/min;屏蔽气流量的设定范围为 600~1100ml/min。由于不同的生产厂家和不同型号的仪器对气体流量有些差异,最佳的气流量应通过实验确定。

（四）氩氢火焰的观测高度

氩 - 氢火焰的观测高度是指从石英炉原子化器炉口的平面到氩氢火焰最佳部位中心之间的高度。其主要影响分析灵敏度和测量重现性,在氩氢火焰形状固定且稳定的情况下,火焰中心部位氢自由基最丰富、原子蒸气密度最大,激发光照射在该位置可获得最高荧光强度。单层石英炉原子化器最佳火焰观测高度均为 7~8mm,双层石英炉原子化器最佳火焰观测高度均为 8~10mm。

二、原子荧光分析中的干扰和消除

原子荧光分析法中的干扰效应主要有光谱干扰、荧光猝灭干扰、化学干扰和物理干扰。化学干扰、物理干扰产生原因及消除方法与原子光谱分析法相同,以下着重讨论光谱干扰和荧光猝灭干扰。

（一）光谱干扰及其消除

光谱干扰是由于待分析的荧光信号与进入检测器的其他辐射不能完全分开而产生的,如干扰元素与待测元素的荧光谱线重叠、火焰的热辐射及散射光的干扰,前两类干扰与原子吸收光谱法相似,可用类似的消除干扰和扣除方法解决。散射光的干扰对原子荧光分析的影响显著,且不能用上述方法解决。

散射光通常是由原子化器中未挥发的气溶胶颗粒产生的,散射光强度与原子化器单位体积内未挥发颗粒的大小和数量有关,而与其光学性质的关系很小,故不能用提高单色器分辨率的方法来消除。要减少散射光干扰,主要还是应减少散射微粒,一方面选择合适的原子化器和实验条件,如使用预混合火焰、增加火焰观测高度和火焰温度,或使用高挥发性溶剂等从而增加气溶胶微粒的挥发性减少散射微粒。另一方面，由于非共振荧光的激发波长与荧光波长不同，易通过色散系统将其分离，因此选择灵敏度高、干扰小的直跃线荧光或阶跃线荧光线进行测定是消除散射光干扰的最有效方法。但其局限性是许多元素缺少具有足够强度的非共振荧光线。其次，当散射光干扰严重时，可用空白溶液测定分析线处的散射光强度予以校正，或测量分析线附近某一合适非荧光线的散射光来校正。

（二）荧光猝灭干扰及其消除

荧光猝灭干扰是指受辐射激发的原子与气体分子发生碰撞所引起的荧光强度降低的现象。荧光猝灭对荧光量子效率的影响与分子种类有关，一般顺序为：$CO_2>O_2>CO>N_2>H_2>Ar$，此外，受激发原子与未挥发的固体微粒碰撞也可能产生猝灭效应。

荧光猝灭程度取决于原子蒸气气氛和原子化效率，所以提高原子化效率，减少原子蒸气中的分子、粒子等猝灭剂的浓度，是减少荧光猝灭现象的关键。实验表明，惰性气体原子或具有原子荧光保护作用的分子可减少荧光猝灭，例如氩气，由于氩的第一激发能比许多元素高，不易产生能量转移激发，因此，在氩气氛围中荧光猝灭最小。故常用引入氩气的办法，减少荧光猝灭。

第四节　原子荧光分析方法与应用

原子荧光光谱法与原子吸收分光光度法的具体分析方法十分相似，可根据荧光强度与分析元素浓度的校正曲线，求得试样的含量，定量方法有标准曲线法、标准加入法等，不再赘述。本节主要介绍氢化物发生 - 原子荧光光谱法及原子荧光光谱分析的进展。

一、氢化物发生原子荧光光谱法

氢化物发生原子荧光光谱法是目前商品化最成功、发展最快，应用最广的原子荧光分析方法。在卫生检验、环境监测、药物分析中，常涉及 As、Sb、Bi、Ge、Sn、Pb、Se、Te、Zn、Cd 等元素的测定，这些元素的共振线大都在紫外光区间，用常规原子光谱分析方法测定这些元素，由于灵敏度低、背景干扰大、信噪比差，检测限不能满足要求。但由于上述元素的主要荧光谱线介于 200~290nm 之间，恰好是日盲光电倍增管灵敏度最好波段，而且这些元素可以形成气态的氢化物或挥发性化合物，可借助于载气将其导入原子荧光光谱仪中，不但与大量基体相分离，降低基体干扰，而且采用气体进样方式，极大提高了进样效率。用氢化物发生原子荧光分析法测定上述元素，还具有灵敏度高、干扰小、简便易行等特点。

（一）氢化物发生原子光谱仪的构成及分析流程

氢化物发生原子光谱仪由氢化物发生系统、原子化器系统、激发光源系统、光学系统和检测系统五大部分构成。采用脉冲空心阴极灯或脉冲高强度空心阴极灯作激发光源，氩氢火焰石英炉原子化器、非色散光学系统和日盲光电倍增管检测器。氢化物发生系统由氢化物反应系统、气液分离装置、气流量调节控制模块及自动进样装置等组成。

氢化物发生原子荧光光谱法的操作流程是：载流（携带样品）、还原剂及氩气（Ar）同时进入反应器，发生化学反应产生氢化物和氢气，经气液分离器分离，水分从废液出口排出，去水后的氢化物和氢气由氩气导入石英炉原子化器，燃烧产生氩 - 氢焰使待测元素原子化并进行测定（图 6-9）。

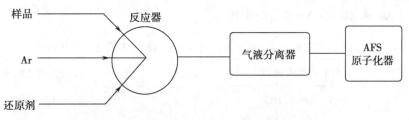

图 6-9 氢化物发生原子荧光光谱联用原理图

（二）氢化物发生法的基本原理

氢化物发生法的基本原理是利用还原剂将样品溶液中的待测组分还原为挥发性氢化物,然后借助载气流将其导入原子荧光光谱仪进行分析。

氢化物发生反应体系主要有金属-酸还原体系、硼氢化钠-酸还原体系、电化学还原体系以及紫外光化学蒸气发生体系等。目前,以硼氢化钠-酸体系应用最为广泛,其形成氢化物反应机理由以下两步完成:

$$BH_4^- + H^+ + 3H_2O \rightarrow H_3BO_3 + 8H\cdot$$
$$(m+n)H\cdot + E^{m+} \rightarrow EH_n\uparrow + mH^+$$

上述反应式中,E 是被测元素,H·是氢自由基;EH_n 是生成的氢化物;m 可以等于或不等于 n。该反应具有反应迅速、氢化物生成效率高、适应范围广等特点,已被广泛采用。

氢化物发生反应的气态氢化物主要通过直接传输方法,具体分类如图 6-10,目前广泛应用的有连续流动-间歇进样法、顺序注射法和注射泵进样-断续流动法。

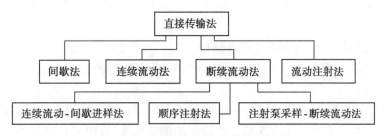

图 6-10 氢化物发生直接传输法分类

（三）氢化物发生原子荧光分析的条件选择

1. 反应介质和酸度的选择 反应介质和酸度的选择一方面影响分析的灵敏度和干扰程度,而且对不同元素测定还具有差异性,另一方面反应过程还需要加入适宜的氧化剂或其他辅助剂等,以满足某些被测元素的价态测定。表 6-1 是氢化物发生-原子荧光光谱法对各种元素的反应介质和酸度,可供参考。

2. 干扰及消除 氢化物发生-原子荧光光谱法中的干扰主要有液相干扰和气相干扰两类。

液相干扰发生在氢化物形成或形成的氢化物从样品溶液中逸出的过程,液相干扰会改变待测氢化物的发生效率和发生速度。产生的主要原因是干扰离子(Ⅷ、Ⅰ$_B$、Ⅱ$_B$ 族的过渡金属元素)与硼氢化物发生反应生成金属或硼化物的小颗粒,这些小颗粒既可能与氢化物发生元素的共沉淀,也可能吸附氢化物并使其分解或发生其他协同作用,而导致氢化物发生的效率降低或停止。克服液相干扰的一般方法为:加入络合剂或掩蔽剂;调高反应酸度;采用断续流动或流动注射法来发生氢化物分离。如加入 EDTA-硫脲-抗坏血酸可消除 Cu、Co、

Ni、Fe、Zn 对 As、Sb、Bi、Hg、Se 测定的干扰。

表 6-1　氢化物发生 - 原子荧光光谱法中各种元素反应介质和酸度

元素	反应介质及酸度	元素	反应介质及酸度
As（Ⅲ）	（1~6mol/L）HCl	Pb（Ⅳ）	10g/L[$K_2Fe(CN)_6$]，HCl（2+98）
Sb（Ⅲ）	（1~6mol/L）HCl	Sn（Ⅳ）	HCl（2+98）或 pH=1.3 酒石酸缓冲溶液
Bi（Ⅲ）	（1~6mol/L）HCl	Hg（Ⅱ）	HCl（5+95）或 HNO₃（5+95）
Se（Ⅳ）	（1~6mol/L）HCl	Cd（Ⅱ）	HCl（2+98），20g/L 硫脲，1mg/LCo^{2+}
Te（Ⅳ）	（4~6mol/L）HCl	Zn（Ⅱ）	HCl（1+99），1mg/LNi^{2+}，100mg/L 邻二氮菲
Ge（Ⅳ）	H_3PO_4（1+9）		

　　气相干扰主要是由于挥发性氢化物在传输及原子化过程中的相互干扰。源于干扰元素形成氢化物消耗氢自由基（H），使得原子化器中缺少氢自由基，抑制了原子态产生的效率或者干扰物和待测元素的自由原子生成氧化物降低了原子化的效率。克服气相干扰的一般方法为：阻止干扰元素生成气态化合物；已经发生则应在传输过程中加以吸收；提高石英炉温度等。

（四）氢化物发生进样方式的主要优点

　　1. 分析元素能够与可能引起干扰的样品基体分离，消除了大部分干扰。

　　2. 与溶液直接喷雾进样相比，氢化物发生方式对待测元素可充分预富集，进样效率近乎 100%。

　　3. 连续氢化物发生装置宜于实现自动化。

　　4. 不同价态的元素氢化物发生实现的条件不同，可通过控制反应条件，实现形态、价态分析。

　　氢化物发生原子荧光光谱法作为一些特定元素的高灵敏度检测手段，已得到广泛认可，特别是在国内很多领域已经建立起基于此技术的国家标准，获得了长足进步。其不足是：与原子吸收和原子发射光谱法相比，其所能测量的元素种类较少。

二、激光诱导原子荧光光谱法

　　由于激光具有强度高、单色性好、方向集中等特点，各种类型激光器相继用于原子荧光光谱的研究，其中应用比较广泛的是以可调谐染料激光器为激发光源的原子荧光分析。随着可调谐激光技术、微小信号检测技术和计算机技术在原子荧光分析中的应用，促使激光诱导原子荧光光谱（laser induced atomic fluorescence spectrometry，LIAFS）分析迅速发展，目前已成为原子荧光分析的重要方法，在医药卫生、生命科学、环境和材料科学的痕量分析中占有重要地位。LIAFS 法用于痕量和超痕量元素分析灵敏度高、检测限低、准确度和精密度较好，样品用量也少。许多元素（如 Ag、Al、Bi、Cd、Cr、Cu、B、Ti、Ga 等）的 LIAFS 分析检测限为 ng/ml 级，有些元素（如 Ca、In、Pb、Co、Sn 等）甚至达 pg/ml 级。目前为止，用激光原子荧光光谱法可检测元素达 40 余种，绝大部分元素均能获得较好检出限。将激光饱和激发与非共振荧光检测相结合的饱和光学非共振荧光光谱法，为单原子检测提供了一种灵敏方法。

三、形态分析中的原子荧光联用技术

在自然界中,元素存在多种不同的形态,而且不同元素的形态间可发生相互转化。应用色谱与原子荧光联用技术进行元素形态分析,是近年来国内外研究的一大热点。特别是蒸气发生技术、样品导入技术引入 AFS 中后,色谱与原子荧光联用技术得到了快速发展。参见本书第二十章仪器联用分析技术。

本 章 小 结

1. 基本知识　原子荧光的产生、类型及定量依据;原子荧光光谱仪的基本构成及类型;分析条件的选择和干扰的消除;氢化物发生 - 原子荧光光谱法及应用。涉及的重要概念有:原子荧光光谱法、共振荧光、非共振荧光、敏化荧光、荧光猝灭、饱和荧光、荧光量子效率及氢化物发生原子荧光法。

2. 核心内容　原子荧光光谱法的关键是理解原子荧光光谱的基本原理、原子荧光强度与待测物浓度的关系;重点是氢化物发生原子荧光法技术及仪器构成。难点是原子荧光的类型。

3. 学习要求　了解原子荧光的产生和类型、原子荧光法的特点、发展和应用;掌握原子荧光光谱定量分析的基本原理、氢化物发生原子荧光技术;熟悉原子荧光光谱仪的基本结构和分析条件、光谱法干扰和消除措施。

(杨叶梅)

思考题

1. 解释下列名词:原子荧光光谱法、共振荧光、非共振荧光、饱和荧光、荧光猝灭、荧光量子效率。

2. 简述原子荧光光谱法的基本原理,并从原理及仪器上比较原子荧光光谱法与原子吸收分光光度法的异同点。

3. 简述氢化物发生原子荧光光法的基本原理、特点及应用范围。

4. 根据所学知识试设计分析血样中铅含量的两种实验方案。

第七章　原子发射光谱法

原子发射光谱法（atomic emission spectrometry, AES）是根据处于激发态的待测元素原子回到基态时发射的特征谱线的波长及其强度,对元素进行定性和定量分析的方法。原子发射光谱法是发展较早、应用较多的多元素同时分析技术之一,20 世纪 50 年代曾一度成为测定微量元素和痕量元素的主要手段。但由于该方法存在基体效应,其发展受到很大制约。直到电感耦合等离子体（inductively coupled plasma, ICP）光源用于光谱分析,才使得原子发射光谱出现了新的生机。近年来,随着 CCD 和电荷注入式检测器（charge injection detector, CID）的使用,使多元素同时检测能力大大提高。

原子发射光谱法具有如下特点:

1. 选择性好　不同元素都有其不同波长的特征光谱,只要确定了工作条件,对某些元素不经分离就可同时测定,简化了分析检测过程。

2. 检出限较低　对于大多数元素来说,检出限可达 $10^{-8}\sim10^{-9}$g 级。如果采用等离子体光源,检出限还可以进一步降低。

3. 精密度较高　一般来说,光谱分析的相对标准偏差为 5%~20%。当被测元素的含量小于 0.1% 时,其精密度优于化学分析法;当含量大于 1% 时,精密度比化学分析法要差。但如果采用稳定性好的光源,其精密度仍可与化学分析法相当。

4. 分析速度快　样品采用发射光谱分析一般不需要繁琐的前处理过程,并且一次摄谱就可以同时测定多种元素,大大缩短了样品分析时间。

5. 应用广泛　发射光谱不仅可以进行常量、微量和痕量组分分析,也可以进行单元素和多元素分析。如果采用等离子体光源,可以对 70 多种元素进行同时定性和定量分析,含量范围可达到 4~5 个数量级。

第一节　基本原理

一、原子发射光谱的产生

众所周知,原子是由原子核和核外电子组成。一般情况下,原子处于稳定的最低能量状态,即为基态。当原子受到外界一定频率的辐射（如热能、电能、光能）时,原子核外层电子就会从基态跃迁到更高能级的状态,即为激发态。这种激发态的原子是不稳定的,大约经过 10^{-8} 秒的时间,电子就会从高能量状态返回到基态,并以光的形式释放出能量。这种返回到基态的过程可能是经过一次"跃迁",也可能是经过多次"跃迁",即要经过中间的能级后才回到基态。于是,便对应产生了一条或多条谱线。根据量子理论,辐射的能量 ΔE 与其发射出来的光或辐射能的频率 ν 成正比。由式（2-3）可得:

$$\lambda = \frac{c}{v} = \frac{hc}{\Delta E} \tag{7-1}$$

若光谱中形成几条谱线,其波长则分别为:

$$\lambda_1 = \frac{hc}{E_2 - E_{(1)}}; \lambda_2 = \frac{hc}{E_{(1)} - E_{(2)}}; \cdots \lambda_n = \frac{hc}{E_{(n-1)} - E_1} \tag{7-2}$$

式中 $E_{(1)}; E_{(2)}; \cdots E_{(n-1)}$ 是中间能级的能量。

由于不同元素的原子结构和外层电子排布不同,电子跃迁时产生的是按一定顺序排列,并保持一定强度比例的一系列谱线。元素周期表中的每个元素都能显示一系列的线状光谱,这些线状光谱对元素具有特征性和专一性。可检测到的谱线数目与元素的含量有关。含量高时,可检测到的谱线数目较多;含量少时,强度弱的谱线就无法检测到。当含量少至一定程度时,所能检测到的最后的谱线称为最后线或最灵敏线。

二、分析线和特征谱线

中性原子被激发后所发射的谱线称为原子线。原子各个能级的激发电位不同,电子跃迁至各个能级所需的能量也不同,激发原子所发射的每一条谱线的波长是由跃迁前后两个能级之差决定的,且这些跃迁遵循一定的规则。原子的能级有很多,而且原子的各个能级不是连续的,因此,对某一元素而言,其原子跃迁所产生的谱线是一系列不同波长的特征谱线,这些谱线即为该元素的灵敏线。这些谱线按一定顺序排列,并保持一定的强度比。由于把电子激发到最低能级时所需要的能量最小,电子跃迁至此能级的几率就大,所以由此状态跃迁至基态所产生的谱线常为该元素一系列线状光谱中的最灵敏线,其波长取决于辐射跃迁的两个能级之差。越易激发的元素,灵敏线的波长越长,反之越短。易激发元素的灵敏线多分布于近红外及可见光区,难激发的元素多分布于紫外区。

在光谱分析中,并不需要找出元素的所有谱线,只需找出一条或几条灵敏线即可。用于分析测定的灵敏线即为分析线。当元素含量逐渐减小时,谱线的强度会随之减弱,可检测到的谱线数目亦随之减少。当该元素的含量趋于零时,最灵敏线最后消失。

不同的元素,原子核外电子层结构不同,所产生的特征光谱不同。根据谱线的特征频率和特征波长可以进行元素的定性分析。

三、谱线强度与待测物浓度的关系

(一)罗马金-赛伯(Lomakin-Schiebe)公式

正如本书第二章中所述,在一定条件下,原子发射光谱强度与物质浓度的关系符合罗马金-赛伯公式:

$$I = ac^b \tag{7-3}$$

式中:I 为谱线强度;a 为发射系数,与光源类型、工作条件、激发过程等因素有关;c 为元素含量;b 为自吸收系数($b \leqslant 1$),当待测元素含量很低时,谱线自吸收很小,$b=1$。在等离子体光源中,在很宽的浓度范围内,$b=1$。可见,在一定条件下,原子谱线强度与待测元素含量呈正比,以此对元素进行定量分析。

(二)谱线的自吸与自蚀

1. 自吸 中心发射的辐射被边缘的同种基态原子吸收,使辐射强度降低的现象(图 7-1)。元素浓度高时,$b<1$ 时,有自吸现象,且 b 值愈小,自吸现象愈严重。

2. **自蚀**　元素浓度低时,不出现自吸。随浓度增加,自吸越严重。当达到一定值时,谱线中心完全吸收,如同出现两条线,这种现象称为自蚀(图 7-1)。

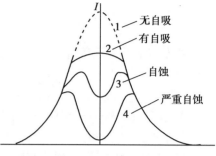

图 7-1　自吸与自蚀谱线轮廓图

(三)影响谱线强度的主要因素

1. **激发能**　激发某元素原子所需的激发能越高,谱线强度就越小,这是因为所需激发能越高,则能激发至该激发态的原子数目就越少。激发能较低的谱线都比较强,而激发能高的谱线都比较弱,有的则由于激发能太高而不能产生谱线。

2. **跃迁几率**　一般跃迁几率在 $10^6 \sim 10^9 s^{-1}$ 之间,并且与激发态寿命成反比,即原子处于激发态的寿命越短,跃迁几率就越大,产生的谱线也就越强。

3. **统计权重**　也称为简并度,谱线强度与原子在高能级和基态能级的统计权重之比有关。比值越大,谱线强度则越强。

4. **光源温度**　随着温度的升高,虽然原子易于被激发,但其电离的能力也随之增强。这样,离子数不断增多,原子数不断减少,原子线的强度也随之减弱,一级离子线的强度却逐渐增强。因此,增强谱线强度不是温度越高越好,而是有其合适的温度范围。在进行样品分析时,只有将温度控制在合适的范围内,才有最大的谱线强度和灵敏度。若同时测定多种元素,则最好采用各元素的折中温度。

5. **原子密度**　进入光源的原子数越多,谱线强度越大。而原子数与待测元素含量呈正比关系。也就是说,待测元素含量越大,进入光源的原子数越多,所发出的谱线就越强。

另外,谱线强度还和许多其他因素有关,例如狭缝宽度、曝光时间、试样状态、组成及各种干扰等。因此,在进行样品分析时,应综合考虑,选择最佳工作条件,才能获得最佳灵敏度和好的分析结果。

第二节　原子发射光谱仪

一、基本结构及性能

原子发射光谱仪主要由激发光源、进样系统、分光系统、检测系统和计算机处理系统等组成(图 7-2)。

(一)激发光源

原子发射光谱分析法在发展过程中应用过很多光源,按照其产生时期和技术水平,光源可大致分为经典光源和近代光源两大类。经典光源包括火焰、直流电弧、交流电弧、高压火花和低压火花等。这些光源在光谱分析的发展史上发挥了重要的作用。近代光源有空心阴极光源、激光光源及 ICP 光源等。其中,ICP 是当今原子发射光谱分析中应用最为广泛的光源之一。本节重点介绍 ICP 光源。

等离子体是指电离度大于 0.1%,正负电荷粒子数基本相等的气体,整体上呈中性。ICP是由高频发生器、感应线圈、等离子体炬及供气系统组成(图 7-3)。

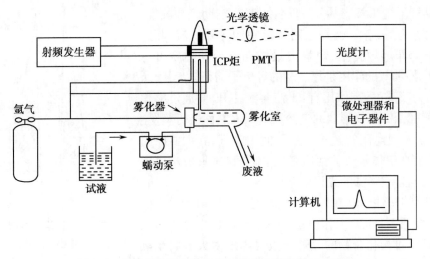

图7-2 电感耦合等离子体原子发射光谱仪结构示意图

1. ICP 等离子炬的形成 ICP 是由射频发生器提供高频能量加到感应线圈上,作用于载气,在高频电磁场的作用下,使气体电离产生电子。电子在电磁场作用下产生涡流并高速运动,与载气原子激烈碰撞,使电离度急剧增加,最后呈现火焰状放电,形成等离子体焰炬。这种等离子体的高温(10 000K)可以有效地对样品去溶剂化、蒸发和激发。因此,ICP 是一个具有良好的蒸发-原子化、电离-激发性能的发射光谱光源。样品由载气带入雾化系统后,以气溶胶形式进入等离子体的轴向通道,在高温和惰性气体氛围中被充分激发,发射出所含元素的特征谱线。形成稳定的 ICP 焰炬应有三个条件:高频电磁场、工作气体和能维持气体稳定放电的石英炬管。

2. 等离子体炬管 ICP 炬管多为三管同心的石英玻璃管。外管通入冷却气,作用是把等离子体焰炬和石英管隔开,以免烧坏石英炬管。中层石英管通入辅助气以维持等离子体高度,作用是保护中心管口,形成等离子焰炬后可以关闭。内管的内径为1~2mm,由载气将试样气溶胶从内管引入等离子体。为使喷雾效果好,内管常采用锥形结构。

ICP 焰炬有三个明显的区域(图7-4):焰心区、内焰区和尾焰区。焰心区在火焰的底部,白色,不透明,温度

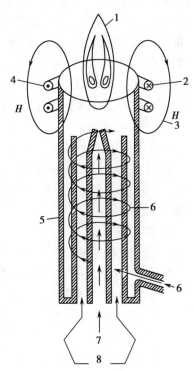

图7-3 ICP光源的结构示意图
1. 炬焰;2. 电流;3. 磁场;4. 感应线圈;
5. 石英炬管;6. 冷却气;
7. 载气+试样气溶胶;8. 辅助气

高达 10 000K。因发射很强的连续光谱,背景很深,不能作为分析区,试样气溶胶通过这一区域时被预热,所以又叫预热区。内焰区在焰心区上方,略带淡蓝色,呈半透明,温度为6000~8000K。该区是待测物质原子化、激发、电离与辐射的主要区域,试样在此区域发射很强的原子线和离子线,故为分析测定区。尾焰区在内焰区上方,呈透明状,温度低于6000K,多观测到激发能较低的元素谱线。

3. 供气系统 气流共分三路：冷却气、辅助气和载气。冷却气也称为等离子气，是三路气流中的主要气流，其主要作用是冷却焰炬管壁（炬管内最大涡流处的温度可达10 000K）。辅助气的作用是把点燃的等离子焰稍向上托起。载气又称为喷雾气，其作用有：①使溶液提升，并通过雾化产生细的气溶胶；②使形成的气溶胶进入 ICP 而经历蒸发 -原子化 - 激发或电离的过程。一般使用氩气，其主要原因是单原子惰性气体氩气的性质稳定、不与试样形成难离解的化合物，而且它本身的光谱简单。

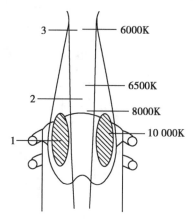

图 7-4 ICP 焰炬温度分布示意图
1. 焰心；2. 内焰；3. 尾焰

4. ICP 的特性 以 ICP 作为光源的原子发射光谱分析具有以下特性：① ICP 工作温度很高，又在惰性的气体氛围中，有利于难熔化合物的分解与激发，ICP 对大多数元素的分析具有很高的灵敏度；② ICP 在形成过程中呈涡流态，当高频发生器频率较高时，等离子体则变成环状。此时等离子体外层电流密度大，温度高；中心轴线电流密度小，温度低，这种状态有利于等离子体的稳定性，避免形成冷蒸气而产生自吸现象，扩大了测定的线性范围（可达 4~6 个数量级）；③ ICP 通过感应线圈以耦合的方式从高频发生器获得能量，不存在电极污染；④ ICP 以氩气作为载气，性质稳定，化学干扰小，基体效应小，载气流速低，易于试样的充分激发，耗样量少；⑤ ICP-AES 可以对固、液、气态样品直接进行分析，但更适于进行液体样品分析。对于固体样品的分析，样品前处理较少，简化了分析流程。

因此，电感耦合等离子体原子发射光谱（ICP-AES）是以电感耦合等离子体作为原子化装置和激发源的原子发射光谱分析法，也称为电感耦合等离子体发射光谱法（inductively coupled plasmas optical emission spectrometry，ICP-OES），是进行多元素同时分析最为有效的方法。尤其是近年来计算机控制的 ICP 直读光谱仪的应用，使 ICP-AES 成为了更加简便的多功能测试手段。

（二）进样系统

待测试样必须顺利导入 ICP 光源才能在原子化后辐射出所需的各种特征谱线。导入方式以样品本身的情况和检测要求来确定。按照样品状态来分，ICP 光谱仪的进样装置可分为气体、液体和固体进样三大类。

1. 气体进样 气体进样装置多为氢化物发生器，即利用待测样品生成挥发性氢化物进行检测的装置。

2. 固体进样 固体进样有直接粉尘进样，气化进样和悬浮物进样等，但应用较少。

3. 液体进样 液体进样方式中应用最为广泛的是气溶胶进样系统，即将液体转换为气溶胶后进入 ICP 中。此系统的关键装置是雾化器，常用的雾化器主要分为气动雾化器和超声波式雾化器两类。

（1）气动雾化器：与火焰原子吸收光谱仪所用的雾化器相似，主要包括玻璃同心雾化器、交叉雾化器和高盐量雾化器等。

1）玻璃同心雾化器：在 ICP 光谱仪器中应用最为广泛，其作用是把待测样品雾化成气溶胶，通过雾室导入到炬管和等离子体（图 7-5）。影响同心雾化器雾化效率的因素主要有雾化压力和试样的含盐量。随着雾化压力的增加，进样效率却逐渐减小。这是因为气溶胶中大颗粒雾滴所占的比重增加，废液量增多。因此，增加雾化压力并不能增加谱线的强度。

而另一方面,玻璃同心雾化器对试液的含盐量很敏感。含盐量增加,将导致光谱背景的增加,这是因为雾化时盐类沉积在喷口处,阻塞了载气通路,降低了载气流量,最终将会导致光谱背景值增高。

2）交叉雾化器:其雾化机理与同心雾化器类似,靠高速气流在进样管口形成负压,把试液抽出来,然后冲击成细雾滴,交叉雾化器与同心雾化器有相近的检出限和精密度,但对高盐试液的稳定性要优于同心雾化器。

3）高盐雾化器:专门针对高盐量试液而研制了高盐雾化器。它是在溶液流经的通路上打一小孔,让高速的载气流从小孔喷出,将溶液喷成雾滴。因为喷口处有持续流动的溶液,不会形成盐的沉积,所以可雾化高盐的溶液。

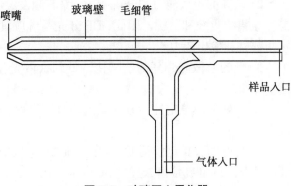

图 7-5　玻璃同心雾化器

（2）超声波雾化器:气动雾化器的缺点是雾化效率低,大部分试液成为废液损失掉了,只有很少的试液进入了 ICP 光源,限制了灵敏度的提高。为了提高试液的利用率,研制了超声波雾化器,它是利用超声波振动的空化作用把溶液雾化成气溶胶(图 7-6)。因这种方式产生的雾滴比气动式要细很多,使得引入等离子体中的样品利用率得到了很大的提高,一般可提高 1~2 个数量级,但此仪器价格较贵。

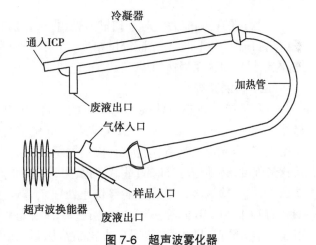

图 7-6　超声波雾化器

（三）分光系统

分光系统的作用是将光源产生的复合光转变为单色光。常用的元件有棱镜和光栅。ICP 光源是一种很强的激发光源,所发射的谱线既有原子线,也有离子线,所以要求仪器有更高的分辨率。早期仪器采用棱镜分光,不但稳定性差,而且造成仪器体积庞大。随着科学技术的发展,全息光栅的出现大大提高了谱线的分辨率。因此,在 ICP 光谱仪上,色散元件一般以光栅为主,主要有以下几种:①机械光栅。机械刻制,有刻线误差,有鬼线,现已很少采用;②全息光栅。由全息照相光刻蚀的光栅,可以有很高的刻线密度,且聚光率和分辨率较好;③离子刻蚀全息光栅。有一定闪耀角度(闪耀角即为光栅槽面与光栅表面的夹角)的全息光栅,可提高全息光栅的光学性能;④中阶梯光栅。刻线少,闪耀角大的光栅,可获得高级数光谱。以中阶梯光栅为分光系统的全谱型光谱仪日益占据市场的主要地位。其原理是由 ICP 发出的光经反射镜进入狭缝后,经准直镜成平行光后射在中阶梯光栅上,分光后再经棱镜分级和聚焦射到出射狭缝和检测器上。这种光谱仪的分光系统小,结构紧凑,有较好的光学稳定性。

ICP 光源对分光系统有如下要求:

1. 宽的波长范围　ICP光源有很高的温度和电子密度,对各种元素的激发能力很强。由于等离子体各部分温度不同,产生的光谱复杂,对其分光装置的要求很高。又因为ICP可以同时激发几十种元素,所以要求其分光系统具有较宽的工作波长范围(165~852nm)。

2. 较高的色散能力和分辨能力　ICP激发温度高,其发射光谱线丰富,各元素间很容易产生谱线重叠和干扰。因此,ICP分光系统应具有较高的色散能力和分辨能力,以改善测定可靠性和检出能力。

3. 低的杂散光和高的信噪比　低的杂散光和高信噪比可以测定痕量的元素并获得满意的结果。

4. 良好的热稳定性　分光系统应具有良好的热稳定性和机械稳定性,提高对环境的适应能力。

5. 良好的波长定位精度　ICP光源中,谱线的物理宽度范围为2~5pm。因此,要获得谱线峰值强度的准确数值,定位精度应至少在 ±5pm 之内。

6. 以氩气为载气　以氩气作为载气,光谱背景干扰少,且载气流速低,易于试样充分激发,耗样量少。

7. 快速的检测能力　对于扫描型光谱仪,扫描速度决定了多元素测定的工作效率。为了提高扫描速度,同时又保证定位精度,可采用变速扫描,也就是在无谱线光区采用高速扫描,在谱线窗口区用慢速扫描。

(四)检测系统

检测系统是将辐射转换为电信号的元件。ICP-AES测量元件有光电倍增管和电荷转移器件(charge transfer device,CTD)两种。光电倍增管的技术已经很成熟,在现代光谱仪上应用很广,但光电倍增管作为ICP检测器每次只能测定一条谱线强度。测量多条谱线强度及背景强度,必须进行分时测量,费时费力,且增加了误差。而CTD则克服了光电倍增管的缺点,可同时检测多条谱线且能够快速处理光谱信息,极大地提高了发射光谱分析的速度。CTD有CCD和CID两种。与CID相比,CCD由光敏单元、转移单元和电荷输出单元三部分组成。结构简单,尺寸可变度大,易于商品化,目前应用较广泛。

(五)计算机系统

ICP光谱仪需要专用的计算机系统对光学系统和检测系统进行控制,并对分析数据进行处理、存取和传输。因为有了计算机系统,ICP光谱仪才实现了自动化操作和对分析过程的自我监控。用于ICP光谱仪的计算机要求能够为ICP光谱分析校准范围提供合适的分辨率(10^{-6}的分辨率)。相对应的,电子系统把光电检测器得到的逻辑信号转换成计算机的数字信号,也必须有相同的分辨能力。

采用计算机控制的ICP光谱仪具有以下功能:自动点火;仪器条件的自动监控;提供自动扫描、寻峰、定位;自动扣除背景,画谱图;自动设置测定条件、光电倍增管负高压;软件自动进行数据处理、误差统计和质量控制等。

二、原子发射光谱仪的发展

(一)原子发射光谱仪类型

ICP光谱仪为光电直读光谱仪,其原理是利用光电检测系统将谱线的光信号转换为电信号,并通过计算机处理得到分析结果。根据测量方式不同,光电直读光谱仪有多道直读光谱仪、单道扫描光谱仪和全谱直读光谱仪三种。前两种仪器的检测器为光电倍增管,后一种是电荷转移器件中的电感耦合元件。

1. 多道直读光谱仪 如图 7-7 所示,从光源发出的光经透镜聚焦,在入射狭缝上成像并进入狭缝。进入狭缝的光投射到凹面光栅上,凹面光栅将光色散,聚焦在焦面上,焦面上安装一组出射狭缝,每一个出射狭缝与一个光电倍增管构成一个光的通道,每一通道可接受一条特征谱线。多道仪器安装多个(可达 70 个)固定的出射狭缝和光电倍增管,可接受多种元素的谱线。这种仪器的优点是分析速度快,准确度高,线性范围宽,可同时分析含量差别较大的不同元素,适用于较宽的波长范围。适于固定元素(如 C、S、P 等)的快速定性和定量分析。缺点是由于仪器出射狭缝固定,出射狭缝间存在一定距离,使用波长相近的谱线有困难;受环境影响较大,如温度变化时谱线易漂移,且价格昂贵。

2. 单道扫描光谱仪 如图 7-8 所示,单道扫描光谱仪只有一个出射狭缝,从光源发出的光穿过入射狭缝,反射到一个能转动的光栅上,光栅将光色散后,经反射使某一特定波长的光通过出射狭缝投射到光电倍增管上进行检测。光栅转动至某一固定角度时只允许一条特定波长的光通过出射狭缝,随光栅角度的变化,谱线从狭缝中依次通过并进入检测器,完成一次全谱扫描。与多道直读光谱仪相比,单道扫描光谱仪波长选择更为灵活方便,分析样品的范围更广,适用于较宽的波长范围。但由于完成一次扫描需要较长时间,因此分析速度受到一定限制。

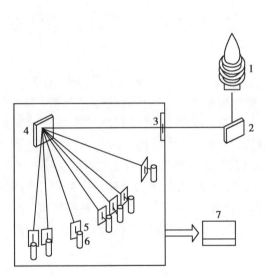

图 7-7 多道直读光谱仪示意图
1. ICP 光源;2. 反射镜;3. 入射狭缝;4. 凹面光栅;
5. 出射狭缝;6. 光电倍增管;7. 信号处理

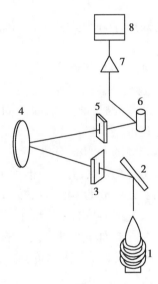

图 7-8 单道扫描光谱仪示意图
1. ICP 光源;2. 入射反射镜;3. 入射狭缝;4. 光栅;
5. 出射狭缝;6. 光电倍增管;7. 放大器;8. 仪表

3. 全谱直读光谱仪 全谱直读等离子体原子发射光谱仪采用中阶梯光栅分光系统和阵列检测器(常用电荷转移器件),可以检测波长从 165~800nm 范围内出现的全部谱线,在 1 分钟内完成样品中多达 70 种元素的测定。图 7-9 所示,这类仪器具有两个光栅、两个检测器,由于 CCD 是紫外型检测器,对可见光区的光谱不敏感,须使部分光线穿过光栅中央的空洞,在 Y 方向上进行二次色散,然后进入另一个 CCD 检测器对可见光区的光谱(400~800nm)进行检测。与前两类仪器相比,这类仪器在结构上更加紧凑、灵活,兼有多元素同时测定和任意选择分析谱线的特点,克服了多道直读光谱仪谱线少和单道扫描光谱仪

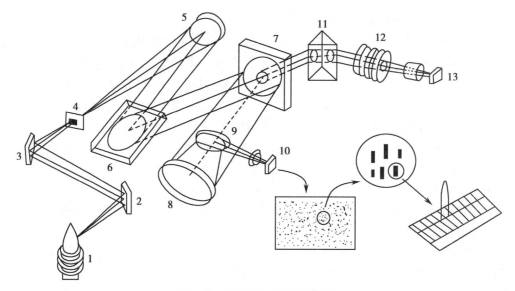

图 7-9 全谱直读光谱仪示意图
1. ICP 光源；2,3. 曲面反光镜；4. 入射狭缝；5. 准直镜；6. 中阶梯光栅；7. Schmidt 光栅；8,9. 反射镜；
10,13. CCD 检测器；11. 棱镜；12. 透镜

速度慢的缺点，同时还具有背景校正的功能，无任何活动的光学器件，因此具有较好的波长稳定性。

（二）原子发射光谱仪的发展

在 20 世纪 50 年代，原子发射光谱技术主要以电弧光源和火花光源为激发光源，但这些光源重复性差、测量误差大，对于固体样品的处理与制备困难。因此在此后二十年中，原子发射光谱技术甚至经历了一场衰退。直到 1971 年，Fassel 在 19 届国际光谱学会议上做了等离子体光源的专题报告，原子发射光谱正式进入了等离子体时代。1975 年，出现了商品化的 ICP 发射光谱仪，有力地推动了 ICP 分析技术的发展和应用。目前，ICP-AES 分析技术已成为元素分析最常用的分析技术之一。它不仅可以同时对几十种元素进行测定，还能够满足固、液、气态样品的分析要求，而且该分析方法的研究在提高灵敏度、分析精密度、准确度及稳定性等方面均取得了很好的效果。目前，已经形成以中阶梯光栅分光的全谱直读光谱仪和以高刻线光栅分光的单道扫描仪为主流的趋势。

第三节 原子发射光谱法分析条件选择与优化

一、分析条件的选择

在 ICP 光谱分析中，影响仪器分析性能的几个主要分析参数有：高频功率、工作气体和观测方式。因此，在实验操作过程中应选择合适的条件，使仪器的工作参数能满足多元素同时测定的要求。

（一）高频功率

高频功率由射频发生器提供，对 ICP-AES 的检测能力和基体效应有着不同的影响。增加高频功率，ICP 温度升高，谱线强度也会随之增强。然而，高频功率在增加分析线强度的

同时,也会增强光谱的背景。由于背景随着功率增加而加深,所以信背比(信号与背景强度之比)反而随着功率的增加而降低。信背比与检出限关系密切,信背比下降,检出限也就相应地提高,降低了检出能力。因此,较低的高频功率会得到较低的检出限,但较低的功率将导致明显的基体效应。同时,高频电流的频率与焰炬形状直接相关。综合考虑,一般以1000W 为基础进行优化。

(二) 工作气体

在 ICP-AES 中,工作气体按其作用可分为冷却气、辅助气和载气。

1. 冷却气　如果 ICP 体系确定,冷却气流则有个最低限,流速过低会导致外管过热而损坏;流速过大,则消耗太多的能量,引起谱线及背景强度的降低。因此,冷却气的流速应采用比等离子体稳定工作所需要最低限稍大点的流速。一般地,冷却气的流量为 10~20L/min。

2. 辅助气　辅助气的变化对谱线强度的影响不大。对于无机物的水溶性样品,辅助气可不用。但对于有机物分析,为了防止炬管生成碳沉积物,辅助气是必不可少的。辅助气的流量一般为 1L/min。

3. 载气　载气流速是 ICP-AES 分析中一个非常重要的参数。它对于谱线强度的影响体现在多个方面:①增加载气流速,进入 ICP 样品量增大,谱线强度也会随之增强;②增加载气流速会影响等离子体中心通道温度、电子密度,以及分析物在通道内的停留时间及试液的雾化效率。由于载气流速的增加,降低了 ICP 中电子密度和温度,导致较高标准温度的谱线发射强度下降,但对低标准温度的谱线强度影响较小;③载气流速对基体效应影响显著。流速增加,基体效应亦随之增加;④载气压力对仪器精密度也有影响,载气压力过低,则雾化器稳定性降低。在实际测定的时候,应考虑各方面的因素,综合选择最佳流速条件。一般地,载气流量为 0.3~3L/min。

(三) 观测方式

观测方式包括观测高度和方向。观测高度指的是观测位置与负载线圈上缘之间的垂直距离(mm)。在 ICP 光源中,随着观测高度的增加,火焰的温度逐渐降低,即火焰尖端处的温度最低,火焰根部的温度最高。火焰尖端虽然温度低,但是样品却经历了更长的加热时间,因此,采用什么样的高度合适,应采取实验优化的办法。对于难挥发、难原子化的元素可采用高一些的观测高度,因为观测高度越高,加热路程越长,越有利于元素原子化。易激发、易电离的元素也应采取较高的观测高度,因为尾焰的温度最低。对于易挥发、难激发的元素,观测高度则以火焰根部为宜。

ICP-AES 中观测方向包括垂直、水平和双向观测。垂直观测也称径向观测,是光学系统从等离子体的侧面观测,具有仪器设计简单,散热性能好及易于排除废气的优点。在进行单元素分析时,可以通过调整观测的最佳位置以获得最大的灵敏度,避免背景干扰,适合复杂基体的样品分析,且炬管寿命较长;当同时分析多元素时只能取一个固定的最佳测定高度,此位置由操作者根据实际需要调整。水平观测也称轴向观测,是从等离子体的尾端观测的仪器系统,可观测到样品元素在整个中央通道所发射出的谱线,使仪器的信噪比更高、检出限更低。双向观测具有同时进行垂直与水平观测分析的能力,可同时分析样品中痕量、微量及常量元素,极大地扩展了测定的动态范围。

二、干扰及消除

ICP 光源相对于电弧、火花光源来说,干扰较小,但在某些情况下却很严重,所以必须加以重视。根据产生的机理,ICP 光源的干扰可分为非光谱干扰和光谱干扰两大类。

（一）非光谱干扰

ICP 的非光谱干扰主要包括化学干扰、电离干扰及物理干扰等几个方面。

1. 化学干扰　化学干扰又称为"溶剂蒸发效应",在 ICP 光源中,化学干扰只存在于一些特殊体系和特定的分析条件中,例如 PO_4^{3-} 和铝盐对 Ca^{2+} 的干扰。因此,在通常情况下,化学干扰可不予考虑,对测定结果的准确度影响不明显。

2. 电离干扰　相对于火焰光源,ICP 光源的电离干扰轻微,这是因为 ICP 放电时电子密度很高,在 6000K 时,可达 $10^{16}/cm^3$,形成了极好的抑制电离干扰的环境。ICP 电离干扰虽然小,但对某些元素来说还是存在的,主要体现在易电离元素 Na 对 Ca 等其他金属元素的谱线强度的影响。另外,随着观测高度的增加,ICP 火焰温度逐渐降低,电离干扰也会显著增强。降低电离干扰最简便的办法是选择合适的分析谱线。此外,也可选择适当的观测高度,较高的高频功率和较低的载气流速来抑制电离干扰。

3. 物理干扰　物理干扰是由试液的不同物理特性所导致的干扰效应,它是非光谱干扰中的主要干扰。试液的物理特性包括溶液黏度、表面张力、密度及挥发性等。物理干扰主要表现为雾化、去溶干扰和溶质挥发、原子化干扰。

（1）雾化、去溶干扰:对于无机酸来说,随着浓度的增加,溶液的黏度也随之增大,导致喷雾速率降低,因此谱线强度逐渐减弱。而对于有机酸来说,有机酸的加入使得溶液的表面张力变小,雾滴更细,谱线强度会随之增强。另外,基体溶液浓度对谱线强度也有影响,当基体溶液浓度增大时,会引起待测元素进入 ICP 的效率升高,从而导致谱线增强。

（2）溶质挥发、原子化干扰:由于 ICP 中温度很高,且气溶胶微粒停留时间比较长,溶质挥发和原子化较彻底,因此一般情况下,溶质挥发干扰很小或可忽略。但要注意待测元素形成稳定化合物对谱线强度的影响。

综上所述,对 ICP 非光谱干扰来说,化学干扰和电离干扰较小,主要是由于溶液物理性质不同而导致的物理干扰。对于非光谱干扰,可以通过选择正确的操作参数(功率、载气、流速、观测高度),分析溶液的基体匹配来加以消除。

（二）光谱干扰

1. 干扰种类　在光谱仪工作的波长范围内约有几十万条光谱线,这些光谱线有的完全重叠,有的部分重叠。另外,ICP 光源还发射连续光谱背景及一些分子光谱线,干扰待测元素的分析与测定。因此,光谱干扰是 ICP-AES 中最重要的干扰,可大致分为谱线重叠干扰和背景干扰。过渡元素的光谱复杂,如果存在的量较大时,就可能造成谱线重叠干扰。这种干扰在 ICP-AES 中最为常见。例如,铁有丰富的谱线,很容易造成谱线重叠干扰。另外,试样中的基体也可造成此类干扰。而背景干扰则是由来自光源的连续光谱,水分子引起的 OH 带状光谱以及由 NO、NH、CN、C、CO 的带状光谱所造成的干扰。

2. 消除方法　针对背景干扰和谱线重叠干扰进行消除。

（1）背景干扰的消除:常用的背景干扰消除的方法有空白背景校正法和动态背景校正法。

空白背景校正是指把干扰作为"空白值"予以扣除。理论上,如果背景的形状、大小保持不变,则可作为"空白"而加以扣除,但实际上只对极稀溶液或组成恒定的高纯溶液才是如此。

动态背景校正法不需知道样品的组成,只需根据分析线附近的背景分布来推算背景值。

若背景分布平坦或变化规律,则结果是准确的。但当光谱背景复杂时,应用此方法计算的背景强度误差较大。

对于背景干扰的消除可在许多商业仪器上直接进行。例如,在光电直读光谱仪上进行背景扣除十分方便。对于单道扫描式仪器来说,利用扫描方式在分析线峰值波长一侧的恰当位置进行背景扣除,也可在两侧以平均值扣除。对于全谱接收的 ICP-AES 来说,背景的扣除方式则更为灵活,一旦背景扣除方式和波长位置确定,计算机将自动扣除背景。

(2)谱线重叠干扰的消除:谱线重叠干扰的消除可通过选择合适的分析线,采用高分辨率的光学系统来实现。现在商业仪器都有谱线干扰校正功能,如内标校正法、元素间干扰系数校正法等,这些都是 ICP 谱线干扰校正的有效手段。例如,多道光谱仪采用多谱图校正技术,可自动校正光谱干扰。全谱分析仪多采用多组分谱图拟合技术、实时谱线干扰校正技术等。

第四节　原子发射光谱法的应用

一、定性分析

不同元素的原子结构不同,当其原子被激发时,会产生按波长顺序排列的特征谱线,其波长由元素的原子性质决定,即与元素相对应。反之,若知道元素谱线位置的波长,便可确定样品中存在的元素。铁元素有许多谱线都落在大多数元素谱线出现的范围内。因此,可利用与铁元素标准谱图相比较的方法来进行定性分析。

1. 铁谱比较法　铁的谱线很多,在 210~660nm 范围内,铁元素有 4600 多条谱线,且有的谱线相距很近。因此,将铁的光谱图作为基准波长表,将各元素的灵敏线波长标于此图中,以此构建一个标准图谱(图 7-10)。实际应用时,将待测样品与纯铁并列摄取图谱,所得铁谱与标准铁的光谱图对准,若待测样品中有谱线与标准铁谱中所标记的元素的灵敏线吻合,则表明样品中存在该元素。

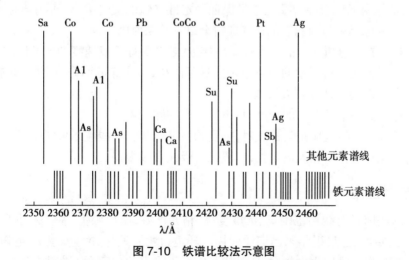

图 7-10　铁谱比较法示意图

2. 标准试样光谱比较法　当对少数指定元素进行定性鉴定时,可将待测元素的纯物质与分析样品一起摄谱于感光板上,比较纯物质与分析样品的图谱,若样品中有谱线与某元素纯物质的谱线出现在同一波长位置,则表明样品中存在该元素。对于矿石样品的定性分析,多采用此法。

二、定量分析

定量分析是确定样品中待测元素的准确含量。根据式(7-3),试样中元素含量与谱线强度有密切的关系,含量愈高,谱线强度愈强。因此,谱线强度是待测元素定量分析的基础。

当样品中待测元素含量较高时,b 值不会是常数。发射系数 a 通常也会因激发等条件的波动,实验中也很难保持常数。因此,原子发射光谱法常采用内标法来进行定量分析。

内标法是指利用待测元素分析线强度与内标元素分析线强度的比值进行的定量分析,这样谱线强度因实验条件的波动而引起的变化就可以得到补偿。设待测元素的含量为 c,对应分析线强度为 I_1,根据罗马金 - 赛伯公式,则有:

$$I_1=a_1c^b \tag{7-4}$$

对内标元素则有:

$$I_0=a_0c_0^{b_0} \tag{7-5}$$

两式相除,得:

$$R=\frac{I_1}{I_0}=\frac{a_1}{a_0}\cdot\frac{c^b}{c_0^{b_0}} \tag{7-6}$$

因内标元素浓度不变,则 $c_0^{b_0}$ 为一常数,令 $\dfrac{a_1}{a_0}\cdot\dfrac{1}{c_0^{b_0}}$ =A,则式(7-6)可变为

$$R=\frac{I_1}{I_0}=A\cdot c^b \tag{7-7}$$

对式(7-7)两侧取对数,得:

$$\lg R=\lg\frac{I_1}{I_0}=\lg A+b\lg c \tag{7-8}$$

R 为分析线的相对强度之比,根据式(7-8)可绘制工作曲线。

内标元素与内标线选择合适与否是保证测定准确性的关键因素,否则会对测定结果造成很大误差。内标元素与内标线的选择应符合以下几条原则:

(1)内标元素与分析元素的蒸发性质应接近,才能保证蒸发速度的比值恒定。

(2)内标元素与分析元素的电离电位应尽可能相近,这样可不受温度的影响,否则当等离子区温度很高时则会造成较大误差。

(3)内标元素要求要有高的纯度,且不能含有待测元素。

(4)内标线与分析线应是匀称线对,它们的激发能和波长线应尽可能接近。

(5)内标线和分析线无光谱干扰,一般无自吸或自吸很弱。

三、技术应用

ICP-AES 法因具有线性范围宽、灵敏度高、精密度好、检出限低、基体效应小、可进行多种元素同时测定等优点,近年来已广泛应用于环境、食品、卫生、冶金、地质、生物、农业和石油等领域。ICP-AES 已成为食品、水质等样品中元素测定的法定标准方法。

近年来,基于超痕量元素分析及形态学研究需要,在线流动注射(FIA)、各种分离技术与ICP-AES 联用技术发展较快。FIA 与 ICP-AES 的联用,能对待测元素进行在线预富集,利于

减轻雾化器的负荷,也可用于交换清洗,减少干扰,以及对元素化学形态进行分析。

本 章 小 结

1. 基本知识 原子发射光谱法的特点;ICP-AES 仪器结构、分析条件的选择及应用;ICP 干扰及消除等。基本概念包括:原子发射光谱法、电感耦合等离子体原子发射光谱法、基体效应、最灵敏线。

2. 核心内容 原子发射光谱法具有多元素同时检测能力,线性范围宽,选择性好,检出限低。依据元素的特征频率或特征波长进行定性分析;依据原子发射光谱强度与物质浓度的关系进行定量分析。ICP-AES 技术的关键是工作流程和原理,重点是 ICP 炬的形成条件,以及作为原子化装置和电离源的特点。

3. 学习要求 了解 ICP-AES 的应用;掌握 ICP-AES 基本原理、分析条件的选择、干扰的消除及定性、定量分析方法;熟悉 ICP-AES 仪器结构及特点。

（牛凌梅）

思考题

1. 解释术语:原子发射光谱法、ICP-AES、基体效应、最灵敏线。
2. 原子发射光谱是如何产生的?
3. 影响谱线强度的因素都有哪些?
4. 电感耦合等离子体发射光谱的定性、定量分析依据。
5. ICP 光谱仪的主要结构有哪些?
6. 简述形成稳定的 ICP 焰炬的三个条件。
7. ICP-AES 的分析条件如何选择?
8. ICP 光源光谱干扰都有哪些? 怎样消除?

第八章 其他光学分析法简介

在现代仪器分析方法中,红外吸收光谱、核磁共振波谱、X 射线、激光动态光散射、激光拉曼光谱、旋光谱及圆二色谱等分析方法能对物质进行定性、定量分析,但主要用于物质结构的分析和鉴定。例如,红外吸收光谱的基团频率和特征吸收峰反映了物质分子的结构特征;通过对核磁共振氢谱中耦合常数、裂分峰、化学位移以及积分面积的分析,可以确定分子结构中质子间的相互关系、类型以及数量;在一定波长 X 射线下照射,不同晶体与其产生的"衍射指纹"存在一一对应的关系;动态光散射基于光强的波动随时间的变化从而对粒子粒径进行测定;拉曼谱线的数目、大小和谱线强度直接与分子振动能级有关;有机分子中发色基团能级的跃迁受到不对称环境的影响,对左右圆偏振光的传播和吸收不同,产生旋光谱和圆二色光谱,从而可以对其构型进行分析。本章对上述仪器分析方法进行简介。

第一节 红外吸收光谱法

用连续波长的红外光作为光源照射样品,会引起化合物分子中成键原子的振动、转动能级跃迁,从而产生红外吸收光谱,简称红外光谱,是一种分子吸收光谱。根据红外吸收光谱对样品进行定性、定量分析和结构分析的方法称为红外吸收光谱法(infrared absorption spectrometry,IR),简称红外光谱法。

红外光谱分析特征性强,气体、液体、固体样品都可测定,并具有用量少,分析速度快,不破坏样品的特点。

一、基本原理

(一)红外光谱区域

红外光谱覆盖了波长 0.75~1000μm 的范围,位于可见光和微波之间。一般分为三个区:近红外光区(0.75~2.5μm)、中红外光区(2.5~25μm)和远红外光区(25~1000μm)。中红外光区是绝大多数有机化合物和无机离子的基团频率吸收区,最适于对样品的组成和结构分析,应用最为广泛。通常所说的红外光谱就是指中红外光区吸收光谱。

(二)红外吸收光谱图

红外光谱图的纵坐标为百分透过率($T\%$)或吸光度 A,横坐标可用波数 σ(单位为 cm^{-1})或波长 λ(单位为 μm)来表示。

波数为波长的倒数,以 cm^{-1} 为单位,即单位长度 1cm 内所含的波的数目。二者的关系见式(8-1)。

$$\sigma/\mathrm{cm}^{-1} = \frac{1}{\lambda/\mathrm{cm}} = \frac{10^4}{\lambda/\mu\mathrm{m}} \tag{8-1}$$

所有的标准红外光谱图中都标有波数和波长两种刻度(图8-1)。曲线上的"谷"是吸收峰。红外光谱吸收峰的位置用波数表示,吸收峰的强度用摩尔吸收系数 ε 表示(表8-1)。

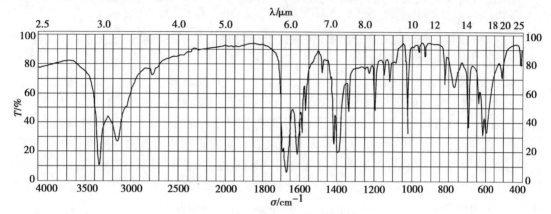

图 8-1　烟酰胺的标准红外光谱图

表 8-1　谱带强度的表示

$\varepsilon > 100$	$100 > \varepsilon > 20$	$20 > \varepsilon > 10$	$10 > \varepsilon > 1$	$1 > \varepsilon$
很强,vs	强,s	中强,m	弱,w	很弱,vw

(三)红外吸收光谱产生的条件

1. 能级跃迁所需能量与红外辐射的能量相等　分子的振动能级跃迁所需能量 ΔE_ν 为 0.05~1eV,与红外光所在光区的能量相对应,说明一定频率红外辐射只能引起与其相配的分子能级的振动跃迁。

2. 分子振动时伴随偶极矩的变化　分子振动时必须有瞬间偶极矩的变化,才能保证红外光的能量能传递给分子,这种振动称为红外活性振动。偶极矩等于零的分子不能产生红外吸收,比如 N_2 虽然也会振动,但振动时没有偶极矩的变化,所以没有红外吸收。

(四)分子的振动

如果把多原子分子的振动近似看作双原子分子的谐振子模型的振动。采用经典力学处理,可推知原子质量越轻,振动频率越高;化学键的力常数越大,振动频率越高。

真实的微观粒子运动须用量子力学方法处理。在一个多原子分子中,由于基团所处化学环境千差万别,化学键之间,分子结构以及分子外部化学因素都互相影响,因此真实分子振动要复杂得多。

1. 分子的振动类型　多原子分子的振动包含伸缩振动、弯曲振动以及相互之间的耦合振动。伸缩振动有对称伸缩振动和不对称伸缩振动,弯曲振动可分为剪式振动、面内摇摆振动、扭曲振动和面外摇摆振动。

2. 分子的振动自由度　处于三维坐标的含有 N 个原子的分子具有 3N 个运动自由度,由于分子作为一个整体本身有三个平动自由度和三个转动自由度(线性分子有 2 个转动自由度),因此分子振动自由度为3N-6(线性分子为3N-5),自由度越大,在红外光谱中出现的吸收峰数量越多。

每一种振动未必都能产生吸收峰,实际的吸收峰要比预期的少,原因在于:

1)偶极矩的变化为零,不产生红外吸收:比如 CO_2 分子可以有四种振动方式,其中对称伸缩运动无偶极矩的变化,所以此种振动不产生红外吸收。

2)两种振动的能量相同,其谱线发生简并:比如 CO_2 分子的面内摇摆和面外摇摆振动频率相同,谱线发生简并。

3)其他因素的影响:仪器分辨率、灵敏度低或吸收信号不在检测波长范围内等因素也会使实际出现的吸收峰数目减少。

(五)基频、倍频和组频

谐振子分子只允许在相邻振动能级之间进行跃迁,其中从振动能级基态($v=0$)跃迁到第一激发态($v=1$)的跃迁称为基本跃迁,对应的吸收频率称为基频,此跃迁吸收带较强。由于真实分子的振动是非谐振动,从振动基态也可以直接跃迁到第二激发态甚至更高激发态,其对应的谱带称为倍频,可以是第一倍频谱带、第二倍频谱带等,其吸收带也依次减弱。如果分子吸收红外光,同时出现基频和倍频,此时产生的吸收频率应该等于两种跃迁的吸收频率之和,称为组频。

(六)基团频率和特征吸收峰

1. 基团频率与特征峰　分子中的各基团在红外光谱中都会产生特征吸收,即使在不同分子中,相同基团的吸收频率也总是出现在一个很窄的范围内,例如 C—H 伸缩振动总是出现在 $3000cm^{-1}$ 左右,如果在这一区域没有任何峰出现,则表明被测物中不含 C—H 基团。这种能够代表基团存在,具有一定强度的振动频率,我们称之基团特征振动频率,简称基团频率(group frequency)。基团频率的特点是特征性很强,可用于鉴定某基团是否存在。凡是能用于鉴定基团存在的吸收峰称为特征吸收峰(特征峰)。

一个基团存在多个振动形式的吸收峰,把这些相互依存而又互相佐证的吸收峰称为相关峰。一些基团的红外特征吸收峰见本书附录。

2. 影响基团频率的因素　基团频率受分子内部结构和外部环境的影响会发生位移。

1)分子内部结构因素:分子内部结构对基团吸收谱带的影响包括诱导效应(吸电子基团使吸收峰向高波数方向移动)、共轭效应(吸收频率向低波数方向位移)、偶极场效应(例如氯代丙酮分子的 C=O 振动频率增大)、张力效应(张力越大,双键振动频率越高)、氢键的影响(使伸缩振动频率降低)、位阻效应(取代基的空间位阻效应共轭效应下降,振动频率增加)。振动耦合(一些二羰基化合物发生振动耦合,使振动一个向高频移动,一个向低频移动)及互变异构(出现各种互变异构体的吸收带)。

2)外部环境的影响:外部因素主要指测定物质的状态以及溶剂效应等因素,在查阅标准红外图谱时,应注意试样状态和制样方法。例如,丙酮在气态的 $v_{C=O}$ 为 $1742cm^{-1}$,而在液态时为 $1718cm^{-1}$。

在溶液中测定光谱时,由于溶剂的种类、溶液的浓度和测定时的温度不同,同一物质所测得的光谱也不相同。通常在极性溶剂中,溶质分子的极性基团的伸缩振动频率随溶剂极性的增加而向低波数方向移动,并且强度增大。因此应尽量采用非极性溶剂。

3. 特征区与指纹区　习惯上把波数在 $4000\sim1300cm^{-1}$ 的区间称为特征频率区,简称特征区。在特征区中谱带与基团的对应关系比较明确,容易辨认。各种化合物官能团的特征频率都位于该区域。可作为基团定性的依据。

指纹区的波数范围为 $1300\sim600\text{cm}^{-1}$，该区出现的峰主要是 C—X（X＝C、N、O）的伸缩振动峰和 H—C 的弯曲振动峰，这些化学键的键强差别不大，原子质量相近，振动耦合现象比较普遍，所以峰数比较密集。由于这些化学键容易受附近化学键振动的影响，因此结构的微小改变都会使光谱发生变化，犹如不同人的指纹差别一样，故称为指纹区，利用指纹区可以识别一些特定分子。

二、红外光谱仪

目前主要使用的红外光谱仪有两类：色散型红外光谱仪（dispersive infrared spectrometer）和傅里叶变换红外光谱仪（fourier-transform infrared spectrometer，FTIR）。

（一）色散型红外光谱仪

色散型红外光谱仪的基本结构见图 8-2，仪器一般采用双光束。将光源发射的红外光均匀地分成两束，一束通过样品池，另一束通过参比池，经半圆扇形镜调制后，样品光束和参比光束交替通过单色器，被检测器检测。若试样没有红外吸收，试样光束与参比光束强度相等，检测器不产生交流信号；若试样对红外光有吸收，两光束强度产生差异，检测器产生与光强差成正比的交流信号，通过交流放大器放大，此信号即可通过伺服系统驱动参比光路上的光楔（光学衰减器）进行补偿，减弱参比光路的光强，使投射在检测器上的光强等于试样光路的光强，此过程被与光楔同步的记录笔所记录，从而获得吸收光谱。

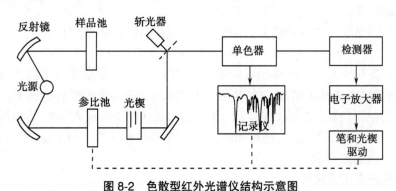

图 8-2 色散型红外光谱仪结构示意图

（二）傅里叶变换红外光谱仪

FTIR 是 20 世纪 70 年代问世的新一代红外吸收光谱仪。其基本构成见图 8-3。

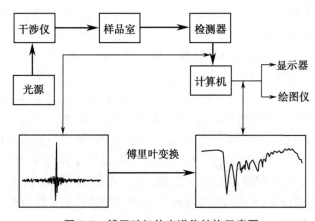

图 8-3 傅里叶红外光谱仪结构示意图

它与色散型红外光谱仪的主要区别在于用 Michelson 干涉仪系统取代了单色器。其作用原理是将光源信号分为两束,以不同的光程差重新组合,发生干涉现象。当两束光的光程差为 1/2 的偶数倍时,则落在检测器上的相干光相互叠加,产生明线,其相干光强度有极大值;相反当两光束的光程差为 1/2 的奇数倍时,则落在检测器上的相干光将互相抵消,产生暗线,相干光强度有极小值。由于多色光的干涉图等于所有各单色光干涉图的加合,故得到的是具有中心极大,并向两边迅速衰减的对称干涉图,然后送往计算机进行傅里叶变换的数学处理,最后将干涉图还原成光谱图。

FTIR 具有扫描速度极快(不到 1 秒即可获得图谱)、分辨率高(可达 0.01cm^{-1})、光谱范围宽(从 10 000~10cm^{-1})、灵敏度高(可用于痕量分析,样品量可达 10^{-11}g)、杂散光干扰小和信噪比高等优点。特别适合与色谱联用。

三、红外光谱法应用

紫外 - 可见吸收光谱常用于研究不饱和有机物,特别是具有共轭体系的有机化合物。而红外光谱法主要研究在振动中伴随有偶极矩变化的化合物(没有偶极矩变化的振动在拉曼光谱中出现)。因此,除了单原子和同核分子如 Ne、He、O_2、H_2 等之外,几乎所有的有机化合物在红外光谱区均有吸收。已广泛用于有机化合物的定性鉴定和结构分析。基团的特征吸收频率(分子指纹光谱)是定性的基础而特征峰的强度可以用于定量分析。

(一)样品制备

1. 对样品的要求　红外光谱分析的样品可以是气体、液体或固体,一般要求纯度大于 99%。样品不要含水分。测定样品的浓度或测试厚度要适当。

2. 样品制备与导入　固体样品可以采用纯 KBr 压片法、糊状法或溶液法测定;液体样品可以采用溶液法或液膜法测定;气体样品一般直接导入充真空的气体池测定。

最常用的是固体样品的压片制样法:将 1~2mg 试样与 200mg 纯 KBr 研细均匀,置于模具中,在油压机上压成透明薄片,即可用于测定。试样和 KBr 都应经干燥处理,研磨到粒度小于 2μm,以免散射光影响。

(二)红外光谱法的应用

1. 定性分析　已知物的定性,往往要与红外光谱标准谱图做对照,如果各吸收峰的位置与强度基本一致,就可以认为样品就是该种物质。在与标准谱图做对照时,应注意尽可能使测定条件与标准谱图上的条件一致。

红外光谱标准谱图有萨特勒(Sadtler)标准红外光谱集(光谱图约 10 万张)和万道特 - 美国材料与试验学会(Wyandotte-ASTM)穿孔卡片(光谱图约 14 万张)。

2. 定量分析　红外光谱法通过测量吸收峰强度进行定量分析,理论依据为郎伯 - 比尔(Lambert-Beer)定律。定量方法有工作曲线法、混合组分联立方程求解法、比较法等。

3. 色谱 - 红外光谱联用　色谱具有良好的分离和定量分析能力,定性方面弱一些;而红外吸收光谱能提供丰富的分子结构信息,但定量能力弱一些,红外光谱仪与其他仪器(如气相色谱、高效液相色谱)联用可实现优势互补。在定性和定量方面进一步扩大了应用范围。

4. 红外光谱图解析　在对红外光谱图解析之前,应搜集样品的相关资料和数据:了解样品的来源,尽可能多的掌握样品的理化数据,如折射率、旋光率、熔点、沸点和分子量等。对图谱的解析和结构确认要经过不饱和度计算、官能团推断、相关峰推断、其他信息耦合、结构推断和标准图谱比较确认等过程。

不饱和度又称缺氢指数,反映了分子中含环和双键的总数,计算公式为:

$$\Omega=\frac{2+n_3+2n_4+3n_5+4n_6-n_1}{2} \tag{8-2}$$

式中 n 为元素的原子个数,n 的下角标为元素的化学价。

一般来说,$\Omega=0$ 表示分子是饱和的,可能为链烃及不含双键;$\Omega=1$ 表示可能含有一个双键或一个脂环;$\Omega=2$ 表示可能含有两个双键,或两个脂环,或一个双键和一个脂环,或一个三键;苯环的 $\Omega=4$;Ω 大于 4 表示分子中可能有苯环和双键。

【例 8-1】化合物 $C_8H_8O_2$ 的红外光谱如图 8-4 所示,试推测其结构。

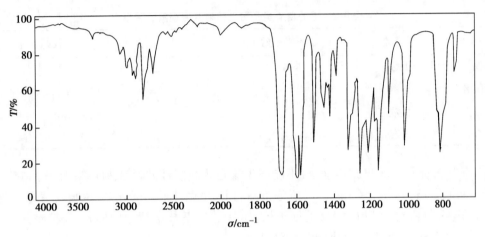

图 8-4 化合物 $C_8H_8O_2$ 的红外光谱图

解:计算不饱和度:

$$\Omega=1+n_4-n_1/2=1+8-8/2=5$$

波数在 $3000cm^{-1}$ 是 $=C—H$ 基团特征吸收,波数在 $3000cm^{-1}$ 附近的几个吸收峰说明饱和甲基的存在,波数 $1700cm^{-1}$ 附近为 $C=O$ 基团的强吸收,波数在 $2650\sim2750cm^{-1}$ 是醛基的特征,波数在 $2700\sim2850cm^{-1}$ 为与 O 连接的甲基,不饱和度为 5,加上在 $1600cm^{-1}$ 和 $1520cm^{-1}$ 有吸收,验证了苯环的存在。波数 $810\sim830cm^{-1}$ 吸收带为对位取代苯。结合 $1460cm^{-1}$、$1390cm^{-1}$ 处—CH_3 特征吸收峰。根据以上解析并对照标准谱图确定化合物为茴香醛(对甲氧基苯甲醛)。

第二节 核磁共振波谱法

处于外磁场中的磁性原子核选择性地吸收一定频率的射频辐射,产生核自旋能级跃迁,即核磁共振。以核磁共振信号强度对照射频率(或磁场强度)作图即为核磁共振波谱。利用核磁共振波谱进行定性、定量及结构分析的方法称为核磁共振波谱法(nuclear magnetic resonance spectroscopy,NMR)。自 NMR 发现至今,在该领域的重要贡献者已五次获得诺贝尔奖。

目前,NMR 在化学、医学、药学、生物学和物理学等领域得到广泛应用。发展最早、最成熟、应用最广泛的是核磁共振氢谱(^{1}H-NMR),它可以提供有机化合物中氢原子所处的位置、化学环境、在各官能团或骨架上氢原子的相对数目以及分子构型等有关信息,为确定有机分子结构提供重要依据;20 世纪 70 年代傅里叶变换核磁共振波谱仪问世后,核磁共振碳谱

（^{13}C-NMR）的研究与应用迅速增多，成为研究有机分子结构的重要方法。

NMR 具有以下优势：应用范围广，可用于有机物和无机物的定性、定量和结构分析，而且不需要标准样品就可直接进行定量分析。

一、基本原理

（一）核磁共振现象的产生

1. 原子核的磁矩 原子核的自旋是原子核的基本属性，用自旋量子数 I 表征。I 的取值决定于原子核的质子和中子数（表 8-2）。

表 8-2 核的自旋量子数与核磁共振现象的关系

中子数	质子数	自旋量子数 I	元素	核磁共振现象
偶数	偶数	0	^{12}C、^{16}O、^{32}S	无
偶数	奇数	$n/2$（$n=1,3,\cdots$）	^1H、^{13}C、^7Li、^{17}O	有
奇数	偶数			
奇数	奇数	$n/2$（$n=2,4,\cdots$）	^2H、^{14}N、^{58}Co、^{10}B	有

I 值为 0，原子核无自旋角动量，不能产生核磁共振信号，如 ^{12}C、^{16}O 等；对于 I 值等于或大于 1 的原子核，如 ^2H、^{17}O 等，其电荷分布不均匀，呈椭球形，其核磁共振吸收情况复杂，目前不具有实用性；对于 I 值为 1/2 的原子核，如 ^1H、^{13}C，其核电荷呈球形分布，核磁共振现象简单，是目前核磁共振波谱分析的主要对象。

自旋的原子核产生量子化的自旋角动量 P，P 与 I 的关系为

$$P=\frac{h}{2\pi}\sqrt{I(I+1)}=\mathbf{h}\sqrt{I(I+1)} \tag{8-3}$$

式中 h 为普朗克常数。$\mathbf{h}=\dfrac{h}{2\pi}$ 为约化普朗克常数。

原子核自旋时会产生磁矩 μ，它与自旋角动量的关系为

$$\mu=\gamma P \tag{8-4}$$

式中 γ 为核的磁旋比，代表核的特性，不同原子核的 γ 值不同。

2. 核磁矩的空间量子化与能级分裂 当把原子核置于外加磁场 B_0 中时，若磁力线沿 z 轴方向，根据量子力学原则，原子核自旋角动量在 z 轴上的分量只能取一些不连续的数值。

$$P_z=\mathbf{h}m \tag{8-5}$$

与此相应，原子核磁矩在 z 轴上的投影为

$$\mu_z=\mathbf{h}\gamma m \tag{8-6}$$

公式中 m 为原子核的磁量子数，对于自旋量子数为 I 的核，m 共有 $2I+1$ 种取向，其值可取 $I,I-1,I-2,\cdots-I$。

对于自旋 $I=1/2$ 的核（如 ^1H 和 ^{13}C），其角动量和磁矩在外磁场中只有两种取向：$m=+1/2$，即角动量和核磁矩与外磁场方向相同，称为 α 自旋态（低能态）；$m=-1/2$，角动量和核磁矩与外磁场方向相反，称为 β 自旋态（高能态）。

在外磁场中，磁矩和外磁场相互作用产生能级分裂，核的能量为

$$E=-\mu_z B_0 \tag{8-7}$$

或 $\qquad\qquad\qquad\qquad E=-\mathbf{h}\gamma m B_0$ (8-8)

则核的相邻磁能级之间发生跃迁所对应的能量为

$$\Delta E=E_\beta-E_\alpha=\mathbf{h}\gamma B_0 \qquad\qquad (8-9)$$

3. 核磁共振的产生　无外加磁场时,自旋核可以任意取向,加入外磁场后,核自旋产生的磁场与外加磁场相互作用,就产生一个以外磁场为轴线的类似于陀螺的回旋运动,称为拉莫(Larmor)进动,进动能量取决于磁矩在磁场方向的分量及磁场强度,其进动角频率 ν_0 为

$$\nu_0=\frac{\gamma B_0}{2\pi} \qquad\qquad (8-10)$$

在给定的磁场强度下,当用频率等于核自旋进动频率的射频辐射照射样品时,原子核在能级跃迁的过程中吸收了能量,由此可检测到信号,吸收信号强弱与频率的关系即为核磁共振波谱。

由此可知,核磁矩不为零、能使原来简并的能级发生分裂的外磁场和垂直于外磁场方向的一定频率的射频场是产生核磁共振的三个基本条件。

（二）弛豫过程

一定温度下,无外加射频场时,原子核处于高能级与低能级的核数目处于热动平衡,其分布满足玻尔兹曼(Boltzmann)方程。以 ^{1}H 为例,在温度为 300K,外磁场强度 1.409T 时,处于低能级($m=+1/2$)的核数目稍多于处于高能级($m=-1/2$)的核数目,二者的比例仅为 1.0000099∶1,低能级核吸收了射频能量,被激发到高能级,同时给出核磁共振信号,随着不断地跃迁,处于高能级的核数目很快接近低能级的核数目,当二者相等时,体系不再给出共振信号,这种现象称为"饱和",处于饱和状态的体系处于动态平衡,并未终止共振。为能连续延存核磁共振信号,必须有通过非辐射从高能级返回低能级的过程,这个过程即称为弛豫(relaxation)过程。弛豫时间决定磁性核在高能态的平均寿命。

（三）核磁共振参数

1. 化学位移　由于核外电子云的存在,会产生一个对抗外磁场的诱导磁场,从而使核所感受到的外磁场强度减小,即核外电子对原子核有磁屏蔽效应,从而核实际感受到的磁场将有所不同,进而共振频率也不尽相同。假设核实际感受到的磁场强度为 $\boldsymbol{B}=B_0-\sigma B_0$ (σ 为屏蔽常数),则共振频率 ν 将发生改变,这样其谱线将出现在谱图的不同位置,这种现象称为化学位移(chemical shift),用共振频率差表示:

$$\Delta\nu=\nu_{\mathrm{S}}-\nu_{\mathrm{R}}=\frac{\gamma B_0}{2\pi}(\sigma_{\mathrm{R}}-\sigma_{\mathrm{S}}) \qquad (8-11)$$

化学位移相对值 δ 可按公式(8-12)计算

$$\delta=\frac{\nu_{\mathrm{S}}-\nu_{\mathrm{R}}}{\nu_{\mathrm{R}}}\times 10^6=\frac{\sigma_{\mathrm{R}}-\sigma_{\mathrm{S}}}{1-\sigma_{\mathrm{R}}}\times 10^6 \qquad (8-12)$$

式中 ν_{R} 、 ν_{S} 分别为参比物和样品的共振频率, σ_{R} 和 σ_{S} 分别为参比物和样品的屏蔽常数。通常选择屏蔽常数大的化合物作为参比物。

测化学位移时,常以四甲基硅烷(TMS)做参比物,规定其 δ 值为零。将参比物与样品一起溶解于合适的溶剂中,通过扫频(固定外磁场强度 B_0 ,改变电磁波频率)或扫场(固定电磁波频率,改变外磁场强度 B_0)来测得。横坐标自左到右为磁场增强或频率减小,右端为高场,左端为低场,纵坐标为峰强度。

2. 自旋 - 自旋偶合　核磁共振谱中常能看到多重峰,其原因是核自旋之间产生偶合,引

起峰的裂分,这种现象称为自旋-自旋偶合(spin-spin coupling)。裂分的数目 N 与邻近核自旋量子数 I 和核的数目 n 有如下关系:

$$N=2nI+1 \tag{8-13}$$

当体系存在自旋-自旋偶合时,核磁共振线发生裂分,由裂分产生的裂距称为偶合常数 J,单位为赫兹,它反映两个核磁矩之间相互作用的强弱,与场强无关,故偶合常数是化合物结构的特征物理量。偶和常数和裂分数目可为鉴定有机化合物结构提供有用信息。

3. 峰面积 核磁共振波谱仪在获得样品的谱图之后,可以再画出相应的积分曲线,各峰的面积之比反映了各官能团的氢原子数之比。

图 8-5 为低分辨率和高分辨率核磁共振仪测得的乙醇的核磁共振图谱。三个峰分别为羟基、甲基和亚甲基,其中相比于甲基,亚甲基由于靠近羟基,其周围的电子云密度减弱,屏蔽效应弱于甲基,吸收频率比甲基大,信号峰出现在低场;在高分辨率核磁共振图谱中,甲基呈现三重峰,亚甲基裂分为四重峰,甲基、亚甲基和羟基的积分面积为 3:2:1。

二、核磁共振波谱仪

进行有机物结构分析时,由于涉及不同化学环境核的化学位移以及核之间自旋偶合产生的精细结构,所以要求仪器具有高的分辨率。通常情况下按射频的照射方式分为连续波核磁共振谱仪和傅里叶变换核磁共振谱仪。

(一)连续波核磁共振谱仪

连续波核磁共振谱仪基本结构如图 8-6 所示。主要由磁铁、磁场扫描发生器、射频发射器、射频接收器、样品容器及信号记录系统组成。

其工作过程为将样品管(内装待测的样品溶液)放置在磁铁两极间的狭缝中,并以一定的速度旋转,使样品受到均匀的磁场强度作用。射频振荡器的线圈在样品管外,向样品发射固定频率的电磁波。射频接收线圈探测核磁共振时的吸收信号。由扫描发生器线圈连续改变磁场强度,由低场至高场扫描,在扫描过程中,样品中不同化学环境的同类磁核,相继满足共振条件,产生共振吸收,接收器和记录系统就会把吸收信号经放大并记录成核磁共振谱。

(二)傅里叶变换核磁共振波谱仪

连续波核磁共振波谱仪在进行频率扫描时,是单频发射和单频接收的,扫描时间

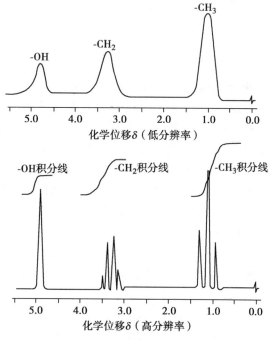

图 8-5 乙醇的 ^{1}H-NMR 谱图

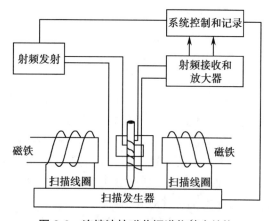

图 8-6 连续波核磁共振谱仪基本结构

长,单位时间内的信息量少,信号弱,虽然也可以进行扫描累加以提高灵敏度,但累加的次数有限,因此灵敏度不高。

傅里叶变换核磁共振波谱仪采用超导高强磁体、脉冲射频磁场、FID 信号检测和累加、傅里叶变换等技术测定核磁共振谱,克服了连续波核磁共振谱仪的缺点。由于采用恒定的磁场,在所选定的频率范围内施加具有一定能量的脉冲,使所选范围内的所有自旋核同时发生共振;各种高能态核经过弛豫后又重新回到低能态,产生感应电流信号,信号包含了全部光谱信息;计算机控制脉冲和 FID 信号累加,大幅度提高了仪器的稳定性和灵敏度。检测器检测到的 FID 信号是一种时间域函数的波谱图,称为时域谱,图谱复杂,不能直接观测,需通过傅里叶变换转化为常见的 NMR 谱,即频域谱。

三、核磁共振氢谱

质子在 NMR 测定中具有最简单的核磁共振行为,最高的灵敏度和最丰富的分子结构信息。质子的磁旋比较大,^{1}H-NMR 谱是有机物结构解析最有用的共振谱之一。

(一)影响氢核化学位移的因素

影响质子化学位移的主要因素有诱导效应、共轭效应、各向异性效应、范德华效应、氢键效应和其他因素等。

1. 诱导效应和共轭效应 电负性强的原子或基团能使 ^{1}H 周围的电子云密度降低,屏蔽效应减小,化学位移值增大;取代基如果使与之共轭结构的电子云分布降低,化学位移增大,反之亦然。

2. 各向异性效应 在多重键中,外磁场使 π 电子沿着分子的某一方向流动,使某些位置质子屏蔽增加,化学位移减小,同时另一些质子屏蔽减小,化学位移增大,这种现象称为各向异性效应。

3. 范德华效应 当两个原子互相靠近时,由于受到范德华力的作用,电子云互相排斥,导致原子核周围电子云密度降低,屏蔽较小,化学位移增大。

4. 氢键 无论是分子间或分子内,氢键的形成都使氢屏蔽降低,化学位移增大。

此外,溶剂、温度、浓度都会导致化学位移的产生。

(二)氢谱中的偶合

1. 核的等价性 核的等价性指化学等价和磁等价。

(1)化学等价核:化学等价又称化学位移等价,指分子中两个相同的原子或基团处于相同的化学环境。比如甲基上的三个氢或饱和碳原子上三个相同的基团是化学等价的,对于亚甲基上的质子或相同基团则需要具体分析,化学等价核具有相同的化学位移。

(2)磁等价核:如果两个原子核不仅化学位移相同,且以相同的偶合常数与分子中其他核偶合,称这两个原子为磁等价核或磁全同核。

磁等价核必定化学等价,化学等价核不一定磁等价。磁等价核的特点为:组内核的化学位移相同;与组外任一核的偶合常数均相等;组内虽偶合,但不裂分。例如 CH_2F_2 分子中两个质子和两个氟核分别化学等价,任意一个质子与两个氟核中的一个偶合作用都相同,因此两个质子与两个氟核分别磁等价;1,1-二氟乙烯分子的两个氢核和两个氟核分别是化学等价的,具有相同的化学位移,但任意一个氟核与其中一个氢核为顺式偶合,则与另外一个氢核呈反式偶合,因此它们分别是磁不等价的。

2. 质子的偶合 图 8-5 中,乙醇的高分辨率核磁共振波谱图的共振信号发生了裂分,是由相邻质子间偶合引起的,质子自旋偶合可分为偕偶(geminal coupling)、邻偶(vicinal coupling)和远程偶合(long range coupling)。邻偶即邻碳质子间的偶合,是立体分子结构分析最为重要的偶合分裂。其大小与它们各自所在的平面的夹角有关。间隔两个单键质子的偕偶和相邻四个以上价键的质子的远程偶合。一般都观察不到。

3. 偶合裂分规律　自旋偶合体系的分类可以按照两个互相干扰的氢核的化学位移差距 Δv 与偶合常数 J 的比值来划分。若 $\Delta v/J<10$,为高级偶合,图谱复杂,可以采取增强磁场、去偶技术等对图谱进行简化;若 $\Delta v/J>10$,称为简单偶合,所得图谱属于一级图谱,其偶合裂分规律如下:

(1) 一个(组)等价质子所具有的裂分峰的数目,是由与其偶合的核的数目 n 决定的,裂分数目为 $2nI+1$,对于质子,$I=1/2$,裂分数目为 $n+1$,称为 $(n+1)$ 规律。

(2) 一个(组)等价质子与邻近碳上的两组质子(分别为 m 个和 n 个质子)偶合,如果该两组质子性质类似,将产生 m+n+1 裂分峰,如果性质不同,裂分峰数目为 $(n+1)(m+1)$。

(3) 因偶合产生的裂分峰强度比相当于二项式 $(a+b)^n$ 展开式中各项系数比。

(4) 一组多重峰的中点就是该质子的化学位移值。

(5) 磁等价核之间有偶合,但没有峰裂分。

(6) 一组磁等价质子与另一组非磁等价质子间不发生偶合裂分。

4. 质子化学位移与分子结构的相关性　质子的核磁共振谱受多种效应的影响,因此各种基团上的质子的化学位移都有一定的区域范围并与分子结构特征相关,表 8-3 列出一些基团质子的化学位移,更多相关数据参考专业文献。

表 8-3　几种基团质子的化学位移

基团质子	化学位移 δ	基团质子	化学位移 δ
CH_3—C	0.9	—C—CH_2—OAr	4.3
—C—CH_2—C	1.3	CH_3—O—R	3.3
CH_3—Ar	2.3	—C—CH_2—O—R	3.4
—C—CH_2—Ar	2.7	—C—CH_2—OH	3.6
CH_3—CO—O—R	2.0	CH_3—C $\equiv$ C	1.6
CH_3—CO—O—Ar	2.4	—C—CH_2—C $\equiv$ C	2.3
CH_3—OAr	3.8	CH_3—CHO	2.2

(三) 一级 ^1H 核磁共振波谱解析

从核磁共振氢谱中可得到化学位移(推断质子的化学环境)、自旋-自旋偶合裂分(鉴别相邻的质子环境)和积分高度(推测质子数目)。

【例8-2】已知某化合物的分子式为 $C_{10}H_{12}O_2$,其NMR波谱如图8-7所示,试推测其结构。

解　不饱和度为:$\Omega=1+10-12/2=5$,可能有苯环存在;核磁共振图谱中峰积分曲线可以算出,从低场到高场(峰:a、b、c、d)相对质子数依次为 5、2、2、3。

$\delta=7.2$ 的 a 峰含 5 个质子,不饱和度为 5,说明是单取代苯环。

$\delta=4.32$ 的 b 峰含 2 个质子,是一个亚甲基的峰,其化学位移说明这个亚甲基与一吸电子基团相连。

$\delta=2.92$ 的 c 峰含两个质子,可能与苯环相连。

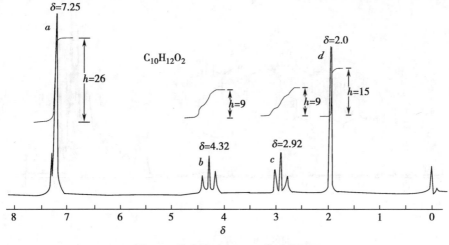

图 8-7　化合物 C₁₀H₁₂O₂ 核磁共振图

$\delta=2.0$ 的 d 峰含 3 个质子,可能是 $CH_3—CO—O$。

根据不饱和度和基团质子数和化学位移,推断该化合物的结构式可能为乙酸苯乙酯。

四、核磁共振碳谱简介

核磁共振氢谱是通过确定有机物分子中氢原子的位置,而间接推出结构的。测定作为有机物分子骨架的碳原子的核磁共振谱,方法更为直接。早期由于 ^{13}C 核的天然丰度仅仅是 ^{12}C 的 1.1%,因而灵敏度很低,相对灵敏度仅为氢谱的 1/6000,给研究带来困难。20 世纪 70 年代脉冲傅里叶核磁共振仪出现,计算机技术和各种去偶技术获得发展,从而使 ^{13}C-NMR 谱的应用有了突破。目前,核磁共振碳谱测定技术已成为常规测试方法。

与核磁共振氢谱相比,核磁共振碳谱的特点为:

1. **化学位移多**　氢谱的化学位移很少超过 10 单位,而碳谱可以超过 250 单位,最高可达 600 单位。有利于对复杂和分子量高的有机物分子结构做分析。图 8-8 为甾类胆固醇分子的核磁共振氢谱和碳谱,氢谱各峰重叠,无法分辨;而碳谱则有 24 条清晰可见的谱线,非常容易分析。

碳谱直接反映有机物碳的结构信息,对常见的 $C=O$,$C=C=C$,$N=C=O$ 和 $N=C=S$ 等有机物官能团可以直接进行解析。利用核磁共振辅助技术,可以从碳谱上直接区分碳原子的级数(伯、仲、叔和季)。这样不仅可以知道有机物分子结构中碳的位置,还能确定该位置碳原子被取代的状况。

2. **灵敏度低**　主要是 ^{13}C 在自然界中的丰度低,而且 ^{13}C 的磁极矩也只有 ^1H 的四分之一,所以碳谱测定需要高灵敏度的核磁共振仪,样品量也大。测定核磁共振碳谱的技术和费用都高于氢谱。一般是先测定有机物样品的氢谱,若难以得到准确的结构信息再测定碳谱,同时测定了氢谱和碳谱的有机物一般就可以推断其结构了。核磁共振碳谱测定的基准物质和氢谱一样仍为四甲基硅烷,但此时基准原子是 TMS 分子中的 ^{13}C。

碳谱仍然需在溶液状态下测定,虽然溶剂中含有氢并不影响 ^{13}C 测定,但考虑到同一样品一般都要在测定碳谱前测定氢谱,所以采用氘代试剂。

3. **峰分裂不同**　核磁共振碳谱中,因 ^{13}C 的自然丰度仅为 1.1%,因而 ^{13}C 原子间的自旋偶合可以忽略,但有机物分子中的 ^1H 核会与 ^{13}C 发生自旋偶合,这样同样能导致峰分裂。现

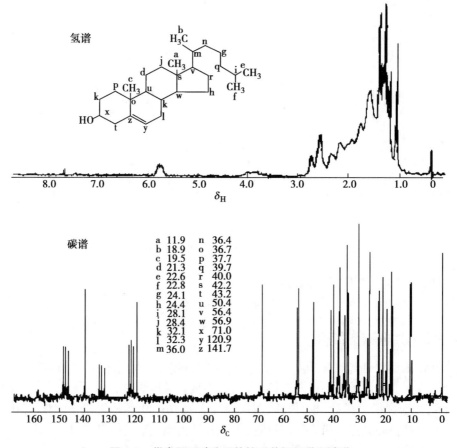

图 8-8　甾类胆固醇分子的核磁共振氢谱和碳谱

在的核磁共振技术已能通过多种方法对碳谱进行去偶处理,得到的核磁共振碳谱是尖锐的谱线,没有峰分裂。

4. 不能判断碳原子的数目　和氢谱不同,碳谱不能判断碳原子的数目,即谱线的高低与碳原子数无关。谱线高,只能表示该碳原子是与较多的氢原子相连。因此,碳谱只能通过化学位移来提供结构信息。

5. 弛豫时间长　^{13}C 的弛豫时间较长,且与其所处的化学环境有关,所以测定 ^{13}C 核的弛豫时间,可获得碳核在分子内的结构环境信息。

第三节　X 射线分析法

X 射线是高能电子撞击物质的原子所产生的电磁波。根据 X 射线与物质的各种交互作用所建立起来的方法称为 X 射线分析法(X-ray analysis),包括 X 射线吸收分析法、X 射线荧光光谱法及 X 射线衍射分析法。X 射线光谱分析中常用的波长范围在 0.01~10nm 之间。

一、基本原理

(一)X 射线的产生
X 射线由 X 射线管产生,在 X 射线管中,阴极发射的热电子在高压电场 U 作用下,高速轰击金属靶,其中少部分电子的能量转换为 X 射线,即初级 X 射线。初级 X 射线由两部分组成:连续波长的 X 射线(continuous X-ray)和特征 X 射线(characteristic X-ray)。

X 射线的产生也可以通过以下途径:用初级 X 射线照射物质产生二级射线——X 射线荧光;利用放射性同位素源衰变产生 X 射线;从同步加速器辐射源获得 X 射线。

(二) X 射线谱

1. 连续 X 射线谱　在 X 射线产生过程中,极少数电子将全部动能 eU 转变为 X 射线的辐射能,产生的 X 射线波长最短,即短波限,其波长 λ_0 与 X 射线管加速电压有关,与靶金属材料无关。

$$\lambda_0 = \frac{hc}{eU} = \frac{1239.5}{U} \tag{8-14}$$

式中 h 为普朗克常量,c 为光速。U 的单位为 V,波长 λ 的单位为 nm。

大部分电子需要多次碰撞才丧失全部能量,由于碰撞是随机的,能量损失也是随机的,就产生了具有不同波长的连续 X 射线谱。

连续 X 射线的总强度(I)与 X 光管的电压(U)、光电管电流(i)和靶材的原子序数(Z)有关,其关系式为:

$$I = AiZU^2 \tag{8-15}$$

式中 A 为比例常数,式(8-17)表明,为提高 X 射线强度,除了增加管电流和管电压外,增加靶材的原子序数也能提高光强,故常采用钨、钼等重金属作为 X 光管的靶材(图 8-9)。

2. 特征 X 射线谱　特征 X 射线谱是电子在原子内层轨道之间跃迁产生的。增加管电压,电子的动能随之增加,当管电压达到某一临界值时,进入靶金属原子内部的电子将内层电子轰击出原子,使内层轨道形成电子空位,外层电子则迅速填补空位并以 X 射线形式释放出能量,即特征 X 射线,其波长与靶金属的原子序数有关。

特征 X 射线分为若干线系(K、L、M、N),填补 K 层空位所辐射出的特征 X 射线称为 K 系特征 X 射线,其中由 L 层跃迁到 K 层所辐射的 X 射线称为 K_α 特征 X 射线,由 M 层跃迁至 K 层的 X 射线为 K_β 特征 X 射线。

不同元素具有不同的原子结构,电子层能级的能量不同,都有各自的特征 X 射线。原子序数小于 20 的元素,一般只有 K 系谱线。

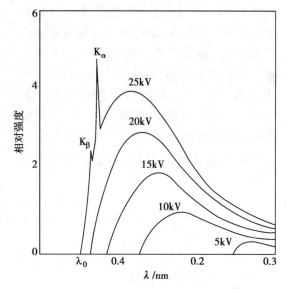

图 8-9　钼的初级 X 射线谱

(三) X 射线的吸收、荧光和衍射

1. X 射线的吸收　样品对 X 射线的吸收由其性质和量决定,符合比尔定律:

$$\ln \frac{I_0}{I} = \mu x \tag{8-16}$$

式中 X 射线的强度为 I_0,当它穿过样品层(厚度 x)后强度为 I,μ 为线性吸收系数,表示每厘米长的给定元素层所吸收的能量分数。对于固体样品,质量吸收系数 μ_m 使用得更为广泛:

$$\mu_{m}=\frac{\mu}{\rho} \tag{8-17}$$

式中 ρ 为吸收物质密度,质量吸收系数具有加和性。

质量吸收系数是物质的一种特性,符合下面的近似关系:

$$\mu_{m}=K\lambda^{3}Z^{4} \tag{8-18}$$

式中 Z 为原子序数, λ 为 X 射线的波长, K 为常数。当固定入射 X 线波长后,原子序数越小,对 X 射线吸收能力就越小, X 射线的穿透能力就越强;当元素固定后, X 射线波长越长,越容易被吸收。

2. X 射线的荧光　当用适当波长的 X 射线照射样品时,样品中的元素将初级 X 射线吸收并激发出二次特征 X 射线荧光。本质上看, X 射线荧光是样品内层电子受到高能 X 射线驱逐产生了空穴,外层电子跃入空穴并以辐射的形式释放出的能量。

X 射线荧光的能量或波长是特征性的,与元素有着一一对应的关系。

$$\sqrt{\frac{1}{\lambda}}=K(Z-s) \tag{8-19}$$

此公式称为莫塞来公式,是 X 射线荧光定性分析的基础。式中 K 、s 为随不同谱线系列（K、L）而定的常数, Z 为原子序数。根据物质辐射出的特征谱线的波长就可确定元素的种类。

3. X 射线的衍射　晶体犹如一个优良的衍射光栅。其衍射 X 射线的方向与构成晶体的晶胞大小、形状以及入射 X 射线波长有关。衍射光的强度与晶体内原子的类型和晶胞内原子的位置有关。所以每类晶体物质都有自己的特征衍射图谱,犹如晶体化合物的"指纹"可用来定性分析。

晶体对 X 射线的衍射原理依据的是布拉格方程。如图 8-10 所示, X 射线投射到两个晶面距为 d 的晶面上会发生散射,当两束散射 X 光光程差是入射波长的整数倍时,两束光的相位一致,发生相干干涉,这种干涉现象称为衍射。衍射所需的条件为:原子层间距必须与辐射的 X 射线波长大致相当;散射中心的空间分布必须非常规则,符合布拉格方程。

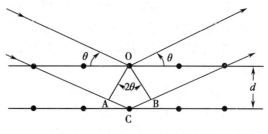

图 8-10　X 射线在晶体上的衍射

$$AC+CB=2d\sin\theta=n\lambda \tag{8-20}$$

式中 θ 为衍射角（入射或衍射 X 射线与晶面间夹角）。 n 相当于相干波之间的位相差, $n=1,2\cdots$ 时,各称为 1 级衍射、2 级衍射……

二、X 射线分析法

（一）X 射线荧光分析法

通过测定和分析 X 射线荧光谱线波长和强度,对物质进行定性和定量分析的方法称为 X 射线荧光分析法（x-ray fluorescence analysis）。

1. 仪器装置　根据分光原理, X 射线荧光光谱仪可分为波长色散和能量色散两种基本类型。

波长色散型荧光光谱仪由光源、样品室、分光晶体和检测系统等组成,能量色散型荧光光谱仪由光源、样品室、探测器和多道分析器等测量系统组成。二者的区别在于能量色散型不需要分光晶体。借助高分辨率敏感半导体探测器与多道分析器将色散的 X 射线荧光按光子的能量分离,根据能量的高低来测定各元素的含量。

能量色散型荧光光谱仪的主要优点是:仪器结构简单,X 射线的利用率高,对样品形状无特殊要求,多道分析器和 X- 荧光可同时累计,实现全能谱(包括背景)分析,同时能标明背景和干扰线。因此,能量色散 X 射线光谱仪比波长色散 X 射线光谱仪快而方便。

图 8-11 为能量色散型荧光光谱仪。X 射线光源包括高压发生器和 X 射线管,高压发生器为 X 射线管提供稳定的直流高压。光子到达 X 射线检测器后形成一定数量的电子 - 空穴对,电子 - 空穴对在电场作用下形成电脉冲,脉冲幅度与 X 光子的能量成正比。一系列幅度的脉冲经放大器放大后送到多道脉冲分析器,按脉冲幅度的大小分别统计脉冲数,从而得到计数率随光子能量变化的分布曲线,即 X 光能谱图。

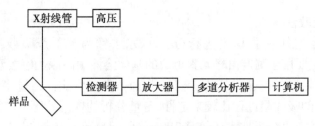

图 8-11　能量色散型 X 射线荧光光谱仪结构

2. X 射线荧光法的应用　X 射线荧光分析是一种元素分析方法,可用于分析原子序数大于 12 的所有元素。

X 射线荧光光谱分析可以直接对各种样品进行分析,也能进行微区分析。检测精度高,检出限可达到 10^{-12}g,稳定性高,保证了分析数据的可靠性和结果的高精度。

(二) X 射线衍射分析法

当一束 X 射线投射到晶体上,通过测定和记录晶体所产生的衍射方向(θ 角)和衍射线的强度(I 值),对晶体进行物相分析的方法称为 X 射线衍射分析法(X-ray diffraction analysis)。

1. X 射线衍射图　以粉末为样品,以测得的 X 射线的衍射强度 I 与最强衍射峰的强度 I_0 的比值(I/I_0)为纵坐标,以 2θ 为横坐标所表示的图谱为粉末 X 射线衍射图。通常从衍射峰位置 2θ,晶面间距 d 及衍射峰强度比 I/I_0 可得到样品的晶型变化、结晶度、晶体状态及有无混晶等信息。

2. 仪器简介　X 射线衍射仪的主要部件包括 4 部分:

(1)X 射线发生器:提供测量所需的 X 射线,改变 X 射线管阳极靶材可改变 X 射线的波长,调节阳极电压可控制 X 射线源的强度。

(2)X 射线测角仪:用来精确测量衍射角,测角仪的中央是可旋转样品台,样品须是单晶、粉末、多晶或微晶的固体块。

Sollar 狭缝由一组平行等间距的金属板组成,用来限制 X 射线光束的发散。

(3)射线检测器:检测衍射强度或同时检测衍射方向,通过仪器测量记录系统或计算机处理系统可以得到多晶衍射图谱数据。

(4)衍射图的数据处理分析系统:现代 X 射线衍射仪都带有专用衍射图处理分析软件

的计算机系统,数字化的计算机系统可以在线完成 X 射线衍射仪的运行控制以及衍射数据的采集分析。

3. X 射线衍射分析的应用　晶体的结构与其 X 射线衍射图之间有着一一对应的关系,犹如人的指纹,是 X 射线衍射分析的基础。

目前常用衍射仪法得到标准衍射图谱,内容最丰富,规模最庞大的多晶衍射数据库是由粉末衍射标准联合委员会(JCPDS)编纂的《粉末衍射文档》(PDF)。利用标准粉末衍射数据,进行物相分析。

除物相分析外,X 射线粉末衍射还可用于点阵常数的测定、结晶度的测定、单晶分析、物质结构的应力分析等。

X 射线衍射分析为我们提供了鉴定晶体化合物、定量测定混合物中晶体化合物及研究晶体结构的方便而有效的方法,在化学、物理学、生物学、材料学以及矿物学等领域都有广泛的应用。

(三) X 射线吸收法

利用物质对 X 射线吸收程度进行分析的方法称为 X 射线吸收法(X-ray absorption analysis)。该方法主要用于测定由轻元素组成的基体溶液中高原子序数元素的测定。例如,汽油或其他烃类溶液中的磷、硫、氯、铅或重金属添加剂的测定。通过将样品谱图中的吸收限与已知元素谱图的吸收限进行比较来定性,定量分析的依据是比尔定律。相比于 X 射线荧光分析法,X 射线吸收分析技术比较繁琐和耗时,灵敏度也比较低,在定性和定量分析中远不及 X 射线荧光分析。

第四节　激光动态光散射与激光拉曼光谱法

光波通过不均匀的介质时,会偏离原来的传播方向产生光散射。利用散射光的变化与物质的物理、化学特性及结构的关系,可以进行粒度、定性定量及分子结构的分析。

一、激光动态光散射

动态光散射(dynamic light scattering,DLS),也称光子相关光谱、准弹性光散射,是通过测量散射光强度随时间的涨落得出样品颗粒大小信息的一种技术。

(一) 基本原理

1. 弹性散射和非弹性散射　当一定频率的入射光照射到样品后,光子和样品粒子只进行弹性碰撞,没有能量的交换,散射光的频率和入射光的频率相同,称为弹性散射;反之如果光子和样品粒子间出现能量交换,入射光频率和散射光频率不同,称为非弹性散射。瑞利散射为弹性光散射,而拉曼散射属于非弹性散射。

2. 静态光散射和动态光散射　瑞利散射分为静态散射和动态散射。如果微粒粒径远小于入射光波长,以一定频率的入射光照射这些粒子,它们不吸收入射光能量,仅作为二次波源向各个方向发射与入射光频率相同的球面散射光,这种没有频率位移的散射属于静态光散射;如果微粒粒径比入射光波长略小,当入射光照射到样品后,由于样品粒子的布朗运动,瑞利散射光的频率会随着粒子出现极微小的增加或减小,即出现多普勒频移。此为瑞利动态光散射,由于激光技术在动态光散射中的重要作用,也称为激光动态光散射。

动态光散射会产生多普勒频移,其散射光波长和入射光波长具有如下关系:

$$\lambda=\lambda_0=\left(1+\frac{v}{c}\right) \tag{8-21}$$

其中 λ_0 为入射光波长，v 为粒子运动的速度，c 是光速。

3. 自相关函数　与静态光散射相比，动态光散射不是测量时间平均散射光强，而是测量散射光强随时间的涨落。

对于刚性球形颗粒体系，光强的时间相关函数表示为

$$G(t)=A\left(1+Be^{-2\Gamma t}\right) \tag{8-22}$$

式中 A 为自相关曲线的基线，B 是由实验决定的仪器常数，Γ 为频率线宽，$\Gamma=Dq^2$，这里 D 为液体中悬浮粒子的扩散系数，q 为散射矢量，t 为弛豫时间。

多分散体系，光强自相关函数包含所有散射粒子的贡献，表示为

$$g(t)=\int_0^{\infty}G(\Gamma)e^{-\Gamma t}d\Gamma \tag{8-23}$$

式中 $G(\Gamma)$ 为线宽分布函数，$G(\Gamma)d\Gamma$ 即为线宽多粒子的统计权重。

描述粒子的扩散系数 D 与粒子尺寸有如下关系：

$$D=\frac{kT}{6\pi\eta r} \tag{8-24}$$

式中 k 为玻尔兹曼常数，T 是绝对温度，η 是黏性系数，r 为流体力学半径，这一方程能够用来估计均匀流体中小粒子的尺寸。

在实验条件确定的情况下，通过大量测量数据计算实验的自相关曲线，通过计算机拟合求出 Γ，即可求出被测试样的粒径。

（二）激光动态光散射仪

典型的动态散射仪如图 8-12 所示，其基本工作过程如下：由激光器输出的激光聚集在样品上，样品发出的散射光在散射角为 90° 的方向上经光

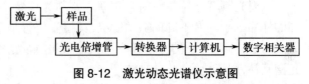

图 8-12　激光动态光谱仪示意图

电倍增管，送入时间数字转换器，然后经过计算机和数字相关器获得自相关函数和时间的依赖关系。

在操作过程中由于激光动态光散射仪对灰尘、气泡或其他大的颗粒非常敏感，因此样品的过滤和离心很重要，可以除掉溶液中的灰尘和其他杂质，加样时需注意将加样针缓缓上提，以免产生气泡。样品池要清洗干净，不能有指纹印记。

（三）激光动态光散射的特点和应用

1. 特点　样品制备简单，测量速度快，检测灵敏度高以及能实时监测样品的动态变化。

2. 应用　DLS 可用于胶体粒子和高分子样品的粒度和分布的测量，复杂聚合物体系的表征，粒子的扩散系数、相干长度、弛豫时间的测量；DLS 也可以用于稳定性研究，通过测量不同时间的粒径分布，可以展现颗粒随时间聚沉的趋势。DLS 也可以用来分析温度对稳定性的影响。近年来，DLS 开始用于纳米体系颗粒间相互作用的表征，在生物医学、药物研制与检测过程、聚合物溶液研制与检测以及液晶性质的研究等领域中得到广泛应用。

二、激光拉曼光谱法

研究拉曼散射线的频率与分子结构之间关系的方法称为拉曼光谱法（Raman spectrometry）。

（一）基本原理

1. 拉曼散射及拉曼位移　当频率为 v_0 的入射光照射处于基态的样品分子时,极少部分光子与分子间发生非弹性碰撞,光子与分子交换了能量,使光子不但改变了方向,而且频率也相应发生改变。当分子处于振动基态时,与光子碰撞后,吸收了光子 hv(v 为振动能级频率)的能量,如果发出的散射光频率(v_0-v)小于入射光频率,称为斯托克斯(stokes)拉曼散射;当分子处于振动激发态,与光子碰撞后,返回振动基态,将 hv 的能量传递给光子,则散射光频率(v_0+v)大于入射光频率,称为反斯托克斯拉曼散射。由于分子绝大部分处于振动基态能级,产生斯托克斯线的几率远大于反斯托克斯线,表现在图谱上,斯托克斯线的强度远远强于反斯托克斯线,拉曼光谱仪通常测量斯托克斯线的位移,忽略反斯托克斯线。图 8-13 为拉曼散射和瑞利散射能级示意图。

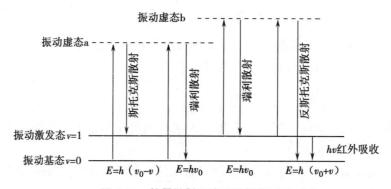

图 8-13　拉曼散射和瑞利散射能级图

入射光频率与拉曼散射光频率之差称为拉曼位移(Raman shift),即 $\Delta v=v_0-(v_0-v)=v$,不同的样品分子具有不同的振动能级,其拉曼位移是不同的,但对同一样品,Δv 与入射光频率无关,只与样品分子的振动频率有关,所以拉曼光谱反映了分子的振动特征信息,可与红外光谱互补,用于化合物结构分析。

2. 拉曼光谱图　拉曼光谱图常以拉曼位移(波数)为横坐标,拉曼线强度为纵坐标,用任意单位(图 8-14)。拉曼光谱图主要用于结构的鉴定,如果实验条件确定,利用拉曼散射光强度与物质浓度之间的比例关系也可进行定量分析。

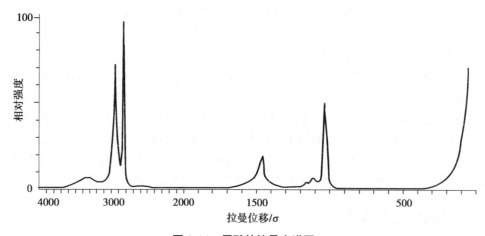

图 8-14　甲醇的拉曼光谱图

3. 退偏比 ρ 也称去偏振度,定义为 $\rho=I_\perp/I_{//}$,其中 $I_\perp$ 是偏振器在垂直于入射光方向时测得的散射光强度,$I_{//}$ 是偏振器在平行于入射光方向时测得的散射光强度。

对称振动的 $\rho=0$,对于非对称振动,极化率是各向异性的,$\rho=3/4$。一般分子的 ρ 在 $0\sim3/4$ 之间,ρ 越小,分子的对称性越高。

4. 拉曼光谱与红外光谱的比较 拉曼位移的频率和红外吸收的频率都等于分子的振动频率,拉曼光谱和红外光谱同属于分子光谱,但拉曼光谱是散射光谱,红外光谱是吸收光谱,都包含了分子的结构信息。

拉曼散射是通过分子极化率的变化引起的,其谱线强度正比于诱导偶极矩的变化;红外吸收是振动时有偶极矩变化产生的,因此拉曼光谱适用于研究相同原子构成的非极性键振动,如 C—C、C≡C、N—N、S—S 等的振动,以及对称分子如 CO_2、CS_2 的骨架振动,而红外吸收光谱适用于研究不同原子构成的极性键的振动,如 O—H、C=O、C—X 等。如果分子中某一官能团振动时极化率和偶极矩同时发生变化,则同时具备拉曼活性和红外活性,在拉曼光谱和红外吸收光谱中同时呈现峰,只不过两者的强度和峰形可能有差异,拉曼光谱和红外吸收光谱在一定程度上是互补和互印证的,在红外吸收光谱中为弱吸收的谱带,在拉曼光谱中可能为强谱带,由于两者机制不同,给出的谱图也有差异,通过两种不同振转光谱的研究,可以获得互补的分子结构信息。

对于结构的变化,拉曼光谱可能比红外光谱更敏感,同时拉曼光谱的测定范围宽,拉曼散射峰尖锐、重叠少,图谱简单。

由于水对红外吸收非常强烈,对拉曼散射却极微弱,因而水溶液样品可直接进行拉曼光谱分析,拉曼光谱样品制备简单,任何尺寸、形状的透明样品,只要能被激光照射到,就可直接用来测量。

（二）激光拉曼光谱仪

1. 色散型拉曼光谱仪 仪器主要由激光光源、样品池、单色器、检测系统、记录系统和计算机控制系统等部分组成(图 8-15)。

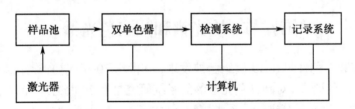

图 8-15 色散型激光拉曼光谱仪结构示意图

激光光源目前主要使用波长为 632.8nm 的 He-Ne 激光器和波长为 514.5nm、488.0nm 的 Ar+ 激光器;为适用多种样品分析需要,样品池可分为液体池、气体池和毛细管等;单色器要求能有效消除杂散光且色散性能良好,最好采用带有全息光栅的双单色器;检测器一般采用光电倍增管,为了减少荧光的干扰,也可用 CCD 检测器,最常用的检测器为 Ga-As 光阴极光电倍增管,其优点是光谱响应范围宽,量子效率高,在可见光区内响应稳定。

2. 傅里叶变换拉曼光谱仪 仪器由激光光源、样品池、干涉仪、滤光片组、检测器及控制的计算机组成。其光路设计类似于傅里叶变换红外光谱仪,但干涉仪与样品池排列次序不同。激光光源为 Nd/YAG 激光器,发射波长为 1.064μm,发射的光被样品散射后,经过干涉仪得到散射光的干涉图,再经过计算机进行傅里叶变换,得到拉曼光谱图。滤光片组用来滤去瑞利散射光。

色散型激光拉曼光谱仪测量须经多次累加,花费时间长,容易被荧光信号淹没,以至于无法测定。傅里叶变换拉曼光谱仪的出现完全消除了以上缺点,无荧光干扰、扫描速度快,分辨率高,大大拓宽了拉曼光谱的应用范围。

（三）激光拉曼光谱法的应用

1. 定性和定量分析　拉曼位移是分子结构的特征参数,它不随激发光源频率的改变而改变,是拉曼光谱定性和结构分析的依据。

实验条件确定后,拉曼谱线的强度与样品分子的浓度呈线性关系,据此进行拉曼光谱的定量分析。

2. 拉曼光谱法的应用　拉曼光谱在卫生学、生物医药、化学、材料科学、考古学、天文学、地质学等领域有广泛应用。例如,临床上对病变组织包括癌变组织的无损识别;对药品合成生产过程进行实时跟踪检测;对不同年代的文物、不同进化过程化石做分子水平的鉴定;对蛋白质、糖、生物酶和激素等生物大分子的构象进行分析;对各种材料（纳米材料、生物材料等）和表面膜（半导体薄膜、生物膜）进行分析以及对无机物及金属配合物的组成、结构及稳定性进行研究等。

3. 其他拉曼光谱法　1953 年 Shorygin 发现当入射光波长与待测分子的某个吸收峰接近或重合时,拉曼跃迁的概率大大提高,即产生共振拉曼效应,由此建立了共振拉曼光谱法。由于谱线的增强具有选择性,可用于研究发色基团的局部结构特征。

将样品吸附在金属粗糙表面或胶粒上可大大增强拉曼光谱信号,由此建立表面增强拉曼光谱法。这种方法具有很高的灵敏度,成为表面材料、电化学、催化等领域的重要工具,也可以用于研究许多生物分子,如多肽、核酸、肌红蛋白等。

拉曼光谱与其他仪器联用技术的研究近年来逐渐增多。例如拉曼与扫描电镜联用;拉曼与原子力显微镜 / 近场光学显微镜联用;拉曼与红外联用;拉曼与激光扫描共聚焦显微镜联用,拉曼光谱联用技术的开发,使拉曼光谱技术得到更广泛的应用展。

第五节　旋光谱和圆二色光谱

旋光现象和圆二色性早在 19 世纪已被发现,20 世纪 50 年代初,旋光谱仪研制成功,对旋光谱开始了系统的研究。对圆二色光谱的的系统研究是在 20 世纪 50 年代末到 60 年代初,70 年代从量子力学角度对其进行了深入探讨,创立了 CD 激子手性法,从而使圆二色光谱更加成熟。目前这两种光谱已广泛地用于测定光学活性化合物的构型和构象,特别是天然有机化合物立体结构的测定。

一、基本原理

（一）圆偏振光和椭圆偏振光

如果光矢量末端轨迹在垂直于传播方向的平面上呈圆形或椭圆形,称为圆偏振光或椭圆偏振光。

圆偏振光在垂直于光传播方向的固定平面内,光矢量的大小不变,但随时间以一定的角速度旋转,其末端的轨迹是圆。某一固定时刻 t,在传播方向上各点对应的光矢量的端点轨迹是螺旋线,随着时间推移,螺旋线以相速前移。迎着光线方向看,凡光矢量顺时针旋转的称右旋圆偏振光,凡逆时针旋转的称左旋圆偏振光,图 8-16 中,左旋圆偏振光沿 Z 轴方向,其轨迹在平面上的投影是个圆形。

平面振动光可以看作是由振幅相等,旋转方向相反的两束圆偏振光的合成。

(二) 光学活性物质及指标

1. 光学活性物质　光学活性即旋光性。能旋转偏振光振动面的物质称为光学活性物质。迎着光线看,当偏振光通过某些旋光性物质的溶液时,可以观察到有些物质能使偏振光的振动面向左旋转(逆时针方向)一定的角度,这种物质叫作左旋体,具有左旋性,以"−"表示;另一些物质则使偏振光的振动面向右旋转(顺时针方向)一定的角度,叫作右旋体,它们具有右旋性,以"+"表示。

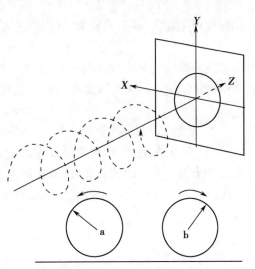

图 8-16　圆偏振光矢量沿 Z 轴传播的变化
a. 为左旋圆偏振光;b. 为右旋圆偏振光

2. 旋光度 α　有旋光性质的介质对于某一单色的平面光所产生的旋转角度称为旋光度。旋光度可以用来判断物质的纯度以及计算物质的含量。定义为

$$\alpha=\frac{\pi}{\lambda}(n_L-n_R)\qquad(8\text{-}25)$$

式中 n_L、n_R 为左、右圆偏振光在介质中的折射率,λ 为波长。

3. 比旋光度 $[\alpha]$　旋光度大小不仅取决于物质本身结构,还与物质的厚度、波长、温度有关,如果是溶液,浓度和溶剂也有影响,因此在不同条件下测得的旋光度是不一样的。通常用比旋光度作为旋光能力的指标,其定义为下式

$$[\alpha]=\frac{\alpha}{cl}\qquad(8\text{-}26)$$

式中 $[\alpha]$ 为某温度下的比旋光度,l 为样品池的长度,单位取分米,c 为样品浓度,单位为取 g/ml。

在测定条件下,比旋光度右上下角分别标明测定温度和波长。

4. 摩尔比旋光度 $[\varphi]$　物质的旋光性质有时也用摩尔比旋光度,公式为

$$[\varphi]\frac{[\alpha]\cdot M}{100}\qquad(8\text{-}27)$$

式中 $[\varphi]$ 为摩尔比旋光度,M 为物质的摩尔质量。数值 100 是人为指定的,目的是不使数值过大。

5. 摩尔椭圆率 $[\theta]$　光活性物质对左、右圆偏振光的吸收能力不同,而使其共振峰幅度不同,这样两个矢量合成的就不是圆偏振光,而是一个椭圆偏振光。

若光活性物质对左、右圆偏振光的摩尔吸收系数吸收差值为 $\Delta\varepsilon=\varepsilon_L-\varepsilon_R$,则摩尔椭圆率为

$$[\theta]=3300\Delta\varepsilon\qquad(8\text{-}28)$$

(三) 旋光光谱和圆二色光谱

1. 旋光现象和圆二色性的产生　组成平面偏振光的左旋圆偏光和右旋圆偏光在光学活性物质中传播时,两个方向的圆偏光在物质中的传播速度不同,导致折射率不同,从而使

偏振面产生旋转,即旋光现象,可用公式表示:

$$\Delta n = n_L - n_R \neq 0 \qquad (8\text{-}29)$$

左旋圆偏光和右旋圆偏光在通过光学活性物质时不但产生旋光现象,还因光活性物质对两种圆偏振光的吸收程度不同而产生圆二色性,可用公式表示:

$$\Delta \varepsilon = \varepsilon_L - \varepsilon_R \neq 0 \qquad (8\text{-}30)$$

2. 旋光光谱与圆二色光谱

(1)旋光光谱:旋光现象可以用比旋光度或摩尔比旋光度表示。采用不同波长的平面偏振光来测定物质的比旋光度,以比旋光度(或摩尔比旋光度)为纵坐标,波长为横坐标,得到旋光光谱(optical rotatory dispersion,ORD)。图 8-17 为两种类型的 ORD 谱线。

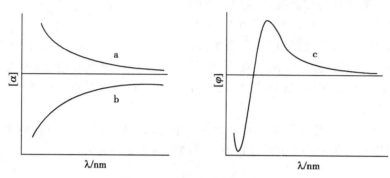

图 8-17 两种类型 ORD 谱线

a 和 b 为平滑型;c 为 S 型

若光学活性分子中没有发色团,产生的旋光谱的谱线无峰和谷的出现,谱线向短波区升高的是正性谱线 a,属于右旋;向短波区降低的是负性谱线 b,属于左旋,两条谱线都是平滑的。

若光学活性分子中有发色团,则旋光光谱出现峰和谷(谱线 c),即科顿效应(cotton effect)。ORD 谱线中只有一个峰与谷,称之为单纯科顿效应谱线。峰与谷之间的高度称为振幅,峰和谷之间的宽度称为宽幅。峰在长波处、谷在短波处称为正科顿效应谱线;反之为负科顿效应谱线。

如 ORD 谱中出现两个或更多峰与谷,为复合科顿效应谱线。

旋光光谱的谱线特征与分子的立体化学结构(构型、构象)有着重要的关联。ORD 谱对推断不对称分子的构型与构象有着重要的意义。方法是找出 ORD 谱的谱形与构型或构象之间的关联,并用立体结构尽可能相似或相反的已知化合物与未知化合物的 ORD 谱作比较,然后应用经验规律来分析确定手性中心的绝对构型。

(2)圆二色光谱:以光活性物质对左、右圆偏振光的摩尔吸光系数之差 $\Delta \varepsilon$ 或摩尔椭圆率 $[\theta]$ 为纵坐标,波长为横坐标,可得圆二色光谱(circular dichroism,CD)。图 8-18 中,a 线为正性曲线,b 线为负性曲线,c 线和 d 线为两圆偏振光谱线,而 e 线则为两圆偏振光的圆二色吸收线 $\Delta \varepsilon$。

3. 旋光光谱与圆二色光谱的关系 用不同波长的左、右旋圆偏振光测量 CD 和 ORD 的主要目的是研究有机化合物的构型或构象,但由于提供的信息不同,可提供互为印证的分析结果。

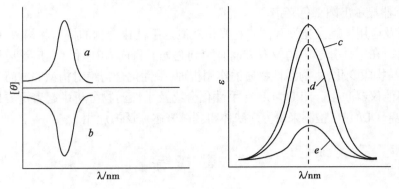

图 8-18 CD 谱线

旋光谱和圆二色光谱是同一现象的两种表现,即都是光与物质间的作用。CD 光谱反映了光和分子间能量交换,光活性物质对左旋圆偏光和右旋圆偏光的吸收能力不同,表现在吸收率的差异,产生了圆二色吸收光谱,进而提供了物质结构的某些信息;ORD 光谱反映了左旋偏振光和右旋偏振光在光活性物质中传播速度的不同,表现为折射率的差异。

理想情况下,紫外吸收光谱最大吸收波长、圆二色光谱峰值对应的最大吸收波长和旋光谱比旋光度为零的波长是一致的,但实际这三者很接近,不一定重合。

如果在紫外 - 可见内无特征吸收的样品,ORD 呈单调平滑曲线,此时 CD 近于水平直线 $\Delta\varepsilon$ 变化甚微,不呈特征吸收,对解释化合物的立体构型没有什么用处;若有特征吸收,则 ORD 和 CD 都呈特征的科顿效应。当 ORD 呈正性科顿效应时,相应的 CD 也呈正性科顿效应,此为右旋物质产生的;反之亦然。所以 ORD 和 CD 二者都可以用于测定有特征吸收的手性化合物的绝对构型,得出的结论是一致的。CD 谱比较简单明确,容易解析。ORD 谱比较复杂,但它能提供更多的立体结构信息。

实际应用中,圆二色光谱简单明了,易于解析,包含的信息量也足够大,且不容易受背景干扰,结果更直接。

二、ORD 和 CD 的测量仪器及应用

1. 测量仪器 旋光光谱和圆二色光谱的测量方法及操作程序与紫外 - 可见光谱基本是一样的。随着圆二色光谱的深入研究,旋光光度计和圆二色光谱仪已合二为一,测量中溶剂应当无光学活性。其基本结构见图 8-19。

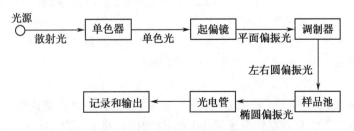

图 8-19 旋光和圆二色光谱仪结构示意图

从光源射出的光线,通过单色器变成一定波长的光,经起偏镜成为平面偏振光,在光电调节器调制为左右圆偏振光,通过具有光学活性的样品池后,由于样品具有旋光性,使偏振面旋转了一个角度,这个转角就是溶液的旋光度,同时变成椭圆偏振光,经光电倍增管检测

放大,在显示器显示出圆二色光谱。

2. 分析及应用 旋光光谱和圆二色光谱在测定手性化合物的构型和构象、确定某些官能团(如羰基)在手性分子中的位置方面有独到之处。目前 ORD 和 CD 广泛应用在蛋白质的二级结构与构象变化,生物活性物质的作用机理,手性化合物绝对构型等方面的研究。

3. 与其他仪器联用 HPLC-CD 在手性化合物及手性药物分析中起着重要作用。利用手性色谱分离,CD/ORD 检测来研究对映体得到越来越广泛的应用。

本 章 小 结

1. 基本知识 红外吸收光谱、核磁共振波谱、X 射线分析、动态光散射和拉曼散射、旋光现象和圆二色性等分析法的基本概念、仪器构成、定性定量依据及应用。

2. 核心内容 IR 和 NMR 在有机化合物官能团推断、结构解析方面具有重要作用。IR 基团(特征)频率区常用于鉴定物质的官能团,指纹区对于指认结构类似的化合物很有帮助,而且可以作为化合物存在某种官能团的旁证。NMR 各峰的面积之比反映了各官能团的氢原子数之比。^{1}H-NMR 可以提供有机化合物中氢原子所处位置、化学环境、在各官能团或骨架上氢原子的相对数目以及分子构型等有关信息;而基于多个化学位移的 ^{13}C-NMR 在分子结构推定方面更为直接。根据物质 X 射线荧光光谱谱线波长和强度可用于分析原子序数大于 12 的所有元素;而 X 射线衍射分析法可完成对物质晶体的物相及结构分析。通过对散射光强随时间的涨落的测量可以对粒子体系的粒度和分布进行分析;拉曼位移是分子结构的特征参数,是定性和结构分析的依据,而退偏比可确定分子的对称性。左旋圆偏光和右旋圆偏光在光学活性物质中传播时,两个方向的圆偏光在物质中的折射率和吸收程度不同而产生旋光现象和圆二色性。其光谱用来推断非对称分子的构型和构象。

3. 基本要求 了解各种方法的特点和相互关系;掌握各种仪器分析方法的基本原理、概念和应用范围;熟悉各种仪器分析方法的应用条件和影响因素。

（石 勇）

1. 解释下列概念和术语:红外活性振动、磁全同核、弛豫过程、偶合常数、特征 X 射线、动态光散射、拉曼位移、旋光现象和圆二色性。

2. 产生红外吸收的条件是什么? 是否所有的分子振动都会产生红外吸收光谱? 为什么?

3. 什么是基团频率,影响基团频率的因素有哪些?

4. 简述红外光谱特征区的范围和作用。

5. 某质子的吸收峰与 TMS 峰相隔 134Hz,若用 60Hz 的核磁共振波谱仪进行测量,使计算该质子的化学位移值是多少? 若改用 100Hz 的 NMR 仪进行测量,质子吸收峰与 TMS 峰相隔为多少?(2.23,223Hz)

6. 从纯化合物的 ^{1}HMNR 谱图上可获得那些信息来推断未知化合物的结构?

7. 试说明多普勒频移是如何产生的?

8. 解释并区分下列概念:莫塞来公式和布拉格方程;K 线系与 L 线系;K_α 谱线与 K_β 谱

线;X 射线的吸收、荧光和衍射。

9. 简述瑞利散射与拉曼散射的区别。

10. 试比较拉曼光谱与红外光谱的异同。

11. 何谓拉曼效应？说明拉曼光谱产生的机理与条件？

12. 简述光在圆二色光谱仪测量过程中的变化情况。

第九章　电位分析法

电化学（electrochemistry）是研究电能和化学能相互转化规律的科学。应用电化学的基本原理和实验技术，依据物质的电化学性质来测定物质组成和含量的分析方法称为电化学分析法（electrochemical analysis）。与其他分析方法相比，电化学分析法具有独特的优点：准确、灵敏、选择性好，测量浓度范围宽，仪器设备简单，易于实现自动化，是一种直接的、非破坏性的分析方法。在卫生检验、医药分析、环境监测等领域得到了广泛应用，并在自动监测、在线分析和体内分析中发挥着重要作用。

电化学分析法是最早应用的仪器分析方法。按分析过程中所测量的电学参数的类型，电化学分析法包括电位分析法、电导分析法、库仑分析法和伏安分析法等。本章首先介绍电位分析法。

第一节　电位分析法基础

一、化学电池

化学电池（electrochemical cell）是实现化学能与电能相互转化的装置。它是电化学分析法中必不可少的组成部分。每个电池由两支电极和适当的电解质溶液组成，每支电极与它所接触的电解质溶液组成一个半电池，两个半电池构成一个化学电池。为使两个半电池的电解质溶液互不混溶又能相互导电，需要用半透性隔膜或盐桥将它们隔开。

化学电池分为原电池和电解池两种。能自发地将本身的化学能变成电能的电池称为原电池（galvanic cell）；如果实现电化学反应所需要的能量是由外电源供给的，这种化学电池称为电解池（electrolytic cell）。电位分析法利用的是原电池。

（一）原电池的构成

丹尼尔电池（Daniell cell）是典型的原电池（图 9-1），图中箭头表示电子 e 的流向。将金属 Zn 和 $ZnSO_4$ 溶液与金属 Cu 和 $CuSO_4$ 溶液分开为两个半电池，即锌半电池和铜半电池，并通过盐桥连接，两支电极用导线连接到数字伏特计上。当外电路接通时，数字伏特计上的数字代表了电池的电动势（cell potential），此时，在两个电极上发生氧化还原反应，而数字伏特计上流过的电流很小，可以忽略不计。

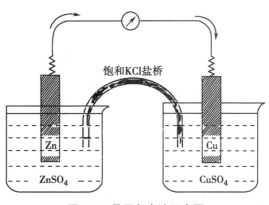

图 9-1　丹尼尔电池示意图

锌电极上发生氧化反应：$\qquad$ $Zn \Leftrightarrow Zn^{2+}+2e$

铜电极上发生还原反应：$\qquad$ $Cu^{2+}+2e \Leftrightarrow Cu$

电池反应：$\qquad$ $Zn+Cu^{2+} \Leftrightarrow Zn^{2+}+Cu$

锌原子失去 2 个电子氧化成 Zn^{2+} 而进入溶液相,发生氧化反应;锌原子失去的电子留在锌电极上,通过外电路流到铜电极,被溶液中 Cu^{2+} 接受,发生还原反应,成为金属铜而留在铜电极上。所以电化学反应实质上为氧化还原反应。

IUPAC 规定,不论是原电池还是电解池,发生氧化反应的电极称为阳极;发生还原反应的电极称为阴极。而正、负极则由电极电位的高低而定,电位高的是正极,电位低的是负极。丹尼尔原电池,锌电极是阳极,也是负极;铜电极是阴极,也是正极。

(二)原电池的表示方法

为了使电池的描述简化,采用一种简单的符号来表示原电池。例如,丹尼尔电池可表示为:

$$(-)Zn(s)\,|\,ZnSO_4(a_i)\,\|\,CuSO_4(a_j)\,|\,Cu(s)(+)$$

式中 s 代表固体,a_i、a_j 代表活度(mol/L)。

1. 电池负极写在左边;正极写在右边。

2. 每一接界面用"丨"将两相接界的物质隔开;以"‖"表示盐桥。

3. 电解质溶液应标明参与反应各种物质的活度,并标明各种物质的状态;气体电极物质还应标明气压和温度。

二、液体接界电位和盐桥

在电化学测量中,常有溶液与溶液的接触,而在两种溶液的界面上会有电位产生,了解它的成因和消除方法很重要。

1. **液接界电位的产生** 在两种含有不同离子的溶液界面上,或者两种离子相同而浓度不同的溶液界面上,存在着微小的电位差,称为液体接界电位(liquid junction potential),简称液接电位,用 φ_j 表示。产生液体接界电位的原因是溶液中各种离子具有不同的迁移速率。以两种浓度不同的盐酸溶液的界面上产生液接电位为例(图 9-2)。

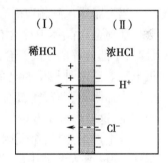

图 9-2 液接电位的产生

如果(Ⅰ)中盐酸浓度低于(Ⅱ),由于溶液的界面处存在浓度差,所以 H^+ 和 Cl^- 由(Ⅱ)向(Ⅰ)迁移,而 H^+ 的迁移速率比 Cl^- 快得多,所以(Ⅰ)界面带正电荷,(Ⅱ)界面带负电荷,两相间形成了电位差。电位差的产生使 H^+ 的移动速度减慢,而 Cl^- 的移动速度加快,最后达到动态平衡,使两溶液界面上有一稳定的电位差,即液接电位。

若两溶液为浓度相同而组成不同的电解质,或组成及浓度都不同时,界面上的扩散更复杂,但总的来说都要形成一定的液接电位,液接电位通常可达 30~40mV。由于实验条件的不同,液接电位的值不是恒定的,它会随着离子的浓度、电荷数、离子迁移速度以及溶剂的性质等而改变。由于扩散过程是不可逆的,液接电位值又不恒定,无法准确测定,所以它的存在使测定时难以得出稳定的实验数据,对电极电位的测量造成不利影响,在实际工作中必须设法消除。有效地消除方法就是添加盐桥。

2. **盐桥** 盐桥(salt bridge)是在倒置的 U 型管内填充由琼脂固定的饱和 KCl 溶液,两端分别插入两溶液中,以代替原来的两种电解质溶液直接接触(图9-3)。由于KCl的浓度很高,液接处的扩散主要是KCl向两相扩散,而K$^+$和Cl$^-$的迁移速率相近,所以在(Ⅰ)与(Ⅲ)之间及(Ⅱ)与(Ⅲ)之间分别产生大小相近、符号相反的液接电位,这两者相互抵消一部分,液接电位值减小至1~2mV。在使用盐桥的条件下,测量电池电动势时,液接电位可以忽略不计。

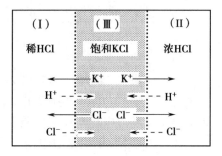

图9-3 盐桥的作用原理

三、电池电动势和电极电位

(一)电池电动势

当把原电池两极用导线连通时,便有电流通过。若通过的电流无限小时,电池两极的端电压即是该电池的电动势(electro-motive force,MF)。一个电化学体系包含各种相之间的接触,如金属 - 溶液、溶液 - 溶液的接触等。无论是哪种接触,在它们的界面上都存在着电位差。两种不同界面间的电位差称为相间电位。金属 - 溶液之间的相间电位称为电极电位,φ_+ 或 φ_-;溶液 - 溶液界面上的电位差称为液体接界电位 φ_j。电池电动势实际上是相互接触相的相间电位的总和,即电池电动势:

$$E_{电池} = \varphi_+ - \varphi_- + \varphi_j$$

其中 φ_+、φ_- 为右半电池和左半电池的电极电位,φ_j 可以通过加盐桥将其减小至忽略不计。因此电池电动势的大小取决于两半电池的电极电位。

电池电动势可以通过高阻抗的电子毫伏计测量法或补偿法原理的电位差计测量法进行测量。

(二)电极电位及产生

当金属插入到相应的金属盐溶液中时,在电极上形成电位差,即电极电位。

任何金属晶体中都含有金属离子和自由电子。以锌电极为例,当锌片与硫酸锌溶液接触时,一部分锌离子离开金属而进入溶液中,电子留在锌片上,因此金属带负电荷,而溶液带正电荷。这两种相反的电荷彼此又互相吸引,溶液中金属附近的正离子就被吸引而集中在金属表面附近,负离子被金属排斥。结果金属附近的溶液所带的电荷与金属本身的电荷恰恰相反,这就形成了双电层。

双电层形成后,金属附近的溶液带正电荷,对金属离子有排斥作用,阻碍了金属的继续溶解,而已溶入溶液中的锌离子仍可再沉积到金属表面上。当溶解与沉积的速度相等时,达到一种动态平衡,形成相间动态平衡电位,这样在金属与溶液之间产生了电位差,即电极电位。

相反,金属离子也可以自溶液中进入金属相中,使金属相带正电荷。因此,很多因素都能对电极电位值产生影响。其中主要的有:①电极材料;②溶液的性质及浓度(活度);③温度等。电极电位的大小取决于这些影响因素。

然而单个电极的电位是无法测定的,必须将二支电极分别插入试液中组成测量电池,通过测量原电池的电动势,计算得到电极的电极电位。

(三)能斯特方程

能斯特(Nernst)方程表示电极的电极电位与组成电极的物质及其活度、温度之间的关系。

对于任意给定的一个电极,其电极反应可以写成如下通式:

$$氧化态(Ox)+ne=还原态(Red)$$

电极电位的能斯特方程的通式为:

$$\varphi=\varphi^0+\frac{RT}{nF}\ln\frac{a_{Ox}}{a_{Red}}\tag{9-1}$$

式中:φ 为电极电位;φ^0 为表征某一特定反应的常数,只与电对的性质有关,是指参与反应的所有物质的活度都等于 1 时的电极电位,称为电极的标准电极电位,可在有关的手册中查到;R 为标准气体常数,其值为 8.314J/(mol·K);T 为热力学温度,单位为开(K=℃ +273);n 为电极反应中转移的电子数;F 为法拉第常数,其值为 96 487 库仑 / 摩尔(C/mol);a_{Ox} 为氧化态物质的活度(mol/L),a_{Red} 为还原态物质的活度(mol/L)。

在 25℃时,将常数项代入并换算成常用对数,则(9-1)变为:

$$\varphi=\varphi^0+\frac{0.0592}{n}\ln\frac{a_{Ox}}{a_{Red}}\tag{9-2}$$

第二节　直接电位法

电位分析法分为直接电位法和电位滴定法两大类。根据待测组分的电化学性质,选择合适的指示电极和参比电极插入试液中组成原电池,测量原电池的电动势;根据 Nernst 方程式给定的电极电位与待测组分活度的关系,求出待测组分含量的方法称为直接电位法。

一、参比电极

参比电极(reference electrode)是指在温度、压力一定的条件下,其电极电位值准确已知,并保持不变,用于观察、测量或控制测量电极电位的一类电极。它是提供标准电位的具有辅助性质的电极,在与待测电极组成电池时,其电位稳定与否对测定结果影响很大,因此要求参比电极的结构简单、使用方便,还应具有可逆性、重现性和稳定性好等特点。常见的参比电极有三种:标准氢电极(一级标准)、甘汞电极和银 - 氯化银电极(二级标准)。

(一)标准氢电极

标准氢电极(standard hydrogen electrode,SHE)是最早使用的参比电极。单个电极的电极电位绝对值无法测定,也无法从理论上计算,只有组成一个原电池后,用补偿法测量电池的电动势,再计算出单个电极的电极电位。如前所述:

$$E_{电池}=\varphi_+-\varphi_-+\varphi_j$$

式中 $E_{电池}$ 可测,φ_+ 和 φ_- 中必须有一个数值已知的标准电极,才能计算出另一个的电极电位。因此,IUPAC 规定所用的标准电极为标准氢电极,其结构如图 9-4 所示。

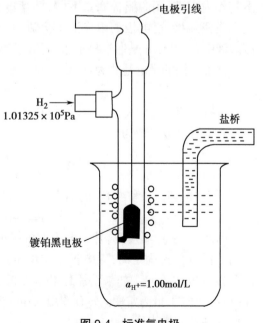

图 9-4　标准氢电极

161

标准氢电极的工作条件是：①氢离子活度为 1mol/L；②氢气压力为 1.01325×10^5Pa；③作为氢电极的铂片上镀有铂黑。

IUPAC 规定：在任何温度下，标准氢电极的电极电位都等于 0V。

$$H^+ + e = \frac{1}{2}H_2 \qquad \varphi^0 = 0.0000V$$

对于任意给定的电极，它与标准氢电极构成的原电池，若已消除液接电位，表达式为：

标准氢电极 ‖ 给定电极

因此该原电池的电动势为：

$$E_{\text{电池}} = \varphi_{\text{给定}} - \varphi_{\text{SHE}} = \varphi_{\text{给定}}$$

即为该给定电极的电极电位。

仪器测量得到的电池电动势永远为"正"，对于给定电极的电极电位的正负，IUPAC 规定：电子经过外电路由标准氢电极流向给定电极，则给定电极的电极电位为正值；电子经过外电路由给定电极流向标准氢电极，则给定电极的电极电位为负值。

标准氢电极是所有电极的电极电位的基准电极（一级标准电极），也是最理想的参比电极，但由于使用麻烦且易损坏，所以在实际操作中采用二级标准电极。按照 IUPAC 规定，其他电极的标准电极电位值都是以 SHE 为参比的相对值。常用的二级标准电极为饱和甘汞电极和饱和银-氯化银电极。

（二）甘汞电极

甘汞电极（calomel electrode）是目前应用最广泛的参比电极。甘汞电极的结构如图 9-5 所示。它是由纯汞-氯化亚汞（甘汞）的汞混合物和氯化钾组成。在两支玻璃管中插入铂丝连接导线，内管加入汞和甘汞的糊状混合物，并以氯化亚汞的氯化钾溶液作内充液，用脱脂棉塞紧下端，外管再充入氯化钾溶液，用多孔陶瓷封接，使电极的内充液不会流出。将甘汞电极置于待测溶液中时，电传导是通过离子渗透和迁移来完成的。

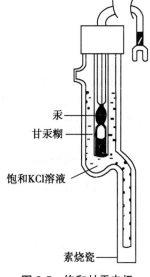

图 9-5　饱和甘汞电极

甘汞电极的半电池式为：

$$\text{Hg, Hg}_2\text{Cl}_2(\text{s}) \mid \text{KCl}(a)$$

电极反应为：

$$\text{Hg}_2\text{Cl}_2(\text{s}) + 2e \Leftrightarrow 2\text{Hg} + 2\text{Cl}^-$$

25℃时电极电位为：

$$\varphi = \varphi^0 + \frac{0.0592}{2} \lg \frac{a_{(\text{Hg}_2\text{Cl}_2)}}{a^2_{(\text{Hg})} \cdot a^2_{(\text{Cl}^-)}}$$

因为 $\text{Hg}_2\text{Cl}_2(\text{s})$ 和纯 Hg 的活度等于 1，所以

$$\varphi = \varphi^0 - 0.0592 \lg a_{(\text{Cl}^-)}$$

因此，在一定温度下，甘汞电极的电极电位取决于电极内参比溶液中氯离子的活度，当氯离子活度保持固定时，则电极电位恒定。甘汞电极内的 KCl 溶液浓度不同时，甘汞电极的电极电位也不同。如果使用饱和 KCl 溶液，此电极称为饱和甘汞电极（saturated calomel electrode，SCE），最为常用。另有使用 0.1mol/L 和 1mol/L 的 KCl 溶液的甘汞电极。在 25℃时，它们的电极电位值见表 9-1。

表 9-1 甘汞电极的电极电位（25℃）

甘汞电极	KCl 溶液浓度（mol/L）	电极电位（V）
0.1mol/L 甘汞电极	0.1	0.3365
1mol/L 甘汞电极	1	0.2828
饱和甘汞电极	饱和溶液	0.2438

甘汞电极具有结构简单,电极电位稳定等优点。但电极电位受温度的影响较大,当温度大于 80℃时,电极电位就不稳定了。因此,甘汞电极的使用温度不宜高于 75℃。

（三）银 - 氯化银电极

银 - 氯化银电极（silver/silver chloride electrode）在原理上与甘汞电极极其相似,但其最大的优点是受温度变化的影响非常小,可在温度高于 80℃的体系中使用,目前为重现性和稳定性最好的参比电极。

银 - 氯化银电极是将一根银丝经电解处理使其表面氯化,覆盖一层棕色 AgCl 镀层,浸入 KCl 溶液中构成。

半电池式： $Ag, AgCl(s) \mid KCl(a)$

电极反应： $AgCl + e \Leftrightarrow Ag + Cl^-$

25℃时电极电位为： $\varphi = \varphi^0 - 0.0592 \lg a_{(Cl^-)}$

与甘汞电极一样,银 - 氯化银电极的电极电位值也取决于 KCl 溶液的浓度。当 KCl 溶液浓度为 0.1mol/L、1mol/L 及为饱和溶液时,银 - 氯化银电极的电极电位值 25℃时分别为 0.2880V、0.2223V 和 0.2000V。最常用的是饱和银 - 氯化银电极。

银 - 氯化银电极性能可靠,结构简单,可制成很小的体积,常作为离子选择电极的内参比电极。

二、指示电极

指示电极（indicator electrode）是指电极电位随待测组分活度（浓度）变化而变化,其值大小可以指示待测组分活（浓）度变化的电极。它能够对溶液中参与电极半反应的离子活度做出快速而灵敏的响应。依据能斯特方程,当溶液中相应离子活度发生变化时,指示电极的电位与离子活度的对数值呈线性关系。

一般而言,作为指示电极应符合下列条件：①电极电位与待测组分活（浓）度间符合 Nernst 方程式的关系；②对所测组分响应快,重现性好；③简单耐用。

依据指示电极的结构与原理的不同,可分为金属基电极和膜电极两大类。

（一）金属基电极

金属基电极（metallic electrode）是一种基于电子交换反应,即氧化还原反应的电极,可分为四类：零类电极、第一类电极（金属 - 金属离子电极）、第二类电极（金属 - 金属难溶盐电极）及第三类电极（pM 汞电极）。

（二）膜电极

膜电极（membrane electrode）是目前应用广泛、发展迅速的一类电极。其特点是仅对溶液中特定离子有选择性响应,所以又称为离子选择电极（ion selective electrode, ISE）。膜电极具有敏感膜并能产生膜电位,离子选择电极基本上都是膜电极,是电位分析法中最常使用的电极。

IUPAC 推荐的离子选择电极的定义为：离子选择电极是一类电化学传感体，它的电位与溶液中给定的离子的活度的对数值呈线性关系。

1. 离子选择电极的分类　目前商品化的离子选择电极已有几十种，可直接或间接测定 50 多种离子。通常离子选择电极的分类是按敏感膜材料的性质为基本依据，根据 1976 年 IUPAC 的推荐，离子选择电极分为原电极和敏化离子选择电极两类。离子选择电极的分类如下：

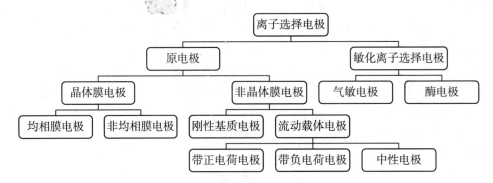

原电极（primary electrode）是指敏感膜直接与试液接触的离子选择电极。敏化离子选择电极（sensitized ion-selective electrode）是以原电极为基础，利用复合膜界面敏化反应的一类离子选择电极。

2. 离子选择电极的结构　离子选择电极由敏感膜及电极杆、内参比电极和内参比溶液等部分组成（图 9-6）。

敏感膜是指一个能分开两种电解质溶液并能对某类物质有选择性响应的连续层，它是离子选择电极最重要的组成部分，起到将溶液中给定离子的活度转变为电位信号的作用。内参比电极多为银 - 氯化银电极。内参比溶液由电极种类决定，一般至少含有两种成分，一种是电极膜敏感离子即待测离子，另一种是内参比电极需要的 Cl^-。也有不使用内参比电极和内参比溶液的离子选择电极。

3. 离子选择电极的电极电位　离子选择电极的电极电位主要由两部分组成，即内参比电极电位 $\varphi_{内参}$ 和膜电位 $\varphi_{膜}$。

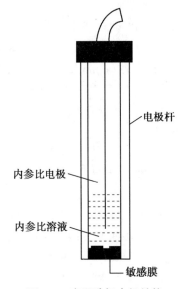

图 9-6　离子选择电极结构

$$\varphi_{ISE} = \varphi_{内参} + \varphi_{膜}$$

当电极内参比溶液固定时，内参比电极的电极电位也确定，离子选择电极的电极电位的变化就取决于膜电位的变化。

膜电位是指膜的一侧或两侧与电解质溶液接触而产生的电位差。由于膜的种类和性质不同，膜电位的大小和产生的机理不尽相同。

膜电位的产生机制是一个复杂的理论问题，目前仍在进行深入研究。但对一般离子选择电极来说，膜电位产生的机理可以这样来理解：凡是能作为电极的各种薄膜，都可以被认为是一种离子交换材料。

当离子选择电极插入待测溶液中时，敏感膜与溶液之间就产生两个界面，一个是敏感膜与待测溶液间的界面,另一个是敏感膜与内参比溶液间的界面。因为待测液与内参比溶液都含有相同的离子,只要它们的浓度不同,就会产生离子扩散或交换,而在不同相中的离子,扩散速率是不同的,当达到动态平衡后,在两个界面上形成两个相间电位 $\varphi_\text{外}$ 和 $\varphi_\text{内}$,其差值即为膜电位 $\varphi_\text{膜}$。

以阳离子为例,如敏感膜允许某阳离子渗透,这时敏感膜与内参比溶液间的界面带负电荷,敏感膜与待测溶液间的界面带正电荷,所以膜内外侧具有电位差。

$$\varphi_\text{膜}=\varphi_\text{外}-\varphi_\text{内}$$

由能斯特方程计算可得:

$$\varphi_\text{膜}=\frac{RT}{nF}\ln\frac{a_\text{外}}{a_\text{内}}$$

由于离子选择电极的内参比电极和内参比溶液都固定,其膜电位为:

$$\varphi_\text{膜}=常数+\frac{2.303RT}{nF}\lg a_\text{外}$$

式中"常数"项与敏感膜、内参比溶液等有关,同类电极的每一支电极的"常数"值都可能不相同。测定时实验条件控制一致方可视为常数。

同理,待测离子为阴离子时同样可以得到 $\varphi_\text{膜}$。

$$\varphi_\text{膜}=常数-\frac{2.303RT}{nF}\lg a_\text{外}$$

再给出离子选择电极的电极电位公式:

$$\varphi_\text{ISE}=k\pm\frac{0.0592}{n}\lg a_\text{i}$$

由此可见,当待测离子为阳离子时,式中为"+"号;为阴离子时为"−"。这样建立起来的膜电位与溶液中相应离子的活度的关系正是离子选择电极法测量溶液中离子活度的基础。

三、基本原理

直接电位法是利用专用的指示电极(如离子选择电极)将被测物质的浓度转换为电极电位值,然后根据能斯特方程,从测得的电位值计算出该物质的含量。

如将离子选择电极与饱和甘汞电极及试样组成下面的原电池:

$$\text{Hg},\text{Hg}_2\text{Cl}_2|\text{KCl}(饱和)\parallel 样品|敏感膜|内参比溶液,\text{AgCl},\text{Ag}$$

则电池电动势为:

$$E_\text{电池}=\varphi_\text{ISE}-\varphi_\text{SCE}+\varphi_\text{j}$$

式中,φ_SCE 固定,φ_j 加盐桥后可忽略不计,而离子选择电极的电极电位为:

$$\varphi_\text{ISE}=\varphi_\text{内参}+\varphi_\text{膜}=\varphi_\text{内参}+常数\pm\frac{2.303RT}{nF}\lg a_\text{外}$$

在 25℃时,合并式中各常数项为 K,得:

$$E_\text{电池}=K\pm\frac{0.0592}{n}\lg a_\text{i}$$

式中 a_i 为待测离子活度。

综上所述,在以待测试液作为原电池的电解质溶液中,浸入两支电极,即离子选择电极与参比电极,用电极电位仪在零电流条件下,测定所组成的原电池的电动势。此电池电动势值与溶液中待测离子的活度对数值呈线性关系,从而求出待测离子的浓度。

四、常用的离子选择电极

(一) pH 玻璃电极

pH 玻璃电极(pH glass electrode)是最早研制的膜电极,是最重要、应用最广泛的电极,它属于刚性基质电极(rigid matrix electrode),敏感膜是由离子交换型薄膜玻璃或其他刚性基质材料构成。它对溶液中的 H^+ 有选择性响应,即它能测定溶液中氢离子的活度。

1. 结构　pH 玻璃电极的结构如图 9-7 所示。电极的核心部分是敏感玻璃的球状薄膜,膜厚约 0.1mm,内参比溶液为 0.1mol/L 的 HCl 溶液,内参比电极为银 - 氯化银电极。

pH 敏感玻璃薄膜是由特殊玻璃(如 Corning 玻璃)制成。玻璃一般由三种氧化物组成: Na_2O、CaO、SiO_2,它们的摩尔数之比为 22：6：72。其中 SiO_2 是玻璃的形成剂,形成硅氧四面体,彼此连接构成一个无限的三维网络,是电荷的载体(图 9-8)。当加入 Na_2O 时,某些硅氧键断裂,出现离子键,Na^+ 就可能在网络骨架中活动,Na^+ 与 H^+ 可交换,故 pH 玻璃电极对 H^+ 有响应。加入碱土金属氧化物可以降低玻璃电极的内阻。

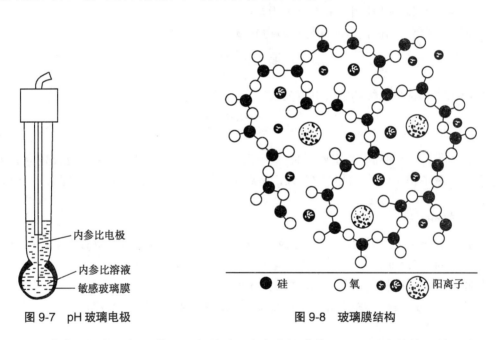

内参比电极
内参比溶液
敏感玻璃膜

图 9-7　pH 玻璃电极

● 硅　　○ 氧　　阳离子

图 9-8　玻璃膜结构

2. pH 玻璃电极的电极电位　一般认为,玻璃膜的水化、H^+-Na^+(或其他一价阳离子)交换平衡和 H^+ 扩散平衡是产生玻璃电极膜电位的三个主要过程。pH 玻璃电极在使用前必须先在蒸馏水中浸泡 24 小时,由于硅酸盐结构对 H^+ 具有较大的亲和性,当玻璃电极的敏感膜浸泡在水溶液中时,能吸收水分形成厚度为 10^{-5}~10^{-4}mm 的水化凝胶层(或称溶胀层),是电极起作用的主要部分。玻璃膜中的阳离子,主要是 Na^+ 与水溶液中的 H^+ 发生离子交换反应,反应式为:

$$H^+ + Na^+Cl^- \Leftrightarrow Na^+ + H^+Cl^-$$

该反应平衡常数很大,使玻璃膜表面的 Na^+ 点位几乎全被 H^+ 占据;越进入凝胶层内部,这种点位的交换数目越少,至干玻璃层,几乎全无 H^+。图 9-9 为一个水化好的玻璃电极截面示意图。

外部试样溶液 $a_{H^+}=x$	水化层 10^{-4}mm $a_{Na^+}\rightarrow$上升 上升$\leftarrow a_{H^+}$	干玻璃层 0.1mm 抗衡离子基本上是 Na^+	水化层 10^{-4}mm 上升$\leftarrow a_{Na^+}$ $a_{H^+}\rightarrow$上升	内部溶液 0.1mol/L HCl

图 9-9　水化玻璃膜示意图

将水化好的 pH 玻璃电极插入待测溶液中,水化层中的 H^+ 能与待测溶液中的 H^+ 交换,在交换过程中,水化层中或者得到 H^+ 或者失去 H^+。但这种 H^+ 的交换作用仅发生在水化层外面与溶液接触的部分,溶液中的 H^+ 能够穿过凝胶与溶液间的界面,进行离子交换,但不能透过干玻璃层。H^+ 在水化层中的扩散速度约为 $3\times10^{-3}\mu$m/h,在干玻璃层中 H^+ 的扩散速度比在水化层中小 1000 倍。H^+ 是不能迁移通过干玻璃薄膜的。膜电极作为指示电极的先决条件是膜必须能导电,而玻璃电极膜具有导电性能。

玻璃电极在水化层 - 溶液界面之间靠 H^+ 的转移来输送电流,水化层内部的电流由碱金属离子和 H^+ 携带,在干玻璃层内的电流以离子形式传导,涉及碱金属离子从一个点位到另一点位的运动,即电荷是由 Na^+ 交换的形式进行传递,一个 Na^+ 移动几个原子直径的距离将另一个 Na^+ 的点位占据,使这个 Na^+ 继续往前移动,从而使电路导通。

玻璃膜的电位应由玻璃膜内的扩散电位和玻璃膜内外的溶液与水化层界面上的电位组成。当水化层中的 H^+ 与溶液中的 H^+ 在其界面进行交换时,产生界面电位。扩散电位是由膜中 H^+ 和 Na^+ 的流动性差异而引起的。在水化层 - 干玻璃界面上 Na^+ 占优势,在溶液 - 水化层界面上 H^+ 占优势,这种浓差现象使 H^+ 倾向于向干玻璃膜移动,而 Na^+ 倾向于向溶液界面移动。流动性的不同,使水化层中的电荷分离,因而产生了扩散电位。因为 H^+ 迁移的方向,在一个界面是从水化层到溶液,而在另一个界面是从溶液到水化层,如果敏感膜玻璃两侧与溶液的界面状态完全相同,就可以认为干玻璃膜两侧所产生的两个扩散电位数值相等,符号相反,敏感膜的净扩散电位等于零。由此可知,玻璃膜电位主要取决于膜内外两侧的界面电位。如前所述,玻璃电极的膜电位为:

$$\varphi_{膜}=常数+\frac{2.303RT}{nF}\lg a_{H^+}$$

pH 玻璃电极的电极电位
在 25℃时,
则

$$\varphi_g=\varphi_{膜}+\varphi_{内参}$$
$$\varphi_g=k+0.0592\lg a_{H^+}$$
$$\varphi_g=k-0.0592\mathrm{pH} \tag{9-3}$$

3. pH 玻璃电极的性能

(1)不对称电位:如果内参比溶液和外部试样溶液中 H^+ 浓度相同,$\varphi_{膜}$ 应为零,但实际上仍有一个很小的电位存在,称为不对称电位(asymmetry potential)。对于给定的玻璃电极,不对称电位会随时间而缓慢变化。不对称电位产生的原因还不十分清楚,目前认为可能与玻璃膜内外两个表面上的张力不同等因素有关。实际测量时,可采用已知 pH 的标准缓冲溶液进行校准,即通过电极电位值(pH)进行定位的方法加以消除。

(2)碱差与酸差:pH 玻璃电极不只是对 H^+ 产生响应,对其他阳离子也有响应,其顺序是:$H^+>Na^+>K^+>NH_4^+$。通常情况下 Na^+、K^+ 等对 H^+ 测定不产生干扰,但当待测溶液的 pH>9 时,碱金属离子会引起 pH 测量的干扰,使得 pH 偏低,这种误差称为碱差,也称为"钠差"。当 pH<1 时,测定值比实际的 pH 偏高,称为酸差。造成酸差的原因是由于酸性溶液使水分

子的活度变小而引起的。因此,一般 pH 玻璃电极的测定范围是 1~9。使用性能改进的电极,可以将测定范围扩大至 1~14。

（二）氟离子选择电极

晶体膜电极以离子导电的固体膜为敏感膜,它可分为均相膜电极和非均相膜电极。均相膜电极的敏感膜是由单晶或由一种化合物和几种化合物均匀混合的多晶压片制成。氟离子选择电极即为单晶膜电极。

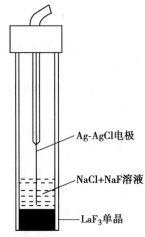

图 9-10　氟离子选择电极

1. 结构　敏感膜是由难溶盐 LaF_3 单晶片制成,晶体中掺杂了少量的 EuF_3 或 CaF_2 等。晶体中氟离子是电荷的传递者,La^{3+} 固定在膜相中,不参与电荷的传递。EuF_3 或 CaF_2 的作用是增加膜的导电性,使其电阻下降,改善电极性能。内参比溶液常由 0.1mol/L 的 NaF 和 0.1mol/L 的 NaCl 溶液组成,也可以根据需要选择其他浓度的 NaF 溶液。内参比电极为银 - 氯化银电极。电极结构见图 9-10。

2. 氟离子选择电极的电极电位　在晶格中氟离子可作某种程度的流动,是电荷的传递者,因此氟化镧单晶敏感膜电位仅决定于膜相两边的氟离子浓度以及 F^- 在膜内的离子迁移数。如前述已知:

$$\varphi_{膜} = 常数 - \frac{2.303RT}{nF} \lg a_{F^-}$$

即
$$\varphi_{F^-} = k - 0.0592 \lg a_{F^-} \quad (25℃) \tag{9-4}$$

氟离子选择电极的适用浓度范围很宽,在 $1 \sim 10^{-6}$mol/L 的 F^- 溶液中,电极电位符合上式的关系。

3. 氟离子选择电极的选择性　氟离子选择电极具有较好的选择性,共存离子干扰少。

一些阴离子如 Cl^-、Br^-、I^-、NO_3^- 和 SO_4^{2-} 等,即使其浓度超过 F^- 的 1000 倍也无明显干扰。仅有 OH^- 干扰,因它在电极表面上发生如下反应:

$$LaF_3 + 3OH^- \Leftrightarrow La(OH)_3 + 3F^-$$

使 F^- 游离出来,测得的电位值会下降。

当溶液 pH 较低时,F^- 与 H^+ 间有如下反应:

$$H^+ + 2F^- \Leftrightarrow HF + F^- = HF_2^-$$

形成的 HF 和 HF_2^- 不能被电极响应,测得的电位值升高,影响测定的准确度。所以,该电极要求溶液的 pH 为 5~7。

某些阳离子如 Al^{3+}、Fe^{3+} 等能与溶液中的 F^- 生成稳定的配位络合物,从而降低了游离 F^- 浓度,使氟含量偏低,干扰测定。所以测定时需加入络合剂如枸橼酸钠、EDTA 等,掩蔽金属阳离子,将 F^- 释放出来。

自 1966 年以来,氟离子选择电极是离子选择电极中发展最成熟、应用最广泛的电极,已被用于水、饮料、牛乳、粮食、牙膏、尿、唾液、血清、骨头、空气及烟气等中氟的测定。

（三）流动载体电极

流动载体电极(electrode with a mobile carrier)用液体膜代替固体膜,也称液膜电极。流动载体电极的载体是可以流动的,但不能离开膜。带正电荷的流动载体是大体积有机阳离子,制成测定阴离子的电极;带负电荷的流动载体是大体积阴离子,制成测定阳离子的电极;

不带电荷的载体制成中性流动载体电极。

　　流动载体电极是由电活性物质(载体)、有机溶剂、微孔膜(支持体)及内参比溶液和内参比电极等部分组成。电极结构有两种,一种是如图9-11所示的液膜电极,它将电活性物质溶于有机溶剂,成为有机液体离子交换剂,由于有机溶剂与水互不相溶而形成液体膜被固定在微孔膜的孔隙内,从而使微孔膜成为敏感膜;另一种是将电活性物质与PVC(聚氯乙烯)粉末一起溶于四氢呋喃等有机溶剂中,然后倒在平板玻璃上,待四氢呋喃挥发后形成一透明的PVC膜为支持体的敏感膜。如微型液膜电极,尖端只有几微米,改变液膜即可对不同物质响应。该技术对生命科学中的活体检测及微区检测有重要意义。

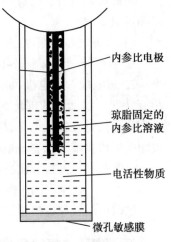

内参比电极

琼脂固定的内参比溶液

电活性物质

微孔敏感膜

图9-11　液膜电极

　　1. 硝酸根离子选择电极　该电极的电活性物质是带正电荷的季铵盐,将它转换成NO_3^-型,溶于邻硝基苯十二烷醚中,将1份此溶液与5份5%的PVC四氢呋喃溶液混合制成电极膜。硝酸根离子选择电极的电极电位为

$$\varphi_{ISE}=k-0.0592\lg a_{NO_3^-}$$

　　2. 钙离子选择电极　它的电活性物质是带负电荷的二癸基磷酸钙,溶于苯基磷酸二辛酯中制成电极膜。钙离子选择电极的电极电位为

$$\varphi_{ISE}=k+\frac{0.0592}{2}\lg a_{Ca^{2+}}$$

　　3. 钾离子选择电极　它的电活性物质是缬氨霉素,与钾离子络合后,溶于有机溶剂如邻苯二甲酸二辛酯中,再与含有PVC的环己酮混合制成电极膜。电极具有很高的选择性,能在一万倍Na^+存在下测定K^+离子。该电极已商品化,用于钾钠自动分析仪中。

(四) 敏化电极

敏化电极主要有气敏电极和酶电极。

　　1. 气敏电极　气敏电极(gas sensing electrode)是对某些气体敏感的电极。其结构是一种电化学电池,将离子选择电极与参比电极组装在一起构成复合电极,电极顶端处覆盖一层透气膜,可使气体通过并进入离子选择电极敏感膜与透气膜之间的极薄的液层内,使液层内离子选择电极敏感的离子活度发生变化,则离子选择电极膜电位改变,从而使电池电动势也发生变化,最终测定出试液中待测组分的含量。

　　常用的气敏电极有氨气敏电极。用pH玻璃电极作为指示电极,银-氯化银电极为外参比电极,中介液是0.1mol/L的NH_4Cl溶液。NH_3通过透气膜进入中介液与H^+结合

$$NH_3+H^+=NH_4^+$$

其反应平衡常数为

$$K=\frac{a_{NH_4^+}}{a_{H^+}\cdot p_{NH_3}}$$

　　式中p_{NH_3}为NH_3在中介液中的分压;$a_{NH_4^+}$为中介液中NH_4^+的活度,测量时可视为定值,则

$$a_{H^+}=\frac{a_{NH_4^+}}{K\cdot p_{NH_3}}=K'\cdot\frac{1}{p_{NH_3}}$$

由此可知,氢离子活度与试液中 NH_3 的分压有关,这样由 pH 玻璃电极指示 a_{H^+},从而可以测定氨的含量。

因此,氨气敏电极电位与液体试样中的 NH_4^+ 或气体试样中的 NH_3 的关系为

$$\varphi_{ISE}=k+0.0592\lg a_{H^+}=k-0.0592\lg p_{NH_3}=k-0.0592\lg a_{NH_4^+}$$

2. 酶电极 酶电极(enzyme electrode)是基于界面酶催化化学反应的敏化电极。酶是具有特殊生物活性的催化剂,对反应的选择性强,催化效率高,可使反应在常温、常压下进行。酶电极是在指示电极,如离子选择电极的表面覆盖一层酶活性物质,这层酶活性物质与被测的有机物或无机物(底物)反应,形成一种能被指示电极响应的物质。

氨基酸在氨基酸氧化酶催化下发生反应

$$RCHNH_2COOH+O_2+H_2O \xrightarrow{\text{氨基酸氧化酶}} RCOCOO^-+NH_4^++H_2O_2$$

这时可用气敏电极测定 NH_4^+ 的活度。

五、离子选择电极的性能参数

为了正确使用离子选择电极,使测定结果准确可靠,必须了解离子选择电极的性能。

(一)线性范围和检测下限

离子选择电极具有将溶液中某种特定的离子活度转换成一定电位的功能。离子选择电极的电位随待测离子 i 的活度变化的特征称为响应,若此响应服从能斯特方程,则称为能斯特响应(25℃时):

$$\varphi_{ISE}=k \pm \frac{0.0592}{n}\lg a_i$$

这是离子选择电极的基本性能之一。

在实际测定过程中,离子选择电极的电位值随被测离子活度降低到一定程度后,便开始偏离能斯特方程。以离子选择电极的电位对响应离子活度的对数作图,所得的曲线称为校准曲线(图9-12)。校准曲线直线部分 CD 所对应的离子活度范围称为线性范围,定量测定必须在线性范围内进行。一般离子选择电极的线性范围在 $10^{-1}\sim10^{-5}$ mol/L,有的可低至 $10^{-6}\sim10^{-7}$ mol/L。电极的线性范围越宽,可适用的样品浓度范围也越宽。

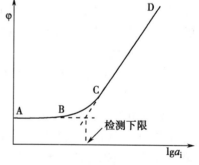

图 9-12 校准曲线

离子选择电极的检测下限由校准曲线确定。当待测离子活度小到一定程度时,电极电位值的变化越来越小,曲线逐渐弯曲,直至电极电位无明显响应,见图 9-12 中的 AB 段。电极能够检测出的最小浓度就称为离子选择电极的检测下限。IUPAC 推荐离子选择电极的检测下限测定方法是:校准曲线的直线部分 CD 段与水平部分 AB 段延长线的交点所对应的活度。在检测下限附近,电极电位不稳定,离子选择电极测定结果的重现性及准确性降低。

影响离子选择电极检测下限的因素很多,最主要的是敏感膜材料在溶液中的溶解度,溶解度小,检测限低。由于敏感膜本身具有一定的溶解度,当溶液浓度低于某一限度时,膜溶解下来的离子就有一个定值,产生一定的附加电位,从而对检测下限产生一定的影响。例如,氯离子选择性电极,其敏感膜为 $AgCl/Ag_2S$ 混晶制成。AgCl 在纯水中的溶度积 $K_{sp}=1.6\times10^{-10}$(25℃),则

$$a_{Cl^-} = \sqrt{K_{sp}} = \sqrt{1.6 \times 10^{-10}} \approx 1.0 \times 10^{-5}\text{mol/L}$$

所以用该离子选择电极去测定样品溶液中低于 $1 \times 10^{-5}\text{mol/L}$ 的 Cl^- 将产生困难。另外检测下限还与电极膜的表面光洁度有关,表面光洁度越高,检测下限越低。此外,溶液的组成、温度、电极的制备方法及测定过程中的搅拌速度等都对检测下限有一定的影响。

(二)离子选择电极的选择性

任何一支离子选择电极都不可能只对特定的离子产生影响,在不同程度上它会受到干扰离子的影响,对干扰离子产生响应,说明离子选择电极具有选择性。

离子选择电极的选择性是指离子选择电极对待测离子和共存干扰离子的响应程度的差异。用选择系数 $K_{i,j}$(selectivity coefficient)来表示该电极对干扰离子 j 的选择性响应程度。

$$K_{i,j} = \frac{a_i}{a_j^{n_i/n_j}}$$

式中 n_i、n_j 分别表示 i、j 离子的电荷数。$K_{i,j}$ 表示能产生相同电位时待测离子 i 与干扰离子 j 的活度比。

离子选择电极的选择性是由膜材料的性质所决定的。对于膜材料性质与电极选择性的内在关系的研究目前还在进行中。在同一电极膜上,可以有多种离子进行不同程度的交换,故膜的响应无专一性,而只有相对的选择性。

选择系数 $K_{i,j}$ 是一个实验数据,可以用分别溶液法或混合溶液法等测定。它随着溶液中离子浓度和测量方法的不同而不同,并不是一个严格的常数,数值可以在手册中查到。因此,它只能用来估量电极对不同离子的响应的相对程度,而不能用来校正其他离子所引起的干扰。$K_{i,j}$ 值越小,表明电极的选择性越好。一般 $K_{i,j}$ 值在 10^{-4} 以下不呈现干扰,$K_{i,j}$ 值至少接近 10^{-2},否则不宜使用。商品电极都提供不同干扰离子的选择系数。

利用 $K_{i,j}$ 可以粗略地估计在某浓度下,干扰离子对主要离子电位响应所产生的误差。其百分误差的计算式为:

$$\text{百分误差} = \frac{K_{i,j}a_j^{n_i/n_j}}{a_i} \times 100\%$$

(三)电极斜率

电极斜率 S 也称级差,是指在恒定温度时,离子选择电极在能斯特响应范围内(即线性范围内)待测离子活度变化 10 倍,所引起的电位变化值。在一定温度下,对给定的选择电极其斜率是常数。由能斯特方程可知电极斜率的理论值为 $2.303RT/nF(V)$,即 25℃时,一价离子斜率为 0.05916V 或 59.16mV,二价离子为 29.58mV。离子电荷数越大,S 越小,测定灵敏度也越低,故电位分析法多用于低价离子的测定。

图 9-12 中直线的斜率为离子选择电极的实际响应斜率。对一支离子选择电极来说,实际斜率与理论斜率往往存在一个偏差。偏差的大小决定了电极质量的好坏。实际斜率与理论斜率偏差过大,如实际斜率小于理论值的 90%,电极应该被淘汰。

(四)响应时间

根据 IUPAC 推荐,离子选择电极的响应时间是指从离子选择电极和参比电极一起接触试液的瞬间算起,到电极电位变为稳定数值(波动在 1mV 以内)所经过的时间。但因相差 1mV 而引起的相应浓度的相对误差变化太大,一般采用达到稳定电位 95% 时所用的时间更合适。实际上,这个时间是在以组成某一测量电池后测量的,它应是整个电池动力学平衡时间,包括离子选择性电极的膜电位平衡时间,参比电极的稳定性,液接电位的稳定性以及溶液的搅拌速度等,只要影响测量电池中各个部分达到平衡的因素,均会影响响应时间。

影响响应时间的因素主要有以下几个方面:

1. 与敏感膜的组成及性质有关 电极的响应时间与膜表面离子交换的快慢,膜内电荷传递速度以及膜的溶解度有关。电极敏感膜的厚度越薄,响应时间越短。敏感膜表面光洁的比粗糙的响应时间短,光洁的表面容易清洗,而粗糙或有缺陷的表面难以洗净,故会延长电极到达平衡的时间,使响应时间变长。

2. 与被测离子的浓度有关 电极在浓溶液中的响应时间一般比在稀溶液中的响应时间短。电极在接近检测下限的稀溶液中,敏感膜物质的溶解逐渐增加,电极平衡时间延长。一般来说,在测定浓溶液后再测稀溶液,因有迟滞效应,所以使平衡时间延长,这可能与膜表面的吸附现象有关。

3. 与被测离子到达电极表面的速度有关 搅拌溶液可以加速被测离子到达电极表面的速度,从而加快电极表面达到平衡的时间。

4. 与共存离子的影响有关 若溶液中的共存离子不产生干扰,那么它的存在往往能缩短响应时间。

5. 与试液的温度有关 通常,温度升高会缩短离子选择电极的响应时间。原因是膜表面建立膜电位平衡加速,有关离子交换加快;同时加速电荷在膜相内的传递,加快平衡的到达。但温度的升高也会使敏感膜在溶液中的溶解度增大,延长平衡时间,而且会提高检测下限。

(五)温度效应

由能斯特方程可知,温度的影响是多方面的,所以在整个实验过程中,应保持温度恒定,以提高测量的准确度。

(六)离子选择电极的内阻

离子选择电极的内阻包括膜内阻、内参比电极的内阻和内参比液的内阻三部分。主要由膜内阻决定,它与离子敏感膜的类型、厚度、组成以及膜内各组分的比例有关。电极膜的导电性一般不好,膜的内阻可达 $10^4 \sim 10^6 \Omega$,玻璃膜更高达 $10^8 \Omega$。

电极的内阻可以采用较为简便的方法测量。而且通过测定电极内阻,可以判断电极性能的好坏。

1. 判断仪器输入阻抗与离子电极内阻是否匹配 仪器输入阻抗应比电极内阻大 1000 倍以上。离子选择电极所配用的电位差计要具有较高的输入阻抗,一般要求电位差计阻抗达到 $10^{11} \sim 10^{12} \Omega$ 以上。一般的毫伏计达不到要求,不能作为电位差计使用。

2. 判断电极是否失效或破裂、脱胶 若电极内阻很小,表明电极可能有裂隙,电极不能使用。若电极内阻很大,表明电极已老化或断路,也不能再使用。

(七)电极的稳定性和重现性

电极电位值不是绝对稳定,会随时间变化。在同一溶液中,电极电位单方向的变化称为漂移。电极的稳定性以 8 小时或 24 小时内漂移的毫伏数表示,一般认为漂移≤2mV/8h 为合格。漂移的大小与膜的稳定性、电极的结构和绝缘性有关。

六、定量方法及测量准确度

(一)影响测定的因素

1. 离子强度的影响 应用直接电位法测定时,能斯特方程中使用的是离子的活度 a_i,测得离子含量为活度,而分析工作常常使用的是离子浓度 c_i。活度与浓度是有区别的,离子的活度是指离子作为完全独立的运动单位时所表现出来的浓度即离子的有效浓度。两者的关系为:

$$a=\gamma c$$

稀溶液中($c<10^{-3}$mol/L),$\gamma \approx 1$,则 $a \approx c$;浓溶液中 $\gamma < 1$,则 $a < c$。

实际分析中使用的是 $E_{电池} \sim \lg a$ 的定量关系,因此要求 γ 值为定值。而 γ 值随试液中离子强度的变化而变化。为了保持 $E_{电池} \sim \lg a$ 的线性关系,直接电位法应用过程中一个重要的实验条件就是保持各个试液之间离子强度一致,即需要使校准曲线的标准溶液与样品溶液的离子强度一致。最常用的方法是加入惰性电解质,使试液的离子强度恒定。加入的惰性电解质称为离子强度调节剂,加入离子强度调节剂浓度较大,这样标准溶液及样品溶液的离子强度主要由该调节剂决定。

2. 溶液的 pH 的影响 pH 影响待测离子在溶液中存在的状态,而溶液的 pH 对电极敏感膜也有影响。如前所述,氟离子选择电极既受 OH^- 的影响也受 H^+ 的影响,因此需将溶液 pH 稳定在某一范围内。可以加 pH 缓冲剂调节适当的 pH。

3. 干扰离子的影响 用氟离子选择电极时,溶液中共存的 Fe^{3+}、Al^{3+} 等高价态阳离子对测定会产生干扰,可以加入枸橼酸钠或 EDTA 等掩蔽剂与干扰离子发生络合反应,掩蔽其干扰。

为了保持试液 pH 在一定范围、离子强度稳定,同时消除 Fe^{3+}、Al^{3+} 等离子的干扰,将惰性电解质、pH 缓冲剂、掩蔽剂混合在一起配成混合溶液,此混合溶液称为总离子强度调节缓冲剂(total ionic strength adjustment buffer,TISAB)。

TISAB 的主要作用有:①维持样品和标准溶液恒定的离子强度;②保持试液在离子选择电极适合的 pH 范围内,避免 H^+ 或 OH^- 的干扰;③使被测离子释放成为可检测的游离离子。

如用氟电极测定天然水中 F^- 浓度时,可用氯化钠-枸橼酸钠-醋酸-醋酸钠作为 TISAB。NaCl 用以保持溶液的离子强度恒定;枸橼酸钠掩蔽 Fe^{3+}、Al^{3+} 等干扰离子;HAc-NaAc 缓冲液则使试液 pH 控制在 5~7。

对于组成 TISAB 的溶液的基本要求是不能含有对离子选择电极产生响应的离子,同时其浓度要远远超过试液的浓度,通常大于 0.5mol/L。

(二)定量分析方法

直接电位法的分析技术包括标准曲线法、标准加入法和直读法等。

1. 标准曲线法 将一对离子选择电极和参比电极置于一系列的标准溶液中,分别测定其电池电动势 $E_{电池}$,绘制 $E_{电池} \sim \lg a$ 的关系曲线,然后测量样品溶液的电位值,并在标准曲线上查出其浓度,这种方法称为标准曲线法。

标准曲线法适用于大量样品的例行分析,而且要求被测体系简单,如天然水、饮用水等样品。对于较复杂体系的分析,由于试液的本底复杂,离子强度变化大,必须加入 TISAB。

如氟离子选择电极法测定自来水中氟离子浓度。测量时组成如下原电池:

Ag｜AgCl,NaCl(a_{Cl^-}),NaF(a_{F^-})｜LaF$_3$ 单晶｜试液($a_{F^-}=x$)‖Cl$^-$(a_{Cl^-}饱和),Hg$_2$Cl$_2$｜Hg

25℃时的电池电动势为

$$E_{电池}=\varphi_{SCE}-\varphi_{ISE}=\varphi_{SCE}-(k-0.0592\lg a_{F^-})=K'+0.0592\lg a_{F^-}$$

加入 TISAB 后,由电极电位仪测定,定量公式为:

$$E_{电池}=K+0.0592\lg c_{F^-}$$

2. 标准加入法 标准曲线法要求标准溶液和样品溶液具有相近的离子强度和组成,否则由于常数项和斜率的不同而引起测量误差。为避免这一误差的产生,对于分析较复杂的样品溶液,可采用标准加入法,即将标准溶液加入到样品溶液中进行测定。

采用标准加入法时,分两步进行测定。先测定体积为 V_x,浓度为 c_x 的样品溶液的电池电动势 E_1,对于电池(参比电极 ‖ 指示电极)系统,E_1 为

$$E_1 = K' \pm S \lg \gamma' c_x$$

然后在样品溶液中加入体积为 V_s,浓度为 c_s 的被测离子标准溶液,并用同一套电极测量系统测量其电池电动势 E_2,有

$$E_2 = K'' \pm S' \lg \gamma'' c'_x$$

因为待测试液已有大量惰性电解质存在,标准溶液加入后溶液的离子强度基本不变,所以 $\gamma' = \gamma''$;两次测量中,其他实验条件也保持不变,故 $K' = K''$、$S = S'$。而 $c'_x = \dfrac{c_x V_x + c_s V_s}{V_x + V_s}$,合并上述各式,得:

$$\Delta E = E_2 - E_1 = S \lg \frac{c_x V_x + c_s V_s}{c_x (V_x + V_s)} \tag{9-5}$$

经计算可得 c_x 值。

如加入的体积 $V_x \gg V_s$,加入的浓度 $c_x \gg c_s$,加入标准溶液后,其体积变化很小,可忽略不计,则

$$c'_x = \frac{c_x V_x + c_s V_s}{V_x + V_s} \approx c_x + \frac{c_s V_s}{V_x} = c_x + \Delta c$$

代入式(9-5)中得待测溶液浓度为

$$c_x = \frac{c_s V_s}{V_x} \left(10^{\frac{\Delta E}{S}} - 1 \right)^{-1} \tag{9-6}$$

用标准加入法分析时,需注意以下几点:①通常要求加入的标准溶液的体积比试样体积小 100 倍,而浓度约大 100 倍,从而使标准溶液加入后的电池电动势变化达 20~30mV;② S 为电极实际斜率,它可从标准曲线上求得,也可以将测定 E_2 后的试液用空白溶液稀释一倍,再测定电池电动势 E_3,则

$$S = \frac{|E_3 - E_2|}{\lg 2} = \frac{|E_3 - E_2|}{0.301}$$

3. 直读法 对于被测试液中的某一组分能够在离子计上或 pH 计上直接读出其浓度的方法称为直读法。

测定溶液的 pH 时,组成如下测量原电池:

$$\text{pH 玻璃电极} \mid \text{试液}(a_{H^+} = x) \parallel \text{SCE}$$

电池电动势

$$E_{电池} = \varphi_{SCE} - \varphi_g = K - 0.0592 \lg a_{H^+} = K + 0.0592 \text{pH} \quad (25℃)$$

在实际测定中,由于每一支玻璃电极的电极常数各不相同,同时由于试液组成的变化,利用盐桥消除液接电位也存在着不确定性;多种不确定因素使得 K 成为一个难以预知的常数。因此,在 pH 测量中,通常采用两次测量法。即首先采用 pH 准确已知的标准缓冲溶液"定位"(校正),然后才能测得未知试液的 pH。

pH 标准缓冲溶液定位校准,其电池电动势为:

$$E_s = K + 0.0592 \text{pH}_s$$

再测定未知溶液的 pH,其电池电动势为:

$$E_s = K + 0.0592 \text{pH}_x$$

合并以上两式得:

$$\text{pH}_x = \text{pH}_s + \frac{E_x - E_s}{0.0592} \qquad (9\text{-}7)$$

IUPAC 推荐上式作为 pH 测定的操作定义。

为了减小误差,定位用的标准缓冲溶液与试样溶液的 pH 应尽量接近,即测定不同 pH 范围的试样溶液,选用不同的 pH 标准缓冲溶液定位。使用时还要尽量使实验温度保持恒定。

目前广泛采用的 pH 标准缓冲溶液是美国国家标准局(NBS)制定的一套标准缓冲溶液。常用的几种标准缓冲溶液在不同温度下的 pH 见表 9-2。

表 9-2 标准缓冲溶液在不同温度下的 pH(NBS)

温度 (℃)	0.05mol/L 邻苯二甲酸氢钾	0.025mol/L KH_2PO_4 和 Na_2HPO_4	0.01mol/L $Na_2B_4O_7$
10	3.998	6.923	9.332
15	3.999	6.900	9.276
20	4.002	6.881	9.225
25	4.008	6.865	9.180
30	4.015	6.853	9.139

测定 pH 常用复合 pH 电极(图 9-13),除了将玻璃电极和参比电极组成一个整体,外套管还将球泡包裹在内,以防其与硬物接触而破碎。

(三)测量准确度

离子选择电极测量产生的误差与测量仪器(电位计或酸度计)的测量精度、电极的响应特性、参比电极、温度和溶液组成等因素有关,电池电动势的测量误差将影响浓度的测定结果。应用标准曲线法和标准加入法,虽然可以抵消大部分因不对称电位、液接电位及活度系数带来的不确定性,但是测量过程中仍有不少因素无法控制,可能发生变化,最终表现为测得的电池电动势的不确定性。这里重点考虑电池电动势测量的总误差和测量结果的相对误差之间的关系。对离子选择电极测量的电池电动势表示式进行微分得:

$$dE = \frac{RT}{nF} \cdot \frac{dc}{c}$$

若测量误差 ΔE 很小,则认为 $dE \approx \Delta E$,$dc \approx \Delta c$,则有:

$$\Delta E = \frac{RT}{nF} \cdot \frac{\Delta c}{c}$$

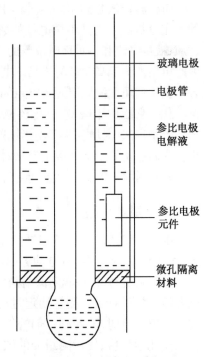

图 9-13 复合 pH 电极

玻璃电极

电极管

参比电极
电解液

参比电极
元件

微孔隔离
材料

25℃时,浓度的相对误差为:

$$\frac{\Delta C}{C}\% = \frac{96\,493n\Delta E}{8.314 \times 298.16} \times 100 = 3900 \times n\Delta E$$

若电池电动势的测量误差 $\Delta E = \pm 1\text{mV}$,在 25℃时测量一价离子,则试样浓度测定的相对误差为:

$$\frac{\Delta C}{C}(\%) = \pm 0.001 \times 3900 \times 1 \approx \pm 4\%$$

由上式可以得出如下结论:

1. 浓度的测量误差与被测离子的浓度以及体积大小无关,即电极测量在各种浓度下有相同的准确度。也就是说,在电极具有正常功能的范围内,在很稀的溶液中,也可以得到与浓溶液相同的测定精密度,因此,相对而言,选择电极用于测定低浓度的样品较为有利。这是直接电位法的优点之一。

2. 浓度的测量误差与电池电动势测定的误差和离子价态有关,在最佳的实验条件下,若电池电动势测定的误差为 $\pm 0.1\text{mV}$,则浓度相对误差为:一价离子 $\pm 0.4\%$,二价离子 $\pm 0.8\%$。一般情况下,电池电动势测定的误差为 $\pm 1\text{mV}$,则浓度相对误差增加 10 倍。对于标准加入法,每一试液需测定两次电动势值才能计算出未知物浓度,浓度相对误差将会增大。而在现场的测量条件下,电池电动势测定的误差可达 $\pm 4\text{mV}$,浓度相对误差一价离子 $\pm 15\%$,二价离子 $\pm 30\%$。因此,测定的准确度随离子价态的增大而降低。

第三节　电位滴定法

电位滴定法是利用滴定过程中指示电极电位(实为电池电动势)的变化来确定滴定终点的滴定分析法。它并不用电位的数值直接计算离子的活度,因此与直接电位法相比,受电极性质、液接电位和不对称电位等的影响要小得多,其准确度和精密度与一般容量分析法一样,因此可用来测定高含量的样品。电位滴定法克服了一般容量分析中因试液混浊、有色或缺少合适指示剂而无法确定滴定终点的弊病,并且便于实现自动化。它能用于酸碱、氧化还原、配合和沉淀及非水等各类滴定法,灵敏度高于用指示剂指示终点的滴定分析。在制定新的指示剂滴定方法时,也常需借助电位滴定法确定指示剂的变色终点,检查新方法的可靠性。

一、基本原理

电位滴定的基本装置包括滴定管、滴定池、指示电极、参比电极、搅拌器、测电动势的仪器(图 9-14)。

电位滴定时,在被滴定的溶液中插入指示电极和参比电极,组成原电池,测量滴定过程中电池电动势的变化。电位滴定时,随着滴定剂的加入,滴定剂与待测组分发生化学反应,使待测组分的浓度不断变化,指示电极的电位也发生相应的变化。在到达滴定终点前后,溶液中有响应的离子活度的连续变化,可达几个数量级,

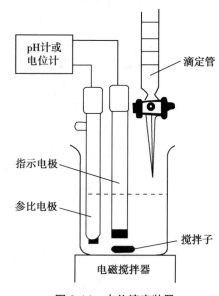

图 9-14　电位滴定装置

电极电位将发生突跃。依据滴定突跃发生时所用滴定剂的体积和浓度,计算待测组分的含量。

电位滴定的方法是:先取一定体积的待测溶液,将选择好的指示电极和参比电极插入其中,然后开始滴定。每加一次滴定剂,测量一次电动势,直到超过化学计量点为止。

二、滴定终点的确定

电位滴定的终点可以通过图解法从电位滴定曲线,即指示电极电位或电池电动势对加入滴定剂体积所作的曲线上确定。滴定曲线的作图法有三种:即滴定曲线$(E\text{-}V)$,一次微商曲线$\left(\dfrac{\Delta E}{\Delta V}\text{-}V\right)$及二次微商曲线$\left(\dfrac{\Delta^2 E}{\Delta V^2}\text{-}V\right)$(图 9-15)。

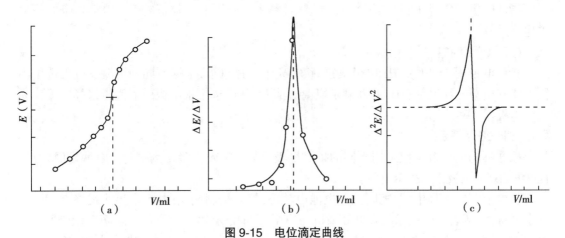

图 9-15 电位滴定曲线

(一)*E-V* 曲线法

用加入滴定剂的毫升数 V 作横坐标,电位读数 E 作纵坐标,绘制 $E\text{-}V$ 曲线。滴定曲线对称,且电位突跃部分陡直,则可直接由电位突跃的中点即斜率最大处所对应的滴定剂的体积来确定滴定终点(图 9-15a)。

(二)$\dfrac{\Delta E}{\Delta V}$ *-V* 曲线法

如果滴定曲线的电位突跃不陡直又不对称,则可将其进行微分处理,得一次微商曲线。用一次微商值$\dfrac{\Delta E}{\Delta V}$作纵坐标,以相邻两体积的平均值为横坐标,绘制$\dfrac{\Delta E}{\Delta V}$-$V$曲线,峰尖的极值处所对应的的体积即为滴定终点(图 9-15b)。

(三)$\dfrac{\Delta^2 E}{\Delta V^2}$ *-V* 曲线法

在实际测量时,由于滴加的体积不是连续的,用离散的数据绘制滴定的一次微商曲线,会产生较大的偏差,因此将其作二次微分处理,用$\dfrac{\Delta^2 E}{\Delta V^2}$值对体积作图,绘制$\dfrac{\Delta^2 E}{\Delta V^2}$-$V$曲线。以二次微商等于零的那一点作为滴定终点,则更为准确(图 9-15c)。

三、指示电极的选择

容量分析的各类滴定反应都可采用电位滴定法,但对不同类型的滴定应该选用合适的指示电极。

（一）酸碱滴定

它以酸碱中和反应为基础,滴定时应选用对氢离子活度有响应的 pH 玻璃电极为指示电极,参比电极用饱和甘汞电极。在使用指示剂确定终点时,一般要求在滴定终点有 2pH 的变化,才能观察到颜色变化;而用电位滴定法时,只要在滴定终点有 0.2pH 的变化,就能反映出来。因此,对弱酸弱碱、多元酸(碱)及混合酸(碱)的滴定很有意义。

用电位滴定法来确定非水滴定的终点较合适。滴定时使用 pH 计的毫伏标度比 pH 标度更好些。

（二）氧化还原滴定

指示电极用零类电极,如惰性 Pt 电极等,参比电极用饱和甘汞电极。电极本身并不参加电极反应。

（三）沉淀滴定

指示电极用 Ag 电极、Hg 电极或氯、碘等离子选择电极,根据不同的沉淀反应可选用不同的指示电极。如以 AgNO₃ 溶液滴定氯离子溶液,就可选用银电极或氯离子选择电极作为指示电极。

（四）络合滴定

根据不同的络合反应采用不同的指示电极。如 EDTA 作滴定剂进行络合滴定时,可用 Hg|Hg-EDTA 电极作为指示电极。

在电位滴定过程中,要随时测量电池电动势,然后绘制滴定曲线,求出滴定终点。该工作费时费力,随着电子技术的发展和微机的应用,目前已有微机控制的自动滴定计产品问世并得到应用。仪器采用模块化设计,由容量滴定装置、控制装置和测量装置三部分组成。仪器有预滴定、预设终点滴定、空白滴定及手动滴定等功能可自行生成专用滴定模式,扩大了仪器使用范围。

本 章 小 结

1. 基础知识 电位分析法的特点、分类和基本原理;常用电极的结构、性能及作用;直接电位法定量方法及测量准确度。基本概念包括:电位分析法,能斯特方程,参比电极,pH 玻璃电极,氟离子选择电极,离子选择电极选择性、电极斜率、响应时间和总离子强度调节缓冲剂。

2. 核心内容 重点是能斯特公式的理解;标准氢电极、参比电极等标准电极的电极电位测定;pH 玻璃电极、氟离子选择电极等电极的使用;离子选择电极的一般性能;直接电位法的定量方法。难点是原电池、电极电位、膜电位等理论的理解。核心知识点是应用电位分析法测定和计算离子的浓度。

3. 学习要求 了解电位滴定法的原理及应用范围;掌握电位分析法的基本原理、各种电极的作用及使用方法;掌握离子选择电极的性能及定量方法;熟悉电极电位仪的操作及电极的使用维护。

（茅 力）

思考题

1. 何谓电位分析法?

2. 如何用能斯特方程来表示电极电位和电池电动势?

3. 离子选择电极的性能参数主要有哪些?

4. pH玻璃电极的操作定义是什么? 使用时应注意什么问题?

5. 总离子强度调节缓冲剂的作用有哪些?

6. 简述流动载体电极的原理及类型。

7. 简述电位滴定法的特点及应用范围。

8. 镁离子选择电极(负极)与SCE(正极)组成原电池,测得浓度为1.15×10^{-2}mol/L镁离子标准溶液的电池电动势为0.275V。如用同样体积的未知溶液取代上述镁离子标准溶液,测得电池电动势为0.412V。未知溶液的pMg是多少? (6.58)

9. 准确移取50.00ml含NH_4^+的样品溶液,经碱化处理样品后,用氨气敏电极测定,测得其电极电位值为−80.1mV。在同一电池中加入0.50ml浓度为1.000×10^{-3}mol/L的NH_4^+标准溶液,测得其电极电位值为−96.1mV。然后在此试液中加入总离子强度调节剂50.00ml,测得其电极电位值为−78.3mV。计算样品溶液中NH_4^+的浓度。(0.209×10^{-6}mol/L)

第十章 伏安分析法和电位溶出分析法

伏安分析法(voltammetry),简称伏安法,是以微电极作为工作电极,根据电解时得到的电流 - 电压曲线进行定性、定量分析的一类电化学分析方法。使用的微电极有铂电极、玻碳电极、汞膜电极及滴汞电极等。以表面周期性更新的滴汞电极作为工作电极的伏安法通常称为极谱法(polarography)。

自从 1922 年 J.Heyrovský 创立极谱法以来,伏安法在理论研究和实际应用方面都得到了很大的发展。在普通极谱的基础上出现了单扫描极谱、交流极谱、方波极谱、脉冲极谱、溶出伏安法和极谱催化波等高灵敏、高选择性的新技术和新方法,伏安法已成为一种常用的分析方法和研究手段。

电位溶出分析法(potentiometric stripping analysis)是在溶出伏安法基础上发展起来的一种集富集和溶出为一体的电化学分析法,是以电压 - 时间曲线为基础进行分析的,特别适用于多元素同时分析。

第一节 经典极谱分析法

1922 年由捷克物理化学家 Heyrovský 创立了极谱法(polarography),即经典极谱法。1934 年 D.Ilkovic 提出了扩散电流理论,推导出扩散电流方程,给出了电流与电极反应物浓度的关系式,奠定了极谱法定量的基础。随后,Heyrovský 和 D.Ilkovic 提出了半波电位,推导出极谱波方程,实现了极谱法的定性。1959 年,Heyrovský 因其对极谱分析的突出贡献获得诺贝尔奖。

一、基本装置及原理

1. 基本装置　极谱法的基本装置如图 10-1 所示,它主要包括电压控制装置、电流测量装置和电解池三部分。电解池由滴汞电极(dropping mercury electrode)F、甘汞电极 G 以及底液和待测溶液组成的电解液 B 组成。滴汞电极与外电源的负极相连,甘汞电极与外电源的正极相连。滴汞电极上端为贮汞瓶,下接一塑料管,塑料管的下端接一长约 10cm、内径 0.03~0.08mm 的毛细管。汞经毛细管流至管口形成汞滴,逐渐长大后周期性(3~5 秒)滴入电解液中,与电解液接触而连通电路。调节贮汞瓶高度可控制汞滴滴落的速度。E 为直流电源,R 为可调电阻,加在电解

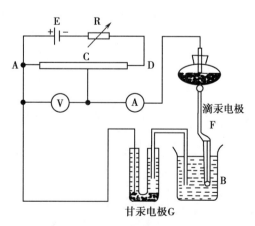

图 10-1　经典极谱法的基本装置

池两极的电压可通过改变均匀滑线电阻 AD 上触点 C 的位置来调节,其数值大小可用伏特计 V 测量。A 为高灵敏度的检流计,用来测量电解过程中通过的电流。

2. 分析过程 以电解氯化镉的稀溶液为例(1×10^{-3}mol/L $CdCl_2$ 和 0.1mol/L KCl 溶液,加入 1 滴动物胶,通 N_2 除氧)。当进行极谱测定时,调节贮汞瓶高度,使汞滴以 3~5 秒一滴的速度滴下,电解质溶液保持在静止状态。移动均匀滑线电阻 AD 上的 C 点,使两电极的外加电压由小到大进行线性扫描,同时记录流过电解池的电流。以电流为纵坐标,电压为横坐标作图,得到电流 - 电压(电位)曲线,该曲线称为极谱图(polarogram),又称极谱波(图 10-2)。

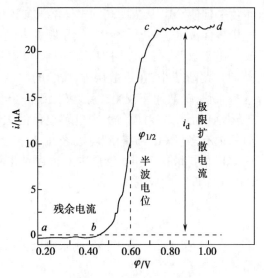

图 10-2 Cd^{2+} 的极谱图

3. 滴汞电极电位与外加电压 极谱分析中的外加电压 U 与滴汞电极电位 φ_{de} 关系为:

$$U=\varphi_{SCE}-\varphi_{de}+iR \tag{10-1}$$

由于通过电解池的电流 i 很小,电解液中又加入了大量电解质,电阻值 R 也很小,整个 iR 项可忽略不计;饱和甘汞电极作为参比电极其电极电位恒定。所以,当以饱和甘汞电极(SCE)为基准计算滴汞电极电位时,则:

$$U=-\varphi_{de}(vs.SCE) \tag{10-2}$$

可见,滴汞电极的电位是受外加电压控制的,外加电压越大,滴汞电极的电位越负,但其绝对值越大。因此,可通过改变外加电压来控制滴汞电极的电位,从而使不同离子可以在各自所需的电极电位析出。

4. 扩散电流方程式(Ilkovic 方程式) 由图 10-2 可知,当外加电压尚未达到氯化镉的分解电压时,滴汞电极的电位较 Cd^{2+} 的析出电位正,电极上没有 Cd^{2+} 被还原。此时,只有微小的电流流过电解池(图 10-2,ab 段),此电流称为残余电流(residual current)。当外加电压继续增加,使滴汞电极的电位达到 Cd^{2+} 的析出电位(–0.5~0.6V)时,Cd^{2+} 开始在滴汞电极上还原析出金属镉,并与汞生成镉汞齐,电极反应如下:

阴极: $Cd^{2+}+2e+Hg \Leftrightarrow Cd(Hg)$

假定电极反应是可逆的,则滴汞电极的电位 φ_{de} 为:

$$\varphi_{de}=\varphi^{\theta}+ \frac{RT}{2F} \ln \frac{c^0}{c_a^0} \tag{10-3}$$

式中,c^0 为电极表面溶液中 Cd^{2+} 的浓度;c_a^0 为电极表面镉汞齐中 Cd 的浓度。式 10-3 表明,电极表面 Cd^{2+} 的浓度决定于滴汞电极的电位。随着外加电压增加,滴汞电极的电位 φ_{de} 更负,式 10-3 中的 $\frac{c^0}{c_a^0}$ 相应减小,滴汞电极表面的 Cd^{2+} 被迅速还原,电解电流急剧上升(图 10-2,bc 段)。

由于 Cd^{2+} 在电极上被还原,使得滴汞电极表面的浓度 c^0 小于本体溶液中 Cd^{2+} 的浓度 c,使滴汞电极的电位偏离平衡值。这种由于电解过程中电极表面溶液和本体溶液浓度产生差别,因而使电极电位偏离其平衡电位的现象叫作浓差极化(concentration polarization)。这种

浓度差促使 Cd^{2+} 从浓度高的本体溶液向浓度低的电极表面扩散,扩散到电极表面的 Cd^{2+} 在电极表面被迅速还原,产生持续不断的电流,该电流称为扩散电流。

由于浓差,在电极周围形成一个很薄的扩散层(约 0.05mm)。在扩散层内, Cd^{2+} 浓度从外向内逐渐减小;在扩散层外, Cd^{2+} 的浓度等于本体溶液中 Cd^{2+} 的浓度 c 。由于电极反应速率很快,扩散速率较慢,溶液又处于静止状态,待测离子在测定条件下没有扩散以外的其他运动(如迁移、对流等),则电解电流的大小完全决定于电极表面 Cd^{2+} 的扩散速率,单位时间内有多少 Cd^{2+} 扩散到电极表面,就有多少 Cd^{2+} 被还原,相应地产生多少电流。电极表面 Cd^{2+} 的扩散速率与扩散层内 Cd^{2+} 的浓度梯度成正比,因此扩散电流 i_d 的大小与扩散层内 Cd^{2+} 的浓度梯度成正比。即:

$$i_d \propto \frac{c-c^0}{\delta} \tag{10-4}$$

在一定电位下,某一时刻滴汞电极扩散层的厚度 δ 是一定的,所以某一时刻的扩散电流可表示为:

$$i_d = K(c-c^0) \tag{10-5}$$

继续增加外加电压,使滴汞电极的电位负到一定值时,由于 Cd^{2+} 在滴汞电极表面被迅速还原, c^0 趋于 0,溶液本体和电极表面之间的浓度差达到极限情况,即达到完全浓差极化。这时,电流不再随外加电压的增加而增加,达到极限值(图 10-2,cd 段),这时的电流称为极限电流(limiting current)。极限电流与残余电流之差称为极限扩散电流,简称扩散电流(diffusion current)。这时,式(10-5)可写成:

$$i_d = Kc \tag{10-6}$$

即极限扩散电流与溶液中待测离子的浓度成正比。

1934 年,Ilkovic 根据对称圆球模型的扩散理论推导出在滴汞电极上比例常数 K 与以下因素有关:

$$K = 607nD^{\frac{1}{2}}m^{\frac{2}{3}}t^{\frac{1}{6}} \tag{10-7}$$

这个常数称为 Ilkovic 常数。从而得出扩散电流的近似公式,即 Ilkovic 方程式:

$$i_d = 607nD^{\frac{1}{2}}m^{\frac{2}{3}}t^{\frac{1}{6}}c \tag{10-8}$$

式中,$i_d(\mu A)$ 为整个汞滴生命周期的平均扩散电流;n 为电极反应的电子转移数;$D(cm^2/s)$ 为电极反应物在溶液中的扩散系数;$m(mg/s)$ 为汞在毛细管中的流速;$t(s)$ 为汞滴生长的时间;$c(mmol/L)$ 为电极反应物在溶液中的浓度。

由式 10-8 可见,当其他各项因素不变时,平均扩散电流与待测物质的浓度成正比,这是极谱定量分析的基本关系式。

5. 影响扩散电流的因素 Ilkovic 方程表明了影响扩散电流的各种因素及其相互关系。

(1)毛细管特性:Ilkovc 方程中的 $m^{2/3}t^{1/6}$ 称为毛细管常数(capillary constant),i_d 与之成正比,改变毛细管长度、内径和汞柱高度等对扩散电流都有影响,因此,在测定中,标准溶液和样品溶液必须使用同一支毛细管,汞柱高度也应该相同。

(2)温度:方程中,除 n 外其余各项都与温度有关,其中 D 受温度的影响最大。实验证明扩散电流的温度系数约 1.3%/℃。所以,要使测量扩散电流的误差在 1% 以内,温度变化应控制在 ±0.5℃之内。

(3)溶液组成:改变溶液的组成,将引起黏度改变,从而影响 D、m 和 t,进而影响 i_d。如果待测离子与溶液中共存的离子形成配合物,由于配离子的半径比简单离子的半径大,D 就会变小,扩散电流随之改变。因此极谱分析应该在标准溶液和试样溶液中加入相同的溶剂、电解质、极大抑制剂、除氧剂等,使得底液的组成恒定。

综上所述,在进行极谱定量分析时,必须严格控制实验条件,使影响扩散电流的各种因素保持恒定,以获得准确的分析结果。

二、干扰电流及消除方法

极谱分析中,会产生一些不受扩散控制的电流,这些电流与被测物质浓度的无定量关系,干扰扩散电流的准确测量,因此将其统称为干扰电流,主要包括残余电流、迁移电流、极谱极大、氧波、叠波、前波和氢波。

1. 残余电流 在外加电压尚未达到被测离子的析出电位之前就有微小电流通过电解池,称为残余电流(residual current)。残余电流由充电电流和电解电流组成。

(1)充电电流(charging current):又称电容电流,是残余电流的主要部分。产生的原因是由于滴汞不断增长和下落,不断改变其表面积而引起的。滴汞电极表面带的电荷要吸引溶液中相反电荷的离子,在汞滴表面形成一个双电层,相当于一个电容器。汞滴增大时,其表面积相应增大,电容器容量随之增大,需要外加电源连续对其充电,于是产生充电电流。充电电流不服从法拉第定律,约为 10^{-7}A,相当于 10^{-5}mol/L 物质产生的扩散电流,这使得待测物浓度低于 10^{-5}mol/L 时无法准确测定,充电电流因此成为限制极谱分析灵敏度提高的主要障碍。

(2)电解电流(electrolytic current):由于溶液中往往含有易还原的微量杂质,如金属离子或未除尽的微量氧,在滴汞电极电位校正时可被还原产生电流,称之为电解电流。这种电流占残余电流的少部分。

残余电流中的电解电流可通过预先纯化试剂、除去微量溶解氧等措施使这部分电流降到极低。但只要使用滴汞电极电容电流就不可避免。总的残余电流一般用切线作图法扣除,或者使用仪器的残余电流补偿装置进行补偿。

2. 迁移电流 极谱分析过程中,溶液中的待测离子可通过三种运动方式到达电极表面:扩散运动、对流运动和迁移运动。大部分待测离子经由电极附近存在的浓度梯度引起的扩散运动到达电极表面而产生扩散电流,此为极谱分析的基础。极谱分析是在溶液静止状态下进行,对流运动基本可以忽略。还有一部分待测离子由于电场引力作用产生的迁移运动到达电极表面,这部分离子同样也会在电极上被还原产生电流,称之为迁移电流(migrating current)。

迁移电流与待测物质浓度之间无定量关系,必须加以消除。一般是在电解液中加入大量惰性支持电解质(supporting electrolytes),即在待测离子还原(或氧化)的电位范围内不起电极反应的电解质。支持电解质在溶液中电离产生大量阴阳离子和阴极产生静电引力,使得阴极作用于待测离子的静电引力大为减弱,从而达到消除迁移电流的目的。支持电解质还能增加溶液的导电程度,减少电流流经溶液时产生的电位降,对获得良好的极谱波形具有重要作用。常用的支持电解质有 KCl、HCl、NaOH、NaAc-HAc 等,用量通常为待测离子浓度的 50~100 倍。

3. 极谱极大 极谱分析中常出现一种异常现象,即电解开始后,电流随电位增加迅速上升到一个极大值,然后下降到极限电流区域,电流恢复正常,这种异常电流峰称为极谱极大(polarographic maximum)。大多数离子的极谱波上都会出现这种极大峰,这是由于电极表面切向运动引起汞滴附近溶液的剧烈搅动,使大量被测物质急速地到达汞滴表面而被还原,因而电流迅速上升。

极大现象影响扩散电流和半波电位的准确测量,特别是当两个极谱波的半波电位相距较近时影响更为严重。消除极谱极大的方法是在电解液中加入少量表面活性物质,称为极大抑制剂(maximum suppressor)。这些表面活性物质吸附在汞滴表面,消除了表面张力的差异,起到抑制极大的作用。常用的极大抑制剂有动物胶、甲基红、聚乙烯醇、Triton-X100 等。需要指出的是表面活性剂加入电解液中的作用是相当复杂的,它不但可以抑制极大的产生,往往还抑制峰高,使波峰降低,有时还会使波发生分裂。所以极大抑制剂用量过大不仅能抑制极大,也能降低扩散电流,因此用量要少并且一致,最佳用量要通过实验来确定。

4. 氧波　溶液中的溶解氧很容易在滴汞电极上还原产生两个极谱波:

第一个波:$O_2+2H^++2e \rightleftharpoons H_2O_2$　　($\varphi_{1/2}=-0.2V$)

第二个波:$H_2O_2+2H^++2e \rightleftharpoons H_2O$　　($\varphi_{1/2}=-0.8V$)

这两个氧波延伸的电位范围比较宽,影响很多物质的测定,需设法消除。常用的除氧方法有两种:一是还原法,在中性或碱性溶液中加入 Na_2SO_3,在酸性溶液中加入抗坏血酸;二是通入惰性气体,例如通入 H_2、N_2、CO_2(酸性溶液)。

5. 氢波、叠波和前波

(1)氢波:虽然汞电极对氢的超电位较大,但溶液中的氢离子在电位足够负时仍会在滴汞电极上析出而产生氢波。在酸性溶液中,氢离子在 –1.2~1.4V 处开始被还原,故半波电位较 –1.2V 更负的物质不能在酸性溶液中测定。在中性或碱性溶液中,氢离子在更负的电位下开始起波,因此氢波的干扰作用大为减少。

(2)叠波:两种物质极谱波的半波电位相距小于 0.2V 时,这两个波就有可能重叠而影响扩散电流的测量。消除叠波的办法有:改用适当的底液以改变两种物质的半波电位;化学法分离干扰物质,或改变其中一种物质的价态使不再干扰;采用导数极谱测定,可以将半波电位相差在 45mV 以上的两种物质的极谱波分开,提高邻近波的分辨能力。

(3)前波:当测定一种半波电位较负的物质时,若溶液中共存着大量半波电位较正的物质,电位较正的物质会先出峰形成前波干扰电位较负组分的测定。消除的办法类似于叠波的消除方法,如化学法、导数极谱法等。

三、极谱波方程式和半波电位

(一)极谱波的种类

按照不同的分类角度,极谱波有不同的种类。

1. 按电极反应的可逆性区分　按可逆性分,极谱波有可逆波和不可逆波两种。

(1)可逆波:产生可逆波的电极反应速度很快,所以在极谱波上任一点的电流都受扩散速度控制。可认为在电极表面可还原物质的氧化态与还原态随时处于平衡状态,因此,能斯特公式完全适用。可逆波的波形一般呈典型的极谱曲线形状,如图 10-3 中曲线 I 所示。

(2)不可逆波:产生不可逆波的电极反应速

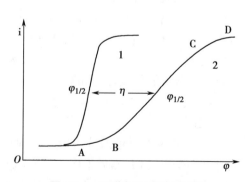

图 10-3　可逆与不可逆极谱波

度很慢,需要施加更大的能量推动反应,因此,滴汞电极上的电位必须加到比可逆波的电位更负时才能得到相同的电流。所以,不可逆波的起波电位较负,且波形拉得较长,如图10-3中曲线Ⅱ所示。当电位不够负时(波底部AB段),电极反应速度慢至无明显电流通过;当电位向更负的方向增加时,电极反应速度加快,电流随之增加(BC段),此时电流受电极反应速度和扩散速度共同控制,且越来越依赖于扩散速度;当电极电位足够负时,电极反应速度很快,达到极限电流,电流完全受扩散控制。可逆波与不可逆波的半波电位之差即为不可逆电极过程所需的超电压 η。

2. 按电极反应的氧化还原性质区分

(1)还原波(阴极波):氧化态在滴汞电极(阴极)上得到电子被还原成还原态的极谱波,如图10-4中曲线1所示。

(2)氧化波(阳极波):还原态在滴汞电极(阳极)上失去电子,被氧化成氧化态的极谱波,如图10-4中曲线2所示。

(3)综合波(阴阳联波):若待测试液中同时存在的氧化态和还原态,当滴汞电极电位改变时,会得到既有阴极还原又有阳极氧化的综合波,如图10-4中曲线3(曲线4为不可逆综合波)。

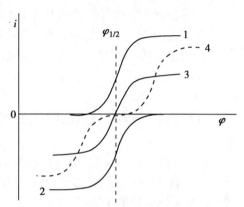

图10-4 还原波、氧化波和综合波

3. 按电极反应物的类型区分 可分为简单金属离子(水合离子)极谱波、配位化合物极谱波和有机化合物极谱波。

(二)极谱波方程式

从极谱波的类型可以看出,各种物质在滴汞电极上反应的情况十分复杂,各种物质产生的电极反应所得到的 i-φ 曲线可以用极谱波方程式表示:

$$\varphi=\varphi_{1/2}+\frac{RT}{nF}\ln\frac{i}{i_d-i} \tag{10-9}$$

式中,$\varphi_{1/2}$ 为半波电位(half-wave potential),即扩散电流为极限扩散电流一半时滴汞电极的电位。在一定实验条件下,任何一种可还原物质其还原产物能溶于水或汞中且产生可逆极谱波时,其半波电位为常数,与待测物质的本性有关,当溶液的组成和温度一定时,$\varphi_{1/2}$ 为定值,与浓度无关,可作为定性分析的依据。

(三)半波电位的测定及其应用

要测定半波电位,可根据极谱波方程式(10-9),找出当 $\ln\frac{i}{i_d-i}$ 等于零时的电极电位,即为半波电位。也可以 $\lg\frac{i}{i_d-i}$ 为纵坐标,φ 为横坐标绘图,得到一条直线,此直线与横坐标的交点即为半波电位。例如,Cd^{2+} 的半波电位如图10-2所示。

上述方法绘图得到的直线斜率为 $\frac{n}{0.059}$(25℃),由之也可求得电极反应中的电子转移数,这种方法称为对数分析。对数分析不仅可用来求可逆电极反应的电子转移数,还可判断电极反应的可逆性。当作图得到的直线线性不好,或者求得的 n 值与整数偏差太大,则表明该极谱波不是理想的可逆波。

利用半波电位还可求配位化合物的配位数、离解常数等。

根据半波电位的性质,原则上可以用半波电位进行定性,但实际工作中,常因极谱波重叠、干扰组分含量悬殊等原因导致极谱图记录上的困难,因而,极谱定性很少采用。

不过各种离子在不同的支持电解质中的半波电位在极谱分析中仍然十分重要,是确定极谱波记录的电压范围、基底溶液选择、消除干扰条件选择等时的必要参考数据。

四、定性定量分析方法

1. 定性分析　极谱分析是利用 $i\text{-}\varphi$ 曲线中的半波电位进行定性的。不过由于许多物质的氧化还原电位相差不大,所以分辨率不高,加上干扰等因素,定性结果不够准确。

2. 定量分析　极谱分析的定量依据是扩散电流 i_d 和待测离子浓度成正比,实际工作中常用极谱波高(h)代替 i_d,即:

$$h=Kc \tag{10-10}$$

(1)波高的测量　波高的测量直接影响定量的准确度,常用平行线法和三切线法测量波高。

1)平行线法:当波形良好时,在极谱波上残余电流部分和极限电流部分分别作两条相互平行的直线,平行线间的距离(不是垂直距离)即为波高。由于极谱波呈锯齿形,故作平行线时应取锯齿形的中值(图 10-5)。

2)三切线法:当残余电流和极限电流不平行,波形不够良好时,可采用三切线法。即在极谱波上通过残余电流、极限电流作两条切线 AB、CD,同时通过扩散电流作一条切线 EF。通过 EF 与 AB、CD 的交点 O、P 作两条相互平行的平行线,此平行线间的垂直距离即为波高(图 10-6)。

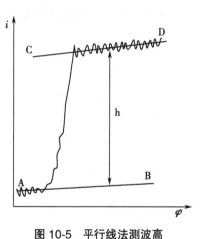

图 10-5　平行线法测波高　　　　图 10-6　三切线法测波高

(2)定量方法　常用的定量方法有直接比较法、标准曲线法和标准加入法。

1)直接比较法:在温度、毛细管特性和底液相同的条件下可用直接比较法定量。将浓度为 c_s 的标准溶液及浓度为 c_x 的未知溶液在相同的实验条件下,分别作出极谱图,测得其波高。直接比较即可求得待测离子浓度。

2)工作曲线法:配制一系列不同浓度的待测离子标准溶液,在相同实验条件下作极谱图,测得波高。以波高为纵坐标,浓度为横坐标作图,可得工作曲线。然后在相同条件下测定未知溶液的波高,从工作曲线上查得待测离子浓度。工作曲线法适用于大批同类样品分析,但实验条件一定要保持一致。

3）标准加入法:取一定体积为 V_x(ml)的未知溶液,设其浓度为 c_x,作出极谱图。然后加入浓度 c_s 的标准溶液 V_s(ml),在相同条件下作极谱图。分别测量加入前、后的波高为 h、H。则有:

$$h=Kc_x \tag{10-11}$$

$$H=K\left(\frac{V_xc_x+c_sV_s}{V_x+V_s}\right) \tag{10-12}$$

解联立方程并整理得

$$c_x=\frac{V_sc_sh}{(V_s+V_x)H-V_xh} \tag{10-13}$$

需要注意的是,加入的标准溶液体积要小(例如是未知液体积的 1/20),以保证底液的组成基本无变化,但加入待测组分的量要保证两侧测定有明显波高差异,以加入后波高增长一倍为最佳。标准加入法特别适合测定组成复杂的样品。

五、现代极谱法简介

经典极谱法虽然有灵敏度高等优点,但还存在较大局限:①待测离子利用率低,仅少量在电极上反应,相应减小了方法灵敏度;②较大的充电电流限制了灵敏度的提高;③分辨率较低,两组分的半波电位差值小于 200mV 时无法分辨;④电位不能高于 +0.4V,否则汞将被氧化为汞离子;⑤由于汞的特性,产生一些干扰现象,如电容电流,极大峰;⑥汞蒸汽有毒。为克服以上不足,人们建立了单扫描示波极谱法、脉冲极谱法等现代极谱分析方法。

(一)单扫描极谱法

极谱工作者在经典极谱的基础上不断改进,使极谱法得到了很大发展。单扫描极谱法(single sweep polarography)是其中的一种,在汞滴即将滴落时,汞滴的面积基本保持恒定,此时改变滴汞电极的电位,同时用阴极射线示波器观察电流随电位的变化,以进行定量分析。

1. 基本原理 单扫描极谱法与经典极谱法相似,加到电解池两极间的也是直流电压。不同的是经典极谱法加电压的速度慢,一般为 0.2V/min,记录的 i-φ 曲线为 S 形,是多滴(50~100 滴)汞的平均结果,分析周期长,而且产生的充电电流限制了灵敏度的提高。而单扫描极谱法汞滴滴落周期长至 7 秒,电压扫描速度快,一般为 0.25V/s,且在汞滴生长的后 2 秒进行扫描,在一滴汞上获得完整的极谱波,故称之为"单扫描"。由于扫描速度特别快,瞬时产生很大的极谱电流,电极周围的离子来不及扩散到电极表面,导致极谱电流又迅速下降,所以记录的 i-φ 曲线呈峰形。快速扫描曲线用一般检流计无法记录,需用长余辉阴极射线示波器或数字显示仪记录,因此称为"单扫描示波极谱法"。

其装置如图 10-7 所示。采用滴汞电极(工作电极)、甘汞电极(参比电极)和铂电极(对电极)组成的三电极系统,与电解液构成电解池。扫描电压发生器产生在直流可调电压上叠加的周期性锯齿型电压,加在工作电极和参比电极上,待测物质在汞滴上反应,产生电解电流(i),电流经电阻(R)后产生电位降(iR),经放大后加在示波器垂直偏转板上。由于 R 值固定不变,电位降值的变化实际上反映了电解电流的变化。加在电解池两电极间的电压放大后加在示波器水平偏转板上。因此,示波器上的横坐标代表电极电位,纵坐标代表电解电流。

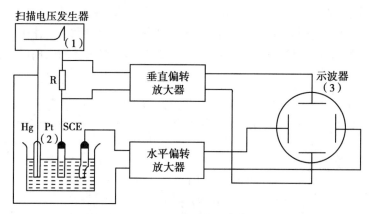

图 10-7　单扫描示波极谱法装置示意图

2. 单扫描极谱波　单扫描极谱波的电流随电压变化曲线如图 10-8 所示,极谱波是不对称的峰形波。ab 段为电极电位尚未达到被测物质析出电位时产生的电流,称为基线。达到析出电位后,开始快速扫描,汞滴附近的外加电压迅速改变,待测离子很快被还原,产生较大电流,曲线急剧上升,图 10-8bc 段,c 称为波峰。电压继续增大,电极附近的离子已被还原,外层的离子还来不及扩散补充,形成一个贫乏层,扩散层厚度增大,电流因此迅速下降(cd 段)。当电极反应与离子扩散建立平衡时,电流稳定在一定水平(de 段),称为波尾。

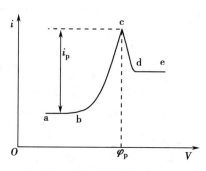

图 10-8　单扫描极谱图

曲线中从波峰到基线的垂直距离代表峰电流,以 i_p 表示,峰电流与被测物质浓度的关系为:

$$i_p = Kn^{\frac{3}{2}} D^{\frac{1}{2}} A v^{\frac{1}{2}} c \tag{10-14}$$

式中:A 为电极面积;v 为电压改变速率;其他符号的意义同 Ilkovic 方程。当底液及其他条件一定时,式(10-15)可简化为:

$$i_p = K'c \tag{10-15}$$

即峰电流与被测物质的浓度成正比,此式为定量分析的依据。波峰对应的电位称为峰电位,以 φ_p 表示,可作为定性的依据。

3. 单扫描示波极谱的特点和应用

(1) 特点:单扫描示波极谱法每个汞滴扫描一次,前 5 秒保持起始电压不变,后 2 秒内才加扫描电压,此时汞滴面积基本不变,从而大大减小了因汞滴面积变化而产生的充电电流的影响。扫描完毕,若汞滴还未落下,定时线路的继电器会敲击电极强制滴落,然后形成新的汞滴。

较之经典极谱法,单扫描示波极谱法具有以下优点:①分析速度快。电压扫描速度高达 0.25V/s,只需几秒就能完成极谱图扫描,适于批量试样的常规分析;②灵敏度高。由于残余电流小,检出限可达 10^{-7}mol/L,比经典极谱法低两个数量级。若与富集法等结合,灵敏度可达 10^{-9}mol/L;③分辨率高。由于单扫描极谱波呈峰形,能分辨出半波电位相差 50mV 的两个峰,而经典极谱则要相差大于 200mV 才不相互干扰;④前波干扰小,在数百甚至近千倍前放电物质存在时,不影响后还原物质的测定。这是由于在电压扫描前有 5 秒的静止期,相当于电极表面附近进行了电解分离;⑤有时可不除氧。由于氧波为不可逆波,其干扰作用有所降低。

（2）应用:单扫描极谱法广泛应用于生物材料、环境保护、食品等样品中铅、镉、铜、锌、硒等元素的测定。

（二）方波极谱法

方波极谱法（square-wave polarography）是从普通极谱发展起来的一类极谱分析法。向电解池均匀而缓慢地加入直流电压的同时叠加一个小振幅的交流电压,通过测量不同外加直流电压时交流电流的大小,得到 i-φ 曲线进行定量分析。如果叠加的是正弦波电压,则称为交流极谱法;如果叠加的是方形波电压,则称为方波极谱。方波极谱图与交流极谱图一样呈峰形,以峰电位定性,峰电流定量。方波极谱既保留了交流极谱分辨率高的优点,又通过电压的改变消除了充电电流的干扰,提高了检测的灵敏度。因此,这种方法在金属及矿石分析,稀有元素特别是超纯物质中痕量杂质测定方面具有广泛应用。

1. 基本原理　方波极谱法是将一低频小振幅的方波电压叠加在线性缓慢变化的直流电压上作为极化电压,在方波电压改变方向前的特定时间内,记录通过电解池的交流电流成分。在不断改变直流电压的情况下,可得到一条呈峰状的 i-φ 曲线,根据这条曲线,可进行定性和定量分析。基本装置如图 10-9 所示。

图 10-9 中,E_1 为直流电解源,R_{AB} 为分压电位器,C_0 为隔直电容器,D 为整流器,G 为检流计或记录器。加到电解池两电极间的电压（极化电压）如图 10-10。由此而通过电解池的电流,不仅有直流电解电流和充电电流,而且有交流电解电流。而直流成分被电容器 C_0 所隔离,只有交流的电解电流和充电电流才能通过电容器。由于充电电流比电解电流衰减得快,在方波极谱仪中设置了一个电门路,在方波电压改变方向前的特定时间内,让充电电流衰减完毕后,才让其电流通过检流计或记录器,于是,记录的就只有交流电解电流而无充电电流,从而消除了充电电流。

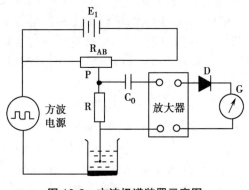

图 10-9　方波极谱装置示意图

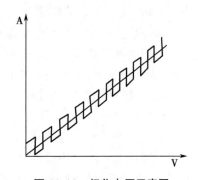

图 10-10　极化电压示意图

在交流极谱中,干扰扩散电流的充电电流主要有两个来源,一是周期性变化的交流电压对电极双电层的充放电,二是滴汞生长导致的双电层电容增加。方波极谱采取两项措施实现了对充电电流的消除。

其一是采用方波电压消除交流电压对电极双电层充放电引起的充电电流。在每一方波的脉冲期间充电电流随时间呈指数规律衰减:

$$i_c = \frac{V_s}{R} e^{-\frac{t}{RC}} \qquad (10\text{-}16)$$

式中，i_c 为电容电流；V_s 为方波电压；t 为时间；R 为电阻；RC 为时间常数。当 $t=5RC$ 时，$e^{-5}=0.0067$，即经过 $5RC$ 的时间后，i_c 只剩下原来的 0.67%。因此，只要 t 比 RC 足够大时就可以把电容电流衰减到可以忽略的程度。由此式可以看出，电阻 R 对充电电流的影响很大，R 越小，i_c 衰减越快。所以方波极谱中一般要求电解池电阻在 50Ω 以下。

其二是在汞滴生长后期电极面积变化很小时记录电流，以消除汞滴面积生长而引起的充电电流。

方波极谱电流与去极化剂浓度、电极面积成正比，与温度、底液组成和浓度有关，还受下列因素影响：

（1）可逆性：电极反应的可逆性对方波极谱的波形和峰高有很大影响。发生可逆反应物质的极谱波形较陡，半峰宽较窄，方波测定灵敏度高；不可逆反应在方波电压负半周还原产物少且在方波电压正半周不易氧化，造成不可逆反应的峰高较低，同时不可逆反应从开始还原至达到极限扩散电流的电位区间大，造成方波极谱波的半峰宽较宽。

（2）方波电压：方波电压越大，频率越高，峰电流值越高。但不能靠提高方波电压和提高方波频率来增加灵敏度，因为方波电压的增加，会减低两波重叠的分辨能力。在方波极谱中一般方波电压选在 10~30mV 之间。

（3）电流记录时间和方波频率：充电电流随时间增加而衰减，故方波电压从脉冲开始到记录电流的时间越长，充电电流就越小。当固定方波半周的后期记录电流时，方波频率的改变就直接改变记录电流的时间，所以必须固定方波频率，一般在 50~250Hz 之间。

（4）吸附和脱附：表面活性物质的吸附量随方波电压改变而改变，这个改变出现在极谱图上就形成峰。表面活性物质还影响电极反应速率。因此在被测溶液中应尽量不含表面活性剂。

2. 方波极谱法的特点和应用

（1）特点：①分辨率高。$\Delta\varphi \geqslant 30\text{mV}$，抗前极化电流能力 10 000∶1，前波影响小；氢波干扰小；②灵敏度高。方波极谱解决了充电电流对电解电流的干扰，同时由于方波电压变化 $\Delta\varphi$ 的一瞬间电极的电位变化速度很大，离子在极短时间内迅速反应，因此这种脉冲电解电流值大大超过同样条件下普通极谱的扩散电流值。因而方波极谱的灵敏度比普通极谱法高数百倍，能分析低至 $5 \times 10^{-8}\text{mol/L}$ 的浓度。

同时，方波极谱在提高灵敏度方面有三个困难：①要彻底消除充电电流，方波极谱法要求电解池内阻小于 50Ω。因此，测定常在 1~2mol/L 高浓度支持电解质溶液中进行。但高浓度的试剂会使杂质引入的机会增多，不利于痕量组分的测定；②由于方波电压频率较高，使得在不可逆体系的测定中灵敏度不高；③影响灵敏度提高的不是仪器噪声而是由毛细管引进的噪声，称为毛细管噪声。这种噪声比整个仪器的噪声高几倍。滴汞电极的每个汞滴落下后，毛细管中的汞线又向上收缩，把试液带进毛细管。下一汞滴流出，毛细管壁上残留一层很薄的不规则的液层。在外加电压下它们也参与极谱电解，产生不规则的电解电流和充电电流。这种液层对每个汞滴来说是完全不同的，它们以噪声的形式表现出来，称之为毛细管噪声电流 i_n，i_n 随时间 t 的衰减关系为：

$$i_n = t^{-n} \qquad (10\text{-}17)$$

式中 n 为大于 1/2 的系数。方波极谱法的方波半周期持续只有约 2 毫秒，对 i_n 不可能予以消除。这是限制方波极谱灵敏度提高的一个重要障碍。

（2）应用：方波极谱分析在食品分析、环境保护、冶金、肥料等领域应用较为广泛。尤其适用于钢铁材料铜合金的测定。可不分离主成分而直接测定其中的 Pb、Cd、Ni、Sn、Cr 等元素。

（三）脉冲极谱法

脉冲极谱法（pulse polarography）是针对方波极谱法的上述缺点加以改进的一种极谱分析法。采用一低频脉冲电压作为极化电压，在脉冲结束前的一定时间内测量通过电解池的脉冲电流，从而进行定性和定量分析的方法。根据所加脉冲电压的方式不同，将脉冲极谱法分为常规脉冲极谱法和示差脉冲极谱法两种。

1. 基本原理　常规脉冲极谱法（normal pulse polarography，NPP）也称积分脉冲极谱法。其脉冲电压振幅随时间增加而增加，振幅从 0~2V 之间选择。用这种形式的脉冲电压所得的极谱图不是峰状的，而是与普通极谱图相似，出现平台，通过测量平台的波高进行定量分析。常规脉冲极谱通过减低方波频率来克服方波极谱的不足。在方波极谱中方波电压的加入是连续的，而脉冲极谱是在每一汞滴增长到一定时间（例如 1 或 2 秒）时，在直线线性扫描电压上叠加一个 2~100mV 的脉冲电压，脉冲持续时间为 4~80 毫秒（40 毫秒相当于 12.5Hz 的方波频率）。由于脉冲极谱比方波极谱每半周的时间要长 10 倍以上，因此按照式（10-16）电容电流的衰减规律，t 增加 10 倍，在满足电容电流衰减的前提下，R 的数值可以容许增加 10 倍。这样应用支持电解质的浓度只需 0.01~0.1mol/L 就可以了，有利于降低痕量分析的空白值。

频率降低的最大好处是减小毛细管噪声。毛细管噪声也随时间衰减，且其衰减速度比电解电流的衰减快。由于脉冲极谱中脉冲周期比方波极谱的周期长得多（例如脉冲持续时间为 40 毫秒，方波持续时间为 2 毫秒），因此在脉冲极谱中，延迟了电流开始记录的时间，使毛细管效应可以充分衰减。

对于电极反应速度较缓慢的不可逆电对，采用较长的脉冲持续时间的脉冲极谱时灵敏度有所提高。脉冲极谱仪还采用补偿电路，抵消了残余电流包括还未消除干净的电容电流。对于低浓度的分析，经过补偿调整可以使波的两侧比较平坦，这方面也比方波极谱仪有所改善。通过降低脉冲电压频率，成功地解决了方波极谱的三点不足。

示差脉冲极谱法（differential pulse polarography，DPP）又称为微分脉冲极谱法或导数脉冲极谱法，它是在汞滴长大到一定时，其表面积基本不变的情况下，在滴汞电极的直线性扫描电压上叠加一恒振幅方波脉冲电压作极化电压，脉冲振幅为 2~100mV，脉冲持续时间为 4~80 毫秒。记录脉冲前和加脉冲后某一时间（如 20 毫秒）通过电解池的电流差，从而得到呈峰状的示差脉冲极谱图。

示差脉冲只记录一个脉冲电流，而方波极谱即使采用滴汞定时电路，在每滴汞上也是记录多个方波脉冲的电流值。这一点是和方波极谱不同的。因为脉冲极谱每一汞滴只记录一个方波脉冲的脉冲电流，因此可以减少因汞滴面积变化引起的各种影响。

2. 脉冲极谱法的特点和应用

（1）特点：脉冲极谱法在灵敏度、分辨能力等方面具有自身的特点。

1）灵敏度高：由于充电电流得以充分衰减，可以将衰减了的法拉第电流充分地放大，能达到很高的灵敏度。对可逆反应，检出限可达到 10^{-8}~10^{-9}mol/L，最高可达到 10^{-11}mol/L。由于脉冲持续时间长，对于电极反应速度缓慢的不可逆反应，也可以提高测定灵敏度，检出限

可达到 10^{-8}mol/L。

2）分辨能力高：可分辨半波电位或峰电位相差 25mV 的相邻两极谱波。前还原物质的量比被测物质高 5×10^4 倍也不干扰测定。因此，该法具有良好的抗干扰能力。

3）空白值低：由于脉冲持续时间长，在保证充电电流充分衰减的前提下，可以允许 R 增大 10 倍或更大些，这样只需使用 0.01~0.1mol/L 的支持电解质就可以了，从而可大大地降低空白值。

（2）应用：可用于分析测定和电极过程研究。

1）分析测定：由于脉冲极谱具有较高的灵敏度，因此广泛应用于痕量物质的分析，不仅能用于生物材料、气体、土壤、植物、水、药物中痕量成分的测定，还可以测定低浓度金属离子与无机或有机配位体所形成的配位离子状态及其生成常数。

2）电极过程研究：①可逆性：利用常规脉冲的对数分析判断电极过程的可逆性。以 $\lg \dfrac{i}{i_c - i}$ 对 φ 作图，如得一直线，且斜率为 $\dfrac{nF}{2.303RT}$ 则为可逆过程，否则为不可逆过程。可逆过程的 $\varphi_{1/2}$ 不随去极化剂浓度等因素而改变。②利用常规脉冲极谱正、逆扫波高之比值可以判断过程可逆性。不可逆过程，其正、逆扫波高之比约为 7∶1，而可逆过程则为 1∶1。③利用常规脉冲极谱正、逆扫半波电位之差可以判断电极过程可逆性。可逆过程则正、逆扫的 $\varphi_{1/2}$ 相同，不可逆过程则逆扫的 $\varphi_{1/2}$ 比正扫的要负几毫伏。④利用示差脉冲极谱半峰宽判断过程可逆性。若半峰宽为 $3.52 \dfrac{RT}{nF}$，则为可逆，否则不可逆。

3）吸附性：常规脉冲极谱可用于反应物和产物吸附性的研究。利用常规脉冲极谱图正、逆扫是否呈峰形判断产物或反应物是否具有吸附性。但当反应物和产物二者均产生吸附且吸附系数相等时，正、逆扫均不出峰。示差脉冲极谱法也可用于电极过程吸附性的研究。

第二节 溶出伏安法

溶出伏安法（stripping voltammetry）是在极谱法的基础上发展起来的一种将富集和测定有效地结合在一起的电化学分析方法，又称为反向溶出极谱法。这种方法是使被测定的物质，在极谱分析产生极限电流的电位下电解一定时间，然后改变电极的电位，使富集在电极上的物质重新溶出，根据电解溶出过程中所得到的 i-φ 曲线来进行定量。这种方法实际上是把恒电位电解和溶出测定结合起来，它的突出优点是灵敏度高，一般可达 10^{-8}~10^{-9}mol/L。

溶出伏安法分为阳极溶出伏安法（anodic stripping voltammetry，ASV）和阴极溶出伏安法（cathodic stripping voltammetry，CSV），前者的电解富集过程为电还原，溶出测定过程为电氧化，后者则相反。

一、基本装置

溶出伏安法在原有正向极谱法的基础上只需增添磁力搅拌器、计时器及汞或非汞固体电极等配件即可，方法简便易行。

1. 工作电极　溶出伏安法的工作电极是极化电极，通常可分为汞电极和非汞电极两大类。

（1）汞电极：汞电极对氢的超电位很高，可用电位范围广，在溶出伏安法中应用较多，但要注意溶出法不能使用滴汞电极,只能使用固定电极,常用的有悬汞电极和汞膜电极。悬汞电极的面积不能过大,大的悬汞易于脱落,为了提高测定的准确度,每次应更换新的汞滴。用悬汞电极测定的灵敏度并不太高,但重现性好。汞膜的电极表面积比悬汞大得多,电积效率高,而且可以加快搅拌速度,因此,溶出峰尖锐,分辨能力高、灵敏度比悬汞电极高出 1~2 个数量级,但重现性不如悬汞电极。现已成功应用的汞膜电极有碳汞膜电极。

（2）非汞电极:测定 Au、Ag 等需要非汞电极,因这些金属很容易与汞生成金属间化合物。常用的非汞电极有金、银、铂、碳等电极。它们的共同缺点是电极面积和电沉积金属活度可能发生连续变化。固体电极表面参数对测定结果影响很大,所以必须维持固体电极的表面处理,如清洗、抛光、预极化等不变,以保证测定结果的重现性。

2. 测量仪器 溶出伏安法所用的分析仪器一般采用三电极系统,即工作电极、参比电极和辅助电极。仪器上带有一个能对测量池中电极施加可变电压的装置。目前国产的电化学分析仪器大多为多功能分析仪器,能进行极谱、溶出伏安、循环伏安、电位溶出等多种方法的测定,仪器也都带有工作站,能很方便地实现微机控制仪器和对实验条件进行选择以及数据处理。图 10-11 为测量得到的溶出伏安曲线。

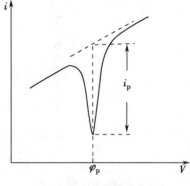

图 10-11 溶出伏安曲线

二、基本原理

（一）阳极溶出伏安法

阳极溶出伏安法电解富集用的是还原反应而扫描溶出用的是氧化反应。

1. 电解富集 将工作电极电位控制在比被测离子的半波电位负 0.3~0.4V,于一定搅拌速度下进行恒电位电解,溶液中的金属离子 M^{n+} 还原沉积到电极上。如采用汞电极,多数离子能生成汞齐。电极反应为:

$$M^{n+}+ne+Hg \rightarrow M(Hg)$$

当试液中有几种金属离子因富集同时进入到汞膜中时,金属汞齐浓度高过一定值后,两种金属会形成金属间互化物,例如在汞齐中 Cd-Ag 互化物的溶度积为 7×10^{-6},当汞中 Cd 及 Ag 的浓度超过 7×10^{-6} 时,Cd-Ag 互化物将会形成。一旦金属的互化物生成,溶出过程中它们的峰电流会降低甚至消失,因此汞膜溶出伏安法只适宜于低浓度的测定。

富集方式有全部电沉积和部分电沉积。前者分析灵敏度高,但分析速度慢;后者则相反。因此在实际工作中多采用部分电沉积法。为了使电解富集时沉积在电极上的被测物质量一致,必须严格控制电解富集的各项条件。

2. 溶出测定 完成电解富集之后,停止搅拌,静止约 1 分钟,便可进行溶出测定。溶出过程普遍用直流线性快速扫描法,即在溶出过程中工作电极的电位以一定的速度向电位更正的方向线性扫描。当电极电位达到比平衡电位稍正时,沉积在电极上的金属 M（通常为汞齐）便开始氧化溶出:

$$M(Hg)-ne \rightarrow M^{n+}+Hg$$

随着电位继续变正,溶出速度加快,溶出电流不断增大,在半波电位附近达到最大值。电位再继续变正时,由于电极中的金属浓度逐渐下降,溶出电流也逐渐变小,直到金属完全溶出为止。图 10-12 显示了镉离子的溶出峰阳极溶出伏安图,同时以其极谱图为对照。

伏安法习惯以还原电流为正,氧化电流为负,所以阳极溶出伏安法的峰形曲线为倒峰。

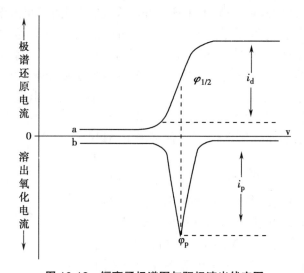

图 10-12　镉离子极谱图与阳极溶出伏安图

a. Cd^{2+} 的极谱图;b. Cd^{2+} 在玻碳电极上的阳极溶出伏安图

(二) 阴极溶出伏安法

阴极溶出伏安法与阳极溶出伏安法的电极过程相反,其电解富集过程是氧化反应,溶出测定时工作电极上发生还原反应,故称为阴极溶出伏安法。

阴极溶出伏安法常用银电极和汞电极作为工作电极。在恒定电位下,工作电极本身氧化溶解生成 Ag^+、Hg^{2+},它们与溶液中的被测离子在预电解过程中生成难溶化合物薄膜聚附于工作电极表面,使阴离子得到富集。然后将电极电位向负方向移动,进行负电位扫描溶出,得到阴极溶出极化曲线。它可分为两种类型:

1. 被测阴离子在工作电极上形成难溶膜　在恒电位下,工作电极材料本身发生氧化反应。产生的金属阳离子与被测阴离子发生化学反应,形成难溶性化合物富集在电极上。

经一定时间富集后,电位向较负方向扫描,当达到难溶化合物的还原电位时,富集在电极上的难溶化合物被还原,生成的阴离子扩散到溶液中,此即阴极溶出测定过程。

例如测定溶液中痕量硫离子,可以 0.1mol/L NaOH 为底液,于 –0.4V 下电解富集一定时间,这时悬汞上形成难溶性 HgS:

$$Hg + S^{2-} \rightarrow HgS \downarrow + 2e$$

溶出时,悬汞电极的电位由正变负,当达到 HgS 的还原电位时,由于下列还原反应而得到阴极溶出伏安图:

$$HgS \downarrow + 2e \rightarrow Hg + S^{2-}$$

图 10-13 是 HgS 在悬汞电极上溶出时的阴极溶出伏安图。

方法的灵敏度主要取决于电极上形成难溶化合物的溶解度。溶解度越小,灵敏度越高,可达到 10^{-9}mol/L 数量级。因此,应选择适当的电极材料,使

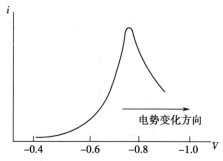

图 10-13　硫离子的阴极溶出伏安图(悬汞电极,–0.4V 电解富集)

其与被测离子生成化合物的溶解度应尽可能小。

2. 被测变价金属离子与试剂在电极上形成难溶膜 在溶液中加入某种无机或有机试剂,再电解富集,加入的试剂能与被测金属离子的某一价态结合,在电极上形成难溶膜。与试剂结合的金属离子往往是电极反应的产物。

阴极溶出伏安法选择性高,灵敏度好,是一种测定不能生成汞齐的金属离子、阴离子和有机生物分子的灵敏而有效的方法,可用于卤素、硫、钨酸根等阴离子的测定。

(三)定性定量依据

溶出伏安法使用的电极种类较多,溶出峰电流公式也随电极的不同而各不相同。但当实验条件恒定时,溶出峰电流 i_p 都与溶液中被测离子浓度 c 成正比,此为定量分析依据,溶出伏安曲线的峰电位 φ_p 与待测物质的半波电位有关,此为定性分析依据。

三、影响溶出峰电流的因素

溶出峰电流与富集和溶出两个过程有关,其影响因素主要有:

1. 富集时间 部分电沉积时,富集时间短,溶液体积较大,被测离子在本体溶液的浓度基本保持不变,峰电流与富集时间呈线性关系。为保证较高的灵敏度和富集的重现性,必须严格控制富集时间。用悬汞电极作为工作电极,一般 $10^{-6} \sim 10^{-7} \mathrm{mol/L}$ 数量级的溶液需富集 5 分钟,$10^{-8} \mathrm{mol/L}$ 的溶液则需富集 15 分钟。用汞膜电极,由于汞膜较薄,富集的金属只积累在电极表面,很快能全部溶出,因此灵敏度较高,一般 $10^{-7} \mathrm{mol/L}$ 的溶液仅需富集 $0.5 \sim 2$ 分钟。

若富集时间过长,有些金属在汞膜中超过其溶解度,析出固态金属,反而使电极性质改变。

2. 富集电位 一般控制在比待测离子峰电位负 $0.2 \sim 0.4 \mathrm{V}$(阳极溶出伏安法)。富集电位离峰电位太近,电沉积电流不稳定,影响溶出电流的重现性。富集电位太负,则后放电物质(尤其是氢)可能放电析出,对测定会造成干扰。如果同时测定几种离子,则以峰电位最负的离子为准选择富集电位。

3. 溶液搅拌速度 搅拌加速离子向电极表面的运动,从而影响金属沉积量。因此搅拌速度以保证悬汞电极不变形、不脱落,汞膜表面不被破坏为准。

最常用的搅拌方法是电磁搅拌,但搅拌子的几何形状、与电极的距离、位置及转动速度,电解池的大小与形状以及溶液体积等因素都会影响溶出峰电流。故须严格控制条件,以获得良好的重现性。

旋转电极由于搅拌速度远比电磁搅拌的快,所以能获得更好的电沉积效果。但悬汞电极在转速稍快时悬汞就容易脱落,所以旋转电极适用于汞膜电极而不适用于悬汞电极。

通入惰性气体是一种简单有效、重现性好的搅拌方法,效率高于电磁搅拌。一般先通氮除去氧,持续通氮可防止氧的重新溶解,又起到搅拌作用。但要注意保持氮气流量的恒定。

4. 电位扫描速度 悬汞电极为工作电极时,峰电流与电位扫描速度的平方根成正比;用汞膜电极时峰电流则与电位扫描速度成正比,因此提高扫描速度可以增加灵敏度。但扫描速度的加快,也会使电容电流加大,所以扫描速度加快到一定值后,灵敏度就不再提高,一般线性扫描伏安法的扫描速度为 $100 \sim 200 \mathrm{mV/s}$。

5. 支持电解质 溶出伏安法测定中需要加入支持电解质。支持电解质对各种金属离子的极谱性质如峰电位等都有影响,其基本要求同极谱法,可通过条件实验选择。

其他操作条件不直接影响溶出电流,但也需考虑对测定结果的影响,主要有:①试剂纯度。像所有微量和超微量分析技术一样,溶出伏安法对容器的清洗、试剂的纯度要求很高,容器尽量不使用易吸附的玻璃器皿而采用石英或聚四氟乙烯等塑料器皿,且需用稀酸浸泡纯水冲净。由于离子交换水不能除去非离子杂质,同时一些有机物还会从树脂上溶解下来,所以实验用水不能用离子交换水。使用的支持电解质等试剂可采用汞阴极电解纯化,挥发性酸碱用蒸馏法纯化,如果纯化困难,可在不同的底液中分别进行富集和溶出;②工作电极。根据预电解富集反应的类型选择工作电极。生成汞齐或与电极材料形成不溶物的反应只能选择某一类型的电极,但有的反应不受电极类型的影响。

四、特点与应用

1. 特点　①灵敏度高:溶出伏安法将待测物由稀溶液中富集到微小体积的电极中或表面上,使其浓度大大提高。还因为采用了固定面积的工作电极,减小了电容电流的影响。与各种极谱法配合使用后,其检测限一般都比原有的正向极谱法低 2~3 个数量级,测定范围在 $10^{-6} \sim 10^{-11}$ mol/L,最低可达到 10^{-12} mol/L;②应用范围广:阳极溶出伏安法可测定几十种元素,阴极溶出伏安法可以测定十几种元素。还可以同时测定多种元素不必预先分离;③方法易于推广:由于溶出分析所使用的仪器结构简单,价格便宜,给推广应用带来了便利;④重现性差:由于影响溶出峰电流的因素较多,测定结果重现性差,要获得较好的重现性,必须严格要求实验操作条件。

2. 定量方法和应用　①定量分析方法:溶出伏安法通常用标准曲线法和标准加入法定量,方法同极谱法;②应用:溶出伏安法是一种灵敏的痕量分析法,故在超纯物质分析中具有实用价值。例如结合示波极谱法,可以测定超纯物质中含量低至 10^{-8} 量级的铜、铅、镉、铟、铊、铋等痕量金属元素。此外,还能实现多种组分的同时测定,分析的样品种类很广,在天然水、海水、水产品、生物试样、农产品、半导体材料等的微量金属元素测定中具有广泛的应用。阳极溶出伏安法可以测定 Na、K、Sr、Ba、Ga、In、Tl、Ge、Sn、Pb、Cu、Fe、Sb、Bi、Ca、Ag、Au、Zn、Cd、Hg 及 Ni 等。溶出伏安法还是物质化学形态研究的重要手段。

第三节　电位溶出分析法

1976 年,在溶出伏安法基础上,瑞典人 Daniel Jagner 提出了电位溶出分析法。虽然电位溶出法也是分为富集和溶出两个步骤,但与溶出伏安法不同,电位溶出分析中,富集在工作电极上的元素不是靠电氧化还原反应溶出,而是断开加在工作电极上的恒电位,靠化学试剂(氧化剂或还原剂)的氧化还原反应使其溶出,记录的不是电流 - 电压曲线而是电位 - 时间曲线。这种方法既有电位分析法设备简单的优点,又具有溶出伏安法的选择性和灵敏度,适于卫生检验,特别是测定血、尿样等可不经消化直接测定。

电位溶出法按溶出过程化学反应性质不同,分为氧化电位溶出法和还原电位溶出法,前者溶出过程被测物被氧化,后者溶出过程被测物被还原,较常用的是氧化电位溶出法。按记录的电位溶出曲线不同,分为常规电位溶出法和微分电位溶出法(differential potentiometric analysis),前者记录 φ-t 曲线,后者记录 $d\varphi/dt$-t 曲线或 $dt/d\varphi$-φ 曲线,以后者较为常用。下面主要介绍氧化电位溶出法。

一、基本原理

1. **仪器装置**　电位溶出分析仪由三部分组成:恒电位电路、电解池系统和高输入阻抗记录仪。前两部分与溶出伏安法的仪器基本相同,但记录仪不同。为了直接扫描溶出过程中电位随时间变化的曲线,需在信号进入记录仪之前,串联一个阻抗变换器(pH 计)增加电池系统的阻抗(图 10-14)。

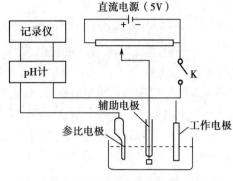

图 10-14　电位溶出法的仪器装置示意图

电位溶出分析采用三电极系统,工作电极为玻璃碳电极、汞电极、铂电极、金电极等,参比电极为饱和甘汞电极,辅助电极为铂电极。

2. **富集过程和溶出过程**

(1) 富集过程:氧化电位溶出法与阳极溶出伏安法的富集过程相同,在恒电位下将被测离子电解富集在工作电极上,如用汞电极,电极反应为:

$$M^{n+}+ne+Hg \rightarrow M(Hg)$$

(2) 溶出过程:电解富集完成后,断开恒电位电路,将富集元素利用化学反应溶出。溶出时采用两种方式溶出富集的物质:

1) 恒电流溶出:富集完成后,停止搅拌,在静止条件下以恒电流进行阳极溶出,记录电位随时间变化的 φ-t 曲线。根据 φ-t 曲线的特征进行定性定量分析。工作电极的电极电位 φ 与溶液中待测离子浓度 $c_{M^{n+}}$ 的关系服从 Nernst 方程:

$$\varphi=\varphi^0+\frac{0.059}{n}\lg\frac{c_{M^{n+}}}{c_{M(Hg)}}\quad(25℃)\tag{10-18}$$

式中,$c_{M(Hg)}$ 为金属在汞齐中的浓度。恒电流不加氧化剂的条件下,氧化速度很慢,在某一时间区段内,φ 值基本不随 t 改变,φ-t 曲线上出现平台,直到该金属完全溶出。φ-t 曲线上的平台对应的电位称为溶出电位,是定性分析的依据;平台长度对应的时间 τ 称为溶出时间,与试液中待测物浓度成正比,是定量分析的依据(图 10-15)。

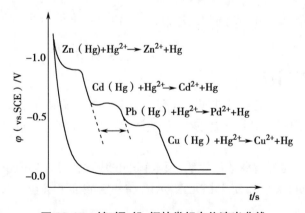

图 10-15　锌、镉、铅、铜的常规电位溶出曲线

2) 加氧化剂溶出:富集完成后,断开电路,停止搅拌,利用预先加入的氧化剂将汞齐中待测金属离子氧化为离子进入溶液。同样以 φ-t 曲线进行定性定量分析。

无论何种方式溶出,待测溶液都应作通氮除氧处理,并保持溶液上方为氮气氛围,以防止溶解氧的干扰。

二、常规电位溶出法和微分电位溶出法

1. 常规电位溶出法　常规电位溶出分析记录的 φ-t 曲线呈平台形。例如,在酸性条件下,恒电位电解含 Zn^{2+}、Cd^{2+}、Pb^{2+}、Cu^{2+} 的混合溶液。四种离子同时富集在汞膜电极上,富集完成后用与空气平衡的溶解氧作氧化剂,化学氧化溶出金属,记录 φ-t 曲线如图 10-15 所示。

图 10-15 中出现四个平台,每一平台所对应的电位值决定于各金属离子电对的条件电位和各电对中氧化态和还原态的浓度比。每一平台的长度即为电位溶出时间,根据理论可推导出氧化电位溶出时间的方程为:

$$\tau = \frac{c_{M^{n+}}}{c_{Ox}} \cdot \left(\frac{D_{M^{n+}}}{D_{Ox}}\right)^{2/3} \tau_d \tag{10-19}$$

式中,τ 为电位溶出时间,s;τ_d 为预电解富集时间,s;$c_{M^{n+}}$ 为溶液中被测离子浓度;c_{Ox} 为溶液中氧化剂的浓度;$D_{M^{n+}}$ 为溶液中被测离子的扩散系数;D_{Ox} 为所加氧化剂的扩散系数。

从式(10-19)可看出,电位溶出时间与溶液中被测离子浓度和预电解富集时间成正比,与氧化剂在溶液中的浓度成反比。式中除 $c_{M^{n+}}$ 外,其他因素在恒定实验条件下都是定值,故式(10-19)可简化为:

$$\tau = Kc_R \tag{10-20}$$

式(10-20)表明,在恒定实验条件下,电位溶出时间与溶液中被测离子浓度成正比,为常规电位溶出法定量分析的依据。

2. 微分电位溶出法　微分电位溶出法记录的 $d\varphi/dt$-t 曲线或 $dt/d\varphi$-φ 曲线呈峰形,如图 10-16 所示,具有灵敏度高、分辨率高和溶出信号易测量等优点。图 10-16 中 Pb^{2+} 的溶出峰电位为 –0.42V,Cd^{2+} 的溶出峰电位为 –0.58V,Zn^{2+} 的溶出峰电位为 –0.95V,为待测物质定性的依据,峰高与待测物质浓度成正比,是定量的依据。

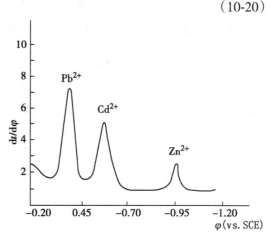

图 10-16　镉、铅、锌的微分电位溶出曲线

三、分析条件的选择

电位溶出法的干扰一是来自试液中含有析出电位相近的共存物质,使溶出信号发生重叠;另一个是在汞齐内有金属间化合物生成,使溶出信号异常。在实验中应注意如下条件的选择和控制:

1. 预电解电位　为了提高富集效率,预电解电位应该比可逆还原电位负 0.3V 以上。但如果预电解电位太负,又可能使干扰元素溶出,在一定酸度下甚至会发生介质的电化学反应,如 H_2 的逸出等。

2. 富集时间　沉积在电极上的被测物质的沉积量随着富集时间的增长而增大,有利于提高分析灵敏度。但随着富集时间的增长,电解产物在汞中会逐渐达到饱和而镀在工作电极表面,从而改变溶出时的动力学性质,被测物质在汞中溶解度越小,这种影响越大。

3. 介质　溶出时的氧化还原反应需要适当的酸性介质。介质酸度不仅要保证氧化剂有效,同时还要保证在富集电位下氢不析出。对于溶出电位较正的元素,可加入适当的配位剂。配位剂与待测离子形成配合物后,降低了其氧化态的浓度,使待测元素的溶出电位更负,从而提高了溶出速度。

4. 氧化剂　氧化电位溶出法的溶出是依靠氧化剂与待测离子的氧化反应,因此选择适当的氧化剂对测定至关重要。要求氧化剂的氧化能力要适中,还原产物不干扰测定,黏度小,产生背景小。常用的氧化剂有溶解氧、Hg^{2+}、$Cr_2O_7^{2-}$、MnO_4^- 等。

四、特点和应用

1. 特点　①仪器简单。基本仪器只需恒电位仪、pH 计和记录时间的装置,无需溶出伏安法那样的扫描和微电流测量装置;②线性范围宽。浓度变化可达 5~7 个数量级;③分辨率高。当两种共存离子浓度相差较大时,工作电极电位将停留在先氧化元素的电位区,直到该元素完全溶出后,才开始氧化另一元素,分辨率不受影响,特别适用于混合物的分析测定;④试样预处理简单。电位溶出法在溶出过程中没有电流流经工作电极,因此对试样中的电活性物质不敏感,在测定前不需除去电活性物质。如体液等样品中微量元素的测定,可不经消化,经适当稀释后直接测定;⑤通过适当延长电解富集时间可降低检测下限,提高灵敏度;⑥精密度高、重现性较好。

2. 应用　电位溶出法的应用范围日趋广泛。它可用于痕量元素的分析,也用于其他理论研究,尤其在卫生监测中应用较多。已有该法测定海水、地表水、饮料、食品、生物组织、血清、尿等样品中的 Hg、As、Bi、Cr、Cu、Zn、Pb、Cd、Sb、Sn、Ca、Mn、K、Na、I、Cl 及 Br 等元素的报道。

本 章 小 结

1. 基本知识　经典极谱法的基本原理、定性定量依据和方法;影响扩散电流的因素及消除干扰电流的方法;单扫描极谱法、方波极谱法、示波极谱法及溶出伏安法等的原理和特点;溶出伏安法基本装置、原理、定性定量依据、影响溶出峰电流的因素以及方法特点和应用;电位溶出法基本装置、原理、常规和微分电位溶出法的定量依据、分析条件选择以及方法特点和应用。涉及的重要概念有:浓差极化、残余电流、扩散电流、迁移电流、支持电解质、半波电位、富集、溶出等。

2. 核心内容　极谱法是以表面周期性更新的滴汞电极作为工作电极的一种伏安法,以扩散电流的峰高定量,半波电位定性,其核心是汞滴的扫描时间和速度,关键是消除各种干扰电流,准确记录 i-φ 曲线;溶出伏安法是在极谱法的基础上发展起来的一种将富集和测定有效地结合在一起的电化学分析方法,其中阳极溶出伏安法的电解富集过程为电还原,溶出测定过程为电氧化,阴极溶出伏安法则相反,这两个过程就是溶出伏安法的核心,关键是控制富集时间、电位、搅拌速度、扫描速度以及支持电解质等条件以控制溶出峰电流;电位溶出分析通过化学试剂的氧化还原反应使富集在工作电极上的元素溶出,记录电位 - 时间曲线定量,通过选择预电解电位、富集时间、溶出介质、氧化剂等条件消除干扰实现准确测定。

3. 学习要求　了解伏安法和电位溶出法特点及应用;掌握极谱法和阳极溶出伏安法的基本原理、定性定量方法、影响扩散电流的因素及消除干扰电流的方法,掌握影响溶出峰电流的因素和电位溶出法分析条件的选择；熟悉 Ilkovic 方程式和极谱波方程式，熟悉单扫描极谱法、方波极谱法、示波极谱法、溶出伏安法和电位溶出法原理。

（曾红燕）

思考题

1. 极谱分析中为什么使用滴汞作为工作电极，它有哪些特点？
2. 影响极限扩散电流的因素有哪些？
3. 极谱分析中的干扰电流有哪些，如何消除？
4. 在极谱分析中为什么要加入大量支持电解质？常用的支持电解质有哪些？
5. 溶出伏安法有几种类型？各自的测定反应特点是什么？
6. 电位溶出法与溶出伏安法有何异同？

第十一章 其他电化学分析法简介

第一节 电导分析法

电导分析法(conductometry)是以测量电解质溶液的电导为基础的分析方法,包括直接电导法和电导滴定法。原本在溶液中杂乱无序运动的离子在电场的作用下,变成阳离子向阴极运动,阴离子向阳极运动的有序运动,形成电流,溶液开始带电,从而就有电导。当温度一定时,溶液的电导取决于溶液中离子的种类和浓度,若离子种类一定,则溶液的电导与离子浓度成比例,因而可测定离子浓度,称为直接电导法(direct conductometry);此外,还可根据滴定过程中溶液电导的变化来确定滴定终点,称为电导滴定法(conductometry titration)。

溶液的电导具有加和性,它与溶液中存在的所有离子有关,因此电导分析法是非特征性的。正是这种非特征性,使该分析技术的应用受到一定限制,但由于电导法的灵敏度较高,在某些项目的连续监测方面仍有特定的应用。

一、溶液电导的概念

1. **电导和电导率** 电阻率在 $10^2 \sim 10^6 \Omega \cdot cm$ 的物体称为导体,电阻率在 $10^8 \sim 10^{20} \Omega \cdot cm$ 为绝缘体,而电阻率介于二者之间的称为半导体。根据导电机理不同,导体可以分为固体导体(如金属和碳)和液体导体(如酸、碱、盐的溶液)两类。

固体导电是由于导体上的自由电子在电场作用下向电场方向反向移动的结果。液体导电则是溶液中的正负离子在电场作用下分别向两个电极移动的结果。液体导电的能力称为电导(conductance),等于其电阻的倒数。即:

$$G = \frac{1}{R} \tag{11-1}$$

式中:G 为电导,单位为西门子(Siemens),简称西,用 S 或 Ω^{-1} 表示;R 为溶液的电阻。

电解质溶液可视为一均匀的导体,其电阻服从欧姆定律,即溶液的电阻在一定温度时与电极间距离 L 成正比,与浸入溶液的电极面积 A 成反比:

$$R = \rho \frac{L}{A} \tag{11-2}$$

式中:ρ 为比电阻(specific resistance),也称为电阻率(resistivity),单位为欧·厘米($\Omega \cdot cm$)。因此,电导为:

$$G = \frac{1}{R} = \frac{1}{\rho} \cdot \frac{1}{L/A} \tag{11-3}$$

式中:$\frac{1}{\rho}$ 称为比电导(specific conductance),也称为电导率(conductivity),用 κ 表示,单位

为西／厘米（S/cm），其物理意义是在两个相距为 1cm、面积均为 1cm² 的平行电极间电解质溶液的电导。温度一定时，电导率与电解质溶液的组成和浓度有关，当电导池装置一定时，L/A 为常数，称为电导池常数（conductance cell constant）或电导电极常数，用 θ 表示，因此电导可写成：

$$G=\kappa \frac{1}{\theta} \tag{11-4}$$

由于电极间的距离和电极的面积不容易测准，所以常用 KCl 标准溶液来测定电导池常数 θ。各温度下 KCl 标准溶液的电导率 κ 已知（表 11-1），测定其电导 G，根据上式就可以求出电导池常数 θ。已知 θ 后，测未知溶液 G，用上式可求得未知溶液电导率 κ。

表 11-1　不同温度不同浓度 KCl 标准溶液的电导率 κ（S/cm）

温度（℃）	浓度（mol/L）			
	1.000	0.1000	0.01000	0.001000
15	0.09212	0.01045	0.001141	0.0001185
18	0.09780	0.01116	0.001220	0.0001270
20	0.1017	0.01164	0.001274	0.0001322
25	0.1113	0.01285	0.001408	0.0001466
35	0.1311	0.01535	0.001688	0.0001765

2. 摩尔电导率　为了比较不同类型电解质溶液的导电能力，引入摩尔电导率的概念。在相距 1cm 的两平行电极间含有 1 摩尔电解质的溶液的电导称为摩尔电导率（molar conductivity），用 λ 表示，单位为 S·cm²/mol。

若在 1000ml 溶液中含有 c 摩尔电解质，则每摩尔电解质的溶液体积为：

$$V=\frac{1000}{c}（\text{ml}） \tag{11-5}$$

电导率是每 cm³ 溶液，即每 ml 溶液的电导，因此摩尔电导率应当等于电导率乘以每摩尔电解质的溶液的体积：

$$\lambda=\kappa \frac{1000}{c} \tag{11-6}$$

$$\kappa=\lambda \frac{c}{1000} \tag{11-7}$$

$$G=\kappa \frac{1}{\theta}=\lambda \frac{c}{1000} \cdot \frac{1}{\theta} \tag{11-8}$$

3. 无限稀溶液的摩尔电导率　溶液的电导不仅与电解质种类和浓度有关，还与电解质的解离度有关。溶液中离子存在相互作用，迁移受到彼此牵制，这种作用力在浓度高时尤为明显。由于电解质离子彼此间的相互影响，摩尔电导率也随溶液的浓度改变而改变，溶液越稀，离子彼此间的影响越小。在溶液无限稀释时，离子的移动不相互产生影响，摩尔电导率达到最大值，此值称为无限稀溶液的摩尔电导率，用 λ^0 表示。常见离子无限稀水溶液的摩尔电导率见表 11-2。

表 11-2　常见离子无限稀水溶液的摩尔电导率（25℃）（$S \cdot cm^2/mol$）

阳离子	λ_+^0	阴离子	λ_-^0
H^+	349.8	OH^-	198.0
Na^+	50.1	Cl^-	76.3
K^+	73.5	Br^-	78.4
NH^+	73.4	I^-	76.8
Ag^+	61.9	NO_3^-	71.4
Fe^{3+}	204.0	CO_3^{2-}	138.6

因此，在无限稀释时，电解质的摩尔电导率最大，其值等于各种离子无限稀摩尔电导率之和：

$$\lambda^0 = \sum \lambda_+^0 + \sum \lambda_-^0$$

电解质溶液的电导率等于各种离子的电导率之和：

$$\kappa = \frac{\sum \lambda_i c_i}{1000} \tag{11-9}$$

例如绝对纯水的电导率理论上为 5.5×10^{-8} S/cm（25℃）。这是根据水的离子积 $[H^+] \times [OH^-] = 10^{-14}$ 计算得来的：

$$\kappa = \frac{\sum \lambda_i^0 c_i}{1000} = \frac{349.8 \times 10^{-7}}{1000} + \frac{198.0 \times 10^{-7}}{1000} = 5.5 \times 10^{-8} \, (S/cm)$$

供精密分析用的超纯水要求其 κ 小于 1×10^{-7} S/cm，海水 κ 大于 1×10^{-2} S/cm。

二、溶液电导的测定

1. 测量电路　包括电源和电路。

（1）电源：当电流通过电极时，电极产生极化，电极表面溶液的组成要发生改变，从而导致电解质浓度改变而无法测定电导。所以溶液电导的测量（实际上是溶液电阻的测量）不能采用万用表测电阻那样简单地使用直流电的方法，而是要用交流电。交流电可以使氧化和还原反应交替在电极上发生，净结果可认为没有发生氧化或还原反应，故可减小或消除极化现象。若交流电的频率小，即两极交替改变间隔时间长，还是会有电解质析出，所以必须使用高频交流电，才可测得稳定的电导值。频率有 50Hz 和 100Hz 两种，电导小的使用 50Hz，电导大的使用 100Hz。

（2）电路：电导仪的测量电路常见电桥平衡式和分压式两种。目前使用最广泛的是根据分压原理设计的直读式电导仪，工作原理如图 11-1 所示。

由振荡器产生交流电压 E，施加到被测量电阻 R_x 和分压电阻 R_m 的串联电路中，E_m 为 R_m 两端的分压，根据分压原理得：

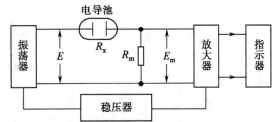

图 11-1　分压式电导仪测量电路示意图

$$E_m = \frac{R_m}{R_m + R_x} \cdot E = \frac{R_m}{R_m + 1/G_x} \cdot E \tag{11-10}$$

测量时,只要把分压电阻 R_m 控制足够小,使得 R_m 远小于 R_x,则上式就可简化成:

$$E_m=R_mG_xE \tag{11-11}$$

电源电压 E 及 R_m 是定值,则分压 E_m 与溶液电导 G_x 呈线性关系。E_m 经交流放大器放大之后经过信号整流,就可由直流电表直接指示电导值。利用运算放大器使 E_m 与 G_x 呈线性关系,还可以制成数显式或记录式电导仪。

2. 电导池　电导池一般采用硬质玻璃为盛样容器,精确测量电导率很低的超纯水时,则用石英电导池。在电导池中插入一对面积和位置都固定的平行片的电极,电极材料一般采用金属铂,也可采用镍、石墨等材料(图11-2)。在盛样容器中加入待测溶液即可测定电导。

3. 电极　主要有铂光亮电极、铂黑电极(在铂光亮电极上涂上很细密的铂黑颗粒)和 U 型电极。

铂光亮电极适用于电解质浓度低,即电导小的溶液。由于铂黑可从溶液中吸附溶质,电导小的溶液本身浓度很低,吸附溶质后将造成电导的较大变化,使测量结果不准确,故电导小的溶液不能用铂黑电极。

铂黑电极适用于电导较大的溶液的测定。因为电解质浓度大时,用光亮电极易产生极化,即电解质的阴离子在阳极被氧化,阳离子在阴极被还原,从而使电解质浓度发生改变,电极表面也发生改变而无法测定。涂上铂黑,电极表面积增大,电流密度减小,可避免极化现象,得到稳定电导值。

U 型电极其电极常数大,适用于电导大的溶液的测定。电极常数大,相当于增加溶液电阻值,相应减小电导,从而可测量电导大的溶液。

电极常数以能控制测量溶液的电导率值在 $10^{-3}\sim10^{-5}$ S/cm 为宜,太小测定不准确,太大时仪器的平衡点难以确定。

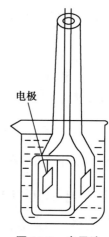

图 11-2　电导池

4. 影响电导率的因素

(1) 电导率与溶液中电解质本身性质有关。迁移速率越大的离子具有越大的电导率;价态越高的离子携带的电荷越多,导电能力越强,电导率也越大。

(2) 电导率还与溶液的浓度有关。在一定浓度范围内,离子的浓度越大,单位体积内离子的数目就越多,导电能力也越强,电导率就越大。图 11-3 显示了几种电解质溶液的电导率与浓度的关系。

但是随着溶液浓度的增大,单位体积内离子数目增多,离子间的相互作用力也增大,电解质的离解度要降低,电导率反而会下降。因此,在图 11-3 上可以看见溶液的电导率曲线都有一个极大点。

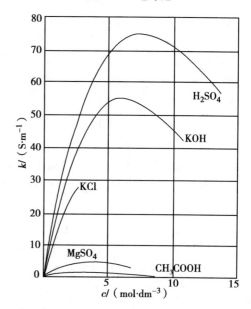

图 11-3　电解质溶液的电导率与浓度的关系

（3）电导率还受外界条件的影响。如温度升高，离子移动速度增大，电导率也随之增加。通常温度每升高 1℃，电导率约增加 2%~2.5%。因此，在测定溶液电导率时，需恒温。此外，空气中存在的杂质，如 CO_2、NH_3 等溶于溶液后，也影响溶液电导率的测定，应尽可能隔绝空气中的杂质，以减少测定误差。

三、电导分析应用

1. 直接电导法　直接电导法（direct conductometry）是通过测量溶液的电导值而直接得知组分含量的方法。电导法只能用来测定离子的总量或用于分析单纯物质。

（1）水质纯度的测定：电导法是测定水质纯度的一种十分重要的方法，尤其是高纯度水的检验，应用此法最为理想。在 25℃时，超纯水的电导率理论值为 5.5×10^{-8}S/cm，实验室新蒸馏水为 6×10^{-7}S/cm，与空气中二氧化碳相平衡的蒸馏水约为 1×10^{-6}S/cm，清洁淡水（如河水等）约 1×10^{-4}S/cm，自来水约为 5.0×10^{-4}S/cm，海水电导率一般大于 1×10^{-2}S/cm。故通过测定电导率可以对水的纯度作出初步判定。锅炉用水、工业用水及江河湖水等都要求连续监测水的纯度。水的电导率越低，表示其中的离子越少，即水的纯度越高。值得注意的是，水的电导率高低，仅能反映出水中导电物质含量的多少，但非导电性物质，如水中的细菌、藻类、悬浮杂质及非离子状态的杂质对水质纯度的影响不能用电导法测量出来。

（2）海水盐度的测定：海水盐度（salinity）用 S 表示。最早是 1902 年用以化学方法为基础的氯度盐度定义，操作复杂，耗时很长。1966 年海洋学家和标准专家小组（JPOTS）根据海洋调查的测定与研究结果，利用海水电导率随盐度改变的性质，提出了电导盐度定义。在此基础上，1978 年建立了盐度实用定义，以盐度标准 S‰ =35.000 作固定参考点，测定水样与盐度标准在 15℃时的相对电导率（κ_{15}，二者电导率之比，也称电导比），由下式计算出盐度：

$$S=0.008-0.1692\kappa_{15}^{0.5}+25.3851\kappa_{15}+14.0941\kappa_{15}^{1.5}-7.0261\kappa_{15}^{2}+2.07081\kappa_{15}^{2.5}$$

（3）水中溶解氧（DO）的测定：利用非导电的元素或化合物与水中的溶解氧反应，生成能导电的离子使电导增大，根据电导增加的程度可以对水中溶解氧的含量进行定量。例如用金属铊（Tl）与水中溶解的氧反应生成能导电的 Tl^+ 与 OH^-，即：

$$4Tl+O_2+2H_2O=\!=\!=4Tl^++4OH^-$$

根据反应式，溶液中含有 1.00×10^{-6}g/L（3.125×10^{-8}mol/L）的溶解氧，将产生 1.25×10^{-7}mol/L 的 Tl^+ 和 OH^-。则由摩尔电导率可得：

$$\kappa=\frac{1}{1000}\sum c_i\lambda_i=\frac{1}{1000}(\lambda_{Tl^+}+\lambda_{OH^-}) \times 1.25 \times 10^{-7}$$

查表，得：$\kappa=(74.7+198.0) \times 1.25 \times 10^{-10}=3.41 \times 10^{-8}$S/cm

即电导率每增加 3.41×10^{-8}S/cm，溶液中就有 1.00×10^{-6}g/L 溶解氧，因此测量水与金属铊反应后增加的电导率值，可以计算出水中溶解氧的含量。测定时先用混合床离子交换树脂除去水中离子，再使水与金属铊反应后测定增加的电导。方法灵敏度很高，检测下限可达毫克级，常用于锅炉供水的监测。

（4）大气中某些有害气体的监测：大气中含有 SO_2、SO_3、H_2S、CO_2、NH_3 等气体，利用吸收液吸收，例如 NH_3 吸收在 HCl 溶液中，H_2S 吸收在 $CuSO_4$ 溶液中，SO_2、CO_2 吸收在 $Ba(OH)_2$ 溶液中。根据通入气体前后的电导差值求得气体的含量。例如大气污染监测的重要指标之一 SO_2 就常用差示电导法进行测定：空气经过滤器除去 H_2S、HCl 等干扰成分后通入 H_2O_2 吸收液，SO_2 被氧化成 H_2SO_4，在水中离解成电导率更大的 SO_4^{2-}。测定吸收 SO_2 后溶液电导率的增量，即可计算空气中 SO_2 的浓度。

（5）色谱电导检测器：电导测定装置目前更多用于高效液相色谱仪和离子色谱仪的检测器。在高效液相色谱仪中电导检测器测定含水流动相灵敏度可达 $0.1\mu g/ml$。在离子色谱仪中，电导检测器更为常用，灵敏度高达 $\mu g/ml$ 和 ng/ml。

2. 电导滴定法 电导滴定法（conductometry titration）是电化学分析法的一种，根据滴定过程中溶液电导的变化来确定滴定终点。在滴定过程中，滴定剂与溶液中被测离子生成水、沉淀或难解离的化合物，使溶液的电导发生变化，而在化学计量点时滴定曲线上出现转折点，指示滴定终点，转折点夹角愈尖锐，终点的判断愈准确。采用指示剂或电位滴定不能准确指示滴定终点时，可采用电导滴定。在电导滴定过程中只需要测量电导相对变化，无需知道电导的绝对值，因此操作方便。

（1）普通电导滴定法：普通电导滴定法一般用于酸碱滴定和沉淀滴定，但不适用于氧化还原滴定和配位滴定，因为在氧化还原或配位滴定中，往往需要加入大量其他试剂以维持和控制酸度，所以在滴定过程中溶液电导的变化不太显著，不易确定滴定终点。

电导滴定应注意：①保持温度恒定；②为避免由于滴定稀释而产生的误差，滴定剂的浓度最好为被滴定溶液浓度的 100 倍，至少大 10~20 倍；③分析体系中应避免无关离子存在，因为溶液中存在的各种离子不论其参加滴定反应与否，均可参加溶液导电作用；④试液的浓度也不能太稀。图 11-4 示意了几种电导滴定的滴定曲线。

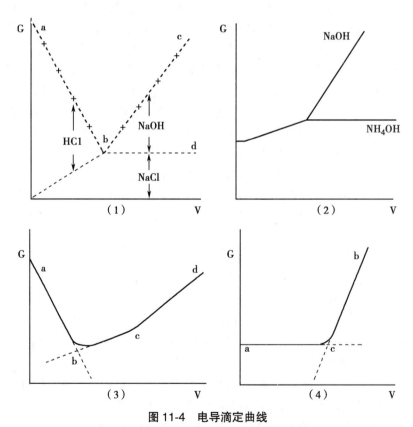

图 11-4 电导滴定曲线

（1）强碱滴定强酸；（2）强碱（弱碱）滴定弱酸；（3）强碱滴定混合酸；（4）沉淀滴定

实际上绘制电导滴定曲线时,只要在终点前和后各读 2~3 个数据连成两条直线,其交点即为终点。因此,在滴定终点附近的读数,对确定终点无多大意义。由于电导滴定中所生成的沉淀的溶解、弱酸的解离或盐类的水解等,在终点附近的读数并不可靠,因此绘制滴定曲线时,反而应远离终点的数据。所以对于滴定过程中生成沉淀溶解,或生成弱酸、弱碱的电离以及生成盐类水解,在终点附近得不到可靠读数的滴定反应来说,只要通过终点前、后的数据作图就能得出较准确的推算终点。这就是电导滴定的突出优点。在化学指示剂滴定法或电位法难以找到适当指示剂或指示电极的情况下,用电导滴定法则可能求得相当准确的结果。但因不参加反应的离子将降低电导滴定的准确度,此法应用范围较窄,准确度 0.5%~1%。

普通电导滴定法主要用于有色溶液的中和滴定,强弱混酸滴定,牛奶、油、酒中有机酸和无机酸的测定。主要特点是能滴定极弱的酸或碱,如硼酸、苯酚、对苯二酚等,并能滴定弱酸盐或弱碱盐以及强、弱混合酸。这在普通滴定分析或电位滴定中都无法进行。

(2)高频电导滴定法:高频电导滴定法(high-frequency conductometry titration)是利用几MHz 至几百 MHz 高频电流进行电导滴定的电化学分析法,它与普通的低频电流电导滴定的主要区别在于滴定池中没有电极,而是把滴定池放在一个高频调谐电路的线圈里或电容器的电极之间。高频电导滴定装置示意图见图 11-5。

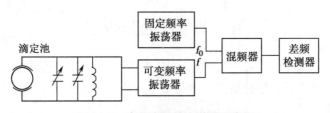

图 11-5　高频电导滴定装置示意图

当在电导池的两极加上高频外电场时,溶液中正负离子按照外加电压的极性在溶液中来回运动。当外电场频率超过 1MHz 时,溶液中正负离子来不及跟随电压的快速变化而移动,只能以中心离子和其周围离子氛相对运动的形式振动,形成正负电荷重心相互交变,在分子内部产生电子趋向于正极,原子核趋向于负极的运动,这种运动引起的分子变形称为极化。电偶分子在高频外电场作用下也要快速取向和变形,正负电荷的中心也发生位移,这种运动称为偶极分子的定向。分子的定向和极化均产生瞬间电流(亦称极化电流),当外电场的频率高于 1MHz 时,瞬间电流和电导电流数量级相同。

初始状态,固定频率 f_0 与输出频率 f 相等,滴定后,电解质溶液浓度改变,引起电容改变,导致输出频率 f 改变,使得 f_0 与 f 不相等,从而给出信号。

滴定过程中,电极不与溶液接触,盛有待测溶液的电导池处于高频电场中成为振荡电路的一部分。滴定池放在线圈内,称为电感式滴定池;放在金属电极间,称为电容式滴定池。

滴定过程中测定待测溶液的电导、电容变化以及电路中高频电流的变化,然后对加入滴定剂的量作图,确定滴定终点。确定终点的方法主要有总阻抗法(Z 表法)、损耗法(Q 表法)和频拍法(F 表法)。

1)总阻抗法(Z 表法):适用于电容式滴定池,溶液电导的改变使总阻抗值也随着改变,所以可将通过滴定池的高频电流对加入的滴定剂的量作图,画出滴定曲线。此法所用电流密度不能超过 $50~70\mu A/cm^2$,以免溶液发热。

2）损耗法（Q表法）:适用于电感式或电容式滴定池,滴定池接在高频调谐电路里,电导的改变引起电路的高频电能损耗的改变。对一个电感或一个电容的高频电能损耗的测量叫作阻抗比Q值测量。Q值愈大,表示损耗愈小。通常将包括滴定池的调谐电路接在振荡管的板极电路中,当调谐电路的Q值改变时,引起板流和栅流的改变。滴定时可以用电流表观察板流或栅流的改变,画出滴定曲线。

3）频拍法（F表法）:适用于电容式滴定池,将它接在振荡管的调谐电路里。滴定过程中,溶液电导的改变引起滴定池的等效总电容的改变,并使振荡频率改变,可以用一个并联的可变电容器抵消这一电容的改变,回复到原来的振荡频率,从抵消电容的值可画出滴定曲线。由于这一电容值很小,故要用频拍法,从拍频频率的改变画出滴定曲线,这是高频滴定法中灵敏度和精确度最高的一种方法,其灵敏度高于一般的容量分析方法。

高频电导滴定尤其适用于高介电常数、低电导率的稀溶液、弱酸、弱碱、非水溶液、有色或混浊溶液的滴定。由于电极不放在溶液中,可测定强腐蚀性溶液和污染电极表面的溶液,电极不在溶液中也避免了吸附、电解和极化等作用的发生,适用于沉淀滴定和一般离子的配位滴定。利用高频损耗法可指示溶液中电解质的浓度和扩散速度、利用介电常数的不同分析石油中脂肪烃和芳香烃的成分比率、区分无色物的吸附层以及测定酒精、谷物、粉末中的水分等。

第二节 库仑分析法

库仑分析法（coulometric analysis）是以测量电解过程中被测物质在电极上发生电化学反应所消耗的电量来进行定量分析的一种电化学分析法。创立于1940年左右,其理论基础是法拉第电解定律。

一、电化学基础

1. 电解现象和电解定律 电解是指直流电通过某种电解质溶液时,在电流的作用下电极与溶液界面发生电极反应,从而引起溶液中某种物质分解的过程。例如在硫酸铜溶液中,浸入两个铂电极,电极通过导线分别与直流电源的正极和负极相连接（图11-6）。如果在两电极间有足够大的电压,则可观察到有明显的电极反应:

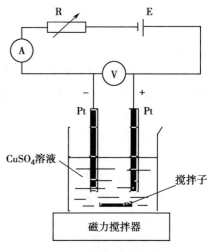

图 11-6 电解装置示意图

$$阴极:Cu^{2+}+2e{\rightarrow}Cu\downarrow$$
$$阳极:2H_2O{\rightarrow}4H^{+}+O_2\uparrow+4e$$

于是阳极上有氧气放出,阴极上有金属铜析出,形成金属镀层。

法拉第电解定律是阐述电解过程中电极上析出物质的量和通过电解池的电量之间关系的定律。此定律包括两方面:

（1）电流通过电解质溶液时,电极上析出物质的量与通过电解池的电量成正比,而电量等于电流强度乘以通过电流的时间,故有:

$$m=K \times Q=K \times i \times t \tag{11-12}$$

式中，m 为电极上析出物质质量（克）；Q 为通过电解池的电量（库仑）；i 为电流强度（安培）；t 为时间（秒）；K 为比例常数，其物理意义为 1 库仑电量通过电解池时，电极上析出物质的质量。

（2）每 1 摩尔的任何物质在电极上发生反应，电解池中即有 96 487 库仑电量通过，这一数值称为 1 法拉第电量，表示为 $1F$。根据 K 的物理意义，通过 1 法拉第电量时析出的物质的量为：

$$\frac{M}{n}=K \times F \tag{11-13}$$

$$K=\frac{M}{n \times F} \tag{11-14}$$

将 K 值代入式（11-12），则得到：

$$m=\frac{M \times i \times t}{n \times F} \tag{11-15}$$

式中，M 为原子量，n 为电极反应中电子转移数。

由法拉第电解定律可知，若某物质以 100% 的电流效率进行电极反应，没有其他副反应，则可通过测量电解过程中所消耗的电量（库仑数），求得在电极上起电极反应的待测物质量，此即为库仑分析的理论基础。

电流效率（current efficiency）是指通过电解池的电量用于产生指定的电化学反应的百分数。100% 的电流效率意味着通过电解池的电量全部用于产生指定的电化学反应，没有其他任何副反应发生。

2. 分解电压、反电压和超电压

（1）分解电压和反电压：在电解时，能够使被电解物质在两电极上产生迅速、连续的反应所需的最低外加电压称为分解电压（decomposition voltage）。

以电解硫酸铜溶液为例，电解过程的 i-U 曲线见图 11-7。

当在电解池上施加很小的电压时，电解池并没有电流通过。调节电阻 R 使外加电压增加，则电流开始增加。当电压达到某一定值时，如图 11-7 中 D 点，通过电解池的电流明显增加，同时在两电极上产生连续不断的电极反应，以后电流随电压的增加而直线上升。D 点的电压即为分解电压。

对于可逆过程来说，一种物质的分解电压在数值上等于它本身所构成的原电池的电动势。在电解池中，此电动势称为反电动势，也称为反电压（inverse voltage）。反电压的方向与外加电压的方向相反，它阻止电解反应的进行。只有当外加电压达到能克服此反电压时，电解才能开始进行，电流才能显著上升。所以，要使某一电解过程能够进行，只有当外加电压超过（即使只超过微小的数值）它自身构成的原电池的电动势，也就是它的分解电压时，电解在理论上才成为可能。

（2）超电压：在电解过程中，析出电位是指物质在阴极还原析出时所需最正的阴极电位，或阳极氧化析出

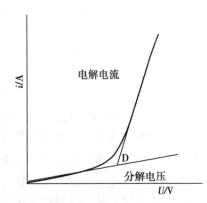

图 11-7　电解 Cu^{2+} 溶液的 i-U 曲线

时所需最负的阳极电位。对于可逆电极反应来说,某物质的析出电位的理论值就等于电极的平衡电位。实际的析出电位与平衡电位往往不一致,这种现象称为极化现象或极化作用(polarization effect)。极化作用的结果就产生了超电压(over voltage)。超电压使阳极析出电位更正,阴极析出电位更负。电解池的超电压等于阳极超电压和阴极超电压的绝对值之和。

超电压由两种极化作用产生:①电化学极化产生超电压。若两电极的电流密度大,M^{n+}在阴极上来不及还原,而使阴极表面积累了过量的电子,因而电极电位向负移动。析出金属时,超电压一般很小,可以忽略;但析出气体(如H_2、O_2)时,超电压很大,必须考虑。②浓差极化产生超电压。在电极表面,M^{n+}还原速率很大,使电极表面M^{n+}浓度很快下降。若溶液中M^{n+}向阴极表面的扩散速率小于电极反应速率,则电极表面的M^{n+}浓度小于溶液中的M^{n+}浓度,使阴极电位更负些。搅拌可以消除浓差极化。

3. 电解过程　在电解池的两个电极上施加一定的外加电压,使电极上发生电极反应,产生电解电流的过程称为电解过程。根据电解方式的不同,电解过程分为控制电位电解过程和控制电流电解过程两大类。

控制电位电解过程是通过调节外加电压,把工作电极的电位控制在某一定值或某一小范围内,使被测离子在电极上析出,将其他离子留在溶液中,从而达到分离和分别测定的目的。在控制电位电解过程中,电极电位是决定发生电极反应的物质和反应进行程度的关键因素,这是控制电位电解过程的基本特征。其另一个特征是电流随电解时间的增加而呈指数规律下降,当电解结束时,电流趋近于零或残余电流。这种方式电解时间长,但是分离效果好。

在控制电流电解过程中,被控制的对象不是电极电位而是电流,即通过电解池的电流恒定不变。恒电流电解不控制阴极电位,靠不断增大外加电压保持一个较大的、基本恒定的电解电流,因而电解效率高,分析速度快。但是,由于在电解过程中不控制阴极电位,随着电解的进行,阴极电位逐渐变负,若溶液中有几种离子共存时,在还原电位较正的离子还未完全析出时,阴极电位可能已负到另一种离子的析出电位而使其伴随析出。所以,这种方法的选择性较差。然而,恒电流电解法可以有效地使还原电位正于氢的元素与还原电位负于氢的各种元素分离,进而准确地加以测定。

二、基本原理

库仑分析必须同时满足2个条件,一是发生电解反应的工作电极上只能发生单纯的电极反应,二是此电极反应必须以100%的电流效率进行。根据电解方式,库仑分析法分为控制电位库仑分析法和恒电流库仑法。

(一)控制电位库仑分析法

控制电位库仑分析法(controlled potential electrometry)是在电解过程中,将工作电极电位调节到一个所需要的数值并保持恒定,直到电解电流降到零,由库仑计记录电解过程所消耗的电量,由此计算出被测物质的含量。

控制电位库仑分析法的装置与控制电位电解装置基本相似,主要区别是在电路中串联了一个精确测量流过电解池电量的库仑计,如图11-8所示。当开关K倒向A时,是一台自动控制汞阴极电解分离装置;当开关K倒向B时,即成为一台控制电位库仑测定装置。采用铂丝或银丝缠绕搅拌器作为阳极(辅助电极),汞电极为阴极(工作电极),饱和甘汞电极为参比电极。

测定时,先调整辅助电压使汞阴极的电位比被测组分的析出电位负 0.3~0.4V,将开关 K 倒向 A 进行预电解,以消除电解液中存在的杂质元素,同时通入惰性气体除去溶解氧,以避免氧在阴极上还原而造成电流效率下降。

当预电解达到背景电流值时,调整辅助电压使汞阴极电位处于被测组分适合的析出电位,再加入一定体积的试样溶液于电解池中,立即把开关 K 倒向 B 进行电解,直至再出现背景电流值时为止。根据库仑计记录的电量计算被测组分的含量。

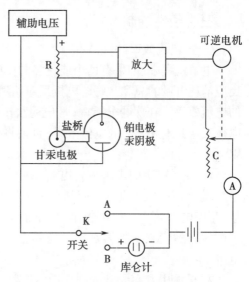

图 11-8 控制电位库仑法基本装置示意图

(二)恒电流库仑法

恒电流库仑法(constant current coulometry)是建立在恒电流电解过程基础上的方法。被测组分不是直接在电极上反应,而是在特定的电解液中以电极反应产物作为滴定剂(称为电生滴定剂)与被测物质反应进行定量化学反应,当被测物质反应完全时,指示系统发出终点到达的信号则立即停止电解。根据电解到终点所用的时间 t 和电流强度 i 求得电解消耗的电量,再由法拉第定律求得待测物质含量的方法。这种方法与化学滴定法十分相似,只不过滴定剂不是从滴定管里放出来而是通过电极反应产生,故称为恒电流库仑法。

恒电流库仑法的电解液必须含有大量能产生滴定剂的物质(称为辅助电解质),以保证电极反应能充分不断进行,从而使电流保持恒定。同时采用恒流源供电,保持电流的恒定性。

图 11-9 是具有电位法指示滴定终点的恒电流库仑滴定装置示意图。装置由滴定剂发生系统(即电解系统)和终点指示系统两大部分组成。当电路接通后,通过电解池的电流应控制在 3~5mA 以内。一般采用恒电流脉冲发生器作为恒流源。在装配库仑滴定池时,要用带多孔膜的玻璃套管将阳极区与阴极区隔离开来,以消除阳极反应产物和阴极反应产物相互迁移而产生干扰。

影响库仑滴定准确度的关键因素是电流效率是否为 100%,以及滴定终点判断是否准确。

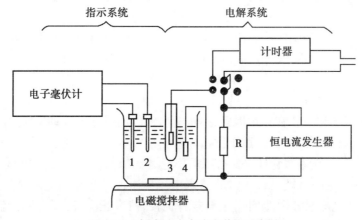

图 11-9 恒电流库仑滴定装置示意图

三、条件控制

(一) 电流效率

电解过程中,如果有两个或更多的反应同时在电极上发生,则通过电解池的电量是所有反应消耗电量的总和。每个电极反应所消耗的电量与通过电解池的总电量之比就是该反应的电流效率。在库仑分析中,是应用法拉第电解定律来计算被测组分的含量,因此,应保证电极反应具有 100% 的电流效率,否则将得不到准确的结果。影响电流效率的因素主要有以下几个方面:

1. 溶剂发生的副反应　电解一般在水溶液或水与有机溶剂组成的混合溶液中进行。电解时,水中的 H^+ 或有机溶剂在一定的电压下可能在电极上发生缓慢的电极反应,消耗电量,影响电流效率。应事先制取 $i\text{-}V$ 曲线,确定无副反应发生的可用电压范围,也可通过改变电解液酸度来消除溶剂副反应的影响,或者选用氢超电压较大的材料(如汞)作为工作电极。

2. 试液中共存元素的副反应　有些元素在被测组分析出电压下与被测组分同时析出,从而影响电流效率。例如溶液中的溶解氧在工作电极上很容易发生如下的副反应:

$$O_2+4H^++4e \rightarrow 2H_2O$$

为了消除这种副反应,可通入惰性气体除氧,也可用亚硫酸钠除氧。对于蒸馏水或试剂中的某些杂质元素以及汞电极溶解后所产生的汞离子和亚汞离子等的影响,可采用试剂提纯或预电解等办法来降低杂质元素的干扰,或者采用空白试验校正。对于样品中的干扰元素,则应转化为不干扰的状态或通过化学方法分离除去。

3. 电极反应产物发生的副反应　在电解过程中,某些电极反应产物可能恢复到电解前的状态再次参加电极反应而产生干扰。这种干扰可以采用带有隔膜的电解池将阳极和阴极分开,也可更换适合的工作电极,或者换用适合的电解液。

4. 背景电流的影响　电极与溶液界面上的双电层电容充、放电时的电流和电极表面的感应电流组成背景电流。通常在加入测试样品前进行预电解,不断电的情况下再加入样品,这样可将背景电流降至基本不影响的程度。

(二) 电量测定

库仑分析是通过测定电解过程中通过电解池的电量来定量的,所以电量的准确测量直接关系到结果的准确性。在控制电位库仑分析中使用库仑计测量电量,下面简单介绍几种常用的库仑计。

1. 银库仑计　以铂金坩埚作阴极,银棒作阳极,两极间用多孔磁筒隔开,以防止银粒落到阴极上,在磁筒及铂坩埚中均放 1mol/L $AgNO_3$ 溶液。电极反应如下:

$$\text{阳极} \quad Ag \rightarrow Ag^++e$$
$$\text{阴极} \quad Ag^++e \rightarrow Ag$$

阴极反应生成的银沉积在铂坩埚上,称量析出银的质量即可计算出通过电解池的电量。银库仑计准确度高但操作烦琐,不适于批量分析。

2. 气体库仑计　气体库仑计主要有氢氧库仑计和氢氮库仑计,这类库仑计是测量电解管中的水被电解产生的氢氧混合气体的体积来计算通过电解池的电量。测量误差一般为0.1% 以下,适合作毫库仑分析,比银库仑计操作简便,测量速度快,且可用电流 - 时间积分仪直接指示,在库仑分析中较为常用。使用中要注意电流密度越小,负误差越大,电流密度不

能低于 $50mA/cm^2$。

3. 滴定库仑计　这种库仑计是在烧杯中放入 0.03mol/L KBr 和 0.2mol/L K_2SO_4 溶液,插入铂网作阴极,以银丝作阳极。电解时,电极反应为:

$$阳极　Ag+Br^-\!\!=\!\!=\!\!AgBr+e$$
$$阴极　2H_2O+2e\!\!=\!\!=\!\!2OH^-+H_2$$

通电流前,溶液为中性,通电后,溶液 pH 升高。用酸标准溶液滴定生成的 OH^- 至 pH=7 时为终点,根据消耗的酸标准溶液的体积来计算通过电解池的电量。滴定库仑计使用方便,准确度较高。

4. 电子式库仑计　又称为电流积分器,是利用晶体管或电子管组成积分器,通过对随时间变化的电流进行积分直接指示电量。近年来,对电流积分器作了很多改善,使之既能自动控制电位又能测量电量,不仅提高了电量测定的准确度,也扩大了库仑分析的应用范围。

5. 由电流 - 时间曲线计算电量　根据控制电位电解的电流方程式就算通过电解池的电量。

(三) 电解终点指示

控制电位库仑分析法的电解终点为电流下降到残余电流时,但恒电流库仑滴定的电解终点要借助以下几种方法来指示:

1. 指示剂法　一般化学滴定分析中使用的指示剂都可作为恒电流库仑法的终点指示剂。但要注意指示剂不能在电极上发生电极反应,且指示剂与电生滴定剂的反应必须在被测组分与电生滴定剂反应完全之后发生。

2. 电位法　其原理与普通电位滴定相同。在测定过程中,每隔一定时间停止电解,记录指示系统的指示电极的电位与电解时间,以时间为横坐标,电位为纵坐标作图,由图形找出终点时的电解时间。若电位突跃不明显,可用一阶或二阶微商技术处理。

3. 电流法　用检流计指示终点。终点前电路中没有电流通过,检流计指针不动;终点时,溶液中没有待测组分,工作电极上产生的电极产物不再与待测组分反应而过量,因此在指示电极上发生电极反应产生电流,检流计指针立即发生偏转,指示终点的到达。这种方法称为永停终点法,灵敏度很高,常用于氧化还原体系。

在实际应用中,要根据待测组分,选择适当的电极系统和底液组成,注意各干扰因素的消除;选择能准确测量电量和灵敏指示终点的方法;还应配备稳定的电源,在电解过程中充分搅拌溶液防止浓差极化。这些都是库仑分析要控制的实验条件。

四、特点及应用

1. 特点　库仑分析法的优点是:①灵敏度高,准确度好。测定 $10^{-10}\sim10^{-12}$ mol/L 的物质,误差约为 1%;②不需要标准物质和配制标准溶液,可以用作标定的基准分析方法;③对一些易挥发不稳定的物质如卤素、Cu(Ⅰ)、Ti(Ⅲ)等也可作为电生滴定剂用于容量分析,扩大了容量分析的范围;④易于实现自动化。

2. 应用　化学滴定分析的各类反应均可通过电生滴定剂进行库仑滴定,目前可测 60 多种无机物和 20 多种有机物,广泛用于有机物测定、钢铁快速分析、临床检验、生物化学和环境监测,也可用于准确测量参与电极反应的电子数。库仑滴定亦用作色谱检测器和测定均相反应速率。

第三节　电化学生物传感器

传感器通常由敏感(识别)元件、转换元件、电子线路及相应结构附件组成。生物传感器是指用固定化的生物体成分(酶、抗原、抗体、激素、微生物、核酸等)或生物体本身(细胞、细胞器、动植物组织切片等)作为敏感元件的传感器。电化学生物传感器(electrochemical biosensor)则是指由生物材料作为敏感元件,电极(固体电极、离子选择性电极、气敏电极等)作为转换元件,利用生物化学反应所特有的专一性,选择性地识别特定的待测物质,并将其生化反应转换成电信号的一种装置。

最早的电化学传感器可以追溯到 20 世纪 50 年代,当时用于氧气监测。到了 20 世纪 80 年代中期,小型电化学传感器开始用于检测多种不同有毒气体,并显示出了良好的敏感性与选择性。1962 年,Clark 首次提出将生物和传感器联用的设想,并制得一种新型分析装置"酶电极",这为生命科学打开了一扇新的大门,酶电极也成为最早的一类生物传感器。

由于使用生物材料作为传感器的敏感元件,所以电化学生物传感器具有高度选择性,是快速、直接获取复杂体系组成信息的理想分析工具。一些研究成果已在生物技术、食品工业、临床检测、医药工业、生物医学、环境分析等领域获得实际应用。

一、基本原理

电化学池中溶液的成分改变时,电极上流过的电流或电极表面与溶液的电位差会随之而改变。通过测定电流或电位的变化,就可以获得溶液成分或相应化学反应的变化信息。

电化学生物传感器是在上述电化学传感器原理的基础上,以具有生物活性的物质作为识别元件,通过特定反应使被测组分消耗或产生相应的化学计量数的电活性物质,从而将被测组分的浓度或活度变化转换成与其相关的电活性物质的浓度变化,并通过电极获取电流或电位信息,最后实现特定组分的检测。其工作原理如图 11-10 所示。

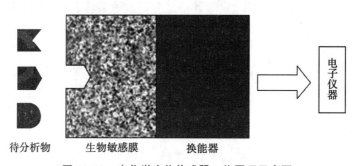

待分析物　　生物敏感膜　　换能器

图 11-10　电化学生物传感器工作原理示意图

二、信号转换器

电化学生物传感器的信号转换器是电极。根据其响应信号的不同分为电位型电极、电流型电极、电导型电极和电容型电极四种,其中主要应用的是前两种。

1. 电位型电极　当带电组分进入电极的膜中时,电极内充溶液和样品溶液之间产生电位差,此电位差与被测物质浓度的对数成正比,即遵循能斯特方程。电位型电极有离子选择性电极和氧化还原电极两种。

离子选择性电极是选择性响应特定的阳离子或阴离子的一类电极,具有快速、灵敏、可靠、价廉的优点,在生物医学领域常用来直接测定体液中的 H^+。

　　氧化还原电极是与离子选择性电极不同的另一类电位型电极,电化学生物传感器中主要用的是零类电极。

　　2. 电流型电极　电流型电极通常在选定的电位下检测工作电极与参比电极之间通过的电流,将酶促反应引起的物质的量的变化转化为电流信号输出,输出电流的大小直接与待测物浓度呈线性关系。

　　电化学生物传感器采用电流型电极的趋势日益突出,这是因为这类电极与电位型电极相比有如下优点:电极的输出信号直接与待测组分浓度呈线性关系,而不像电位型那样与待测组分浓度的对数呈线性关系;电极输出信号的读数误差所对应待测组分浓度的相对误差比电位型电极的小;灵敏度比电位型电极的高。

　　电流型电极主要是氧电极。有不少酶,尤其是氧化酶在催化底物反应时要通过氧来辅助,反应中所消耗的氧的量就用氧电极测定。此外,微生物电极、免疫电极等生物传感器也常用氧电极作为信号转换器,因此氧电极在生物传感器中应用十分广泛。目前用得最多的是电解式的 Clark 氧电极(图 11-11),其阴极为铂电极、阳极为 Ag/AgCl,再加上 KCl 电解质和透氧膜一起构成。

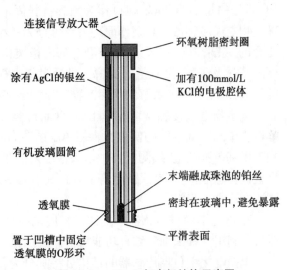

图 11-11　Clark 氧电极结构示意图

三、电化学生物传感器的分类

　　根据作为敏感元件所用生物材料的不同,电化学生物传感器分为酶电极传感器、微生物电极传感器、电化学免疫传感器、组织电极与细胞器电极传感器、电化学 DNA 传感器等。

　　1. 酶电极传感器　以葡萄糖氧化酶(glucose oxidase,GOD)电极为例简述其工作原理。在 GOD 的催化下,葡萄糖($C_6H_{12}O_6$)被氧氧化成葡萄糖酸($C_6H_{12}O_7$)和过氧化氢:

$$C_6H_{12}O_6 + H_2O + O_2 \xrightarrow{\text{GOD}} C_6H_{12}O_7 + H_2O_2$$

　　根据上述反应,可通过氧电极(测氧的消耗)、过氧化氢电极(测 H_2O_2 的产生)和 pH 电极(测酸度变化)来间接测定葡萄糖的含量。因此只要将 GOD 固定在上述电极表面即可构成测葡萄糖的 GOD 传感器。这就是第一代酶电极传感器,但因是间接法测量,所以干扰因素较多。第二代酶电极传感器是采用氧化还原电子媒介体在酶的氧化还原活性中心与电极之间传递电子。第二代酶电极传感器可不受测定体系的限制,测量浓度线性范围较宽,干扰少。现在不少研究者又在努力发展第三代酶电极传感器,即酶的氧化还原活性中心直接和电极表面交换电子的酶电极传感器。

　　把酶固化在电极上的技术则有:物理吸附法、交换法、共价结合法和物理包埋法等四种。物理吸附法是让酶分子通过极性键、氢键、疏水力或 π 电子相互作用等吸附在惰性的不溶载体上,常见的载体如多孔玻璃、活性炭、氧化铝、石英砂、纤维素酯、葡聚糖、琼脂精、聚氯乙烯、聚苯乙烯等。已用此法固化了脂肪酶、过氧化物酶、α-D 葡萄糖苷酶等。交换法选用具有离子交换剂的载体，在适宜的 pH 条件下，是酶分子与交换剂通过离子键结合起来，实现酶的固化。共价结合法则通过重氮、叠氮、卤化氰、缩合及烷基化等共价键将酶固化在活化载体上。物理包埋法是将酶分子包埋在凝胶的细微格子里固化，如木瓜蛋白酶、纤维素酶、乳酸脱氢酶等。

目前已有的商品酶电极传感器包括：GOD 电极传感器、L 乳酸单氧化酶电极传感器、尿酸氧化酶电极传感器等。尚在研究中的酶电极传感器则非常多。

2. 微生物电极传感器　由于酶价格昂贵且稳定性较差，限制了其在电化学生物传感器中的应用。研究者想到直接利用活的微生物来作为分子识别元件的敏感材料。这种将微生物（常用的是细菌和酵母菌）作为敏感材料固定在电极表面构成的电化学生物传感器称为微生物电极传感器。其工作原理大致可分为三种类型：①利用微生物体内含有的酶（单一或复合的）系来识别分子，这种类型与酶电极类似；②借助微生物对有机物的同化作用，通过检测其呼吸活性（摄氧量）的提高，即通过氧电极测量体系中氧的减少间接测定有机物的浓度；③通过测定电极敏感的代谢产物间接测定一些能被厌氧微生物所同化的有机物。

微生物电极传感器在发酵工业、食品检验、医疗卫生等领域都有应用。例如：在食品发酵过程中测定葡萄糖的佛鲁奥森假单胞菌（Buddha lu orson pseudomonas）电极；测定甲烷的鞭毛甲基单胞菌电极；测定抗生素头孢菌素的弗氏柠檬菌（Citrobacter freudii）电极等。微生物电极传感器由于价廉、使用寿命长而具有很好的应用前景，然而它的选择性和长期稳定性等还有待进一步提高。

3. 电化学免疫传感器　抗体对相应抗原具有专一性识别和结合功能，电化学免疫传感器就是利用这种识别和结合功能将抗体或抗原与电极组合而成的检测装置。

根据电化学免疫传感器的结构可将其分为直接型和间接型两类。直接型是在抗体与其相应抗原识别结合的同时将其免疫反应的信息直接转变成电信号。这类传感器在结构上可进一步分为结合型和分离型两种。前者是将抗体或抗原直接固定在电极表面，传感器与相应的抗体或抗原发生结合的同时产生电势改变；后者是用抗体或抗原制作抗体膜或抗原膜，当其与相应的配基反应时，膜电势发生变化，测定膜电势的电极与膜是分开的。间接型是将抗原和抗体结合的信息转变成另一种中间信息，然后再把这个中间信息转变成电信号。这类传感器在结构上也可进一步分为结合型和分离型两种类型。结合型是将抗体或抗原固定在电极上，而分离型抗体或抗原与电极完全分开。间接型电化学免疫传感器通常是采用酶或其他电活性化合物进行标记，将被测抗体或抗原的浓度信息加以化学放大，从而达到极高的灵敏度。

电化学免疫传感器的例子有：诊断早期妊娠的绒毛膜促性腺激素（HCG）免疫传感器；诊断原发性肝癌的甲胎蛋白（AFP）免疫传感器；测定人血清蛋白（HSA）免疫传感器；还有免疫球蛋白 G（IgG）免疫传感器、胰岛素免疫传感器等。

4. 组织电极与细胞电极传感器　组织电极传感器是直接采用动植物组织薄片作为敏感元件的电化学传感器。其原理是利用动植物组织中的酶产生特异性响应。优点是酶的活性及稳定性均比分离制得的酶高，材料易于获取，制备简单，使用寿命长等。但在选择性、灵敏度、响应时间等方面还存在不足。

肾、肝、肠、肌肉、胸腺等均可制成动物组织电极，测定对象主要有：谷氨酰胺、葡萄糖胺 -6- 磷酸盐、D- 氨基酸、地高辛、胰岛素、腺苷、腺嘌呤核苷酸（AMP）等。植物组织电极敏感元件的选材范围很广,包括不同植物的根、茎、叶、花、果等。植物组织电极制备比动物组织电极更简单,成本更低并易于保存。

细胞器电极传感器是利用动植物细胞器作为敏感元件的传感器。细胞器是指存在于细胞内的被膜包围起来的微小"器官",如线粒体、微粒体、溶酶体、过氧化氢体、叶绿体、氢化酶颗粒、磁粒体等。其原理是利用细胞器内所含的酶(往往是多酶体系)产生专一响应。

5. 电化学 DNA 传感器　电化学 DNA 传感器是把单链 DNA(ssDNA)或基因探针作为敏感元件固定在固体电极表面,加上识别杂交信息的电活性指示剂(称为杂交指示剂)共同构成的检测特定基因的装置。其工作原理是利用固定在电极表面的某一特定序列的 ssDNA 与溶液中的同源序列的特异识别作用(分子杂交)形成双链 DNA(dsDNA),使电极表面性质改变,同时借助一种能识别 ssDNA 和 dsDNA 的杂交指示剂的电流响应信号的改变来达到检测基因的目的。

电化学 DNA 传感器是近几年迅速发展起来的一种全新理念的生物传感器。其用途是检测基因及一些能与 DNA 发生特殊相互作用的物质。有关 DNA 修饰电极的研究除对于基因检测有重要意义外,还可将 DNA 修饰电极用于其他生物传感器的研究,用于 DNA 与外源分子间的相互作用研究,如抗癌药物筛选、抗癌药物作用机理研究,以及用于检测 DNA 结合分子。无疑,它将成为生物电化学的一个非常有生命力的前沿领域。不过由于传感器的稳定性、重现性、灵敏度等都还有待于提高,电化学 DNA 传感器离实用化还有相当距离。

四、特点和应用

1. 特点　电化学与生物传感器是由化学、生物学、物理学、医学、电子技术等多种学科相互渗透发展起来的高新技术,具有选择性好、灵敏度高、分析速度快、成本低的特点。

2. 应用　电化学生物传感器由于有以上优点,所以能在复杂体系中进行在线连续监测,广泛应用于化学、生命科学、生物医学、环境监测、食品、医药和军事等领域。

近年来,随着生物科学、信息科学和材料科学发展成果的推动,电化学生物传感器技术飞速发展。今后一段时间里,电化学生物传感器的研究工作将主要围绕选择活性强、选择性高的电化学生物传感元件;提高信号检测器的使用寿命。可以预见,未来的电化学生物传感器将实现功能多样化、微型化、智能化、集成化等特点。

本 章 小 结

1. 基础知识　电导及测量电导时的电源、电极及影响测量的因素;电导分析法的应用;法拉第电解定律;电位库仑分析法和恒电流库仑滴定法的装置、基本原理及测定条件;库仑分析的特点和应用;电化学生物传感器的基本原理、适用范围及特点;电位型电极和电流型电极两种信号转换器的响应原理;涉及的重要概念有:电导、电导率、摩尔电导率、分解电压、反电压和超电压、电流效率等。

2. 核心内容　电导分析法是以测量电解质溶液的电导为基础的分析方法,关键是使用高频交流电源选择合适的电极并注意影响电导率测定因素的控制;库仑分析法是以测量电解过程中被测物质在电极上发生电化学反应所消耗的电量进行定量的一种电化学分析法,核心是工作电极上只能发生单纯且以 100% 的电流效率进行的电极反应。选择适当的电极系统和底液组成,消除干扰因素,准确测量电量和灵敏指示终点是库仑分析的关键;电化学生物传感器是以生物材料为敏感元件,利用生物化学反应所特有的专一性,选择性地识别待测物质,并将其生化反应转换成电信号的一种装置,核心是根据待测物质选择特定的生物材料制作的不同类型传感器。

3. 学习要求　了解电导测量的电路、直接电导法和电导滴定法的应用;了解库仑分析的特点和应用、电化学生物传感器的特点和应用。掌握电导率测量电源和电极的选择及测量影响因素、库仑分析定量基础、基本原理和库仑分析条件控制、电化学生物传感器基本原理和分类;熟悉法拉第电解定律、控制电位电解和控制电流电解两种方式以及电化学生物传感器的信号转换器。

（曾红燕）

 思考题

1. 何谓电导、电导率、摩尔电导率?

2. 什么是电导池常数? 如何通过实验测定电导池常数?

3. 测定溶液电导时电源为什么必须采用交流电?

4. 电导测量的电极如何选择?

5. 电导测量时要注意哪些影响因素?

6. 试解释分解电压、反电压和超电压的概念。

7. 库仑分析中为什么控制电流效率最为关键? 恒电流库仑分析中如何保证电流效率达到 100%?

8. 简述库仑分析的定量基础。

9. 电化学生物传感器有哪些类型?

第十二章 色谱分析法概论

第一节 色谱法简介

一、色谱法的基本概念

色谱分析法简称色谱法（chromatography），又称层析法，是一种重要的分离、分析技术，它将分析样品的各组分先行分离，然后依次分别检测。

色谱法是俄国植物学家 Tswett 于 1906 年在分离提纯植物叶的色素成分时创立的。他将碳酸钙颗粒装填在竖立的玻璃柱管中，然后将植物叶的石油醚浸取液从管顶端倒入，浸取液中的色素即吸附在碳酸钙颗粒上，再用纯净的石油醚在柱中连续地缓慢自然流下，进行淋洗，各种植物色素即在此过程中逐渐互相分离，于柱管的不同部位形成了清晰可见的色带；分别在柱尾端收集各色带，即可对各色素成分进行分析。混合色素在碳酸钙颗粒上得到分离而形成了不同颜色的谱带，因此 Tswett 将这种分离方法命名为"色谱法"。在此实验中，装有碳酸钙颗粒的玻璃柱管叫作色谱柱（chromatographic column）。固定在柱中的填料碳酸钙称为固定相（stationary phase），沿固定相流动的石油醚称为流动相（mobile phase）。

随着色谱法的不断发展，分离对象早已不再限于有色物质，但"色谱"这一名称仍被沿用下来。色谱分离与在线检测手段相结合，构成了现代色谱分析法，成为多组分混合物最重要的分离分析技术，并广泛地应用于化学化工、生命科学、环境、医药及食品安全等许多领域。

二、色谱法的分类

色谱法可从不同角度进行分类。基本分类方法有如下几种：

（一）按流动相与固定相的物态分类

色谱法中，流动相可以是气体、液体和超临界流体，相应有气相色谱法（gas chromatography，GC）、液相色谱法（liquid chromatography，LC）和超临界流体色谱法（supercritical fluid chromatography，SFC）之分。由于固定相也可分为固体和液体两种聚集态，因此气相色谱法又可分类为气固色谱法（gas-solid chromatography，GSC）和气液色谱法（gas-liquid chromatography，GLC），气相色谱法的流动相又称为载气（carrier gas）；液相色谱法则可分类为液固色谱法（liquid-solid chromatography，LSC）和液液色谱法（liquid-liquid chromatography，LLC）。

（二）按操作形式分类

1. 柱色谱法　将固定相装于柱管中组成色谱柱，色谱过程在其中进行，称为柱色谱法（column chromatography）。柱径较粗，则可以固定相填满色谱柱，称为填充柱（packed column）色谱法；若柱径极细（内径一般为 0.1~0.5mm），柱管则为空心，称为毛细管（capillary

column）色谱法；若采用内径约为 0.5~1mm，填充了微粒固定相的色谱柱，称为微填充柱（micro-packed column）色谱法。气相色谱法、高效液相色谱法（high performance liquid chromatography，HPLC）以及超临界流体色谱法等都属于柱色谱法。

2. 平面色谱法　固定相为平面状层，色谱过程在平面层内进行，统称为平面色谱法（planar chromatography）。若用滤纸做固定液的载体，称为纸色谱法（paper chromatography）；将固定相涂铺在玻璃板或铝箔板、塑料板上称为薄层色谱法（thin layer chromatography）；将高分子材料制成薄膜作固定相，称为薄膜色谱法（thin film chromatography）。平面色谱法都属于液相色谱法。

（三）按分离原理分类

1. 吸附色谱法　利用吸附剂表面对不同组分物理吸附性能的差异而进行分离的色谱法称为吸附色谱法（adsorption chromatography）。

2. 分配色谱法　利用不同组分在两相间分配系数的不同而达到彼此分离的色谱法称为分配色谱法（partition chromatography）。

3. 离子交换色谱法　以阴、阳离子交换树脂为固定相，利用不同组分离子交换能力的差异进行分离的色谱法称为离子交换色谱法（ion exchange chromatography，IEC）。

4. 空间排阻色谱法　以凝胶（或分子筛）作为固定相，利用不同组分分子体积大小的差异而进行分离的色谱法称为空间排阻色谱法（steric exclusion chromatography，SEC）。又称为尺寸排阻色谱法（size exclusion chromatography）或凝胶色谱法（gel chromatography）。

此外，毛细管电泳法（capillary electrophoresis，CE）根据组分的电泳速度差异而实现分离；毛细管电色谱法（capillary electro-chromatography，CEC）兼有液相色谱和毛细管电泳的分离机制。

三、色谱法的发展概况

从 Tswett 提出"色谱"的概念开始，迄今已一个世纪有余，其间经过气相色谱法、高效液相色谱法、薄层扫描法及毛细管电泳法等的发展，已形成了一门专门的科学——色谱学。

然而，色谱法问世后起初的 20 多年并不为学术界所知，直到 1931 年德国科学家 Kuhn 与 Lederer 参照 Tswett 的文章，将色谱法成功地应用于叶红素和叶黄素的研究，证实其可用于制备及分离，色谱法才被各国科学工作者注意和接受。此后的一段时间内，以氧化铝为固定相的色谱法（吸附色谱法）在有色物质的分离中取得了广泛应用。

1938 年 Izmailov 和 Shraiber 第一次使用薄层色谱法，同年 Taylor 和 Uray 用离子交换色谱分离了锂和钾的同位素，随后合成离子交换树脂的商品化，使离子交换色谱法得到广泛的应用。1941 年，英国著名学者 Martin 和 Synge 用水饱和的硅胶作固定相，含乙醇的三氯甲烷作流动相分离了乙酰基氨基酸，发明了液液分配色谱法。其后，这种分配色谱法成功地被广泛应用于各种有机物的分离。在随后的研究中，Martin 和 Synge 从热力学角度提出了色谱分离的塔板理论，并预言了气体可作为流动相，即气相色谱。1943 年，他们又发明了在饱和蒸汽环境下进行的纸色谱法。之后，Martin 与 James 用自动滴定仪作检测器分析脂肪酸，创立了气液分配色谱法，并于 1952 年从理论和实践两个方面对气液色谱进行了发展和完善，同年，Martin 因对色谱法发展的巨大贡献获得了诺贝尔奖。

此后，色谱法发展更加迅速。1956 年德国科学家 Stabl 系统研究并完善了薄层色谱法。同年荷兰学者 Van Deemter 提出了关于色谱效率的动力学理论——速率理论，并应用于气相色谱法中。气相色谱法的检测技术继 Ray 的热导检测器、Mcwilliam 发明的火焰离子化检测器以及 Lovelock 研制成功电子捕获检测器之后不断创新,特别是 1955 年 Golay 提出了极高分离效能的毛细管柱气相色谱法,使气相色谱技术得到了更加广泛的应用。

液相色谱是最先创立的色谱法,但一直进展比较缓慢。随着色谱理论的发展及气相色谱技术的积累,液相色谱法也出现了新的生机。1963 年 Giddings 发展了色谱理论,将气相色谱的理论和方法引入经典液相色谱,为现代液相色谱法奠定了基础。1960 年代后期,世界上第一台高效液相色谱仪问世,开启了高效液相色谱的时代。高效液相色谱使用粒径更细的固定相填充色谱柱,提高了色谱柱的塔板数,以高压驱动流动相,使得经典液相色谱需要数日乃至数月完成的分离工作得以在几个小时甚至几十分钟内完成。高效液相色谱法弥补了气相色谱法不能直接分析难挥发、热不稳定样品,以及不适用于高分子样品的弱点,扩大了色谱法的应用范围,从此色谱法的发展进入了另一个新的里程碑。

自此,继 20 世纪 70 年代出现了采用自动电导检测器的新式离子交换色谱法和提高薄层色谱法定性和定量水平的薄层扫描仪后,20 世纪 80 年代色谱法进入了蓬勃发展的时期。在这期间,液相色谱的各种联用技术相继出现,开发了超临界流体色谱法,既有气态流动相传质快、黏度小的性能,又有液态流动相溶剂化效应强的特点,使其兼有气相色谱法和高效液相色谱法的某些优点。Jorgenson 等人建立的毛细管电泳法在 20 世纪 90 年代得到了广泛的发展和应用,兼有毛细管电泳和高效液相色谱优点的毛细管电色谱法随后受到重视和发展。世界第一个商品化超高效液相色谱(ultra performance liquid chromatography,UPLC)系统于 1996 年问世,UPLC 借助于 HPLC 的理论及原理,涵盖了小颗粒填料、非常低系统体积及快速检测手段等全新技术,增加了分析的通量和色谱峰容量、提高了灵敏度。作为一个新兴的领域,UPLC 使液相色谱法得到飞跃和进步。

四、色谱法的发展趋势

色谱法是分析化学领域中发展最快的方法之一,新技术的不断发展使现代色谱法成为分析测定复杂化合物不可缺少的重要工具。现代色谱法具有分离与在线分析的两种功能,不但能进行复杂物质以及性质非常相近物质的分离分析,而且还可制备高纯物质,测定物质的某些物理化学常数、分子量及其分布等。因此,现代色谱法应用极其广泛,并成为有着强大生命力和发展动力的分析技术。其发展的总趋势可归纳为以下方面:

(一)色谱的智能化

气相色谱法和高效液相色谱法已有能推荐、优化实验条件、方法,给出并解析实验结果等功能的智能色谱仪。色谱专家软件系统已应用于许多领域,智能色谱是目前研究最活跃的课题之一。

(二)联用技术

色谱是分离复杂混合物的有效方法,红外吸收光谱法、质谱及核磁共振波谱等结构分析法是鉴别未知物结构的有力工具,因此两相联用各取所长,是目前分析技术重要的发展方向之一。目前已有气相色谱 - 质谱联用(GC-MS),气相色谱 - 傅里叶变换红外光谱联用(GC-FTIR),超临界流体色谱 - 质谱联用(SFC-MS),高效液相色谱 - 质谱联用(HPLC-MS)等多种联用的商品仪器。

(三)多维色谱法

将两种或两种以上色谱法联用称为二维或多维色谱法,可满足难分离物质对的分离要求,获得有关分析样品的更多信息。现已有气液色谱与气固色谱联用(GLC-GSC)、高效液相色谱与气相色谱联用(HPLC-GC)、高效液相色谱与离子交换色谱联用(HPLC-IEC)、高效液相色谱与尺寸排阻色谱联用(HPLC-SEC)等。

(四) 高效能固定相/色谱柱和高灵敏、通用型检测器的研制

由经典色谱法发展到现代色谱法,其主要工作是研制并使用了高效能的色谱柱(分离)及高灵敏的检测器(分析)。色谱柱是色谱法的"心脏",正是各种类型高效能色谱柱的不断出现,使许多新的色谱方法也相继涌现和发展,如键合相色谱法(bonded phase chromatography,BPC)、离子色谱法(ion chromatography,IC)及超高效液相色谱等。研制能够完成对所有分离的各类物质进行定性、定量任务的通用型高灵敏度检测器,是当今色谱领域中重要课题之一。

五、色谱法的特点

色谱法作为分离分析方法,在近代分析化学领域中发展很快,并占有相当的地位。但色谱法不是万能的,在许多情况下,它必须与其他方法配合才能更好地解决实际分析中的问题。因此,通过与其他分离、分析方法比较,明确色谱法的特点,有助于选择合适的分析方法,客观地制订分析方案,得到准确可靠的分析结果。

(一) 与化学分析法比较

化学分析法是经典的分析方法,以物质的某些特殊化学反应为基础。特点是仪器设备简单、价廉,操作容易掌握,用以分析测定某些不需先分离的组分和同族、同系物的总量比色谱法更方便。通常用于测定相对含量在 1% 以上的常量组分,准确度相当高(一般情况下相对误差为 0.1%~0.2% 左右),故可作为色谱法的旁证和对照方法。但化学分析法比较费时,也不能分离分析化学性质迟钝或性质相近的复杂混合物,而这正是色谱法的特长。

色谱法具有高选择性、高灵敏度、高分离效能及快速等优点。如可以反复多次地利用被分离各组分性质上的差异,达到理想的分离效果,能在较短的时间内对组成极为复杂、各组分性质极为相近的混合物同时进行分离和测定。但色谱法的仪器设备较昂贵,且在具体分析检测时,即使只测定一个组分也要用纯物质对照和校正,或制作定量校正曲线。

(二) 与光谱、质谱分析法比较

如前所述,质谱法和红外光谱法等是测定未知物的结构及分子量进行定性分析的有力工具,但须预先将试样分离纯化。如果没有已知的纯物质,或标准的色谱图对照,色谱法很难由样品色谱图确定某个色谱峰代表何种组分,但色谱法的高效分离能力却是光谱法与质谱法所不及的。因此将色谱法与光谱法、质谱法联用,便可取长补短,成为解决复杂未知物分离、定性、定量和结构分析的好方法。

(三) 与精密分馏法比较

精密分馏法和色谱法相似,也是一种分离技术,色谱塔板理论正是借用了精密分馏法中的"塔板"概念,利用理论塔板数来度量分离效能。在分离过程中,色谱法仅有部分塔板在进行分离,而精密分馏法却是所有塔板同时进行,因此要达到同样的分离度,色谱法所需塔板数为精密分馏法所需塔板数的平方。但由于色谱柱的塔板数很容易提高,因此其分离过程比精密分馏法快,分离物的纯度也较高,大型制备色谱在较短的时间内所制出的物质纯度可高达 99.99%。但色谱法每次处理样品的量远少于精密分馏法。一般处理大量试样时,选用精馏法分离,而分离纯度要求高的小量试样及以分析分离为目的的试样则采用色谱法。

（四）与萃取分离法比较

萃取法和色谱法一样是利用物质在互不相溶的两相中分配系数不同的分离方法。萃取法的操作为间歇式,互不相溶的两相间的接触面较小。而色谱法为连续操作过程,流动相与固定相之间的接触总面积很大。因此,色谱法的分离效果比萃取法高很多。但由于操作简单,不需要复杂的仪器,萃取法仍用作为常规分离的方法,常用于分析样品预处理。

第二节　色谱法基本过程和术语

色谱法的种类很多,并各有特点,但其基本过程和特点都相似。

一、色谱法的基本过程

（一）基本步骤

色谱法一般都有四个基本操作步骤:①根据试样分析目的选择适合的固定相,按操作形式的要求将固定相制备成色谱床(填装成色谱柱、或涂铺成平面层等);②进样(或点样):将处理好的样品以一定的方式加到固定相的一端;③洗脱或展开:将流动相以一定速度连续流过色谱床,运载着加在固定相上的样品通过固定相,在两相的相对运动中,使样品的各组分彼此分离;④分别收集分离的各组分,进行定性或定量分析测定。

（二）分离过程

色谱分离过程是物质分子在相对运动的两相间分配平衡的过程。在此过程中,流动相携带试样对固定相作相对运动,由于试样中各组分性质各不相同,在两相之间的作用力(如吸附力、溶解力、离子交换力、分子排阻力和亲和力等)体现出差别,使得各组分随流动相迁移的速率不同而被分离。

现以填充柱色谱来为例说明色谱分离过程。A、B两混合组分的试样在柱中分离过程如图 12-1 所示。色谱柱内均匀紧密地填装固定相颗粒,流动相则连续不断地流经其间,两相充分接触,但互不相溶。

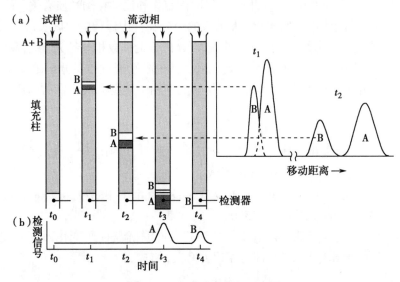

图 12-1　色谱分离过程示意图

将混合样品一次注入色谱柱。刚进柱时,组分 A 和 B 是一条混合谱带,由于组分分子与两相间的相互作用,它们既可进入固定相,也可返回流动相,这个过程叫作"分配"。进样后,组分 A 和 B 就随流动相一起沿柱床向前移动,当它们进入固定相时,就被保留而停止迁移;当新的流动相流过固定相时,保留在固定相上的组分分子将被流动相重新溶解而被洗脱,洗脱下来的各组分遇到新的固定相颗粒又再次被保留,随后又被流动相洗脱而返回流动相,从而形成新的保留 - 洗脱平衡……如此在两相间反复多次(一般 10^3~10^6 次)地分配。

在两相间进行分配时,各性质(如沸点、溶解度、分子结构及极性等)不同的组分在平衡时的分配系数有差异,表现为与两相分子间的作用力不相等。与固定相分子间作用力较大的组分,较易进入固定相,向前移动的速度就慢;与流动相分子间作用力较大的组分,较易进入流动相,向前移动的速度就快。这样经过一定的柱长后,由于两相间的多次分配,即使原来性质差异微小、与两相分子间的作用力只体现出微小差异的组分,也可达到很好的分离。如图 12-1 所示,与流动相分子间作用力较大的组分(如 A)先于与固定相分子间作用力较大的组分(如 B)流出色谱柱,从而得到分离。

如上所述,不同组分在通过色谱柱时迁移速度不等,即差速迁移,提供了实现分离的可能性,是色谱分离的基础。此外,同一组分的分子在色谱分离过程中会发生沿色谱柱的纵向扩散分布,使谱带变宽,这一现象称为谱带展宽。如组分的色谱峰展得太宽,会使相邻两色谱峰互相重叠而分不开,因此谱带展宽也是影响色谱分离的重要因素。差速迁移和谱带展宽是色谱分离过程的两个重要特点。

色谱分离是基于样品中各组分在两相间平衡分配的差异。平衡分配可用分配系数或分配比来表征。

(三)分配系数和分配比

1. 分配系数　分配系数(K)又称分配平衡常数,是指在一定的温度和压力下,组分在两相间分配达到平衡时,组分在固定相中的浓度 C_s 与在流动相中的浓度 C_m 之比。

$$K = \frac{C_s}{C_m} \tag{12-1}$$

K 除与温度和压力有关外,还与组分的性质、固定相和流动相的性质有关。K 值的大小表示组分与固定相分子间作用力的大小。K 值大的组分在柱中保留的时间长,移动速度慢。不同组分分配系数的差异,是实现色谱分离的先决条件,分配系数相差越大,越容易实现分离。

2. 分配比　在实际工作中常用分配比 k 来表征分配平衡过程。分配比又称容量因子或容量比,是指一定温度、压力下,组分在固定相与流动相中达到分配平衡时的质量之比。

$$k = \frac{M_s}{M_m} = \frac{C_s V_s}{C_m V_m} = K \frac{V_s}{V_m} \tag{12-2}$$

式中 V_s、M_s 代表固定相的体积及组分在其中的质量,V_m、M_m 代表流动相的体积及组分在其中的质量,K 为组分在两相中的分配系数。

V_m 和 V_s 之比称为相比,以 β 表示。β 反映了各种色谱柱柱型的特点。例如填充柱的 β 值约为 6~35,毛细管柱的 β 值为 50~1500。

k 和 K 均由组分及固定液的热力学性质决定,并随柱温、柱压变化而变化,但 K 与两相体积无关,而 k 则随两相体积变化,即与相比 β 有关,如式(12-3)所示。

$$K = k \frac{V_m}{V_s} = k\beta \tag{12-3}$$

K 与 k 是两个不同参数,但在表征组分的分离行为时,二者完全是等效的。容量因子 k 是一个重要的色谱参数,可方便地由色谱图直接求得。

二、色谱图及常用术语

样品中各组分经色谱柱分离后,从柱后流出进入检测器,检测器将各组分浓度(或质量)的变化转换为电压(或电流)信号,再由记录仪记录下来,即得到电信号随时间变化的曲线,称为色谱流出曲线,又称色谱图(图 12-2)。以此图例说明色谱法的常用术语。

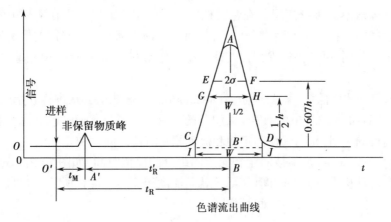

图 12-2　色谱流出曲线示意图

(一)基线

没有组分流出、仅有流动相进入检测器时产生的响应信号曲线称为基线(base line),它反映检测系统的噪声随时间变化的情况。

(二)色谱峰

色谱峰(chromatographic peak)是组分从色谱柱流出进入检测器后,由检测器输出的信号大小随时间变化所形成的曲线,如图 12-2 中的曲线 CAD。若各组分完全分离,流出曲线中的每个色谱峰代表一个组分。

正常的色谱峰为对称的正态分布曲线,即曲线有最高点,以此点为中心,曲线对称地向两侧快速、单调下降。不正常的色谱峰有两种:拖尾峰(tailing peak)及前伸峰(leading peak),前者为前沿陡峭后沿拖尾,后者为前沿平缓后沿陡峭。

全面地描述色谱峰,需从三个方面进行,即,峰的大小,用峰高或峰面积表示,可用于定量;峰的位置,用保留值表示,用于定性;峰宽,用于衡量柱效。

峰高 h(peak height)是色谱峰最大值至峰底的垂直距离,如图 12-2 中的 AB。

峰面积 A(peak area)是色谱峰轮廓下的积分面积。

色谱峰宽(peak width)有三种表示方法:

(1)基线宽度 W_b(peak width at base),又称峰底宽度,为自色谱峰两侧的拐点作切线,切线与基线交点间的距离,如图 12-2 中的 IJ。

(2)半高峰宽 $W_{h/2}$(peak width at half-height),为峰高一半处作基线的平行线与峰两侧交点间的距离,如图 12-2 中的 GH。

(3)标准偏差 σ(standard deviation),色谱峰两侧拐点间距离的一半。σ 的大小表示组分流出色谱柱的分散程度,σ 越大,组分流出越分散,反之则越集中。对于正常的色谱峰,σ 为 0.607 倍峰高处峰宽(如图 12-2 中的 EF)的一半。

为方便测量,色谱峰宽还是常用 W_b 或 $W_{h/2}$ 描述。色谱峰宽三种表示值之间的关系如式 12-4 所示。

$$W_b=4\sigma, W_{h/2}=2.354\sigma \tag{12-4}$$

(三)保留值

色谱峰在色谱图中的位置常用保留值来说明。保留值(retention value)表示试样中各组分在色谱柱中的滞留情况,通常用组分流出色谱柱所需的时间,或将组分带出色谱柱所需的流动相体积来表示。被分离组分在色谱柱中的滞留主要取决于它在两相中的分配过程,由热力学因素控制。在一定的色谱条件下,任何一种物质都有一个确定的保留值,而不同的组分保留值则不相同,可以根据保留值对待测组分作出鉴定,因此保留值是基本的色谱定性参数。

1. 用时间表示保留值 保留时间 t_R(retention time):被测组分从进样开始到色谱峰最大值出现所需时间,如图 12-2 中的 O'B。某组分的保留时间就是其通过色谱柱所需要的时间,即其在柱中运行的时间,相当于在固定相和流动相中滞留时间之和。

死时间 t_M(dead time)是不被固定相保留的组分的保留时间,如图 12-2 中的 O'A'。t_M 相当于各组分在流动相中停留的时间,实际上就是流动相流经色谱柱所需的时间,即在一定的色谱条件下,试样中各组分的死时间都相同。

$$t_M=\frac{L}{u} \tag{12-5}$$

式(12-5)中,L 为柱长,u 为流动相平均线速度。

调整保留时间 t'_R(adjusted retention time)是扣除死时间后的保留时间,如图 12-2 中的 A'B,它是某组分被固定相滞留的时间。

$$t'_R=t_R-t_M \tag{12-6}$$

2. 用体积表示保留值 保留体积 V_R(retention volume)是从进样开始到色谱峰最大值出现所流过的流动相体积。

死体积 V_M(dead volume)是不被固定相保留的组分通过色谱柱所需要的流动相体积,是指色谱柱中未被固定相占据的空隙体积,也即色谱柱内流动相的体积。

调整保留体积 V'_R(adjusted retention volume)是保留体积中减去死体积的部分。

V_R、V_M 和 V'_R 分别为对应于 t_R、t_M 和 t'_R 流过的流动相体积,它们之间的关系如式 12-7 所示,式中 u 为流动相平均线速度。

$$V_R=ut_R$$
$$V_M=ut_M \tag{12-7}$$
$$V'_R=V_R-V_M=t'_R u$$

3. 相对保留值 r_{21}(relative retention value) 某组分(2)与基准组分(1)的调整保留值之比称为相对保留值,是一个无因次量。

$$r_{21}=\frac{t'_{R2}}{t'_{R1}} \tag{12-8}$$

基准组分可以是被测混合物中某一指定的组分,也可以是根据分离情况人为加入的。习惯上 $t'_{R1}<t'_{R2}$,所以 r_{21} 一般大于 1。r_{21} 表示两个峰在色谱图上的相对位置,只与柱温和固

定相的性质有关,与其他色谱操作条件无关。与 V_R、t_R 等绝对保留值易随色谱操作条件变化而波动不同,r_{21} 定性更准确,因此 r_{21} 是色谱法中最常使用的定性参数。r_{21} 反映了色谱柱(固定相)对两组分的选择性,故又称选择性因子。

4. 色谱保留值方程式 当某一组分色谱峰出现最高点时,说明该组分恰好有一半的量被相当于 V_R 体积的流动相洗脱出色谱柱,其余一半则仍留在柱内,即留在柱内的流动相(体积为 V_M)与固定相(体积为 V_S)中。因质量守恒,则有

$$V_R C_m = V_m C_m + V_S C_S \tag{12-9}$$

两边同除 C_m,则

$$V_R = V_m + \frac{C_S}{C_m} V_S \tag{12-10}$$

因平衡常数 $K = C_s/C_m$,且 $V_m \approx V_M$,则

$$V_R = V_m + K V_S \tag{12-11}$$

将式(12-11)代入式(12-2),得

$$k = K \frac{V_S}{V_M} = \frac{V_R - V_M}{V_S} \cdot \frac{V_S}{V_M} = \frac{V_R - V_M}{V_M} = \frac{V'_R}{V_M} = \frac{t'_R}{t_M} = \frac{t_R - t_M}{t_M} \tag{12-12}$$

可见,分配比 k 是调整保留时间 t'_R 与死时间 t_M 之比,正比于调整保留时间,k 越大,组分在固定相中保留时间越长,即柱容量越大。改写式(12-12)为

$$t_R = t_M(1+k) = t_M \left(1 + K \frac{V_S}{V_M}\right) \tag{12-13}$$

式(12-13)为色谱保留值方程式,它定量地描述了组分在柱中的保留时间 t_R 与其在两相中的分配系数 K 和分配比 k 之间的关系,是色谱热力学的理论基础。色谱保留值方程式表明,组分的保留时间随其在两相中的分配系数或分配比的增加而增加。

在色谱分析中,要使两组分分离,它们在柱中的保留时间必须不同,则可在柱内形成差速迁移。而保留时间由分配系数或分配比决定,所以 K 或 k 不相等是色谱分离的先决条件。两组分 K 或 k 差别越大,则它们在柱内的保留时间相差越大,色谱峰间距离越远,就越容易实现分离;反之,若分配系数相同,则色谱峰将重合。

图 12-1 所示的色谱过程直观可见,当两组分分配系数不同(如 $K_B > K_A$),则组分 A 先于 B 流出色谱柱,并在流出曲线上形成色谱峰。若两组分分配系数相差足够大,则 A 完全流出色谱柱,流出曲线恢复成平直基线后,分配系数大的组分 B 才流出色谱柱,又形成一色谱峰,两组分则得以完全分离。

第三节 色谱分析法基本理论

色谱分析的关键是试样中各组分的分离,而欲使两组分完全分离,首先是两组分的分配系数必须有差异,这个差异由保留值反映出来,体现在它们的色谱峰之间相距应足够远;其次是区域扩散的速率必须小于区域分离的速率,即色谱峰必须足够窄。组分在两相间分配系数由色谱过程的热力学因素所控制,色谱峰宽窄与组分在色谱过程中运动情况有关,即与组分在流动相和固定相中的扩散和传质速率有关,由色谱过程的动力学因素所控制。因此在色谱分析中,为了使各组分完全分离,必须从热力学和动力学因素综合考虑。

一、塔板理论

为了解释色谱分离过程,Martin和Synge于1952年提出了塔板理论,将色谱柱视为分馏塔,把色谱分离过程比拟作分馏过程,直接引用分馏过程的概念、理论和方法来处理色谱过程。

(一)基本假设

将一根色谱柱分为许多小段,每一小段称为一个理论塔板,其长度称为理论塔板高度,用H表示。在每一块板内,一部分空间为固定相占据,另一部分空间则充满流动相,流动相占据的体积称为板体积。当欲分离的组分随流动相进入色谱柱后,就在两相中进行分配,并不断地达到分配平衡。

塔板理论作如下基本假设:①组分在每一个理论塔板里迅速达成一次分配平衡;②流动相是脉动式进入色谱柱的,每次进入量充满一个板体积;③试样开始时都加到第0号塔板上,且沿色谱柱方向的扩散(纵向扩散)可忽略不计;④在整个色谱分离过程中,组分在所有塔板上的分配系数是常数。

(二)色谱分配过程与流出曲线方程式

在上述假设条件下,为简化起见,讨论单一组分在色谱柱移动情况、平衡分配过程及流出曲线。色谱柱由n块塔板组成,以r表示塔板编号,依次为0、1、2…$n-1$;以N表示进入柱中的流动相板体积数,即分配次数。现设某组分对于$n=5$、分配比$k=1$、总质量$m=1$的体系,其色谱分配过程模拟情况如图12-3所示。

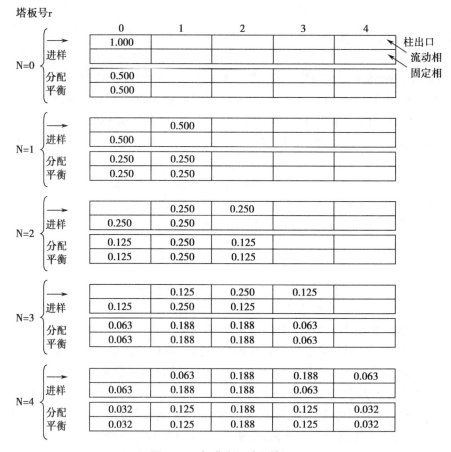

图 12-3　色谱分配过程模拟图

开始时,柱内每块板上都充满流动相,当1个单位的组分加到第0号塔板上,分配达到平衡时,由于$k=1$,则固定相和流动相中各含组分0.5单位。

当一个板体积的流动相进入0号板时,就将原含有0.5单位组分的流动相顶到1号板上,此时0号板固定相和1号板流动相中的组分将各自在相应塔板的两相间重新分配,达成新的平衡,平衡后组分在0号板和1号板两相中的量均为0.25。

以后每当一个板体积的新流动相以脉动方式进入色谱柱时,上述过程就重复一次,如此反复进行,即可得表12-1中的数据。

表 12-1　某 $k=1$、$m=1$ 的组分在 $n=5$ 柱内的分配

载气板体积 N	塔板号 r					柱出口
	0	1	2	3	4	
$N=0$	1	0	0	0	0	0
1	0.5	0.5	0	0	0	0
2	0.25	0.5	0.25	0	0	0
3	0.125	0.375	0.375	0.125	0	0
4	0.063	0.25	0.375	0.25	0.063	0
5	0.032	0.157	0.313	0.313	0.157	0.032
6	0.016	0.095	0.235	0.313	0.235	0.079
7	0.008	0.056	0.165	0.274	0.274	0.118
8	0.004	0.032	0.111	0.22	0.274	0.138
9	0.002	0.018	0.072	0.166	0.247	0.138
10	0.001	0.010	0.045	0.094	0.207	0.124
11	0	0.005	0.028	0.070	0.151	0.104
12	0	0.002	0.049	0.049	0.110	0.076
13	0	0.001	0.010	0.033	0.08	0.056
14	0	0	0.005	0.022	0.057	0.040
15	0	0	0.002	0.014	0.040	0.028
16	0	0	0.001	0.008	0.027	0.020

由表中数据可见,当$N=5$,即5个板体积的流动相进入柱子后,组分即开始出柱,进入检测器产生信号,记录仪则开始记录组分的色谱峰。该色谱峰可根据表12-1的数据,用组分在柱口的质量分数对流动相板体积数作图得出(图12-4)。

可见组分的流出浓度在流动相中由小到大,在N为8和9时出现最大值,然后逐渐变小,流出曲线呈峰形但不对称,这是由于塔板数太少的缘故,当$n>50$时就可以得到对称的峰形曲线。在色谱分离中n可达$10^3 \sim 10^6$,因而色谱流出曲线趋近于正态分布曲线,因此可用正态分布方程式讨论组分流出色谱柱的浓度变化:

$$C = \frac{C_0}{\sigma\sqrt{2\pi}} \mathrm{e}^{\frac{(t-t_R)^2}{2\sigma^2}} \tag{12-14}$$

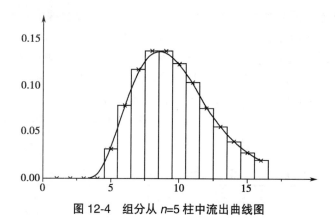

图 12-4　组分从 $n=5$ 柱中流出曲线图

式（12-14）称为色谱流出曲线方程式，其中，σ 为标准偏差，t_R 为保留时间，C_0 为峰面积，相当于组分的总量，浓度 C 为任意时间 t 时流出曲线上的浓度。可见，当 $t=t_R$ 时，C 有极大值，用 C_{max} 表示：

$$C_{max}=\frac{C_0}{\sigma\sqrt{2\pi}} \qquad (12\text{-}15)$$

C_{max} 即色谱峰高 h，将 h 及 $W_{h/2}=2.354\sigma$ 代入式 12-15，得峰面积计算公式

$$A=1.065\times W_{h/2}\times h \qquad (12\text{-}16)$$

峰面积 A 和峰高 h 是色谱定量分析参数。

将式（12-15）代入式（12-14），得式（12-17）

$$C=C_{max}e^{\frac{(t-t_R)^2}{2\sigma^2}} \qquad (12\text{-}17)$$

式（12-17）为流出曲线方程的常用形式，由此式可见，无论当 $t<t_R$ 或 $t>t_R$ 时，组分浓度都小于 C_{max}，C 以 t_R 为中心，随时间向峰两侧对称下降，下降速度取决于 σ，σ 越小，峰越尖锐。

以上仅讨论了单一组分在色谱柱中的分配过程。若试样为多组分混合物，则由于各组分分配系数的差异，它们的保留值将不同，经过多次分配平衡以后，产生差速迁移，各组分在柱出口出现和出现浓度最大值所需流动相板体积数将各不相同。由于色谱柱的塔板数相当多，只要分配系数有微小差异，便可获得良好的分离效果。

（三）塔板数

理论塔板高度 H 是为使组分在柱内两相间达到一次分配平衡所需要的柱长。理论塔板数 n 即表示了组分流过色谱柱时，在两相间进行平衡分配的总次数。根据色谱流出曲线方程，可得

$$n=16\left(\frac{t_R}{W_b}\right)^2 \qquad (12\text{-}18)$$

$$n=5.54\left(\frac{t_R}{W_{h/2}}\right)^2 \qquad (12\text{-}19)$$

根据某组分在柱内的保留时间 t_R 和半高峰宽 $W_{h/2}$ 或峰宽 W_b，即可由上两式计算出色谱柱对该组分的理论塔板数 n，再由 n 和色谱柱的长度 L，计算出板高 H。

$$H=\frac{L}{n} \qquad (12\text{-}20)$$

当色谱柱长度 L 固定时，塔板数 n 越多，理论塔板高度就越小，色谱峰越窄，柱效能就越

高,分离能力就越强。因此 n 或 H 可作为描述柱效能的指标。

在实际应用中,常出现计算出的 n 值虽很大,但色谱柱的分离效率却不高的现象,即理论塔板数 n 不能真实地反映色谱柱的分离效能,这是由于未将不参与柱中分配的死时间 t_M 扣除之故。用调整保留时间 t'_R 代替 t_R 计算理论塔板数和相应的板高,称为有效塔板数 n_{eff} 和有效塔板高度 H_{eff}。由于扣除了死时间 t_M(或 V_M)的影响,n_{eff} 和 H_{eff} 能客观地反映柱效能。计算公式如下:

$$n_{eff}=16\left(\frac{t'_R}{W_b}\right)^2=5.54\left(\frac{t'_R}{W_{h/2}}\right)^2 \tag{12-21}$$

$$H_{eff}=\frac{L}{n_{eff}} \tag{12-22}$$

必须注意,同一色谱柱对不同物质的柱效能是不一样的,因此,当用 n_{eff} 或 H_{eff} 表示柱效时,除应注明色谱条件外,必须说明是对什么物质而言;而在相同色谱条件下,用不同组分测出的柱效率也是不同的。n_{eff} 越大,表示组分在柱中达到分配平衡的次数越多,因而对分离越有利。但仅根据 n_{eff} 的大小还不能预言并确定各组分能否被分离,因为分离的可能性取决于试样中各组分在两相中分配系数的差异,而不是分配次数的多少,因而 n_{eff} 只能视作在一定条件下柱分离能力发挥程度的标志,即可行性,而不能作为各组分能否被分离的依据。只有各组分在两相中分配系数有差异(具备分离可能性)的前提下提高柱效以保障分离的可行性,才是有意义的。

塔板理论用热力学观点定量地阐明了组分在色谱柱中移动的速率,形象地描述了组分在色谱柱中的分配和分离过程,解释了流出曲线形状、浓度极大的位置,提出了评价柱效的指标和计算的公式。但塔板理论是半经验理论,它的某些基本假设不符合色谱过程的实际情况,如在快速流动的色谱体系几乎没有真正的平衡状态,分配系数也只能在有限的浓度范围内才与浓度无关,而且组分在柱内以"塞子"形式移动时,纵向扩散不能忽略,流动相也是连续而非脉动式通过的。因此塔板理论只是定性地提出了板高 H 的概念,而不能解释 H 受哪些因素影响,更无法提出降低板高提高柱效的方法。理论塔板数计算公式中虽然包括色谱峰宽,但未能说明峰扩展的原因。其根本原因是色谱过程不仅受热力学因素的影响,而且还与分子的扩散、传质等动力学因素有关。

二、速率理论

1956 年 Van Deemter 等人在研究气液色谱时,提出了色谱过程动力学理论,他们吸收了塔板理论的有益成果——塔板高度的概念,结合影响塔板高度的动力学因素,指出理论塔板高度 H 是谱带展宽的量度,研究了促使色谱峰扩展而影响板高的因素,导出了速率理论方程式(又称 Van Deemter 方程,范氏方程),其简化式为:

$$H=A+B/u+C_u \tag{12-23}$$

式中 H 为板高,u 为流动相的平均线速度,即单位时间里流动相在柱中流动的距离。A、B、C 是常数,代表影响 H 的三个动力学因素,A 为涡流扩散项,B 为纵向扩散系数,C 为传质阻力系数。在 u 一定时,只有 A、B 和 C 较小时,H 才能较小,柱效才较高。反之则谱带展宽,柱效降低。下面以气液色谱为例,分别讨论各项的物理意义。

(一)涡流扩散

又称多径扩散。如图 12-5 所示,在填充柱中固定相颗粒大小、形状往往不可能完全相同,填充的均匀性也有差别,当组分由载气携带流过色谱柱遇到填充物颗粒时,就会不断改变流动方向,使组分在气相中形成紊乱的类似涡流的流动,涡流的出现使同一组分的不同分子所经过路径长短不一,因此,同时进入色谱柱的组分流出色谱柱的时间也不相同,从而致色谱峰扩展,称为涡流扩散(eddy diffusion)。

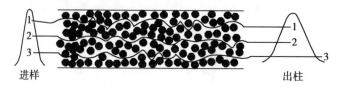

图 12-5　涡流扩散产生峰展宽示意图

涡流扩散项 A 与固定相颗粒大小、几何形状及装填紧密程度有关。其值可用下式确定:

$$A=2\lambda d_p \tag{12-24}$$

上式表明 A 与填充物的平均颗粒直径 d_p 和填充不均匀性因子 λ 有关,使用适当细粒度和颗粒均匀的担体,并尽量填充均匀,可以减少涡流扩散,提高柱效。

(二) 纵向扩散

又称分子扩散项,当样品组分被载气带入色谱柱后,以"塞子"的形式存在于柱的一段空间中,由于"塞子"的前后沿着载气流动方向存在着浓度梯度,使组分分子从高浓度向低浓度产生纵向扩散(longitudinal diffusion),从而引起色谱峰扩展。分子扩散系数 B 可由下式确定:

$$B=2\gamma D_g \tag{12-25}$$

γ 是与填充物有关的因数,称为弯曲因子,表示分子在柱内扩散路径弯曲的程度。其意义可以理解为,由于固定相颗粒的存在,使分子自由扩散受阻,扩散系数降低。填充柱 $\gamma<1$,空心毛细管柱 $\gamma=1$。分子扩散与组分在柱中停留的时间有关,停留时间越长,分子扩散越严重。因此,载气流速 u 大时,B/u 项可忽略;而当 u 小时,B/u 较大,在色谱峰展宽中起重要作用。

D_g 为组分在载气中的扩散系数。D_g 除与组分性质有关外,还与载气的性质、柱温、柱压等因素有关。D_g 与载气分子量的平方根成反比,随柱温升高而增加,但反比于柱压。因此采用较高的载气流速,使用相对分子质量较大的载气(如 N_2),控制较低的柱温,均可减少纵向扩散,提高柱效。

(三) 传质阻力

传质是由于浓度不均而发生的物质迁移过程,影响此过程进行的阻力称为传质阻力(mass transfer resistance)。组分被流动相带入色谱柱后,由两相界面进入固定相,并扩散至固定相深部,进而达到动态分配平衡。当纯的或含有低于平衡浓度的流动相经过时,固定相中该组分的分子将回到两相界面,进而逸出固定相而被流动相带走(转移)。色谱传质过程就是试样组分的分子在两相中溶解、扩散、转移的过程。由于传质阻力的存在,而且在流动状态下,使得组分在气相和液相中的分配不能瞬间达到平衡,有些组分分子还来不及进入液相就被载气带走,出现超前现象;而有些组分分子则进入液相并渗入固定液深浅不同的孔隙,延迟返回气相,出现滞后现象,从而造成色谱峰扩展。

传质阻力可用传质阻力系数 C 描述,它包括气相传质阻力系数 C_g 和液相传质阻力系数 C_L,即 $C=C_g+C_L$。

气相传质阻力是组分在气相和液相界面进行浓度分配时产生的,从气相到液相界面所

需时间越长,则传质阻力越大,引起的峰展宽也越大。对于填充柱

$$C_g = \frac{0.01k^2}{(1+k)^2} \cdot \frac{d_p^2}{D_g} \tag{12-26}$$

式中 k 为容量因子,从上式可知,气相传质阻力与填充物颗粒的平均直径 d_p 的平方成正比,与组分在气相中的扩散系数 D_g 成反比。因而采用粒度小的担体和相对分子质量小的载气(如 H_2),可减少 C_g,提高柱效。

液相传质阻力是由于组分分子从气液两相界面扩散至固定液内,达到平衡后再返回两相界面的传质过程所形成的,即在气液界面和液相的传质过程所产生的。

$$C_L = \frac{2}{3} \cdot \frac{k}{(1+k)^2} \cdot \frac{d_f^2}{D_L} \tag{12-27}$$

式中 d_f 为固定液液膜厚度,D_L 为组分在液相中的扩散系数。减少固定液用量,d_f 变小,D_L 增大,可使 C_L 减小,但减少固定液用量降低 d_f 的同时,k 亦会随之减少,又会使 C_L 增大。当固定液用量一定时,d_f 随载体比表面积增加而降低,因此一般采用比表面积较大的载体来降低 d_f。提高柱温,虽然可增大 D_L,但也会使 k 减小,为了保持适当的 C_L 值,应控制适当的柱温。

当固定液含量较高,液膜较厚,载气为中等线速时,此时 C_g 很小,可以忽略,板高主要受液相传质阻力 C_L 控制。然而,随着快速色谱的发展,当采用低固定液含量柱和高载气流速进行分析时,C_g 就成为影响板高的主要因素。

色谱速率方程揭示了色谱柱的填充均匀程度、担体粒度、载气种类和流速、固定液液膜厚度及柱温等对柱效、峰扩展的影响。许多影响柱效的因素是相互制约的,如载气流速加大时,分子扩散项减小,但传质阻力项增大;柱温升高利于传质,但加剧了分子扩散。为此,应权衡利弊,综合考虑,以范氏方程为指导选择色谱分离条件。

三、色谱分离方程式

(一) 分离度的定义

在色谱分析中,理论塔板数是色谱柱对某物质的柱效能指标,但不能判断一个物质对在柱内的分离情况;相对保留值 r_{21} 反映了色谱柱对难分离物质对选择性的好坏,但不能表达柱效能的高低。因此,必须有一个既能反映柱效,又能反映柱选择性的总分离效能指标来判断难分离的物质对在柱内的实际分离效果,这一指标就是分离度(resolution,R)。

R 又称分辨率或分辨度,其定义为相邻两色谱峰保留值之差与两峰底宽平均值之比

$$R = \frac{2(t_{R(2)} - t_{R(1)})}{W_{b(2)} + W_{b(1)}} \tag{12-28}$$

当峰形不对称或两峰有重叠时,峰宽难以测定,可用半高峰宽代替峰底宽,由下面近似式计算:

$$R = \frac{t_{R2} - t_{R1}}{W_{h/2(1)} + W_{h/2(2)}} \tag{12-29}$$

式中两组分保留值之差,主要取决于固定相的热力学性质,反映了选择性的好坏;色谱峰的宽窄,则由色谱过程的动力学因素决定,反映了柱效能高低,因此分离度 R 概括了色谱过程的动力学和热力学特性,是衡量色谱柱总分离效能的指标。

两组分的保留值相差越大,峰越窄,R 越大,分离效果越好。若色谱峰呈正态分布,当

$R=1$ 时,分离程度可达 98%;当 $R=1.5$ 时,分离程度可达 99.7%,因而常用 $R=1.5$ 来作为相邻两峰完全分离的标志。

(二)色谱分离度公式

根据式(12-28)或式(12-29),可直接从色谱图上计算分离度 R。但该式没有体现影响分离度的各种因素,不能预言怎样的分离条件会有怎样的分离结果,故无法作为改善分离度和色谱参数最优化的依据。必须知道 R 与色谱分析重要参数 n、k 和 r_{21} 的关系,才能通过控制这些参数达到需要的分离度。

对于难分离物质对,由于它们的保留值差别小,两色谱峰距离相近,可认为 $W_{b1}=W_{b2}=W_b$,由式(12-13)可得:

$$t_{R1}=t_M(1+k_1)$$
$$t_{R2}=t_M(1+k_2)$$

$$(12\text{-}30)$$

由式(12-18)可得:

$$W_b=\frac{4t_{R2}}{\sqrt{n}}=\frac{4t_M(1+k_2)}{\sqrt{n}}$$

$$(12\text{-}31)$$

将式(12-30),式(12-31)分别代入式(12-28),整理后可得:

$$R=\frac{\sqrt{n}\,(k_2-k_1)}{4(1+k_2)}=\frac{\sqrt{n}}{4}\cdot\frac{k_2}{1+k_2}\cdot\frac{k_2-k_1}{k_2}=\frac{\sqrt{n}}{4}\cdot\frac{k_2}{1+k_2}\cdot\frac{r_{21}-1}{r_{21}}$$

$$(12\text{-}32)$$

式(12-32)为色谱分离度公式,又称色谱分离度方程式,是色谱法中最重要的方程式之一。它说明了分离度与柱效能 n、选择性因子 r_{21} 及容量因子 k 之间的关系(图 12-6)。这样就可以通过改变实验条件,优化色谱参数来改善分离度。

四、色谱分离条件的选择及系统适应性试验

(一)色谱分离条件的选择

R 是 n、r_{21} 及 k 的函数,色谱分离条件的选择则需从它们对分离度的影响综合考虑。

1. 提高理论塔板数 n　分离度与理论题塔板数 n 的平方根成正比,n 若增加为原来的 2 倍,R 会增大 1.4 倍。增加塔板数有两种途径:增加柱长和提高柱效。但若柱长增加一倍,则分析时间和柱压也增加一倍,所以降低板高 H,提高柱效,才是提高分离度的最好方法。

根据速率理论,为了提高柱效,首先需要采用直径较小、粒度均一的固定相,并均匀填装色谱柱,分配色谱还需控制固定液的液膜厚度。此外,流动相的性质、流速、温度等操作条件也需综合考虑。

2. 调节控制容量因子 k　当 k 值增大时,R 随之增大,但并非越大越有利,当 $k>10$ 时,k 再增加对 R 增大的贡献极小,反而使分析时间大为延长,导致色谱峰扩展严重,有时甚至造成谱带检测的困难。所以综合考虑,k 应控制在适当的范围内,最佳值一般在 2~5 之间。

在气相色谱中,可通过增加固定液的用量、降低柱温等使 k 增大。在液相色谱中,通常通过调节流动

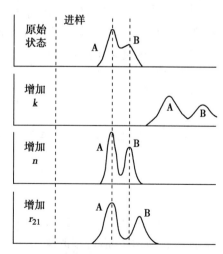

图 12-6　选择性因子 r_{21}、柱效 n 及容量因子 k 与分离度的关系

相极性以控制 k,流动相强度增大则 k 变小。

3. 提高选择性因子 r_{21} R 与 $(r_{21}-1)/r_{21}$ 成正比,r_{21} 值越大,$(r_{21}-1)/r_{21}$ 值越大,R 也随着增大。r_{21} 由两色谱峰的相对位置决定,r_{21} 越大越容易分离;$r_{21}=1$ 时,无论柱效多高,R 均为零,不能实现分离。r_{21} 的微小变化都会对 R 有很大影响,如 r_{21} 从 1.1 增加到 1.2 时,R 可提高约一倍。因此增大 r_{21} 是改善分离度最有力的手段。

然而 r_{21} 的变化往往不像 n 和 k 那样有规律可循。在气相色谱中,r_{21} 主要取决于固定液的性质,并对温度有很大的依赖性,一般降低柱温可使 r_{21} 增大。在液相色谱中,主要通过改变流动相和固定相的性质来调整 r_{21} 值。

（二）系统适用性试验

系统适用性试验（system suitable test,SST）,也叫作系统适应性试验,其主要目的是考察分析方法对于一个硬件系统的适用能力。分析方法往往是基于少量的分析系统建立的,因此需进行 SST 以证明分析方法的广泛适用性。另外,分析系统本身也在不断改进,也需要考察分析方法和分析系统的适应性。SST 开始主要用于色谱分析,随着技术发展,在更多类型的分析方法上也开始推广使用。

色谱系统的适用性试验通常包括理论塔板数、分离度、重复性和拖尾因子等四个指标。

1. 色谱柱的理论塔板数 n 用于评价色谱柱的效能。由于不同物质在同一色谱柱上的色谱行为不同,采用理论板数作为衡量柱效能的指标时,应指明测定物质,一般为待测组分或内标物质的理论塔板数。

2. 分离度 R 用于评价待测组分与相邻组分或难分离组分之间的分离程度,是衡量色谱系统效能的关键指标,无论是定性还是定量分析均须评价分离度。可以通过测定待测物质与已知相邻组分的分离度,或通过测定待测组分与某一添加的指标性成分（内标物质或其他难分离物质）的分离度,抑或将供试品或对照品用适当的方法降解,测定待测组分与某一降解产物的分离度,对色谱系统进行评价与控制。除另有规定外,一般要求分离度应大于 1.5。

3. 重复性 用于评价连续进样后,色谱系统响应值的重复性能。采用外标法时,通常取对照品溶液连续进样 5 次,除另有规定外,其峰面积测量值的相对标准偏差应不大于 2.0%;采用内标法时,通常配制加入规定量内标的 3 种不同浓度的对照品溶液,分别至少进样 2 次,计算平均校正因子,其相对标准偏差应不大于 2.0%。

4. 拖尾因子 T 用于评价色谱峰的对称性。为保证分离效果和测量精度,应检查待测峰的拖尾因子是否符合规定。拖尾因子计算公式为:

$$T=W_{0.05h}/2d_1 \tag{12-33}$$

式中 $W_{0.05h}$ 为 5% 峰高处的峰宽;d_1 为 5% 峰高出峰顶点至峰前沿之间的距离（图 12-7）。

除另有规定外,峰高法定量时 T 应在 0.95~1.05 之间。峰面积法测定时,若拖尾严重,将影响峰面积的准确测量。必要时,可根据情况对拖尾因子作出规定。

色谱系统适用性试验的设计应匹配于实验目的。如果一个色谱方法仅用于定性鉴别,只要确保被测组分峰与其他色谱峰有一定的分离度,具有适宜的出峰时间即可。如果用于定量分析,则除要保证被测组分峰具有适宜的保留时间外,还需检验系统是

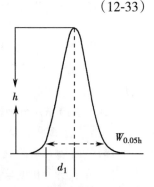

图 12-7 拖尾因子的求算

否能够保证被测组分峰与其他色谱峰完全分离,同时还应测试被测组分峰面积的重复性是否良好,被测组分峰的峰型也应基本对称,以保证分离效果和测量精度。对于小峰(如归一化法计算占总面积 10% 以下的色谱峰)峰面积的定量,或用峰高法定量时,就应对拖尾因子或对称因子加以严格的规定,因为此时峰的对称性对测量结果准确度影响较大。

第四节　色谱定性定量分析法

一、定性分析

色谱定性分析的目的是确定试样的组成,即确定色谱图上每个色谱峰代表的化合物。由于各种物质在一定的色谱条件下均有一定的保留值,因此保留值可作为定性指标。但不同物质在同一色谱条件下,可能具有相似或相同的保留值,即保留值并非专属的。因此,只能在了解样品的来源、性质的基础上,根据保留值,在一定程度上给出定性结果。

(一)利用已知纯物质对照定性

在相同的色谱条件下分别测定未知物和已知纯物质(对照品)的保留值,加以比较,如两者的保留值相一致,则未知物可能与纯物质是同一化合物。纯物质对照法定性只适用于对组分性质已有所了解,组成比较简单,且有纯物质的未知物。

当未知样品中组分较多,所得色谱峰间距离太小,操作条件又不易控制稳定,准确测定保留值有一定困难时,可用加入已知物增加峰高定性。首先作出未知样品的色谱图,然后在未知样品中加入某已知物,再测得一色谱图,峰高增加的组分即可能为加入的已知物。

(二)相对保留值定性

相对保留值的数值只与组分的性质、固定相的性质及柱温有关,而与其他操作条件无关,因此,它是色谱广泛应用的定性指标。此法适用于在无已知物的情况,对于一些组分比较简单的已知范围的混合物定性。利用此法时,先查色谱手册,取其选用的标准物质加入被测样品中,并根据手册的实验条件进行实验,将测得的组分的相对保留值与色谱手册数据对比定性。

(三)保留指数定性

如前所述,保留时间或保留体积等易受实验条件的影响;而用相对保留值,若所选用的标准物不同,则其数值随之不同,所以最好选用相同的标准物,而且选择一个以上的标准物。Kovats 提出以一系列正构烷烃为标准物计算组分定性指标的方法,他规定正构烷烃的保留指数为 100z(z 为碳原子数),某组分的保留指数是用其相邻的两个正构烷烃的调整保留时间为基准的。此保留指数又称为柯瓦(Kovats)指数。

保留指数仅与固定相的性质、柱温有关,与其他实验条件无关,其准确度和重现性都很好。只要柱温和固定相相同,计算出的保留指数与文献值对照,即可定性鉴定,而不必用纯物质相对照。

(四)色谱联用分析定性

色谱是分离复杂混合物的有效方法,但不能直接从色谱图对未知物定性鉴定,而红外吸收光谱法、质谱及核磁共振波谱等是鉴别未知物结构的有力工具,却无法对复杂的混合物定性鉴定,要求所分析的样品组分很纯。近年来,色谱仪作为分离手段,质谱、光谱等结构分析仪作为鉴定工具,即将色谱仪与结构分析仪联用,二者取长补短,再加上计算机对数据的快速处理和谱图检索,为未知试样的定性分析开辟了广阔的前景,是目前解决复杂未知物定性的最有效手段之一。

二、定量分析

(一)定量依据

在一定的色谱条件下,进入检测器的待测组分的质量 m_i 与检测器产生的响应信号(峰面积 A_i 或峰高 h_i)成正比

$$m_i = f'_i A_i \quad \text{或} \quad m_i = f'_i h_i \tag{12-34}$$

式 12-34 就是色谱定量分析的理论依据。式中 f'_i 为比例常数,称为被测组分 i 的校正因子。因此,要进行定量分析,必须准确测定峰面积 A_i 或峰高 h_i,准确求出校正因子 f'_i,方可计算组分的含量。依据峰面积定量更为常用。

现代色谱仪已实现微机化,带有自动积分装置,能自动测量色谱图上每一个色谱峰面积和峰高;对于分离不完全的相邻峰、大峰尾部的小峰等,会根据峰型确定切割方式,给出准确的峰面积 A_i 或峰高 h_i 测定结果。

(二)校正因子

色谱定量分析是基于被测组分的量与其峰面积的正比关系。但是峰面积大小不仅取决于组分的质量,而且还与组分的性质有关。由于检测器对不同性质的组分具有不同的响应值,所以质量相等的不同组分在相同条件下在同一检测器上得出的峰面积往往不相同,这样就不能直接用峰面积计算物质的含量。为此,需要引入校正因子,对峰面积进行校正,使之能真实地反映出物质的质量。即选定一个物质作为标准,用校正因子把其他物质的峰面积校正成相当于这个标准物的峰面积的倍数,然后再用这种经过校正的峰面积来计算物质的含量。

$$f'_i = \frac{m_i}{A_i} \tag{12-35}$$

式中 f'_i 为绝对校正因子,其含义为单位峰面积所代表的物质的质量。在定量时要精确求出 f'_i 值是比较困难的。一方面由于精确测量绝对进样量困难;另一方面峰面积与色谱条件有关,要保持测定 f'_i 值与运用 f'_i 时的色谱条件完全相同是不可能的。因此在实际工作中,常使用相对校正因子。某组分 i 的相对校正因子 f_i 为组分 i 和标准物质 S 的绝对校正因子之比。

$$f_i = \frac{f'_i}{f'_s} \tag{12-36}$$

通常所指的校正因子都是相对校正因子,常将"相对"二字省去。

由于被测组分的量可用质量、体积和物质的量来表示,按计量单位的不同,校正因子一般有三种表示方法,即质量校正因子 f_m、摩尔校正因子 f_M 和体积校正因子 f_v。其中 f_m 是最常用的校正因子,被测组分的量以质量表示

$$f_m = \frac{f'_i}{f'_s} = \frac{A_s m_i}{A_i m_s} \tag{12-37}$$

式中 A_i、A_s、m_i 和 m_s 分别代表被测组分和标准物质的峰面积和质量。

相对校正因子值只与被测物和标准物以及检测器类型有关,而与操作条件无关。因此一般说来 f_i 值可引用文献数据。但在需准确进行色谱定量的工作实践中,常需自己测定校

正因子。测定方法是应用色谱纯试剂或确知其纯度的试剂,准确称量被测纯物质和标准物质,然后将它们混合均匀进样,分别测出其峰面积,由式(12-37)计算。

(三)常用的定量方法

1. 外标法　比较在相同条件下测得的组分纯物质与样品中的组分峰面积或峰高进行定量的方法称为外标法,又称标准曲线法。首先用待测组分的纯品配成一系列不同浓度的标准试样,在一定的色谱条件下准确定量进样,测得峰面积(或峰高),绘制峰面积(或峰高)对浓度的标准曲线。进行样品测定时,在与绘制标准曲线完全相同的色谱条件下准确进样,根据测得的待测组分峰面积(或峰高),从标准曲线上查出被测组分的含量。标准曲线截距应近似为零,若截距较大,则说明存在一定的系统误差。如果标准曲线线性好,截距近似为零,则可用外标一点法(单点比较法)定量。

外标一点法是用某一浓度(与试样中的组分浓度接近)的 i 组分的标准试样进样,测得其峰面积 $(A_i)_s$,与样品在相同条件下进样所得峰面积 A_i 用下式计算含量:

$$m_i = \frac{A_i}{(A_i)_s}(m_i)_s \qquad (12\text{-}38)$$

式中 m_i 和 $(m_i)_s$ 分别表示在样品和标准试样的进样体积中所含 i 组分的质量。

外标法的优点是操作简单、计算方便,不需要测定校正因子。分析结果的准确度主要取决于进样量的重复性和色谱仪器及操作条件的稳定程度。

2. 内标法　当试样中所有组分不能全部出峰,或只要求测定试样中某个或某几个组分时,可用内标法。此法是将一定量纯物质作为内标物加入到准确称量的试样中,进行色谱分析,根据试样和内标物的质量及被测组分和内标物的峰面积及校正因子,求出待测组分的含量。其计算方法如下:

$$m_i = f A_i \qquad m_S = f_s A_s$$

$$m_i = \frac{A_i f_i}{A_s f_s} m_s \qquad X_i\% = \frac{A_i f_i}{A_s f_s} \cdot \frac{m_s}{m} \times 100 \qquad (12\text{-}39)$$

式中 X_i 为待测组分含量(质量分数),m_s、m_i、m 分别为内标物、被测组分和试样的质量,A_i、A_s 为待测组分和内标物的峰面积,f_i、f_s 为待测组分和内标物的校正因子。

内标法的关键是选择合适的内标物,它必须符合下列条件:①内标物必须是试样中不存在的纯物质,性质与被测物相近,且与试样互溶,但不能发生化学反应;②内标物的峰位置应尽量靠近待测组分或位于几个被测组分色谱峰的中间,并与这些色谱峰完全分离;③加入内标物的量应与被测组分量相近。

由于内标法是通过测量被测组分与内标物峰面积的比值 A_i/A_s 进行计算的,因而操作条件或进样体积变化引起的误差,都将同时反映在内标物及待测组分的响应值上而得到抵消,所以操作条件不必严格控制即可准确定量。内标法因此优点而在很多仪器分析方法上得到应用。

内标法的主要缺点是,每次分析都要准确地称取内标物和试样,较为烦琐。进行常规分析时,由于样品和内标物都是给定的,为了方便起见,可称取固定质量的样品和内标物,因此式(12-39)中的 $f_i m_s/f_s m$ 为一常数,亦即被测组分含量与 A_i/A_s 成正比关系。以 X_i 对 A_i/A_s 作图得一直线,则可由实验所得的 A_i/A_s 值,从标准曲线上查出组分的含量。此法是一种简化的内标法,又称内标标准曲线法,不必测出校正因子,又消除了某些操作条件的影响,也不需要严格准确体积进样。

3. 归一化法 此法是将样品中所有组分含量之和定为 100%,按下式计算被测组分含量 X_i。

$$X_i\% = \frac{m_i}{m} \times 100 = \frac{A_i f_i}{\sum_i^n A_i f_i} \times 100 \qquad (13\text{-}40)$$

式中 m_i 和 m 分别为被测组分和试样的质量,A_i、f_i 为待测组分的峰面积和校正因子,试样中共有 n 个组分。

归一化法的优点是方法简便、准确,操作条件对定量结果影响不大。缺点是样品中所有组分都必须出峰,某些不需要定量的组分也需测出其峰面积和校正因子,因此应用受到一定的限制。

本 章 小 结

1. 基本知识 色谱法的基本概念和色谱分离的基本原理、特点;色谱法基本术语;塔板理论和速率理论;色谱保留值方程式、柱效和柱分离效能;分离度及色谱分离度公式;色谱定性和定量的常用方法。

2. 核心内容 立足于色谱过程的两个基本特点(基本色谱现象):差速迁移和谱带展宽,以色谱分离度为核心。分离度 R 概括了色谱过程的动力学和热力学特性,同时兼顾了色谱分离的可能性和可行性,是衡量色谱柱总分离效能的指标,综合体现在色谱分离度公式中。

3. 学习要求 了解色谱法的分类和发展历史、发展趋势;掌握色谱分离的基本原理、色谱基本概念(流出曲线、保留值、分配系数和分配比、分离度等)、色谱保留值方程式、分离度方程式;熟悉塔板理论和速率理论、色谱定性方法、定量方法及有关计算,正确理解分离度方程式,熟悉色谱分离条件选择的基本原则,以及系统适应性试验的主要指标。

(许 茜)

思考题

1. 色谱分析法的特点是什么?
2. 试简述两个基本的色谱现象。
3. 从色谱流出曲线中可以获得哪些信息?
4. 某组分的色谱峰可用哪些参数描述? 这些参数各有何意义?
5. 如何理解色谱保留值方程式?
6. 为什么容量因子或分配系数不等是色谱分离的前提?
7. 衡量色谱柱效的指标是什么? 色谱系统选择性用什么指标描述?
8. 简述谱带展宽的原因。
9. 某色谱柱理论塔板数很大,难分离的组分是否一定能在其中得到分离,或是有较好的分离度? 为什么?
10. 什么是分离度? 为何它是色谱总分离效能的指标?
11. 要提高分离度应从哪些方面考虑?

12. 为何用相对保留值定性更准确？

13. 色谱法定量分析的依据是什么？为何要引入定量校正因子？

14. 色谱法常用的定量方法有哪几种？它们各有何特点？

15. 在 30cm 长的填充色谱柱上，某化合物 A 及 B 保留时间分别为 16.40 分钟和 17.36 分钟，峰底宽度分别为 1.21 分钟和 1.35 分钟。不被保留的组分通过色谱柱需 1.30 分钟。计算①A 及 B 的分离度；②色谱柱对两组分的选择性因子；③A 及 B 的容量因子；④达到完全分离时所需柱长。(0.75;1.06;11.62,12.35;120cm)

第十三章 经典液相色谱法

液相色谱法系指以液体为流动相的色谱法。所谓经典液相色谱法主要指高效液相色谱法出现以前的常压液相色谱技术，是相对于现代色谱法而言的。经典液相色谱法包括经典柱色谱和常规薄层色谱、纸色谱等，是指在常压下进行，采用普通规格的固定相，靠重力或毛细作用输送流动相的液相色谱法。与现代色谱法相比，有分离周期较长，分离效率较低，一般不具备在线监测功能的缺点，但在样品制备、纯化及实验条件筛选中仍发挥着重要的作用，尤其是薄层色谱法因其操作方便、设备简单的特点，常作为初始分离分析手段，广泛应用于食品药品检验、临床检验和生化分析、医药工业中产品的纯度控制和杂质检查、中药的定性鉴别、天然药物中成分的分离等。

第一节 柱 色 谱 法

根据色谱过程的分离机制不同，经典液相柱色谱法可以分为吸附柱色谱法、分配柱色谱法、离子交换柱色谱法和空间排阻色谱法。

一、液固吸附柱色谱法

（一）分离原理

根据固定相对分离组分吸附力大小不同而分离。由于结构和性质的不同，各组分与固定相作用的类型、强度也不同，结果在固定相上滞留的程度也不同，即被流动相携带向前移动的速度不等，产生差速迁移，因而被分离。

液固吸附柱色谱法的特点：①适合可溶于有机溶剂的非离子型化合物的分离，特别是异构体及具有不同极性取代基的化合物的分离；适合于分析非极性和中性化合物，而极性化合物可能在色谱柱上产生不可逆的吸附；②分析结果重复性较差，柱稳定性不好；③样品组分吸附在吸附剂的活性部位有变质和损失的可能。

（二）固定相与流动相

1. 固定相 - 吸附剂　吸附剂是多孔性微粒状物质，表面内有许多吸附中心。吸附中心的数量及其与组分形成作用力的种类和大小直接影响吸附剂的吸附能力。

吸附色谱法对吸附剂的基本要求：具有较大的比表面积，吸附中心的吸附能力大小不同；有一定的机械强度，大小适当、粒度均匀；与流动相、样品及溶剂不发生化学反应，不溶于流动相。

（1）常用的吸附剂：常用的吸附剂可以分为极性和非极性两大类（表 13-1），极性吸附剂包括各种无机氧化物，如硅胶、氧化铝、聚酰胺、大孔吸附树脂等；非极性吸附剂最常用的是活性炭。

表 13-1　常用吸附剂的特点及应用

名称	性质	特点	应用
硅胶	具有硅氧交联结构,表面有许多硅醇基(Si-OH),是硅胶的吸附活性中心	有效硅醇基的数目越多,吸附能力越强;含水量越低,活度级数越小,吸附能力越强	具有弱酸性(pH4.5),适合于分离酸性和中性化合物,如有机酸、氨基酸、甾体、酚、醛等
氧化铝	白色无定形粉末,俗称矾土,有碱性、酸性和中性 3 种	分离能力强、活性可控,吸附规律与硅胶相似;活性大小与其含水量有关,一般使用前需加热活化	碱性氧化铝(pH9~10)适用于分离碱性和中性化合物,如生物碱、脂溶性维生素等
			酸性氧化铝(pH4~5)适用于分离酸性化合物,如有机酸、酸性色素、某些氨基酸、酸性多肽类以及对酸稳定的中性物质
			中性氧化铝(pH7~7.5)适用于分离生物碱、挥发油、萜类、甾体、蒽醌,以及在酸、碱中不稳定的苷类、酯、内酯等成分
聚酰胺	白色多孔的非晶形粉末,不溶于水和一般有机溶剂,易溶于浓无机酸、酚及甲酸	与聚酰胺形成氢键缔合的基团数目越多,氢键作用越强,吸附能力越强	适用于多元酚类化合物的分离,如酚、酸、硝基、醌、黄酮、糖基化合物等
大孔吸附树脂	不含交换基团,具有大孔网状结构,同时存在吸附和分子筛作用	水溶液中吸附力较强,吸附选择性好;有机溶剂中吸附能力较弱	主要用于水溶性化合物的分离纯化,如皂苷及其他苷类化合物与水溶性杂质的分离,也可间接用于水溶液的浓缩,从水溶液中吸附有效成分等
活性炭	具有物理吸附和化学吸附的双重特性	非极性吸附剂,吸附规律与硅胶、氧化铝相反;对非极性物质亲和力较强,在水中对物质的吸附能力较强	可吸附气相、液相中的目标物质,以达到脱色精制、消毒除臭和去污提纯等目的;常用于水溶液的脱色,也可用于糖、环烯醚萜苷的分离纯化等

（2）吸附活性的失活与活化:硅胶的硅醇基能与水形成氢键,生成水合硅醇基。由于硅羟基与水形成氢键,便不能再吸附其他物质,硅胶的吸附能力即随之下降,或失去吸附活性（称为失活）。但硅胶的吸附能力可以通过活化得以恢复,即将硅胶加热到 100℃左右,除去吸附在其表面的水。活化一般在 110℃左右加热 30 分钟。若温度过高,超过 500℃,硅醇基会失去一分子水,不可逆地变成硅氧烷结构,永久失去吸附活性。

氧化铝的吸附能力也与其含水量密切相关（表 13-2）。含水量越高,吸附能力越小,活性越低。同样,氧化铝也可以通过加热进行活化。通常选择在 400℃左右恒温加热 6 小时,置干燥器中备用。

（3）选择原则:分离弱极性物质,一般选用活性较强的吸附剂;分离强极性物质,选用活性较弱的吸附剂。

2. 流动相　吸附色谱法对流动相的基本要求:纯度合格,不会引入杂质,不干扰试样组分的分离;能溶解试样,与试样、吸附剂不发生化学反应;黏度小,能保持一定的洗脱速率;性质稳定,有一定的挥发性,不影响分离组分的回收。

表 13-2 硅胶、氧化铝的含水量与活度级别的关系

含水量（%）		活度级别	吸附能力的强弱
硅胶	氧化铝		
0	0	I	
5	3	II	
15	6	III	
25	10	IV	
38	15	V	

液固吸附色谱的流动相多为有机溶剂,洗脱能力取决于其极性的强弱,强极性流动相与吸附活性中心的结合能力强,因而洗脱能力强,使组分的吸附系数 K 值小,移动速度快,在柱色谱中流出较早、保留值小;在平面色谱中展距较长(比移值 R_f 较大)。

在吸附色谱中,吸附剂对样品各组分的吸附能力和流动相对各组分的解吸能力大小对组分迁移速度和分离效果有很大影响,其中流动相的性质和组成尤为重要。常用流动相的极性(解吸能力)递增顺序为:

石油醚＜环己烷＜四氯化碳＜三氯乙烷＜苯＜甲苯＜二氯甲烷＜三氯甲烷＜乙醚＜乙酸乙酯＜丙酮＜正丁醇＜乙醇＜甲醇＜吡啶＜乙酸＜水

在液固吸附色谱中,常使用混合溶剂作为流动相,即将两种或两种以上不同极性的溶剂按一定比例混合,并通过调节各溶剂的比例来改变洗脱强度,从而得到有合适洗脱能力的流动相,以此改善分离效果。

对流动相的选择可以根据"相似相溶"原则来进行。大极性试样分离选择极性较强的流动相,小极性试样选择极性较弱的流动相。

（三）实验方法

1. 色谱柱的准备　色谱管为内径均匀、下端缩口的硬质玻璃管,下端用棉花或玻璃纤维塞住,管内装有吸附剂。吸附剂的颗粒应尽可能保持大小均匀,以保证良好的分离效果,除另有规定外通常多采用直径为 0.07~0.15mm 的颗粒。

色谱柱的规格根据被分离样品的量和吸附难易程度而定,常用柱管的直径为 0.5~10cm,内径与柱长的比例为 1：10~1：20。吸附剂的装量应根据被分离的样品量而定,一般硅胶用量为样品重量的 30~60 倍,难分离物质可增至 100~200 倍。

2. 操作方法　采用色谱法进行混合组分分离时,一般要经过装柱、加样、洗脱、收集和检测 5 个步骤(表 13-3)。

洗脱完毕,根据检测结果合并含相同成分的收集液,除去溶剂,得到相对较纯的各组分样品。如果所得物为几个成分的混合物,还可再进一步分离。必要时也可采用其他定性方法做进一步检测。

3. 注意事项　主要包括以下问题:

（1）装柱必须保证装填平整、均匀。

（2）若试样在常用溶剂中不溶,可将试样与适量吸附剂在乳钵中研磨混匀后干法上样。

表 13-3　吸附柱色谱法操作方法及要求

步骤	操作	要求	方式	特点
装柱	将选好的固定相吸附剂装入玻璃管柱	装填要求均匀、无气泡	湿法	将吸附剂与洗脱剂混合均匀,搅拌至无气泡后缓慢倒入色谱柱中
			干法	直接将吸附剂倾入色谱柱中,然后再缓慢加入洗脱剂
加样	将试样加于制备好的色谱柱上面	加样量应尽量少些	湿法	用洗脱液溶解试样,沿管壁加入色谱柱,注意勿使吸附剂翻起
			干法	用适合溶剂溶解试样,加入少量吸附剂,混匀,挥干溶剂,加入色谱柱
洗脱	连续不断地加入洗脱剂,调节好流速进行洗脱	保持有充分的洗脱剂留在吸附层的上面	加压	可加快洗脱剂流速,减少洗脱时间,但柱效会随之降低
			常压	相同条件下柱效最高,最耗时
			减压	可减少吸附剂用量,可能造成柱中溶剂大量挥发,影响分离效果
收集	用收集管收集从柱中流出的洗脱液	每份收集量视分离情况而定	分段收集	适用于有色物质,可按色带分段收集,两色带重叠部分单独收集
			等份收集	适用于无色物质
检出	洗脱完毕,采用薄层色谱、纸色谱或化学反应法等检测方法对各收集液进行检出			

（3）洗脱速度是影响柱色谱分离效果的一个重要因素,因此调节好流速也尤为重要。对于较大柱子,一般调节在每小时流出的毫升数等于柱内吸附剂的克数;中小柱一般以 1~5 滴 / 秒的速度为宜。洗脱体积通常保持在 10 个柱体积以上。

（4）考虑吸附剂的吸附量,根据样品量多少来确定吸附剂用量。

（5）洗脱剂溶剂选择要注意两点:一是室温较高时,要选择沸点较高,挥发性相对较小的溶剂,若使用易挥发溶剂,如乙醚、二氯甲烷,极易导致过柱时出现气泡;其次,使用混合溶剂时,两种溶剂沸点相差不应太大。

二、液液分配柱色谱法

（一）分离原理

液液分配色谱法是以液体作为固定相和流动相,利用被分离组分在固定相和流动相中的溶解度的差异,造成在两相间的分配系数的差异而实现分离的方法。其基本原理虽然与液-液萃取相同,不同之处在于这种分配平衡是在相对移动的两相间进行,而且可反复多次,累积、放大微小差异,分离效率高。

组分在固定相中的溶解度越大,或在流动相中的溶解度越小,则分配系数越大,在固定相中保留较强,随流动相移动较慢;反之,分配系数较小的组分在固定相中保留较弱,随流动相移动较快,从而产生差速迁移,使不同组分得以分离。

分配色谱法适用范围较广,对各类化合物都能使用,特别适用于亲水性物质或能溶于水而又稍能溶于有机溶剂的化合物,如极性较大的生物碱、苷类、有机酸、酚类、糖类、氨基酸衍生物及样品中农药残留量的分析测定等。

（二）固定相与流动相

1. 固定相　固定液均匀涂渍在惰性载体（担体）上构成固定相。

（1）载体：载体的作用仅仅是负载固定液，对其基本要求是：机械强度好、比表面积大、化学惰性、不溶于固定液和流动相。常用的载体有硅藻土、溪水硅胶、纤维素和微孔聚乙烯小球等，其中硅藻土因其结构中氧化硅几乎没有吸附活性而应用最多。

（2）固定液：要求固定液与流动相互不相溶或微溶于流动相，是试样的良好溶剂。为保证较好的分离效果，还需使组分在固定相中溶解度略大于其在流动相中的溶解度。

根据固定相和流动相的极性相对强度，分配色谱可以分为正相分配色谱和反相分配色谱。正相分配色谱中固定相的极性大于流动相的极性，即以强极性溶剂作为固定液，以弱极性的有机溶液为流动相，适用于分离极性组分。反相分配色谱中固定相的极性小于流动相的极性，即以弱极性有机溶剂作为固定液，以强极性溶剂为流动相，适用于分离非极性、弱极性至中等极性的组分。

2. 流动相　对流动相的基本要求：纯度高、黏度小；对试样组分有一定的溶解度，但又略小于固定液对组分的溶解度；与固定相极性相差较大，且与固定液不互溶。此外，为防止固定液流失，流动相须用固定液预饱和后使用。

在分配色谱中，流动相参与试样组分的分配作用，其微小变化会导致组分保留值发生较大的改变。因此，选择适当的流动相尤为重要。通常根据"相似相溶"原理来选择，极性组分选用极性溶剂，非极性组分选用非极性溶剂。

石油醚、醇类、酮类、酯类、卤代烷烃类、苯等或其混合溶剂常被用作正相色谱流动相。反相色谱常用的流动相则为正相色谱法中的固定液，如水、各种水溶液（包括酸、碱、盐及缓冲液）、低级醇类等。

（三）实验方法

分配柱色谱的实验方法和吸附柱色谱基本一致（表13-4）。实验前应将固定液溶于适当溶剂中，加入适宜载体，混合均匀，挥干溶剂备用。

表 13-4　液液分配柱色谱法的实验方法

实验步骤	操作方法
装柱	将制好备用的固定相分次移入色谱柱中，并用带平面的玻璃棒压紧
加样	试样溶解于固定液，加入少量载体混匀，加在装好的色谱柱上端
洗脱	根据待分离试样组分的极性，选择适合的洗脱剂，沿管壁连续不断地加入，对试样进行洗脱
检出	用接收管收集流出液。洗脱完毕，对收集液进行检测，合并相同成分收集液，除去溶剂，得各组分试样

三、空间排阻色谱法

（一）分离原理

空间排阻色谱法实现分离的依据是被分离组分分子的尺寸和形状差异。固定相为一定孔径的多孔性填料，流动相是可以溶解样品的溶剂。小分子量的化合物可以进入孔中，滞留时间长；大分子量的化合物不能进入孔中，直接随流动相流出。它利用分子筛对分子量大小不同的各组分排阻能力的差异而完成分离。

根据流动相的不同空间排阻色谱法可分为两大类,以水溶液为流动相的称凝胶过滤色谱法,用于分离水溶性试样;以有机溶剂为流动相的称为凝胶渗透色谱法,用于分离非水溶性试样。常用于分离提纯生物高分子,如组织提取物、蛋白质、多肽、核酸、多糖等化合物,除去其溶液中低分子量杂质。

空间排阻色谱法的特点:①非离子型的高分子化合物,样品分子量差别愈大愈易分离;②可测聚合物的分子量分布;③同样大小的柱能接受比通常液相色谱大得多的试样量,且试样在柱中稀释少,因而较易检测;④峰容量小,可能有其他保存机理起作用时会引起干扰。

(二)固定相与流动相

1. 固定相　为化学惰性的经过交联而具有立体网状结构的多孔凝胶。根据凝胶的交联度或含水量可判别多孔凝胶的机械强度,常有软性、半刚性和刚性凝胶三类。软质凝胶适用于水溶液体系,只能在较低流速和柱压下使用,主要用于分离生物高分子物质,如酶、蛋白质、核酸及多糖类。刚性凝胶适用于有机溶剂系统,可在较高压力下使用,常用于从大分子物质中除去小分子杂质。

凝胶的主要性能参数包括平均孔径、排斥极限和相对分子质量范围等。常用的凝胶有葡萄糖凝胶、聚丙烯酰胺凝胶及琼脂糖等。

2. 流动相　必须满足能溶解试样、能润湿凝胶、黏度低三个基本条件;若采用软质凝胶,流动相还必须能使凝胶溶胀。由于空间排阻色谱中组分的分离与流动相的性质无直接关系,因而对洗脱剂的要求并不十分严格,水溶性样品选择水溶液为流动相,非水溶性样品选择四氢呋喃、三氯甲烷、甲苯和二甲基甲酰胺等有机溶剂为流动相。流动相用量常为1个柱体积,只有在含有吸附较强的溶质时,才可能需要加大用量。

(三)实验方法

1. 凝胶准备　要选用颗粒大小均匀的凝胶,并且在充分溶胀后除去不易下沉的较细颗粒。将溶胀后的凝胶抽干,然后再用洗脱液进一步处理,搅拌后同样除去悬浮的细小颗粒。

2. 实验操作　空间排阻色谱法的操作方法及要求见表13-5。

表 13-5　空间排阻色谱法操作方法及要求

试验步骤	操作	要求
装柱	处理好的凝胶加入等体积洗脱液,搅拌均匀成浆状,沿管柱内壁缓慢加入柱中	连续、均匀、无气泡、无"纹路"
平衡	打开活塞,调节流速使洗脱液以恒定流速流出,对色谱柱进行平衡,为防加样时凝胶被冲起,平衡好后可在凝胶表面放一片滤纸	用2~3倍柱床体积的洗脱液平衡
加样	将试样加于制备好的色谱柱上面	分析时上样量一般为柱床体积的1%~2%,制备时则为20%~30%
洗脱	连续不断地加入洗脱剂,调节好流速进行洗脱	保持有充分的洗脱剂留在吸附层的上面
收集与测定	用接收管收集洗脱液,用紫外检测等方法对收集液进行检测,合并相同成分,回收溶剂	每份收集量视分离情况而定

3. 主要注意事项

（1）商品凝胶是干燥的颗粒状物质，经流动相充分浸润或溶胀后方可使用。若使用其他溶剂，易致凝胶体积发生变化，进而影响分离效果。溶胀过程中注意不要过分搅拌，以防颗粒破碎。

（2）试样的浓度和加样量是影响分离效果的重要因素。试样浓度应适当大些，但对大分子物质，浓度增大，溶液的黏度也随之变大，会影响分离效果，要兼顾浓度与黏度两方面的因素。

四、离子交换柱色谱法

（一）分离原理

离子交换色谱法是利用被分离组分离子交换能力的差别而实现分离的液相色谱法，主要用于离子型化合物的柱色谱分离分析。常用离子交换树脂作固定相，根据可交换离子的电荷极性不同，分为阳离子交换树脂和阴离子交换树脂，相应的色谱方法分别称为阳离子交换色谱法或阴离子交换色谱法。

离子交换树脂具有网状结构，并带有活性基团。活性基团由两部分组成，一部分为带负电荷的阴离子基团（如磺酸基—SO_3^-）或带正电荷基团的阳离子基团［季胺基—$N^+(CH_3)_3$］等，为不可交换的离子基团；另一部分是这些离子基团上结合的与其电性相反的离子，如 H^+ 或 OH^- 等，为可交换离子。

在分离过程中，试样组分在流动相中电离产生组分离子，与固定相上的可交换离子进行可逆交换。试样中各组分离子与固定相的相互作用（或称亲和力）不同，作用强的组分离子在固定相中保留的时间较长，作用弱的组分离子在固定相中保留时间较短，由此，各试样组分在反复进行的离子交换色谱过程中产生差速迁移，得以分离。

离子交换色谱法特点：①在水溶液中离子化的分离物，可以采用电导检测器测定；②除离子交换外，还可能有吸附和分配作用。

（二）固定相与流动相

1. 固定相　离子交换树脂网状结构的骨架上可引入不同的可交换基团，根据活性基团及所交换离子的电荷有阳离子交换树脂和阴离子交换树脂之分。最常用的是聚苯乙烯型离子交换树脂。

阳离子交换树脂是在树脂骨架上引入—SO_3H、—$COOH$、—SH、—PO_3H_2 等酸性基团，以阳离子作为交换离子的树脂。其中可解离的 H^+ 离子与试样中某些阳离子进行交换，依据其酸性强度，又可分为强酸型与弱酸型阳离子交换树脂，以强酸型应用较多。

阴离子交换树脂是在树脂骨架上引入—N^+R_3X、—NH_2、—NHR 等碱性基团，以阴离子作为交换离子的树脂，其中可解离的 OH^- 或 Cl^- 离子与试样中某些阴离子进行交换，以强碱型应用较多。

选择离子交换树脂进行色谱分离时，需要考虑树脂的交联度、交换容量、溶胀和粒度等性能指标（表 13-6）。

2. 流动相 - 洗脱剂　离子交换色谱常用缓冲液作流动相，多用一定 pH 和离子强度的弱酸、弱碱和缓冲溶液，为提高选择性，有时也加入少量甲醇、乙醇、四氢呋喃、乙腈等有机溶剂。使用竞争力强的溶剂离子，保持 pH 稳定，可以使交换和洗脱效果更佳，因而各种不同离子浓度的含水缓冲溶液常被用作洗脱剂。

表 13-6　离子交换树脂的性能指标

名称	定义	特点	应用
交联度	指离子交换树脂中交联剂的含量,通常以重量百分比表示	交联度高,网状结构紧密,网眼小,溶胀较小,交换速度慢,选择性好,刚性较强,耐压;交联度低,渗透性好,易变形、不耐压	主要根据分离对象而定。氨基酸等小分子物质,以 8% 树脂为宜,多肽等大分子量物质,以 2%~4% 树脂为宜
交换容量	指在实验条件下每克干树脂中真正参加交换反应的基团数目	表示离子交换树脂进行离子交换能力的大小,与交联度、溶胀性、溶液的 pH 以及分离对象等因素有关	通常以实际测量值为准
溶胀	当树脂浸入水中,大量水进入树脂内部,引起树脂膨胀的现象	溶胀的程度取决于交联度的高低,交联度高,溶胀小;反之,溶胀大	装柱前,需要进行充分溶胀
粒度	指离子交换树脂颗粒的大小	以溶胀态所能通过的筛孔表示。颗粒越小,离子交换达到平衡越快	根据实际需要选择不同粒度的树脂

　　洗脱方法有两种:一是改变 pH,降低溶质离子的解离度,减少电荷,从而减弱其对交换剂的亲和力而被洗脱,如低 pH 洗脱液易洗脱阴离子交换剂上的试样;二是增加离子强度,使洗脱液中的离子与试样离子竞争交换固定相上的可交换离子,从而将试样离子置换下来。

　　可见,离子交换色谱的保留行为和选择性受被分离离子、离子交换剂、流动相性质等影响(表 13-7)。

表 13-7　影响离子交换色谱的因素

影响因素	影响方式
溶质离子	电荷高越高,水和离子半径越小,其选择性系数越大,亲和力越强
离子交换树脂	交联度越高,交换容量越大,组分的保留时间越长
流动相	交换能力强、选择系数大的流动相,其洗脱能力强;改变流动相的 pH 可以抑制弱电解质的解离,缩短保留时间

　　阳离子在强酸型离子交换树脂上的保留能力顺序为:

$Fe^{3+}>Al^{3+}>Ba^{2+}\geq Pb^{2+}>Sr^{2+}>Ca^{2+}>Ni^{2+}>Cd^{2+}\geq Cu^{2+}\geq Co^{2+}\geq Mg^{2+}\geq Zn^{2+}\geq Mn^{2+}>Ag^+>Cs^+>Rb^+>K^+\geq NH_4^+>Na^+>H^+>Li^+$

　　阴离子在强碱型阴离子交换树脂上的保留能力顺序通常为:

枸橼酸根 $>PO_4^{2-}>SO_4^{2-}>CrO_4^{2-}>I^->HSO_4^{2-}>NO_3^->SCN^->Br^->CN^->NO_2^->Cl^->HCO_3^->CH_3COO^->OH^->F^-$

(三)实验方法

　　1. 树脂的处理　树脂在使用前必须经过处理,以除去杂质并转化为所需要的形式,通常将阳离子交换树脂转变为氢型,阴离子交换树脂转变为氯型或氢氧型。具体操作时:先将树脂浸于蒸馏水中充分溶胀,然后用 5%~10% 盐酸处理阳离子交换树脂,使其转变为氢型;用 10%NaOH 或 10%NaCl 处理阴离子交换树脂,使其转变为氢氧型或氯型,最后用蒸馏水洗至中性方可使用。

2. **实验操作** 离子交换柱色谱法一般可分为装柱、平衡、加样与洗脱、收集与检出4个步骤,具体见表13-8。

表 13-8 离子交换柱色谱法操作方法及要求

试验步骤	操作	要求
装柱	常用湿法装柱,将处理好的树脂加入欲使用的缓冲液中,搅拌均匀,自管柱顶部注入柱中	连续、均匀,无纹格、无气泡,表面平整
平衡	柱中加入缓冲液,调节流速,对柱子进行平衡	直至流出液 pH 与洗脱液相同
加样与洗脱	色谱柱平衡结束,将试样加于色谱柱上面;当试样液面与树脂面相平时,连续不断加入洗脱剂进行洗脱	试样、洗脱剂都要在液面与树脂面相平时加入,并始终保持洗脱剂液面高于树脂面
收集与检出	用接收管收集流出液,采用适合方法对收集液进行检出,合并相同成分,回收溶剂	每份收集量视分离情况而定,检测方法要选用得当

3. **主要注意事项** 装柱时必须防止气泡、分层及柱内液面在树脂以下等现象发生。要注意离子交换树脂的预处理、再生、转型等,已交换的树脂,可用适当的酸、碱、盐处理使树脂再生,恢复原来性能反复使用。

第二节 平面色谱法

平面色谱法是指组分在以平面为载体的固定相和流动相之间吸附或分配平衡而进行的一种色谱方法。按其操作方式分为薄层色谱法、纸色谱法和薄层电泳法。与柱色谱相比,平面色谱具有结果直观、分离能力高、分析速度快的特点。

一、薄层色谱法

薄层色谱法是将固定相均匀涂布在表面光滑的平板上形成薄层而进行色谱分离和分析的方法。这是一种快速分离诸如脂肪酸、类固醇、氨基酸、核苷酸、生物碱及其他多种物质行之有效的层析方法。根据所用固定相及分离原理的不同,薄层色谱法有吸附、分配、离子交换及凝胶色谱等类型。其中以采用吸附剂作固定相的吸附薄层色谱法应用最广。

(一)分离原理

将一定粒度的吸附剂均匀地涂布在表面光洁的玻璃或塑料平板上,制成薄层板。然后把待分离试样溶液点在薄层板的一端,在密闭容器(层析缸)中用适当的展开剂(流动相)展开。由于吸附剂对不同物质的吸附能力大小不同,易被吸附的组分移动较慢,而较难被吸附的组分移动较快。通过一段时间的展开,不同的物质彼此分开,在薄层板上形成相互分离的斑点。各组分在薄层板上的位置用比移值(retardation factor, retention factor, R_f)表示(图13-1)。

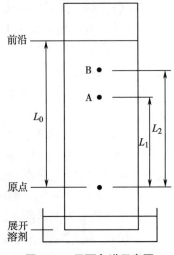

图 13-1 平面色谱示意图

$$R_f = \frac{原点到组分斑点中心的距离}{原点到溶剂前沿的距离} = \frac{L}{L_0} \tag{13-1}$$

R_f表示物质移动的相对距离。各种物质的R_f随分离化合物的结构,薄层板(或滤纸)的种类、溶剂、温度等不同而不同,但在条件固定的情况下,R_f对每一种化合物是一个定值。一般要求分离后组分的R_f值在 0.2~0.8 之间,最佳范围 0.3~0.5。

在薄层色谱中,由于R_f值的影响因素很多,较难得到重复的R_f值。通常采用相对比移值R_s来代替R_f值,可消除试验过程中的系统误差,使定性结果更可靠。相对比移值是指在一定条件下,被测物质与参考物质比移值之比,其计算式为:

$$R_s = \frac{R_{f(i)}}{R_{f(s)}} = \frac{原点到被测组分斑点中心的距离}{原点到参考物质斑点中心的距离} = \frac{L_1}{L_2} \tag{13-2}$$

式中,$R_{f(i)}$和$R_{f(s)}$分别为组分 i 和参考物质 s 在同一色谱条件下的比移值。参考物质可以选用试样中某一已知组分,或另外加入试样中的另一物质纯品。

(二)固定相与展开剂

1. 固定相　所用固定相与吸附柱色谱法相同,只是吸附剂粒度更细,约为 200 目(10~40μm),所以吸附薄层色谱法的分离效率比吸附柱色谱法要高。硅胶和氧化铝是吸附薄层色谱中常用的吸附剂,有时根据需要也选用其他吸附剂,如聚酰胺、硅藻土、纤维素等。常用的硅胶吸附剂见表 13-9。

表 13-9　薄层色谱常用的硅胶及其特点

类别	特点	制板时的黏合剂
硅胶 H	不含黏合剂	CMC-Na
硅胶 HF_{254}	不含黏合剂,但含有无机荧光剂	CMC-Na
硅胶 G	硅胶和煅石膏混合而成	水或 CMC-Na
硅胶 GF_{254}	硅胶和煅石膏混合而成,含有无机荧光剂	水或 CMC-Na

氧化铝作吸附剂时一般不加黏合剂,按制备方法又可分为中性、碱性和酸性氧化铝,其中以中性氧化铝最常用。

2. 展开剂　薄层色谱法的流动相又称展开剂(developing solvent;developer),通常采用单一溶剂或多元混合溶剂。在吸附薄层色谱法中,与吸附柱色谱法中选择流动相的一般规则相同,即极性大的组分需用极性大的展开剂,极性小的组分需用极性小的展开剂。通常要综合考虑被分离试样组分的极性、吸附剂活性和展开剂的极性三个因素。具体选择时可以参考图 13-2,首先根据被分离试样组分极性,固定三角形的一个角,则另外两个角所指的就是相应的吸附剂活性和展开剂极性。

薄层色谱法中常用的展开剂(溶剂)按极性由强到弱的顺序是:

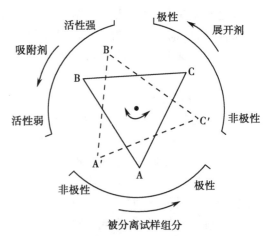

图 13-2　被分离试样组分极性、吸附剂活性和展开剂极性之间关系示意图

水＞酸＞吡啶＞甲醇＞乙醇＞正丙醇＞丙酮＞乙酸乙酯＞乙醚＞三氯甲烷＞二氯甲烷＞甲苯＞苯＞三氯乙烷＞四氯化碳＞环己烷＞石油醚

在薄层色谱中,通常根据被分离试样组分的极性,首先使用单一溶剂展开,再由分离效果进一步考虑改变溶剂极性或者选择混合展开剂。混合展开剂各组分的极性大小、比例对其最终的极性大小和分离效果有影响,往往需要经过多次实验才能确定合适的展开剂。

此外,在分离酸性或碱性组分时,在展开剂中加入少量酸或碱,可以防止组分分解,使斑点更加集中和清晰。若展开剂的黏度过大,可加入黏度小的溶剂来降低其黏度,加快展开速度。

(三) 实验方法

薄层色谱的实验方法分为制板、点样、展开和斑点定位(显色及检视)四个程序,现以吸附薄层色谱为例来说明其操作方法。

1. 薄层板制备 薄层板分为加黏合剂的硬板和不加黏合剂的软板,软板制备简便,但表面松散,易吹散、脱落,现已不常用。下面介绍硬板的制备方法。

市售薄层板:有普通板和高效板之分,使用前在110℃活化30分钟,聚酰胺薄膜除外。铝基片薄层板可根据需要剪裁,但需注意剪裁后的薄层板底边的硅胶层不得破损。如在存放期间被空气中杂质污染,可在使用前用三氯甲烷、甲醇或其混合溶剂在展开缸中上行展开预洗,110℃活化,置干燥器中备用。

自制薄层板:用专门的涂布器或手工把浆状的吸附剂均匀地涂在长条形玻璃板上。玻璃板要表面光滑、平整、洁净、厚薄一致,常用规格有 $5cm \times 10cm$、$10cm \times 10cm$、$10cm \times 20cm$。薄层板涂层厚度一般为 0.2~0.3mm,铺好后表面应均匀、平整、光滑,无麻点、气泡、破损及污染。

2. 点样 用毛细管或微量注射器吸取一定量试样溶液点在原点上。溶解试样应尽量选择低沸点或与展开剂极性相似的溶剂,避免使用水,以防样点扩散。样点基线距底边 2cm,样点直径 2~3mm,点间距离可视斑点扩散情况以不影响检出为宜,一般为 1~2cm。

3. 展开 样点上的溶剂挥干后,即可进行展开。将薄层板置于展开缸中,使展开剂浸没点样端,注意原点不得进入展开剂中,展开剂借助毛细管作用上行展开。

使用混合溶剂展开时,要防止产生"边缘效应",所谓边缘效应是指同一组分在板边缘的迁移距离大于在板中心的迁移距离的现象。产生边缘效应的主要原因是展开缸内溶剂蒸气未达到饱和,展开剂的蒸发速度从薄层板中央到两边逐渐增加,即处于边缘的溶剂挥发速度快,迁移距离大。

为防止边缘效应,展开前先进行预饱和,即将薄层板置于密闭的盛有展开剂的展开缸中15~30 分钟,此时薄层板不与展开剂接触,待展开剂蒸气与缸内空气达到动态平衡后,再将薄层板浸入展开剂中展开。在展开缸内壁贴上浸有展开剂的滤纸,可加快展开剂挥发,缩短预饱和时间。

对于成分复杂的混合物,若一次展开不能完全分离,则可进行二次展开或双向展开。双向展开中两次展开的方向垂直,能够使在第一次展开中未能分离的组分换个方向再展开,因而能够得到较好的分离效果。

4. 显色 展开后的斑点如果有颜色,可直接观察和确定斑点在薄层板上的位置以及颜色深浅,如果没有颜色,则需用显色方法来确定斑点。常用方法见表 13-10,喷洒显色法常用的显色剂见表 13-11。

表 13-10　常用显色方法及其特点

方法	适用范围	显色现象
紫外光照射法	有荧光物质或可激发荧光的物质	在 254nm 或 365nm 紫外光灯下显示荧光斑点
气熏显色法	不饱和有机化合物	碘或溴可与化合物可逆结合,使斑点显淡棕色或黄褐色
喷洒显色法	可以和显色剂反应生成有色物质	喷洒显色剂后显示不同颜色的斑点

表 13-11　显色剂的种类及特点

类别	试剂	特点
通用型显色剂	碘	反应可逆,适用于生物碱、氨基酸、肽类、脂类、皂苷等有机化合物
	10% 硫酸乙醇溶液	可使大多数无色化合物显色,形成红色、棕色、紫色等有色斑点,甚至出现荧光
专属型显色剂	三氯化铁的高氯酸溶液	使吲哚类生物碱显色
	茚三酮	氨基酸和脂肪族伯胺的专用显色剂
	0.05% 荧光黄甲醇溶液	芳香族与杂环化合物的专用显色剂
	溴甲酚绿	使羧酸类物质显色

薄层色谱法不仅可以用来作定性分析,还可以进行定量分析。定性方法有用比移值 R_f 定性和相对比移值 R_s 定性两种。前者是将试样与对照品在同一薄层板上展开,通过比较试样组分与对照品的 R_f 值及斑点颜色进行定性,若组分斑点与对照品斑点的 R_f 值一致且斑点颜色相同,即可初步确定该斑点与对照品为同一物质。必要时可采用多种展开系统相互验证。这种方法适用于定性已知范围的未知物。采用相对比移值 R_s 定性,方法与前者相似,且更为可靠。薄层色谱的定量分析一般采用洗脱法或薄层扫描法来进行。

二、纸色谱法

纸色谱法是以滤纸为载体的平面色谱法,主要用于微量分析,缺点是机械强度差、传质阻力大;优点是设备简单、操作方便、样品用量少,可以为其他色谱分离摸索方法条件。

(一)分离原理

纸色谱法分离原理属于分配色谱的范畴,其过程可以看作溶质在固定相和流动相之间连续萃取的过程,依据溶质在两相间分配系数的不同而实现分离。

纸色谱属于正相分配色谱,化合物在两相中的分配系数与化合物的分子结构及流动相种类和极性有关。当展开剂一定时,化合物的极性与分配系数成正比关系,与 R_f 值成反比;当化合物一定时,展开剂极性与分配系数成反比关系,与 R_f 值成正比。

(二)固定相与展开剂

1. 固定相　滤纸纤维有较强的吸湿性,通常含 20%~25% 的水分,而其中有 6%~7% 的水是以氢键缔合的形式与纤维素上的羟基结合在一起的,一般条件较难除去。这部分水便是纸色谱法的固定相,而纸纤维为惰性载体。

为了达到分离要求,可对滤纸进行特殊处理。如在分离一些极性较小的物质时,为了增加被分离物质在固定相中的溶解度,可以先使滤纸吸附甲酰胺、丙二醇等极性有机溶剂作为固定相;分离具有酸碱性物质时,为了维持滤纸相对稳定的酸碱性,可将滤纸在一定 pH 缓冲溶液中浸渍处理后再使用。

2. 展开剂 选择要根据被分离物质在两相中的溶解度和展开剂的极性来考虑。遵循相似相溶原理,通过调节展开剂中极性溶剂与非极性溶剂的比例,可使组分的 R_f 值在适宜范围内。在展开剂中溶解度较大的物质移动较快,具有较大的 R_f 值。对极性物质,增加展开剂中极性溶剂的比例,可以增大 R_f 值;减小极性溶剂的比例,可以减小 R_f 值。

纸色谱的展开剂常用含水的有机溶剂,如水饱和的正丁醇、正戊醇、酚等。展开时,有时需在展开剂中加入少量的甲酸、乙酸、吡啶等酸或碱,来防止弱酸、弱碱组分的离解。例如,采用正丁醇 - 乙酸 - 水(4∶1∶5)为展开剂,先在分液漏斗中混合振摇,待分层后取被水饱和的有机层(上层)作展开剂。也可加入一定比例的甲醇、乙醇等,来改变展开剂的极性,增强其对极性物质的展开能力。

(三) 实验方法

纸色谱的实验方法与薄层色谱相似,分为色谱纸的准备、点样、展开、斑点定位(显色及检视)和定性定量分析几个步骤。

1. 色谱纸(滤纸)的准备 滤纸的基本要求是①质地均匀,平整无折痕,有一定的机械强度;②纸纤维的松紧适宜,过于疏松易使斑点扩散,过于紧密则流速太慢;③纸质要纯,无明显的荧光斑点;④对 R_f 值相差较小的化合物,易选用慢速滤纸,R_f 值相差较大的化合物,则选用快速滤纸;⑤进行定性分析时一般可选用薄纸,而制备或定量分析时,选用载样量大的厚纸。

2. 点样及展开 选择适宜溶剂溶解试样,用定量毛细管或微量注射器吸取溶液,点样于基线上。若点样量较大,宜分次加点,但必须保证每次加点前上一次点的样点溶剂已挥干,样点多为圆形,直径 2~4mm,点间距离 1.5~2.0cm,距底边约 2.5cm。

样点溶剂挥干后即可进行展开,展开有上行法和下行法两种方式,其区别见表 13-12。纸色谱法可以单向展开、双向展开,还可以多次展开、连续展开或径向展开等。

表 13-12 纸色谱法展开方式对比

展开方式	上行法	下行法
展开容器	盖上的孔中加塞,塞中插入玻璃悬钩,以钩住滤纸;除去溶剂槽和支架	盖上有孔,可插入分液漏斗滴加展开剂;近顶端处有玻璃槽,可盛装展开剂;槽两侧有支持滤纸自然下垂的玻璃棒
色谱滤纸	长约 25cm,宽度按需而定,必要时可卷成筒形	沿纤维长丝方向切成适当大小,必要时可在滤纸下端切成锯齿形便于展开剂滴下
展开方向	由下至上	由上至下
预饱和	展开缸内加入适量展开剂	在展开缸底放置盛装规定溶剂的平皿,或在展开缸内壁贴浸有规定溶剂的滤纸条

3. 检视 纸色谱的检视方法与薄层色谱基本一致,有色物质可在展开后直接观察;能产生荧光的物质,可在紫外光灯下检视;无色物质可喷洒相应的试剂使斑点显色(显色剂,碘蒸气熏或氨熏等)。薄层色谱所用的显色剂多数可以用在纸色谱中,但应注意不能使用腐蚀性显色剂(如硫酸 - 乙醇),或在高温下显色。

4. 纸色谱法的定性与定量分析　与薄层色谱法相似,纸色谱法定性的依据也是 R_f 值。定量分析多用半定量法,通常采用目视比较法或剪纸洗脱法进行定量分析。

本 章 小 结

1. 基本知识　经典柱色谱法(液固吸附柱色谱法、液液分配柱色谱法、空间排阻柱色谱法、离子交换柱色谱法)和平面色谱法(薄层色谱法、纸色谱法)的分离原理、固定相与流动相、实验方法及主要注意事项。

2. 核心内容　液固吸附柱色谱法与离子交换柱色谱法的分离原理、固定相与流动相的选择。

3. 学习要求　掌握经典液相柱色谱法与平面色谱的基本原理;熟悉柱色谱法固定相与流动相的选择;了解平面色谱法的固定相与展开剂及实验方法。

（贺志安）

1. 解释名词:吸附柱色谱法、分配柱色谱法、离子交换柱色谱法、空间排阻色谱法、边缘效应、交联度、交换容量。

2. 根据色谱分离的原理,色谱法可分为哪几类?

3. 硅胶的吸附活性基团是什么? 哪些因素会影响其吸附活性?

4. 吸附柱色谱法和离子交换柱色谱法的固定相与流动相如何选择?

5. 在吸附色谱法中,被分离试样组分极性、吸附剂活性和流动相极性之间有什么样的关系?

6. 如何选择吸附薄层色谱的展开剂与吸附剂?

7. 薄层色谱与柱色谱有哪些相同点和不同点?

8. 简述薄层色谱的基本操作步骤。

9. 某样品和标准品经薄层层析法后,样品斑点中心距原点 8.9cm,标准品斑点中心距原点中心 6.4cm,溶剂前沿距原点 13.8cm。样品的比移值和相对比移值分别是多少? (0.64,1.39)

10. 用纸色谱法分离两种性质相近的物质 A 和 B,若已知两者的比移值分别为 0.42 和 0.57,使用 15cm 长的滤纸,则分离后两斑点中心之间的距离是多少? (2.25cm)

第十四章 气相色谱法

气相色谱法（gas chromatography，GC）是以气体为流动相的色谱分析方法，其流动相常称为载气（carrier gas）。该方法是英国生物化学家 Martin 等人在研究液-液分配色谱的基础上，于 1952 年创立的一种分离分析方法，最早用于分离分析石油产品。随着高效能色谱柱和高灵敏度检测器的出现以及计算机的发展，气相色谱法已成为一种常用的分离分析方法，广泛应用于医药卫生、环境监测、食品科学、生物化学和石油化工等领域。

第一节 概 述

一、气相色谱法的分类

（一）按照固定相分类

按固定相的物态可分为气-固色谱（gas-solid chromatography，GSC）和气-液色谱（gas-liquid chromatography，GLC）。GSC 的固定相是多孔性固体吸附剂，主要用于分离气态和低沸点化合物；GLC 的固定相是涂渍在载体表面或毛细管内壁上的高沸点固定液。GLC 选择性好，所以应用范围更广泛。

（二）按照色谱柱的内径

按色谱柱内径大小可分为填充柱色谱法和毛细管柱色谱法。填充柱色谱是气相色谱法发展的基础，毛细管柱色谱分离效能更高。

（三）按照原理分类

按分离原理可分为吸附色谱法和分配色谱法。气-固色谱法属于吸附色谱法；毛细管色谱法和气-液色谱法属于分配色谱。

二、气相色谱法特点

气相色谱分析法是色谱法中十分活跃并具有发展潜力的分离分析方法，其主要原因是它具有高分辨率的色谱柱，可以采用多种灵敏度高、选择性好、线性范围宽的检测器并可以与其他方法联用。与其他的分离分析方法相比，气相色谱法的优点可以概括为高选择性、高灵敏度、高分离效能、分析速度快、需试样量少和应用范围广等。

（一）高灵敏度

可以检出 10^{-11}~10^{-13}g 的物质，适用于微量或痕量分析。在大气污染中可检测出低至 ng/m^3 空气污染物；在农药残留量分析中，可以检出水质、食品及农副产品中痕量的农药残留。

（二）高选择性

由于使用高选择性的固定相，可分离理化性质非常相近、分子结构十分相似的组分，其至可分离同分异构体和同位素。

（三）高分离效能

气相色谱填充柱的理论塔板数可达 10^3，毛细管柱可达 $10^5 \sim 10^6$，能检测多达几十、上百个组分的复杂样品。

（四）分析速度快

气相色谱法分析一般一个试样可在几分钟到几十分钟内完成测定。目前气相色谱可通过计算机软件进行自动控制操作条件和处理数据，使分析速度更快。

（五）需试样量少

气相色谱法分析法需要的样品进样量少，一般液体进样量为 $0.1 \sim 10\mu l$，气体进样量为 $0.1 \sim 10ml$。

（六）应用范围广

可以分析气体、液体甚至固体样品；可用于大多数有机物的分析，也可用于少数无机物的分析。只要化合物有适当的挥发性，且在操作温度下稳定，都可用气相色谱法进行分析。

第二节　气相色谱仪

完成气相色谱分离分析的主要仪器是气相色谱仪。气相色谱仪的种类很多，性能各异，但测定原理、仪器结构基本相同。气相色谱仪主要有五大系统组成（图 14-1）：气路系统、进样系统、分离和温控系统、检测系统、数据记录及处理系统。载气从高压钢瓶（或气体发生器）流出后，经减压、净化、稳压及流量控制后通过气化室、色谱柱和检测器，然后放空。待载气流量、控温温度和基线稳定后，即可进样；样品用进样器或进样阀从进样口注入气化室，瞬间气化为气体，并被载气携带进入色谱柱进行分离，分离后的各组分依次从色谱柱中流出，进入检测器，检测器将载气中各组分浓度或质量随时间的变化转变为电信号随时间的变化，放大后经色谱工作站进行数据采集、处理、显示分析结果。

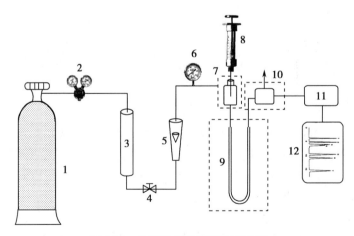

图 14-1　气相色谱分析流程示意图

1. 高压钢瓶；2. 减压阀；3. 净化干燥器；4. 针形阀；5. 转子流量计；6. 压力表；7. 气化室；
8. 进样器；9. 色谱柱；10. 检测器；11. 放大器；12. 数据处理机

一、气路系统

气路系统主要包括气源、气体净化装置、稳压恒流装置。

（一）气源

主要有气体钢瓶或气体发生器构成,其作用是提供流量恒定的干净载气和辅助气体。载气的作用是给试样提供运行动力,携带试样通过色谱柱;辅助气用于检测器的燃烧和吹扫。在气相分析色谱中常用的载气有高纯氮气、氢气,氩气和氦气。

（二）气体净化装置

常用的气体净化装置是净化干燥器,干燥器中主要成分是固体吸附剂,作用是除去载气中的水分、氧气和烃类等其他有害物质。

（三）稳压恒流装置

载气的流速及其稳定性影响着色谱柱的柱效、检测器的灵敏度和检测信号的稳定性,因此流量稳定的载气是获得可靠实验结果的重要条件。稳压恒流装置主要的作用是保持载气的稳定,主要包括减压阀、稳压阀、稳流阀、流量计及压力表。

对于气路系统,要保证气源充足(一般要求气源钢瓶压力高于3MPa),净化有效,并注意气密性问题(常采用皂液试漏或分段憋压试漏)。

二、进样系统

进样系统包括进样器和气化室。其作用是引入试样,并使样品迅速气化。

（一）进样器

常用进样器有微量注射器和六通阀。随着技术的发展,目前进样器通常会配有自动进样装置,提高仪器定量定性分析的稳定性。

（二）气化室

使样品迅速气化的装置,气化室的热容量要大,有利于试样能够瞬间气化而不分解。此外,气化室的死体积要小,以降低进样的柱外效应。

对于进样系统,要注意对进样针、气化室的进样口隔垫和衬管的维护。

三、分离及温控系统

分离及温控系统包括色谱柱、柱箱和控温装置。其作用是分离样品组分,是气相色谱仪的核心部件。

（一）色谱柱

色谱柱是气相色谱仪的心脏,安装在柱箱内。一般分为填充色谱柱和毛细管色谱柱,起到对待测组分的分离作用。

（二）温控系统

温度是气相色谱分析的重要操作参数,它直接影响色谱柱的柱效、选择性,检测器的灵敏度和稳定性。温控系统由热敏元件、温度控制器和指示器等组成,主要用于控制和指示气化室、色谱柱、检测器的温度。

1. 柱温箱温度　根据待测样品的沸程范围,色谱柱温度的控制方式有两种:恒温和程序升温。一些宽沸程的混合物,其低沸点组分由于柱温太高而使色谱峰变窄、互相重叠;而其高沸点组分又因柱温太低、洗出峰很慢、峰形宽且平。采用程序升温分离分析,可使混合物中沸点不相同的组分能在最佳温度下流出色谱柱,以改善分离效果,缩短分析时间。

2. 气化室温度 气化室温度根据待测试样的性质设定。

四、检测系统

检测系统包括检测器和控温装置。检测器(detector)是气相色谱仪的重要组成部分,用于鉴定样品的组成和检测各组分的含量。待测组分经色谱柱分离后,通过检测器将各组分的浓度或质量转变成相应的电信号,经放大器放大后,由色谱工作站得到色谱图,根据色谱图对待测组分进行定性和定量分析。由于所有的检测器都对温度的变化敏感,因此检测系统中必须安装控温装置,用于精密控制检测器的温度。一般检测器温度要求控制在 $\pm 0.1\,^{\circ}\text{C}$ 以内。

(一)检测器分类

根据检测器的输出信号与组分含量间的关系不同,检测器可分为浓度型检测器(concentration sensitive detector)和质量型检测器(mass sensitive detector)两种类型。

1. 浓度型检测器 浓度型检测器测量的是载气中某组分浓度的瞬间变化,即检测器的响应值与组分的浓度成正比。

2. 质量型检测器 质量型检测器测量的是单位时间内由载气携带进入检测器的组分的质量,即检测器的响应值与单位时间内进入检测器的组分的质量成正比。

(二)检测器性能指标

在气相色谱分析中,对检测器的要求是灵敏度高、检出限低、线性范围宽、稳定性好、响应速度快,一般用以下几个参数进行评价。

1. 灵敏度 当一定浓度或一定质量的试样组分进入检测器后,就产生一定的响应信号,如果以检测器响应信号值(R)对进样量(Q)作图可得到一条直线(图 14-2)。直线的斜率就是检测器的灵敏度,可表示为:

$$S=\Delta R/\Delta Q \tag{14-1}$$

图 14-2 中 $Q_D \sim Q_{max}$ 为检测器进样量的线性范围。Q_{max} 为最大允许进样量。

因此,检测器的灵敏度就是单位量物质通过检测器时所产生的响应值大小。需要注意的是:灵敏度与试样组分及所用检测器的种类有关。相同量的不同组分在同一检测器上灵敏度不一定相同,而相同量同一物质在不同检测器上灵敏度可能不同。因此,报道灵敏度时应指明检测器的种类及被检测物质。此外,灵敏度还与仪器操作条件有关。

气相色谱检测器的灵敏度的单位随检测器的类型(浓度型检测器和质量型检测器)和试样的物态(液态和气态)的不同而不同。

浓度型检测器的灵敏度(S_c),当试样为液体时单位为 $\text{mV}\cdot\text{ml/mg}$(液态),当试样为气体时单位为 $\text{mV}\cdot\text{ml/ml}$(气态),是指 1ml 载气中含 1mg(液态)或 1ml(气态)被测组分通过检测器时所产生响应信号的毫伏数。

质量型检测器的灵敏度(S_m),单位为 $\text{mV}\cdot\text{s/g}$ 或 $\text{A}\cdot\text{s/g}$,是指每秒有 1g 被测组分通过检测器时所产生响应信号的毫伏数或安培数。

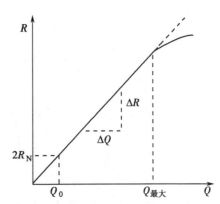

图 14-2 检测器的响应信号和进样量的关系

2. 噪声 当只有载气通过检测器时,色谱图上的基线波动称为噪声,用 R_N 表示(图 14-3)。它是一种背景信号,无论是否有组分流出,这种起伏都存在,表现为基线呈无规则毛刺状。其来源可能是载气流速的波动、柱温波动、固定液流失等,测量时,取基线段基础信号起伏的平均值。

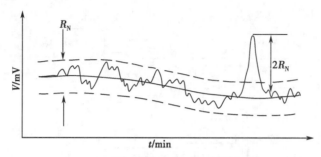

图 14-3　检测器的噪声和检出限示意图

3. 检出限 指检测器恰好能产生 2 倍于噪声 (R_N) 的信号时(图 14-3),每秒进入检测器的组分的量(质量型检测器)或每毫升载气中所含组分的量(浓度型检测器),即

$$D_m = 2R_N/S_m \tag{14-2a}$$
$$D_c = 2R_N/S_c \tag{14-2b}$$

式中,D_m、D_c 分别为质量型检测器的检出限和浓度型检测器的检出限,单位分别为 g/s、mg/ml(或 ml/ml);R_N 为基线噪声。

检出限是检测器的重要性能指标,它表示检测器所能输出的最小组分量,主要受灵敏度和噪声影响,D 越小表明检测器越敏感,用于痕量分析的性能越好。

4. 最小检出量 在实际工作中,由于进入检测器的组分量很难确定,只有当待测组分通过检测器产生的信号大于噪声时才能从背景噪声中鉴别出来。因此,常用最小检出量这一概念。最小检出量是指恰能产生 2 倍于噪声信号时所需的最小进样量,用 Q_D 表示。需要注意的是 Q_D 和 D 是完全不同的两个量。D 是衡量检测器的性能指标,与检测器的灵敏度和噪声有关;而 Q_D 不仅与检测器的性能有关,还与柱效和操作条件有关。

5. 线性范围 指检测器响应信号值与被测组分的量成线性关系的范围。通常用最大允许进样量 Q_{max}(图 14-2)和最小检出量 Q_D 的比值来表示。线性范围的大小决定定量分析时可测定的浓度或质量范围。不同组分、不同检测器的线性范围不同,线性范围越宽越好。

6. 响应时间 指待测组分进入检测器后产生检测信号所需时间,单位为分钟。检测器的响应时间越短,才能越真实地反映组分流出色谱时的瞬间浓度变化。若响应时间长,响应速度慢,容易出现下一个组分已经进入检测器,而前一个组分的信号还未结束的现象,引起数据记录失真,检测结果不准确。

(三) 常用检测器

检测器的种类很多,气相色谱仪常配置的检测器有五种,即热导检测器、火焰离子化检测器、电子捕获检测器、火焰光度检测器和氮磷检测器。

1. 火焰离子化检测器(flame ionization detector,FID) 又称氢焰离子化检测器,是以氢气和空气燃烧的火焰作为能源,含碳有机物在火焰中产生离子,在外加电场的作用下,离子定向形成离子流,微弱的离子流经过高电阻,经放大器放大后输出,由色谱工作站记录色谱图。FID 是一种质量型检测器。它对绝大多数有机物都有很高的灵敏度。由于它的灵敏度高、死体积小、响应快、线性范围广,适用于痕量有机物分析,是目前应用最为广泛的一种检测器。但 FID 检测时试样被破坏,无法与其他仪器联用。

(1)基本结构:该检测器主要是由离子室、离子头和气体供应三部分组成。结构示意图见图 14-4。

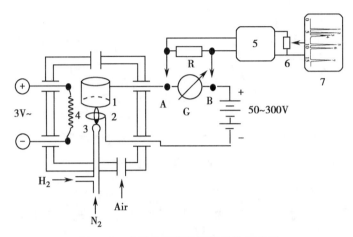

图 14-4 火焰离子化检测器结构示意图
1. 收集极;2. 极化环;3. 氢火焰;4. 点火线圈;5. 微电流放大器;6. 衰减器;7. 记录器

离子室是金属圆筒,避免外界影响而引起火焰扰动,兼做电屏蔽。离子室由不锈钢制成,包括气体出入口、火焰喷嘴、发射极(极化极)和收集极等(图 14-4)。发射极通常是由铂丝做成的圆环,收集极是由不锈钢做成的圆筒,置于发射极的上方。气体入口在离子室的底部,氢气和载气按一定的比例混合后,由喷嘴喷出,再与空气混合,点燃形成氢火焰(约 2000℃),待测组分在火焰中离子化。检测器的收集极(正极)与极化极(负极)间加有 150~300V 的极化电压,形成一直流电场,在外加电场作用下,产生的离子作定向运动形成电流。产生的电流经高阻抗电阻输出,经放大器放大后输出,由色谱工作站记录色谱图。

当仅有载气通过检测器时,火焰中的离子极少,只产生 10^{-12}~10^{-11}A 的极小电流,称为基流。通过观察是否有基流产生,可判断氢火焰是否点燃。当有痕量有机物通过检测器时,电流急剧增大,可达 10^{-7}A。在一定的范围内,电流大小与单位时间内进入检测器中组分的质量成正比。

(2)工作原理:氢火焰温度约 2000℃,待测有机物在火焰中离子化,电离生成的正负离子在两极间的静电场作用下定向运动形成电流。当载气中不含待测离子的时候,火焰中离子很少,即基流很小。当待测有机物通过检测器时,火焰中电离的离子多,电流增大。但是有机物在氢火焰中的离子化效率很低。约每 50 万个碳原子仅产生一对离子,因此产生的离子电流很微弱。需经高电阻(10^{8}~10^{11}Ω)后得到较大的电压信号,再由放大器放大后才能在色谱工作站或微处理机上得到色谱峰。该电流的大小在一定范围内与单位时间内进入检测器的待测组分的质量成正比。

微量有机物进入火焰后发生离子化的机理目前尚不十分清楚。一般认为有机物在火焰中的电离是化学电离。有机物在火焰中生成自由基,其化学电离反应如下:

$$C_nH_m \rightarrow CH \cdot (自由基)$$

有机物 C_nH_m 在氢火焰中裂解生成含碳自由基,与进入离子室的氧分子反应

$$2CH \cdot + O_2 \rightarrow 2CHO^+ + e^-$$

CHO^+ 与火焰中大量的水蒸气碰撞,生成 HO_3^+ 离子

$$CHO^+ + H_2O \rightarrow HO_3^+ + CO$$

在火焰中也存在与离子化反应相反的过程

$$HO_3^+ + e^- \rightarrow H_2O + H$$

为了减少正离子与电子接触的机会,可适当降低火焰的温度,以降低复合反应的发生率。由化学电离产生的正离子(CHO^+、HO_3^+)和电子 e^- 在外电场作用下定向运动产生微电流,其大小与进入检测器的待测有机物的质量成正比。由上述离子化反应机理可知,火焰离子化检测器对电离势低于 H_2 的有机物产生响应,而对无机物、永久性气体和水基本上无响应,所以火焰离子化检测器适合于痕量有机物的分析。

(3) 操作条件的选择:主要是气流速度和温度。

1) 载气流速:火焰离子化检测器一般选用氮气为载气。根据分离效能由实验确定最佳载气流速,使待测组分在选定的色谱柱有良好的分离效果。

2) 氢气流速:氢气流速的选择主要考虑检测器的灵敏度。氢气和载气流速比值对氢火焰的温度和火焰中离子化过程影响很大。H_2 流速过小,火焰的温度低,组分离子化数目少,检测器灵敏度低,容易熄火;但 H_2 流速过快,则噪声大,基线不稳。通过实验确定 N_2 和 H_2 最佳流速比,使检测器的灵敏度达最高,稳定性最好。一般 N_2 和 H_2 的最佳流速比在 $1:1$~$1:1.5$ 之间。

3) 空气流速:空气是助燃气,参与形成 CHO^+ 正离子的反应。当空气流速较小时,检测器的信号随空气流速的增加而增大,到达一定值后,空气流速对信号几乎无影响,一般氢气和空气流量比为 $1:10$。

4) 使用温度:检测器的温度通常比色谱柱的温度高 20~50℃。对火焰离子化检测器而言,温度应高于 100℃,否则水蒸气会在离子室内凝聚,造成灵敏度下降,甚至影响检测器的使用寿命。

此外,检测器极化电压也影响其响应值,适宜的极化电压范围为 100~300V。离子室屏蔽、清洁和所用气体的纯度都影响检测器的灵敏度。需要注意:由于有机物的电离程度与待测组分的性质有关,相同量的不同物质产生的响应信号值可能不同。

2. 电子捕获检测器(electron capture detector,ECD) 是一种高选择性、高灵敏度的检测器。它只对含有较强电负性强元素(如含有卤素、氧、硫、氮等)的化合物有响应,元素的电负性越强,检测器的灵敏度越高,能检测出 10^{-14}g/ml 的物质。因此,广泛用于痕量药物、农药及含电负性基团环境污染物的分析。

(1) 基本结构:如图 14-5,检测器内装有一个圆筒状的 β 放射源(^3H 或 ^{63}Ni)为负极,以一个不锈钢棒为正极(收集极),两极间施加直流或脉冲电压。通常用氚 ^3H 或镍的同位素 ^{63}Ni 作为放射源。前者灵敏度高,剂量为 100~1000mCi($1Ci=3.7 \times 10^{10}Bq$),安全易制备,但使用温度较低(<190℃),寿命较短,半衰期为 12.5 年。后者可在较高的温度(350℃)下使用,剂量为 10~20mCi,半衰期为 85 年,但制备困难,价格昂贵。

对该检测器结构的要求是气密性好,保证安全;绝缘性好,两极之间和电极对地的绝缘电阻要大于 500 兆欧;池体积小,响应时间快。

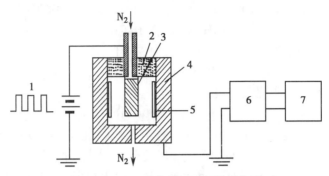

图 14-5　电子捕获检测器结构示意图
1. 脉冲电源；2. 绝缘体；3. 阳极；4. 阴极；5. ^{63}Ni 放射源；6. 放大器；7. 记录器

（2）工作原理：当载气（通常用高纯氮）进入检测器时，放射源产生 β 射线使其发生电离，产生正离子和低能量的电子

$$N_2 \rightarrow N_2^+ + e$$

在电场的作用下，正离子和电子分别向两极移动形成稳定的基流。当含有电负性强的物质 AB 进入检测器时，就能捕获这些低能电子，产生带负电荷的分子或离子，并释放能量。

$$AB + e^- \rightarrow AB^- + E$$

带负电荷的分子或离子和载气电离生成的正离子结合生成中性化合物，被载气带出检测室外，使基电流下降，产生负响应信号，形成色谱峰（倒峰）。响应信号大小与组分的性质（电负性元素的电负性）及浓度成正比，当组分一定且浓度较低时，响应信号值与组分浓度呈正比，因此该检测器是浓度型检测器。

（3）操作条件的选择：载气、电负性和温度。

1）载气的影响：电子捕获检测器可用氮气或氩气作为载气。最常用的是高纯氮气（纯度≥99.999%）。载气中若含有少量的氧气和水蒸气等电负性强的组分，可采用脱氧气管等净化装置去除杂质。载气的流速对基流和响应信号也有影响，可根据条件试验选择最佳载气流速，通常为 40~100ml/min。

2）ECD 对电负性强的元素响应值高，因此应采用不含卤素、氧、硫、氮等化合物，如正己烷，石油醚等作为试样的溶剂，不采用三氯甲烷、二氯甲烷等作为进样溶剂。

3）ECD 温度对基流大小有影响，应根据待测组分的性质选择适宜的检测器温度，检测器的温度不应超过 350℃。

此外，该检测器要求整个气路要保持密闭，防止放射污染，尾气要用聚四氟乙烯管引至室外，高空排放。

3. 火焰光度检测器（flame photometric detector，FPD）　又称硫磷检测器，是一种只对含硫、磷化合物具有高选择性和高灵敏度的检测器。对硫的灵敏度达 2.0×10^{-12}g/s，对磷的灵敏度可达 1.7×10^{-12}g/s。因此，多用于痕量含硫、磷的环境污染物的分析。

（1）基本结构：火焰光度检测器主要由氢火焰和光度检测器两部分组成，由气体出入口、火焰喷嘴、滤光片和光电倍增管构成（图 14-6）。

氢火焰部分与火焰离子化检测器的离子室相似，包括火焰喷嘴和遮光槽。光度检测部分包括滤光片、石英片和光电倍增管。载气先与空气混合，由检测器下部进入喷嘴，再与燃气 H_2 混合，点火燃烧。喷嘴上方的遮光槽挡去火焰本身和烃类燃烧发出的光，以降低噪声。

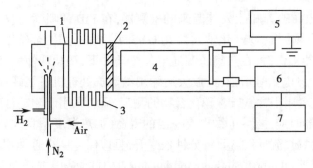

图 14-6　火焰光度检测器结构示意图
1. 石英片；2. 滤光片；3. 散热片；4. 光电倍增管；5. 高压电源；6. 放大器；7. 记录

光学系统需要绝热，在石英片和滤光片之间装有散热片，石英片用于保护滤光片，避免水汽和燃烧产物的腐蚀。在测硫和磷时，应采用不同的滤光片。

（2）工作原理：火焰光度检测器是在富氢火焰中测定硫、磷化合物的发射光谱。试样中的含硫化合物（RS）被载气携带进入富氢火焰中燃烧，含硫化合物首先氧化成 SO_2，然后被氢还原成 S 原子。在适当温度下，S 原子生成激发态的 S_2^* 分子，当其回到基态时，发射出 350~430nm 的特征光谱，最大发射波长为 394nm。硫化合物通过 394nm 滤光片照射到光电倍增管上并转变为电信号，经放大后输送给色谱工作站，记录色谱图，定性定量分析。

$$RS+2O_2 \rightarrow SO_2+CO_2$$
$$SO_2+4H \rightarrow S+2H_2O$$
$$S+S \rightarrow S_2^*$$
$$S_2^* \rightarrow S+h\nu$$

上述反应可知，发射光的强度正比于 $[S_2^*]$，而 $[S_2^*]$ 与 SO_2，即含硫化合物（RS）浓度的平方根成正比，因此该检测器对硫为非线性检测器。

含磷化合物进入氢火焰时，首先被氧化成磷的氧化物，然后在富氢焰中被氢还原成 HPO，在高温下被激发的 HPO 碎片发射出 480~600nm 的特征光谱，最大发射波长为 526nm。由于发射光的强度（响应信号）正比于 HPO 浓度，测量其发射光的强度来检测磷，该检测器对磷为线性检测器。

（3）操作条件的选择：温度和氢气流速。

1）检测器温度：从检测原理可知，硫需要在适当的温度下才有利于生成 S_2^* 分子，因此检测室的温度对硫的灵敏度影响很大。通常火焰温度较高，有利于检测磷，而不利于测定硫。测定硫、磷应该通过条件实验在各自最佳的操作温度下进行。

2）氢气流速：火焰光度检测器必须保证燃烧火焰为富氢火焰，一般 $O_2/H_2=0.2~0.5$ 可获得较高灵敏度，否则将不产生特征光谱。

此外，为了延长检测器光电倍增管的使用寿命和避免损坏。应注意检测器燃烧室的温度高于100℃以上时才能点火，以避免燃烧室积水受潮。点火后才能开启检测器的高压电源。实验过程中若发生熄火，应关闭高压电源后才可重新点火，实验完毕先关闭高压电源。并且由于使用滤光片，含硫、磷化合物不能同时测定。

4. 氮磷检测器（NP detector，NPD）　又称热离子检测器（thermionic detector，TID），是质量型检测器，对微量氮、磷化合物具有高选择性和高灵敏度的检测器，多适用于含氮、磷环境污染物的分析。

氮磷检测器是在 FID 基础上发展起来的检测器,在 FID 的喷嘴与收集极之间增加了一个热离子源,热离子源由铷盐珠(化学式为 $RbO \cdot SiO_2$)构成,用铂金丝作支架与铷珠加热器相连。当 TID 检测器工作时,在热离子源通电加热条件下,铷盐珠使氮、磷化合物的离子化效率提高,从而使检测电信号增强,经放大后输出给数据处理机。氮磷检测器有 NP 型和 P 型两种操作方式,前者用于含氮或含磷化合物的测定,后者只用于测定含磷化合物。

使用 TID 检测器时应注意:①铷珠有一定的寿命,加热温度不宜太高;②由于是电加热而不是明火焰,一般氢气流量仅需要每分钟数毫升,且应保持良好通风,以防氢气累积。

5. 热导池检测器(thermal conductivity detector,TCD) 是根据任何物质都具有导热能力,不同组分的导热能力不同以及金属热丝(热敏电阻)具有电阻温度系数两个物理原理进行工作的。由于它结构简单,性能稳定,对无机和有机物都有响应,线性范围宽,通用性好,因此是应用最广的气相色谱检测器之一,但由于灵敏度较低,在卫生检验领域应用较少。

热导池由池体和热敏元件组成。热导池体由不锈钢制成,有四个大小相同、形状完全对称的孔道,内装长度、直径及电阻完全相同的铂丝或钨丝合金,称为热敏元件,且与池体绝缘。

热导池是由四个热敏元件组成的惠斯通电桥,其线路如图 14-7 所示。其中两臂为试样测量臂(R_1,R_4),另两臂为参考臂(R_2,R_3)。在没有试样的情况下,只有载气通过,池内产生的热量与被载气带走的热量之间建立起热动态平衡,使测量臂和参比臂热丝温度相同,电阻值相同。根据电桥原理:$R_1 \times R_4 = R_2 \times R_3$,电桥处于平衡状态,无信号输出,记录仪显示的是一条平滑的直线。进样后,载气和试样组分混合气体进入测量臂,参比臂(池)仍通入载气。由于试样和载气组成的二元混合气体的热导系数与载气的热导系数不同,测量臂的温度发生变化,热丝的电阻值也随之变化,此时参比臂和测量臂的电阻值不再相等,电桥平衡被破坏,产生输出信号,记录仪上出现了色谱峰。混合气体与纯载气的热导系数相差越大,输出信号也就越大。

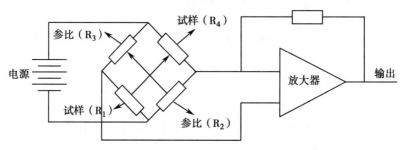

图 14-7 热导池工作原理图

使用 TCD 检测器时应注意:①桥电流增加,灵敏度迅速增加。但电流太大会使噪声加大,基线不稳。氮气作载气时电流一般为 100~150mA;氢气作载气时电流在 150~200mA 比较合适。②降低池体温度,可使池体与热丝温差加大,有利于提高灵敏度。池体温度的稳定性要求较高,通常需要稳定在 0.1~0.05℃。③采用热导系数高的载气,载气的热导系数与被测组分的热导系数差别越大,检测灵敏度就越高。氢气、氦气热导系数较高,氮气热导系数较低。因此,氢气、氦气作载气具有较高的灵敏度。

五、数据采集和处理系统

包括数据采集装置和色谱工作站等。其作用是采集并处理检测系统输出的信号,提供试样的定性、定量结果。现代色谱工作站是色谱仪专用计算机系统,还具有对色谱操作条件选择、控制和优化,以及对结果进行智能化处理等功能。

第三节 气相色谱柱技术

在气相色谱分析中,样品组分的分离在色谱柱中进行,样品各组分能否达到完全分离,关键在于色谱柱的效能和选择性。因此,色谱柱是气相色谱仪的核心部件。

一、气相色谱柱分类

气相色谱柱(gas chromatographic column)由柱管和固定相组成,分为填充柱(packed column)和毛细管柱(capillary column)两大类。

填充柱通常用不锈钢或玻璃制成,内径 3~4mm,长度 1~3m,呈 U 型或螺旋形等,柱内填充固定相;毛细管色谱柱通常用玻璃或熔融石英拉制而成,内径 0.1~0.5mm,长度通常为 10~50m。关于毛细管色谱柱将在第五节详细讨论。

二、气相色谱固定相

在影响色谱分离的各种因素中,固定相的选择是首要的。气相色谱固定相有气液色谱固定相和气固色谱固定相两类。

(一)气液色谱固定相

液体固定相由载体和固定液两部分组成。载体是一种多孔性的惰性颗粒物质。固定液一般为高沸点有机化合物,在室温下是固态或液态,在操作温度下为液态。将固定液均匀地涂渍在载体表面,形成一层很薄的液膜,再填充在柱管中,制备成气 - 液色谱填充柱。

1. 载体 又称为担体(support),是一种化学惰性的多孔性固体颗粒,其作用是为固定液提供一个大的惰性承载表面(表 14-1)。

表 14-1 常用的气液色谱载体

载体名称		特点	用途
红色硅藻土	6201 载体	具有红色载体特点	非极性、弱极性化合物
	301 釉化载体	性能介于红色和白色载体之间	中等极性化合物
白色硅藻土	101 白色载体	一般白色载体	宜于配合极性固定液分析极性或碱性化合物
	102 硅烷化白色载体	经硅烷化处理	分析高沸点、氢键型化合物
非硅藻土类	玻璃微球	比表面积小	分析高沸点、易分解化合物
	氟载体	比表面积大	分析强极性化合物和腐蚀性气体
	高分子多孔微球	极性随聚合原料不同有所变化	分析水和永久性气体

(1)对载体的要求:①具有足够大的比表面积和良好的孔穴结构,有利于涂渍适量的固定液,能均匀分布成薄膜;②表面呈化学惰性,没有吸附性或吸附性很弱;③热稳定性好;④粒度大小适宜、均匀,形状规则,机械强度高。

(2)载体的类型:大致可分为硅藻土型和非硅藻土型两类。常用的是硅藻土型。根据制造方法不同,又分为红色载体和白色载体。红色载体由硅藻土和黏合剂煅烧制得,因含氧化铁而显红色。红色载体表面孔穴密集、孔径小,比表面积较大、表面具有氢键和酸碱活性中心,对强极性组分吸附性和催化性较强,分离这类组分时色谱峰会产生严重拖尾。因此,它适用于涂渍非极性或弱极性固定液,分离非极性或弱极性物质。白色载体是将硅藻土与助熔剂碳酸钠混合煅烧而成,呈白色,因含助熔剂,所以结构疏松、孔径较大、比表面积较小、机械强度较差、吸附性和催化性弱,适用于涂渍极性固定液,分离极性物质。

非硅藻土型载体有氟载体、有机玻璃微球和高分子多孔微球等载体。分析腐蚀性气体时,选用氟载体;分析非极性高沸点组分时,有时可选用玻璃微球载体。

(3)载体的预处理:载体表面往往存在吸附和(或)催化活性中心,如硅藻土型载体表面有相当数量的硅羟基、硅醚基、金属和金属氧化物等形成的活性中心,使载体表面具有吸附活性和(或)催化活性,组分会在载体表面发生催化反应和(或)不可逆吸附,导致色谱峰拖尾、假峰现象。因此,载体在使用前需进行预处理,以改善载体的孔隙结构,屏蔽活性中心,使其表面钝化。

常用的预处理方法有:①酸洗:除去载体表面氧化铁等碱性作用点;②碱洗:除去载体表面氧化铝等酸性作用点;③硅烷化:用硅烷化试剂与载体表面的硅羟基反应,除去载体表面的氢键结合力;④釉化:经碳酸钠和碳酸钾溶液浸泡后,再煅烧,在载体表面形成一层玻璃化釉质,以屏蔽表面活性中心,堵塞表面微孔。

2. 固定液 气液色谱的流动相为化学惰性气体,固定相为涂铺在载体表面的固定液,是基于样品组分在载气和固定液中分配系数的不同进行分离的。由于气体对样品组分的影响很小,因此,在气液色谱中,样品组分的分离效果主要取决于固定液的选择。

(1)对固定液的要求:①化学稳定性要好,与载体、组分不发生化学反应;有较宽的工作温度范围,适应宽沸程样品分析;②对样品组分有一定的溶解度,k 值适当;③热稳定性好,挥发性小,在使用温度下基本不挥发,以免固定液流失或热分解使柱的寿命缩短,重现性变坏;④选择性好,对试样中性质(如极性、结构或沸点等)相近的不同组分有较好的分离效果;⑤黏度小。在操作温度下,确保固定液均匀分布,形成液膜,与组分作用快,分离速度快。

(2)固定液与试样分子之间的相互作用:在气液色谱中待测组分之所以能溶解在固定液中是由于组分与固定液分子之间相互作用的结果。这种作用是一种较弱的吸引力,通常包括静电力、诱导力、色散力和氢键作用力,它们在色谱分离过程中起着特殊的作用。

1)静电力:极性分子具有永久偶极,产生静电作用。当选用极性固定液时,待分离的极性组分与固定液分子间的作用力以静电力为主。组分极性越强,相互作用力越强,该组分的保留时间越长。

2)诱导力:具有永久偶极的极性分子使其他分子产生诱导偶极矩,它们之间的相互作用力称为诱导力。这种作用力很弱,但在分离非极性和可极化组分的混合物时,极性固定液的诱导力起到主要作用。如苯和环己烷的沸点非常接近,其偶极矩均为零,但苯为共轭体系比环己烷容易极化。当采用极性固定液时,使苯产生诱导偶极矩,相互作用力增强,使其保留时间比环己烷长,二者可以分离。

3)色散力:在非极性分子中,由于电子运动和原子核的振动,正负电荷瞬间相对位移而产生瞬时偶极。由这样形成的偶极而产生分子间的吸引力称为色散力。当使用非极性固定液分离非极性组分时,色散力起到主要作用。

4)氢键力:在能形成氢键的分子间存在的相互作用力。它是一种较强而有方向性的范德瓦耳斯力。在气液色谱中起到重要的作用。用含有—OH、—COOH、COOR、—NH$_2$ 等官能团的物质作为固定液,分析含有电负性较强的元素如氮、氧、卤素的化合物时,氢键力起到主要作用。

5)分子间的特殊作用力:除上述作用力外,在组分和固定液分子间还可能形成弱化学键,如在固定液中加入硝酸银或高氯酸银,可选择性保留烯烃,而同碳数的烷烃先流出色谱柱。这是由于银离子与碳碳双键的 π 电子形成了弱的配合物。

在气液色谱中,选择适宜的固定液,使待测各种组分与固定液之间的作用力有差异,才能达到彼此分离的目的。

(3)固定液的分类:气液色谱的固定液种类很多,组成、性质和用途也各不相同,将固定液进行科学分类,对选择固定液非常重要。固定液的分类方法很多,化学类型分类和极性分类是常用的分类方法。

化学类型分类就是根据固定液的化学结构,把含有相同官能团的固定液分为一类,以便按组分与固定液“结构相似”原则选择固定液。表 14-2 列出了按化学类型分类的各种固定液。

表 14-2　按化学类型分类的各种固定液

固定液类型	极性	固定液举例	分离对象
烃类	非极性	角鲨烷、石蜡油	非极性化合物
硅氧烷类	从弱极性到强极性	甲基硅氧烷、苯基硅氧烷、氟基硅氧烷、氰基硅氧烷	不同极性化合物
醇和醚类	强极性	聚乙二醇	强极性化合物
酯类和聚酯类	中强极性	苯甲酸二壬酯	应用较广
氰和氰醚	强极性	氧二丙腈、苯乙腈	极性化合物
有机皂土	强极性		芳香异构体

极性分类是更常用的固定液分类方法。固定液的极性直接影响组分与固定液之间的作用力类型和大小,因此对于给定的待测组分,固定液的极性是选择固定液的重要依据。按固定液的极性可以把固定液分为非极性、中等极性、强极性和氢键型四种类型。固定液的极性大小可用相对极性(relative polarity)P 来表示。规定非极性的固定液角鲨烷的 $P=0$,强极性的固定液 β,β'-氧二丙腈的 $P=100$,由此测得其他固定液的相对极性在 0~100 之间。一般将其分为 5 级,每 20 为一级,分别以“+1”、“+2”、“+3”、“+4”和“+5”表示,$P=0$ 用“0”或“−1”表示。“0”或“−1”级为非极性固定液,+1、+2 级为弱极性固定液,+3 级为中等极性固定液,+4、+5 级为强极性固定液。一些常用固定液的相对极性见表 14-3。

由于分子间的作用力是比较复杂的,仅用相对极性这单一的数据来评价固定液的性质是不够的。1970 年 Mcreynolds 提出用五个常数(麦氏常数)X',Y',Z',U',S',分别代表分子间的各种作用力。以五个数值的总和,即各种相互作用力的总和来说明某种固定液的极性。例如角鲨烷的五个常数之和为零,表示角鲨烷是非极性固定液;聚乙二醇 -20M 为 2308,是中等极性固定液;β,β'-氧二丙腈为 4427,是强极性固定液。麦氏常数愈大,表示分子间的作用力愈大,固定液的极性愈强。用麦氏常数来表示固定液的极性强弱,比相对极性的表示法更为合理。有关麦氏常数,可参考色谱手册和有关专著。

表 14-3 常用固定液的相对极性

固定液	相对极性	级别	固定液	相对极性	级别
角鲨烷	0	0	XE-60	52	+3
阿皮松	7~8	+1	新戊二醇丁二酸聚酯	58	+3
SE-30,OV-1	13	+1	PEG-20M	68	+4
DC-550	20	+1	己二酸聚乙二醇酯	72	+4
己二酸二辛酯	21	+2	PEG-600	74	+4
邻苯二甲酸二壬酯	25	+2	己二酸二乙二醇酯	80	+4
邻苯二甲酸二辛酯	28	+2	双甘油	89	+5
聚苯醚 OS-124	45	+3	TCEP	98	+5
磷酸二甲酚酯	46	+3	β,β'-氧二丙腈	100	+5

（4）固定液的选择：一般按照"相似相溶"原理，根据待测组分的极性和结构进行选择。如果待测组分分子与固定液分子的"化学结构相似"、"极性相似"，则两者之间的作用力强，固定液对组分的选择性高，分离效果好。选择方法如下：

1）分离非极性或弱极性组分：一般选用非极性或弱极性固定液。组分与固定液分子之间的作用力是色散力。分离时，试样中各组分基本上按照沸点高低顺序流出色谱柱，低沸点组分先出峰，高沸点组分后出峰。同沸点的极性和非极性组分，极性组分先出峰。常用的有角鲨烷、十六烷和硅油等。

2）分离中等极性组分：首先应选用中等极性的固定液。在这种情况下，组分与固定液分子之间的作用力主要为诱导力和色散力。分离时，组分基本上按沸点次序流出色谱柱。但对于同沸点的极性和非极性物质，由于诱导力起主要作用，使极性组分与固定液的作用力加强，所以非极性组分先出峰。

3）分离极性组分：一般选用极性固定液。组分或固定液分子之间的作用力主要是取向力。分子极性大，组分与固定液的作用力越大。分离时，试样中各组分按照极性强弱顺序流出色谱柱，极性小的先出峰，极性大的后出峰。如聚乙二醇-20M 分离乙醛和丙醛时，极性较小的乙醛先出峰。

4）分离非极性和极性组分：一般选用极性固定液。沸点相近时，非极性组分先出峰，极性组分后出峰。

5）分离含有能形成氢键的组分：一般选择氢键型或极性固定液。氢键是特殊的分子间作用力，试样中各组分按与固定液分子间形成氢键能力的大小顺序流出色谱柱。不易形成氢键的组分先出峰，易与固定液分子形成氢键的组分后出峰。

6）分离复杂的难分离组分：可选择两种或两种以上固定液，采用混涂、混装及串联的方式进行分离，改善分离效果。

需要注意的是：影响组分出峰顺序的因素，除组分与固定液分子之间的相互作用力外，组分沸点的差别也是重要的影响因素，在选择固定液时要统筹兼顾。如果沸点差别是主要的，可选非极性固定液；如果极性差别是主要的，则选极性固定液。例如，分离苯（沸点为80.1℃）和环己烷（沸点为 80.8℃），沸点接近，用非极性固定液很难将它们分离；选用极性固定液，因苯分子易被极化而保留，而环己烷不易极化而先流出色谱柱。

选择固定液时还应考虑使用适用范围广的优选固定液,优选固定液是一些被广大色谱工作者认可的,对样品适应性强、分离效果好的固定液。如 OV-17,Carbowax-20M 等。

(二)气固色谱固定相

在气固色谱法中,常用固体吸附剂做固定相,主要用于分析永久性气体和气态烃类物质。

气相色谱法要求固体固定相对待测组分的吸附容量大、选择性强,有良好的热稳定性和一定的机械强度。

常用的固体固定相有非极性的活性炭、弱极性的氧化铝和强极性的硅胶等。由于吸附剂的性能与其制备过程、活化条件等有很大关系,不同厂家的同种吸附剂,甚至同一厂家的不同批次的产品,其色谱分离性能往往不能重复,给色谱分析带来困难,限制了气固色谱分析的应用。近年来,由于分子筛、高分子微球和石墨化炭黑等新型吸附剂的应用,使气固色谱分析技术有了新的发展。

三、填充色谱柱的制备

填充色谱柱的制备过程包括色谱柱的清洗、固定液的涂渍、色谱柱的填充和色谱柱老化四个主要过程。色谱柱的制备是色谱分析中的关键操作技术。

(一)色谱柱的清洗

对于玻璃柱,先在柱中加入铬酸洗液浸泡,用自来水冲洗至中性,然后用去离子水洗净、烘干即可用于装柱。对于不锈钢柱则用 5%~10% 的热碱溶液(NaOH 或 KOH)抽洗,以除去管内壁的油污,用自来水冲洗至中性,然后用去离子水洗净、烘干后使用。

(二)固定液的涂渍

为了制备一根分离效能高的色谱柱,必须在载体上涂渍一层薄而均匀的液膜。固定液的涂渍是按一定比例称取固定液和载体,先将固定液溶解于适量挥发性溶剂中,然后加入载体,使载体完全浸没在溶液中,在不断搅拌下使溶剂缓慢、均匀挥发,使固定液均匀分布在载体表面。涂渍过程中应注意以下几个方面。首先应选好溶剂,使固定液能完全溶解。其次,在涂渍过程中应仔细,避免因搅拌使载体破碎。第三,载体表面及内孔中存有空气,妨碍固定液渗入,最好减压除去。装柱前根据色谱柱体积,量取 1.2~1.5 倍柱体积的担体(预先筛分到一定粒度范围)并称重,根据所要求的液担比称取所需的固定液。

(三)色谱柱的填充

色谱柱的填充就是把制好的固定相均匀地填充至柱管中。色谱柱的填充通常采用真空泵抽气填充法。将色谱柱的尾端(即接检测器的一端)塞上玻璃棉,接真空泵;柱的另一端(接气化室一端)接一小漏斗。开启真空泵,慢慢加入固定相,少量多次,轻轻敲打色谱柱,直至固定相不能在加入为止。装填好后,柱端塞上玻璃棉,并按装填方向标记进样端。

(四)色谱柱的老化

色谱柱老化是向装填好的色谱柱中通入载气,在稍高于固定液使用温度的条件下,除去存留的溶剂及挥发性杂质,并促使固定液均匀、牢固地分布在载体表面的过程。老化方法是:将色谱柱的进气口与色谱仪气化室出口相连,将色谱柱的出气口直接放空(不与检测器相连,避免杂质气体进入检测器造成损坏);接通载气,控制载气流速 5~10ml/min,在高于实验使用温度 10~25℃,低于固定液最高使用温度的条件下,老化 4~8 小时,必要时可老化更长时间。然后,将色谱柱出气口与检测器连接,在上述条件下继续老化,直到基线平直后才能使用。

第四节　气相色谱法分析条件的选择和优化

正确选择色谱分析条件是气相色谱分析的关键。为了提高色谱柱对试样组分的分离效率,常用 Van Deemter 方程和色谱分离基本方程式指导选择分离条件,主要是选择色谱柱、温度、载气、载气流速和进样操作等条件。

一、色谱柱的选择

色谱柱的选择主要包括色谱柱的种类、固定相和柱长等。

(一)色谱柱种类

要根据试样特性和分析要求选择使用填充柱或者毛细管柱。填充柱的柱容量大,填料选择范围宽,易于自行制备;检测难以分离的试样时要选择使用毛细管柱,毛细管柱分离效能高。

(二)固定相

选择固定相时主要注意固定相的极性和最高使用温度。按照相似性原则选择固定相(详见第三节)。柱温不能超过最高使用温度,在分析高沸点化合物时,需选择高温固定相。若选择涂固定液的载体作填料,则应选择载体的种类、粒度,固定液的种类、配比,以及色谱柱管的材料、口径等。根据 Van Deemter 方程,载体颗粒较小而且均匀,柱效才会较高,而载体的种类则应以固定液、组分适应性为选择标准。固定液选择前提条件是对试样中各个组分均有较大的作用力,能使各组分分离,液膜厚度小,柱效高,因此固定液的用量一般以3%~5%(指固定液的重量与载体重量的百分比)较为适宜。色谱柱材料与口径也应根据分离试样进行选择,玻璃柱管壁活性点易处理,一般不会对试样产生催化作用,而不锈钢柱则恰恰相反,但其机械强度比玻璃柱要强得多。

(三)柱长和内径

柱长的选择:柱长增加可提高塔板数 n,使分离度提高。但柱长过长,峰变宽,柱阻也增加,不利于分离。在不改变塔板高度 H 的条件下,分离度 R 与柱长 L 呈正比［见 $\left(\dfrac{R_s}{R_i}\right)^2 = \dfrac{n_s}{n_i} = \dfrac{L_s}{L_i}$］。填充柱的柱长一般为 1~5m,毛细管柱的柱长一般为 20~50m。

柱内径增大可增加柱容量、有效分离的试样量增加。但径向扩散路径也会增加,导致柱效下降。内径小有利于提高柱效,但渗透性会随之下降,影响分析速度。对于一般的分析分离来说,填充柱内径为 3~6mm,毛细管柱内径为 0.2~0.5mm 左右。

二、温度的选择

气相色谱温度的选择包括三个部分:柱温、气化室温度和检测室温度。三者中柱温是影响色谱分离效能和分析时间的重要参数。

(一)柱温

即柱室温度,是气相谱分析的重要操作参数,直接影响分离效能和分析速度。柱温不能高于固定液的最高使用温度(通常低于 20~50℃),否则,会导致固定液因挥发而流失,不仅影响柱子寿命,甚至还会污染检测器。

柱温与柱效相关。根据 Van Deemter 方程,提高柱温可以改善气相和液相的传质速率,有利于提高柱效和缩短分析时间。但是提高柱温又会增加分子扩散,导致柱效降低,r_{21} 值减小,选择性变差,分离度 R 降低。相反,降低柱温可提高柱的选择性,改善相邻两组分的分离效果,但又会使分析时间增长。在实际分析中,选择的柱温原则是应使难分离"物质对"能得到完全分离,分析时间适宜及峰形对称的前提下尽量采用较低的柱温。

　　柱温的控制方式有恒温和程序升温两种。恒温是指色谱分析在某一恒定温度下进行,适用于样品组分少,各组分沸点相近的情况。程序升温是指柱温按照预设的程序,随时间呈线性或非线性增加。程序升温适用于样品组成复杂,沸程宽(高沸点组分与低沸点组分的沸点之差称为沸程)的情况。一般程序是:在一定初温下维持一定时间,然后按一定速率线性或非线性升温,升至一定温度时再维持一定时间,然后再按一定速率升温。每次升温称为一阶。一般气相色谱仪程序升温控制为五阶,也有高达十阶控制的仪器。程序升温(初温、升温速率、终温)的设置由试样性质及试样中各组分的分离度决定。采用程序升温可以使混合物中不同沸点的组分都能在最佳柱温下进行色谱分离,从而获得良好的分离和色谱峰形,整个色谱分离时间也比恒温方式短。图 14-8 中是多组分宽沸程试样在恒温和程序升温操作时的分离效果比较。图 14-8 中(a)为恒定柱温 T_c=45℃,记录 30 分钟的色谱图。只有 5 个组分流出色谱柱,低沸点组分分离较好,高沸点组分不能分离。(b)为恒定柱温 T_c=120℃,记录 30 分钟的色谱图。因柱温升高,保留时间缩短,低沸点组分峰密集,分离不好,色谱峰前窄后宽。(c)是程序升温的分离情况,从 30℃开始,升温速度为 5℃/min,低沸点和高沸点组分都能在各自合适的柱温下得到良好的分离。

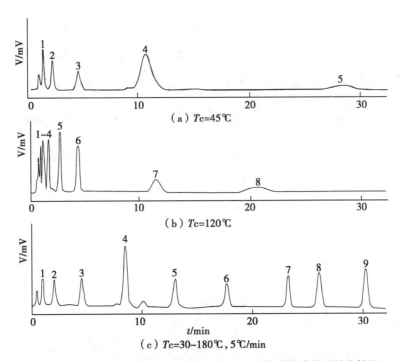

图 14-8　宽沸程混合物的恒温色谱与程序升温色谱分离效果的比较图

1. 丙烷(-42℃);2. 丁烷(-0.5℃);3. 戊烷(36℃);4. 己烷(68℃);5. 庚烷(98℃);6. 辛烷(126℃);
7. 溴仿(150.5℃);8. 间氯甲苯(161.6℃);9. 间溴甲苯(183℃)

（二）气化室温度

气化室温度的设定取决于待测组分的挥发性、沸点、稳定性等因素。气化室温度一般控制在等于或稍高于待测组分沸点，以保证迅速完全气化。对于稳定性差的待测组分可用灵敏度高的检测器，降低进样量，这样气化室温度可控制在低于试样组分的沸点。一般气化室温度比柱温高 20~50℃左右。

（三）检测室温度

大多数检测器对温度十分敏感，不同检测器在不同操作温度下灵敏度不同。应根据检测器的种类，在保证流出色谱柱的溶剂和试样组分不因冷凝而污染检测器的前提下，选择适宜的温度，以保证检测器有较高且稳定的灵敏度，一般可高于柱温 30~50℃左右或等于气化室温度。此外，电子捕获检测器还应考虑放射源的最高使用温度。

三、载气及流速的选择

气相色谱常用氢气、氮气、氦气、氩气等作载气。载气的选择首先要适应所用检测器的特点。例如，使用热导检测器时，为了提高检测器的灵敏度，选用热导系数较大的氢气或氦气作载气，电子捕获检测器常用 99.999% 的高纯氮气或氩气作载气。氢火焰离子化检测器用相对分子质量大的氮气作载气，稳定性高，线性范围广。其次，载气的种类和流速直接影响柱效和分析速度。

根据 Van Deemter 方程 $H=A+B/u+Cu$，以不同流速下测得的板高 H 对流速 u 作图得 H-u 曲线（图 14-9）。

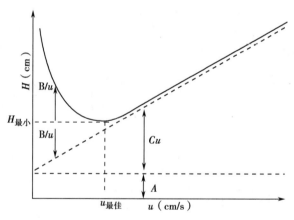

图 14-9　塔板高度 H 与载气流速 u 的关系曲线

从图 14-9 可见，在曲线的最低点，塔板高度 H 最小，此时柱效最高，该点对应的流速为最佳载气流速 $u_{最佳}$。根据 $u_{最佳}$ 及 $H_{最小}$ 可由式 $H=A+B/u+Cu$ 求极值，得

$$u_{最佳} = \sqrt{B/u} \tag{14-3}$$

将式 14-3 代入式 $H=A+B/u+Cu$，得

$$H_{最小} = A+2\sqrt{BC} \tag{14-4}$$

实际工作中，为了缩短分析时间，常使载气流速稍高于最佳流速。

载气对柱效的影响，主要表现在组分在载气中的扩散系数 D_g 上，D_g 与载气分子量的平方根成反比，即同一组分在分子量较大的载气中有较小的扩散系数，根据 Van Deemter 方程，涡流扩散项与载气流速无关。当载气流速较小（0~$u_{最佳}$）时，B/u 项对柱效的影响是主要的，此时,宜选用分子量较大的载气(N_2,Ar),使组分在载气中的扩散系数(D_g)较小,从而减小分子扩散的影响,提高柱效。当载气流速较大($u>u_{最佳}$)时,Cu 项对柱效的影响是主要的,宜选用分子量较小的载气(H_2,He),以减小气相传质阻力,提高柱效。此外载气的种类选择还应考虑检测器的种类,如 FID 检测器,不可使用氢气作为载气。

四、进样的选择

进样的选择主要包括进样量和进样方式等。

(一)进样量

进样量随柱内径、柱长及固定液的不同而不同。进样量的大小对柱效、色谱峰高、峰面积均有一定影响。进样量过大会造成色谱柱超负荷,柱效降低,色谱峰变形,分离度差,保留时间漂移。另外,进样量过大也可引起检测器的超负荷,出现畸形峰。进样量太少又会使含量少的组分因检测器的灵敏度不够而检不出。最大允许进样量要控制在"色谱峰的半峰宽不变,而峰高或峰面积与进样量呈线性关系"。实际工作中一般采用较小的进样量,以获得较好的分离度及峰形。一般说来,色谱柱内径越大、柱越长,固定液含量越高,容许进样量也越大。对于填充柱,气体试样进样量可控制在 0.1~10ml;液体试样进样量可控制在 0.1~5μl 为宜。

(二)进样方式

分为手动进样和自动进样器进样两种方式。手动进样对操作者技术要求较高,重现性不理想,而采用自动进样器进样可以避免手动进样时的不稳定操作因素,且重现性较好,适合于批量试样的分析。

此外,进样要迅速,使试样以"塞子的形式"瞬间进入色谱柱。如进样速度过慢,会使色谱峰变宽,影响分离效果。

综上所述,分离操作条件受多种因素影响,柱温、载气流速对分离影响较大,升高柱温或增大载气流速均可缩短分析时间,但使分离度下降。因此,对实际检测项目应根据分析的要求综合考虑各种因素,选择好分离操作条件,以便达到最佳的分离、分析效果。

第五节 毛细管气相色谱法和顶空气相色谱法

毛细管气相色谱法(capillary gas chromatography,CGC)是使用具有高分离效能的毛细管柱为色谱柱的气相色谱法。

一、毛细管气相色谱法

1957 年,Golay 根据色谱动力学理论,把固定液涂在毛细管壁上,发明了 Golay 柱,创立了毛细管气相色谱法。毛细管气相色谱法由于毛细管柱的高分离效能已成为气相色谱法的发展主流。其方法的基本原理与填充柱气 – 液色谱法相似,但由于色谱柱口径减小,柱长增长,色谱分离能力提高,形成了新的特点,使其被广泛应用于各个领域。另外,色谱柱的连接、操作及控制与填充柱也有所不同。

(一)基本原理

色谱动力学认为填充柱可以看成是一束涂有固定液的毛细管,而毛细管的内径就相当于固定相的直径,毛细管柱色谱的原理与填充柱色谱基本相同。1958 年 Golay 提出了涂壁开管毛细管柱（WCOT）的速率理论方程式：

$$H=B/u+C_gu+C_1u$$

式中，B 为纵向扩散项，C_g、C_1 为气相和液相传质阻力项。各项的物理意义及影响因素与填充柱的速率方程式相同。但由于毛细管柱是空心的，没有填充载体，故其速率理论方程中的涡流扩散为零；纵向扩散项中的弯曲因子为 1，$B=2D_g$；传质阻力项中 C_g、C_1 与填充柱的速率方程相当近似，只不过用柱内径代替颗粒直径 d_p。因此，在毛细管柱分离组分的过程中，造成谱带扩张的因素有三种，即纵向扩散、气相和液相传质阻力。

（二）毛细管色谱柱

毛细管色谱柱是毛细管色谱仪的核心。自 1979 年毛细管色谱柱问世以来，随着毛细管柱制备技术的不断发展，新型毛细管色谱柱不断出现，为气相色谱法开辟了新途径，提高了气相色谱法对复杂物质的分离能力。下面介绍毛细管色谱柱的种类、特点和评价。由于毛细管色谱柱的制备技术较强，一般都是购买成品柱，这里将不介绍毛细管色谱柱的制备技术。

1. 分类　按照制备方法的不同，毛细管色谱柱分为开口毛细管柱（open tubular column）和填充毛细管柱（packed capillary column）。

（1）开口毛细管柱又分为涂壁空心毛细管柱（wall coated open tubular column，WCOT）、多孔层空心毛细管柱（porous layer open tubular column，PLOT）和涂载体空心毛细管柱（support coated open tubular column，SCOT）。WCOT 柱是将固定液涂在玻璃或金属毛细管内壁上。是最早使用的毛细管色谱柱，由于其传质阻力小，渗透性好，柱子可做得很长，因此分离效能高，分析速度快，但固定液易流失，柱子寿命短。PLOT 柱是毛细管内壁上有多孔层的固定相。SCOT 柱是先将载体沉积在毛细管内壁上，再涂固定液。PLOT 柱和 SCOT 柱减少了固定液流失，柱寿命长，是目前应用最广的毛细管柱。各类毛细管柱的比较见表 14-4。

表 14-4　不同类型的毛细管柱比较

柱型	柱长	内径（mm）	分辨率	柱容量	惰性
微量填充柱	0.5~10	0.5~1.0	高	较大	较强
WCOT（小孔径）	5~100	0.20~0.35	最高	最小	最强
WCOT（大孔径）	25~150	0.50~0.75	较高	一般	强
SCOT	25~150	0.50~0.75	较高	较大	较强

（2）填充毛细管柱是将载体或吸附剂等松散地装入玻璃管中，然后拉制成毛细管，柱内径一般为 0.25~0.5μm。

2. 特点　与普通填充柱相比（表 14-5），毛细管柱具有以下特点：

（1）柱效高：毛细管柱的理论塔板数可达 10^4~10^6，由 Van Deemter 方程可知，毛细管柱无涡流扩散，且传质阻力小，即 $H=B/u+Cu$。另外，毛细管柱比较长，开口毛细管柱一般长达 25~50m，而一根普通填充柱柱长仅为 2~6m。由于毛细管柱分离效能高，所以对固定液的选择性要求并不苛刻。一根柱可以分析多类物质。

（2）柱渗透性好：由于是空心柱，柱阻力小，因此渗透性好。可在较大的载气流速下分析，提高了分析速度。

表 14-5　毛细管柱和填充柱的比较

比较内容	毛细管柱	填充柱
柱长（m）	5~100	1~4
内径 i.d.（mm）	0.2~0.7	2~4
每米有效塔板数	3000（i.d.0.25mm）	2500（i.d.0.25mm）
总效塔板数	150 000	5000
柱容量	50ng/峰	10μg/峰
渗透性（$10^{-7}cm^2$）	10~1000	1~10
载气流量（ml/min）	0.5~15	10~60

（3）柱容量小：由于固定液涂在管壁上，其用量只有填充柱的几十分之一至几百分之一，一般空心柱液膜厚度为 0.2~0.4μm。根据 Van Deemter 方程，板高与液膜厚度的平方呈正比；液膜越薄，板高越小，分离效能越高。但液膜薄，则 k 减小，因此毛细管柱的允许进样量很小，且进样器需配有分流装置。

3. 评价　新的毛细管柱在使用之前应测试柱效和柱性能并对其进行评价。评价的关键是选用适当的试验混合物并在最佳色谱条件下测试，根据得到的信息，对柱进行评价。色谱柱的效能可根据以下几方面进行评价。

（1）柱效：根据柱极性选用试验混合物进样，测出理论塔板数和有效塔板数等。

（2）柱的吸附性：根据色谱峰拖尾的情况加以评价。如果醇类峰拖尾，说明此柱不适于分析含醇类样品；若酮类峰拖尾，说明柱子极性太强。

（3）柱的酸碱性：可用 2,6- 二甲基苯胺与 2,6- 二甲基苯酚混合试样，火焰离子化检测器测定。若两组分的色谱峰面积比值相等，则为中性柱；若二甲基苯胺色谱峰小或拖尾，则为酸性柱，反之则为碱性柱。

（4）柱的热稳定性：与固定液性质及老化程度有关。可从高使用温度和柱寿命两方面考察。考察前者时，将色谱仪调到最高灵敏度，检测不同柱温下固定液流失所增大的本底信号；考察柱寿命时，查看在条件不变的情况下使用一定时间，组分的分配比和柱效是否下降。

（5）柱的抗溶剂抽提性：即柱中固定液对抗溶剂和水抽提的能力。

根据以上测试数据，就可对毛细管柱的效能、惰性、使用温度范围，适于分析何种样品等做出正确的评价。一般对新购置的成品柱，可按照所附的性能指标，测试条件和色谱图对柱进行评价。除了以上的指标外，还有一些指标，如柱极性、拖尾因子、涂渍效率、柱容量，液膜厚度等。

（三）毛细管色谱系统

毛细管柱色谱系统与填充柱色谱系统相比较主要有以下区别：

1. 分流进样　由于毛细管柱容量小，进样量必须极小，一般液体试样为 10^{-2}~10^{-3}μl，气体试样为 10^{-7}ml。若采用填充柱常规进样量，引入试样量必然超过色谱柱负荷，因此，通常采用分流进样（split injection）方式操作，即在气化室出口处分成两路：一路将大部分气化的试样放空，另一路将极微量气化试样引入色谱柱。气化试样进柱部分与放空部分的比值称为分流比（splitting ratio）。完成分流的装置称为分流器（splitter）。分流器有多种形式，但都必须满足以下要求：①分流后各组分峰的信号相对比例必须与计算值或未分流时一致；②改变分析条件(如柱温、分流比、载气流速等),各色谱峰面积相对比例仍然保持恒定;③在同一分流比条件下分析不同浓度试样时,峰面积与浓度呈正比。在实际操作中,分流比的大小可以调节。

2. 检测与尾吹　与毛细管柱匹配的检测器必须具有灵敏度高、响应快、死体积小的特点。因此,为了降低检测器的死体积(柱后死体积),需在毛细管出口加尾吹载气,使样品组分快速通过检测器,降低色谱峰展宽,提高柱效,保证检测器的灵敏度。常用的检测器是火焰离子化检测器。另外,火焰光度检测器和电子捕获检测器也可以使用。随着计算机技术的发展,毛细管柱气相色谱与质谱、傅里叶红外吸收光谱联用技术在气相色谱的检测中发挥着重要作用,使色谱分析结果更加准确。

(四) 毛细管色谱操作条件的选择

毛细管色谱操作条件的选择与填充柱类似,仍然是以快速、高效为原则,但也有自身的特点。因此,对毛细管色谱的操作条件进行选择时应从以下几方面进行考虑。

1. 载气种类及流速　毛细管柱色谱常用的载气与填充柱一样,也是 N_2、H_2 和 He 三种。不同的载气有不同的分子量,通过影响扩散系数影响柱效。在毛细管柱色谱中,因为常常采用较高的载气流速。因而传质阻力起主导作用,要降低传质阻力,就要使用扩散系数大的(即分子量小的)载气,所以,分子量较小的 H_2 和 He 对提高柱效有利。由于毛细管柱是空心的,因此增加流速对柱效的影响很小。在能满足组分分离的前提下,可增大载气流速,以加快出峰,缩短分析时间。

2. 固定液和液膜厚度　毛细管色谱的固定液有几十种,但常用的却只有十几种。表 14-6 列出了几种常用的固定液。由表 14-6 可以看出,涂渍或交联的固定液,均以聚硅氧烷型为主。其优点是化学及热稳定性好,柱效高,使用温度范围宽,可引入各种基团,极性间距均匀,极性范围宽。根据样品性质,按"相似相溶"原则来选择极性合适的固定液。对于未知样品,通常可先在 OV-101,PEG-20M 两根不同极性的色谱柱上进行试分离,根据出峰的数目,峰形及难分离组分的峰位等可以判断样品中组分的数目、主要组分、微量组分及难分离组分的极性等,然后有针对性地选择极性合适的固定液。

表 14-6　毛细管色谱柱常用固定液性能

名称	商品型号	麦氏平均极性	相对极性	使用温度范围(℃)
油状甲基聚硅氧烷	OV-101	46	非极性	30~280
50% 苯甲基聚氧硅烷	OV-18	187	弱极性	30~260
三氟丙基甲基聚氧硅烷	OV-210	304	中极性	30~240
氰乙基氰丙基聚氧硅烷	OV-275	844	强极性	30~250
聚乙二醇 -20M	PEG-20M	462	氢键型	65~210
交联苯基甲基聚氧硅烷	交联 OV-180			50~280
交联甲基聚氧硅烷	交联 OV-101			50~320

此外,毛细管色谱柱的液膜厚度是毛细管柱重要的色谱条件。薄液膜厚度可降低传质阻力,提高柱效和缩短分析时间。但液膜太薄则会使样品负荷量降低,对痕量分析不利。液膜厚度的选择主要受样品的挥发性也就是样品的沸点,以及固定液的温度范围的影响。对

于低挥发性的高沸点的物质往往选用薄液膜柱,对于高挥发性的低沸点物质,一般选用厚液膜柱。

3. 毛细管柱内径和长度 毛细管柱容量小,因而使进样量相应也减小。对于薄液膜一般采用 0.25mm 直径的柱子,而对于厚液膜柱,通常采用直径为 0.32mm 和 0.53mm 的柱子。

一般色谱柱的长度越长,则总的分离效能越高。空心的毛细管柱可允许超过 100m 的柱长,这在分离难分离组分时是极为有利的。但是,柱长的增加必然会减慢分析速度。所以需要根据实际情况选择柱长。通常所用的毛细管柱为 30m。

4. 柱温 在毛细管柱色谱中,载气流速较大,传质阻力起主导作用,因此,可采用较高的柱温来降低传质阻力,提高柱效,有利于缩短分析时间。但是柱温升高,气体挥发性增大,组分的选择性(相对保留值)降低。因此柱温的选择要二者兼顾,必要时采用程序升温进行分析。

5. 进样量 毛细管柱由于内径细,所以柱容量往往比填充柱小。毛细管柱的内径越粗,固定液含量越多,则允许进样量越大。高容量的毛细管柱可以不分流进样,而对柱容量低的柱子可以采用分流进样方式。进样量一般 1~5μl。

(五)毛细管气相色谱法的应用

毛细管色谱法具有高效、快速等优点,在许多学科和领域得到广泛的应用。在卫生学检验中,毛细管柱色谱法是非常常用的一种检测方法,图 14-10 为使用涂 OV-3 的毛细管色谱柱分离多环芳烃混合物的色谱图。

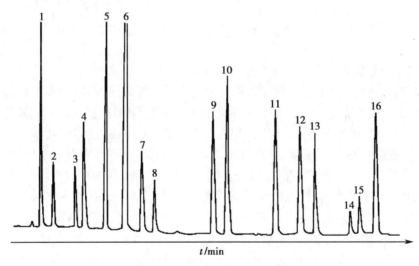

图 14-10 多环芳烃气相色谱图

16 种多环芳烃色谱图［1. 萘;2. 苊烯;3. 苊;4. 芴;5. 菲;6. 蒽;7. 荧蒽;8. 芘;9. 苯并(a)蒽;
10. 䓛;11. 苯并(b)荧蒽;12. 苯并(k)荧蒽;13. 苯并(a)芘;14. 茚并(1,2,3-cd)芘;
15. 苯并(g,h,i)苝;16. 二苯并(a,h)蒽］

二、顶空气相色谱法

顶空气相色谱法(head space-gas chromatography)是一种测定液体或固体样品中挥发性组分的气相色谱法。顶空气相色谱法突出的优点在于,采用顶空蒸气直接注入色谱仪分析,既简化了样品的前处理,又可避免样品基底对色谱柱的污染,检测灵敏度也提高。不仅可用于分离分析液体、半固体(血、黏液、乳悬液等),还可用于固体样品中痕量易挥发组分的分离分析,在卫生检验和医学检验中具有广阔的应用前景。

(一)基本原理

将样品置于有一定顶端空间的密闭容器中,在一定温度和压力下,待测挥发性组分将在气-液(或气-固)两相中达到动态平衡,当待测组分在气相中的浓度相对恒定时,其蒸气压可由拉乌尔(Raoult)定律表示

$$P_i = \gamma_i X_i P_i^0 \tag{14-6}$$

式中 P_i 为组分 i 在气相中的蒸气压,P_i^0 为纯组分的饱和蒸气压,X_i 为组分 i 在该溶液中的物质的量,γ_i 为组分 i 的活度系数。

在顶空气相色谱中是采用与样品呈热力学平衡的气相进行色谱分析,测得气相中 i 组分的峰面积 A,与该组分的蒸气压成正比。

$$A_i = k_i P_i = k_i \gamma_i X_i P_i^0 = K_i X_i \tag{14-7}$$

式中 K_i 为组分 i 对检测器特性的校正系数,在测定条件不变时,通常为常数,当温度和其他实验参数固定,试液中待测组分浓度很低时,γ_i,P_i^0 均为常数,可与 k_i 合并为常最 K_i,当组分 i 的浓度 c_i,代替式中物质的量 X_i 时,则有

$$A_i = K c_i \tag{14-8}$$

式 14-7 即为顶空气相色谱法的定量基础。如果待测试样和标准样品在相同的操作条件下进行定量分析,则 K 值相同,待测组分的浓度可由下式计算

$$c_i = \frac{A_i}{A_s} c_s \tag{14-9}$$

式中 c_i 为待测组分 i 的浓度,c_s 为标准样品浓度,A_i 和 A_s 分别为待测组分和标准样品的峰面积。

(二)顶空分析装置

1. 静态式　目前在实验室最常用的顶空分析简易装置如图 14-11 所示。恒温系统可用水浴、甘油浴或半导体加热装置。通常用带有硅橡胶垫玻璃瓶作为样品瓶,瓶塞要求密闭性好,不与待测组分的蒸气发生反应,瓶体积为 2~100ml。将样品(液体或气体)置于瓶中,加塞密闭,放在恒温水浴内,达平衡后,用气密性好的注射器,从样品瓶取一定量的顶空蒸气,迅速注入色谱仪中,进行分析。此法比较成熟,应用广泛,但是灵敏度较低,目前气相色谱仪可以配专用顶空分析装置,以降低吸样和进样误差,便于操作自动化。

2. 动态式　用惰性气体将顶空瓶内的组分吹到富集系统(如吸附管)进行气相色谱分析的方法称为动态顶空色谱法。该法操作较复杂,但灵敏度高。如图 14-12 所示,将样品置于密闭容器中,其挥发性组分随通入的氮气进入吸附柱或置于冷阱中的吸附柱而被吸附或冷凝富集,吸附柱上的组分经解吸后进行色谱分析。也可将吸附柱组成动态分析系统,在吸附过程中,色谱柱处于室温状态,待吸附完成后瞬间升温进行色谱分析。吹扫捕集成套装置及应用见第二十一章。

(三)影响顶空气相色谱法灵敏度的因素

1. 温度　提高顶空瓶的温度将使待测组分的蒸气压 P_i 增高,有利于提高灵敏度,但灵敏度过高,密封垫中的杂质可能逸出,容器的气密性也会相对降低,升温达到一定值后,气相中待测组分的浓度不会再增大。

2. 溶剂　在能充分溶解试样的前提下,宜采用沸点较高,蒸气压较低的溶剂,使顶空气体中溶剂的浓度较小,组分的相对挥发度增大,有利于痕量组分的测定。

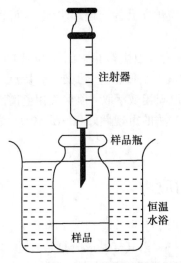

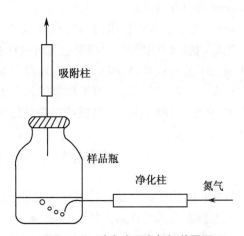

图 14-11　静态式顶空气相装置示意图　　　　图 14-12　动态式顶空气相装置图

3. 容器体积　顶空瓶的体积较小可使平衡时间缩短,但体积过小则限制取样量,一般样品的体积与顶空瓶的体积比为 1:3。

4. 加入电解质及非电解质　在水溶液中加入电解质(如盐类)可降低被测组分的溶解度,增加它在气相中的浓度,检测灵敏度可提高 3~5 倍,其效果与所用盐的性质有关。在有机溶剂中加入非电解质,也可增加被测组分在气相中的溶解度,其效果取决于溶剂系统和待测组分的结构和极性等。

(四)误差来源及消除

1. 相平衡　顶空分析定量基础是待测组分在气液两相中达到平衡,气相中各组分的浓度相对恒定。影响平衡的因素有空间体积、平衡时间、样品黏度等。平衡时间必须通过实验来选择。样品的黏度大,系统空间体积大都会使平衡时间相对延长,而影响分析速度。

2. 标准与试样组成　组分的活度系数与组分本身的性质和溶液体系的组成有关,因此,标准样品与待测样品应具有相同或相似的基体。

3. 吸样与进样　用于顶空分析的样品瓶体积较小,吸取气体不宜超过其空间体积的 10%。由于气相中待测组分浓度与体系中该组分的总量有关,通常只取 1~2 次样品进行测定。此外,采样的注射器要进行预热处理,尽量与样品温度相近。

4. 内标法定量　顶空分析最好采用内标法,可部分抵消实验参数变化所造成的影响,所选择的内标物尽量与被测物具有相似的结构和性质,以便具有相近的活度系数值。

(五)顶空气相色谱法的应用

对于复杂样品中痕量低沸点化合物的分离分析,顶空气相色谱法具有前处理简便、提取净化过程一次完成和检测灵敏度高的优点。在分析化学的各领域中应用范围越来越广泛。例如,工业废水和地面水中的硝基苯的测定,如采用有机溶剂萃取或蒸馏提取法,操作烦琐,而采用顶空气相色谱法,样品预处理简单、灵敏、快速,线性范围宽。卫生部颁发的《生活饮用水检验规范》中将顶空气相色谱法列为饮用水和水源水中三氯甲烷、四氯化碳、三氯乙烯等有有机卤代物测定的标准方法。顶空气相色谱法在生物材料(体液、组织)中的挥发性有机组分的分离和分析方面具有重要的实用价值。如测定血、尿中的溴离子和氟离子,可先在顶空分析装置中将样品中的溴离子或氟离子转变成易挥发的衍生物,然后取顶空气体,用电子捕获检测器检测分析,可以大大提高检测器的灵敏度,简化样品的前处理步骤,又可以消除生物样品中复杂基质对测定的干扰。

近年来,顶空气相色谱法与固相微萃取联用在环境分析和卫生检验中已经得到了广泛的应用。固相微萃取是一种新型的无溶剂样品制备技术,具有简便快速、污染小等特点。例如用聚二甲基硅氧烷(PDMS)作为固相微萃取的涂层,通过固相微萃取-顶空气相色谱法测定血中苯,甲苯,二甲苯,异丙苯和氯代苯等10种VOCs,方法的重现性好(RSD<5%)。线性范围宽,血中10种VOCs的最低检出限均低于5ng/ml。

第六节 气相色谱法的应用

气相色谱法作为一种有效的分离技术,已经被广泛应用于卫生检验和医学检验中。

卫生检验涉及的样品主要是空气、水质、食品和生物材料等,其样品成分复杂,待测的有毒有害物质含量甚微,采用一般化学分析方法难于使待测组分分离和鉴定。卫生检验中所涉及的许多有机物检测均采用气相色谱法作为我国的卫生标准分析方法。例如对于工作场所空气中常见的挥发性有机物,我国的标准分析方法采用涂渍聚乙二醇-6000固定液的填充色谱柱,在不同的色谱操作条件下,不仅可以同时测定空气中的苯、甲苯和二甲苯,还可以同时测定1,2-二氯丙烷、1,3-二氯丙烷、乙酸甲酯、乙酸乙酯、乙酸正丙酯、乙酸正丁酯和乙酸正戊酯等多种有机组分。对于空气中多环芳烃的污染可以采用高分子液晶涂渍的毛细管进行分离,可以同时检测大气污染物中包括苯并(a)芘在内的32种多环芳烃。

随着工农业生产的发展,空气、土壤和水中的污染物,特别是有机污染物的种类日益增多,用气相色谱法能同时对多种有机污染物进行定性、定量分析。目前,国内外生活饮用水和地面水的卫标准中有机物的检测项目占很大比例。气相色谱法是监测水中有机污染的重要方法。如水中苯及其同系物的检测分析,水样用适量有机溶剂(CS_2)提取后,经固定相为5%邻苯二甲酸二壬酯、5%有机皂土和101白色载体(60~80目)的不锈钢柱分离,FID进行检测分析,可同时测定苯及其同系物(图14-13)。

目前,我国农药产量和使用范围不断扩大,有机氯、有机磷、氨基甲酸酯类、拟除虫菊酯类等农药在水质、食品、土壤甚至在人和动物的体液和组织中都有残留。因此,农药残留量测定是卫生检测的重要任务。目前,我国主要应用气相色谱法,并选用高灵敏度、高选择性的电子捕获检测器(ECD)、火焰光度检测器(FPD)或氮磷检测器(NPD)可以对不同种类的农药残留量进行定性、定量分析。图14-14为柑橘中有机磷农药残留的气相色谱图,采用涂渍BP-10的熔融石英毛细管柱(25m×0.22nm),程序升温,火焰光度检测器(FPD)检测,在40min内可测定柑橘中20种有机磷农药残留的含量。

气相色谱法还常用于检测食品中所含的多种有机成分。例如食品添加剂的分析,采用气相色谱法可以测定糖精、山梨酸、苯甲酸等多种添加剂。食品包装材料、饮料瓶及密封垫等产品多数用聚乙烯树脂为主要原料,但常加有增塑剂、

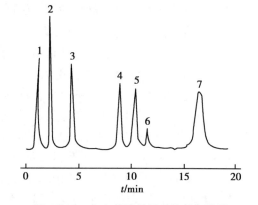

图14-13 水中苯及其同系物的色谱图

1. 溶剂;2. 苯;3. 甲苯;4. 乙苯;5. 对-间-二甲苯;6. 邻二甲苯;7. 苯乙烯

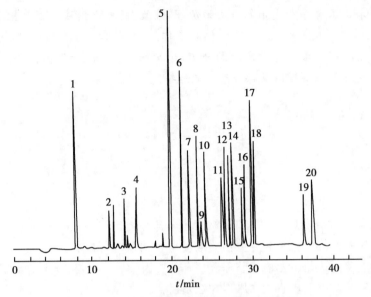

图 14-14 柑橘中有机磷农药残留的色谱图

1. 敌百虫;2. 治螟磷;3. 敌敌畏;4. 甲胺磷;5. 甲拌磷;6. 二嗪农;7. 乙拌磷;8. 异稻瘟净;9. 久效磷;10. 乐果;
11. 毒死蜱;12. 甲基对硫磷;13. 马拉硫磷;14. 杀螟硫磷;15. 己基对硫磷;16. 甲基异硫磷;17. 水胺硫磷;
18. 稻丰散;19. 乙硫磷;20. 三硫磷

稳定剂等对人体健康有害。根据国家食品卫生标准检验方法,采用顶空气相色谱法,将包装材料用正己烷溶解,在70℃ ±1℃的恒温水浴中,取气体用涂渍聚己二醇丁二酸酯固定液的釉化6201红色担体的填充色谱柱进行分析。

在卫生监测和毒理学研究中,经常需要测定血液、尿液或其他组织中有害物质及其代谢产物的浓度。这些样品中被测组分浓度低,干扰较多。气相色谱法具有灵敏度高、分离能力强等特点,因此是一种有效、可靠的分析手段。体液和组织等生物材料的分析在医学检验中日益受到重视,很多检测指标与疾病的诊断有密切关系,如脂肪酸、氨基酸、甘油酸三酯、甾类化合物、糖类、维生素等。这些化合物往往需要经过衍生化转变成相应的易挥发衍生物,才能进行气相色谱法分析。例如血清中游离脂肪酸的测定,需要将脂肪酸经过甲酯化衍生化处理,生成脂肪酸甲酯,经 DB-WAX 色谱柱分离,用火焰离子化检测器检测分析,测定血清中的游离脂肪酸含量。

本 章 小 结

1. **基本知识** 气相色谱法的特点和分类;气相色谱仪的组成系统;检测器的性能指标和常用的检测器;气 - 液色谱固定液的要求、分类和选择原则,载体的要求;气相色谱分离操作条件的选择。毛细管气相色谱法的原理以及操作条件的选择;顶空气相色谱法。涉及的重要概念有气相色谱法、检测器、程序升温。

2. **核心内容** 气相色谱法是以气体为流动相的色谱法。色谱柱是气相色谱法实现分离的核心部件,色谱柱的选择(如载体和固定液的选择)是气相色谱法分离的关键。此外,气相色谱法分析条件的选择(检测器种类、温度,载气种类和流速等)是提高气相色谱法对试样组分的分离效率的重要环节。

3. 学习要求　了解顶空气相色谱法的原理、装置,气相色谱法在卫生检验领域中的应用;掌握气相色谱仪的组成系统及各系统的主要作用、检测器的性能指标、结构、原理以及操作条件的选择;熟悉气-液色谱固定液的分类、选择原则,气相色谱分离操作条件的选择原则、毛细管气相色谱法的原理以及操作条件的选择。

(刘丽燕)

思考题

1. 什么叫气相色谱法? 气相色谱法可以分为哪几类?

2. 气相色谱仪主要包括哪几个部分? 简述各部分的作用。

3. 评价检测器的性能指标有哪些? 灵敏度与检出限有何区别?

4. 试述火焰离子化检测器的工作原理。有哪些因素影响火焰离子化检测器的灵敏度?

5. 简述电子捕获检测器的工作原理和应用特点。

6. 简述火焰光度检测器的工作原理和应用特点。

7. 简述测定蔬菜中的有机氯农药需要哪种检测器,应如何选择操作条件?

8. 试述"相似相溶"原理应用于固定液选择的合理性及其存在的问题。

9. 气相色谱法对固定液有什么要求? 怎样选择固定液?

10. 何谓程序升温? 程序升温有什么优点? 什么样品需要程序升温?

11. 如何选择气相色谱分离的操作条件?

12. 毛细管柱为什么比填充柱有更高的柱效,H-u 曲线有何用途? 曲线的形状主要受哪些因素的影响?

13. 用气相色谱法测定某食品中的微量水分。精密称取某食品 25.00g 及无水甲醇(内标物)0.2000g,混匀,进样 5μl,在 401 有机载体柱上进行测量,测得水和甲醇的峰面积分别为 389 和 213。试计算食品中微量水分的百分含量。(已知:$f_{水}$=0.55,$f_{甲醇}$=0.58)(1.42%)

第十五章 高效液相色谱法

高效液相色谱法（high performance liquid chromatography，HPLC）又称为高压液相色谱法，是以高压输送流动相，采用高效固定相和高灵敏度检测器进行在线检测的色谱分析技术。20 世纪 60 年代末在经典液相色谱法的基础上，引入气相色谱的理论和实验技术而发展起来的高效液相色谱法，已成为近三十年来分析实验室应用最广泛的分离分析技术之一。随着相关科技的迅猛发展，新的高效液相色谱分析技术不断涌现，并日趋成熟。特别是超高效液相色谱仪的问世，使色谱分离技术发展到一个新的高度，大大拓展了其应用范围，显著提升了分析质量和速度。

第一节 概　　述

一、高效液相色谱法与其他色谱法的比较

（一）与经典液相色谱法的不同

与经典的液相色谱法相比较，高效液相色谱法具有较高的分析效率和自动化程度，其特点如下：

1. 高效　高效液相色谱法使用了极细颗粒（粒度 $dp \leqslant 10\mu m$）、规则均匀的固定相和均匀填充技术，特别是化学键合固定相的广泛应用，使得色谱柱的传质阻力大大降低，柱效可达每米 10^5 理论塔板数，分离效率非常高。

2. 高速　采用高压泵输送流动相，使流动相流速大大加快，流速最高可达 10ml/min。一般试样的分离分析只需几分钟，复杂试样的分析在数十分钟内即可完成。如试样中氨基酸的分离，经典液相色谱法需用数小时才能完成；而采用高效液相色谱法，结合梯度洗脱方式，通常在 30~60 分钟内即可实现分离，其分析速度远高于经典液相色谱法。

3. 高灵敏度　广泛使用紫外、荧光、电化学等高灵敏检测器，大大提高了分析的灵敏度，如紫外检测器和荧光检测器的最小检测限高达 $10^{-9}g$ 和 $10^{-12}g$。

4. 高自动化　智能化的色谱专家系统结合自动进样装置，使高效液相色谱从进样、分离、检测、数据采集、数据处理，一直到结果打印完全实现自动化、多功能化。

（二）与气相色谱法的不同

在理论和实验技术上，如塔板理论、速率理论；色谱基本概念保留值、分离度；固定相的选择性；与其他高新技术（如质谱、核磁共振波谱等）的联用等方面，高效液相色谱法与气相色谱法有许多相似之处。但由于二者的流动相物理状态不同，在分析对象、仪器工作流程和主要部件、操作条件等方面存在差异，主要表现在以下三个方面：

1. 应用范围　气相色谱法虽具有分离效能好、灵敏度高、分析速度快、试样用量少、操

作简便等优点,但它要求试样在操作时为气态,对高温下的温度控制要求比较高。而对于沸点太高或热稳定性差的物质,虽部分组分可以采取裂解、水解和硅烷化等方法进行预处理,但这些烦琐的操作步骤,改变了试样本来的面目,为分析增加了难度。高效液相色谱法无需试样气化,不受试样挥发性限制,通常在室温下进行分析。高沸点、热稳定性差、相对分子量大的有机物(占有机物总数的 75%~80%)以及离子型化合物,基本上都可应用高效液相色谱法进行分离分析。特别是在一些生物大分子,如多肽、蛋白质、生物碱、核酸、甾体、脂类、多糖类、高聚物、维生素、药物等的分析领域中,高效液相色谱法的优势更为明显。

2. 选择性　气相色谱法的流动相是惰性气体,对组分分子无亲和力,即流动相和组分不发生相互作用,仅起载带作用。分析过程中,组分分子仅与固定相相互作用。而在高效液相色谱法中,不同极性的流动相可与固定相同时作用于组分分子,参与对组分的分配作用,并产生竞争。因此流动相的性质对试样的分离效果影响很大,相当于增加了一个控制和改进分离条件的参数,为选择最佳分离条件提供了极大的方便。同时,高效液相色谱固定相种类多,可选择的范围宽,因此它不仅可以利用被分离组分的极性、分子尺寸、离子交换能力以及生物分子间亲和力的差别进行分离,还可通过改变流动相的组成来改善分离效果,使得性质和结构相似的物质间分离的可能性比气相色谱法更大。

3. 试样制备　高效液相色谱法的试样制备简单,试样组分经色谱分离后不被破坏,馏分易于收集,有利于单一组分的制备。

相比气相色谱,高效液相色谱具有以下缺点:仪器设备比较复杂、价格昂贵;缺乏通用型高灵敏度检测器;柱和流动相的消耗成本较高;有机溶剂对环境和操作人员有一定的影响。因此,对于气相色谱和高效液相色谱都可分析的试样,一般选择气相色谱法。实际应用中这两种色谱分析技术是相互补充的。

二、高效液相色谱法的分类

随着高效液相色谱分析技术的迅速发展,在经典液相色谱法的基础上,新的方法不断涌现和完善。与经典液相色谱法相似,高效液相色谱法也按固定相的物理状态分为液 - 液色谱法和液 - 固色谱法两大类;并在吸附色谱法、分配色谱法、离子交换色谱法、尺寸排阻色谱法四大基本色谱分离机理的基础上,进一步发展并分化出亲和色谱法(affinity chromatography,AC)、化学键合相色谱法(bonded phase chromatography,BPC)、胶束色谱法(micelle chromatography,MC)和手性色谱法(chiral chromatography,CC)等。

最常使用的化学键合相色谱法中,又可根据固定相和液体流动相相对极性的大小,分为正相分配色谱法(normal-phase partition chromatography,NPLC)和反相分配色谱法(reversed-phase partition chromatography,RPLC),而后者又进一步衍生分化为普通反相液液分配色谱法、离子对色谱法(ion pair chromatography,IPC)和离子抑制色谱法(ion suppression chromatography,ISC)。

第二节　高效液相色谱法的固定相和流动相

高效液相色谱法的固定相和流动相是整个分析方法的核心。本节主要介绍 HPLC 中常用的固定相和流动相,以及由此派生出的几种新型高效液相色谱分析方法。

一、固定相

尽管高效液相色谱法有不同的分离机理,但实质上所有的分离模式都基于两个最基本的因素,即固定相的结构和组成,以及决定分离机理的固定相与流动相相互作用的性质。色谱柱中的固定相(填料)是高效液相色谱的重要组成部分,它与色谱分离的热力学过程和动力学过程密切相关,直接影响色谱柱的选择性、柱效与分离度。

固定相的基本要求是:①固定相颗粒直径小且均匀;②传质快;③机械强度高,耐高压;④化学稳定性好,不与流动相发生化学反应。

不同类型的高效液相色谱法使用不同的固定相,分为经典的液固色谱固定相和液液色谱固定相,以及新型的化学键合固定相。目前在高效液相色谱法中广泛使用的是化学键合固定相,适合分离几乎所有类型的化合物。

(一)液-固吸附色谱固定相

液-固色谱固定相通常为不同极性的固体吸附剂,分为极性和非极性两类。常用的极性固定相有硅胶、氧化铝、聚酰胺等;非极性固定相有高分子多孔微球、分子筛。吸附色谱固定相主要分析有一定极性的分子型化合物,但对同系物的分离能力较差。

按其固定相的结构可分为表面多孔型和全多孔微粒型两类(图 15-1)。表面多孔型又称薄壳型,是在实心玻璃微球表面涂一层很薄(约 1~2μm)的多孔色谱材料(如硅胶、氧化铝等)烧结制成的。固定相呈球体、填充均匀、渗透性好、多孔层很薄、表面孔隙浅,因此传质速度快,柱效高。其主要缺点是比表面积小,柱容量低、允许进样量小,要求检测器的灵敏度高。

全多孔微粒型有无定型或球型两种,颗粒直径3~10μm。具有粒度小、比表面积大、孔隙浅、柱效高、容量大等优点,特别适合复杂混合物分离及痕量分析。目前高效液相色谱法大多采用直径3~5μm 的球型填料。

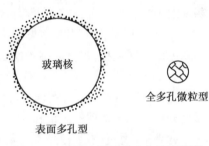

图 15-1 表面多孔型和全多孔微粒型固定相示意图

(二)液-液分配色谱固定相

经典的液-液分配色谱固定相是在载体上涂渍适当的固定液构成。载体可以是玻璃微球,也可以是吸附剂,固定液通过机械涂渍在载体上形成液-液固定相。这样涂渍的固定液在分析中不仅易被流动相逐渐溶解和机械冲击而流失,而且会导致色谱柱上保留行为的改变以及引起分离样品的污染。为了解决固定液的流失问题,改善固定相的功能,产生了化学键合固定相,简称化学键合相。采用化学键合相的液相色谱称为化学键合相色谱法。

化学键合相(chemical bonded phase,CBP)是利用化学反应,通过共价键将含不同官能团的有机分子结合到载体(硅胶)表面,使其成为均一、牢固的单分子薄层(类似毛刷)而构成的固定相。根据化学键合相与流动相之间的相对极性的强弱,可将其分为正相(normal phase,NP)键合相色谱法和反相(reversed phase,RP)键合相色谱法。

化学键合固定相的优点是:①固定液不流失,色谱柱的重复性和稳定性好、寿命长;②传质速度快,柱效高;③可以键合不同性质的有机基团,改善固定相的性能,进一步改变分离选择性;④适于作梯度洗脱;⑤化学性能稳定,在 pH=2~8 及 70℃以下的环境中不变性。

化学键合相是高效液相色谱较为理想的固定相,广泛使用全多孔和薄壳型微粒硅胶作为载体。按有机基团与硅胶相结合的化学键类型，分为酯化型（Si—O—C）和硅烷化型（Si—O—Si—C）等。酯化型键合相具有良好的传质特性，但易水解、醇解，热稳定性差，已被淘汰。

硅烷化型是利用氯硅烷与硅胶表面的硅醇基进行硅烷化反应，生成具有 Si—O—Si—C 键的固定相。反应如下：

$$—Si—OH+Cl—Si—R→—Si—O—Si—R+HCl$$

这类键合相具有容易制备、热稳定性好、不易吸水、耐有机溶剂等优点，应用范围广泛。

化学键合相按键合基团的性质，可分为非极性、中等极性和极性三类。

1. 非极性键合相　这类键合相的表面基团为非极性的烃基，通常用于反相分配色谱法，亦称为反相键合相。其烃基配基可以是不同链长的正构烷烃，如十八烷基硅烷（octadecylsilane，ODS 或 C_{18}）、辛烷基硅烷（C_8），又可以是带有苯基的碳链，如—（CH_2）$_3C_6H_5$。十八烷基硅烷与硅胶表面的硅醇基经多步反应脱 HCl 生成的 C_{18} 键合相，应用最多。

非极性键合相的烷基长链的含碳量，对组分的保留、选择性及载样量均有影响。长链烷基的吸附性能较大，分离选择性和稳定性较好，载样量更大，一般只需优化流动相组成就可实现大多数有机化合物的分离。

2. 中等极性键合相　常见的有醚基和二羟基键合相。这种键合相既可作正相又可作反相色谱的固定相，视流动相的性质而定。

3. 极性键合相　常用氨基、氰基键合相。分别将氨丙硅烷基［—Si（CH_2）$_3NH_2$］和氰乙硅烷基［—$SiCH_2CH_2CN$］键合在硅胶表面制成。它们可用作正相色谱的固定相。氨基键合相是分析糖类最常用的固定相。

近年来，通过改进化学键合技术和硅胶载体结构、合成新型固定相分子等手段，提高了化学键合相的机械强度，使其分离选择性和化学稳定性更高。

应该说明的是，这里介绍的键合相是指用于正相和反相色谱的化学键合相。其他常见的键合相还包括键合型离子交换剂、手性固定相以及亲合色谱固定相等。

（三）离子交换色谱固定相

早期的离子交换色谱法是以高分子聚合物，如苯乙烯 - 二乙烯苯、纤维素等为基体的离子交换树脂作为固定相。这种固定相遇溶剂易膨胀，不耐压，传质速度慢，不适合高效液相色谱分析，目前已被离子交换键合相代替。

离子交换键合相也是以薄壳型或全多孔微粒硅胶为载体，表面经化学反应键合上各种离子交换基团。和离子交换树脂一样，离子交换键合相也可分为阳离子交换键合相（活性基团—SO_3H）和阴离子交换键合相（活性基团—NR_3Cl）。阳离子交换键合相又可分为强酸和弱酸型阳离子交换键合相，分离碱性化合物；阴离子交换键合相又可分为强碱和弱碱型阴离子交换键合相，分离酸性化合物。对于两性组分，如氨基酸、蛋白质等，可以通过调节流动相的 pH，使其以阳离子或者阴离子的形式存在，再选择恰当的离子交换树脂进行分离。

强酸型和强碱型离子交换键合相较稳定，机械强度高，化学稳定性和热稳定性好，柱效高，交换容量大，在高效液相色谱中应用较多。

（四）尺寸排阻色谱固定相

尺寸排阻色谱法常用的固定相为具有一定孔径范围的多孔性凝胶。根据耐压程度可分为软质、半硬质和硬质三类，主要用于分子量较大的组分的分离，如多肽、蛋白质、核苷酸、多糖等生物分子。

软质凝胶如葡聚糖凝胶等,具有较大的溶胀性,只适用于常压下的尺寸排阻色谱法。半硬质凝胶如苯乙烯和二乙烯苯的共聚物微球,能耐较高的压力,适用于以有机溶剂为流动相的尺寸排阻色谱法。这种凝胶的特点是有一定的可压缩性,可填得紧密,柱效较高;缺点是凝胶在有机溶剂中稍有溶胀,柱的填充状态会随流动相而改变。硬质凝胶有多孔硅胶及多孔玻珠等,属于无机凝胶。其优点是在溶剂中不变形,孔径尺寸固定,化学惰性,稳定性好;缺点是装柱时易碎,不易装紧,柱效较低,吸附性较强,有时易造成拖尾。

新型凝胶色谱填料也是以薄壳型或全多孔微粒硅胶为载体,表面经化学反应键合上各种类型软质凝胶制成,新型凝胶克服了软质凝胶的一些弱点,粒度细,机械强度高,分离速度快,分离效果好。特别是在无机载体表面键合亲水性单糖或多糖型凝胶在生物大分子的分离方面有广泛的应用前景。

（五）亲和色谱固定相

合成亲和色谱固定相,一般需通过一定长度的间隔臂(如环氧、联氨等),将具有生物学活性的配基(如酶、抗原或激素等)键合在载体表面,这种配基只能保留与其具有亲和力特性的生物大分子。固定相由载体、间隔臂和配基构成。

常用的载体有天然有机高聚物(葡聚糖、琼脂糖等)、合成有机聚合物(聚丙烯酰胺及其衍生物)和无机载体(多孔 SiO_2 微球)等材料。间隔臂通常是通式为 NH_2—$(CH_2)_n$—R 的 ω-氨烷基化合物,含双功能基团,即 R 为氨基或羧基。碳链的长短会影响配基的吸附效果。常见 $n=4\sim6$。配基的纯度很高,与被分离物质间有很高的生物专一性,且具有可与载体或间隔臂相偶联的化学基团。在生物专一性体系中,如抗原 - 抗体、酶 - 底物、激素 - 受体等体系中的任何一方都可以作为分离另一方的配基,称为生物特异性配基。还有一些包括氨基酸、活性染料、过渡金属离子等的通用型配基。大分子的配基可以直接与载体偶联,而小分子配基因离载体表面太近,受载体的空间阻碍作用影响易丧失其亲和力,通常需在载体上先固定间隔臂,再将配基连接其上,组成固定相。

（六）手性固定相（chiral stationary phase, CSP）

已商品化的手性固定相很多,其结构和分离机制各不相同,如 π- 氢键型键合相、配体交换固定相、蛋白类键合相、多糖键合相、环糊精键合相、手性聚合物固定相等。常用的手性识别剂有环糊精及其衍生物、冠醚及其衍生物、大环抗生素和多糖衍生物等。

二、流动相

固定相一定时,流动相的种类和配比成为影响色谱分离效果和选择性的主要因素。高效液相色谱流动相有两个作用,一是携带样品通过色谱柱;二是给被分离组分提供一个可调节选择性的分配相,通过对被分离组分的不断洗脱作用,使混合物实现分离。可用作高效液相色谱流动相的溶剂很多,可组成不同配比的多元溶剂系统,选择余地很大。

（一）对流动相的基本要求

1. 溶剂纯度高,与固定相不互溶,保持色谱柱的稳定性。

2. 对被分离的样品有适宜的溶解度。要求使容量因子 k 值在 $1\sim10$ 之间(对于多组分样品,k 值可放大至 $0.5\sim20$)。k 值太小,不利于分离;k 值太大,可能使样品在流动相中沉淀。

3. 化学稳定性好,与样品及固定相不发生化学反应。

4. 黏度小,有利于提高传质速度,提高柱效,降低柱压。

5. 与检测器匹配,如使用紫外检测器时,流动相在检测波长下不应有吸收。

除此之外,还应考虑溶剂价廉、使用安全等因素。

(二)流动相对分离的影响

流动相对分离度的影响,可利用公式(12-32)加以说明。式中 r_{21} 为相邻两个组分的分离因子; k_2 为第二组分的容量因子。由公式可知,影响分离度 R 的因素有柱效 n、分离因子 r_{21} 和 k 容量因子。气相色谱中, r_{21} 与 k 分别受固定相性质和柱温的影响,一般通过改变柱温与选择固定相来改善分离效果。而在高效液相色谱中, r_{21} 主要受流动相性质的影响, k 主要受流动相配比(组成、比例、pH、离子对试剂等)的影响。流动相种类不同,分子间的相互作用力不同,有可能使被分离组分的分配系数不等。流动相种类确定后,改变流动相的配比,可改变流动相的极性和洗脱能力。由此可见,流动相的选择是以能获得较大的 r_{21} 值和适宜的 k 值,即各组分彼此分离并且有适宜的保留时间 t_R 为目的。

当选择了能够提供适用的 r_{21} 和 k 的溶剂作为流动相之后,还必须与能够提供高理论塔板数的色谱柱组合使用,才能使样品中各组分的分离达到满意的效果。

(三)流动相的选择

已知表征溶剂特性的重要参数有溶剂强度参数 ε^0、溶解度参数 δ、极性参数 p'、黏度 η、表面张力 γ 和介电常数 e。其中溶剂强度参数 ε^0 是高效液相色谱法中流动性选择的重要依据。

1. 液 - 固吸附色谱的流动相　液 - 固吸附色谱中常用溶剂强度参数 ε^0 表示溶剂的洗脱强度。 ε^0 指溶剂分子在单位吸附剂表面积 A 上的吸附自由能 E_a,表征了溶剂分子对吸附剂的亲和程度。

$$\varepsilon^0 = \frac{E_a}{A} \tag{15-1}$$

ε^0 越大,溶剂与吸附剂的亲和能力越强,则越容易将溶质从固定相上洗脱下来,即溶剂的洗脱能力越强。以硅胶为吸附剂时,常用纯溶剂的 ε^0 从小到大依次排列如下:己烷、异辛烷、四氯化碳、乙醚、三氯甲烷、二氯甲烷、四氢呋喃、乙酸乙酯、乙腈、甲醇、乙酸、水。

实际应用中二元及以上的混合溶剂系统更常用。由于流动相的溶剂强度随多元溶剂系统中流动相的组成和配比的变化而连续变化,可以实现对复杂混合物样品的良好分离,提高色谱分离选择性。如使用硅胶、氧化铝等极性吸附剂时,可以弱极性的烷烃类溶剂为流动相的主体,再适当加入三氯甲烷、二氯甲烷、乙醚、乙酸乙酯等中等极性的溶剂,或以乙腈、异丙醇、甲醇及水等极性溶剂作为改性剂,调节流动相的洗脱强度,组成合适的多元溶剂系统。

2. 液 - 液分配色谱的流动相　在正相分配色谱中,固定相的极性较强,所以流动相极性越强,洗脱能力越强。正相分配色谱流动相的选择与使用极性吸附剂的液固色谱相似,流动相的主体为弱极性的烷烃类溶剂,加入一定极性的溶剂,如异丙醇或三氯甲烷等组成多元溶剂系统,调节流动相的性质。

在反相色谱中,常用非极性固定相,此时流动相极性越弱,洗脱能力越强,与正相分配色谱相反。一般采用水为流动相的主体,再加入不同配比的、与水互溶的有机溶剂作调节剂,如甲醇、乙腈和四氢呋喃等,改善分离的选择性。一般情况下,甲醇 - 水系统已能满足多数样品的分离要求,且黏度小、价格低廉、对环境的污染小。表 15-1 列出了反相键合相色谱法中常用溶剂的强度因子 S 值的大小。 S 的大小与溶剂对样品组分的洗脱能力成正比。

表 15-1　反相键合相色谱法中常用的溶剂强度因子

溶剂	溶剂强度因子 S	溶剂	溶剂强度因子 S
水	0.00	二氧六烷	3.5
甲醇	3.0	乙醇	3.6
乙腈	3.2	异丙醇	4.2
丙酮	3.4	四氢呋喃	4.5

　　反相色谱中,也可使用弱酸、弱碱或缓冲溶液调节流动相的 pH;加入盐类如乙酸盐、硫酸盐、硼酸盐等,调节流动相的离子强度,从而改善色谱分离的选择性,改善峰形。但需注意控制流动相的 pH 和盐的种类及浓度,防止损坏键合相。

　　色谱分析应用中,除根据上述溶剂的强度参数选择流动相外,还要参照分离参数如组分的保留时间、相邻组分的分离度等对流动相的组成和配比等进行分离条件优化,以达到满意的分离结果。

　　3. 其他类型色谱的流动相　实际工作中,往往通过加入流动相添加剂来改善分离效果,如前述的在流动相中添加手性识别剂以分离手性化合物。在高效液相色谱中,比较典型的例子是离子对色谱法和离子抑制色谱法。这两种色谱分析的固定相与反相键合相色谱的固定相一致,常用 C_{18} 或 C_8 反相键合相。离子抑制色谱法的流动相中加入少量弱酸、弱碱或缓冲盐,调节流动相的 pH,抑制组分的解离。反相离子对色谱流动相为常用水做主体的缓冲溶液,或水 - 甲醇、水 - 乙腈等混合溶剂,加入 0.003~0.01mol/L 离子对试剂。常用的离子对试剂为四丁基铵正离子 $(C_4H_9)_4N^+$、十六烷基三甲基铵正离子 $(C_{16}H_{33})N^+(CH_3)_3$ 和高氯酸根负离子 (ClO_4^-)、十二烷基磺酸负离子 $(C_{12}H_{23})SO_3^-$ 等。

　　亲和色谱的流动相主要由磷酸盐、硼酸盐、乙酸盐和柠檬酸盐等构成的不同 pH 的缓冲溶液体系。

三、新型高效液相色谱分析方法

(一) 正相键合相色谱法

　　正相键合相色谱中,固定相通常为极性键合相固定相,如将氨基(—NH₂)、氰基(—CN)或二羟基等基团键合在硅胶载体表面。流动相一般为非极性或弱极性的有机溶剂,如在烃类溶剂中加入一定量的极性溶剂(如三氯甲烷、醇、乙腈等)以调节流动相的洗脱强度,常用于极性较强的有机化合物的测定,如脂溶性维生素、甾族、芳香族衍生物、有机氯农药等。

　　一般认为溶质在极性键合固定相上的分离机制属于分配色谱过程,各组分在液膜层(有机键合相)和流动相之间进行分配。极性较强的组分,其分配系数 K 较大,t_R 也大,后出柱;反之,极性小的组分先出柱。有理论认为正相键合相对组分的保留作用,取决于键合极性基团与溶质分子间氢键作用力、诱导力及定向作用力。如氨基键合相分离能形成氢键的极性化合物时,主要通过组分与键合相的氢键作用强弱的差异而实现分离,如对糖类的分离;在分离含芳环等可诱导极化的弱极性化合物时,则组分与键合相间的诱导作用成为主要的因素。用氰基键合相分离样品组分时,主要靠诱导作用力。

　　正相键合相色谱法的分离选择性取决于键合相的种类、流动相的强度和试样的性质。通常作正相洗脱时,随着流动相的极性增大、洗脱能力的增加,组分的 K 减小,t_R 减小;反之

K 与 t_R 增大。

（二）反相键合相色谱法

流动相极性大于固定相极性的键合相色谱法称为反相键合相色谱法。固定相通常是非极性键合相，如十八烷基硅烷（C_{18}）、辛烷基（C_8）等键合相，有时也使用弱极性或中等极性的键合相；流动相以极性溶剂水为基础，常加入与水互溶的甲醇、乙腈等有机溶剂，或者加入无机盐的缓冲溶液，调节流动相的极性、离子强度等，改善流动相的洗脱能力。这种方法主要分离非极性至中等极性化合物，由它派生出的离子抑制色谱法和反相离子对色谱法，还可以分离分析有机酸、碱及盐等离子型化合物。反相键合相色谱法是应用最广泛的色谱分析方法。

反相键合相色谱法的分离机理有两种观点，一是属于分配色谱，另一个认为属于吸附色谱。分配色谱的作用机制是假设在水与有机溶剂组成的混合溶剂流动相中，极性弱的有机溶剂分子中的烷基官能团会被吸附在非极性固定相表面的烷基基团上，而组分分子在流动相中被溶剂化，并与吸附在固定相表面的弱极性溶剂分子进行置换，进而构成溶质在固定相和流动相中的分配平衡。这个理论与正相键合相色谱法相似。吸附色谱的作用机制可以用疏溶剂理论来解释。组分分子进入极性流动相中，并占据相应的空间。当组分分子被流动相推动与固定相接触，非极性组分分子（或分子中的非极性部分）会将固定相上附着的溶剂分子膜排挤开，而与非极性固定相上的官能团以吸附的形式相结合，形成缔合物，构成单分子的吸附层。由于疏溶剂的吸附作用是可逆的，当流动相的极性减小时，疏溶剂排斥力随之下降，组分分子与固定相的结合发生解缔现象，从而被洗脱下来。

反相色谱中疏水性越强的化合物越容易从流动相中挤出去而与固定相结合，其 t_R 越大。故反相键合相色谱法是依据不同化合物的疏水特性实现分离的，适合分离带有不同疏水基团的化合物（非极性基团的化合物）。也可以通过改变流动相的组成、配比、pH 等，以影响溶质分子与流动相的相互作用，改变它们在色谱柱中的滞留行为，从而分离带有不同极性基团的化合物。

（三）离子抑制色谱法

离子抑制色谱法是通过向流动相中加入少量弱酸、弱碱或缓冲盐，调节流动相的 pH，抑制组分分子的解离，提高固定相对组分的保留作用，改善峰型，以达到分离有机弱酸和弱碱的目的。离子抑制色谱法通常用于反相分配色谱法中。影响组分的保留值的因素，除与反相液相色谱法相同外，还受流动相 pH 的影响。对于弱酸，如果流动相的 pH 小于它的 pK_a，其主要以弱酸分子形式存在，则 k 值增大；反之，如果流动相的 pH 大于它的 pK_a，组分以酸根离子为主，则 k 值变小。对于弱碱，情况相反。离子抑制色谱法适用于分离 pK_a 为 3~7 的弱酸、pK_b 为 7~8 的弱碱及两性化合物。但分析时流动相的 pH 应控制在 2~8 之间，超出此范围可能使键合基团脱落。实验后，及时用不含缓冲盐的流动相冲洗，以防腐蚀仪器流路系统。

（四）反相离子对色谱法

离子对色谱法可分为正相离子对色谱法和反相离子对色谱法，实际应用中以反相离子对色谱法为主。反相离子对色谱法是在反相液相色谱分析中加入一定量的离子对试剂于极性流动相中，与离子化的组分形成不带电的中性离子对，这种离子对同中性或非极性分子一样，可采用反相键合相色谱法的方法进行分离，从而提高固定相对被分离组分的保留作用，改进分离效果。

目前主要有离子对模型、动态离子交换模型和离子相互作用模型等三种模型或理论来解释离子对色谱法的分析机理。离子对模型认为,试样中的离子在极性流动相中,首先与离子对试剂中的反离子生成不荷电的中性离子对,然后溶解或被吸附于非极性键合相上,依据反相分配色谱法的机理进行分离。对于碱性化合物,一般用各种烷基磺酸盐(R—SO$_3$Na)作离子对试剂。分析时,调节流动相的 pH 使碱转变为带正电荷的离子,与离子对试剂中的反离子 RSO$_3^-$ 生成中性离子对,并在流动相和固定相间达到分配平衡。对于酸性化合物,一般用各种季铵盐,如四丁基铵类(TBA$^+$X$^-$)作离子对试剂,试样离子与 TAB$^+$ 生成中性离子对,进而被分离。当中性离子对在固定相和流动相之间分配平衡之后,分配系数与离子对试剂碳链长度及被分离组分极性等因素有关。离子对试剂碳链长度越长,使形成的中性离子对与固定相的亲和力越大,分配系数越大,保留时间越长。

反相离子对色谱常用的固定相是 C$_{18}$、C$_8$ 键合相,流动相为含有离子对试剂的有机溶剂 - 水溶液。溶质的分配系数 K 主要受固定相的性质、离子对试剂及其浓度、流动相的 pH 及色谱柱温等因素的影响。

反相离子对色谱法是一种特殊的色谱分离技术,它兼有反相色谱和离子交换色谱共同的特点,分析速度快,分离效果好。主要用于分离有机酸、碱和盐,强电解质和弱电解质的混合物,或电解质和非离解物质的混合物。其主要缺点是离子对试剂价格较贵。

离子对色谱与离子抑制色谱法有明显的区别。离子抑制色谱法是向流动相中加入抑制剂以阻止组分分子的解离;而离子对色谱通过向流动相中加入离子对试剂,使反离子与试样组分结合成为中性离子对。二者再通过反相分配色谱法进行分析,增加了分析的选择性,提高了分析的效率。离子抑制色谱主要分析弱酸、弱碱及有机盐、两性化合物等组分;离子对色谱对有机强酸和强碱的分析更为有效。

(五)亲和色谱法

亲和色谱法是利用生物大分子之间的特异亲和力,进行选择性分离和纯化的一种色谱方法。许多生物分子间如酶和底物、酶与抑制剂、抗原和抗体、激素与受体、RNA 与互补的 DNA 等,都具有专一的亲和性。具有亲和性的一对生物大分子互称亲和物和配基。亲和色谱法中,一般需通过一定长度的间隔臂(如环氧、联氨等),将具有特异性识别能力的配基键合在载体表面,当含有亲和物的复杂混合试样随流动相流经固定相时,亲和物被配基吸附,结合成为复合物而被保留。待其他组分流出色谱柱后,再改变流动相的组成和 pH,降低亲和物和配基的结合力,或使间隔臂断裂,将保留在柱上的亲和物大分子以纯品形式洗脱下来,实现分离或纯化。亲和色谱法原理见图 15-2。

亲和物和配基之间的专一亲和作用力,可用"锁钥学说"解释。亲和物(常为蛋白质)的立体结构中含有凹陷或凸起的结合部位,若配基恰好能进入到此结构中,即达成亲和作用的分子间具有"钥匙"和"锁孔"的特异关系。此外亲和结合作用还需要静电作用力、氢键结合力、疏水性作用力等的辅助。因此凡是对这些作用力有影响的因素,如流动相的离子强度、pH、抑制氢键形成的物质(脲和盐酸胍等)和温度等,都可能对亲和作用产生影响。

分析时亲和物和配基之间的结合反应是一个缓慢的过程,故样品上柱后流动相的流速应放慢,以使结合反应达到平衡。同时温度对实验结果的影响是显著的,一般情况下亲和介质的吸附能力随温度的升高而下降,通常在上样时选择较低的温度;而在洗脱时采用较高的温度,使待分离物质与配基的亲和力下降,便于其从配基上脱落。

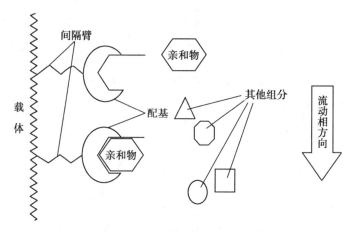

图 15-2　亲和色谱法分离示意图

亲和色谱法可以认为是一种选择性过滤,其选择性强,纯化效率高,往往可以一步获得纯品,并有浓缩效应,广泛用于生物化学中各种酶、辅酶、激素、糖类、核酸和免疫球蛋白等的分离和纯化。对天然配基的表面活性结构进行人工模拟或修饰,形成了生物模拟亲和色谱法,包括生物特效亲和色谱法、染料配位亲和色谱法、定位金属离子亲和色谱法、电荷转移亲和色谱法、共价亲和色谱法、印迹分子亲和色谱法等。使亲和色谱法的应用范围大大扩展,涵盖如肽、蛋白质、手性氨基酸、核苷酸、抗体、抗原、病毒和细胞碎片、纤维细胞生长因子、凝固因子、脂蛋白及多种手性药物等生物分子的分析。

(六)亲水作用色谱法

与正相色谱法相似,亲水作用色谱法(hydrophilic interaction liquid chromatography,HILIC)使用强极性的固定相,而流动相为含有机溶剂的水溶液,可以改善亲水性极性化合物在流动相中的溶解度,得到适宜的保留而实现分离。在 HILIC 分析中,组分分子的保留时间随其极性的增强而增加,化合物按极性从小到大依次出峰,特别适合在反相色谱柱中不被保留的强极性化合物的分离。流动相中有机相的比例对组分分子在固定相上的保留行为有很大的影响,如常用的乙腈-水体系,乙腈(50%~90%)含量的增加会显著增加样品的保留因子。

(七)手性色谱法

对映异构体间物理化学性质几乎完全相同,但它们的生物活性和药理作用却往往不同。对映体的拆分与识别对于生命科学、药物化学研究具有十分重要的意义。对映体的拆分曾被认为是非常困难和繁杂的实验技术,使用常规的高效液相色谱技术很难分离。手性高效液相色谱法的发展,解决了这一难题。手性高效液相色谱法分离对映体的方法有三种:手性固定相法(chiral stationary phase,CSP)、手性流动相添加剂法(chiral mobile phase additive,CMPA)和手性衍生化试剂法(chiral derivatization reagent,CDR)。其中手性固定相法由于具有直接、快速、高效、简便以及适用性广等优点而成为分离对映体的首选方法。

手性固定相法是利用键合在固定相上的手性识别剂与对映体反应形成非对映复合物,然后进行分离测定。由于手性识别剂与流动相中两个被分离对映异构体间的相互作用力存在差异,如 π-π 相互作用、氢键作用、偶极作用及空间位阻等,对映异构体间作用力强,保留时间较长,从而实现分离。

第三节 高效液相色谱仪

高效液相色谱仪（high performance liquid chromatograph）主要由高压输液系统、进样系统、色谱分离系统、检测系统、数据记录和处理系统等五部分组成。高档的高效液相色谱仪还配有在线脱气、柱温箱及自动进样器等辅助装置；制备型的高效液相色谱仪配有自动馏分收集装置。高效液相色谱仪的结构如图 15-3 所示。

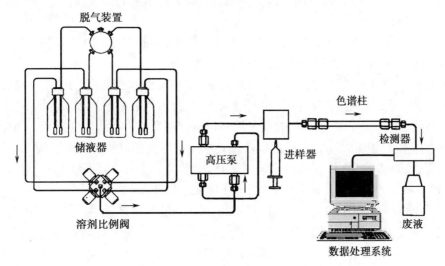

图 15-3　高效液相色谱仪结构示意图

高效液相色谱分析流程如下：首先选择适当的色谱柱和流动相，运行流动相平衡色谱柱。溶剂贮液器中的流动相在高压泵作用下经由进样器进入色谱柱，然后从检测器流出。待基线平直后，通过进样器注入试样溶液，流动相将试样带入色谱柱中进行分离。分离后的各组分依次进入检测器时，其浓度被转变为电信号，进而由数据处理系统将数据采集、记录下来，得到色谱图。各组分随洗脱液流入流出物收集器中。依据色谱图可进行各组分的定性和定量分析，并评价色谱柱的分离效能。

一、高压输液系统

高压输液系统一般由贮液器、脱气装置、高压输液泵、过滤器、压力脉动阻尼器以及梯度洗脱装置等组成，其中高压输液泵是核心部件。

1. 贮液器　大容量的贮液器用来贮存流动相，其材料对流动相是化学惰性的。常用材料为玻璃、不锈钢或表面涂聚四氟乙烯的不锈钢等。为防止长霉，贮液器中的流动相要经常更换，并经常清洗贮液器。

贮液器应配有溶剂过滤器，以防止流动相中的机械颗粒进入高压输液泵内。溶剂过滤器一般用耐腐蚀的镍合金制成，滤芯的孔隙大小 $2\mu m$ 左右。

2. 过滤和脱气装置　流动相和样品溶液的过滤非常重要，以免其中的细小颗粒堵塞色谱柱、管路以及影响高压输液泵的正常工作。流动相在使用前应根据其性质选用不同材料的滤膜过滤，也可使用微孔玻璃漏斗过滤。滤膜过滤一般选用市售的 $0.2\mu m$ 或 $0.45\mu m$ 的水性和油性滤膜,超纯水用水性滤膜过滤,凡含有机溶剂的溶液均需使用有机滤膜过滤。样品溶液一般用市售的 0.2μm 或 0.45μm 针头式滤器过滤。另外,在流动相入口、泵前、泵与色谱柱之间都配置有各种各样的滤柱或滤板。

流动相进入高压泵前必须进行脱气处理,以除去其中溶解的气体(如 O_2、CO_2),防止流动相由色谱柱进入检测器时因压力降低而产生气泡,增加基线的噪声,造成灵敏度下降,甚至无法分析。如果使用荧光检测器,溶解氧还可能造成荧光猝灭。常用的脱气方法有:

(1)低压脱气法:低压脱气法又称真空脱气法,即通过抽真空除去溶液中的气体。减压过滤,也具有除去部分气体的作用。但由于抽真空会导致溶剂的蒸发,对二元或多元流动相的组成会有影响。

(2)吹氦脱气法:氦在大多数溶剂中的溶解度极低,因此用氦气鼓泡来除去流动相中溶解的气体。该法使用方便、脱气效果好,但氦气较贵。

(3)超声波脱气法:将贮液器置于超声波清洗槽中,以水为介质,用超声波振荡脱气。此法操作简便,为大多数用户采用,但脱气效果不理想(脱气效率约为 30%)。

(4)在线脱气:目前,许多高档的高效液相色谱仪都配备了在线脱气装置。与储液系统串联的在线脱气装置可以连续不断地从流动相中除去溶解的气体,消除流动相的不稳定因素、降低基线漂移及噪声,从而消除了氧对电化学、荧光和紫外-可见检测的干扰。这种脱气方法,效果明显优于以上几种方法,并适用于多元溶剂体系。

3. 高压输液泵　高压输液泵(high pressure pump)的作用是提供足够恒定的高压,使流动相以稳定的流量快速通过固定相。泵的性能好坏直接影响整个高效液相色谱仪的分析质量。理想的高压输液泵应符合下列要求:①耐高压,耐腐蚀,密封性好;②输出压力高(可达 50MPa)而平稳,能连续工作;③流量精度高且稳定,其 RSD≤0.5%;④输出流量范围宽,通常在 0.1~10ml/min 范围内连续可调;⑤泵室体积小(<0.5ml),易于清洗,便于迅速更换溶剂。

高压输液泵按输液性质可分为恒压泵和恒流泵两种。按工作方式又可分为隔膜泵、气动放大泵、螺旋注射泵和往复柱塞泵。其中,隔膜泵和气动放大泵为恒压泵,螺旋注射泵和往复柱塞泵为恒流泵。恒压泵的特点是:在操作过程中保持输出压力恒定,但其流量随色谱系统阻力变化而变化。恒流泵的特点是:在一定的操作条件下,输出的流量保持恒定,不受色谱柱阻力和流动相黏度等变化的影响。目前高效液相色谱仪广泛采用的是柱塞往复泵,其结构如图 15-4 所示。这种泵的泵室体积小,约 0.5ml,易于清洗和更换溶剂,适合于梯度洗脱操作。缺点是输出液流脉动大,需要外加脉动阻尼器。

4. 梯度洗脱装置　高效液相色谱有等度洗脱(isocratic elution)和梯度洗脱(gradient elution)两种洗脱方式。等度洗脱在同一分析周期中始终保持流动相组成恒定,适合组分数量少、性质差异较小的试样。梯度洗脱是在色谱分离过程中,利用两种或两种以上的溶剂,按照一定的时间程序连续或阶段地改变溶剂的比例,从而改变流动相的极性、离子强度或 pH 等,达到改善分离效果的一种方法。对分离组分复杂、容量因子 k 范围很宽的样品常需进行梯度洗脱。高效液相色谱法中的梯

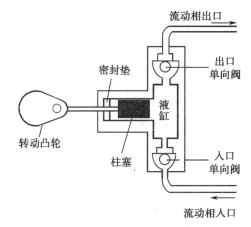

图 15-4　柱塞往复泵示意图

度洗脱与气相色谱法中的程序升温非常类似,两者都是为了使样品中各种组分均在最佳容量因子值范围内流出色谱柱,从而达到改善峰形、缩短分析时间和提高分离效果的目的。在等度洗脱条件下,或者由于保留时间过短而造成色谱峰拥挤、重叠,或者由于保留时间过长而造成色谱峰扁平、宽大,分离效果不好,而采用梯度洗脱方式,各组分均能达到良好分离,检测灵敏度也得到相应的提高。但是梯度洗脱的重现性较差,且常引起基线漂移。

梯度洗脱装置一般都采用计算机控制,可分为如下两类。

(1)高压梯度洗脱装置:高压梯度又称内梯度,是先加压后混合的方式。即用几台高压泵将不同的溶剂增压后,按程序规定的流量比例输入混合室,再使之进入色谱柱。其特点是流量精度高、洗脱曲线重复性好、输液系统中不易产生气泡。各高压泵的流量可独立控制,易于实现自动化。

(2)低压梯度洗脱装置:低压梯度又称外梯度或泵前混合。早期的低压梯度装置是常压下在容器中将溶剂按不同的比例混合,然后再由高压泵输入色谱柱。其优点是操作简单,比例准确,价格便宜;缺点是更换流动相比例不方便,溶剂消耗量大,自动化程度不高。目前许多仪器所用的低压梯度洗脱装置是四元梯度泵,该装置可将两种、三种或四种溶剂按比例混合进行二元、三元和四元梯度洗脱。工作时电磁阀控制不同溶剂的流量,其开关频率由控制器控制,改变控制程序即可得到任意组成的流动相。该装置洗脱重现性好,精度高,仪器组合简单,一个泵即可进行梯度洗脱,但溶剂在混合前必须高度脱气。一般采用四元梯度泵的仪器都配有自动脱气系统。

样品进行梯度洗脱之前,应做空白梯度基线扫描。与等度洗脱的情况不同,空白梯度可以反映基线漂移和杂质峰两方面的问题。通常基线漂移是由不同的溶剂折射率和光吸收性质的差异所引起的,是普遍存在的。杂质峰则来自溶剂。了解空白梯度,有利于选择和优化溶剂及其配比。

二、进样系统

进样系统是将样品溶液导入色谱柱的装置。在高效液相色谱法中,对进样装置的要求是具有良好的密封性和重复性,死体积小。常用的进样方式有注射器进样和六通阀进样两种。前者与气相色谱法类似,进样时用微量注射器刺穿进样器的弹性隔膜,将样品注入色谱柱中。其优点是装置简单、价廉、死体积小。缺点是隔膜的穿刺部分在高压情况下容易漏液,而且进样量有限,重现性差。目前普遍采用是六通阀进样(图 15-5)。

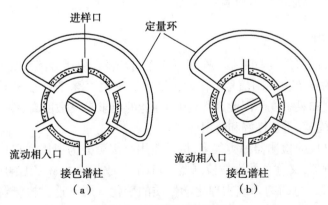

图 15-5 六通阀进样示意图

在"装样"位置,用注射器将试样注入六通阀的样品定量管中,此时流动相不通过样品管,过量的样品溶液通过出口孔排除。然后转动六通阀手柄至"进样"位置,试样即随流动相进入色谱柱中。此法的优点是进样时可保持系统的高压,进样方式简便、易操作,由定量管严格控制进样体积,进样量准确,重现性好,自动化程度高,适于做定量分析。

目前,许多高效液相色谱仪配有自动进样装置。自动进样装置是由计算机自动控制进样阀,取样、进样、复位、清洗和样品盘的转动全部按预定的程序自动进行。自动进样重现性好,适合大量样品分析,节省人力,可实现自动化操作。目前比较典型的自动进样装置有圆盘式和链式两种。

三、色谱分离系统

分离系统包括色谱柱、柱温箱及连接管等。

色谱柱是高效液相色谱仪的心脏部件,高性能的色谱柱是建立稳定、重现性好的分析方法的根本。色谱柱的性能高低与固定相本身的性能、柱结构、装填和使用技术等有关。色谱柱由柱管和固定相组成,柱管通常为直形、内壁抛光的不锈钢管。色谱柱分为分析型和制备型两类。分析型色谱柱长10~25cm,内径2~5mm,制备型色谱柱长10~30cm,内径20~40mm。

商品色谱柱内固定相的填充采用高压匀浆技术。初次使用时,应用厂家规定的溶剂冲洗一定时间,再用流动相平衡至基线平直。分析前、使用期间或放置一段时间后,应对色谱柱进行柱效的评价。柱性能指标包括在一定实验条件下(样品、流动相、流速、温度)下的柱压、理论塔板高度、塔板数、分离度;对称因子、容量因子和选择性因子的重复性等。

操作技术对柱效以及柱的寿命影响非常大,使用时必须注意:①样品最好用针形滤器过滤,或尽可能通过萃取或吸附等手段除去杂质;②流动相的pH应控制在色谱柱所允许的范围内,一般为3~8之间;③更换流动相时,应根据流动相的性质选择合适的溶剂冲洗仪器及色谱柱,防止流动相相互不溶,使盐析出,堵塞柱子;④实验完毕,应选用适当的溶剂冲洗柱子,尤其是流动相含有盐时,应先用水冲洗,再用有机溶剂(甲醇或乙腈)冲洗。

为了保持色谱柱的性能,通常在分析柱前要使用一个短的保护柱(又称预柱)。一般保护柱内的填料与分析柱中的固定相一致,这样可以将样品和流动相中的有害污染物保留,并防止柱堵塞,延长分析柱的寿命。

高效液相色谱分析通常在室温下进行,但由于柱温对组分的保留值有一定影响,故仪器一般都配有柱温箱,以保证分析时温度恒定。

四、检测系统

检测系统的关键部件是检测器。检测器的作用是将经色谱分离系统分离的物质组成和含量的变化转变为可供检测的信号。作为色谱系统三大关键部件之一,检测器的效能直接决定分析的准确度和灵敏度。因此,对检测器性能的要求是灵敏度高、噪声低、基线漂移小、死体积小、线性范围宽、重复性好和通用性强。

高效液相色谱仪的检测器种类很多,按其应用范围可分为通用型和专用型(选择性)两大类。通用型检测器,又称总体性质检测器(bulk property detector),其响应值取决于流出物(包括试样和流动相)总的物理或物理化学性质的变化。属于这类检测器的有示差折光检测器(refractive index detector,RID)、蒸发光散射检测器(evaporative light scattering detector,

ELSD）。这类检测器测量的是任何液体都共有的物理量，所以应用范围广。但是由于它对流动相本身有响应，因此容易受温度变化、流量波动以及流动相组成等因素的影响，造成较大的噪声和漂移，灵敏度较低，不适于痕量分析，并且不能用于梯度洗脱。专用型检测器，又称溶质性质检测器（solute property detector），其响应值取决于流动相中被分离组分的物理或物理化学性质。属于这类检测器的有紫外检测器（ultraviolet detector，UVD）、荧光检测器（fluorescence detector，FLD）、化学发光检测器（chemiluminescence detector，CLD）、电化学检测器（electrochemical detector，ECD）等。因为这类检测器仅对某些被测物质响应灵敏，而对流动相本身没有响应或响应很小，所以灵敏度高，受外界影响小，并且可用于梯度洗脱。

各种检测器的特点见表 15-2。

表 15-2　常用检测器的主要性能

性能	检测器					
	UVD	FLD	CLD	AD	RID	ELSD
测量信号	吸光度	荧光强度	光强度	电流	折射率	散射光强度
响应特性	选择性	选择性	选择性	选择性	通用性	通用性
线性范围	10^5	10^3	10^4	10^5	10^4	——
检测限（g/ml）	10^{-10}	10^{-13}	10^{-12}	10^{-13}	10^{-7}	10^{-9}
最低检出量	约 1ng	约 1pg	约 1pg	约 1pg	约 1μg	0.1~10ng
梯度洗脱	适宜	适宜	不适宜	不适宜	不适宜	适宜
流速影响	小	小	敏感	敏感	敏感	小
温度影响	小	小	敏感	敏感	敏感	小
对试样破坏	无	无	有	无	无	无

（一）紫外检测器

紫外检测器是高效液相色谱仪应用最广泛的检测器，其特点是灵敏度高，噪声低，线性范围宽，基线稳定，重现性好，对流量和温度变化不敏感，适用于梯度洗脱，不破坏样品，能与其他检测器串联。

紫外检测器的工作原理和结构与一般的紫外分光光度计一样，所不同是将样品池改为体积很小（5~12μl）的流通池，以对色谱流出样品进行连续检测。它只能对紫外光有吸收的组分进行响应，属于选择性检测器。

紫外检测器分为固定波长型和可调波长型两类。固定波长型检测器由低压汞灯提供固定波长（254nm 或 280nm），因使用受到限制，已基本被淘汰；可调波长型紫外检测器是以氘灯作为光源，检测波长在 190~800nm 范围内连续可调，样品可以选择在最大吸收波长处进行检测，提高了检测器的选择性和分析的灵敏度。因此，该类检测器应用广泛。需要注意的是检测器的工作波长不能小于所使用流动相溶剂的截止波长。

光电二极管阵列检测器（photodiode array detector，PDA 或 DAD）是一种光学多通道检测器，可对组分进行多波长快速扫描。PDA 由多个（1024 个）光电二极管紧密排列在晶体硅上，组成二极管阵列检测元件，构成多通道并行工作，同时检测由光栅分光、再入射到阵列式接收器上的全部波长的光信号，转换为各波长的电信号强度。采集得到的数据经计算机处理，

获得定性定量色谱 - 光谱信息。这种检测器的主要特点为：在一次进样后，可同时采集组分在不同波长下的色谱图，因此可以计算不同波长下的相对吸收比；可提供每一色谱峰的 UV-Vis 光谱，因而有利于选择最佳检测波长，用于最终建立高效液相色谱分析方法；检查色谱峰各个位置的光谱，可以评价色谱峰纯度。如果色谱峰为单一成分，色谱峰各点的光谱应重叠；在色谱运行期间可以逐点进行光谱扫描，得到以时间 - 波长 - 吸光度为坐标的色谱 - 光谱三维图（图 15-6）。由于每个组分都有全波长范围内的吸收光谱图，因此，可利用色谱保留值规律及吸收光谱综合进行定性分析；色谱峰面积用于定量分析。

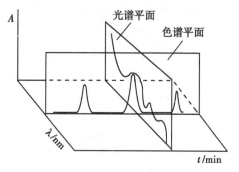

图 15-6　色谱 - 光谱三维图

（二）荧光检测器

荧光检测器的检测原理及仪器结构与荧光分光光度计相同，可对具有荧光特性的样品进行定量检测。荧光检测器灵敏度更高，比紫外检测器高 1~3 个数量级，检测限可达 10^{-12}~10^{-13}g/ml，是痕量分析的理想检测器。荧光检测器具有高选择性、样品用量少、对流动相流速的变化不敏感、可以进行梯度洗脱等特点。

荧光检测器不如紫外检测器应用广泛，主要原因是能产生荧光的化合物不多。但是，许多生物活性物质，如氨基酸、胺类、维生素、甾类化合物、某些药物、代谢物等具有荧光，可用荧光检测。尽管有些化合物本身没有荧光，但可通过衍生化反应生成荧光衍生物进行测定。荧光检测器在药物分析、环境监测和生命科学等领域发挥着重要作用。

荧光检测器同可调波长紫外检测器一样，也有多通道检测器，具有程序控制多波长检测、自动扫描功能。光导摄像管和光电二极管阵列检测器也应用于荧光检测器，通过计算机处理，可获得荧光强度 - 发射波长 - 时间的三维色谱 - 荧光光谱图。

新型的激光诱导荧光检测器（laser induced fluorescence detector，LIF）已用于超痕量生物活性物质和环境有机污染物的检测，灵敏度高达 10^{-9}~10^{-12}mol/L。利用激光诱导荧光检测技术可对单细胞中的核酸进行定量分析，甚至可以达到单分子检测水平。

（三）化学发光检测器

化学发光检测器是一种高选择性和高灵敏度的检测器。其原理是基于某些物质在常温下进行化学反应，生成处于激发态的反应中间体或反应产物，当它们从激发态回到基态时，能量以光的形式释放。由于物质激发所需的能量来自化学反应，所以叫做化学发光。当被测组分从色谱柱流出后，立即与化学发光试剂混合，产生化学反应，生成激发态中间体或产物，进而产生辐射，其辐射强度与被测组分的浓度成正比。这种检测器不需要光源，也不需要复杂的光学系统，只要一个恒流泵将化学发光试剂以一定的流速泵入混合器中，使之与柱流出物迅速而均匀地混合发生化学发光，再通过光电转换装置将光信号转变成电信号，即可进行检测。这种检测器结构较为简单，选择性和灵敏度比较高，线性范围宽。

化学发光检测器和荧光检测器均是发光检测器，不同的是前者是由化学反应产生激发中间体或产物，不需要激发光源。化学发光检测器的灵敏度较荧光检测器的灵敏度更高，主要用于痕量分析。缺点是系统的耐用性不佳，流动相和反应介质的要求常有矛盾，使色谱方法的建立复杂化。

（四）电化学检测器

电化学检测器（ECD）种类较多，有电导、库仑、伏安、安培检测器（ampere detector）等。最常用的是安培检测器和电导检测器，主要用于那些没有紫外吸收或不能发出荧光但具有电活性的组分的测定。ECD 具有与荧光检测器同样的优点：高灵敏度和高选择性。缺点是：要求高纯度溶剂，流动相具有导电性，对流速、温度、离子强度、pH 等敏感，电极表面可能发生吸附、催化等反应，影响电极的性能和寿命。

安培检测器是在一定外加电压下，利用被测物质在电极上发生氧化还原反应引起电流变化进行检测。安培检测器相当于一个微型电解池，要求流动相中含有电解质而导电，但呈电化学惰性。

电导检测器是基于物质在介质中电离后所产生的电导率的变化而进行检测的，其结构主要由电导池构成，在离子色谱分析中应用较多。由于电导率受温度波动的影响较大，因此测量时要保持温度恒定。近年来，多通道 ECD 阵列检测器已面世，色谱流出峰的电位 - 电流数据可在很短的时间窗中产生。与 DAD 提供的化合物的光谱相似，ECD 阵列检测器可提供化合物的电化学曲线，用于化合物的鉴别和纯度测定。

（五）蒸发光散射检测器

蒸发光散射检测器是一种通用型检测器，对任何组分响应无歧视，为目前较为理想的检测器。其工作原理是经色谱柱分离的组分随流动相进入雾化室，被高速气流（氦、氮或空气）雾化，然后进入蒸发室，在蒸发室（漂移管）中流动相被蒸发除去，不挥发的待测组分在蒸发室内形成气溶胶，然后进入检测室。用一定强度的入射光（卤钨灯或激光光源）照射气溶胶而产生光散射，硅光电二极管检测散射光，其强度与待测成分的浓度有关。该检测器消除了溶剂的干扰和因温度变化引起的基线漂移，能在多溶剂梯度的情况下获得稳定的基线，使得分辨率更好、分离速度更快，特别适合于梯度洗脱。

理论上，蒸发光散射检测器可用于测定挥发性低于流动相的任何样品组分，但由于它对有紫外吸收的样品组分检测灵敏度较低，且不能用含缓冲盐的流动相，因而主要用于测定糖、高分子化合物、高级脂肪酸、糖苷等化合物。

（六）示差折光检测器

示差折光检测器是一种通用型检测器，它是利用纯流动相和含有被测组分的流动相之间折光率的差别进行检测的。测定时对参比池和样品池之间的折射率差值进行连续检测，该差值与组分浓度呈正比。几乎所有物质对光都有各自不同的折射率，因此，这种检测器可检测一定浓度的所有化合物，在尺寸排阻色谱法中应用较多。但是，由于 RID 对温度变化敏感、流动相中溶解的气体对信号有影响、灵敏度不高、不能用于梯度洗脱等原因，限制了它的使用。

另外，质谱作为一种新型的检测器，可对 HPLC 分离出的成分进行定性定量检测和结构分析（HPLC-MS），是目前应用最广泛的色谱 - 质谱联用技术之一。相关内容参见第二十章仪器联用技术。

五、数据记录和处理系统

由计算机和相应的色谱软件或色谱工作站构成数据记录和处理系统。计算机主要用于采集、处理和分析色谱数据；色谱软件及程序可以控制仪器的各个部件。现在广泛使用的色谱工作站功能非常强大，除能自动采集、分析和储存数据外，还能在分析过程中实现仪器全系统的自动控制。其主要功能包括：

1. 自我诊断功能　工作站程序可以自动地对色谱仪的硬件和工作状态进行智能化诊断并显示结果,帮助操作者判断仪器的状况和诊断故障。

2. 智能控制功能　色谱仪的操作参数如柱温、流动相流速、梯度洗脱程序、检测器灵敏度、检测波长、流动相剩余体积等的设定,泵和检测器等的开、关都可以通过工作站实现。工作站还可控制自动进样装置定时、准确进样。

3. 数据实时采集和图谱处理功能　色谱工作站可通过在线方式实现数据的实时采集、色谱图的绘制、数据处理及分析结果输出等;离线时可进行数据和图谱的再处理。利用数据实时采集功能可以获得色谱图、各个色谱峰的参数以及根据色谱峰的参数计算出的柱效、分离度、拖尾因子等;利用图谱处理功能对图谱进行放大、缩小、峰形处理、峰的合并、删除、多重峰的叠加及多谱图比较等。还可以按归一化、内标法和外标法等进行定量分析。数据可与 Microsoft Excel、Word 等软件共享,有的谱图还可与 Photoshop、CorelDraw 等图像软件共享。

4. 进行计量认证的功能　工作站储存有对色谱仪性能进行计量认证的专用程序,可对色谱柱温控精度、流动相流量精度、检测波长校正等进行监测,并可判定是否符合计量认证标准。

5. 多台仪器控制功能　有些工作站可控制多套高效液相色谱系统,从方法的设定、运行到结果输出全部由工作站完成,并可连接局域网或互联网进行数据传输及仪器远程诊断。

色谱数据工作站的出现不仅大大提高了色谱分析工作的速度,实现了色谱分析的智能化和多功能化,同时也为色谱分析的理论研究、新分析方法的建立创造了有利条件。

六、高效液相色谱专家系统

近年来快速发展并日趋完善的高效液相色谱专家系统,是一个具有大量 HPLC 分析方法专门知识与专家实践经验相结合、具有人工智能特点的计算机程序系统。专家系统把人工智能的研究方法和化学计量学中的一些数学算法相结合,模仿人类专家思维求解复杂问题,如优化和控制色谱柱的类型、总分离效能指标;控制和优化色谱分离条件;抑制外部条件的变化对分析过程的影响以确保处理过程的稳定性等。由于智能控制系统具有自学习、自适应和自组织功能,特别适用于复杂的高效液相色谱动态分析过程的控制。

第四节　高效液相色谱法分析条件的选择

一、影响色谱峰展宽的因素

在高效液相色谱中影响色谱峰展宽的因素,可归纳为柱内因素和柱外因素两类,下面分别予以介绍。

（一）影响柱内展宽的因素

色谱分析法概论和气相色谱法两章中介绍的基本概念和基本理论,如保留值、分配系数、分离度、塔板理论、速率理论以及定性定量方法等同样适用于高效液相色谱法。但是由于气相色谱与高效液相色谱两种方法的流动相不同,因而在研究分离过程中各动力学因素对色谱峰展宽（或柱效）的影响时,必须考虑气体和液体之间在黏度、扩散系数等方面的差异。Giddings 和 Snyder 等人在 Van Deemeter 方程的基础上,根据液体和气体的性质差异,提出了液相色谱速率方程式 15-2。

$$H=H_e+H_d+H_m+H_{sm}+H_s \tag{15-2}$$

式中，H_e 为涡流扩散项，同 Van Deemeter 方程中的 A 项；H_d 为纵向扩散项，同 Van Deemeter 方程中的 B/u 项；H_m 为动态流动相传质阻力项，H_{sm} 为静态流动相传质阻力项，H_s 为固定相传质阻力项，三项总称为传质阻力项；u 为流动相的平均线速度。式（15-2）与 Van Deemeter 方程相比，多了 H_{sm} 静态流动相传质阻力项。

1. 涡流扩散项　该项含义与气相色谱相同。

$$H_e=A=2\lambda d_p \tag{15-3}$$

由于高效液相色谱采用了比气相色谱粒度更小、更均匀的球形固定相，以匀浆高压填充，固定相的填充均匀程度很高，故涡流扩散项很小。

2. 分子扩散项　分子扩散项是组分分子在柱内由于浓度梯度而引起的纵向扩散，造成色谱峰的扩展。

$$H_d=\frac{B}{u}=\frac{2\gamma D_m}{u} \tag{15-4}$$

式中，D_m 为被分离组分分子在流动相中的扩散系数。D_m 与流动相的黏度（η）成反比，与温度成正比。同时组分在色谱柱内滞留的时间越长，分子扩散也越严重。由于流动相为液体，其黏度比气体大得多（约 100 倍），柱温又比气相色谱低得多（HPLC 多采用室温），因此，组分分子在液相中的 D_m 比其在气相中的 D_m 小 4~5 个数量级。且高效液相色谱中流动相的流速 u 比较高，通常组分出峰较快，所以分子扩散项在高效液相色谱中很小，它对柱效的影响可以忽略不计。

3. 传质阻力项　传质阻力（mass transfer resistance）是由于组分在两相间的传质过程不能瞬间达到平衡而引起的。与气相色谱不同，在高效液相色谱中传质阻力包括固定相传质阻力（H_s）、动态流动相传质阻力（H_m）和静态流动相传质阻力（H_{sm}）三项。

（1）固定相传质阻力：主要发生在分配色谱中，与气液色谱中液相传质阻力相同。由于进入固定液中的分子相对于未进入固定液的分子在流动相中滞后所致，结果造成峰扩展。H_s 取决于固定液液膜的厚度 d_f 和组分分子在固定液中的扩散系数 D_s，即

$$H_s=\frac{C_s d_f^2 u}{D_s} \tag{15-5}$$

式中，C_s 为与容量因子 k 有关的常数。

在填充气相色谱柱中，固定液的传质阻力起决定作用。而在高效液相色谱中，只有在使用厚涂层、并具有深孔的固定相时，H_s 才是主要的。而在化学键合固定相色谱中，"固定液"只是键合在载体表面的单分子层，d_f 可忽略。因此，可不计固定液的传质阻力。

（2）动态流动相传质阻力：当流动相携带试样分子流经色谱柱时，靠近固定相表面的流动相流速缓慢，而流路中心的流动相流速较快，使得处于流路边缘的分子迁移速度比处于流路中心的分子慢，从而引起色谱峰展宽，见图 15-7（a）。这种影响引起板高的变化与流动相的平均线速度 u、固定相粒度 d_p 的平方成正比，与组分分子在流动相中的扩散系数 D_m 成反比。

$$H_m=\frac{C_m d_p^2}{D_m}\cdot u \tag{15-6}$$

式中，C_m 为色谱柱的填充因子。

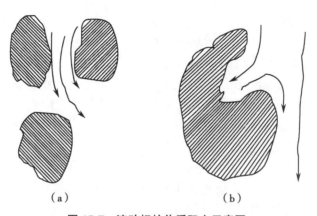

图 15-7 流动相的传质阻力示意图
(a)动态流动相的传质阻力;(b)静态流动相的传质阻力

(3)静态流动相传质阻力:由于固定相的多孔性,会使部分流动相滞留在微孔内静止不动。由于孔隙有一定的深度,且深度各不相同,当组分分子进入孔中的静态流动相时,组分分子扩散到孔中的深浅各不相同,因此回到动态流动相的先后也不相同,从而引起色谱峰展宽,见图 15-7(b)。固定相的微孔越小越深,传质阻力就越大,对峰展宽的影响也就越大。这种影响在整个传质过程中起主要作用。

$$H_{sm}= \frac{C_{sm}d_p^{\ 2}}{D_m} \cdot u \tag{15-7}$$

式中,C_{sm} 为一常数。

气相色谱主要考虑固定相的传质阻力,而高效液相色谱则主要考虑流动相的传质阻力,尤其是静态流动相的传质阻力在整个传质过程中起主要作用。因此,改进固定相的结构,减小静态流动相的传质阻力是提高高效液相色谱柱效的关键。

综上所述,对于高效液相色谱,由于 H_d 可以忽略不计,则式(15-2)为

$$H=H_e+\left(\frac{C_s d_f^{\ 2}}{D_s}+ \frac{C_m d_p^{\ 2}}{D_m}+ \frac{C_{sm}d_p^{\ 2}}{D_m} \right)u \tag{15-8}$$

或简化为:

$$H=A+Cu \tag{15-9}$$

测定不同流速下的板高,以板高 H 对流速 u 作图,可得 H-u 曲线。比较 GC 和 HPLC 的 H-u 曲线(图 15-8),可见两者有明显的不同。尽管高效液相色谱的 H-u 曲线也有最佳流速,但因为其太低,在实际的操作条件下很难达到,因此,高效液相色谱塔板高度和流动相流速的关系就成为式(15-9)所表示的线性关系,即流速增大,板高增加,柱效降低。

(二)影响柱外展宽的因素

柱外效应(extra-column effect)又称为柱外色谱峰展宽,简称柱外展宽,指由色谱柱以外的因素所引起的色谱峰扩展的效应。Van Deemeter 方程只讨论了组分在柱内的色谱峰展宽和塔板高度增加、柱效降低的影响因素,实际上色谱柱外峰展宽的因素还很多,主要是从进样口到检测池之间除色谱柱外的

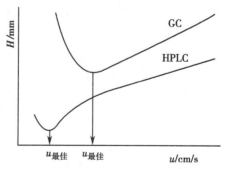

图 15-8 GC 和 HPLC 的 H-u 曲线

所有死体积,如进样器、连接管、检测器等的死体积,均会导致色谱峰形加宽而降低柱效。由于样品分子在液体流动相中的扩散系数很小,致使这些柱外死体积对色谱峰展宽的影响很大。为了减小影响,必须尽量减小柱外死体积。如采用进样阀进样,或者提高手动进样技术,将试样直接注射到柱头的中心部位;各部件连接时使用"零死体积接头";整个色谱系统的连接管路尽可能短;采用细内径的管路;尽可能提高检测器和放大器的响应速度等。

二、分析条件的选择

(一)分析方法的选择

建立一个样品的高效液相色谱分析方法,需要考虑诸多因素。首先应收集样品的信息,包括待测组分的物理、化学性质,如组分的相对分子质量、化学结构和官能团、酸碱性和适宜的溶剂及其溶解度等;其次,明确分析的目的和要求,通过查阅参考文献,再结合实践经验,确定 HPLC 分析的模式,选择合适的色谱柱、检测器和样品预处理方法,以及选择并优化分离操作条件,如流动相的组成和配比、流动相的流速、洗脱方式、色谱分离的柱温;最后通过获得的色谱图进行定性定量分析。建立分离方法的一般步骤见图 15-9。

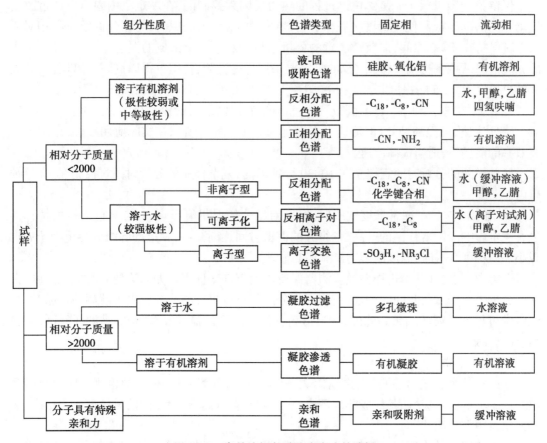

图 15-9 高效液相色谱分离方式的选择

已建立的分析方法应进行方法学验证,充分满足分析的目的和要求。方法学验证包括考察分析方法的准确度、精密度、重复性、线性范围、最低检测浓度和检测限、稳定性及专属性等指标。

（二）分离操作条件

选择了合适的固定相类型后，分离操作条件的选择和优化，对提高柱效和分离效能至关重要。

1. 固定相和色谱柱的选择 要求固定相粒度（d_p）小、筛分范围窄、填充均匀，以减小涡流扩散和动态流动相传质阻力；选用浅孔道的表面多孔型载体或粒度小的全多孔型载体，以减少静态流动相传质阻力和固定相的传质阻力。通常分析实验室使用商品化的色谱柱，固定相的选择已经转移为对色谱柱的选择了。

一般要求反相分配色谱的柱长 10~25cm，柱内径 4~6mm，固定相粒度 5~10μm。

2. 流动相的选择 从式（15-6）和（15-7）可知，降低 C_m 和 C_{sm}，提高柱效，可从减小 d_p，增加 D_m 着手。大多数情况下使用的都是商品柱，对使用者来说主要考虑的是 D_m 的影响。因为 D_m 与温度成正比，与黏度成反比，所以采用低黏度的流动相或增加柱温都可增大 D_m，提高柱效。但在用有机溶剂为流动相的色谱中，增加柱温会产生气泡。因此，大多数实验在室温下进行。改善分离效能主要通过采用低黏度的流动相实现。例如，在反相分配色谱法中广泛使用甲醇作流动相，而不用乙醇，就是因为甲醇的黏度只有乙醇的一半的缘故。

保留值和容量因子 k 是由色谱过程的热力学因素控制的，在一定范围内可以通过改变流动相的溶剂组成和使用梯度洗脱来进行调节。一般等度洗脱时，与组分保留时间相对应的 k 应保持在 1~10 之间，以获得满意的分析结果。对于复杂组成的混合物，它们具有较宽的 k 值范围，等度洗脱难以完全分离时，需要采用梯度洗脱，使组分得以良好分离（各组分之间的分离度 $R \geqslant 1.5$），并使组分的 k 值缩小到原来的 1/10~1/100，从而缩短分析时间。

3. 流速的选择 从图 15-8 高效液相色谱的 H-u 曲线可知，流动相的流速将直接影响柱效。降低流速，可提高柱效，但流速太小会延长分析时间。所以在实际应用中，要在满足分离效率的前提下，适当提高流速。

简单样品的分析时间宜控制在 10~30 分钟以内；复杂样品的分析时间宜控制在 60 分钟以内。

4. 柱温的选择 通常等度洗脱时，温度对组分的保留值影响较大，对色谱柱的选择性也有一定影响。随着柱温的升高，各组分的保留时间逐渐减小，相应的各组分容量因子 k 也减小。而梯度洗脱时，温度的影响没有那么显著。

实验中，色谱柱甚至进样器及检测器保持恒温有许多优点。如方法建立时优化温度，在常规分析中保证保留时间的重现性，特别是分离分析有机弱酸或弱碱等可解离的样品时，恒温常常可得到较好的结果。此外，适当提高色谱柱温度，可降低流动相的黏度，降低传质阻力，提高柱效。

（三）检测器

不同的分离目的对检测器的要求不尽相同。针对分离分析，理想的检测器应仅对所测组分产生灵敏的响应，而其他成分均不出峰；针对制备分离，则检测器的灵敏度不必很高，最好使用通用型检测器。

首选使用紫外检测器（UVD）。因为大部分常见的有机物和部分无机物都具有紫外吸收特性，所以该检测器是液相色谱中应用最广泛的检测器，几乎所有的液相色谱仪都配置了这种检测器。其特点是灵敏度较高、线性范围宽、噪声低、适用于梯度洗脱；对强吸收物质检测限可达 1ng；检测后不破坏样品，可用于制备，并能与任何检测器串联使用。使用时注意流动相的截止波长必须小于检测波长。如被测化合物在紫外区域没有吸收，或吸收很弱、不能满足测量灵敏度时,则应根据被测组分的性质和分析质量的要求,考虑使用其他检测手段:如示差折光检测器、蒸发光散射检测器、荧光检测器、电化学检测器等。

第五节　超高效液相色谱法简介

超高效液相色谱法(ultra performance liquid chromatography,UPLC)又称为超高压液相色谱法。其核心技术是色谱柱使用粒径小于 2.2μm 的新型固定相填充剂,可获得每米 20 万个理论塔板数的超高柱效,并以系统整体设计的创新技术,全面提升了液相色谱的分析速度、灵敏度和分离度,满足各种高通量分析的要求。

一、超高效液相色谱法的特点

超高效液相色谱法的原理与高效液相色谱法基本相同,其主要特点如下:

1. 小粒度、高性能微粒固定相　根据 Van Deemeter 方程,固定相的粒度 d_p 越小,色谱柱的理论塔板高度越小,色谱柱的柱效越高。更小的颗粒粒径使最高柱效点向更高流速(线速度)方向移动,而且有更宽的线速度范围。

高效液相色谱常用的十八烷基硅胶键合固定相,其粒径为 5μm。而超高效液相色谱采用杂化颗粒技术合成的第二代有机硅填料,固定相的粒径可达到 1.7μm。严格的筛分技术保证了填料的粒度分布在更窄的范围内,全新的色谱柱硬件和超高压填充技术,大大提高了色谱柱的分辨效率。色谱柱长也缩短至常规 5μm 填充颗粒柱长的三分之一,约为 3~5cm。新型固定相颗粒超高的机械强度,可耐柱压力降 Δp 达 140MPa,在常规高效液相色谱需要 30 分钟时间完成的样品分析,用超高效液相色谱仅需约 5 分钟时间即可达成,可满足实验室高通量的分析需求。分析时色谱柱具有超高柱效,同时 UPLC 可使单位时间内能分辨的峰数量(峰容量)大大提高,获得的色谱峰更窄。

2. 超高压输液泵　UPLC 超高压泵具有更广的压力范围。由于使用的色谱柱粒径减小,使用时所产生的压力也自然成倍增大。故液相色谱的输液泵也相应改变成超高压的输液泵。输液单元装备了独立柱塞驱动,可进行 4 种溶剂切换的二元高压梯度泵,对于 10cm 长、填料粒径 1.7μm 的色谱柱,在能达到最大柱效的最佳流速下(1.0ml/min),柱压力降 Δp 达 105MPa。溶剂的超高压输液系统可在很宽压力范围内补偿溶剂压缩性的变化,实现在等度或梯度洗脱分离模式下保持流动相流速的稳定性和重现性。集成改进的真空脱气技术,可使流动相溶剂和进样器洗针溶剂同时得到良好的脱气。

3. 自动进样器　UPLC 系统中进样器也是很关键的部件。普通的进样阀,不论是手动的还是自动的,都不具有极端压力下的耐用功能。为保护色谱柱免受极端压力波动的影响,进样过程应尽可能排除脉冲干扰。进样系统的死体积要尽量小,以降低组分峰的区带展宽。在快速进样循环中,UPLC 能以最大速度、较大的样品通量进行长时间的运行,并无需人工照看。同时小体积进样量、良好的进样重现性和极低的交叉污染很好地匹配了检测器的高灵敏度。

目前 UPLC 大多使用了针内针进样和压力辅助进样新技术。针内针进样就是使用液相色谱管路(PEEK 材料)充当进样针以减少死体积,而"外针"是一小段硬管,用来扎破样品瓶盖,内针通过外针套管进入样品管的底部,自动、高速吸取样品溶液。压力辅助进样采用了一强、一弱的双溶剂的进样针清洗步骤,这两个洗针溶剂采取了脱气措施,降低了交叉污染。

样品管理系统配备了高通量进样器,设置有多样品位的自动样品盘(瓶架),在软件的控制下编程自动高速进样,最快可在约45秒内执行一次进样(一次清洗),或在60秒内进样(两次清洗),以满足实验室高通量样品的自动分析要求。

4. 超高速检测器　理论上,填充1.7μm颗粒的UPLC系统,分离获得的色谱峰半峰宽小于1秒,这给UPLC的检测带来了挑战。首先,检测器必须具有非常高的采样速率,以在组分峰通过时快速、准确捕捉足够的数据点,从而对各组分峰进行准确而可靠的保留时间和峰面积的识别和积分。其次,检测器的流通池死体积必须足够的小,确保获得高的分离效率。

例如由新型光纤引导、聚四氟乙烯材质池壁的流动池,10mm的光程(与普通HPLC相同)而体积只有500nl(普通HPLC的二十分之一),光束通过光纤完全引入流动池后,利用聚四氟乙烯的池壁内全反射的特征,不损失光能量,采样速率高达40点/秒,灵敏度比HPLC高2~3倍。若与质谱仪联用,质谱检测的灵敏度至少会提高3倍。

5. 仪器整体系统优化设计　基于小颗粒技术的UPLC,并非普通HPLC系统改进而成。它不但需要耐压、稳定的小颗粒填料,而且需要耐压的色谱系统(>15 000psi)、最低交叉污染的快速进样器、快速检测器及优化的系统体积等诸多方面的保障,以充分发挥小颗粒技术优势。UPLC系统在所有硬件和软件的设置和开发上进行了全面创新,在技术上实现了各个关键环节系统性的优化创新和组合。一些仪器在色谱工作站配备了多种软件平台,实现超高效液相分析方法与高效液相分析方法的自动转换。

与传统的HPLC相比,UPLC的速度、灵敏度及分离度分别是HPLC的9倍、3倍及1.7倍,它缩短了分析时间,同时减少了溶剂用量,降低了分析成本。但由于实验过程中仪器内部压力过大,也会产生泵的使用寿命会相对降低,仪器的连接部位老化速度加快,包括单向阀等零部件容易出现问题等缺陷。

二、超高效液相色谱法的应用

UPLC保持了HPLC的基本原理,减少了溶剂消耗,提高了分辨率,也使检测灵敏度和分析速度大大提高,使液相色谱的分离能力得到进一步的延伸和扩展,对于食品、环境、药物以及生物材料中组分复杂、分离困难的成分具有较好的分离效果。UPLC与高分辨串联质谱联用后,在代谢组学研究方面也有较多的应用。

第六节　高效液相色谱法的应用

高效液相色谱法由于不受所分析样品挥发性及热稳定性的限制,其应用范围比气相色谱广泛得多,在生命科学研究、食品分析、环境污染分析、生物化学、药物化学、临床医学等众多领域中发挥着重要的作用。

一、应用范围

1. 在生命科学研究中的应用　生命科学是二十一世纪自然科学研究中极为重要的前沿课题,高效液相色谱法是生命科学研究的重要手段之一。HPLC不仅可以对氨基酸、蛋白质、核糖核酸、维生素、酶等生物分子进行分离、纯化和测定,而且可以通过测定结果揭示生命过程。高效液相色谱法在生命科学领域的应用主要有两方面:①分离和检测:主要针对一些小的分子,如氨基酸、有机酸、有机胺、类固醇、卟啉、嘌呤以及维生素等;②分离、提纯和测定:主要针对一些生物大分子,如多肽、蛋白质、核糖核酸以及酶等。此外,在临床诊断和重大疾病预警方面,高效液相色谱也有广泛的应用前景。

2. 在食品分析中的应用 食品质量与安全是世界各国都极为关注的问题,食品分析是保障食品质量安全的基础。高效液相色谱法是食品分析的重要方法之一,能有效地检测食品中有毒物质和是否掺假。利用高效液相色谱法可测定食品中糖类、人工甜味剂、色素、防腐剂、有机酸、维生素、氨基酸、抗氧化剂等。如食品中维生素的测定,用高效液相色谱法进行测定,不仅方法的灵敏度高、精密度好,而且能一次测定多种维生素,不论是脂溶性还是水溶性维生素都可得到满意的分析结果。

3. 在环境分析中的应用 人群健康与环境质量密切相关,环境污染对健康的危害程度日益严重,已成为二十一世纪社会发展所面临的十分重要的问题之一。应用高效液相色谱法测定的环境污染物主要有多环芳烃、农药、酚类、异腈酸酯类等化合物。

4. 在药物分析中的应用 高效液相色谱法目前可认为是在药物分析领域中最活跃的一种分析方法,无论是原料药、制剂、制药原料及中间体、中药及中成药,还是药物的代谢产物,高效液相色谱法都是分离、鉴定和含量测定的首选方法。

二、应用实例

1. 高效液相色谱法测定食品中 15 种多环芳烃 利用 QuEChERS 技术进行样品前处理,通过高效液相色谱 - 荧光检测器分析食品中具有致突变性和致癌性的 15 种多环芳烃污染物。方法简便快速,32 分钟内完成测试;灵敏度高,检出限为 0.1~0.9μg/kg;线性范围宽;准确度和精密度满足残留分析要求。

QuEChERS 技术是美国的 Lehotay 和德国的 Anastassiadas 于 2003 年提出的一种快速(quick)、简便(easy)、便宜(cheap)、有效(effective)、可靠(rugged)及安全(safe)的样品处理技术。实验中主要使用 PSA(乙二胺 -N- 丙基硅烷)和 C_{18} 填料添加于样品提取液中进行净化处理。色谱分析条件:色谱柱 C_{18}(5μm,4.6mm×250mm),流动相为乙腈和水(梯度洗脱见表 15-3),柱温 30℃,荧光检测(表 15-4)。

表 15-3 梯度洗脱程序

时间(min)	0	5	20	28	32
乙腈(%)	50	50	100	100	50
水(%)	50	50	100	100	50

表 15-4 多环芳烃荧光检测器的激发和发射波长

序号	化合物名称	激发波长(nm)	发射波长(nm)
1,2,3	萘,苊,芴	247	375
4,5	菲,蒽	248	375
6	荧蒽	280	462
7,8,9	芘,苯并(a)蒽,䓛	270	385
10	苯并(b)荧蒽	256	446
11,12,14,15	苯并(k)荧蒽,苯并(a)芘,二苯并(a,h)蒽,苯并(g,h,i)苝	292	410
13	茚并(1,2,3-c,d)芘	274	507

图 15-10 为 15 种多环芳烃混合物的标准色谱图。色谱峰序号同表 15-4。

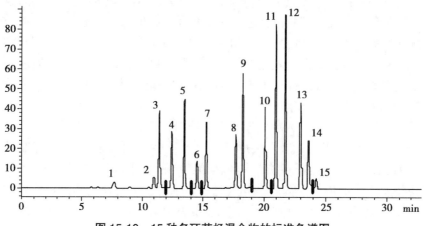

图 15-10 15 种多环芳烃混合物的标准色谱图

2. 离子对高效液相色谱法同时测定水中 9 种氯代酸性除草剂 氯代酸性除草剂是农业生产中使用较为广泛的一类除草剂,具有生殖毒性、诱突变性等一些环境激素效应,对人类和其他生物产生危害。残留的氯代酸性除草剂在水中有较高的溶解度,通过土壤渗透对地下水造成污染。利用无需衍生 - 离子对高效液相色谱法,可同时测定水中 9 种氯代酸性除草剂。方法操作简单、分离效果好、回收率高、干扰少,可满足不同水质的检测要求。

水样用液 - 液萃取富集样品,K-D 浓缩后直接进样。用离子对试剂 1- 辛烷三乙磷酸铵作流动相,对 9 种氯代酸性除草剂进行良好的分离。色谱分析条件为:C_{18} 柱(5μm,4.6mm × 250mm),流动相为 1- 辛烷三乙磷酸铵溶液 - 乙腈 - 甲醇(6 : 3 : 1),流速 1.8ml/min,柱温 30℃,检测波长 220nm。9 种除草剂的分离效果见图 15-11。

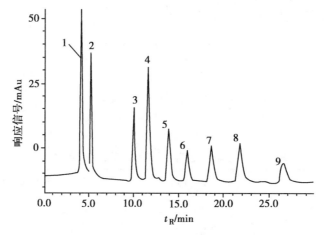

图 15-11 pH=2 时 9 种除草剂的分离效果

1. DCPA 二元酸;2. 4- 硝基苯酚;3. 麦草畏;4. 苯达松;5. 2,4- 二氯苯乙酸;6. MCPA;7. MCPP;
8. 3,5- 二氯苯甲酸;9. 2,4- 滴丙酸

3. 超高效液相色谱法同时测定化妆品中的 15 种激素 化妆品中添加的糖皮质激素、雌激素、雄激素及孕激素等对人体有潜在的危害,甚至有致癌的风险。这些激素已被许多国家列为化妆品中的禁用物质。超高效液相色谱法可同时测定化妆品中的 15 种激素,实现了

多组分的同时分析。整个分析在 6 分钟内完成，极大地提高了分析速度；流动相消耗量仅为相似的 HPLC 法的 1/9，大大节约了成本，具有重要的环保意义；方法准确、简便、分析时间短、灵敏度高。

用甲醇超声提取样品，Oasis HLB 固相萃取柱净化试样溶液。色谱分析条件为：色谱柱 BEH C_{18}（1.7μm，2.1mm × 50mm），流动相为乙腈和水，流速 0.5ml/min，柱温 28℃，检测波长 230nm。15 种激素标准品混合物的色谱图 15-12。

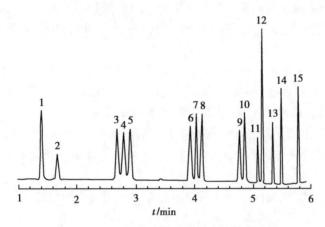

图 15-12　15 种激素标准品混合物的色谱图
1. 曲安西龙；2. 雌三醇；3. 泼尼松；4. 氢化可的松　5. 可的松　6. 甲基泼尼松龙；7. 倍他米松；8. 地塞米松；9. 醋酸泼尼松龙；10. 醋酸氢化可的松；11. 雌二醇；12. 睾酮；13. 雌酮；14. 己烯雌酚；15. 孕酮

本 章 小 结

1. **基本知识**　高效液相色谱法的特点、分类、色谱分离类型及原理；化学键合固定相的概念、特点、种类及其应用；HPLC 流动相的性质和选择原则；高效液相色谱仪基本结构和各部件作用；HPLC 分析条件的选择原则；柱内展宽和柱外展宽对色谱峰的影响；超高效液相色谱法及应用。涉及的重要概念包括：化学键合固定相、正相色谱法和反相色谱法、反相离子对色谱法、亲和色谱法、手性色谱法、等度洗脱和梯度洗脱、超高效液相色谱法。

2. **核心内容**　高效液相色谱法是以高压输送流动相，采用高效固定相和高灵敏度检测器进行在线检测的色谱分析技术。固定相和流动相是整个分析方法的核心，分离操作条件的选择和优化，如固定相和流动相的种类、流动相的流速、色谱柱使用温度和检测器的类型等，是影响色谱柱效和分离效能的重要因素。

3. **学习要求**　了解离子抑制色谱法、手性色谱法和亲水作用色谱法原理；掌握高效液相色谱法原理、特点和分离类型；化学键合固定相的定义、特点和分类；正相色谱法和反相色谱法的原理和应用范围；流动相的基本要求和选择原则；高效液相色谱仪的基本结构和各部件的主要功能；各种检测器的工作原理及应用；熟悉反相离子对色谱法、亲和色谱法的基本原理和应用范围；影响色谱峰展宽的因素；超高效液相色谱法的原理、特点及应用。

（余　蓉）

思考题

1. 试从分离原理、仪器结构及应用范围等方面,比较超高效液相色谱法和高效液相色谱法与经典液相色谱法、气相色谱法的主要异同点。

2. 什么是化学键合相色谱? 化学键合固定相有什么特点?

3. 比较正相化学键合相色谱和反相化学键合相色谱的异同点。

4. 名词解释:化学键合固定相;亲和色谱法;手性色谱法;反相离子对色谱法;梯度洗脱;柱外效应;静态流动相传质阻力。

5. 高效液相色谱法中影响色谱峰扩展的因素有哪些? 如何选择分离操作条件?

6. 分别指出下列物质在 NP-HPLC 和 RP-HPLC 中的洗脱顺序,并解释原因。

(1) 正己烷、正己醇和苯;(2) 乙酸乙酯、乙醚和苯磺酸

7. 某组分在 C_{18} 柱上,被 75% 甲醇洗脱时的保留时间为 12 分钟。换用 50% 的甲醇洗脱时,该组分的保留时间是增加还是减小? 为什么? 如流动相改为 100% 甲醇,保留时间又会怎样变化?

8. 请为下列各组物质选择恰当的高效液相色谱分离模式和检测方法。

(1) 自来水中常见无机阴离子测定。

(2) 奶粉中三聚氰胺的分析。

(3) 饮料中多种人工合成色素的分析。

(4) 土壤中有机磷农药残留的分析。

(5) 塑料包装盒内残留的聚乙烯单体的测定。

(6) 氯霉素两个手性对映体的拆分。

(7) 车间空气中氟化氢、二氧化硫的测定。

9. 为什么高效液相色谱的流动相在使用前必须过滤、脱气?

10. 测定某膨化食品中的人工合成色素柠檬黄和苋菜红的含量,取柠檬黄和苋菜红标准品配制浓度分别为 10.00μg/ml 的混合标准溶液,测得峰面积分别为 $3.35×10^3$ 和 $4.17×10^3$。取样品 2.0g,经处理制成待测溶液 5ml。在相同色谱条件下,测定峰面积分别为 $3.88×10^3$ 和 $4.05×10^3$。计算膨化食品中的人工合成色素柠檬黄和苋菜红的含量。(柠檬黄,28.96μg/g;苋菜红,24.28μg/g)

第十六章 离子色谱法

离子色谱法(ion chromatography, IC)是根据不同离子与离子交换剂(ion exchanger)竞争交换能力的差异进行分离的一种液相色谱分离分析技术。1975年,美国H.Small等人将经典离子交换色谱与高效液相色谱技术相结合,建立了使用连续电导检测的离子色谱法,解决了困扰分析化学界多年的阴离子分离分析难题。随着离子色谱固定相和检测技术的发展,非离子交换剂固定相和非电导检测也广泛用于离子性物质的分离分析。离子色谱法具有简便快速、灵敏准确、选择性好及应用范围广等优点。

第一节 离子交换剂

离子色谱法是高效液相色谱法的一个分支,其色谱理论、基本原理、基本概念以及定性定量分析都与高效液相色谱法相同。特别之处是离子色谱法所用的固定相是经过特殊处理的离子交换剂,洗脱液是酸性或碱性溶液,甚至是强酸或强碱溶液。离子交换剂的性质决定分离的机制,同时还决定洗脱液和检测方式的选择。

一、离子交换剂的类型

离子交换剂种类很多,应用最广泛的是聚苯乙烯型离子交换剂。它是以二乙烯基苯作交联剂,将聚苯乙烯长碳链交联成立体网状结构骨架,再经化学反应键合上小分子的离子交换功能基团而制得。

1. 按交换功能基团分类　按交换剂交换功能基团不同,可分为阳离子交换剂(cation exchanger)和阴离子交换剂(anion exchanger)两大类。阳离子交换剂包括强酸型和弱酸型两种,强酸型阳离子交换剂的功能基团为磺酸基($-SO_3H$),弱酸型阳离子交换剂的功能基团为羧基($-COOH$)、磷酸基($-PO_3H_2$)或羟基($-OH$)等。阴离子交换剂包括强碱型和弱碱型两种,强碱型阴离子交换剂的功能基团为季胺基($-NR_3Cl$),弱碱型阴离子交换剂的功能基团为伯胺基($-NH_2$)、仲胺基($-NHR$)或叔胺基($-NR_2$)。没有引入离子交换功能基团的则为多孔交换剂(porous exchanger)。离子色谱法常用强酸型阳离子交换剂和强碱型阴离子交换剂。

2. 按物理结构分类　按交换剂颗粒物理结构不同,离子交换剂还可分为微孔型(或凝胶型)、大孔型和薄壳型三种,它们的性能和适用范围各不相同。微孔型离子交换剂(micro reticular ion exchanger)孔径小,交换容量较大。大孔型离子交换剂(macro reticular ion exchanger)孔径高达数十纳米,交换容量范围较宽。薄壳型离子交换剂(superficial ion exchanger)交换容量小,交换速度快,柱效高;在强酸和强碱溶液中化学性质稳定;刚性较强,受洗脱液冲击时不易变形。

薄壳型离子交换剂是离子色谱法中广泛应用的一种交换剂,又分为表面薄壳型离子交换剂和表面覆盖型离子交换剂两种。

表面薄壳型阳离子交换剂的结构如图 16-1(a)所示。中心为惰性的苯乙烯 - 二乙烯苯共聚物球形树脂基核,直径为 10~20μm 或更小,核表面是厚度为数十纳米的磺化层,在水中溶胀后可与阳离子发生离子交换作用。

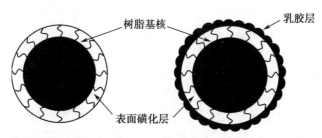

图 16-1　薄壳型离子交换剂结构示意图

表面覆盖型阴离子交换剂的结构如图 16-1(b)所示。中心为表面磺化的薄壳型阳离子交换剂做成的基核,外层完全被直径为 20~500nm、粒度均匀的单层季铵型阴离子交换剂乳胶颗粒覆盖,通过静电相互作用牢固附着在磺化层表面。乳胶颗粒溶胀后可以与阴离子发生离子交换作用。

树脂基核早期采用的交联度为 2%~5%,物理性质稳定,但硬度低,不耐受有机溶剂,只能用水溶液作洗脱液。使用交联度为 55% 的树脂基核是离子色谱发展的一大进步,洗脱液中允许加入高浓度的甲醇、乙醇、丙三醇、乙腈等有机溶剂,以改善分离的选择性。

二、离子交换剂的性能指标

离子交换剂的性能指标主要有交联度、交换容量和粒度。

1. 交联度　交联度(degree of cross linking)指离子交换剂中交联剂的含量,常用质量分数表示。交联剂将离子交换剂的长碳链交联起来,形成立体网状结构。交联度与交换剂的网孔大小有关,影响离子交换剂的选择性。交联度大,形成的网状结构紧密,网孔小,体积大的离子难以进入,交换速度慢,选择性好,适用于分离分子量较小的离子;交联度小的交换剂,形成的网孔大,交换速度快,选择性差,适于分离分子量较大的离子。离子色谱交换剂的交联度一般为 8%~16%。实际应用中,要根据分离对象选择适宜交联度的交换剂以提高分离度。

2. 交换容量　交换容量(exchange capacity)指每克干离子交换剂能交换离子的物质的量,单位用 mmol/g。交换容量决定于网状结构中功能基团的数目,反映了离子交换剂进行交换反应的能力,受交换剂的组成、结构以及溶液的 pH 等影响。交换剂的交换容量一般为 1~10mmol/g。

3. 粒度　粒度指离子交换剂颗粒的大小,以交换剂溶胀后能通过的筛孔目数表示。色谱分析一般用 100~200 目的交换剂。

三、离子交换过程

阳离子交换色谱常用磺酸型阳离子交换剂,磺酸基(—SO₃H)上的氢离子可与试样溶液中的阳离子进行交换。如溶液中 Na^+ 在交换剂上的交换反应为：

$$R{-}SO_3^-H^+ + Na^+ \rightleftharpoons R{-}SO_3^-Na^+ + H^+$$

阴离子交换色谱常用季铵型阴离子交换剂，季铵盐基（—NR_3Cl）上的氯离子可与试样溶液中的阴离子进行交换。这种交换剂与溶液中 OH^- 的交换反应为：

$$R{-}N(CH_3)_3^+Cl^- + OH^- \rightleftharpoons R{-}N(CH_3)_3^+OH^- + Cl^-$$

上述离子交换反应均为可逆反应。当交换剂上所有可交换的 H^+ 或 Cl^- 离子均被交换后，交换剂即失去活性。此时若用高浓度盐酸或氯化钠冲洗交换剂，反应逆向进行，又使离子交换剂恢复原状而具有交换离子的能力，这个过程称为再生。

四、离子交换剂的选择性系数

离子与交换剂的竞争交换力与其在该交换剂上的选择性系数（selectivity coefficients）有关。假设两种离子 A 和 B 在交换剂上进行交换，其交换反应可用下式表示：

$$bA_m + aB_s \rightleftharpoons bA_s + aB_m$$

在离子活度系数大约都为 1 的情况下，交换反应的平衡常数为：

$$K_{AB} = \frac{[A_s]^b[B_m]^a}{[B_s]^a[A_m]^b}$$

式中，a、b 分别表示 A、B 离子的价态；m 和 s 分别表示洗脱液和离子交换剂；$[A_s]$、$[B_s]$ 分别表示 A、B 离子在交换剂中的浓度，单位用 mmol/g；$[A_m]$、$[B_m]$ 分别表示 A、B 离子在洗脱液中的浓度，单位用 mmol/ml。平衡常数 K_{AB} 称为交换剂对 A、B 两种离子的相对选择性系数，也简称为选择性系数或交换系数。

选择性系数反映了离子与离子交换剂之间相互作用的程度，当离子和交换剂性质、交换柱填充状况以及洗脱液性质都一定时，K_{AB} 为一常数。若 $K_{AB} \neq 1$，则表示离子交换剂对 A、B 离子有不同的竞争交换力，A、B 离子的保留时间不同，即具有选择性；若 K_{AB} 大于 1，则表示离子交换剂对 A 离子的竞争交换力强于对 B 离子的竞争交换力，A 离子的保留时间长；若 K_{AB} 小于 1，则表示离子交换剂对 A 离子的竞争交换力弱于对 B 离子的竞争交换力，A 离子的保留时间短。为便于比较和应用，常用某种离子作为参考离子来测定其他离子的选择性系数，例如 Li^+、H^+ 用作阳离子的参考离子，Cl^- 用作阴离子的参考离子。

选择性系数与离子的性质、离子交换剂的性质和交换柱填充状况以及洗脱液的性质等因素有关。

一般来说，离子的价态越高、离子半径越大、水合离子半径越小、极化度越大，与交换剂的竞争交换力越强，其选择性系数越大，保留时间也越长。

选择性系数一般随离子价态增高而增大。如在阳离子交换柱上，不同价态阳离子的保留时间次序为：$Th^{4+} > Fe^{3+} > Ca^{2+} > Na^+$；在阴离子交换柱上，不同价态阴离子的保留时间次序为：$PO_3^{3-} > SO_4^{2-} > NO_3^-$。

在离子价态相同时，选择性系数一般随离子原子量的增加而增大。如碱金属和碱土金属离子在阳离子交换柱上的保留时间顺序为：$Cs^+ > Rb^+ > K^+ > Na^+ > Li^+$ 和 $Ba^{2+} > Sr^{2+} > Ca^{2+} > Mg^{2+}$，卤素离子在阴离子交换柱上的保留时间顺序为：$I^- > Br^- > Cl^- > F^-$。

在常温低浓度时，强酸型阳离子交换剂对常见阳离子的保留时间次序为：$Fe^{3+} > Al^{3+} > Ba^{2+} > Pb^{2+} > Ca^{2+} > Cd^{2+} \geq Cu^{2+} \geq Zn^{2+} \geq Mg^{2+} > K^+ > NH_4^+ > Na^+ > H^+$，强碱型阴离子交换剂对常见阴离子的保留时间次序为：$PO_3^{3-} > SO_4^{2-} > I^- > HSO_4^- > NO_3^- > CN^- > NO_2^- > Cl^- > HCO_3^- > OH^-$。

此外,离子与洗脱液分子的相互作用力越强,其选择性系数越小,保留时间也越短。因此,选择性系数可以作为选择洗脱液的主要依据。

第二节　离子色谱法的类型

离子色谱法按照色谱流程不同,可分为抑制型离子色谱法和非抑制型离子色谱法,常用抑制型离子色谱法。抑制型离子色谱法也称双柱离子色谱法,非抑制型离子色谱法也称单柱离子色谱法。

按照分离机制不同,离子色谱法可分为高效离子交换色谱法、高效离子排斥色谱法和离子对色谱法。这三种离子色谱法的分离机制不同,交换剂的交换容量不同,应用对象也不同。

一、高效离子交换色谱法

高效离子交换色谱法(high performance ion exchange chromatography,HPIC)用交换容量为 $0.01\sim0.5$ mmol/g 的聚苯乙烯 - 二乙烯苯离子交换剂作固定相,洗脱液是酸性或碱性水溶液。是应用最为广泛的离子色谱法,可用于无机阴离子和阳离子、糖类、羧酸化合物、胺类化合物等的分离分析。

(一)分离机制

HPIC 的分离机制主要是离子交换,被测离子与交换剂功能基团上可解离的相同电荷离子进行可逆交换,依据不同离子对交换剂有不同的竞争交换力而被分离。

在阳离子分离中,固定相常用表面薄壳型阳离子交换剂,洗脱液一般用无机酸或有机酸溶液。如 HCl 溶液作洗脱液分离阳离子 M^+ 和 N^+,进样后离子在柱上的交换平衡为:

$$R-SO_3^-H^+ + M^+ \rightleftharpoons R-SO_3^-M^+ + H^+$$
$$R-SO_3^-H^+ + N^+ \rightleftharpoons R-SO_3^-N^+ + H^+$$

平衡表明,离子 M^+ 和 N^+ 分别部分停留在交换剂和洗脱液中。随着洗脱液流动,保留在交换剂上的 M^+ 和 N^+ 又被洗脱液中的 H^+ 竞争交换进入洗脱液中,并达上述交换平衡。洗脱液在柱上的流动过程中,被分离的 M^+ 和 N^+ 离子在柱上反复多次发生上述交换。在交换过程中,由于 M^+ 和 N^+ 离子对交换剂的竞争交换力不同而产生差速迁移,使它们得到分离。

阴离子分离中,固定相常用表面覆盖型阴离子交换剂,洗脱液一般用碱性溶液。如以 NaOH 溶液为洗脱液分离 X^- 和 Y^- 阴离子,用洗脱液平衡色谱柱后进样,离子在柱上的交换平衡为:

$$R-N(CH_3)_3^+OH^- + X^- \rightleftharpoons R-N(CH_3)_3^+X^- + OH^-$$
$$R-N(CH_3)_3^+OH^- + Y^- \rightleftharpoons R-N(CH_3)_3^+Y^- + OH^-$$

离子 X^- 和 Y^- 都是部分停留在交换剂和洗脱液中。同样,随着 NaOH 溶液的流动,保留在交换剂上的 X^- 和 Y^- 又被 NaOH 溶液中的 OH^- 竞争交换进入洗脱液中,并达到交换平衡。NaOH 溶液在柱上的流动过程中,被分离的 X^- 和 Y^- 在柱中反复多次发生上述交换,由于它们对交换剂的竞争交换力不同而被分离。

HPIC 的分离机制以离子交换为主。对具有芳香和碳烯结构的离子或易极化的无机和有机离子等,也存在吸附等非离子相互作用。

(二)抑制柱反应

离子色谱法常用抑制型电导检测器,它是通用型检测器,由抑制柱和电导检测池组成。

离子色谱法的洗脱液一般是强电解质溶液,如果携带被测离子的洗脱液只通过电导检测池,将产生很强的背景电导率信号,会掩盖被测离子产生的相对微弱的电导率信号,导致无法进行检测。Small 等人提出在分离柱和电导检测池之间加上一个抑制柱(suppressor column),其作用是降低洗脱液的背景电导率,增大响应信号,提高检测的灵敏度。所以,抑制柱是抑制型电导检测器的关键部件。

在阳离子分析中,抑制柱填充中到高交联度的 OH^- 型常规季铵型离子交换剂,经分离的阳离子 M^+ 随洗脱液 HCl 进入抑制柱时,发生下面交换反应:

$$R-N(CH_3)_3^+OH^-+H^+Cl^- \rightleftharpoons R-N(CH_3)_3^+Cl^-+H_2O$$

$$R-N(CH_3)_3^+OH^-+M^+Cl^- \rightleftharpoons R-N(CH_3)_3^+Cl^-+M^+OH^-$$

经过抑制柱反应,洗脱液转变成低电导率的水,被测离子转变成相应的碱。

在阴离子分析中,抑制柱填充中到高交联度的 H^+ 型常规磺酸型阳离子交换剂,分离后的阴离子 X^- 随洗脱液 NaOH 进入抑制柱时,发生的交换反应为:

$$R-SO_3^-H^++Na^+OH^- \rightleftharpoons R-SO_3^-Na^++H_2O$$

$$R-SO_3^-H^++Na^+X^- \rightleftharpoons R-SO_3^-Na^++H^+X^-$$

经抑制柱反应,洗脱液转变成低电导率的水,而被测离子转变成相应的酸。

总之,通过抑制柱反应,洗脱液本身的电导率大大降低,而被测离子的电导率明显增加,从而大大提高检测灵敏度。

(三) 洗脱液

抑制型 HPIC 中,阴离子分析的洗脱液用弱酸盐,如 Na_2CO_3、$NaHCO_3$、NaOH、邻苯二甲酸盐等;阳离子分析的洗脱液用无机酸或有机酸,如盐酸、硫酸、乙二酸等。

二、高效离子排斥色谱法

高效离子排斥色谱法(high performance ion exclusion chromatography,HPIEC)常用交换容量高达 3~5mmol/g 的离子交换剂作固定相,洗脱液是酸性溶液。主要用于硼酸、氢氟酸、氢碘酸、亚砷酸、氢氰酸、硅酸、亚硫酸和碳酸等无机弱酸和甲酸、乙酸、乳酸、草酸和丙二酸等 pKa 为 1.5~7 的有机酸的分析,也可用于醇类、醛类、糖类、氨基酸类的分析。

(一) 分离机制

因固定相的电荷密度较大,HPIEC 法分离主要基于 Donnan 排斥,还包括空间排阻和吸附过程。以聚苯乙烯 - 二乙烯苯磺酸型阳离子交换剂为固定相,HCl 为洗脱液,分离水溶液中草酸和丙二酸为例,分离过程见图 16-2。

当洗脱液通过固定相时,磺酸基表面就形成水化层,该水化层与洗脱液之间的界面相当于带负电荷的 Donnan 膜,该膜只允许未解离的分子通过。洗脱液的阴离子和其他以离子形式存在的组分由于受到 Donnan 排斥,不能通过水化层,很快流出柱外;未解离的有机酸不受 Donnan 排斥,可通过水

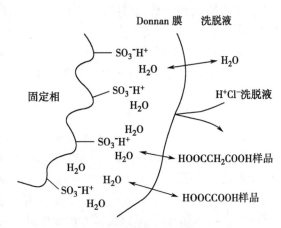

图 16-2　有机酸在离子排斥色谱柱上的
分离过程示意图

化层,并在交换剂的微孔和洗脱液中进行分配而被保留。一般保留时间主要取决于弱酸的pKa,pKa 越大,保留时间越长。所以,草酸(pKa_1=1.27)先流出,丙二酸(pKa_1=2.86)后流出。因此,HPIEC 的一个突出优点是用于弱酸(或有机酸)与强酸的分离,强酸完全解离而不被保留。

此外,保留时间还与吸附作用和空间位阻有关。组分与交换剂的吸附作用越强,其保留时间越长;组分的分子体积越大,空间位阻越大,其保留时间越短。

(二)抑制柱反应

有机酸主要采用抑制型电导检测,常用阳离子纤维膜抑制柱,它是一种磺酸型离子交换膜,洗脱液在纤维管内流动,再生液在纤维管外逆向流动。以烷基磺酸($RSO_3^-H^+$)为洗脱液,氢氧化四丁基铵(TBA^+OH^-)为再生液分离有机酸(H^+A^-)时,四丁基铵离子(TBA^+)通过膜与内侧洗脱液和有机酸中的 H^+ 交换,发生如下抑制反应:

$$RSO_3^-H^+ + TAB^+OH^- \rightleftharpoons RSO_3^-TAB^+ + H_2O$$
$$H^+A^- + TAB^+OH^- \rightleftharpoons TAB^+A^- + H_2O$$

经抑制柱反应,洗脱液中的 H^+ 与再生液中的 OH^- 结合成水,洗脱液转变成盐 RSO_3^- TAB^+,其电导率比 $RSO_3^-H^+$ 的电导率低很多,大大降低了洗脱液的背景电导率;有机酸中的 H^+ 也与再生液中的 OH^- 结合成水,弱解离的有机酸分子转变成盐 TBA^+A^-,电导率明显增加,从而获得更高的检测灵敏度。

(三)洗脱液

与 HPIC 不同,HPIEC 中洗脱液的主要作用是改变溶液的 pH,控制弱酸的解离。因此,洗脱液的 pH 是影响弱酸保留的主要因素。

对有机酸的分析,常用洗脱液是 HCl、H_2SO_4 或 HNO_3;如果抑制柱采用 Ag^+ 型阳离子交换剂,洗脱液只能用 HCl;如果用直接紫外光度法进行检测,洗脱液最好选用 H_2SO_4;分析脂肪族一元羧酸和芳香羧酸这类保留较强组分时,可在洗脱液中加入少量(1%~3%)乙腈、丙醇或乙醇等有机溶剂以减弱它们的保留,也可采用低电导率的苯甲酸作洗脱液,以改善羧酸的峰形;分析低电导率的弱酸时,可在洗脱液中加入少量"衍生剂",提高弱酸的检测灵敏度。例如分析硼酸时,可利用其与多元醇或 α- 羟基酸反应后酸性增强的特点,采用甘露醇和酒石酸的混合液作洗脱液,检测酸性增强后的配合物,以提高分析灵敏度。另一类洗脱液是烷基磺酸和全氟代羧酸,如辛烷磺酸、全氟代丁酸、全氟代庚酸等,可用于多种有机酸的分离。

抑制型电导检测时,要达到良好的抑制效果,酸的最高使用浓度一般为 0.01mol/L,所以离子排斥色谱主要用于 pKa 在 1.5~7 之间的弱酸的分析。

三、离子对色谱法

离子对色谱法(ion pair chromatography,IPC),又称为流动相离子色谱法(mobile phase ion chromatography,MPIC),固定相是高交联度、高比表面积的无离子交换功能基的疏水性中性聚苯乙烯多孔交换剂或 HPLC 的 C_8、C_{18},洗脱液为水溶液,其中要加入离子对试剂。主要用于分离疏水性的阴阳离子,包括大分子量的脂肪羧酸、阴离子和阳离子表面活性剂、烷基磺酸盐、芳香磺酸盐、季铵化合物、水溶性维生素和金属配位化合物等。

(一)分离机制

IPC 的分离机制主要是吸附作用。离子对试剂能电离出与被测离子 A^+ 电荷相反的平

衡离子 B^-（也称为对离子或反离子）,A^+ 与 B^- 能结合成疏水性的中性离子对 A^+B^-,并在固定相和洗脱液之间进行分配,离子对反应和分配平衡分别为:

$$A_m^+ + B_m^- \rightleftharpoons A^+ B_m^-$$
$$A^+ B_m^- \rightleftharpoons A^+ B_s^-$$

离子对的形成常数越大,且疏水性越强,则被测离子的保留时间越长。由于不同组分形成离子对的能力不同以及离子对的疏水性不同,不同组分在固定相中的保留作用不同而被分离。

（二）抑制柱反应

离子对色谱中常用抑制型电导检测,抑制柱与高效离子交换色谱的相同。在阴离子分离中,H^+ 型磺酸型阳离子交换抑制柱上发生的交换反应为:

$$R_4N^+OH^- + R-SO_3^-H^+ \rightleftharpoons R-SO_3^-R_4N^+ + H_2O$$
$$R_4N^+A^- + R-SO_3^-H^+ \rightleftharpoons R-SO_3^-R_4N^+ + H^+A^-$$

洗脱液中离子对试剂 $R_4N^+OH^-$ 和离子对 $R_4N^+A^-$ 中的阳离子被除去,OH^- 与交换下的 H^+ 生成水,被测离子 A^- 与交换下的 H^+ 生成相应的酸。

在阳离子分离中,OH^- 型强碱型阴离子交换抑制柱上发生的交换反应为:

$$RSO_3^-H^+ + R-N(CH_3)_3^+OH^- \rightleftharpoons R-N(CH_3)_3^+RSO_3^- + H_2O$$
$$RSO_3^-B^+ + R-N(CH_3)_3^+OH^- \rightleftharpoons R-N(CH_3)_3^+RSO_3^- + B^+OH^-$$

洗脱液中离子对试剂 $RSO_3^-H^+$ 和离子对 $RSO_3^-B^+$ 中的阴离子 RSO_3^- 被除去,H^+ 与交换下的 OH^- 生成水,被测离子 B^+ 与交换下的 OH^- 生成相应的碱。

通过上面抑制柱反应,洗脱液的背景电导率大大降低,而被测离子的电导率明显增大,从而提高了检测灵敏度。

（三）洗脱液

HPIC 分离的选择性主要取决于固定相,而 IPC 分离的选择性主要由洗脱液决定。洗脱液中主要包括离子对试剂和有机改进剂,有时还需加入无机添加剂以及调节溶液 pH 的试剂等,可通过改变洗脱液中各种组分的类型和浓度达到不同的分离要求。

1. 离子对试剂 离子对试剂（organic modifier）一般是较大分子的离子型化合物,在水中能够电离产生对离子,其选择主要取决于被测离子和试样基体中其他离子的疏水性。

选择离子对试剂时,一般需遵守两个简单规律:①亲水性离子的分离应选择疏水性的离子对试剂,而疏水性离子的分离则应选择亲水性的离子对试剂。阴离子分离中常用离子对试剂的疏水性次序为:氢氧化四丁基胺 > 氢氧化四丙基胺 > 氢氧化四乙基胺 > 氢氧化四甲基胺 > 氢氧化铵。阳离子分离中常用离子对试剂的疏水性次序为:辛烷磺酸 > 庚烷磺酸 > 己烷磺酸 > 戊烷磺酸 > 全氟磺酸 > 高氯酸 > 盐酸。②用相对分子量较小的离子对试剂比用相对分子量较大的离子对试剂更有利于分离。因为用相对分子量较小的离子对试剂时,被测离子的结构和性质对离子对试剂与被测离子所形成的离子对复合物的影响较大。

离子对试剂的浓度对分离也有影响。当离子对试剂的浓度增加时,被分离组分的保留也增强;同时固定相表面与离子对试剂间的静电排斥也会增大,从而又限制柱容量的增加;当用抑制型电导检测时,其浓度还受抑制柱抑制容量的限制。因此离子对试剂的浓度范围一般为 $5 \times 10^{-4} \sim 10 \times 10^{-2}$ mol/L。通常分子量较大的离子对试剂的浓度要小于 5×10^{-3} mol/L;分子量较小的离子对试剂的浓度可大于 5×10^{-3} mol/L。

2. 有机改进剂 有机改进剂用于减小保留时间和改进分离的选择性。有机改进剂有两种作用：①与离子对试剂竞争固定相表面的吸附点位，降低色谱柱的有效容量；②减小洗脱液的极性，影响被测离子与离子对试剂所形成的离子对化合物在疏水环境中的分配。

有机改进剂对疏水性较强组分的影响较大。常用的有机改进剂有乙腈、甲醇和异丙醇。其中乙腈最为常用，因为它与水的混合物黏度低，而且与水的混合是吸热反应，使洗脱液不易产生气泡。被测组分和离子对试剂的疏水性越强，所需有机改进剂的浓度越高，一般浓度在 5%~40% 之间。

应注意有机改进剂浓度增加还会影响背景电导率，如果是造成背景电导率太高，应选用疏水性较弱的离子对试剂和低浓度的有机改进剂。

3. 无机添加剂和洗脱液 pH 洗脱液中有时还需加入不同类型和浓度的无机添加剂以及调节洗脱液 pH 的试剂，来改善分离效果。例如，在洗脱液中加入无机添加剂碳酸钠，可改进二价或多价阴离子的分离效果，但对一价离子的影响较小，碳酸钠的浓度一般在 0.1~1mmol/L 之间。对多价离子的分离，洗脱液中经常需加入适量的酸或碱以改变其 pH，控制被分析组分的解离。如多价阴离子的保留时间太长时，可加入适量的酸降低洗脱液 pH，来减少它们的解离和它们与离子对试剂的相互反应。通常使用硼酸来降低洗脱液的 pH，虽然它不被抑制，但它并不明显提高洗脱液的背景电导率。此外，改变脱液的 pH，还可避免在酸性或碱性介质中某些副反应发生。

第三节 离子色谱仪

离子色谱仪的基本构造和工作原理与一般的高效液相色谱仪基本相似，不同之处是电导检测器为常规检测器，离子交换剂作填料的分离柱代替吸附型或分配型分离柱，洗脱液常用强酸或强碱溶液，对仪器的流路系统耐酸耐碱的要求更高一些。

采用电导检测的离子色谱仪有两种类型，一类是以抑制电导检测为基础的双柱离子色谱仪（抑制型离子色谱仪），另一类是以直接电导检测为基础的单柱离子色谱仪（非抑制型离子色谱仪），都是由输液系统、进样系统、分离系统、检测系统和数据采集与处理系统五大部分组成。离子色谱分析流程如图 16-3 所示。

一、输液系统

输液系统包括贮液瓶和输液泵。贮液瓶用聚乙烯材料制成，用以存放洗脱液、再生液和冲洗液。输液泵一般采用全塑料的双柱塞式往复平流高压泵，以提供平稳的液流。由于所使用的洗脱液通常由强酸或强碱组成，因此，凡接触洗脱液的部件，包括贮液瓶、泵、管道、阀门、柱子以及接头等都要求耐高压和耐酸碱腐蚀，故多采用聚四氟乙烯材料制成。

溶剂使用前必须脱气。洗脱液也可以不存放在贮液瓶中，而通过洗脱液发生器产生，只要加入纯水就能自动生成洗脱液，它可以通过控制电流达到洗脱液梯度的目的。

二、进样系统

进样系统与 HPLC 的相同，采用六通阀进样，分为气动、手动和自动进样三种方式。

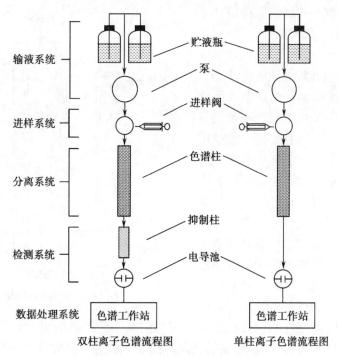

双柱离子色谱流程图　　　单柱离子色谱流程图

图 16-3　离子色谱流程图

三、分离系统

分离系统的核心部件是色谱柱(分离柱),要求柱效高、选择性好、分析速度快等。通常色谱柱的内径为 2~4mm,长度为 150~250mm,一般用聚氟化合物或环氧化合物等惰性材料制成。

固定相常用粒度为 5~25μm 的离子交换剂,比高效液相色谱柱的填料略粗,因此其色谱柱压力比高效液相色谱的要小。

色谱柱一般在室温下使用,有些仪器也配备柱温箱。

四、检测系统

检测系统的作用是将流出色谱柱的洗脱液中被分离组分的浓度变化转变为电信号。抑制型离子色谱仪的检测系统由抑制柱和检测器两部分组成,非抑制型离子色谱仪检测系统无抑制柱。

(一)抑制柱

抑制柱亦称为抑制器,其主要作用是:①降低洗脱液的背景电导率;②增加被测离子的电导率。抑制柱有交换剂填充抑制柱、纤维膜抑制柱、平板微膜抑制柱和电解再生抑制柱等。

1. 交换剂填充抑制柱　交换剂填充抑制柱是第一代抑制柱,但至今仍在使用。分析阳离子时抑制柱填充中到高交联度的常规 OH^- 型强碱型阴离子交换剂,分析阴离子时抑制柱填充中到高交联度的常规 H^+ 型强酸型阳离子交换剂。它们的抑制原理已在第二节介绍。

交换剂填充抑制柱制作简单、价格低廉、抑制容量中等。但是,交换剂交换位置负电荷密度较高,分析弱酸阴离子时,阴离子会受到 Donnan 排斥,影响分析的再现性,甚至低浓度不能准确定量;死体积较大;交换剂还需要周期性停机再生。

2. 纤维膜抑制柱　纤维膜抑制柱于1981年问世，是第二代抑制柱，其结构见图 16-4。中间为离子交换纤维管，洗脱液在管内流动，再生液在管外逆向流动。

阴离子纤维膜抑制柱的纤维管用含有磺酸阳离子交换基团的纤维膜，该膜只允许阳离子通过，类似半透膜。例如用 $NaHCO_3$ 作洗脱液，H_2SO_4 作再生液分离阴离子 A^-。当洗脱液和再生液分别在纤维管内和管外流动时，再生液中的 H^+ 通过阳离子交换膜与洗脱液中的 Na^+ 进行交换，并与洗脱液中的 HCO_3^- 和样品离子 A^- 发生抑制反应生成 H_2CO_3 和相应的酸。抑制反应不仅降低洗脱液的高背景电导率，而且提高了样品离子的电导率。

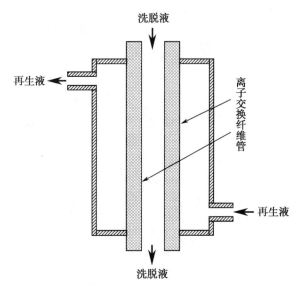

图 16-4　纤维膜抑制柱结构图

阳离子纤维膜抑制柱的结构和工作原理与阴离子纤维膜抑制柱相同，纤维管用含有季胺基阴离子交换基团的纤维膜，该膜只允许阴离子通过。例如洗脱液为 HCl，再生液为 $Ba(OH)_2$，分离阳离子 M^+。通过抑制反应，将高电导率的 HCl 转变成低电导率的 H_2O，将低电导率的样品离子 M^+ 转变成相应的碱。

纤维膜抑制柱不存在交换剂填充抑制柱的 Donnan 排斥现象，也不需要停机再生，可连续工作。但是其抑制效果随离子扩散速率不同而变化；纤维管内径小、管壁薄，使得柱容量低，机械强度较差；梯度洗脱时会导致洗脱液组成改变，离子扩散也随之改变，因而不适于梯度洗脱；离子交换膜需定期更换。

3. 平板微膜抑制柱　平板微膜抑制柱于 1985 年研制成功，是第三代抑制柱，与纤维膜抑制柱的抑制原理相同，结构相似。以 NaOH 为洗脱液，H_2SO_4 为再生液，分离 F^- 和 SO_4^{2-} 的阴离子平板微膜抑制柱结构及工作原理如图 16-5。

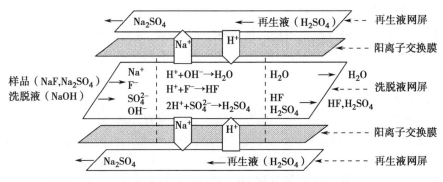

图 16-5　阴离子平板微膜抑制柱结构和工作原理图

图中上下两片相同的网格部分为高交换容量的阳离子交换膜，两片膜的上、下和中间部分都为磺化的离子交换网屏通道，洗脱液在中间网屏通道流动，再生液在上下两片网屏通道流动，但与洗脱液流动方向相反，网屏和膜之间紧密接触，无层流现象。

来自再生液中的 H^+ 通过阳离子交换膜与洗脱液中的 Na^+ 进行交换,并与洗脱液中的 OH^- 和样品离子发生抑制反应生成 H_2O 和相应的 HF、H_2SO_4。抑制反应不仅降低洗脱液的高背景电导率,还提高了样品离子的电导率。

平板微膜抑制柱不仅可连续工作而且死体积小,抑制容量高,可满足梯度洗脱的需要。但抑制反应所需的 H^+ 和 OH^- 仍需由化学试剂提供。

4. 电解再生抑制柱　电解再生抑制柱是可自动连续再生的抑制柱,是第四代抑制柱,也是目前最先进的抑制柱,其结构类似于平板微膜抑制柱。以 NaOH 为洗脱液,分离 X^- 离子的阴离子电解再生抑制柱的结构和工作原理如图 16-6 所示。

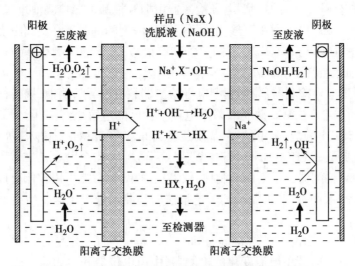

图 16-6　阴离子电解再生抑制柱结构和工作原理图

阳极和阴极材料都是 Pt-Ti,阳极电解液和阴极电解液都是 H_2O。当一定直流电压施加在阴、阳极之间时,水在阳极发生氧化反应生成 H^+ 和 O_2,同时在阴极发生还原反应生成 OH^- 和 H_2。当携带样品离子 X^- 的 NaOH 洗脱液通过时,阳极生成的 H^+ 在电场作用下透过阳离子交换膜进入洗脱液,与其中的 OH^- 和 X^- 反应生成 H_2O 和酸 HX;与此同时,洗脱液中等量的 Na^+ 在电场作用下透过阳离子交换膜而进入阴极电解液中,与阴极生成的 OH^- 结合生成 NaOH 流入废液。而阴离子即使在外加电场的作用下,也不能穿过阳离子交换膜。通过抑制反应,高电导率的 NaOH 洗脱液转变成水,样品离子转变成相应的酸,大大提高了样品离子的电导率检测信号。

阳离子电解再生抑制柱的结构和抑制原理与阴离子的相同,由于离子的电荷相反,膜要用阴离子交换膜。

电解再生抑制柱通过电解水提供 H^+ 或 OH^- 来满足化学抑制所需的离子,因而使用方便,平衡速度快,背景噪声低,坚固耐用,工作温度从室温到 40℃,并可在高达 40% 的有机溶剂存在下正常工作。电解所需的水可采用抑制后的洗脱液循环再生的方式和外接水源方式,前者因其使用方便而应用广泛,后者主要用于测定浓度极低样品或洗脱液中存在有机溶剂的情况。

（二）检测器

离子色谱仪的检测器有电化学检测器和光学检测器两大类。电化学检测器包括电导检测器和安培检测器,光学检测器包括紫外 - 可见检测器和荧光检测器,最常用的是电导检测器。安培检测器主要用于能发生电化学反应的物质;紫外 - 可见检测器可以作为电导检测器的重要补充;荧光检测器的灵敏度虽比紫外 - 可见检测器的灵敏度高,但主要用于荧光物质或衍生化处理形成荧光衍生物的化合物,在离子色谱法中的应用较少。

离子色谱对检测器的要求是:①灵敏度高,可以检测出 μg/ml 以下的含量;②线性范围宽;③响应快;④稳定性好,对流量、温度的变化不敏感;⑤噪声低,漂移小,对洗脱液组分的变化不敏感,从而可用于梯度淋洗;⑥柱外谱带扩张效应小,分离效能高。

1. 电导检测器　电导检测器(conductance detector)是离子色谱的主要检测器,属于非选择性检测器,又分为抑制型和非抑制型两种,常用的是抑制型电导检测器。

(1)抑制型电导检测器:抑制型电导检测器由抑制柱和电导检测池组成,其中抑制柱是关键部件。这种高灵敏度的通用型检测器可用于高浓度的洗脱液和高离子交换容量的分离柱,用于测定各种强酸、强碱、阴离子、阳离子和有机酸,但不能检测氨基酸等两性分子。灵敏度可高达 mmol/L 级甚至 μmol/L 级。

(2)非抑制型电导检测器:非抑制型电导检测器只有电导检测池,携带样品组分的洗脱液直接流入电导池进行检测。洗脱液采用电导率较低的电解质溶液,阴离子分析常用低浓度弱酸盐,如邻苯二甲酸盐、苯甲酸盐、苯磺酸盐、硼酸 - 葡萄糖、柠檬酸盐等;阳离子分析常用低浓度强酸或弱酸,如 HCl、HNO$_3$、柠檬酸、甲烷磺酸、对苯二甲酸、乙二胺草酸盐等。

非抑制型电导检测器由于不用抑制柱,仪器较简单,但只能采用较低交换容量的离子交换剂为柱填料。一般而言,非抑制型离子色谱法的检测灵敏度比抑制型离子色谱法低约一个数量级。

2. 安培检测器　安培检测器(ampere detector)是一种测量电活性物质在工作电极表面发生氧化或还原反应时产生电流变化的检测器,由恒电位器和检测池组成。检测池中有三种电极,分别是发生电化学反应的工作电极,电位恒定的 Ag/AgCl 参比电极和保持电位稳定性、防止大电流损坏参比电极的对电极。在外加电压作用下,电活性的被测物质在工作电极表面发生氧化或还原,即检测池内发生电解反应而产生电流。当发生氧化反应时,电子由电活性被测物质向检测池的工作电极转移;在发生还原反应时,电子由工作电极向被测物质方向转移。

安培检测器根据施加外加电压的方式不同分为三种:在工作电极上施加单电位的称为直流安培检测器;采用多重顺序电位的称为脉冲安培检测器和积分安培检测器。

安培检测器的灵敏度可高达 10^{-12}mol 级,选择性也很高,常用于分析解离度较低、用电导检测器难以检测或根本无法检测的离子(pKa>7),如亚硝酸盐、硫化物(HS$^-$、SO$_3^{2-}$、S$_2$O$_3^{2-}$、硫醇等)、氰化物、卤素、胺、醇类、乙醛、酚类、儿茶酚胺类、糖类、氨基酸等。

3. 紫外 - 可见光检测器　紫外 - 可见光检测器与高效液相色谱中的无明显区别。由于许多无机阴离子在紫外区没有吸收,故紫外 - 可见检测器在 IC 中应用并不多,但对电导检测是一个重要的补充。例如,在高浓度 Cl$^-$ 存在下测定样品中有紫外吸收的痕量 Br$^-$、I$^-$、NO$_2^-$ 和 NO$_3^-$,因为 Cl$^-$ 对紫外检测很不灵敏。

对有紫外 - 可见吸收的离子,要用无吸收或弱吸收紫外 - 可见光的物质作洗脱液,当被测离子经过检测器时,利用紫外 - 可见吸收信号的增加进行定量。如 Br$^-$、I$^-$、NO$_2^-$、NO$_3^-$、SCN$^-$、S$_2$O$_3^{2-}$ 等的分析。

对无紫外 - 可见吸收或吸收很弱的离子,还可采用有较强紫外 - 可见吸收的物质作为洗脱液,当被测离子经过检测器时,利用紫外 - 可见吸收信号的减小来定量;亦可通过柱前或柱后衍生化反应产生可吸收紫外 - 可见光的化合物,从而提高测定的灵敏度和选择性。可用于检测 Cl^-、碱土金属、重金属、过渡金属、稀土金属元素等。

4. 荧光检测器　荧光检测器在离子色谱法中应用很少,主要是结合柱后衍生技术测定 α- 氨基酸等,具有灵敏度高、选择性好等特点。

五、数据采集与处理系统

数据采集和处理系统包括计算机、打印机以及色谱工作站软件等。它的功能为:记录离子色谱图,给出峰高、峰面积、保留值等数据,进行多图谱比较,自动绘制校正曲线和计算分析结果等。还可以通过工作站设置分析条件,控制整个色谱系统的工作运行,使离子色谱法自动化和智能化。

第四节　离子色谱条件的选择

离子色谱法根据分离机制不同分为三种方法,应根据被测组分的性质选择不同的离子色谱法。亲水性阴、阳离子最好选 HPIC,无机弱酸和有机酸一般选用 HPIEC,疏水性阴、阳离子一般选用 IPC。下面主要讨论抑制型离子色谱法色谱条件的选择。

一、固定相

在 HPLC 中,选择性的改变主要通过流动相的改变来实现。但在抑制型 IC 中,洗脱顺序主要由带电荷的组分与离子交换剂之间的相互作用来决定的,而且能与抑制型电导检测器匹配的洗脱液种类又十分有限。因此,选择性的改变主要是通过选择固定相来完成。

HPIC 中,阳离子分离一般用表面薄壳型阳离子交换剂,阴离子分离一般用表面覆盖型阴离子交换剂。分离的选择性主要取决于组分离子与离子交换剂之间的竞争交换力。

当离子交换剂一定时,选择性主要与组分离子性质有关,一般是离子的价态越高、离子半径越大、水合离子半径越小、极化度越大,与交换剂的竞争交换力越强,其选择性系数越大,保留时间也越长。

当组分离子一定时,选择性主要与基核外层交换剂单体组成、交换剂交联度、交换剂功能基团的类型和结构等因素有关。

1. 交换剂单体组成　交换剂单体由三种不同类型的单体构成:用于产生离子交换的功能基团单体,用于控制水含量的交联单体和用于调节电荷密度或控制次级相互作用的无功能基单体。抑制型 IC 中,产生离子交换的功能基团单体主要是苯乙烯,控制水含量的交联单体主要是二乙烯基苯,即交换剂单体主要是聚苯乙烯 - 二乙烯基苯。交换剂单体的交联度决定其网孔大小和含水量高低,交联度越高,其网孔越小,含水量也越低。

一般而言,交联度高的交换剂对离子的选择性较强,而且这种选择性在稀溶液中体现得更充分。微孔型交换剂适宜小分子化合物的分离,大孔型交换剂适宜大分子化合物的分离,通常大的可极化阴离子在大孔型交换剂上选择性改变较大。另外,微孔型交换剂多用在抑制柱上。

2. 交换剂功能基团类型　阳离子交换剂可分为强酸和弱酸型两种,阴离子交换剂可分为强碱和弱碱型两种。强酸和强碱功能基团的交换剂可在很宽的 pH 范围内保持他们的容量;弱酸和弱碱功能基团的交换剂能在有限的 pH 范围内保持它们的容量。

3. 交换剂功能基团结构 阳离子交换剂功能基团结构的改变不多,其选择性的改变主要是交换剂功能基团类型的改变;而阴离子交换剂有数百种可能的结构,交换功能基团的大小、形状、功能基团的种类和分布等都对选择性有影响。

一般情况下,交换功能基团的大小增加时,亲水性多价阴离子(如 SO_4^{2-})的保留时间减小,因为功能基体积增大,其电荷密度减小,组分离子与功能基团之间的库仑力减弱。亲水性一价阴离子(如 Cl^-)受功能团大小的影响较小,而且当功能团的大小增加时,一价阴离子的保留时间略有增加。易极化阴离子(如 Br^-、I^-、NO_3^-)受功能基团的水合作用影响较大,当功能基团变得更疏水时,他们的保留时间减小。然而,若洗脱离子比组分阴离子(如对氰基酚)更易极化,则可观察到相反的影响。

HPIEC 中,固定相常用总体磺化的聚苯乙烯 - 二乙烯苯阳离子交换剂,分离的选择性主要与交换剂的交联度、功能基团的类型和结构有关。交换剂的交联度决定有机酸扩散进入固定相的程度,因而影响保留的强弱。目前交联度为 8% 的交换剂应用最多,对于弱解离的有机酸可用交联度为 12% 的交换剂,对于较强解离的酸可用交联度为 2% 的交换剂。交换剂功能基团的类型和结构,也影响组分的保留。若交换剂的功能基团只有磺酸基,主要用于分析脂肪族一元羧酸;若功能基团除磺酸基外还有羧基,羧基能与有机酸中的羟基形成氢键,因此,它们的保留作用除离子排斥外,还有较强的疏水性吸附和氢键力,对有机弱酸的保留明显增强,主要用于二元和三元羧酸、羟基有机酸和醇类的分析。另外,苯乙烯 - 二乙烯苯离子排斥色谱柱不宜用于芳香羧酸的分离,因固定相和羧酸的芳香环 π-π 相互作用,使芳香羧酸被强保留在柱上而难以洗脱。

IPC 中,固定相常用交联度为 55% 的无离子交换功能基的疏水性中性乙基乙烯基苯 - 二乙烯基苯聚合物多孔交换剂,在 pH=0~14 稳定,允许流动相中含有酸碱和有机溶剂,可用于阴离子和阳离子的分离。离子对色谱的选择性主要决定于洗脱液,受固定相的影响较小。

二、色谱柱长度

色谱柱的长度决定理论塔板数,柱子越长柱效越高,分离效果越好。另外,色谱柱长度也决定柱交换容量。当样品中被测离子的浓度远小于其他离子的浓度时,推荐用长色谱柱以增加柱容量,但色谱柱过长又增加保留时间。所以在满足分离要求和检测灵敏度的条件下,尽量用较短的色谱柱。

三、洗脱液

HPIC 中,洗脱液的选择也是控制和改善选择性的有效方法,洗脱液的组成、浓度以及 pH 都影响组分的保留。

1. 洗脱液组成 洗脱液的组成影响洗脱效果和分离选择性。

(1)洗脱液必须具备的条件:①能从离子交换功能基团上竞争交换出被测离子,即洗脱离子与被测离子的选择性系数接近或稍大;②对于抑制型 HPIC,洗脱液通过抑制柱时能发生抑制柱反应,形成电导率极低的弱电解质或水。

(2)洗脱液组成:抑制型 HPIC 中,满足上述条件的阴离子洗脱液一般为 pKa 大于 6 的弱酸盐,包括 Na_2CO_3、$NaHCO_3$、$NaOH$、$Na_2B_4O_7$、酚盐、邻苯二甲酸盐、氨基酸等;阳离子洗脱液一般为盐酸、硝酸、硫酸、甲基磺酸、二氨基丙酸、乙二酸、柠檬酸、苯二胺盐酸盐等。

(3)洗脱液选择的一般原则:①弱保留的阴离子,如 F^-、$H_2PO_4^-$、IO_3^-、$HCOO^-$、CH_3COO^-

等,一般选 $Na_2B_4O_7$、$NaOH$、$NaHCO_3$ 等弱的洗脱液;②半径较大、中等保留的一价阴离子或多价阴离子,如 NO_3^-、Br^-、SO_4^{2-}、PO_3^{3-} 等,与阴离子交换基团的竞争交换力越强,一般应选 $H_2NCH(R)COOH$—$NaOH$、$NaHCO_3$—Na_2CO_3 等中等强度的洗脱液;③半径较大、疏水性较强的强保留阴离子,如 I^-、SCN^-、ClO_4^-、水杨酸盐、三氯乙酸盐等,一般应在 $NaHCO_3$—Na_2CO_3 等中等强度的洗脱液中加入适量甲醇、乙醇或对氰基酚等极性有机改进剂,有机改进剂将占据交换剂的疏水位置,减少被测组分与交换剂间的吸附作用,缩短这些组分的保留时间并改善峰形,但必须注意改进剂的种类和浓度要与分离柱和抑制柱相匹配;④碱金属、铵和小分子脂肪胺等一价阳离子,常用浓度为 2~40mmol/L 稀 HCl 或 HNO_3 作洗脱液;⑤二价阳离子与交换剂的竞争交换力较大,较高浓度的 HCl 或 HNO_3 才能将它们洗脱下来,这就缩短了抑制柱的再生周期和使用寿命,并加重对仪器不锈钢部件的腐蚀。因此,须用腐蚀性小的高浓度柠檬酸、乙二酸、二氨基丙酸等有机酸洗脱液,2,3-二氨基丙酸与 HCl 的混合洗脱液效果也比较好。

此外,洗脱液还要根据抑制柱的类型来选择,一般阳离子交换剂填充抑制柱用 HCl 为洗脱液,阳离子纤维膜抑制柱用烷基磺酸为洗脱液。

2. 洗脱液浓度　洗脱液浓度越高,越容易从交换功能基团上竞争交换出被测离子,其保留时间也越短。洗脱液浓度增加时一价和二价离子的保留时间都要缩短,且对二价离子的影响更为显著。

3. 洗脱液 pH　洗脱液 pH 影响离子交换功能基团的活性、洗脱离子和组分离子的存在形式,因而影响保留时间。用弱酸盐洗脱液分离阴离子时,洗脱液 pH 的改变将影响洗脱离子的电荷和存在形式,因而影响它的洗脱能力。用弱酸性洗脱液分离阳离子时亦同样如此。同时,弱酸阴离子或弱碱阳离子组分的电荷和存在形式也受洗脱液 pH 的影响,特别是多价弱酸阴离子受 pH 的影响更大,强酸阴离子和强碱阳离子受 pH 的影响较小。

HPIEC 中,洗脱液 pH 的改变影响弱酸的解离,pH 越小,弱酸的解离程度亦越小,保留时间就越长。

IPC 中,洗脱液 pH 的改变影响被分离组分的解离和它们与离子对试剂的反应,从而也影响组分的保留。

四、流速

洗脱液的流速影响保留时间。增加流速可以缩短保留时间,但是柱压也随之增大;另一方面,由于流速不能改变洗脱液的 pH、离子强度等参数,因此通过降低流速来改善分离效果十分有限。离子色谱法洗脱液的流速一般较低,通常小于 1ml/min,这有利于提高柱效。在分离良好的前提下可适当增加流速,缩短分析周期。复杂组分的分离一般采用梯度洗脱方式。

第五节　离子色谱法的应用

离子色谱法最适宜分析无机阴离子,也可用于无机阳离子、有机酸碱、糖类、氨基酸和蛋白质等化合物的分析。目前,能用离子色谱法分析的无机阴阳离子以及有机化合物已达 200 多种,广泛应用于预防医学、环境监测、卫生检验、药物分析、生命科学、石油化工、电力工业等各个领域。

一、无机阴离子分析

HPIC 是美国国家环境保护局（EPA）测定饮用水和废水中阴离子的标准方法。以 4.8mmol/L Na_2CO_3-0.6mmol/L $NaHCO_3$ 为洗脱液，在 AS14 色谱柱上分离水中 7 种阴离子，抑制型电导检测。阴离子混合标准溶液的离子色谱图见图 16-7。

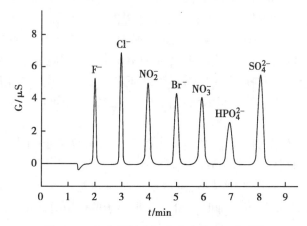

图 16-7　阴离子混合标准溶液的离子色谱图

二、阳离子分析

HPIC 也是血清中钾、钠、钙、镁离子测定的标准方法。色谱柱用 CS12A，洗脱液为 18mmol/L 甲烷磺酸，抑制型电导检测。阳离子混合标准溶液的离子色谱图见图 16-8。

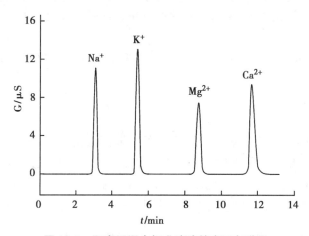

图 16-8　阳离子混合标准溶液的离子色谱图

三、有机物分析

离子色谱法已用于有机酸、糖类和氨基酸、核酸、蛋白质、维生素和抗生素等的分析。例如，果汁、饮料中的 13 种有机酸可采用 HPIEC 测定。色谱柱用 ICE-AS6，洗脱液是 0.4mmol/L 全氟丁酸，抑制型电导检测。有机酸混合标准溶液的离子色谱图见图 16-9。

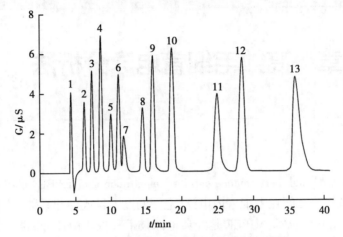

图 16-9 有机酸混合标准溶液的离子色谱图

1. 草酸；2. 酒石酸；3. 柠檬酸；4. 羟基丁二酸；5. 羟基乙酸；6. 甲酸；7. 乳酸；8. α羟基丁酸；9. 乙酸；
10. 丁二酸；11. 富马酸；12. 丙酸；13. 戊二酸

本 章 小 结

1. **基本知识** 离子色谱法的定义、特点和类型；离子交换剂的类型和性能指标、选择性系数及影响其大小的因素；离子交换色谱法的分离机制、抑制原理、固定相和洗脱液以及应用对象；离子色谱仪的组成系统及各系统的主要作用；抑制柱类型、结构、原理及特点；检测器原理、特点及应用对象；离子色谱法色谱条件的选择、特点和应用。

2. **核心内容** 离子色谱法是以离子交换树脂为固定相的特殊液相色谱分离分析技术。重点是离子交换柱和洗脱条件的选择。核心是对抑制器的设置、原理及作用的理解。离子色谱法的应用已扩展到生命科学领域。

3. **学习要求** 了解离子色谱法的特点、类型及应用；掌握离子交换色谱法、离子排斥色谱法和离子对色谱法的分离机制、抑制原理，离子色谱仪的组成及各部件的作用，抑制柱的结构、抑制原理及其特点；熟悉离子色谱法分析条件的选择、离子交换剂的类型，以及离子交换剂的性能指标及影响因素。

（张丽萍，梁青青）

思考题

1. 什么是离子色谱法？离子色谱法有哪些类型？各适用于分析哪些物质？

2. 简述离子交换剂选择性系数的物理意义及影响其大小的主要因素。

3. 简述高效离子交换色谱法、高效离子排斥色谱法和离子对色谱法的分离机制和抑制原理。

4. 离子色谱仪主要由哪几部分组成？简述各部分的作用。

5. 简述交换剂填充抑制柱、纤维膜抑制柱、平板微膜抑制柱、电解再生抑制柱的结构、抑制原理及其特点。

6. 用抑制型高效离子交换色谱法分析阴离子时，选择洗脱液的一般原则是什么？

第十七章　高效毛细管电泳分析法

高效毛细管电泳（high performance capillary electrophoresis，HPCE）是以高压电场为驱动力，依据待测物各组分之间在毛细管内电泳、电渗淌度差异或分配系数不同而实现高效、快速分离的一种液相分离技术。HPCE 是经典电泳技术和现代微柱分离技术相结合的产物，是高效液相色谱分析的补充，具有高灵敏度、高效、高速、样品用量少、低消耗、应用范围广等特点。在生物、卫生、医药、化工、环保、食品等领域具有广泛的应用。

第一节　基本概念和原理

一、电泳与电泳淌度

（一）电泳与电泳速度

1. 电泳　带电离子在电场作用下，因受异性电极吸引或同性电极排斥而引起的定向运动，称为电泳。早在 1808 年就发现了电泳现象，1937 年瑞典科学家建立了移界电泳法，将电泳发展成为一种分离技术。

2. 电泳速度　在电场作用下，某种带电粒子在单位时间内移动的距离称为电泳速度。

$$v = \mu E \tag{17-1}$$

式中，E 为电场强度，μ 为电泳淌度。

电场强度 E 是外加电压 V 与毛细管总长度 L 之比：

$$E = \frac{V}{L} \tag{17-2}$$

（二）电泳淌度

带电粒子在电场作用下于一定介质中发生电泳。单位电场强度下带电粒子的平均迁移速度（$m^2/V \cdot s$）称为电泳淌度（electrophoresis mobility，μ_{ep}）或电泳迁移率。在无限稀释溶液中的淌度称为绝对淌度。

电泳淌度 μ_{ep} 为溶质移动距离 l 与电场强度 E 和时间 t 的比值：

$$\mu_{ep} = \frac{l}{tE} \tag{17-3}$$

（三）有效淌度

电场中带电离子运动除了受到电场力的作用外，还会受到溶剂阻力的作用，两种力的作用达到平衡时离子作匀速运动，电泳进入稳态。

对于球形离子，其淌度的大小与该离子所带电荷 q 成正比，与该离子的半径 r 以及溶液的黏度 η 成反比，与电场强度无关。对于给定的介质和离子，淌度是该离子的特征常数。

$$\mu_{ep}=\frac{1}{6\pi}\frac{q}{\eta r} \tag{17-4}$$

一般来说,离子所带电荷越多、离解度越大、体积越小,电泳速度就越快。由于实际溶液的浓度不同,pH 不同,所以样品分子的离解度不同,所带电荷也将发生变化,这时的实际淌度可称为有效电泳淌度。

二、电渗与电渗流

(一)电渗现象

1. 电渗现象　　电渗(electro-osmosis)是指在电场作用下,毛细管内壁表面电荷引起的管内液体整体移动的现象。即在高压下,由毛细管内壁表面电荷与液体中异性电荷形成的双电层使管内液体向与其电性相反的电极发生整体移动,从而产生电渗现象。

2. 双电层　　双电层是指两相之间的分离表面,由相对固定和游离的两部分离子组成的与表面异性的离子层,凡是浸没在液体中的界面都会产生双电层。在毛细管电泳中,无论是带电粒子的表面还是毛细管管壁的表面都有双电层。

如毛细管电泳中最常使用石英毛细管,在 pH>3 情况下,由于硅羟基在水溶液中电离,产生的 $-SiO^-$ 负离子,使毛细管内表面带负电,当与溶液接触时,会形成紧贴内表面的带正电的离子层,从而形成双电层(图 17-1)。溶液中过剩的正电荷一部分被吸附固定在内壁表面,称为 Stern 离子层,另一部分则扩散在溶液中,称为扩散层。扩散层中游离部分离子的电荷密度随着与内壁表面距离的增大而急剧减小。

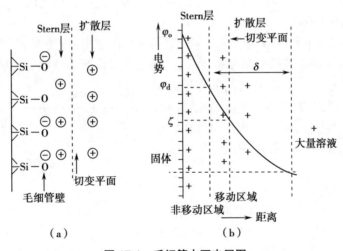

图 17-1　毛细管内双电层图

3. Zeta 电势　　电介质溶液中,任何带电粒子都可被看成是一个双电层系统的一部分,离子自身的电荷被带异性电荷的离子中和,这些异性离子中有一些被不可逆地吸附到离子上,而另一些则游离在附近,并扩散到电介质中进行离子交换。被固定的离子与离得最近的离子之间的电势则被称之为离子的 Zeta 电势。

在 Stern 层和双电层游离部分的起点边界层之间的电势称之为管壁的 Zeta 电势(图 17-1)。典型值在 0~100mV 之间,Zeta 电势的值随距离增大按指数衰减,使其衰减一个指数单位所需的距离称之为双电层的厚度(δ)。表面 Zeta 电势与它表面上的电荷数及双电层厚度有关,而这些又受到离子的性质、缓冲溶液 pH 值、缓冲溶液中阳离子和表面间的平衡等因素的影响。

(二)电渗流

电渗现象中整体移动着的液体叫电渗流(electro-osmotic flow,EOF)。在毛细管内部,由定域电荷对溶液中相反离子吸引形成的双电层,使溶剂中组成扩散层的离子,在电场作用下被吸引向相反电极移动,由于离子都是溶剂化的,从而带动毛细管内溶液整体定向移动,这个过程即形成了电渗流。

(三)电渗流的大小和方向

1. 电渗速度和电渗淌度　在电场作用下,电渗流在单位时间内移动的距离称为电渗速度(u_{eo}),而在单位电场强度下电渗速度称为电渗淌度(μ_{eo})。

$$u_{eo}=\mu_{eo}E \tag{17-5}$$

$$\mu_{eo}=\frac{\varepsilon\xi}{\eta}E \tag{17-6}$$

式中,ε 为介电常数,ξ 为 Zeta 电势,E 为电场强度。

电渗流的大小受电场强度、Zeta 电势、双电层厚度和介质黏度的影响,一般说来,Zeta 电势越大,双电层越薄,黏度越小,电渗流值越大。

2. 电渗流的方向　电渗流的方向取决于毛细管内表面电荷的性质:

(1)毛细管内表面带负电荷,溶液层带正电荷,电渗流流向阴极。

(2)毛细管内表面带正电荷,溶液层带负电荷,电渗流流向阳极。

(3)常用的石英毛细管内表面带负电荷,溶液层带正电荷,电渗流流向阴极。

(四)电渗流的流形

电渗流是因定域电荷对溶液中相反离子吸引形成的双电层,使溶剂中组成扩散层溶剂化的离子,在电场作用下被吸引到相反电极,致使毛细管内溶液整体定向移动的过程,溶液中溶剂化离子和电荷分布均匀,电场的作用力均衡,使毛细管中的电渗流流形为平流、塞状流动,得到的谱图谱带展宽小,易于分辨。而液相色谱溶液流形为层流,抛物线状流动,易造成较大谱带展宽(图 17-2)。

(五)表观淌度

在毛细管电泳中,电泳和电渗同时存在,样品离子的迁移是有效电泳淌度和电渗流淌度的综合表现,若不考虑相互作用,离子的运动速度为两种速度的矢量和,这时的实际淌度称为表观淌度(μ_a)。

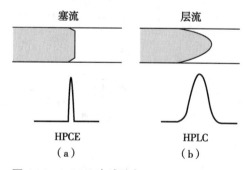

图 17-2　HPCE 电渗流与 HPLC 流型的比较

(a)电渗流塞流流型;(b)层流或抛物线流型

$$u=u_{ep}+u_{eo}=(\mu_{ep}+\mu_{eo})E=\mu_aE \tag{17-7}$$

式中 u 为离子的实际运动速度,u_{ep} 为有效电泳淌度,u_{eo} 为电渗淌度,μ_a 为表观淌度,E 为电场强度。

三、分离效率和谱带展宽

电渗在电泳分离中扮演着重要角色,是伴随电泳产生的一种电动现象。溶质离子在毛细管内电解质中的迁移速度等于电泳和电渗流两种速度的矢量和。正离子的运动方向和电渗流一致，其迁移速度为 $u_{ep}+u_{eo}$，故最先流出；中性离子的电泳速度为零，故其迁移速度相当于电渗流速度，随正离子之后流出；负离子的运动方向和电渗流方向相反，其迁移速度为 $u_{eo}-u_{ep}$，但因电渗流速度一般都大于电泳流速度，故它将在中性离子之后流出，从而因各种离子迁移速度不同而实现分离。电渗流的大小和方向可以影响毛细管电泳的分离效率、选择性和分离度，所以成为优化分离条件的重要参数。

（一）分离效率

理论塔板数 (n) 和理论塔板高度 (H) 是反映组分在固定相和流动相中动力学特性的色谱技术参数，是代表色谱柱分离效能的指标。虽然柱上检测毛细管电泳与柱后检测的色谱法有所不同，如用待测组分在毛细管电泳中的迁移时间代替色谱法中的保留时间，用毛细管柱的有效长度代替色谱柱总长度，理论塔板数 (n) 和塔板高度 (H) 依然是评价毛细管电泳分离效率的重要指标。塔板理论和具体计算公式见第十二章。

（二）谱带展宽

毛细管电泳分析中影响谱带展宽的因素主要有两类，一是来源于柱内溶液和溶质本身，如电渗流流形、自热以及扩散和吸附的影响；二是来源于系统本身如进样和检测系统等的影响。

1. 流形　毛细管电泳的电渗流流形为扁平型、塞状流，比高效液相色谱的抛物线流形柱效高，因为影响谱带展宽项中只有纵向扩散项，没有传质阻力项和涡流扩散项的影响。

纵向扩散是指溶质沿着毛细管的纵向扩散运动，纵向扩散系数越大，谱峰就越宽，柱效能降低。

$$n=\frac{L_d}{H}=\frac{\mu_{ep}EL_d}{2D} \tag{17-8}$$

式中，E 为电场强度，μ_{ep} 为淌度，L_d 为毛细管有效长度，D 为扩散系数。

2. 自热　电流通过毛细管中缓冲溶液时产生的热，称为焦耳热。由于毛细管壁的散热使毛细管中心温度高于管壁温度，使毛细管内产生径向温度梯度，因而产生离子迁移速度的径向不均匀分布，使谱带展宽。

使用细内径、粗外径的毛细管，采用低热导率的聚酰亚胺涂层，可以降低热传导的过程。适当降低外加电压、减少缓冲溶液的电导以及对毛细管进行恒温等措施，也可以减少温度梯度，提高柱效。

3. 吸附　吸附是指毛细管壁对溶质离子的吸附作用，是由于毛细管壁带有电荷，会吸引相反电荷的溶质离子。毛细管柱的内表面与其体积的比越大，吸附能力越大。吸附减缓了离子移动速度，从而使谱带展宽，影响分离效率。特别是生物大分子，如蛋白质、多肽等分子，带电荷数多，又有较多的疏水基团，吸附问题严重，影响分离效果。

减少吸附的方法主要有降低溶液的 pH，使石英表面硅羟基主要以不带电的质子化形式存在，可减少吸附；增加缓冲溶液浓度可降低表面电荷而减少吸附；或加入改性试剂与管壁结合，减少管壁电荷数而抑制吸附。

4. 进样　进样时间的长短会影响溶质离子在毛细管柱中的保留时间，当进样塞长度太长时，引起的谱带展宽会大于纵向扩散的影响，使分离效率明显下降。在实际操作过程中，进样塞长度应小于或等于毛细管总长度的 1%~2%。

四、分离度

分离度的定义与色谱法相同,但因毛细管电渗流流形为扁平型、塞状流,电泳峰形尖锐,不同溶质微小的电泳淌度差异就足以实现完全分离,分离度较高。分离度计算公式见第十二章。

影响分离度的主要因素有工作电压、毛细管有效长度与总长度比值,有效淌度差异和电渗淌度。

五、分离模式

根据毛细管电泳分离样本的原理不同,其分离分析类型主要有毛细管区带电泳、毛细管等速电泳、毛细管胶束电动色谱、毛细管凝胶电泳、毛细管等电聚焦和毛细管电色谱(capillary electrochromatography,CEC)。

(一)毛细管区带电泳

毛细管区带电泳(capillary zone-electrophoresis,CZE),又称毛细管自由电泳,是毛细管电泳中最基本、应用最普遍的一种分离模式,特别是分离带电化合物,包括无机阴、阳离子、有机酸、蛋白质等,但不能分离中性化合物。

当载体电解质的 pH 大于 3 时,石英毛细管的内表面由于硅醇基的存在而带负电,与载体电解质接触形成外部带正电的双分子层,在高电场作用下,双分子层的水合阳离子导致流体向阴极方向整体移动,从而形成电渗流其速度一般总大于电解质中任何分子的电泳流速度,因此驱动阳离子和阴离子依次流向阴极,从而达到分离的效果。

(二)胶束动力学毛细管色谱

为了分离毛细管区带电泳不能分离的不同结构的中性分子,将电泳技术与色谱技术相结合,集电泳、电渗与分配技术于一体,而形成的胶束动力学毛细管色谱(micellar electrokinetic-capillary chromatography,MECC)技术,扩展了高效毛细管电泳技术的应用范围。

1984 年 Terabe 首次将十二烷基硫酸钠加入到毛细管区带电泳中,创立了胶束动力学毛细管色谱。MECC 柱效高、样品用量少、快速、灵敏,用于分离离子型化合物和中性粒子,得到广泛应用。

1. 胶束准固定相　在毛细管电泳缓冲溶液中,加入离子型表面活性剂,当浓度增加到临界浓度时,表面活性剂分子形成疏水基向内、亲水基向外的多分子聚集体,称为胶束。

在此胶束体系中,随电渗流一起流动的水相称为流动相,而流速较慢但也随电渗流流动的胶束称为胶束准固定相。

在胶束动力学毛细管色谱中使用的准固定相主要有阴离子型(十烷基硫酸钠,十二烷基硫酸钠,十四烷基硫酸钠)和阳离子型表面活性剂(氯化十二烷基三甲基铵,溴化十二烷基三甲基铵,氯化十六烷基三甲基铵,溴化十六烷基三甲基铵)。

2. 分离原理　胶束动力学毛细管电泳是在电泳缓冲溶液中加入一些离子型表面活性剂(如常用的十二烷基硫酸钠,SDS),当其浓度超过临界浓度后,表面活性剂之间发生聚集,形成有一疏水内核、外部带电荷的胶束。虽然胶束带负电,但在一般分析 pH 条件下,电渗流的速度大于胶束的迁移速度,故胶束将以较低速度与电渗流同向移动。溶质在水相和胶束相(准固定相)之间产生分配,性质不同的中性粒子因其本身疏水性不同,在二相中分配存在差异,疏水性强的胶束结合力强,保留时间长,最终按中性粒子疏水性不同得以分离。

MECC 使毛细管电泳（capillary electrophoresis，CE）能用于中性物质的分离，拓宽了 CE 的应用范围，是对 CE 极大的贡献。

（三）毛细管凝胶电泳

毛细管凝胶电泳（capillary gel electrophoresis，CGE）是以移到毛细管内的凝胶作支持物进行的一种电泳技术。该方法得到的电泳峰形尖锐，分辨率高，抗对流和散热性好，但溶质与凝胶之间存在相互作用，分析耗时较长。主要用于蛋白质、核酸等大分子的分离分析。

1. 分离原理　凝胶是由颗粒网状结构和凝聚在其中的溶剂组成的物质。凝胶具有多孔性，起类似分子筛的作用。当带电的溶质分子在电场作用下，在凝胶网状结构中迁移时，其分子运动速度受凝胶网状结构的阻碍而减缓，分子大小不同，受阻碍的程度不同，则因迁移速度不同，溶质按分子大小逐一分离。凝胶黏度大，能减少溶质的扩散，所得峰形尖锐，能达到较高的柱效。

2. 常用凝胶　毛细管凝胶电泳常用的凝胶有葡聚糖凝胶、琼脂糖凝胶和交联聚丙烯酰胺凝胶。

葡聚糖凝胶是经环氧氯丙烷交联的立体网状结构多糖类物质，孔径较小，性质稳定。因其紫外区的吸收低，利于蛋白质的检测。琼脂糖凝胶为天然高分子物质，孔径大，渗透能力强，但易堵塞。

聚丙烯酰胺是丙烯酰胺与 N，N'- 亚甲基二丙酰胺的共聚物，在毛细管内交联制成凝胶柱，孔径较小，具有明显的分子筛效应。可分离、测定蛋白质和 DNA 的分子量或碱基数，但其柱制备麻烦，易产生气泡影响测定，使用寿命短。如采用黏度低的线性聚合物如甲基纤维素代替聚丙烯酰胺，可形成无凝胶但有筛分作用的无胶筛分（non-gel sieving）介质。它能避免空泡形成，比凝胶柱制备简单，寿命长，但分离能力比凝胶柱略差。

如在聚丙烯酰胺凝胶电泳中，加入十二烷基硫酸钠（SDS），形成 SDS 聚丙烯酰胺电泳，蛋白质分子与 SDS 结合后改性，电荷被 SDS 负电荷掩盖，形成蛋白质 -SDS 配合物，电泳中按分子大小分离。

3. 常用缓冲溶液　毛细管凝胶电泳常用的缓冲液见表 17-1。

表 17-1　毛细管凝胶电泳常用的缓冲液

缓冲液	使用液	储存液
Tris- 乙酸（TAE）	0.04mol/L Tris- 乙酸 0.001mol/L EDTA	242g Tris 碱 57.1ml 冰乙酸 100ml 0.5mol/L EDTA
Tris- 磷酸（TPE）	0.09mol/L Tris- 磷酸 0.002mol/L EDTA	10g Tris 碱 15.5ml 85% 磷酸 40ml 0.5mol/L EDTA
Tris- 硼酸（TBE）	0.045mol/L Tris- 硼酸 0.001mol/L EDTA	54g Tris 碱 27.5g 硼酸 20ml 0.5mol/L EDTA
碱性缓冲液	50mmol/L NaOH 1mmol/L EDTA	5ml 10mol/L NaOH 2ml 0.5mmol/L EDTA
Tris- 甘氨酸	25mmol/L Tris 碱 250mmol/L 甘氨酸 0.1% SDS	15.1g Tris 碱 94g 甘氨酸 50ml 10% SDS

（四）毛细管等电聚焦

毛细管等电聚焦（capillary iso-electric focusing, CIEF）是依据蛋白质或多肽等物质的等电点不同而实现分离的毛细管电泳技术。

1. 等电点　等电点（pI）是一个分子或者表面不带电荷时的 pH。是指在某一 pH 的溶液中，氨基酸或蛋白质解离成阳离子和阴离子的趋势或程度相等，成为兼性离子，呈电中性，此时溶液的 pH 成为该氨基酸或蛋白质的等电点。

2. 分离原理　毛细管等电聚焦是将样品与两性电解质混合进入毛细管内，通过管壁涂层使电渗流减到最小，以防蛋白质吸附及破坏稳定的聚焦区带，在高压电场作用下，毛细管内部形成一个 pH 梯度，蛋白质沿 pH 梯度，在毛细管中迁移，向各自等电点聚焦，呈电中性后停止，形成明显的窄溶质区带。不同的蛋白质等电点不同，因此聚焦在不同区带位置而分开。最后改变检测器末端贮液瓶内的 pH，使聚焦的蛋白质依次通过检测器而得以确认。

（五）毛细管等速电泳

毛细管等速电泳（capillary iso-tachophoresis, CITP）是一种较早的分析模式，采用前导电解质和尾随电解质，使溶质按其电泳淌度不同得以分离，常用于分离离子型物质。

1. 分离原理　毛细管等速电泳使用两种电解质溶液，一种含有与溶质离子电荷种类相同且淌度为体系中最大的离子，称为前导电解质，另一种含有体系中淌度最小的离子，称为尾随电解质。样品离子的淌度介于两电解质离子之间，在电场作用下，不同离子以不同的电泳速度在毛细管中迁移。前导电解质离子淌度大，迁移速度快，集中在最前端，样品离子中按离子淌度大小依次跟随其后，尾随电解质离子列在最后。各种离子形成各自的独立区带而相互分离。在迁移过程中，各区带都以和前导电解质相同的速度移动。若两个区带脱节，通过改变电场强度使拖后区带迅速赶上，使各区带内离子淌度与该区带两侧电场强度的乘积相同。

2. 常用缓冲溶液　常用的阴离子等速电泳和阳离子等速电泳缓冲溶液组成见表 17-2 和表 17-3。

（六）毛细管电色谱

毛细管电色谱（capillary electro-chromatography, CEC）作为一种新型微柱分离技术，具有高效、高选择性、高分辨率和快速分离等特点。毛细管电色谱法是 HPLC 和 HPCE 的有机结合，它不仅克服了 HPLC 中压力流本身流速不均匀引起的峰扩展，而且柱内无压降，使峰扩展只与溶质扩散系数有关，从而获得了接近于 HPCE 水平的高柱效，同时还具备了 HPLC 的选择性。由于进样体积通常为纳升级，所以对检测系统的高灵敏检测提出了很高的要求。当前，发展 CEC 与各种高灵敏检测器的联用已成为 CEC 研究中最活跃的方向之一。

表 17-2　阴离子等速电泳缓冲溶液

试剂作用	pH3.3	pH6.0	pH8.8
前导离子试剂	10mmol/L HCl	10mmol/L HCl	10mmol/L HCl
前导对离子试剂	β- 氨基丙酸	L- 组氨酸	2- 氨基 2- 甲基 1,3- 丙二醇
前导添加剂	2g/L 羟丙级甲基纤维素	2g/L 羟丙级甲基纤维素	2g/L 羟丙级甲基纤维素
尾随离子试剂	10mmol/L 己醇	10mmol/L 2-（吗啉代）乙烷	10mmol/Lβ- 氨基丙酸
尾随对离子试剂		硫酸三（羟基甲基）氨基甲烷	
尾随电介质 pH		6.0	9.0

表 17-3　阳离子等速电泳缓冲溶液

试剂作用	pH2.0	pH4.5
前导离子试剂	10mmol/L HCl	10mmol/L 乙酸
前导对离子试剂		乙酸
尾随离子试剂	10mmol/L 三（羟基甲基）氨基	10mmol/L 乙酸
尾随对离子试剂	甲烷	
尾随电介质	HCl	
pH	8.5	

1. 分离原理　毛细管电色谱是以内含色谱固定相的毛细管为分离柱,兼具毛细管电泳及高效液相色谱的双重分离机理,样品分离过程包含基于溶质电迁移过程和在固定相与流动相间的分配过程,既可分离带电物质也可分离中性物质。其基本原理、分离机制和仪器装置与毛细管电泳基本类似。

2. 毛细管电色谱柱　按毛细管电色谱柱内固定相形式不同,CEC 柱可分为填充柱、开管柱和整体柱三类。

（1）填充柱:是 CEC 中应用最广泛的毛细管电色谱柱,可以利用各种 HPLC 固定相,实现不同溶质间的高效分离。常用的 CEC 固定相是十八烷基键合硅胶固定相和 CEC 专用混合官能团固定相。混合官能团固定相是在硅胶表面同时键合具有反相色谱性质的烷基官能团和具有离子交换性质的磺酸官能团。烷基键合在硅胶表面可以对分离物提供一定的保留性和选择性,而未被键合的硅羟基在流动相 pH>2.3 时被离子化而带负电,产生趋向负极运动的电渗流,磺酸与烷基组成的混合固定相使其在较宽 pH 范围内保持良好的电渗流,从而保证溶质电迁移过程和分配过程的分离效率。

填充柱优点是制备简单,可供选择的固定相广泛,选择性强,应用广泛;其缺点是柱渗透性较小,传质阻力较大,且柱塞制备和固定相填装烦琐,易产生气泡,影响分离效果。

（2）开管柱:是在毛细管内壁涂布或键合含有带电或分配选择性官能团固定相的一种分离柱。开管电色谱柱避免了颗粒填充过程和柱塞制作,但其柱效和柱容量都比填充柱小。因此,开管柱制备的关键是增大比表面积。主要制备方法有涂覆聚合物法、化学键合法和溶胶凝胶法。

涂覆聚合物法是利用聚合物与内壁硅羟基之间的作用力,采用物理涂渍法,形成吸附涂层,改变毛细管内壁性质,抑制对碱性物质的吸附作用。该方法操作简单,但柱寿命较短。化学键合法是利用毛细管内壁表面活性硅羟基直接与固定相键合或用偶联剂将固定相与硅羟基共价结合。由于采用共价键结合,制备的色谱柱寿命更长,稳定性更高。但制备过程包含多步化学反应,制备工艺较复杂。溶胶凝胶技术是把溶胶注入毛细管内,经过水解缩聚,形成多孔硅胶固定相,制备过程简单,柱效和柱容量都得到改善。

开管毛细管柱的优点是将固定相采用液体状态引入毛细管,制作简便,没有柱塞,不易产生气泡,分离速度和效率明显提高,但其缺点是相比小,柱容量低。

（3）整体柱:又称连续床、无塞柱,其结构和制备技术与 HPLC 整体柱相同,采用有机或无机聚合方法在色谱柱内进行原位聚合,形成多孔交联聚合物固定相。制备过程简单,无需制作柱塞,降低了制作成本,且固定相渗透性好,对流动相阻力小,既排除了由塞子产生气泡的影响，又克服了开管柱柱容量低的缺点，是近年来微柱分离技术的重要发展方向之一。

按照聚合物的制备原料，聚合物整体柱可以分为有机聚合物（聚丙烯酰胺、聚苯乙烯和聚甲基丙烯酸酯）整体柱和无机聚合物（硅胶基质）整体柱两大类。

3. 柱效和分离度　　与 HPLC 相同，CEC 柱效和分离度一般也用塔板数 n、塔板高度 H 和分离度 R 来表示。

第二节　毛细管电泳仪

毛细管电泳仪的基本结构由进样系统、分离系统、检测系统和数据记录与处理系统组成（图 17-3）。

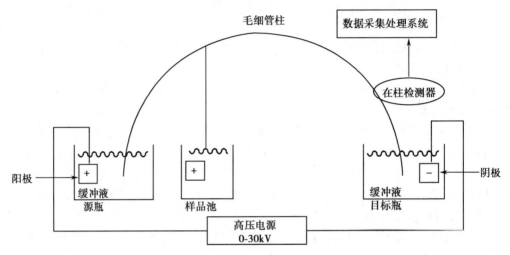

图 17-3　毛细管电泳仪结构流程

一、进样系统

毛细管的内径很小，故对进样控制技术要求较高，现多采用毛细管电泳专用自动进样系统，以保证进样量少，进样长度短，避免造成区带展宽和过载现象。若进样量过载，会造成分离困难，若进样长度超过因扩散引起的区带宽度时，会使峰带展宽，造成缓冲溶液与样品区带之间电导差异，使电泳峰变形。常用的进样方式有电迁移进样和压力进样方式两种。

（一）压力进样

压力进样方式也称为流体动力学进样方式，是目前最常用的进样方式，进样量基本不受样品基质的影响。进样方法有三种：

1. 在进样端加压，使样品进入毛细管柱内，一般进样压力为 2.5~10kPa，进样 0.5~5 秒。

2. 在出口端减压，将样品抽入毛细管柱内。

3. 调整进样槽和出口槽高度，超过出口端 5~10cm，维持 10~30 秒，产生虹吸作用，将样品引入毛细管柱内。

进样量 Q 与毛细管两端压差 ΔP、样品浓度 c、进样时间 t、管长 L、管径 r 以及样品黏度 η 有关：

$$Q = \frac{\Delta P r^4 \pi c}{8\eta L} t \tag{17-9}$$

毛细管温度会影响缓冲液及样品黏度,从而影响进样量。为保证进样的重现性必须对毛细管的温度进行精确控制。

(二)电迁移进样

电迁移进样又称为电动力学进样,虽然没有流体动力学进样方式应用普遍,但适于毛细管内有黏性介质或凝胶时使用。

1. 进样方法 在毛细管阳极端,将缓冲溶液池换成样品溶液瓶,在短时间内加压进样,使样品通过电迁移进入毛细管。样品迁移速度是电泳和电渗的综合结果,进样量可通过改变进样电压和进样时间进行控制。

2. 特点 电迁移进样装置简单,无需附加设备,更适于高黏度介质使用;电迁移进样是凝胶电泳的唯一进样方式,因在凝胶状态下,压力进样困难;但对于离子型样品,由于迁移速度快的离子比迁移速度慢的离子进样量多,会产生进样歧化。

二、分离系统

毛细管电泳分离系统是毛细管电泳分离的关键部件,包括高压电源、毛细管、恒温装置和缓冲液池。

(一)高压电源

毛细管电泳高压电源是提供样品离子在毛细管中发生电泳、电渗所需的电场强度的部件,为保证毛细管电泳分离分析的准确性和重现性,要求高压电源能够提供 0~30kV,200~300μA 稳定、连续可调的直流电源,具有恒压、恒流、恒输出功率的性质,电压要稳定在 ±0.1% 范围以内。电源极性要易于转换,因进样时,虽然大多数在正极端进样,但有时也需要在负极端进样,由于受到检测器位置不能改变的限制,毛细管电泳只能在一端进样,如进样端极性改变,只能通过切换电源极性来实现。

(二)毛细管

毛细管电泳的分离和检测过程都是在毛细管中完成的,毛细管是毛细管电泳仪的核心部件。所用毛细管形状应为圆管型,毛细管材料应具有化学惰性、电学惰性、透光性强,内、外径均匀,柔韧性好以及强度高等特性。

1. 材料 常用的毛细管材料有熔融石英、聚四氟乙烯和玻璃,熔融石英因其具有上述毛细管特性成为首选材料,分为天然和人造石英两类,其基本成分为二氧化硅。

聚四氟乙烯材料紫外透光性强,电渗弱,但毛细管内径不均匀,对样品有吸附,热传导差。玻璃毛细管电渗最强,但有杂质,对紫外光有强烈吸收。

毛细管内径一般为 10~200μm,内径在 140μm,散热较好,常用 25~75μm 的毛细管,外径为 350~1000μm。较细毛细管可减小电流,从而减少自热,散热快,可保持电渗流形的扁平性及高效分离,但细毛细管不利于抑制吸附,且进样、检测、清洗较困难。

从塔板理论可知,塔板数与柱长成正比,但要使电泳场强恒定,柱长增加,柱两端电压就要增加,因此柱长不能无限增加;电压恒定时,增加柱长可减少自热,但会降低场强,增加分析时间。一般有效长度为 50~75cm,总长度一般比有效长度长 5~15cm。

2. 毛细管老化 常用的老化方法是用碱液清洗毛细管内表面的吸附物,使硅羟基去质子后而得到活化。一般用 1mol/L NaOH 溶液冲洗,再依次用 0.1mol/L NaOH 溶液和缓冲溶液冲洗。但对低 pH 缓冲溶液,碱洗后的毛细管会使电渗流的重现性变差,平衡时间变长,除非有明显组分吸附时用碱液洗,其他情况尽量不用。

（三）恒温装置

温度会影响样品和缓冲溶液的黏度,影响物质分子的电泳和电渗淌度,因而影响样品进样量和离子迁移时间。为了保证毛细管电泳分析具有必需的重现性,毛细管分离过程中的温度必须精确控制,温控精度应达到 ± 0.1℃。

常用的恒温方法有液体恒温装置和高速气体恒温装置,其中液体恒温装置控温精确,结构简单,常用于毛细管电泳仪的恒温控制。

（四）缓冲溶液池

毛细管电泳仪结构中有两个盛放毛细管支持电解质的缓冲溶液池,如图 17-3 毛细管电泳仪结构图所示,高压电源的两个电极以及毛细管的两端分别插入两个缓冲溶液池中,以获得电泳所需的缓冲溶液。

三、检测系统

毛细管电泳检测系统是毛细管电泳分析的关键部件,由于毛细管内径极小,进样量极少,溶质的区带体积极小以及光学表面呈圆柱形等特点,要求毛细管电泳检测器具有极高的灵敏度,并可柱端检测。毛细管电泳的检测器主要有紫外检测器、荧光检测器、质谱检测器、电化学检测器以及激光拉曼光谱检测器等,最常用的是紫外光度检测器和荧光光度检测器。

（一）紫外光度检测器

紫外光度检测器是毛细管电泳应用最广泛的一类检测器。其原理是紫外线通过样品时,其被吸收的程度与样品浓度成正比,即符合朗伯 - 比尔定律。

检测点在靠近末端的管柱上,按检测方式可分为固定波长或可变波长检测器和二极管阵列或波长扫描检测器两类。前一类检测器采用滤光片或光栅来选取所需检测波长,优点在于结构简单,灵敏度比后一类检测器高;后一类检测器能提供时间 - 波长 - 吸光度的三维图谱,优点在于在线紫外光谱可用来定性、鉴别未知物,还可做到在线峰纯度检查,即在分离过程中便可得知每个峰含有几种物质,缺点在于灵敏度比前一类略差。采用快速扫描的光栅获取三维图谱方式时,其扫描速度受到机械动作速度的限制。用二极管阵列方式,扫描速度受到计算机数据存储容量大小的限制。由于 CE 的峰宽较窄,理论上要求能对最窄的峰采集 20 个左右的数据,因此要很好地选取扫描频率,才能得到理想的结果。

（二）荧光光度检测器

荧光检测器属于高灵敏度、高选择性的一类检测器,但只能用于荧光物质或能用荧光衍生剂发出荧光的物质,应用范围受到限制。

当毛细管中迁移的原子或分子吸收光子后,电子从基态跃迁到高能态,然后通过无辐射过程跃迁回基态时发射出光子,称为荧光。激发用光辐射可以是紫外光或激光。荧光检测在毛细管柱末端进行检测。

荧光检测器在 DNA 序列测定毛细管电泳中广泛使用,但只能用于检测能发射荧光的物质或能用荧光衍生剂发出荧光的物质。

（三）电化学检测器

根据检测原理和检测物质性质不同,毛细管电化学检测器分为电位检测器、伏安检测器、电导检测器或安培检测器等。毛细管电泳中常用的电化学检测器安培检测器和伏安检测器两种,安培型检测器使用简单,使用较广泛。常见毛细管检测其性能比较见表 17-4。

表 17-4　常见毛细管电泳检测器性能

类型	检出限 /mol	特点
紫外可见光度检测器	$10^{-13} \sim 10^{-15}$	接近通用型,加二极管阵列可获得光谱信息
荧光检测器	$10^{-15} \sim 10^{-17}$	灵敏度高,但样品常需要衍生化处理
激光诱导荧光检测器	$10^{-18} \sim 10^{-21}$	灵敏度极高,样品常需要衍生化处理,价格高
电导检测器	$10^{-15} \sim 10^{-16}$	通用型,毛细管需要处理
安培检测器	$10^{-18} \sim 10^{-19}$	灵敏度高,选择性高

四、数据处理记录系统

毛细管电泳仪与微处理中端连接,由数据处理及记录系统专用软件控制样品进样量、分离过程的电压、毛细管温度、检测器温度以及其他影响样品检测的参数,以便得到满意的分离效果和检测结果。同时采集检测器得到的信号数据,经过分析处理,进行定性、定量分析、计算,并由记录系统记录、显示、储存、打印系统得到的色谱数据、色谱图以及定性、定量结果。

第三节　分析条件的选择和优化

分离条件的选择是毛细管电泳中最重要但也是最难之处。针对不同的检测目和分析对象可能会有各自不同的选择策略和流程。首先,要尽可能多地了解要分离检测样品的种类、来源、组成及其性质;然后根据样品的可能性质和来源,选择分离模式,若无样品详细信息可先选 CZE 进行分离分析,根据实验结果考虑是否需要换用其他分离模式;再根据样品性质确定检测方法。分离条件包括优化 pH、缓冲试剂浓度、毛细管尺寸、分离电压和温度、确定是否需要使用添加剂和使用非水溶剂等。

一、分离电压

在毛细管电泳分离分析中,分离电压是控制电渗的一个重要参数。高电压是实现毛细管电泳快速、高效的前提。当毛细管的长度确定后,电压升高,电泳和电渗速度都增加,但电渗速度远大于电泳速度的增加,因此,样品的综合迁移速度加大,分析时间缩短。

分离电压越低,分离效果越好,但分析时间延长,峰形变宽,导致分离效率降低。因此,相对较高的分离电压会缩短分析时间和提高分离度,但电压过高又会使毛细管中焦耳热增大,基线稳定性降低,灵敏度降低,谱带变宽而降低分离效率。电解质浓度相同时,非水介质中的电流值和焦耳热均比水相介质中小得多,因而在非水介质中允许使用更高的分离电压。

所以,最佳的电压应以达到最大柱效、最大分离度、最短分析时间,而又不产生过多的焦耳热为指标进行优化。通常以分离效率达到极大值的电压为最佳分离电压。

二、毛细管

不同材料毛细管的表面电荷特性不同。选用不同毛细管材料,在相同条件下,产生的电渗流大小和分离能力不同,缓冲溶液酸度对毛细管表面硅羟基电离的影响亦不同,特别是在

pH=4~7 范围内影响更大,此时 pH 与电渗流大小成近线性关系(图 17-4)。

三、缓冲液

电泳过程在缓冲溶液中进行,缓冲溶液的性质直接影响迁移速度和分离效果。一般缓冲溶液的选择遵循以下要求:在使用 pH 范围内缓冲容量大,在检测波长处无吸收或吸收低,自身的淌度低,以减少电流的产生,在条件允许时尽量选用酸性缓冲液,减少吸附和电渗流的影响,同时保护毛细管涂层寿命。

1. 种类　缓冲溶液的种类对实现毛细管电泳的成功分离至关重要,因电渗对溶液 pH 的变

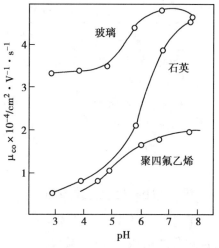

图 17-4　毛细管材料和 pH 值对电渗流的影响

化非常敏感,因此,缓冲试剂的选择主要由所需的 pH 决定,在相同的 pH 下,不同缓冲试剂的分离效果不尽相同,有的可能相差甚远。在其他条件相同,浓度相同而阴离子不同时,毛细管中的电流有较大差别,产生的焦耳热不同。

所选择的缓冲体系在要求的 pH 范围内,应具有较强的缓冲能力,在检测波长处有较低的紫外吸收,离子淌度与溶质的淌度相近可减少峰形变异。

2. pH　缓冲体系 pH 的选择依样品的性质和分离效率而定,是决定分离成败的一大关键(图 17-4)。pH 能影响样品的解离能力,样品在极性强的介质中离解度增大,电泳速度也随之增大,从而影响分离选择性和分离灵敏度。pH 还会影响毛细管内壁硅醇基的质子化程度和溶质的化学稳定性。pH 在 4~10 之间,硅醇基的解离度随 pH 的升高而升高,电渗流也随之升高。因此,pH 为分离条件优化时不可忽视的因素。

对于石英毛细管,溶液 pH 升高,表面电离增大,电荷密度增加,管壁 Zeta 电势增大,电渗流增大,pH=7 时,电渗流最大。当 pH<3 时,毛细管表面阴离子完全被氢离子中和,呈电中性,电渗流速度为零。使用毛细管电泳分离分析样品时,应根据样品特点,注意控制缓冲液组成,以保持溶液 pH 稳定。

3. 浓度　缓冲盐的浓度直接影响到电泳介质的离子强度,从而影响 Zeta 电势,而 Zeta 电势的变化又会影响到电渗流。缓冲液浓度升高,离子强度增加,双电层厚度减小,Zeta 电势降低,电渗流减小,样品在毛细管中停留时间变长,有利于迁移时间短的组分的分离,分析效率提高。同时,随着电解液浓度的提高,电解液的电导将大大高于样品溶液的电导而使样品在毛细管柱上产生堆积的效果,增强样品的富集现象,增加样品的容量,从而提高分析灵敏度。但是,电解液浓度太高,电流增大,由于热效应而使样品组分峰形扩展,分离效果反而变差。此外,离子还可以通过与管壁作用以及影响溶液的黏度、介电常数等来影响电渗,离子强度过高或过低都对提高分离效率不利。

四、添加剂

在毛细管电泳分析中,常在电解质溶液中加入某些添加剂,例如中性盐、两性离子、表面活性剂以及有机溶剂等,通过添加剂与管壁或样品溶质之间的相互作用,改变管壁和溶液物理化学特性,会引起电渗流的显著变化,以便进一步优化分离条件,提高分离的选择性和分

离效果。

加入浓度较大的中性盐,使溶液离子强度增加,电渗流减小。加入表面活性剂,可改变电渗流的大小和方向。某些阳离子表面活性剂如十二烷基磺酸钠,可使电渗流反向;而阴离子表面活性剂,如十二烷基硫酸钠,使毛细管壁表面负电荷增加,电渗流增大;加入有机溶剂使溶液的黏度减小,电渗流增大。在电泳分析中,缓冲液一般用水配制,但用水和有机混合溶剂常常能有效改善分离度或分离选择性。

第四节　高效毛细管电泳法的应用

高效毛细管电泳具有多种分离模式和多种功能,通常能配成溶液或悬浮溶液的样品均能用毛细管电泳进行分离和分析,小到无机离子,大到生物大分子和超分子,甚至整个细胞都可进行分离检测。广泛应用于生命科学、医药科学、临床医学、分子生物学、法庭与侦破鉴定、化学、环境、海关、农学、生产过程监控、产品质检以及单细胞和单分子分析等领域。

一、定性分析

与前述色谱法类似,保留值对比定性是高效毛细管电泳法常用的定性方法。但其定性准确性受方法稳定性的影响。目前,HPCE 与质谱联用(HPCE-MS)分析是更为准确的定量方法。

二、定量分析

高效毛细管电泳法的重复性不如 HPLC,因此比较适宜采用内标法或内标比较法进行定量分析。HPCE 可进行阴阳离子及形态分析、体液或细胞中代谢产物及生物因子分析、维生素分析、葡萄糖分析、蛋白质及多肽分离分析、氨基酸分析、核酸及 DNA 排序分析等。HPCE-MS 联用分析、阵列毛细管凝胶电泳、微流控芯片毛细管电泳技术等是今后重要的发展方向。

微流控芯片毛细管电泳技术将常规的毛细管电泳操作在芯片上进行,利用玻璃、石英或各种聚合物材料加工微米级通道,以高压直流电场为驱动力,对样品进行进样、分离及检测。它与常规毛细管电泳的分离原理相同,因此在分离生物大分子样品方面具有优势。此外,与常规毛细管电泳系统相比,微流控芯片毛细管电泳系统还具备分离时间短、分离效率高、系统体积小且易实现不同操作单元的集成等优点。微流控芯片毛细管电泳的上述优点使其成为生物制品分离分析中的重要手段之一。

本 章 小 结

1. 基础知识　高效毛细管电泳的基本概念、原理及分离模式;毛细管电泳仪的基本结构和主要部件;高效毛细管电泳分析条件的选择、优化及应用。涉及的重要概念有:电渗、电渗流、毛细管区带电泳、胶束动力学毛细管色谱、毛细管凝胶电泳、毛细管等电聚焦、毛细管等速电泳。

2. 核心内容　高效毛细管电泳是以高压电场为驱动力,以毛细管为分离通道,依据样品中各组分之间电泳淌度和分配行为上的差异而实现分离分析的液相分离方法。电泳淌度以及电渗流的大小、方向和流形是高效毛细管电泳实现分离的核心,而分离模式的选择和分离条件的控制,如分离电压、毛细管材料、缓冲液种类、浓度、pH 以及添加剂的选择是毛细管电泳分析的关键。

3. 学习要求 了解高效毛细管电泳仪的结构组成;掌握高效毛细管电泳的基本原理、分析条件的选择和优化方法;熟悉高效毛细管电泳法的常用分离模式及应用。

(高希宝)

 思考题

1. 名词解释:电泳和电泳淌度,电渗和电渗流。
2. 简述毛细管电泳的基本原理。
3. 影响毛细管电泳谱带展宽的因素有哪些?
4. 溶液的 pH 对电泳速度有何影响?
5. 简述毛细管电泳分离模式种类及特点。
6. 简述毛细管电色谱法的基本原理及特点。

第十八章 其他色谱分析法简介

第一节 超临界流体色谱法

超临界流体色谱法（supercritical fluid chromatography，SFC）是以超临界流体作为流动相的一种色谱方法，是 20 世纪 80 年代发展起来的一种崭新的色谱技术，与气相和液相色谱相比独具特点。

一、超临界流体的特性

（一）物质的临界点

在热力学中，任何物质都有三种相态：气相、液相和固相。三相成平衡态共存的点叫三相点；临界点是可使物质以液态存在的最高温度或以气态存在的最高压力，当物质的温度、压力超过此界线，即临界温度及临界压力，会相变成同时拥有液态及气态特征的超临界流体。不同的物质其临界点所要求的压力和温度各不相同。

临界温度下的 p-V 等温线上，在临界点处的一阶、二阶导数均为零

$$\left(\frac{\partial p}{\partial V}\right)_{\mathrm{T}}=\left(\frac{\partial^2 p}{\partial V^2}\right)_{\mathrm{T}}=0 \tag{18-1}$$

（二）超临界流体的特性

超临界流体状态下，气液两相性质非常相近，物质既不是气体也不是液体，始终保持为流体状态，既具有极好的流动性，又具有超低的流动阻力和极强的渗透性。

超临界流体是处于临界温度和临界压力以上，介于气体和液体之间的流体，兼有气体和液体的双重性质和优点：

1. 超临界流体的密度比气体大很多，与液体相近；但其黏度接近气体，比液体小；扩散系数介于气体和液体之间，比液体大很多。

2. 超临界流体既有液体对溶质较大的溶解度，又有气体易于扩散和稀释的特性，传质速度远大于液相过程，兼具了气体和液体对物质分离的特性。因此，在超临界流体中，传质速度快、平衡时间短，分离效果高效、快速。

3. 在物质的超临界点时，温度、压力的微小变化，可引起流体密度的较大变化，但其相态不变，仍以超临界流体状态存在。因此，可以通过压力、温度的变化，改变超临界流体的密度，从而调整流体对组分的溶解力，实现高效萃取和分离。

4. 二种以上的超临界流体，只要温度及压力超过其临界点，二者均可以混溶，形成单一相的混合物。临界温度通常高于物质的沸点和三相点。

超临界流体的物理性质和化学性质，如扩散、黏度和溶解力等，都是密度的函数，且温度、压力对流体密度有较大影响。因此，只要改变流体的密度，就可以改变流体的性质，从

类似气体到类似液体状态,无需通过气液平衡曲线。超临界流体色谱中的程序升密度相当于气相色谱中程序升温度和液相色谱中的梯度淋洗。常用的超临界流体有二氧化碳、一氧化亚氮、六氟化硫、乙烷、庚烷、氨等,其中,CO_2临界温度接近室温,且无色、无毒、无味、不易燃、易制成高纯度气体等特点,使用较为广泛。

表 18-1　超临界流体与气体、液体物理性质比较

物态	密度 ρ(g/ml)	黏度 η(Pa/s)	扩散系数 D(cm²/s)
气体	$0.6 \times 10^{-3} \sim 2.0 \times 10^{-3}$	$1.0 \times 10^{-5} \sim 3.0 \times 10^{-5}$	0.1~0.4
超临界流体	0.2~0.5	$1.0 \times 10^{-5} \sim 3.0 \times 10^{-5}$	0.7×10^{-3}
液体	0.6~1.6	$0.2 \times 10^{-3} \sim 3.0 \times 10^{-3}$	$0.2 \times 10^{-5} \sim 2.0 \times 10^{-5}$

二、超临界流体色谱法原理

(一)超临界流体色谱分离原理

超临界流体色谱分离机理和一般色谱过程相同,都是因为样品中各组分与固定相和流动相之间有着不同的分配系数、吸附能力、亲和力等,造成不同的移动速率而使物质获得分离。

物质在超临界流体中的溶解度,受压力和温度的影响很大。在临界点附近,压力和温度的微小变化,都可以引起流体密度很大的变化,从而使溶解度发生较大的改变。因此,可以利用改变温度、压力手段,将超临界流体中所溶解的物质分离析出,达到分离提纯的目的。超临界流体分离过程可分为萃取阶段和分离阶段两部分,萃取阶段由萃取釜和加压装置组成,分离阶段由分离釜和减压装置组成。如在高压条件下,使超临界流体与试样接触,溶质被超临界流体萃取,分离后降低溶有溶质的超临界流体的压力,使溶质析出。如果溶有多种有效溶质,则采取逐级降压,可使多种溶质分步析出。在分离过程中没有相变,流速快,能耗低。

超临界流体色谱是气相色谱和高效液相色谱的重要补充。由于超临界流体具有气体的低黏度、液体的高密度以及介于气体和液体之间的扩散系数,使流体流动相流速快,色谱峰窄,易于分辨,对较难挥发的物质,通过超临界流体色谱能取得较为满意的结果。它能够分析气相色谱不能或难以分析的沸点较高且热稳定性较差的组分。在达到相同的分离效果前提下,它的分离时间要比高效液相色谱约快一个数量级。

(二)影响超临界流体溶解能力的因素

1. 压力　压力是影响超临界流体溶解能力的关键因素之一。随着流体压力的增加,超临界流体的密度增加,对各化合物的溶解度也随之增加,特别是在临界压力附近,各化合物溶解度增加最大。如CO_2超临界流体,压力在8.0~200MPa之间时,超临界流体中溶质的浓度与CO_2流体浓度成正比,超出此范围,压力对密度增加的影响逐渐减小。

2. 温度　温度对超临界流体溶解度的影响较复杂。如CO_2流体,温度对其溶解度的影响主要有两个方面:首先,温度对流体密度有较大影响,随温度升高,流体密度降低,对物质的溶解能力下降;另一方面,温度对物质蒸汽压产生影响,随温度升高而增大的蒸汽压使流体密度增加,溶解度增大。两个相反对立的影响因素导致溶解度等压线在一定压力下出现最低点,在最低点温度以下,温度影响占主导,而在最低点温度以上,蒸汽压影响占

主导地位。

3. 改性剂　超临界 CO_2 流体对强极性物质的溶解力较弱,当加入少量第二种溶剂后,可大幅提高流体的溶解能力。这种能够显著提高流体溶解能力的助溶剂称为改性剂或共溶剂。

如氢醌在超临界 CO_2 流体中溶解度很低,当加入磷酸三丁酯改性剂后,其溶解度大幅提高,且随改性剂加入量增加而增加。在 SC—CO_2 流体中加入甲醇后,吖啶的溶解度明显增加,同时压力的影响也明显增加。

改性剂一般选择挥发度介于超临界流体溶剂和被萃取溶质之间的溶剂,以液体形式少量加入为佳。通常溶解性能好的溶剂,也是较好的改性剂,常用的改性剂如甲醇、乙醇、丙酮、乙酸乙酯等。

三、超临界流体色谱仪

超临界流体色谱法装置与气相色谱和高效液相色谱类似,图 18-1 表示了超临界流体色谱仪的结构,其主要组成部件为流动相输液系统、进样装置、色谱柱、色谱炉、检测器和数据处理记录系统。

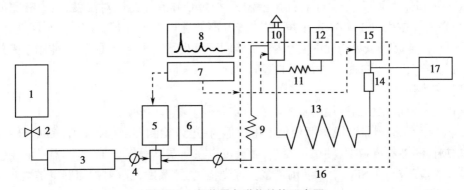

图 18-1　超临界色谱仪结构示意图

1. 流动相贮罐;2. 调节阀;3. 干燥净化管;4. 截止阀;5. 高压泵;6. 泵头冷却装置;7. 微处理机;8. 显示打印装置;9. 热交换柱;10. 进样阀;11. 分流阻力管;12. 分流加热出口;13. 色谱柱;14. 限流器;15. 检测器;16. 恒温箱;17. 尾吹气

图中很多部分类似于高效液相色谱仪,但有两点重要差别:①具有一根恒温的色谱柱,这点类似气相色谱中的色谱柱,目的是为了提供对流动相的精确温度控制;②带有一个限流器(或称反压装置),目的是用以维持一个合适的柱压力,并且通过它使流体转换为气体后,进入检测器进行测量。

(一)高压流动相输液系统

常温常压下为气体的流动相,可直接将高压瓶中的流动相减压或增压至所需压力输送到色谱柱。如常温常压下为液体流动相,则需高压泵输送。

毛细管 SFC 需要低流速无脉冲的注射泵,通过电子压力传感器和流量计控制泵的流量和压力,改变流动相的密度和流速。

往复泵易于控制,可快速更换溶剂,使用双泵系统,同时输送不同流量的流动相和改性剂,进行梯度冲洗。但往复泵不能直接输送液体 CO_2,需改装并冷冻至 −8℃时,才能输送液体 CO_2。

（二）进样系统

一般采用高效液相色谱进样部件,六通高压阀进样和注射器进样。

（三）色谱柱

用于 SFC 中的色谱柱可以是填充柱也可以是毛细管柱,目前,毛细管超临界流体色谱（CSFC）由于具有特别高的分离效率,应用较为广泛。

超临界流体色谱填充柱使用了几乎所有反相和正相的高效液相色谱键合填料,硅烷和烷基键合相使用最广泛。常用填充柱为内径 5mm,长 10~20m 的高效液相色谱柱,固定相为化学键合十八烷基硅烷填料、多孔玻璃微球或高分子多孔小球。

毛细管超临界流体色谱柱主要用细内径的毛细管,内径一般为 50μm 或 100μm 的化学交联空心毛细管柱,固定相为各种硅氧烷（如聚二甲基硅氧烷、二苯基甲基聚硅氧烷等）或键合到毛细管壁上的高聚物。

SFC 流动相为压缩状态下的超临界流体或加入少量改性剂的流体,根据样品性质,选择合适溶解能力的流动相。

在 SFC 中,可作流动相的有 CO_2、甲醇、乙烷、正戊烷、正己烷、异丙醇、氨、氧化亚氮、二氯二氟甲烷和四氢呋喃等。最广泛使用的流动相是 CO_2 流体,因其临界参数适当,临界温度为 31℃,临界压力为 $72.9 \times 10^6 Pa$,且在色谱分离中,CO_2 流体允许对温度、压力有宽的选择范围,可在流体中引入 1%~10% 甲醇,以改进分离的选择因子 α 值。CO_2 化学惰性好,稳定性强,无色、无味、无毒、易纯化并且价廉,既能用于氢火焰离子化检测器,又能用于紫外光检测器,对各类有机分子都是一种极好的溶剂。

（四）检测系统

气相色谱及液相色谱所用的检测器在一定条件下都可以使用。

1. 液相色谱检测器　使用液相色谱检测器,在进入检测器之前把超临界状态转变为液态,可增加检测器的灵敏度,使谱带变窄,而且可以在室温下操作。UV 检测器是液相色谱中使用最多的检测器,在 SFC 中也使用较多。荧光检测器、蒸发光散射检测器也是填充柱常用的检测器。

2. 气相色谱检测器　使用气相色谱检测器,常用火焰离子化检测器。超临界状态的流动相在进入 FID 之前要通过限流器变为气体,FID 对小分子量化合物可得到很好的结果,对分子量大的化合物常得不到单峰,而是一簇峰。如把检测器加热可使分子量大于 2000 的化合物获得满意的结果。在 SFC 中也可以使用氮磷检测器和火焰光度检测器。

（五）数据处理及记录系统

超临界流体色谱仪与微处理中端连接,由数据处理及记录系统专用软件控制色谱分离过程的温度、检测器温度、流动相的压力变化及流动相密度控制,以便得到满意的分离效果和检测结果。同时采集检测器得到的信号数据,经过分析处理,进行定性、定量分析,计算,并由记录系统记录、显示、储存、打印系统得到的色谱数据、色谱图以及定性、定量结果。

四、超临界流体色谱法应用

超临界流体色谱是气相色谱和高效液相色谱法的补充。与气相色谱比较,能够分析气相色谱不能或难以分析的沸点较高、极性较强、热稳定性较差以及难挥发的组分。与高效液相色谱相比,SFC 柱效比 HPLC 高,平均线速度快,达到相同的分离效果时,其分离时间要比高效液相色谱约快一个数量级。因此,超临界流体色谱法广泛应用于环境、医药及天然产物等中多种化合物的分离与分析。例如,甘油三酸酯的 SFC 直接分离、氢火焰离子化检测;维生素制剂中维生素 B_2(核黄素)、维生素 B_3(烟酸)和烟酰胺的 SFC 直接分离、紫外检测等都取得了很好的效果。

超临界流体色谱作为超临界流体技术的重要分支(超临界流体萃取技术参见本书第二十一章),在色谱领域得到迅速发展,在热力学方面的研究与应用也引起广泛的重视。但作为色谱领域的一种补充手段,目前尚不能取代高效液相色谱法和气相色谱法的应用。

第二节 凝胶色谱法

凝胶色谱技术是 20 世纪 60 年代初发展起来的一种快速而又简单的分离分析技术,是以溶液中溶质分子流体力学体积大小为基础的分离技术。由于设备简单、操作方便,不需要有机溶剂,对高分子物质有很高的分离效果。目前已经被生物化学、分子生物学、生物工程学、分子免疫学以及医学等有关领域广泛采用。

一、凝胶色谱分类

根据分离的对象是水溶性的化合物还是有机溶剂可溶物,可分为凝胶过滤色谱(GFC)和凝胶渗透色谱(GPC)。

(一) 凝胶过滤色谱

凝胶过滤色谱一般用于分离水溶性的大分子,如多糖类化合物。常用的固定相填料是亲水性有机凝胶如葡聚糖系列,琼脂糖、聚丙烯酰胺等。流动相主要是水。

(二) 凝胶渗透色谱

凝胶渗透色谱法主要用于有机溶剂中可溶的高聚物(如聚苯乙烯、聚氯己烯、聚乙烯、聚甲基丙烯酸甲酯等)相对分子质量分布分析及分离。常用的固定相填料凝胶为交联聚苯乙烯凝胶。流动相为有机溶剂,如三氯甲烷、四氢呋喃等有机溶剂。

二、凝胶色谱基本原理

(一) 空间排斥理论

在凝胶色谱分离过程中,样品溶液缓慢流经凝胶色谱柱时,各分子在柱内同时进行着两种不同的运动,即垂直向下的移动和无定向的扩散运动。由于溶质分子大小不同,在凝胶中占用的空间不同,渗透扩散到不同大小凝胶孔内的几率不同。较大物质分子,只能进入较大的凝胶孔内,中等大小的物质分子可以进入凝胶的大孔和中孔内,较小的小分子物质除了可在凝胶颗粒间隙中扩散外,还可以进入凝胶颗粒的大、中、小的孔洞中,更大的物质分子则完全不能进入凝胶孔内,而只能分布于颗粒之间,所以在洗脱时向下移动的速度较快,随着流动相的移动最先流出。小分子物质可进入凝胶各种孔内,在向下移动的过程中,从一个凝胶内扩散到颗粒间隙后再进入另一凝胶颗粒,如此不断地进入和扩散,小分子物质的下移速度落后于大分子物质,在色谱柱中保留的时间较长。从而使样品中分子大的先流出色谱柱,中等分子的后流出,分子最小的最后流出。随着洗脱过程的进行,溶质分子按大小顺序达到分离的效果。化学结构不同但相对分子质量相近的物质,不能通过凝胶色谱法达到分离目的。

各种凝胶的孔隙大小分布有一定范围,有最大极限和最小极限。分子直径比凝胶最大孔隙直径大的,就会全部被排阻在凝胶颗粒之外,这种情况叫全排阻。两种全排阻的分子即使大小不同,也不能有效分离。直径比凝胶最小孔直径小的分子能进入凝胶的全部孔隙。如果两种分子都能全部进入凝胶孔隙,即使它们的大小有差别,也不会有好的分离效果。因此,各种孔径的凝胶有它一定的使用范围。

(二)色谱柱参数

1. 柱体积 柱体积是指凝胶装柱后,从柱底板到凝胶沉积表面的体积。常用 V_t 表示。

2. 外水体积 色谱柱内凝胶颗粒间隙体积,这部分体积称外水体积,亦称间隙体积,常用 V_o 表示。

3. 内水体积 因为凝胶为三维网状结构,颗粒内部仍有空间,液体可进入颗粒内部,这部分间隙的总和为内水体积,又称定相体积,常用 V_i 表示。

4. 峰洗脱体积 是指被分离物质通过凝胶柱所需洗脱液的体积,常用 V_e 表示。

凝胶色谱不但可以用于分离测定高聚物的相对分子质量和相对分子质量分布,同时根据所用凝胶填料不同,可分离油溶性和水溶性物质,分离相对分子质量的范围从几百万到 100 以下。

三、凝胶的种类及性质

凝胶是凝胶色谱法的基础和核心,凝胶多为多孔、球状、高弹性高聚物的膨胀体,其孔洞的多少与大小决定其分离能力和分离分子的范围。

(一)凝胶的要求及分类

1. 要求 用于凝胶色谱分离分析的凝胶,种类较多,用途各异,分类不同,但应满足以下基本要求。

(1)有一定的机械强度,不易变形。

(2)流动阻力小,分离速度快。

(3)对试样没有吸附作用。

(4)具有良好的化学稳定性和热稳定性。

(5)分离范围越大越好。

(6)分辨率高。凝胶颗粒越小、越均匀,排列越紧密,色谱柱分离效率越高。

2. 凝胶有各种不同分类方法 按其化学结构和性质不同,分为有机凝胶和无机凝胶两类。有机凝胶又包括疏水性凝胶和亲水性凝胶。

按凝胶制备方法可分为:

(1)均匀凝胶:在均相中共聚制备的透明凝胶,只有在有机溶剂中溶胀成网孔状。干胶不能溶胀成多孔。

(2)半均匀凝胶:在溶解性好的良性溶剂中共聚制备的乳白色半透明凝胶,有一定机械强度,溶胀性小,干胶有一定孔度。

(3)非均匀凝胶:在溶解性不好的不良溶剂中共聚制备的白色不透明凝胶,机械强度高,溶胀度小,孔大。无机凝胶属此类凝胶。

按凝胶化学类型和使用强度,又可分为柔性凝胶、半刚性凝胶和刚性凝胶。

(二)常用的几种凝胶

1. 交联葡聚糖凝胶 交联葡聚糖的商品名为 Sephadex,是最早发展和使用的凝胶,是由葡萄糖经稀盐酸降解后,再与环氧氯丙烷交联成凝胶。不同规格型号的葡聚糖用英文字母 G 表示,G 后面的阿拉伯数为凝胶得水值的 10 倍。例如,G-25 为每克凝胶膨胀时吸水 2.5g,

同样 G-200 为每克干胶吸水 20g。交联葡聚糖凝胶的种类有 G-10,G-15,G-25,G-50,G-75,G-100,G-150 和 G-200。Sephadex LH-20,是 Sephadex G-25 的羟丙基衍生物,能溶于水及亲脂溶剂,用于分离不溶于水的物质。

交联葡萄糖凝胶主要应用于蛋白质、核酸、酶及多糖等高分子化合物的分离,在水、盐溶液、有机溶剂、酸、碱性溶液中较稳定,但使用时注意防止吸附作用。

2. 交联聚丙烯酰胺凝胶 交联聚丙烯酰胺凝胶是一种人工合成凝胶,是以丙烯酰胺为单位,和次甲基双丙烯酰胺交联而成,经干燥粉碎或加工成形,制成粒状,控制交联剂的用量可制成各种型号的凝胶。交联剂越多,孔隙越小。

交联聚丙烯酰胺凝胶用途与交联葡萄糖凝胶类似,但由于其孔径尺寸范围宽,分离范围大,吸附效应小,不溶于水、盐溶液和普通有机溶剂,使用较广泛。但其缺点是不耐酸,在 pH=2~11 范围内较稳定。

3. 琼脂糖凝胶 琼脂糖 Agarose,缩写为 AG,是琼脂中不带电荷的中性组成成分。色谱用琼脂糖是由琼脂经分级沉淀除去带电琼脂胶后,在油相中分散为球状琼脂糖而成。常用于分离高分子量物质,大大拓展了凝胶色谱分离分子体系的范围。

琼脂糖凝胶与溶质分子之间没有相互作用,但由于琼脂糖凝胶是依靠糖链之间的次级链如氢键来维持网状结构,一般情况下,它的结构是稳定的,但琼脂糖凝胶在 40℃ 以上开始融化,也不能高压消毒,可用化学灭菌法处理。

4. 聚苯乙烯凝胶 商品为 Styrogel,具有大网孔结构,可用于分离分子量 1600 到 4×10^7 的生物大分子,适用于有机多聚物,分子量测定和脂溶性天然物的分级,凝胶机械强度好,洗脱剂可用甲基亚砜。

四、凝胶色谱仪

凝胶色谱仪主要由输液系统(自动)、进样系统、凝胶色谱柱、检测系统和数据采集与处理系统组成(图 18-2)。该设备主要用于水性和油性高分子聚合物的分子量大小及分子量分布检测,以及糖类、醇、脂肪酸、脂类的定性定量分析。

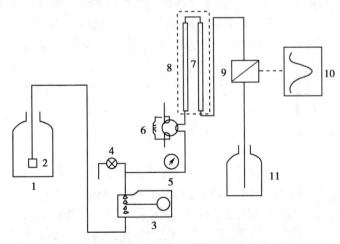

图 18-2　凝胶色谱仪流程图

1. 贮液瓶;2. 过滤器;3. 输液泵;4. 放液阀;5. 压力指示器;6. 六通进样阀;7. 色谱柱;8. 温控系统;
9. 检测器;10. 记录仪;11. 废液瓶

（一）输液系统

输液系统包括一个溶剂储存器、一套脱气装置和一个高压泵。它的工作是使流动相（溶剂）以恒定的流速流入色谱柱。泵的工作状况好坏直接影响着最终数据的准确性。

（二）进样装置

一般采用高效液相色谱进样部件，六通高压阀进样和注射器进样。

（三）色谱柱

1. 层析柱　色谱柱是凝胶色谱仪分离的核心部件。每根色谱柱都有一定的相对分子质量分离范围和渗透极限，色谱柱有使用的上限和下限。色谱柱的使用上限是当聚合物最小的分子的尺寸比色谱柱中最大的凝胶的尺寸还大，这时高聚物进入不了凝胶颗粒孔径，全部从凝胶颗粒外部流过，这就没有达到分离不同相对分子质量的高聚物的目的。而且还有堵塞凝胶孔的可能，影响色谱柱的分离效果，降低其使用寿命。色谱柱的使用下限就是当聚合物中最大尺寸的分子链比凝胶孔的最小孔径还要小，这时也没有达到分离不同相对分子质量的目的。所以在使用凝胶色谱仪测定相对分子质量时，必须首先选择好与聚合物相对分子质量范围相配的色谱柱。

色谱柱一般用玻璃管、有机玻璃管或不锈钢管。层析柱的直径大小不影响分离度，样品用量大，可加大柱的直径，一般制备用凝胶柱，直径大于 2cm。分离度取决于柱高，为分离不同组分，凝胶柱床必须有适宜的高度，分离度与柱高的平方根相关，但由于软凝胶柱过高会挤压变形，造成色谱柱阻塞，一般不超过 1m。层析柱滤板下的死体积应尽可能的小，如果滤板下的死体积大，被分离组分之间重新混合的可能性就大，其结果是影响洗脱峰形，出现拖尾现象，降低分辨力。

根据所需凝胶体积，估计所需干胶的量。一般葡聚糖凝胶吸水后的凝胶体积约为其吸水量的 2 倍，例如 Sephadex G-20 的吸水量为 20ml，1g Sephadex G-20 吸水后形成的凝胶体积约 40ml。凝胶的粒度也可影响层析分离效果。粒度细分离效果好，但阻力大，流速慢。一般实验室分离蛋白质采用 100~200 号筛目的的 Sephadex G-20 效果好，脱盐用 Sephadex G-25 和 G-50。

商品凝胶是干燥的颗粒，使用前需直接在欲使用的洗脱液中溶胀。为了加速溶胀，可用加热法，即在沸水浴中将湿凝胶逐渐升温至近沸，这样可加速溶胀，通常在 1~2 小时内即可完成。特别是在使用软胶时，自然膨胀需 24 小时至数天，而用加热法在几小时内就可完成。这种方法不但节约时间，而且还可消毒，除去凝胶中污染的细菌和排除胶内的空气。

根据所使用的溶剂选择填料，对填料最基本的要求是填料不能被溶剂溶解。如交联聚苯乙烯凝胶，适用于有机溶剂，可耐高温，交联聚乙酸乙烯酯凝胶最高 100℃，适用于乙醇、丙酮一类极性溶剂，多孔硅球适用于水和有机溶剂，多孔玻璃，多孔氧化铝适用于水和有机溶剂。

2. 柱效　色谱柱的效率用理论塔板数 N 来表示，它不仅与操作参数，如温度、压力、溶剂、流速等有关，而且与被分离的组分也有关，因此只能作相对比较。

理论塔板数的测定方法是用选定的色谱柱测定一种纯标准物质，从凝胶色谱图中求出从试样注入峰顶的淋出体积 V_R 以及谱峰的基线宽度 W，然后按下式计算理论塔板数 N：

$$N=16\left(\frac{V_R}{W}\right)^2 \tag{18-2}$$

如色谱柱长为 L，则 $H=L/N$，H 称为理论塔板高度。

理论塔板高度 H 越小,柱效越高。

3. 分辨率　分辨率是指色谱柱对于两个分子量不同的样品的分离能力,一般用 R 表示。测定分辨率的方法是把分子量为 M_1 和 M_2 的两个单分散的样品溶液以 $1:1$ 的比例混合,注入色谱柱中,测得其淋出体积分别为 V_{R1} 和 V_{R2},其基线峰宽分别为 W_1 和 W_2,按下式计算分辨率 R:

$$R = \frac{2(V_{R2} - V_{R1})}{W_1 + W_2} \tag{18-3}$$

(四) 检测器

1. 通用型检测器　适用于所有高聚物和有机化合物的检测。有示差折光仪检测器、紫外吸收检测器和黏度检测器等。

(1) 示差折光仪检测器:溶剂的折光指数与被测样品的折光指数有尽可能大的区别。

(2) 紫外吸收检测器:在溶质的特征吸波长附近溶剂没有强烈的吸收。

2. 选择型检测器　适用于对该检测器有特殊响应的高聚物和有机化合物。如紫外检测器、红外检测器、荧光检测器、电导检测器等。

(五) 数据记录及处理系统

凝胶色谱仪与微处理中端连接,色谱分离、检测流程均由微处理机控制,以便得到满意的分离效果和检测结果。同时采集检测器得到的信号数据,经过分析处理,进行定性、定量分析、计算,并由记录系统记录、显示、储存、打印系统得到的色谱数据、色谱图以及定性、定量结果。

五、凝胶色谱法的应用

测定高聚物分子量分布是凝胶色谱最重要的应用。试样先根据分子体积(即分子量)分离后再检测各组分的分子量及含量。在凝胶色谱中试样的分离是在色谱柱中进行的,被分离后的组分在流出柱子时就同时连续地用浓度检测器和分子量检测器分别检测各组分的浓度和分子量,把两个检测器的输出信号用记录仪记录后即得反应分子量分布的凝胶色谱曲线。

1. 分子量的测定　根据凝胶色谱的原理,样品物质在凝胶色谱柱中的洗脱性质与该物质的分子大小有关。因此选用不同的凝胶色谱柱后,能方便地测定物质的分子量。用此法测定分子量时,可以在各种 pH、离子强度和温度条件下进行。实际应用中,可先选用一系列已知分子量的标准样品在同一色谱条件下进行色谱分离分析,并以保留体积(或保留时间)对分子量的对数作图,在一定分子量范围内得到标准曲线,而后根据待测定物在同一条件下的保留体积(或保留时间),从标准曲线上计算出其分子量。目前用本法测定分子量的应用范围非常广泛。

2. 分离多组分混合物　在一个多组分混合物中,因各组分的分子量的不同,可以用凝胶色谱法将其各组分分开。当被分离组分的分子量相距较大时,如进行蛋白质和氨基酸,核酸和核苷酸等分离时,选择大颗粒、高交联度的凝胶。而当分离物质的分子量差别较小,则选择一种胶粒能使被分离的组分均包括在该胶粒的分布范围内。

3. 脱盐　在生物大分子的分离纯化过程中,经常使用盐进行盐析或洗脱,其高浓度的盐会给下一步的纯化带来不便,因此需将其全部或大部分除去。透析法除盐不仅耗时较长,而且较烦琐。凝胶色谱脱盐就是一种简单又快速的方法。由于脱盐是将分子量相距很大的两类物质分开,所以一般用于脱盐的凝胶多为大颗粒、高交联度的凝胶。实际中常用 G-25 进行脱盐,其效果不仅比透析法快得多,而且比较完全,并且回收率高。

4. 样品前处理及净化　凝胶渗透色谱净化处理技术参见本书第二十一章相关内容。

本 章 小 结

1. 基础知识　超临界流体色谱法和凝胶色谱法的基本原理、仪器结构、基本流程和应用。

2. 核心内容　超临界流体特性及其物理化学性质是超临界流体色谱法的核心,压力、温度和改性剂对超临界流体溶解度的影响是实现超临界流体色谱分离的主要技术参数;空间排斥理论是凝胶色谱法分离的理论基础,所用凝胶的种类及性质是凝胶色谱法实现分离分析的核心。

3. 学习要求　了解超临界流体色谱法与高效液相色谱法、气相色谱法的不同及凝胶色谱法的分类;熟悉超临界流体色谱法和凝胶色谱法的应用范围;掌握超临界流体色谱法和凝胶色谱法分析原理。

（高希宝）

思考题

1. 简述超临界流体的特性。
2. 简述超临界流体溶解能力的影响因素。
3. 简述凝胶色谱对凝胶的要求及分类。
4. 简述凝胶色谱分离的基本原理。

第十九章　质谱分析法

质谱分析法（mass spectrometry，MS）是利用电磁学原理将待测物质离子化，并按质量电荷比（简称质荷比，m/z）大小对生成的离子进行分离、检测和记录，根据所得到的质谱图进行定性、定量及结构分析的方法，简称质谱法。

1913年英国物理学家J.J.Thomson利用一台抛物线装置研究"正电"射线，发现了氖同位素的存在，并预言这一方法将为分析化学所应用，由此诞生质谱法。20世纪40年代之前，质谱法主要用于元素的同位素测定及原子质量精密测量，即为无机质谱。20世纪40年代至70年代，有机质谱法快速发展，并广泛地用于有机化合物的分子质量和结构的测定，所能检测的有机化合物相对分子质量一般小于1000。20世纪80年代，随着质谱软电离技术的出现，有机质谱开始用于生物大分子化合物的研究，从而进入生命科学领域，生物质谱逐渐发展起来。

质谱法具有灵敏度高、分析速度快、应用范围广、可与其他分离分析技术联用等特点。可用于测定物质的相对原子质量、相对分子质量，鉴定已知化合物和推测未知化合物的结构，对化学物质进行定性和定量分析等。

第一节　质谱仪和质谱法原理

一、质谱仪及其工作原理

质谱仪一般由样品导入系统、离子源、质量分析器、离子检测系统、真空系统和数据收集处理系统等组成（图19-1）。

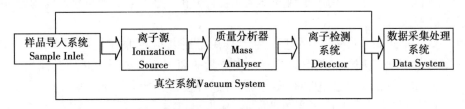

图 19-1　质谱仪组成示意图

质谱仪的分析流程为：样品通过导入系统进入离子源被电离成离子，不同大小的离子由质量分析器进行分离，并按离子的质荷比大小依次进入检测器，信号经放大、记录得到图谱即质谱（mass spectrum）。

（一）高真空系统

质谱仪中生成的离子需要在真空中存在、运动并按预定路径到达检测器。在真空状态下，单位体积中气体分子数很少，气体分子之间、气体分子与其他粒子之间的相互碰撞也随之减少。没有真空环境,质谱仪产生的离子会与周围气体物质碰撞导致飞行路径改变或碰撞活化后碎裂,无法获得良好的分析结果。

真空度是指在给定的空间内,压强小于一个标准大气压强(1.0133×10^5Pa)的气体状态,通常用气体的压力值来表示。压力值越小,真空度越高。常见的质谱仪上使用的压力单位有 Pa(N/m^2)、bar、torr(mmHg)、大气压(atm)等。

质谱仪中离子源的真空度一般应达 $1.3 \times 10^{-5} \sim 1.3 \times 10^{-4}$Pa,质量分析器中应达 1.3×10^{-6}Pa。若真空度低,会造成离子源灯丝损坏、离子散射、本底增高、副反应过多,从而使谱图复杂化。现代质谱仪一般都通过两步达到高真空度:先用旋转真空泵预抽真空将压力降至 $1 \sim 100$Pa 水平,再用扩散泵或分子涡轮泵将压力进一步降低至所需工作范围,并维持高真空度不变。

(二)样品导入系统

样品导入系统的作用是高效重复地将样品引入离子源,并且不造成真空度的降低。根据分析样品的要求,可选择不同的样品导入方法。目前常用的样品导入方法有三种:直接导入、贮气器导入及色谱联用导入。

1. 直接导入　又称直接探针进样(direct probe inlet,DPI)。探针通常是一根直径为几毫米的长不锈钢杆,其末端有盛放样品的石英毛细管、细金属丝或小的铂坩埚,内置加热器位于探头前端。将样品装在探针上,探针通过真空锁直接插入离子源内,然后快速加热探针,使之温度急剧上升(一般不超过 400℃);样品受热后挥发,然后被离子源离子化。探头的升温速度、样品的气化速度是影响质谱图质量的重要因素。该方法所需样品量很少,一般只需要几纳克样品,可测量相对分子质量范围达 2000 左右,适用于单组分、挥发性低或热稳定性差的液体样品导入。

2. 贮气器导入　主要包括贮气器、加热器、接口及真空连接系统。其工作原理是:通过可拆卸式样品管将少量样品引入样品贮气器中,样品被加热气化;通过分子漏孔,以分子流形式渗透入高真空的离子源中。该法适用于不需要进一步分离的气体和液体样品进样。由于其可在较长时间给离子源提供较稳定的样品源,用作仪器质量标定的标准样品通常采用这种方式引入质谱仪。

3. 色谱联用导入　又称间接导入法。将色谱柱分离的组分,经接口(interface)装置,引入离子源进行质谱分析。接口的作用是除去色谱流出的大量流动相,并将待测组分导入高真空的质谱仪中。该方法适用于多组分复杂混合物分析。参见第二十章仪器联用分析技术。

(三)离子源

离子源(ionization source)又称电离源,其作用是提供能量,使中性原子或分子电离为带电荷粒子(正离子或负离子),并形成具有一定能量的离子束。离子源是质谱仪的核心部件之一。目前,质谱仪的离子源种类很多,其原理和用途各不相同。表 19-1 列出了质谱分析离子源。本章节将重点介绍电子轰击离子源、化学电离源、快原子轰击离子源、二次离子离子源等几种常见的离子源。其他一些离子源,如电喷雾电离源、电感耦合等离子体电离源详见本书其他章节。

1. 电子轰击(EI)　气化的样品分子(或原子)进入离子源,由钨或铼灯丝组成的电子发射极受热后发射电子,并在电子收集极电压作用下被加速形成高速电子束,轰击样品蒸气分子(或原子),产生带正电荷的分子离子或碎片离子;在离子源排斥极的作用下,这些正离子进入离子加速区,被加速且聚集成一定形状的离子流通过狭缝进入质量分析器;负离子和电中性分子不被排斥极作用,而被抽真空系统抽出。EI 的结构如图 19-2 所示。

表 19-1　质谱分析离子源

名称	简称	电离特征	应用类型	应用年代
电子轰击源（electron impact ionization）	EI	高能电子	无机质谱、有机质谱	1920
热电离离子源（thermo ionization）	TI	高温	无机质谱	1940
二次离子离子源（secondary ion ionization）	SI	高能离子	无机质谱	1950
化学电离源（chemical ionization）	CI	试剂离子	有机质谱	1966
场解析电离（field desorption ionization）	FD	高电场	有机质谱	1969
场致电离（field ionization）	FI	高电场	有机质谱	1970
辉光放电电离（glow discharge）	GD	等离子体	无机质谱	1970
快原子轰击（fast atom bombardment）	FAB	高能电子	有机质谱	1981
激光电离（laser ionization）	LD	激光束	无机质谱、有机质谱	1978
电感耦合等离子体电离（inductively coupled plasma）	ICP	等离子体	无机质谱、有机质谱	1983
电喷雾电离（electrospray ionization）	ESI	高电场	有机质谱	1984
光致电离（photo ionization）	PI	真空紫外光	有机质谱	1986
基质辅助激光解吸电离（matrix-assisted laser desorption ionization）	MALDI	激光束	有机质谱	1988

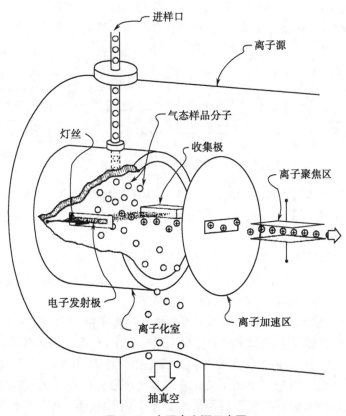

图 19-2　电子轰击源示意图

电子的能量可以通过电子发射极（阴极）和电极收集极（阳极）之间的电压来控制，这个电压称为电离电压。一般情况下，电离电压为 70V，此时电子的能量为 70eV，远高于大多数有机化合物分子的电离电位 7~15eV，相当多的分子离子会发生碎裂产生大量的碎片离子，得到丰富的"指纹"信息，这对推断结构十分有利。质谱仪谱库中的质谱图都是用 70eV 轰击电子得到。

EI 是应用最广泛的一种离子源，其优点是结构简单、易于操作、电离效率高、峰重现性好、信息量大。缺点是不适合难挥发、热不稳定的化合物；某些化合物分子离子峰强度很弱甚至观察不到；可测得相对分子质量有限，一般小于 1000。

2. 化学电离源（CI）　与 EI 的结构相似，都要产生高能量的高速电子束。但 CI 需将反应气体引入离子源。常用的反应气体有甲烷、氦气、氨气等，反应气浓度比样品浓度大很多（约 $10^4 : 1$）。假设样品是 M，反应气体是 CH_4，首先反应气被电子轰击电离成 CH_4^+、CH_3^+ 等离子；生成的 CH_4^+、CH_3^+ 进一步与大量存在的中性反应气分子 CH_4 发生二级离子反应，生成 CH_5^+ 和 $C_2H_5^+$ 离子，然后 CH_5^+ 和 $C_2H_5^+$ 离子和样品分子 M 进行分子-离子反应生成 $[M+1]^+$ 或 $[M-1]^+$ 等准分子离子。

CI 是通过样品分子与试剂离子反应而离子化的，属于软电离（soft ionization）技术，具有谱图简单、灵敏度高等特点，广泛用于有机质谱分析，适用于相对分子质量较大及不稳定化合物的分析。缺点是碎片离子少，可提供的样品结构信息少，且不能进行谱库检索。

3. 快原子轰击离子源（FAB）　其工作原理如图 19-3 所示。氙气或氩气在离子化室依靠放电产生离子；离子通过电场加速与热的气体原子碰撞，发生电荷和能量转移，产生高速定向原子束；用此原子束轰击附着于探头顶端的靶标上的液体基质与样品混合物，把大量能量传递给样品表面的分子使其电离；电离产生的样品离子被引入质量分析器。

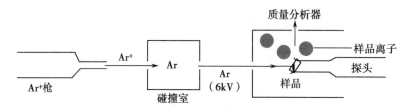

图 19-3　快原子轰击离子源示意图

FAB 通常采用液体基质负载样品以维持样品离子流持续恒定。理想的基质必须具有易于溶解样品组分、挥发性低、热稳定性好、化学惰性强、黏滞性小等特点。常用的基质有甘油、硫甘油和间硝基苄醇等。

FAB 属于软电离技术，得到的是 $[M+H]^+$ 或 $[M+Na]^+$ 等准分子离子，且碎片离子比 EI 要少。FAB 用于有机质谱分析，适合于强极性、相对分子质量大、难挥发或热稳定性差的样品分析，如肽类、低聚糖、抗生素和有机金属络合物等。

4. 二次离子电离源（SI）　由一次离子源提供一次离子束，在高真空中高能量聚焦的一次离子束轰击样品表面发生溅射现象而使样品组分离子化，产生溅射碎片离子。提供一次离子束的离子源主要分三种：双等离子体离子源提供气体离子 O_2^+、Ar^+ 和 Xe^+ 等；金属表面直接加热电离离子源提供金属铯离子 Cs^+；液态金属场致发射离子源提供金属镓离子 Ga^+。其中双等离子体离子源因价格便宜、使用成本低、使用年限长而应用最广泛。

由二次离子源组成的二次离子质谱属于离子质谱法，具有高质量分辨率、高检测灵敏度的特点,可检测包括氢在内的所有元素,适用于固态样品表面的大分子有机物、微量元素的微区分析,元素的同位素分析等,广泛应用于微电子、矿物地质和生物科学等领域。

5. 基质辅助激光解吸电离源(MALDI) 是利用一定波长的脉冲式激光照射样品而产生电离的方式。将待测物与固体有机小分子基体以1∶5000以上的比例混合,然后用激光照射此混合物。绝大部分激光能量被基体吸收,仅少量激光能量通过基体被传递至待测物分子,使之汽化并形成离子。由于激光的能量大部分被基体吸收,MALDI技术主要产生分子离子峰,极少有碎片离子产生。对于不易电离的分子,可以通过在样品中加入少量金属离子如钠、钾、铜、银等,样品组分分子被电离形成金属加合离子。

MALDI是20世纪80年代后期问世的一种软电离技术,能够使非挥发性的及具热不稳定性的生物大分子形成离子并在极低的浓度下进行检测,其技术核心是激光和基体。

(四)质量分析器

质量分析器(mass analyzer)是将离子源中生成的各种离子按质荷比的大小进行分离的装置。质量分析器是质谱仪的核心部件之一,目前大概有十几种类型。不同种类的质量分析器构成不同的质谱仪类型。这里主要介绍电磁扇形分析器、四极杆质量分析器、离子阱质量分析器、飞行时间质量分析器、傅里叶变换离子回旋共振质量分析器、轨道离子阱质量分析器等。其中,电磁扇形分析器、四极杆质量分析器和飞行时间质量分析器既可用于有机质谱仪也可用于无机质谱仪。

1. 电磁扇形分析器(magnetic sector mass analyzer) 是具有扇形电磁场的质量分析器,可分为单聚焦质量分析器和双聚焦质量分析器。

(1)单聚焦质量分析器(single focusing mass analyzer):是最早的离子质量分析器。离子源产生的离子束被加速后通过一个与其运动方向垂直的扇形磁场,依靠质量色散和方向聚焦作用,使具有不同 m/z 值的离子得到分离。

这种质量分析器的理论依据是:任何一个质量为 m,电荷为 z 的离子在加速电压 V 作用下,假设离子初始动能 E_0 为零,则离子获得的动能为:

$$\frac{1}{2}mv^2 = zeV \tag{19-1}$$

式中,v 为离子运动速度,ze 为离子电荷量。获得动能的离子以速度 v 进入磁场,受洛伦兹力作用而做圆周运动,其所受磁场向心力等于离心力,即

$$zeVH = \frac{mv^2}{r} \tag{19-2}$$

式中,H 是磁场强度,r 是离子的运动轨道半径。可见,当加速电压 V 和 H 一定时,无论离子进入磁场的运动方向有何异同,只要离子的动量相同,具有相同 m/z 的离子在磁场中的偏转半径 r 就相同,即具有方向聚焦作用。

由于式(19-1)中假设离子初始动能 E_0 为零,实际上对于质荷比相同的离子,其初始动能可能不一样,则加速后具有不同的动能;进一步由式(19-2)可知,即使 V 和 H 一定,r 也表现出差异,即离子束具有能量色散。因此,单聚焦质量分析器只能对具有不同散射角而动量相同的离子起到方向聚焦作用,而不能满足能量聚焦作用。

合并式(19-1)和式(19-2),可得离子运动半径 r 为:

$$r = \frac{1}{H}\sqrt{\frac{2mV}{ze}} \tag{19-3}$$

可见,当 V 和 H 一定时,不同质量的离子运动半径不同,即磁场具有质量色散能力,使其具备质量分析器的功能。

进一步对 m/z 求解,可得:

$$\frac{m}{z} = \frac{er^2H^2}{2V} \tag{19-4}$$

由式(19-4)可见,离子的 m/z 与 H 的平方成正比,与 V 成反比。若对 H 或 V 进行系统扫描,可依次改变离子束的运动半径,即对离子进行再聚焦,从而实现离子的分离。实际工作中,由于 V 扫描范围只能达到一个数量级,限制质量分析范围于一个数量级范围内(如 m/z 从 50 到 500),因此仪器通常是固定 V 而改变 H,从而扩大质量分析范围。

单聚焦质量分析器的质量分辨率低,一般仅为千分之一。一个重要原因是离子束的能量色散。另外,由于在进行高 H 扫描时,高 m/z 部分的质谱峰间间隔要比较低部分的小;而且在高 H 区域,质谱仪的质量校正对磁场的敏感程度大为增加,因此对磁场控制电流的稳定性的要求十分严格。

(2)双聚焦质量分析器(double focusing mass analyzer):为了提高电磁扇形质量分析器的质量分辨率,人们在单聚焦质量分析器上增加了一个扇形电场,这就是双聚焦质量分析器(图 19-4)。从离子源出来的不同 m/z 离子,先经过一个扇形电场进行能量聚焦,然后具有相同能量离子进入一个扇形磁场进行方向聚焦,最后进入检测器。双聚焦质量分析器的质量分辨率可高达十万分之一。

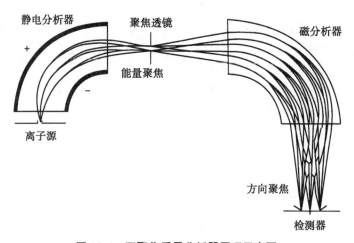

图 19-4 双聚焦质量分析器原理示意图

双聚焦质量分析器的特点是分辨率高,重复性好,没有质量歧视效应,质量测量线性范围宽,能进行串联质谱分析和定量分析。其缺点是在高质量区域分辨率与灵敏度不可兼顾,质量解析能力随 m/z 增大而降低,不适于脉冲式离子源,价格较高,体积大,使用和维护要求高。

2. 四极杆质量分析器(quadrupole mass analyzer,QMA) 是由两组对称、四根平行杆状电极组成(图 19-5)。相对的两个电极电压相同,相邻的两个电极电压大小相等而极性相反。数百伏特的直流电压和射频交流电压分别施加于四极杆的两端,使得四个电极之间的空间成为一个对称于 z 轴的高速旋转的交变电磁场。这个电磁场也是离子到达检测器的通道。带电离子在进入通道后在交变电场作用下产生旋转振荡,而在直流电场的引导下向前运动

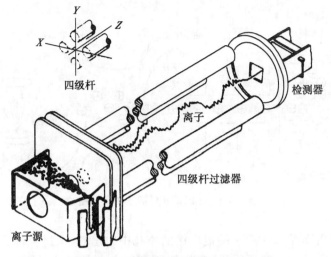

图 19-5　四极杆质量分析器示意图

通过四极杆。在一定的电场强度和频率下,只有自身运动频率与外加电场频率相符的离子才能通过四极杆通道,其他离子则会运动撞在电极杆上湮灭。保持直流电压和交流电压的比值不变,依次改变外加电场的频率即扫描电场,可使不同质荷比离子按顺序进入检测器,由此获得离子的质量分布即质谱图。

与电磁扇形质量分析器相比,四极杆质量分析器可以在数毫秒内完成一次扫描,具有极高的扫描速度,而且对真空度要求不高(压力上限可为 10^{-2}Pa),非常适合与其他分离仪器联用;同时,四极杆质量分析器体积小、操作简单、价格低、易于维护,而且多个四极杆质量分析器可串联一起实现多级质谱分析。但是,四极杆质量分析器的分辨率较低,通常只能达到单位质量分辨,且有质量歧视效应,即高质量端灵敏度下降。

四极杆质量分析器只允许需要的离子通过四极杆,一次仅能检测一种离子的强度,适合使用选择性离子监测(selected ion monitoring,SIM);在 SIM 模式下,可以连续积分离子的强度,大大提高定量分析的稳定性和灵敏度。四极杆质量分析器质量测量范围为 4000,大多数厂商的仪器的最佳质量范围为 1500~3000。

3. 离子阱质量分析器(ion trap mass analyzer,trap)　是 20 世纪 50 年代在四极杆质量分析器基础上发展起来的无磁质量分析器。根据其设计不同,离子阱质量分析器可以分为三维四极杆离子阱和线性离子阱。

(1) 三维四极杆离子阱(3D quadrupole ion trap,3D QIT):是最早的离子阱质量分析器,又称为 Paul 阱,由德国科学家 W.Paul 和美国科学家 H.G.Dehmeit 等研制。两人因发明离子阱技术而共获 1989 年诺贝尔物理奖。商业化的三维离子阱质谱仪于 20 世纪 80 年代后期出现。

三维四极杆离子阱是由一个中心环形电极和两个呈双曲面形的端盖电极组成。三电极构成的空腔称为阱,其结构如图 19-6 所示。三维四极杆离子阱工作原理是:在环形电极和端盖电极加上射频电压和直流电压,形成三维电场;离子源出来的离子束进入阱后,将受到 xyz 三个方向电场力的共同作用;在稳定的射频电流下,所有离子被禁锢在电场内随电场频率作环形振荡运动,在 r 径向和 z 轴向的运动振幅均不大,呈四边形的稳定区域;当端盖电极不加直流电压时,增加射频电流的振幅强度,可使得阱中离子的运动振幅

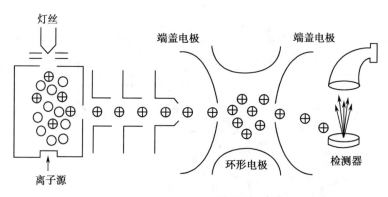

图 19-6 三维四极杆离子阱示意图

激增,会碰撞上电极而湮灭或者从端盖电极的小孔中射出,这个过程称为选择性离子激发(selection ion ejection)。在进行质量扫描时,逐渐增大射频电流的振幅,离子会按 m/z 大小依次被射出经检测器检测而形成质谱图。此外,也可通过在端盖电极上加上一个辅助射频,通过辅助射频改变主射频电流振幅,使后者增大,造成离子在 z 轴轴向的共振振幅随之增大;当这个共振大到一定程度时,离子就会沿 z 轴从离子阱中抛射出来被检测器检测。这个过程称为离子的共振激发(resonance ejection)。随着辅助射频电流振幅的逐渐增加,所有离子就会根据 m/z 大小由低到高依次从离子阱中射出而被作为信号记录下来得到质谱图。实现离子共振激发的技术称为质量选择性非稳定扫描(mass selective instability scan)。

三维离子阱质量分析器通常要注入约 1mtorr 的氦气,其目的是通过缓冲气体与离子的碰撞冷却作用,来吸收离子的动能,提高仪器的质量解析能力。

三维离子阱质量分析器与四极杆质量分析器相比,共同点是利用离子在射频电场中的运动特性来实现离子的选择性分离。不同点是,四极杆质量分析器的电场是二维的,离子进入这个电场犹如进入一个隧道,只有特定离子能够走出,其他离子都消失在隧道中;三维离子阱质量分析器是使用三维电场将离子封闭在一个稳定区域即电场势阱,再将特定离子选择性地激发释放出。因此,四极杆质量分析器的功能是从离子流中过滤需要的离子,滤除不需要的离子;而离子阱质量分析器是将离子流捕获并控制住,然后将需要的离子选择性抛射出。

三维离子阱质量分析器的优点是结构简单、灵敏度高、对真空度要求低、性价比高等。其质量分辨率为 $10^3 \sim 10^4$,质量测量精度为 50~100ppm,测量质量范围可达 4000。但是,三维离子阱质量分析器有两个显著结构缺陷:①离子阱捕集离子的效率低。这是由于端盖射频电场阻止离子进入阱中,即在整个射频周期中只有极小一部分时间能允许离子进入,导致离子源产生的离子只有约 5% 能够进入离子阱,影响了质谱分析的灵敏度。②离子阱体积有限。如果进入离子阱中的离子过多,外层离子会屏蔽内层离子,导致电场对内层离子作用减弱,即空间 - 电荷扰动(space-charge perturbation)效应,结果使得质谱峰质量发生漂移,仪器质量解析能力下降。

(2)线性离子阱(linear ion trap,LIT):为了克服三维离子阱结构上的缺陷,人们开始尝试改变三维离子阱的几何结构或电极形状。20 世纪 90 年代二维线性离子阱(2 dimensional linear ion trap,2D LIT)问世。

二维线性离子阱具有两个相互垂直的对称面,射频电压只加在 xy 二维上,径向的二维电场将捕集的离子压缩在一条直线上,在第三维(z 轴向)施加直流电压阻止离子逃逸。在电极杆上设置狭缝,选择性离子通过狭缝抛射出离子阱。二维离子阱去掉了端盖电极,提高了离子阱捕集离子的效率,使得分析灵敏度增加;同时增加了仪器体积,使容纳离子的能力提高,避免了空间 - 电荷扰动效应,改善了质量解析能力。

同三维离子阱相比,二维线性离子阱具有更好的质量分辨率、更高的分析灵敏度和更优越的多级串联质谱分析的功能,因此有逐渐取代三维离子阱的趋势。

4. 飞行时间质量分析器(time of flight,TOF) 其设计思想是:离子源形成的离子在加速电压作用下获得相同的初始动能,进入一个 1~2m 长的无电磁场的真空管中飞行直至到达检测器(图 19-7);由于离子的质量不同,飞行的速度就不同,导致到达检测器的飞行时间也不同;利用离子到达检测器的时间不同可实现不同质荷比离子的分离。

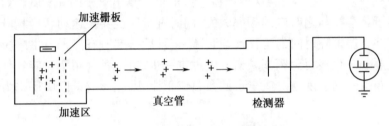

图 19-7　飞行时间质量分析器示意图

设离子的运动速度为 v,加速电压为 U,真空漂移管的长度为 L,飞行时间为 t,由于带有 z 个电荷的带电离子获得的初始动能等于相同电场中的电势能,则有 $\frac{1}{2}mv^2 = zeU$,离子的飞行时间为 $t = \frac{L}{v} = L\sqrt{\frac{m}{2zeU}}$。可见,离子的飞行时间与质荷比的平方根成正比。如果飞行时间足够长,理论上来说离子的质量测量没有上限。这是 TOF 最突出的特点之一。

TOF 具有很高的分辨率,这与几个关键技术包括时间延迟技术(time-lag)、离子反射器(reflection)和垂直离子引入技术(orthogonal injection)有关。

时间延迟技术就是在离子源和飞行管间增加一个装置,对离子进行再聚焦。实际上就是在给离子加速前让其延迟片刻,平衡能量分散,同时对离子进行空间聚焦,从而改善仪器的解析能力。不同仪器厂商的时间延迟技术的命名和效能稍有差异。常见的命名有延迟提取(delayed extraction,DE)、脉冲离子提取(pulsed ion extraction,PIE)、时间延迟聚焦(time-lag focusing,TLE)等。总体来说,时间延迟技术可提高分辨率 1~3 倍。

离子反射器是一个与加速电场相对的均匀电场,犹如一面离子镜,反射经过第一级漂移飞行的离子束,进行第二级的飞行,使离子在有限的飞行空间内能够飞行更长的路径,从而得到更好地分离。离子反射器通过延长飞行距离、补偿能量分散和空间分散等方式,实现分辨率的提高。随着反射次数的增加,仪器分辨能力也增大,一般在 $10^3 \sim 10^4$,但是分析灵敏度会损失。常见的离子反射器设计有一次反射型(V 型)和三次反射型(W 型)。W 型反射器比 V 型的质量解析能力提高了一倍,但是分析灵敏度下降约 3 倍。

垂直离子引入技术将离子源移至飞行管的侧面,离子源生成的离子以 90° 角度引入离子加速区域,在聚焦过程中通过离子间的相互碰撞冷化能量,使离子间的初始能量平均化。

该技术可减少离子初始能量的发射,与离子反射器结合使用,使飞行时间质谱仪的分辨率很容易达到 10^4 以上。

飞行时间质量分析器具有分辨率高、质量检测范围宽、灵敏度高、分析速度快、仪器结构简单、操作方便等特点。它的分辨率约为 20 000,质量测量准确度为 <10ppm,非常适合生物大分子的定性分析,是目前最有发展前景的质谱技术。

5. 傅里叶变换离子回旋共振质量分析器　傅里叶变换离子回旋共振(fourier transform ion cyclotron resonance,FTICR)质量分析器是由六面体组成的一个阱室(图 19-8)。回旋共振激发前,带电离子沿磁场方向注入,在强磁场中做圆周运动,即为离子回旋捕获。离子的回旋频率与离子质量成反比,因此测量离子的回旋频率可以获得其质量。若施加一个与某一离子回旋频率对应的射频,则由于共振效应,这个离子的回旋半径逐渐增大到靠近信号接收电极。回旋共振激发后,接收极被感应而产生频率与该离子运动频率一致的感应信号,并在负载上形成镜像电流。检测这个镜像电流即可计算出离子的 m/z 值。如果施加频率扫描,所有离子都会被与之对应的频率激发,同时进行回旋共振运动。接收极上感应出多个镜像电流,并且振幅随时间的延长逐渐衰减,记录后得到所有离子自由感应衰减信息的时域谱,经过 fourier 变换得到频率域谱。经过进一步换算,各种频率对应各种离子的质荷比,而感应射频信号的强度与对应离子的数目成正比,因此形成了以质荷比为横坐标的质谱图。

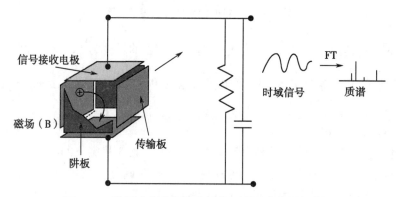

图 19-8　傅里叶变换离子回旋共振质量分析器示意图

傅里叶变换离子回旋共振质量分析器无需分离不同质荷比的离子,而是在同一时间内同时测量所有离子的质荷比和丰度,最大限度地利用全部离子的信息,从而分析灵敏度高。FTICR 质谱仪具有高灵敏度、高测量精度、超高分辨率和质量测定范围宽等特点,FTICR 质谱仪的灵敏度均在 fmol 量级,测量准确度为 1~5ppm,分辨率为 10^4~10^6,质量测量范围为 >10 000。

FTICR 对真空度要求极高,其操作压力必须保持在 10^{-7}Pa 左右,需要使用复杂的真空技术。同时强磁场需要庞大的超导磁铁产生,维护成本高。因此,FTICR 质谱仪体积庞大,价格昂贵,限制了它的普及使用。

6. 轨道离子阱质量分析器　轨道离子阱 Orbitrap 是由俄罗斯科学家 A.Makarov 通过改进 Kingdon trap 装置,于 1999 年设计的一种离子质量分析器。其工作原理与 FTICR 类似,通过离子的旋转振荡产生镜像电流,电流信号经过微分放大器放大后由傅里叶变换器转换成频率谱,进而再转变为质谱。

Orbitrap 结构与 FTICR 完全不同。Orbitrap 质量分析器形状如同纺锤体,由纺锤形中心内电极和外层电极组成。离子束有外壳上的小孔垂直注入。给中心内电极施加直流高压后,内部产生纺锤形的静电场。高速运动的带电离子进入离子阱后,在中心电场引力作用下,沿质量分析器径向做圆周轨道运动,同时在垂直方向的离心力和水平方向的静电场推力作用下沿轴向做简谐振荡。离子的转动频率与其质荷比相关,据此可进行离子质量分析。

轨道离子阱具有高的分辨率和质量测量精度。它的分辨率可 $>10^5$,质量测量准确度可 <5ppm。轨道离子阱属于静电场离子阱,它不需要使用磁场和高频电场,因而仪器使用成本低,有利于它的使用推广。轨道离子阱可与其他质谱联用,如线性离子阱 - 轨道离子阱组合型质谱仪(LTQ-Orbitrap),在蛋白质鉴定、生物标记物发现等生命科学领域应用日益广泛。

(五)离子检测系统

质谱仪的检测系统主要任务是检测质谱仪产生的离子信号。常用的检测器有电子倍增管、法拉第杯、电 - 光离子检测器、镜像电流感应器等。其中电子倍增管是目前使用最多的质谱检测器。有关各检测器的工作原理和使用范围参考相关教材和专著,不再赘述。

(六)数据采集处理系统

质谱数据的采集和处理是质谱分析工作重要的环节。早期获得的质谱图都是模拟信号,质谱数据的处理过程也比较简单,一般包括信号转变、数据平滑、背景扣除、数字化处理、数据文件编辑、输出和规范报告等。随着现代计算机技术的迅速发展,全面采集质谱数据和大数据量的存储已经不是问题,出现了一次扫描同时获得全谱和多离子检测、自动多离子检测等数据采集系统,自动谱库检索、色谱峰的自动去卷积和鉴定、目标化合物的定量分析、未知物的智能解析等数据分析系统,这些极大方便了质谱数据的收集、分析和挖掘,为质谱分析工作者提供了更多、更有价值的信息。因此,计算机技术将在提高质谱仪采集处理数据系统的功能中发挥越来越大的作用。

二、质谱仪的主要性能指标和质谱图

(一)质谱仪的主要性能指标

1. 分辨率　质谱仪的分辨率(resolution)是指分开相邻两个质谱峰的能力。两个完全分离的相邻的质谱峰之一的质量数与两者质量数之差的比值,规定为仪器的分辨率,用 R 表示

$$R = \frac{m_1}{m_2 - m_1} = \frac{m_1}{\Delta m} \tag{19-5}$$

式中 m_1 为第一个峰的离子质量数(或两个峰的平均质量数),m_2 为第二个峰的离子质量数,且 $m_2 > m_1$;Δm 为两个峰的离子质量数之差。

在实际测量中,相邻两质谱峰的分辨率计算可分三种情况。

(1)当两个相邻质谱峰的峰高相等,而两峰间峰谷高为峰高的 10% 时,其分辨率 R 按式(19-5)计算。

(2)对于单峰而言,式(19-5)形式不变,但是 Δm 为峰高 50% 处即半峰宽(full width at half maximum,FWHM)的质荷比的差值。

（3）当两相邻质谱峰不等高时，分辨率 R 计算公式为

$$R=\frac{m_1}{\Delta m}\frac{a}{b} \qquad (19\text{-}6)$$

式中 m_1 为第一个峰对应的离子质量数，a 为相邻两峰的中心距离，b 为其中一个峰在 5% 峰高处的峰宽。

一般而言，$R<1000$ 的质谱仪为低分辨率质谱仪，$10\,000>R>1000$ 的质谱仪为中等分辨率质谱仪，$R>10\,000$ 为高分辨率质谱仪。高分辨率质谱仪可测定精确的质量数。

2. 灵敏度　质谱仪的灵敏度有绝对灵敏度、相对灵敏度和分析灵敏度等表示方法。绝对灵敏度是指质谱仪可以检测到的最小样品量。相对灵敏度是指质谱仪可以同时检测的组分高含量与低含量之比。分析灵敏度是指输入质谱仪的样品量与质谱仪响应的信号之比。

3. 质量测量范围　是指质谱仪可检测到的离子最低质荷比到最高质荷比的范围，但常常用离子最高质荷比来表示。如四极杆质谱仪的质量测量范围为 4000，离子阱质谱仪的为 6000，傅里叶变换离子回旋共振质谱仪的质量测量范围为 10\,000。

4. 质量准确度　是指质谱仪测量一个离子的质荷比，实验测定值与真值接近程度。这两个值越接近，说明准确度越高，测量误差越小。

离子的理论质量（exact mass）是根据一个已知元素组成、同位素组成和电荷携带状况的离子式计算出的质量。它是一个理论值。IUPAC 定义为一个离子的单一同位素质量（monoisotopic mass）。离子的准确质量（accurate mass）是指实验测定出的，达到设定测量精度或满足离子质量测定要求的一个离子的质量。

质量测量误差是指离子测量到的准确质量 m_a 与理论质量 m_e 之差。准确质量测量误差有两种表示方法：①绝对误差，计算公式为 $(m_a-m_e)\times10^3$；②相对误差，计算公式为 $\left[\dfrac{(m_a-m_e)}{m_e}\times10^6\right]$，其单位为百万分数（ppm）。

关于离子的质量表示单位，IUPAC 推荐原子或分子质量的单位以符号"u"表示。这个数值是以 ^{12}C 原子质量（12.0000u）为基准得到的。1u 为 ^{12}C 原子质量的十二分之一。另一个与此通用的表示符号为道尔顿（Dalton，Da 或 D）。这两个符号具有同样的定义即 1u=1Da=1.660540×10^{-27}kg。但是道尔顿迄今尚未得到任何国际官方组织认证。

（二）质谱图

质谱分析结果的表示方法主要有两种：质谱图和质谱表。

1. 质谱图　由横坐标、纵坐标和质谱峰组成，包括棒图和轮廓图。

（1）质谱峰（peak）：质谱图中峰代表的是质谱仪检测出的离子。离子峰强度（intensity）与离子丰度（abundance）呈正相关。质谱图中强度最高的峰称为基峰（base peak）。绘制质谱图时，可以离子峰的绝对强度或者相对强度为纵坐标。

绝对强度，是以 m/z 40 以上的离子的峰高之和作为 100%，然后各峰的峰高与其比值为该峰的绝对强度，以 $x\%\sum_{40}$ 表示。

相对强度（relative intensity，RI），也称为相对丰度（relative abundance，RA），是将质谱图离子强度最大的峰定为基峰，并规定其相对强度为 100%，对各质谱峰强度进行归一化处理，得到各个峰的相对强度百分数。一般质谱峰用相对强度为纵坐标。

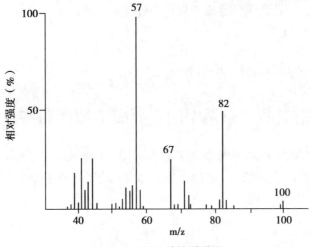

图 19-9　环己醇的质谱图

（2）棒图（bar graph）：是最常见的质谱图。如图 19-9 所示，横坐标为离子的质荷比 m/z，纵坐标为离子峰的相对强度。它先将整个谱图中的各个质谱峰各自进行加权平均处理，以一条垂直线在横坐标上标识质谱峰的重心；然后将高度最高的峰定为基峰，并规定其相对强度为 100%，对各质谱峰高度进行归一化处理，得到各个峰的相对强度百分数。棒图简单明了，很容易找到分子及其碎片的主要信息，但是也会导致许多有价值信息的丢失。

（3）轮廓图（profile）：是将所有数据点连接起来形成的谱图。它经过平滑数据、校正基线和峰型辨认等处理程序，获得平滑的曲线图。轮廓图保持了质谱原始数据的信息，故数据量大得多，对质谱数据处理系统提出更高要求。

2. 质谱表　是根据使用者的需要，以表格形式提供质谱数据信息。一般由离子的 m/z 和其相对强度组成。

三、质谱分析法的定性定量依据

质谱法用于化学物质的定性分析，包括对已知物质的结构鉴定和未知物质的结构推导等。一张质谱图包含了丰富的化学物质结构信息，通过对质谱图的解析，可用来确定化学物质的相对分子质量、分子式和分子结构等。质谱解析的基本原理和方法是质谱法定性的依据。接下来的几节内容将围绕质谱解析的原理和方法进行介绍。

质谱分析法与色谱或其他分离分析技术联用时，可用于混合物的含量测定。在用质谱法进行定量分析时，需要满足以下条件：①样品中每一种组分至少有一个特征质谱峰，它不受其他组分的影响；②每种组分对相同 m/z 碎片离子峰峰高的贡献具有线性加和性；③每种组分的特征峰及灵敏度与这个组分的纯品所得结果相同。在满足上述条件基础上，才可以合理地计算混合物中各组分的含量。

在适当条件下，质谱峰强度与组分的浓度成正比，即

$$I_i = S_i C_i \tag{19-7}$$

式中，I_i 为 i 组分某一特征峰的离子流强度；S_i 为 i 组分某一特征峰的浓度灵敏度，即单位浓度所产生的离子流强度；C_i 为 i 组分的浓度。

灵敏度与仪器的操作条件，如离子化电流、磁场强度及温度等有密切关系。所以，定量

分析样品的操作条件一定要与测定 S_i 的操作条件保持一致。

若用峰高 h_i 代替 I_i，则

$$h_i = A_i S_i C_i \tag{19-8}$$

式中，A_i 为 i 组分某一特征峰的相对丰度。

第二节　质谱中的主要离子类型和特点

质谱分析中化学物质在离子源中离子化会形成各种类型的离子，主要可归纳为以下几类：分子离子、碎片离子、同位素离子、加合离子、多电荷离子、亚稳离子等。识别和分析这些离子的形成对质谱解析十分重要。

一、分子离子

分子离子（molecular ion）是指分子失去或加上一个电子而形成的带单电荷的离子，包括正离子（$M^{+\cdot}$）和负离子（$M^{-\cdot}$）。形成分子离子的中性分子一般带偶数电荷，故分子离子是奇电子离子。分子离子通常出现在质谱图的最右侧，是质荷比最高的质谱峰。图 19-9 中 m/z 100 是分子离子峰。分子离子峰的质荷比是确定相对分子质量和分子式的重要依据。

分子离子的质量为构成这个分子的所有元素的最大丰度同位素质量之和再加上（负离子）或者减去（正离子）电子的质量。例如，六氯苯 C_6Cl_6，其分子离子的质量（u）为 $6 \times 12 + 6 \times 34.968852 - m_e$。

二、碎片离子

分子在离子源中获得足够的能量时，会使分子离子进一步发生化学键的断裂，而产生碎片离子（fragment ion）。碎片离子可以是正离子或负离子，也可以是奇电子离子或偶电子离子。在多级质谱实验中，产生碎片离子的离子被称为前体离子（precursor ion）或母离子（parent ion），生成的碎片离子被称为产物离子（product ion）或子离子（daughter ion）。

质谱图中大部分质谱峰为碎片离子峰，碎片离子峰的形成与化学物结构密切相关。识别和分析碎片离子峰的形成是质谱解析的重要内容。图 19-9 中 m/z 41、57、67、82 等质谱峰为碎片离子峰。

三、同位素离子

具有相同质子及核电荷数但中子数不同的元素互称为同位素（isotopes）。天然元素都是由具有一定自然丰度的同位素组成。例如自然界中氢以 1H（氕，H），2H（氘，D），3H（氚，T）三种同位素的形式存在，相对丰度分别为约 99.985%、约 0.015%、低于 0.001%。含有同位素的离子称为同位素离子（isotopic ion）。质谱图上这些同位素离子对应的峰称为同位素离子峰。

质谱图中由元素组成相同但同位素组合不同的一组离子簇形成的峰称为同位素离子簇峰（isotopic cluster peak）。同位素离子簇峰包含同位素丰度分布信息，是进行化学物鉴别的重要指标之一。

以化学物元素的单一同位素组成的质量为其最大丰度稳定同位素的离子称为单一同

位素离子(monoisotopic ion)。质谱图中由以化学物元素的单一同位素离子形成的峰称为单一同位素峰(monoisotopic peak)。单一同位素峰往往是同位素离子簇中质量最低的,因其相对丰度最大而在峰簇中形成基峰。单一同位素峰对应的是单一同位素质量(monoisotopic mass),即组成元素的最大丰度稳定同位素的准确质量。

质谱分析测量的是化学物离子的同位素质量。如甲烷(CH_4)的单一同位素质量为16.03120u。但是甲烷的分子量也常以整数质量的形式表示,如 16u。一个元素的整数质量(integer mass/nominal mass)是其最大丰度稳定同位素的质量,如 Cl 的整数质量为35u。一个分子、自由基和离子的整数质量是其所有组成元素的整数质量之和,如 $C_2H_4O^+$ 的整数质量是 44u。

四、加合离子

某些分子或原子在离子源中与外来离子或碎片离子相撞生成的离子,称为加合离子或复合离子(adduction ion)。由软电离技术产生化合物分子得到或失去某一离子而形成的加合离子,称为准分子离子(quasi-molecular ion),例如 $[M+H]^+$、$[M+Na]^+$、$[M-H]^-$、$[M-Cl]^-$ 等离子。

五、多电荷离子

带有两个或两个以上电荷的离子称为多电荷离子(multiple-charge ion)。常见于多肽、蛋白质等生物大分子的质谱分析中。多电荷离子的产生使具有较低质量范围的质谱仪能够对大分子进行质量分析。

六、亚稳离子

离子从离子源出来后,在进入检测器之前于自然状态下发生裂解反应而得到的离子称为亚稳离子(metastable ion)。形成亚稳离子的裂解过程称为亚稳跃迁。亚稳离子的半衰期与质谱实验条件的时间在同一数量级。

质谱图中亚稳离子形成的质谱峰为亚稳峰(metastable peak,m*)。亚稳峰的特点是:①峰强度弱,一般不超过基峰的 1%;②峰形较宽,呈扩散的高斯型或平顶型,超过 1 个质量单位;③质荷比不为整数。亚稳峰的主要用途包括阐明裂解途径、确定分子离子峰、鉴定异构体、研究重排过程等。

假设亚稳离子 m* 与产物离子 m_2 都是由前体离子 m_1 裂解产生。亚稳离子的质量为表观质量 m*,它与前体离子的质量 m_1 以及产物离子的质量 m_2 有如下关系:

$$m* = \frac{m_2^2}{m_1} \tag{19-9}$$

依据上式可计算亚稳离子质量,从而推断前体离子与产物离子之间是否存在裂解关系。也可计算前体离子或产物离子的质量,从而寻找前体离子或产物离子。

第三节 分子的裂解和重要有机化合物的裂解规律

质谱分析推导化合物的分子结构,一个重要途径是首先获得化合物的分子离子和碎片离子信息,然后根据分子裂解的机理和规律来确定分子结构。因此,研究化合物分子的裂解类型、反应机理和重要基团的裂解规律,对于质谱解析工作有重要价值。本节将主要介绍有机化合物分子 EI 质谱的裂解反应类型、裂解机理和常见重要有机化合物的裂解规律。

一、有机分子的裂解反应类型

分子中共价键的断裂称为裂解或开裂(bond cleavage)。有机物分子的裂解方式分为单纯裂解、重排裂解、环结构开裂和复杂开裂等。

(一)裂解过程的表示方法

1. 离子的表示方法 用"+"表示正电荷,"·"表示自由基。离子含奇数个电子(odd electron,OE)用"OE$^{+\cdot}$"或"OE$^{\cdot+}$"表示,离子含偶数个电子(even electron,EE)用"EE$^+$"表示。电荷符号一般标在杂原子或 π 键上,如 $CH_3—\overset{+\cdot}{O}H$。电荷位置不清楚时,可用 $\square^{+\cdot}$ 和 $\square^+$ 表示。

2. 电子转移表示方法 离子裂解伴随着电子转移。在研究裂解过程中,为了标注电子转移方向和电子转移数目,常用"⤻"表示单个电子的转移,用"⤵"表示双电子的转移。

(二)单纯裂解

一个共价键的断裂称为单纯裂解或简单裂解。质谱中绝大部分离子均由简单裂解形成。奇电子离子简单裂解时生成偶电子离子和自由基,而偶电子离子简单裂解生成偶电子离子和中性分子。

$$M^{+\cdot}(OE^{+\cdot}) \rightarrow EE^+ + R^{\cdot} \qquad EE^+ \rightarrow EE^+ + N$$

根据键断裂后电子的分配方式不同,单纯裂解可分为均裂、异裂和半异裂三种。

1. 均裂(homolytic bond cleavage) 共价键断裂后,两个成键电子分别保留在各自的碎片上的裂解过程。举例如下。

(1)含饱和杂原子(Y)的化合物:
$$R'—CR_2\overset{+\cdot}{—}Y—R'' \xrightarrow{\alpha} R'\cdot + CR_2\overset{+}{=\!\!=}Y\text{–}R''$$

(2)含不饱和杂原子的化合物:
$$R'—CR\overset{+\cdot}{=\!\!=}Y \xrightarrow{\alpha} R'\cdot + CR\overset{+}{=\!\!=}Y$$

2. 异裂(heterolytic bond cleavage) 也称非均裂,是指键断裂后两个成键电子全部转移到其中一个碎片离子上的裂解过程。例如:

$$R—CH\overset{+\cdot}{=\!\!=}\overset{\cdot\cdot}{O} \longrightarrow R^+ + CH\overset{\cdot}{=\!\!=}O$$

$$R—C\overset{+\cdot}{=\!\!=}\overset{\cdot}{O} \longrightarrow R^+ + CO$$

3. 半异裂(hemi-heterolytic bond cleavage) 也称半均裂,是指离子化的 σ 键断裂过程。通常饱和烷烃 C—C 键失去一个电子,形成离子化键,然后发生 σ 裂解,例如:

$$C_2H_5—\underset{\overset{|}{CH_3}}{\overset{\overset{|}{CH_3}}{C}}—CH_3 \xrightarrow{-e} C_2H_5\cdot + \overset{\overset{|}{CH_3}}{\underset{\overset{|}{CH_3}}{\overset{\cdot}{C}}}—CH_3 \xrightarrow{\sigma} C_2H_5\cdot + (CH_3)_3\overset{+}{C}$$

分子中最易失去的电子是杂原子上的 n 电子,然后是不饱和键上的 π 电子和饱和键上的 σ 电子。同时,C—C 键的 σ 电子比 C—H 键的 σ 电子更易失去。当化合物分子没有杂原子或不饱和键时,即没有 n 电子和 π 电子时,σ 裂解就是主要的裂解方式。异构烷烃最容易从分支处断裂,且支链大的易以自由基脱去。

对于简单裂解可以按照裂解类型来判断形成的离子是偶电子离子或奇电子离子。但对于多键参与的复杂裂解过程,据此判断离子的性质是困难的。

(三) 重排裂解

发生两个及两个以上键断裂并伴随重排反应的过程称为重排裂解(rearrangement cleavage)。重排裂解时,有一个氢原子发生转移,同时脱去一个中性分子或发生键的内重排。脱去中性分子是失去偶数个电子,故裂解前后两个离子质量的奇偶数是不发生变化的,据此可判断该离子是否由重排裂解产生。

1. 氢重排 氢重排裂解过程包括氢原子从一个原子转移到另一个原子上,同时发生两个键的断裂,并脱掉一个中性分子。

(1)含杂原子化合物的氢重排:氢重排到饱和的杂原子上形成新键,而与杂原子相连的另一键开裂。这种重排裂解反应常通过四、五、六元环过渡态,失去电离能较高的饱和的中性分子,如 HX、H_2O、$CH_2=CH_2$、CH_3OH 等分子。支链 C 原子上的氢、相邻有不饱和基团 C 原子上的氢易于发生这种氢转移重排反应。有些文献将氢转移到被脱去的中性分子部分称为消去反应。

$$H_3C-CH-CH_2 \longrightarrow H_3C-CH_2 \overset{+\cdot}{\cdot} CH_2 + HBr$$

邻位取代的芳香族化合物能使氢原子特征地迁移到被消除的原子或基团上,脱去中性分子,称为邻位效应(ortho effect),例如:

原子 A 可以是 C、O、N 或 S 等元素,原子 Y 可以是 O、N 或 S 等元素。

(2)McLafferty 重排:含 γ 氢原子的化合物经过六元环过渡态,向具有 π 键缺电子的杂原子转移,而引起的重排开裂。该开裂过程是 McLafferty 在 1959 年首先发现的,因此称为 McLafferty 重排,即麦氏重排。这种重排要求化合物分子存在一个不饱和基团,如羰基、苯环、烯基等,且不饱和基团 γ 位有能够转移的氢。不饱和基团上的杂原子常为接受重排氢的基团。例如芳香环的麦氏重排如下:

对同一化合物而言,McLafferty 重排裂解可能生成两种产物,即电荷保留产物或电荷转移产物。

是电荷保留的产物丰度大,还是电荷转移产物的丰度大,取决于裂解反应前后化合物的结构及产物离子结构稳定性。有时可能不同丰度的两个产物都可观察到,有时只能观察到其中一种产物。通常情况下,含 π 键的一侧带正电荷的可能性大些。

一些常见麦氏重排离子如表 19-2 所示。

表 19-2　McLafferty 重排离子(最小碎片离子质量数)

化合物类型	最小重排离子	m/z	化合物类型	最小重排离子	m/z
醛	$H_2\dot{C}$—C—H, +OH	44	羧酸酯	$H_2\dot{C}$—C—OCH_3, +OH	74
酮	$H_2\dot{C}$—C—CH_3, +OH	58	腈	$H_2\dot{C}$—C≡$\overset{+}{N}H$	41
羧酸	$H_2\dot{C}$—C—OH, +OH	60	烯	$H_2\dot{C}$—$\dot{C}H$—CH_3	42
酰胺	$H_2\dot{C}$—C—NH, +OH	59	硝基化合物	$H_2\dot{C}$—N—OH, +O	61

麦氏重排裂解产生的碎片离子,如果具有麦氏重排的结构,则可发生第二次重排开裂。这种涉及两个氢原子的重排、三个化学键断裂的裂解过程,称为二次麦氏重排,又称为 McLafferty+1 重排。如酮分子结构中两个烃基碳数大于 3 时,可发生二次重排裂解。

2. 非氢重排　非氢重排反应过程中无氢的转移,只有骨架的重排或基团的重排裂解发生。主要有取代重排和消去重排。

取代重排(displacement reaction)是由自由基引发的环化反应,也称为环化取代重排或置换重排。反应过程中发生一个键断裂的同时生成另一个新键。例如,在含饱和杂原子的长链烷基化合物中可见,丢失长链烷基自由基,形成含杂原子的多元环重排离子。

其他化合物的取代重排举例如下:

消去重排（elimination rearrangement）类似于氢重排反应，不同之处是发生迁移的是基团不是氢原子。消去重排形式复杂多样，给解释或推导质谱裂解过程带来一定困难，要慎重运用。

（四）环结构开裂

环结构开裂包含脂肪环化合物的开裂、芳环化合物的开裂、具有环烯结构化合物的开裂等。其中环烯结构化合物的开裂表现出逆 Diels-Alder 开裂的特征，具体介绍如下。

逆 Diels-Alder 开裂（Retro-Diels-Alder，RDA）也称为逆 Diels-Alder 重排。在有机反应中 Diels-Alder 反应为 1,3- 丁二烯和乙烯缩合生成六元烯化合物的反应。在质谱裂解过程中出现逆 Diels-Alder 反应，即一个六元环烯化合物开裂生成一个双烯和一个乙烯。在用质谱法分析带有双键的脂肪环化合物、生物碱、萜类、甾体和黄酮类物质时，常可观察到逆 Diels-Alder 开裂存在。例如环己烯的逆 Diels-Alder 开裂：

对于逆 Diels-Alder 开裂反应的产物离子而言，含原双键的部分带正电荷的可能性大，当环上有取代基时，正电荷也有可能在烯的碎片上。

（五）复杂开裂

复杂开裂是环状醇、环状卤化物、环状胺、环状酮等化合物常见的裂解过程。这种开裂包含两个环状键的开裂、一个氢原子的转移共断裂三个键，最终生成稳定的偶电子的氧鎓离子（oxonium ion）或亚胺离子（immonium ion）。

二、有机分子的裂解反应机理

EI 质谱中有机分子裂解反应机理探讨主要基于"自由基、电荷定域理论"和"裂解产物稳定性原则"。

（一）自由基、电荷定域理论

McLafferty 提出的自由基、电荷定域理论的基本思想是：在待分解的分子离子中未成对电子和正电荷有其最有利的中心，即自由基或电荷定位于分子某一个区域（位置），而分子离子的裂解反应是由这些中心所引发的，即定域化的自由基或电荷中心所驱动。在裂解反应前后，电荷中心没有发生改变称为电荷保留，发生了改变则为电荷迁移。

1. 自由基中心引发的裂解　分子离子的自由基（或称游离基）上的未配对电子有强的电子配对倾向，可和相邻原子形成新键，引起相邻原子的另一键断裂，脱去一个自由基，生成较稳定的偶电子碎片离子，这个过程称为 α 裂解。α 裂解反应不引起电荷的转移。例如：

$$R'\overset{\frown}{-}CR_2\overset{+\cdot}{-}\overset{\cdot\cdot}{Y}-R'' \xrightarrow{\alpha} R'\cdot + CR_2{=}\overset{+}{Y}-R''$$

$$R'\overset{\frown}{-}CR{=}\overset{+\cdot}{Y} \xrightarrow{\alpha} R'\cdot + CR{\equiv}\overset{+}{Y}$$

上述化合物分子中 C—Y 或 C=Y 基团含杂原子 Y（O、N、S 等），与该基团 C 原子相连的

键称为 α 键。α 键由于受杂原子 Y 的影响,发生均裂和半异裂。

杂原子对正电荷离子有致稳作用。如果同一分子中有多个杂原子,裂解优先受致稳能力强的杂原子支配。常见杂原子的致稳能力依次为 N>S>O>Cl>Br>I。另外,α 裂解遵循最大烷基失去规则,即失去最大烷基基团的碎片离子丰度占优势。

含烯丙基的烃类也容易发生 α 裂解,相应碎片离子丰度较强,例如:

$$R—CH_2—CH=CH_2 \xrightarrow{-e} R—CH_2—CH \cdot{}^{+} CH_2 \xrightarrow{\alpha} R\cdot + CH_2=CH—\overset{+}{C}H_2$$
(相对离子丰度100%)

含烃基侧链的芳烃也有类似烯丙基结构,所以也容易发生 α 裂解。

2. 电荷中心引发的裂解 分子离子的正电荷具有吸引或极化相邻成键电子对的能力,诱导一对电子向电荷位置转移,引起键的开裂,称为 i 裂解,又称为诱导裂解。此过程中,两个电子被转移,一个单键发生异裂并导致正电荷位置转移。OE$^{+\cdot}$ 和 EE^{+} 都能发生 i 裂解。例如:

OE$^{+\cdot}$ 型,

$$R—\overset{+\cdot}{Y}—R' \xrightarrow{i} R^{+} + \cdot Y—R'$$

$$R—CH=\overset{\cdot+}{Y} \xrightarrow{i} R^{+} + CH=\overset{\cdot}{Y}$$

EE^{+} 型,

$$R—C\equiv\overset{+}{Y} \xrightarrow{i} R^{+} + CY$$

$$R—\overset{+}{Y}=CH_2 \xrightarrow{i} R^{+} + Y=CH_2$$

电荷中心引发的裂解反应难易程度与元素吸电子对能力相关。一般而言,卤素 > 氧 > 硫 > 氮 > 碳。

饱和烷烃在发生 σ 裂解后产生的 EE^{+} 可进一步发生 i 裂解。酮、醚化合物经过 α 裂解后得到的 EE^{+} 也可进一步发生 i 裂解。醇类化合物经化学电离得到准分子离子是 EE^{+},也可进一步发生诱导断裂。

3. 自由基中心引发的重排 质谱中许多高丰度的碎片离子是通过重排裂解反应产生。其中氢重排反应主要是由自由基中心引发。涉及 γ-H 转移的 McLafferty 重排,部分是由自由基中心引发,伴随发生 α 裂解,电荷保留在原来位置上。非氢重排反应中的取代重排是由自由基中心引发的环化反应。

4. 电荷中心引发的重排 McLafferty 重排反应有时是在电荷中心诱导下的 i 裂解,使不饱和基团的 β 键开裂,伴随电荷发生转移,并脱去一个稳定的中性分子,如乙烯、链烯、乙烯酮等。在酮、醛、链烯、腈、酯和有取代基的芳香族化合物等的质谱图中,均能看到 McLafferty 重排离子峰。

(二)裂解产物稳定性原则

质谱裂解反应产物愈稳定,则相应的裂解反应就愈起主导作用,这就是产物稳定性原则。

产物稳定性原则的直接推论就是偶电子规律。偶电子规律的内容是:①奇电子离子可以裂解成奇电子离子和中性分子,也可裂解成偶电子离子和自由基;②偶电子离子一般很难产生奇电子离子。因为该裂解反应需要更多的能量,从热力学观点来看,是不利发生的反应,得到的产物离子稳定性较差。③偶电子离子若要发生进一步裂解,其优势的过程为重排反应,这就是偶电子规则。

（三）影响离子丰度的因素

一般而言,生成最稳定产物的裂解反应可得到最大丰度的碎片离子峰。以下几种因素有利于生成碎片离子的稳定性。

1. 生成共轭稳定结构离子　共轭稳定结构离子有较大的 π 键,有利于电荷分散,具有较低的电离能,离子稳定性好,因此离子相对丰度较高。一些共轭稳定结构离子如下:

1) 乙酰基离子(acetyl ion):

$$\overset{+}{C}H_2\text{—}CH\text{=}CH_2 \longleftrightarrow CH_2\text{=}CH\text{—}\overset{+}{C}H_2$$
$$m/z\ 43$$

2) 烯丙基离子(allyl cation):

$$R_1\text{—}CH\text{=}CH\text{—}\overset{+}{C}H_2 \longleftrightarrow R_1\text{—}\overset{+}{C}H\text{—}CH\text{=}CH_2$$

3) 卓鎓离子(tropylium ion):

m/z 91
苄基离子

卓鎓离子

2. 最大烷基丢失规则　即丢失最大烷基的碎片离子丰度占优势。丢失的烷自由基因超共轭效应致稳。烷基越大,分支越多,致稳效果越好,因而开裂后剩下的碎片离子丰度也就越高。α 裂解遵循最大烷基失去规则。例如,

$$\cdot C_4H_9\ +\ CH_3C\overset{+}{\equiv}O$$
$$(100\%)$$

$$\cdot CH_3\ +\ C_4H_9C\overset{+}{\equiv}O$$
$$(2\%)$$

已酮 -2 在进行 α 裂解后,产生 100% 的 CH_3CO^+ 和 2% 的 $C_4H_9CO^+$。

3. Stevenson 规则　该规则从电离能(IP)的角度,描述了奇电子离子 $OE^{+\cdot}$ 在裂解反应时支配电荷保留和电荷转移的规则。IP 越大的碎片越有利于保留电子;IP 越小的碎片越有利于形成较稳定的带正电荷的离子,故相应的离子丰度较大。在奇电子离子 $OE^{+\cdot}$ 裂解过程中,自由基留在 IP 较高的碎片上,而正电荷留在 IP 较低的碎片上,且该碎片离子有较高的形成概率。例如甲基正丁基醚的裂解如下:

$$C_3H_7\text{—}CH_2\text{—}O\text{—}CH_3^{\top+}\equiv C_3H_7\text{—}CH_2\overset{+\cdot}{O}CH_3 \overset{\alpha}{\longrightarrow} CH_2\text{=}\overset{+}{O}CH_3+\cdot C_3H_7$$
$$8.1eV \qquad 6.9eV \qquad\qquad 100\%$$

$$C_3H_7CH_3\text{—}\overset{+\cdot}{O}HCH_3$$
$$8.2eV \qquad 9.8eV$$

$$\overset{i}{\nearrow}\ C_3H_7C\overset{+}{H}_2\ +\ \cdot OCH_3$$
$$25\%$$

$$\overset{i}{\searrow}\ CH_3O^+\ +\ C_3H_7CH_2\cdot$$
$$1\%$$

4. 稳定中性碎片的丢失　中性碎片的稳定性也是影响产物离子丰度的因素之一。中性碎片包括稳定的自由基和中性小分子。凡裂解的自由基如有共轭效应而致稳,如烯丙基自由基、分支烷基等,则易脱去,脱去它们后形成的离子相对丰度较高。离子常通过重排反应脱去稳定的中性小分子,如 H_2、CH_4、H_2O、C_2H_4、CO、NO、CH_3OH、H_2S、HCl、$CH_2\text{=}C\text{=}O$ 和 CO_2 等。

5. 空间效应　一般重排反应对空间要求较高。例如,McLafferty 重排反应要求六元环

过渡就是因为有双键结构,键角度较大,只有足够大的环,才能满足氢原子有足够的空间接近接受转移氢的基团。

6. 键的相对强度　C—X 键(X＝Br、I、O、S 等)是分子中较弱的键。在形成具有相似稳定性裂解产物离子时,相对强度较弱的键优先裂解。例如在 Ar—CH_2—COO—CH_2—Ar(Ar 代表苯)的质谱分析中,Ar—CH_2^+ 离子峰强度最大,用同位素标记法证实 65% 的苄基离子是由 C—O 键裂解产生的,因为在中性分子中 C—O 键比苄基的 C—C 键更弱。

三、常见有机化合物的裂解特征

研究有机质谱的裂解规律对于有机化合物的分析鉴定具有重要作用。EI 质谱技术在有机化合物结构分析中得到了广泛应用,积累了大量质谱裂解特征数据。这些有机化合物裂解特征在多级质谱分析中也具有普遍意义。下面对几类常见有机化合物的裂解特征进行扼要叙述。

(一)烃类

1. 烷烃　包括直链烷烃、支链烷烃和脂肪环烃等。

(1)直链烷烃:直链烷烃的质谱图由一系列峰簇组成,主峰为 $C_nH_{2n+1}^+$($n \geq 2$)离子系列峰,并伴有 $C_nH_{2n-1}^+$($n \geq 2$)偶电子离子系列峰,以及 $C_nH_{2n}^{+\cdot}$($n \geq 2$)奇电子离子系列峰,峰之间 m/z 相差 14。峰簇中 $C_nH_{2n+1}^+$ 碎片离子丰度最高,其次为 $C_nH_{2n-1}^+$ 碎片离子峰,$C_nH_{2n}^{+\cdot}$ 碎片离子峰较弱。一般不出现[$M-CH_3$]$^+$ 碎片离子峰即[$M-15$]$^+$ 峰,因为伯碳和仲碳原子间键的电离能较高。以正十六直链烷烃为例,其质谱如图 19-10 所示。

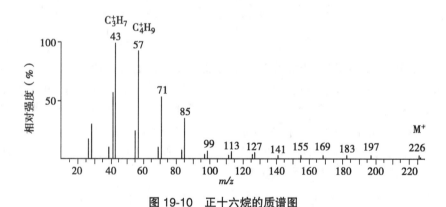

图 19-10　正十六烷的质谱图

(2)支链烷烃:支链烷烃与直链烷烃有相似的系列峰簇。但支链烷烃在支链处优先裂解,并符合最大烷基丢失规则,正电荷通常保留在叔碳或仲碳原子上,支链断裂相应离子的质谱峰强度相对增强。支链烷烃的分子离子峰强度较直链烷烃低,有时不能观察到。因此,烃类化合物质谱中如出现[$M-CH_3$]$^+$ 碎片离子峰即[$M-15$]$^+$ 峰,表明化合物可能含有支链甲基。以甲基十五烷为例。甲基十五烷与正十六烷为同分异构体,前者的分子离子峰相对强度更小(图 19-11);m/z 85,169 离子出现,且 m/z 211 与 m/z 226 相差 15,可确认存在甲基支链及其位置。

(3)脂肪环烃:由于环的存在,分子离子峰一般较强。环开裂一般发生在支链 α 位置的 σ 键,开环后先发生氢重排,然后失去一个自由基,产生[$M-C_nH_{2n+1}$]$^+$($n \geq 1$)偶电子离子峰;也常伴随开环后失去一个含双键的中性分子,产生[$M-C_nH_{2n}$]$^{+\cdot}$($n \geq 2$)奇电子离子峰。

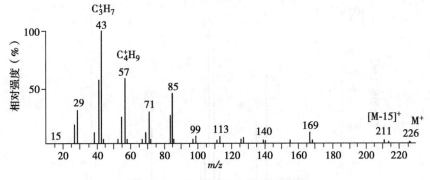

图 19-11　5- 甲基十五烷的质谱图

2. 烯烃　烯烃分子含有 π 电子,会产生稳定性较大的分子离子,其分子离子峰强度比相应的烷烃要强一些。

（1）直链烯烃:一般直接脱去一个自由基,生成系列特征离子 $[C_nH_{2n-1}]^+(n \geq 3)$。对于末端烯烃最重要的裂解反应是烯丙基裂解,生成 m/z 41 的烯丙基离子,通常为基峰(图 19-12)。当链烯相对双键 γ-C 原子上有氢时,可发生 McLafferty 重排,再进行 α 裂解,生成系列奇电子离子 $[C_nH_{2n}]^{+\cdot}(n \geq 4)$。$[C_nH_{2n-1}]^+$ 系列特征离子峰为主峰。

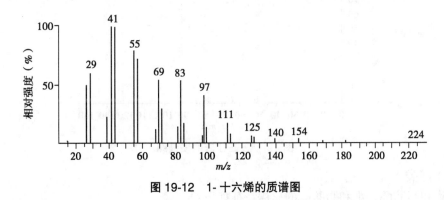

图 19-12　1- 十六烯的质谱图

（2）含共轭双键的二烯:这类化合物一般进行 α 裂解生成特征离子 $[C_nH_{2n-3}]^+(n \geq 5)$,比直链烷烃相应的特征离子系列 m/z 相差 4u。此外,还有经氢重排和 α 裂解生成的奇电子偶数质量离子。例如 1,3- 长链(n>6)二烯有显著的 m/z 54 特征离子存在。

3. 炔烃　炔烃质谱有如下特征:① 1- 炔烃易脱去 H·,形成很强的 $[M-1]^+$ 离子,其丰度高于 $[M]^{+\cdot}$ 离子;②当炔烃含碳数 n≥5 时,有显著的 m/z 39,53,67,81,95…离子系列;其中 m/z 81,67 离子对应于较稳定的六元环和五元环离子,离子峰强度较高;③有显著的 m/z 40 离子,是通过氢重排生成的奇电子偶质量离子。例如 1- 戊炔的质谱图如图 19-13。

4. 芳烃　烷基取代芳烃的质谱有如下特征:①分子离子峰较强;②带烷基侧链的芳烃易在苄基(benzyl)位发生断裂生成 m/z 91 的卓鎓离子 $C_7H_7^+$,该离子峰是烷基取代苯的重要特征碎片离子,因其非常稳定,常为烷基取代芳烃的基峰;③当相对芳烃环存在 γ- 氢时,易发生 McLafferty 重排,产生 m/z 92 离子 $C_7H_8^+$,该离子峰有相当强度。以正丁苯为例,其质谱图如图 19-14。

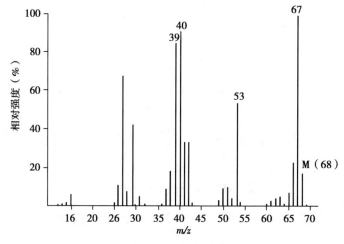

图 19-13 1-戊炔质谱图

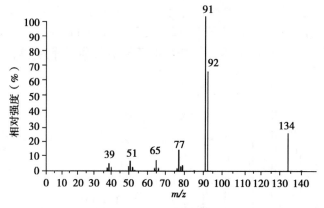

图 19-14 正丁苯的质谱图

（二）醇类

1. 饱和脂肪醇 饱和脂肪醇的质谱特征如下：

（1）饱和脂肪醇的分子离子峰很弱，且随碳链的增长而减弱，在含有 5 个以上碳原子的醇中，分子离子峰几乎消失。所以在判断醇类的分子离子峰时要谨慎。

（2）脂肪醇易发生 α 裂解。脂肪醇也可发生—OH 的 β、γ 和 δ 位键断裂而生成相应的含氧离子系列峰 $C_nH_{2n+1}O^+$（m/z 45，59，73…）。而在具有长碳链的高级醇的质谱图中，碳氢化合物离子峰是其主要的系列离子峰。

（3）醇类受电子轰击后，醇羟基氧失去 1 个 n 电子，C_3 或 C_4 上的 H 转移，脱一分子水，称为消去脱水，主要是 1，4 消去脱水，生成四元环后再经氢重排生成烯烃。故醇类的质谱易与烯烃混淆。但是醇类质谱中存在 m/z 31，45，59 等特征离子，这是烯烃没有的。

（4）对于 4 个碳原子以上的直链醇而言，脱水后生成 [M-18]⁺ 离子和 [M-(18+28n)]⁺（n=1，2，3…）。

2. 芳香醇 芳香醇的分子离子峰很强。其在裂解过程中，生成醛和酮，分别产生 [M-2]⁺和 [M-3]⁺ 离子；同时还可脱去一个氢自由基，生成羟基卓鎓离子，该 [M-1]⁺ 离子峰为其特征峰，呈现较强峰。芳香醇还可脱水，生成 [M-18]⁺ 离子。苄醇类失去 CHO 所形成的 [M-29]⁺ 离子为其特征离子，峰强度高。苄醇类的重要裂解反应如下：

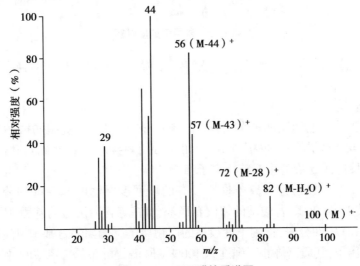

（三）酚类

酚类化合物的分子离子峰很强,常为基峰。酚的$[M-1]^+$峰是弱峰。其特征离子有$[M-CO]^{+\cdot}$和$[M-CHO]^+$,但峰强度不高。苯酚的裂解过程如下:

（四）醛与酮类

醛与酮类都属于羰基化合物。羰基化合物氧原子上的 n 电子很容易失去一个电子,产生 M^+ 离子,故羰基化合物的分子离子峰都很明显。羰基化合物的裂解反应以 α 裂解为主,继而发生诱导裂解;McLafferty 重排反应也常发生。

1. 脂肪醛　脂肪醛 RCHO 在 α_1 位裂解可生产$[M-1]^+$离子峰,有一定强度;在 α_2 位断裂丢失一个·R 自由基,同时形成 H—C≡$\overset{+}{O}$ 离子峰（m/z 29）,在 $C_1 \sim C_3$ 的脂肪醛中是基峰,但随 R 链增长,m/z 29 离子的丰度逐渐降低。在 $C_4 \sim C_{10}$ 的正构饱和脂肪醛的质谱图中,可观察到较显著的 M-28 离子峰,其强度随分子量的增加而降低。脂肪醛的 McLafferty 重排离子可发生 α 断裂,形成 m/z 44 的基峰。例如正己醛的质谱图（图 19-15）:

图 19-15　正己醛的质谱图

2. 脂肪酮 脂肪酮 RCOR'发生 McLafferty 重排后,McLafferty 重排离子产生 α 断裂形成 m/z 58 或 m/z(58+14n)的特征离子峰;如果 R 或 R'为丙基及以上长链烷基,则可进行第二次 McLafferty 重排,形成更小的碎片离子。酮类也可脱去 H_2O 形成[M-18]$^{+ \cdot}$离子峰。例如 4- 壬酮的质谱图(图 19-16):

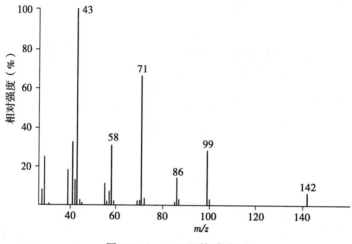

图 19-16 4- 壬酮的质谱图

3. 芳香醛 芳香醛的分子离子峰很强,而其 α- 断裂得到的[M-1]$^+$离子峰,有时比分子离子峰还强。苯甲醛的[M-1]$^+$离子可继续丢失 CO 形成 m/z 77 的苯基离子,后者再丢失 HC≡CH 得到 m/z 51 离子(图 19-17)。

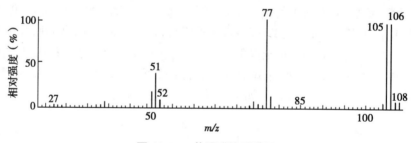

图 19-17 苯甲醛的质谱图

4. 芳香酮 芳香酮因其共轭特性,其分子离子峰常为基峰且峰相对强度高于 30% 的碎片离子很少。

（五）酸与酯类

1. 饱和脂肪酸 饱和脂肪酸的分子离子峰一般较弱。短链脂肪酸的质谱中常出现 $HO—C≡\overset{+}{O}$(m/z 45)离子峰和脱去 ·COOH 自由基的[M-45]$^+$离子峰。长链脂肪酸可通过 McLafferty 重排反应或 α 裂解生成特征离子峰。

2. 芳香酸 芳香酸的分子离子峰有较高的峰强度,例如,苯甲酸的分子离子峰(m/z 122)的相对强度是 96.0%。若羧基的邻位有羟基、氨基等含活泼氢的基团,则芳香酸的分子离子容易失去 H_2O 中性分子,得到丰度很高的产物离子。例如邻氨基苯甲酸脱去 H_2O 后得到 m/z 119 产物离子,其质谱峰相对强度为 100%。质谱分析邻苯二甲酸时,样品被加热而汽化然后离子化,因邻苯二甲酸受热极容易失去 H_2O 而成为酸酐,得到的质谱图为邻苯二甲酸酐的质谱图。

3. 酸酐 以邻苯二甲酸酐为例。邻苯二甲酸酐分子离子先发生 α 裂解而开环,接着再发生 α 裂解而失去 CO_2,得到 m/z 104 碎片离子,该离子再失去 CO,得到 m/z 76 碎片离子。邻苯二甲酸酐的质谱图(图 19-18):

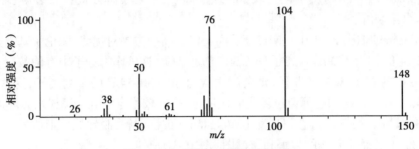

图 19-18 邻苯二甲酸酐的质谱图

4. 羧酸酯 研究脂肪酸时,一般都要先甲酯化,以提高其挥发性,然后对脂肪酸甲酯进行质谱分析。直链脂肪酸甲酯的分子离子峰常是可辨认的。正构饱和脂肪酸甲酯通过 α 裂解,可生成 $C_nH_{2n+1}O^+$ 或 $C_nH_{2n+1}COO^+$ 离子(m/z 59,73,87,101,115,129,…系列离子)。脂肪酸甲酯的特征离子是由脂肪酸酯 γ 氢通过六元环重排形成 $OE^{+\cdot}$ 离子,以及 α 断裂脱去烷氧自由基生成 $R-C\equiv\overset{+}{O}$ 离子,该离子峰常是基峰。对于饱和脂肪酸甲酯而言,$R-C\equiv\overset{+}{O}$ 离子可提供 α 碳上支链的信息(图 19-19)。如果 m/z 74 表明 α 碳上无支链,m/z 88 表明 α 碳上有甲基,m/z 102 表明 α 碳上有一个乙基或两个甲基,以此类推。

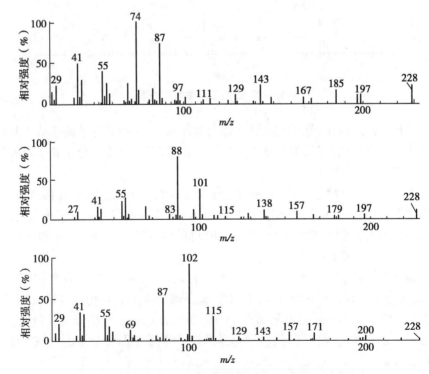

图 19-19 饱和脂肪酸甲酯的质谱图

（六）含氮化合物

含氮化合物种类很多。本部分主要介绍胺、腈和硝基化合物。

1. 胺　胺的质谱与醇的质谱有某些相似。

（1）脂肪胺：虽然氨基的电离能低，但脂肪胺分子离子容易碎裂，因此其分子离子峰很弱，甚至观察不到，但易质子化生成$[M+H]^+$离子，主要裂解方式有 α 裂解、环化取代和 McLafferty 重排裂解。

α 位无支链的伯胺 $R—CH_2—NH_2$ 分子离子以 α 断裂占绝对优势，无论烷基链是长或短，由 α 断裂产生的$[CH_2=NH_2]^+$离子（m/z 30）总是基峰。这可作为分子中有伯胺存在的佐证。若伯胺的 α 位上的 H 被烷基取代，则会产生含氮 m/z（30+14n）的系列离子，这些特征离子往往是基峰。较长链的伯胺可通过环化取代反应，生成较稳定的五元环或六元环离子。

仲胺和叔胺 α 裂解产物进一步发生 McLafferty 重排裂解，脱烯烃后形成 m/z 30,44,58,72 的峰。例如，乙基丁基胺的裂解和质谱图（图 19-20）：

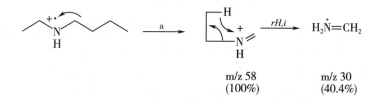

m/z 58　　　　　m/z 30
(100%)　　　　　(40.4%)

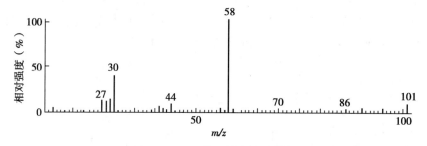

图 19-20　乙基丁基胺的质谱图

（2）芳香胺：若芳香胺的芳环上除氨基外无其他取代基，则其分子离子峰为基峰。若芳香胺的芳环为大于苯环的稠环，如氨基萘、氨基蒽、氨基菲等，则除了分子离子峰外还有一个较显著的$[M-28]^+$离子峰。

2. 腈　腈比其他化合物更容易发生骨架重排。这是因为烷基腈具有很高的电离能，例如乙腈的电离能为 12.2eV，而乙醇的电离能只有 10.6eV。因此脂肪腈分子被电离后，处于较高的激发态，在裂解过程中，常发生异常的骨架重排，结果有一些碎片离子很难用简单的裂解反应去解释它的生成机理。

脂肪族腈化合物的分子离子峰一般很弱或不出现。腈质谱中容易发现$[M-1]^+$加合离子峰，这是鉴定腈的特征离子峰之一。$[M-1]^+$离子峰强度随着正构烷基增长而迅速下降，乙腈和丙腈的$[M-1]^+$离子峰强度分别为 55.2% 和 62.4%，而正丁腈及更长链腈的$[M-1]^+$离子峰强度降至低于 5%。芳香腈化合物的分子离子峰都是基峰，也容易生成$[M-CN]^+$和$[M-HCN]^+$离子。

3. 硝基化合物　脂肪族硝基化合物的分子离子峰很小甚至不出现，而失去硝基生成烷基离子峰较大。以硝基丙烷为例，可以脱去·NO_2自由基生成$C_3H_7^+$基峰离子；还可发生 γ-

氢重排后进一步断裂得到强度弱的 m/z 61,73,54 离子峰。芳香硝基化合物的分子离子峰较强,还有显著的 $[M-NO_2]^{+\cdot}$、$[M-NO]^{+\cdot}$、$[M-NO-CO]^+$ 峰。

第四节　质谱分析法应用

质谱分析法可测定化合物的分子量,定性分析其元素组成,推测和确定分子式。

一、相对分子质量的测定

质谱法可直接测得化合物的分子离子峰或准分子离子峰。化合物的分子离子峰的质荷比(z=1 时)等于该化合物的相对分子质量(简称分子量),准分子离子质量扣去其加合离子或中性分子的质量即为该化合物分子量。这就是质谱法测定化合物相对分子质量的依据。因此,确认分子离子峰(或准分子离子峰)是首要任务。

(一) 分子离子峰的确认

软电离质谱的准分子离子峰较强,但对硬电离质谱如 EI 质谱,不是所有化合物都能产生分子离子峰。因此确认某一峰是分子离子峰时,要检查该离子峰是否具有分子离子峰或准分子离子峰的全部特征,同时还要确认该离子峰不是由杂质产生的。识别分子离子峰(或准分子离子峰)要注意符合下列特征。

1. 分子离子峰或准分子离子峰通常位于谱图高质量端　分子离子峰必须是质谱图中最高质量的离子峰,但排除同位素峰和样品背景峰外。当化合物分子含有多个丰度大的重同位素,如含 3 个以上氯原子或 2 个以上溴原子,最高质荷比端的主峰可为同位素峰(M+2),不能把此同位素峰误认为分子离子峰。

在硬电离(如 EI)质谱中,酯、胺、醇、醚、硫化物等化合物的分子离子容易质子化,形成的 M+H 峰强度高于分子离子峰,而腈类、醛类、仲醇等化合物会有明显的 M-H 峰。这些准分子离子峰也常出现在软电离(如 CI、FAB、ESI 等)质谱中。最常见的是分子得失一个氢原子形成的 $[M+H]^+$ 和 $[M-H]^-$ 准分子离子。如果 $[M+H]^+$ 和 $[M-H]^-$ 尚不能确认出准分子离子,可加入 Na^+、K^+、Ag^+ 等金属离子,应生成 $[M+Na]^+$、$[M+K]^+$、$[M+Ag]^+$ 等准分子离子。其中 Ag^+ 有丰度相近的两种同位素,会出现 $[M+^{107}Ag]^+$ 和 $[M+^{109}Ag]^+$ 双峰离子,易于识别。

2. 电离方式与离子不饱和相关　硬电离质谱得到的分子离子应为奇电子离子 $OE^{+\cdot}$,不饱和度为整数或零;软电离质谱得到的准分子离子,为偶电子离子 EE^+,不饱和度为半整数。

不饱和度是反映有机化合物不饱和程度的量化指标,即缺氢程度,常用 Ω 表示。Ω 值的计算公式为:$\Omega = \dfrac{2(n_C+n_N)+2-n_H-n_X-n_Z}{2}$,式中 n_C 为碳原子数,n_N 为氮原子数,n_H 为氢原子数,n_X 为卤素原子数。有机物分子不饱和度与结构的关系为:① Ω 值 =0,说明有机物分子是饱和链状结构;② Ω 值 =1,说明有机物分子有一个双键或一个环;③ Ω 值 =2,说明有机物分子有两个双键或一个三键,或一个双键和一个环,或两个环,以此类推;④ Ω 值 =4,说明有机物分子很可能有苯环。

3. 质量数应服从氮规律　有机化合物含奇数个氮原子,其分子离子峰的 m/z 数为奇数,而准分子离子的 m/z 数为偶数。化合物含偶数个氮原子或不含氮原子,分子离子的 m/z 数为偶数,准分子离子的 m/z 数为奇数。

氮规则也适用于谱图中的所有离子。凡是奇电子离子,如含偶数氮原子则其 m/z 数为偶数;如含奇数氮原子则其 m/z 数为奇数;凡是偶电子离子,如含偶数氮原子则其 m/z 数为奇数,如含奇数氮原子则其 m/z 数为偶数。

该分子离子失去一个自由基形成碎片离子,该碎片离子有偶数个氮则 m/z 数为奇数,该碎片离子有奇数个氮则 m/z 为偶数。

4. 分子离子丢失的碎片质量必须合理 分子离子峰与相邻的质谱峰的质量数差应在化学上解释合理。如果该峰差在 3~14 之间,则在化学上不合理。分子直接失去 3 个以上的氢,需要能量很高,发生的概率很小。分子丢失一个氮原子(14u)需要断裂 3 个键,丢失 1 个亚甲基(14u)要断裂两个键,从能量上看,显然不合理。质谱中分子离子丢失的常见中性裂片见附录二。

具备了上述条件的离子峰,可考虑是分子离子峰或准分子离子峰。但如果有一条不符合,则它一定不是。

（二）相对分子质量的测定

原则上带单电荷的分子离子的 m/z 就等于化合物分子相对质量。但是严格意义上两者是有差别的。质谱测定的分子离子峰质量数是组成元素的最大丰度稳定性同位素的质量即单一同位素质量,而物质的相对分子质量是组成元素的所有同位素质量加权平均值。以 4-辛酮为例,低分辨率质谱测得的 m/z 为 128,高分辨率质谱测得的 m/z 为 128.1202,相对分子质量为 128.2161。

（三）多电荷离子的分子量测定

1. 多电荷离子质谱特点 生物质谱分析蛋白质、多肽等生物大分子时,生物大分子加合不同数目的质子形成多电荷离子峰簇,即 $[M+nH]^{n+}$。峰簇系列中相邻峰的质荷比相差一个质子。离子质荷比与其带电荷数成反比。峰簇中低质荷比离子带电荷数大于高质荷比离子。由于生成多电荷离子,生物大分子峰簇的 m/z 通常处于 500~10 000 范围,故可用常规质谱测定分子量高达 10^5 以上的生物大分子。

2. 分子量测定的方法 根据多电荷质谱峰簇提供的各离子的质荷比,任选相邻两峰的质荷比,分别设为 m_1 和 m_2,且 $m_1 > m_2$,m_1 带电荷数 n_1,m_2 带电荷数 n_2。依据下列关系式:

$$\frac{(M+n_1H)}{n_1}=m_1 \tag{19-10}$$

$$\frac{(M+n_2H)}{n_2}=m_2 \tag{19-11}$$

$$n_2=n_1+1 \tag{19-12}$$

联立方程可得

$$n_1=\frac{(m_2-H)}{(m_1-m_2)} \tag{19-13}$$

式中 n_1 取整数值。

由 n_1 计算物质分子相对质量 M:

$$M=n_1(m_1-H) \tag{19-14}$$

举例:假设已知某一蛋白质峰簇中相邻两个峰的质荷比,试计算相对分子质量。分别取 $m_1=893.15$,$m_2=848.5$,按式(19-13)和式(19-14)计算结果如下:

$$n_1=\frac{(m_2-H)}{(m_1-m_2)}=\frac{(848.5-1)}{(893.15-848.5)}=18.98\approx19$$

$$M=n_1(m_1-H)=19(893.15-1.01)=16\ 950.66$$

在低分辨质谱条件下进行测定,选取的相邻峰不同,计算得到的物质相对分子质量略有差异。可通过计算多组数据的分子量结果,然后取平均值作为报告结果,可提高测定的准确度。

二、确定分子组成式(分子式)

质谱分析法通过测定化合物的精确分子量,定性分析元素组成,进而确定分子式。低分辨率质谱用同位素峰强度比来分析元素组成。高分辨率质谱基于高精度峰质量测量来确定化合物元素组成。下面分别进行陈述。

(一)低分辨率质谱的同位素峰强度比确定元素组成

元素按同位素丰度可分为三大类:A 元素、A+1 元素和 A+2 元素。

1. A 元素　只有一个天然稳定同位素的元素,如 F、P 和 I 等元素。

2. A+1 元素　只有两个稳定同位素的元素,而其中第二个同位素比丰度最大的同位素质量多一个质量单位即 1u,例如 C 和 N。尽管 H 有 ^{1}H 和 ^{2}H 两个同位素,但是 ^{2}H/^{1}H 的比例非常小,所以在元素组成分析时被当作 A 元素。

3. A+2 元素　一些元素有两个稳定同位素的元素,且同位素质量差为二个质量电位(2u),如 Cl 和 Br 元素。也有一些元素有多个天然稳定同位素,且各相邻同位素相差一个质量单位,但是存在相差两个质量单位(2u)的同位素,如 O、Si 和 S 等元素,因此也被视为 A+2 元素。A+2 元素容易识别,是首先寻找的元素。

在有机质谱分析中,一个元素的稳定同位素峰类型可分为 X、X+1、X+2 等类型。其中 X+1 表示比 X 峰多 1u,X+2 表示比 X 峰多 2u。组成有机化合物的常见元素及其天然稳定同位素的相关信息见表 19-3。

表 19-3　常见元素及其天然同位素相关信息

类型	元素	符号	整数质量(u)	理论质量(u)	丰度(%)	X+1 因子(%)	X+2 因子(%)
A	Hydrogen	H	1	1.0078	99.99		
		D or ^{2}H	2	2.0141	0.01		
A+1	Carbon	^{12}C	12	12.0000	98.91		
		^{13}C	13	13.0034	1.1	$1.1n_C$	$0.006n_C^2$
A+1	Nitrogen	^{14}N	14	14.0031	99.6		
		^{15}N	15	15.0001	0.4	$0.37n_N$	
A+2	Oxygen	^{16}O	16	15.9949	99.76		
		^{17}O	17	16.9991	0.04	$0.04n_O$	
		^{18}O	18	17.9992	0.20		$0.20n_O$
A	Fluorine	F	19	18.9984	100		
A+2	Silicon	^{28}Si	28	27.9769	92.2		
		^{29}Si	29	28.9765	4.7	$5.1n_{Si}$	
		^{30}Si	30	29.9738	3.1		$3.4n_{Si}$
A	Phosphorus	P	31	30.9738	100		

续表

类型	元素	符号	整数质量(u)	理论质量(u)	丰度(%)	X+1 因子(%)	X+2 因子(%)
A+2	Sulfur	^{32}S	32	31.9721	95.02		
		^{33}S	33	32.9715	0.76	$0.8n_S$	
		^{34}S	34	33.9679	4.22		$4.4n_S$
A+2	Chlorine	^{35}Cl	35	34.9689	75.77		
		^{37}Cl	37	36.9659	24.23		$32.5n_{Cl}$
A+2	Bromine	^{79}Br	79	78.9183	50.5		
		^{81}Br	81	80.9163	49.5		$98.0n_{Br}$
A	Iodine	I	127	126.9045	100		

表中 n 为原子数;X+1 因子表示某元素对化合物 X+1 同位素峰总相对强度的贡献率;X+2 因子同理。

质谱图中一个特定元素组成的离子不是代表一个质谱峰,而是一簇质谱峰。这簇质谱峰之间相差一个 m/z 单位,为同位素离子峰簇。其中 m/z 值最低的峰是单一同位素峰。根据同一组质谱峰相对单一同位素峰的强度比,用同位素峰簇的分布信息可确定化合物的元素组成,特别是存在 A+2 元素时。

基于同位素峰强度比确定元素组成遵循如下步骤:

(1)确定同位素峰簇中整数质量峰:它是高 m/z 端同位素峰簇中 m/z 最低的同位素峰。当离子含有多个 A+2 元素 Cl 和 Br 的原子时,整数 m/z 峰可能不为基峰,而 X+2 峰为基峰。整数 m/z 峰被设为 X 峰。

(2)确定 A+2 元素:根据 X+2 同位素特征峰图形,先确定 A+2 元素。当 Cl 和 Br 原子存在时,其同位素峰图形特征明显,最容易确定。值得注意的是,Si 和 S 元素会改变 X+1 同位素峰的强度,从而干扰 A+1 元素的确定。

(3)确定 A+1 元素:如果知道整数质量峰(即整数 m/z 峰)代表的是碎片离子或分子离子或质子化准分子离子,就可以确定该峰是否有奇数个 N 原子。如果这个峰已知为含奇数个 N 原子的离子,先可判断有 1 个 N 原子,然后确定 N 原子数目。对于由 C、H、O、N 组成的化合物而言,对 X+1 峰的贡献主要来自 ^{13}C 和 ^{15}N,而对 X+2 峰的贡献主要来自 ^{18}O 和 CH。

(4)确定氧原子数目:考虑到 ^{18}O 对 X+2 峰的贡献仅为 $0.2n_0$,在解释氧原子存在前要说明 2 个 ^{14}C 原子存在的可能。否则会导致错误确定氧原子数目。记住确定氧原子数目的误差为 ±1。

(5)确定 A 元素:分别用 F、P、I 和 H 等元素去拼凑剩余质量。F、I 和 H 的化合价都为 1。P 的化合价为 3,因此 P 元素的确定要灵活。

(6)根据元素组成计算环和或双键的数目:确定离子元素组成是否合理的一个方法就是检测环和双键的数目。一般的规则是:

$$R+dB=C-\frac{1}{2}H+\frac{1}{2}N+1 \tag{19-15}$$

式中,C 是碳和其他化合价为 4 的元素(Si)的原子数,H 是氢和其他化合价为 1 的元素(F、Cl、Br 和 I)的原子数,N 是氮和其他化合价为 3 的元素(如 P)。2 价的氧和硫原子不在计算范围内。与 4、6 价硫原子和 5 价磷原子相关的双键不用于计算 R+dB。

如果 R+dB 计算结果是一个整数,离子是分子离子或奇电子碎片离子。如果 R+dB 计算结果含 1/2,离子是偶电子离子,如碎片离子或质子化准分子离子。R+dB 计算值不为负值。苯环算 4 即包括 1 个环和 3 个双键,而三键被认为等同于两个双键。

(7)提出一个可能的结构:当确定了合理的环和或双键数目,可以提出一个或多个可能的分子结构,验证结果的合理性。

下面以 m/z 149 某离子为例,介绍同位素峰强比法确定该离子的元素组成。低分辨率质谱测得该离子的同位素峰簇信息如下:m/z 分别为 149、150、151,峰相对强度(%)分别为 100%、9.36%、1.13%。

1)确定整数 m/z 峰:为 m/z 149。

2)确定 A+2 元素数目:没有找到,因为 X+2=1.13%。

3)确定 A+1 元素数目:基于 X+1=9.36% 推测,C 原子数可能是 8 或者 9(表 19-4)。9C 的 X+1 大于 9.36%,故可排除。因为 8C 的 X+2 远小于 1.13%,O 必定对 X+2 丰度有贡献,那么 O 对 X+1 也会有贡献;又因为 8C 的 X+1 小于 9.36%,进一步说明贡献 X+1 的原子不仅全是 C,还有可能是 O 和 N。但是减去 8C 的贡献,X+1 行值只剩 0.56%,不到 9.36% 的 10%,落在测量误差范围之内,故暂不考虑 N。

表 19-4 元素的质量数、X+1 和 X+2 计算

	质量数	X+1(%)	X+2(%)
	149	9.36	1.13
8C×12	96	8.8	0.38
9C×12	108	9.9	0.486
4O×16	64	0.16	0.8
3O×16	48	0.12	0.6

4)确定 O 原子数:对于 X+2 的 1.13% 而言,8C 仅贡献 0.38%,剩余 0.75%,正好接近 0.8%,显示有 4 个 O 原子;但是 8 个 C 原子和 4 个 O 原子的质量数之和大于 149。因此 O 原子数最大为 3。

5)确定 A 元素:质量数 149 只剩余 5,只能确定为 5 个 H 原子。故 m/z 149 的元素组成为 $C_8H_5O_3$。奇数 m/z 值,没有 N,说明为偶电子离子。

6)计算环和双键值:$R+dB=8C-\dfrac{1}{2}\times 5H+\dfrac{1}{2}\times 0N+1=6\dfrac{1}{2}$。显示 m/z 149 是碎片离子。

7)结构推导:一个苯环占 6 个 C 原子、1 个环和 3 个双键。这还剩余 2 个碳原子、3 个氧原子、2 个环和或双键以及 5 个 H 原子。两个羰基基团占 2 个双键、2 个碳原子和 2 个 O 原子。4 个 H 原子可位于苯环上。剩下的 1 个 H 原子和 1 个氧原子构成 1 个羟基。因此推导的结构如下:

（二）高分辨率质谱确定元素组成

高分辨率质谱可以给出原子质量单位 4~6 位小数的准确度值,故可精确测定离子的质量,误差通常在 5ppm 以内。精确质量测定非常有助于确定离子的元素组成。因为各元素同位素都有其精密质量(表 19-3),因而不同分子式的离子都有不同的精密分子质量,故可根据离子的准确质量确定元素组成和分子式。例如 m/z 99 的离子可能的元素组成为 C_7H_{15} 或 $C_6H_{11}O$。而 C_7H_{15} 的理论质量为 99.1174Da,而 $C_6H_{11}O$ 为 99.0810Da,两者质量相差 36.4mDa,对于高分辨率质谱而言,很容易区分这两个离子,从而确定元素组成。

当高分辨质谱给出高精度测定的分子质量后,可设定限定条件包括实测值(accurate mass)与理论值(exact mass)允许差值(Delta)、质量相对误差(ppm)、不饱和度(RDB)、元素类型和原子个数等,然后利用质谱软件进行元素组成匹配比对分析,可获得符合误差范围要求的离子的元素组成信息。

用不饱和度筛选正确的离子元素组成的规则是:奇电子离子的不饱和度应为整数或零,偶电子离子的不饱和度应为半整数。

三、结构解析

质谱分析法进行有机化合物的结构解析时,一般有下列几个步骤:

（一）研究最高 m/z 末端的一组峰簇

1. 确认分子离子峰。
2. 分子离子峰的强度怎样(大体区分是芳香族还是脂肪族化合物)。
3. 分子离子的质量数是奇数还是偶数(初步判断化合物是否含有奇数个氮原子)。
4. 同位素峰簇是否明显(可知是否含有氯、溴、硫、硅等 A+2 元素)。
5. 推算出化合物分子式并计算不饱和度。

（二）研究碎片离子的情况

根据表 19-5 和碎片离子的相关数据,研究碎片离子的来源和裂解反应类型。

表 19-5　特征碎片离子与化合物的类型

碎片离子	失去的碎片组分	化合物的类型、结构特点或裂解反应
$[M-1]^+$	H·	醛类、一些醚类或胺类、芳香酚、缩醛
$[M-15]^+$	CH_3·	甲基取代
$[M-16]^+$	·NH_2	芳香酰胺
$[M-17]^+$	OH,NH_3	羧酸,胺类
$[M-18]^+$	H_2O	醇类
$[M-26]^+$	C_2H_2,CN	不饱和羧酸,脂肪族腈
$[M-27]^+$	HCN,C_2H_3	脂肪族腈,烯烃
$[M-28]^+$	C_2H_4,CO,N_2	McLafferty 重排,脂环酮
$[M-29]^+$	·CHO,C_2H_5·	醛类,乙基取代物
$[M-33]^+$	HS·	硫醇

碎片离子	失去的碎片组分	化合物的类型、结构特点或裂解反应
$[M-35]^+$,$[M-36]^+$	$Cl^·$,HCl	氯化物
$[M-43]^+$	$CH_3CO^·$,$C_3H_7^·$	甲基酮,丙基取代物
$[M-45]^+$	$^·COOH$	羧酸
$[M-60]^+$	CH_3COOH	醋酸酯,羧酸

根据表19-6和相关数据,研究质谱裂解反应生成的特征碎片离子元素组成和化合物类型。

表 19-6　特征碎片离子元素组成与化合物类型

特征离子质量	元素组成	结构类型
29	CHO	醛
30	CH_2NH_2	伯胺
43	CH_3CO,C_3H_7	CH3CO,丙基取代物
29、43、57、71 等	C_2H_5,C_3H_7 等	正烷烃
39、50、51、52、65、77	芳香族裂解产物	结构中含有芳环
60	CH_3COOH	羧酸,乙酸酯,甲酯
91	$C_6H_5CH_2$	苄基
105	C_6H_5CO	苯甲酰基

（三）列出可能的官能团

1. 有哪些可能的官能团。

2. 明确官能团和主要离子之间的关系。

3. 比较官能团质量及不饱和度与分子质量及分子不饱和度之间的差异,排列出剩余碎片的各种可能组成。

（四）推导结构式

1. 用各种可能的方式将官能团和剩余的碎片拼凑出可能结构。

2. 用质谱或其他波谱分析结构信息和数据,排除不合理的结构式,或查阅化合物的标准质谱图进行比较,验证合理的结构式。

四、分析实例

例 19-1　图 19-21 为一未知物的 EI-MS 质谱图,试推断化合物的结构式。

解:(1)分子离子峰(m/z 120)存在且强度较大,说明可能存在芳香环。分子量为120,是偶数,说明化合物不含 N 或者含偶数个 N。除了分子离子质量数为偶数,几乎所有碎片离子质量数为奇数,进一步说明化合物不含 N。分子离子的同位素峰很小,说明化合物不含 Cl 和 Br 元素。

(2)与分子离子相近的碎片离子 m/z 105 质量差为15,提示可能是失去一个 CH_3;由碎片离子 m/z 39,50,51 说明含有苯环。

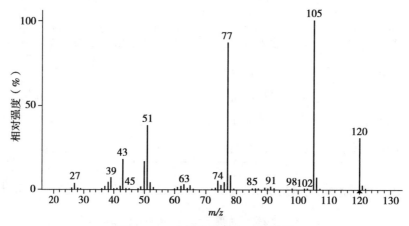

图 19-21 未知物的 EI-MS 质谱图

（3）这个化合物可能含有 C_6H_5、CH_3 等官能团。因而可能有下列三种结构式：

（A）　　　　　　　（B）　　　　　　　（C）

（4）根据质谱信息排除不合理的结构式。

如果是结构式（A），苯环上应有苄基开裂形成稳定的卓鎓离子（m/z 91），且常是基峰；或者苯环上发生 McLafferty 重排形成峰强度较大的 $[M-C_2H_4]^{+\cdot}$ 离子峰（m/z 92）。但是在图 19-21 上未有上述碎片离子峰出现。如果是结构式（B），特征离子 $[M-1]^+$ 应生成，且峰强度大，但在图 19-21 中未出现。

如果是结构式（C），分子离子峰应显著。分子离子会发生羰基的 α 裂解，生成 $C_6H_5C\equiv O^+$ 离子（m/z 105），峰强度大；再脱去小分子 CO，生成峰强度较大的 $C_6H_5^+$ 离子（m/z 77）；进一步发生裂解，生成特征离子 m/z 51,39。具体裂解过程如下：

所以，此化合物的结构式是（C），即苯乙酮。

本 章 小 结

1. **基础知识**　质谱分析法的基本概念和原理；质谱仪的基本结构、主要部件和性能指标；质谱分析的主要离子类型、特点及作用；重要有机化合物的裂解特征；质谱分析法的应用。

2. **核心内容**　质谱分析法以质荷比为基础获得质谱图，既可进行物质的定性定量分析、有机物的结构解析、分子量和分子式的确定，又能进行同位素分析。离子源和质量分析器是质谱仪核心部件。基于"自由基、电荷定域理论"和"裂解产物稳定性原则"，识别和分析重要有机化合物中分子离子和碎片离子的形成对质谱解析十分重要。

3. 学习要求　了解质谱仪的基本结构和性能指标;掌握质谱分析法基本原理、质谱分析中主要离子类型和特点;熟悉常见有机化合物的裂解特征,质谱分析法的应用。

(周　颖)

1. 质谱仪主要由哪些部分组成,各部分的功能是什么?

2. 磁双聚焦质谱仪为什么能提高仪器的分辨率?

3. 有机化合物在 EI 源中可能产生哪些类型的离子? 从这些离子的质谱峰中可以得到一些什么信息?

4. 什么是准分子离子峰? 何种情况下容易得到准分子离子峰?

5. 若某化合物的质谱图中 m/z 201 的离子峰为分子离子峰,试问由此可获得什么结论?

6. 质谱中带双电荷的离子与同质量的单电荷离子在质谱图中的位置有何区别?

7. 某未知物的分子式为 $C_6H_{12}O$,EI 电离后的质谱分析结果如图 19-22 所示,试推测其分子结构及峰的归属。

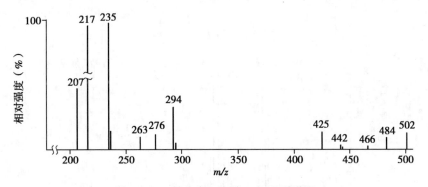

图 19-22　某一未知物的 EI-MS 质谱图

8. 某未知化合物的分子式为 $C_8H_7O_4N$,EI 电离后的质谱分析结果如图 19-23 所示,试依据此质谱图推断其结构式。

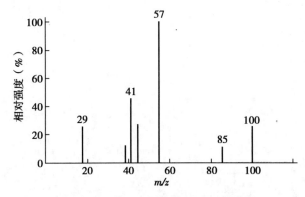

图 19-23　某一未知物的 EI-MS 质谱图

9. 某未知化合物的质谱如图 19-24 所示,试推导其结构。图中 m/z 106(82.0),107(4.3), 108(3.8)。

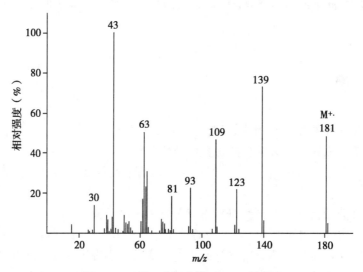

图 19-24　某一未知物的 EI-MS 质谱图

10. 试解释图 19-25 中碎片离子的裂解途径。

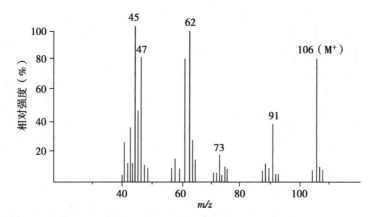

图 19-25　某一未知物的 EI-MS 质谱图

第二十章 仪器联用分析技术

人类生活环境的变化使卫生分析不断面临新的挑战:对组成复杂的样品中多成分同时分离、测定和结构分析;基于痕量、超痕量分析的在线样品前处理(净化、富集、衍生等)需要;环境化学物、食品污染物的迁移、转化形成新的化合物结构解析和暴露分析等。虽然仪器分析方法种类繁多,但每一种技术都存在自身的不足。例如,色谱技术具有优良的分离性能,但定性能力差;质谱和光谱技术能提供与结构相关的丰富信息,却难以完成对复杂混合物的分离。因此,发展新的方法,弥补单一仪器分析技术的缺陷,是现代仪器分析必须解决的问题。

第一节 仪器联用分析技术简介

一、仪器联用技术

最早的仪器联用可以追溯到 1957 年,J.C Holmes 和 P.A Morrell 首次将气相色谱和质谱联用。20 世纪 80 年代以来,计算机和电子技术的迅速发展和广泛应用促进了分析仪器联用技术的发展。

所谓联用技术(hyphenated technology)是将两种或多种分析技术在线结合起来,重新组合成一种更快速、更有效、应用范围更广的分离和分析技术,以探索并获取只应用单一技术无法获取的信息。仪器设备间可通过"接口"(interface)直接连接(on-line)起来,以协调前后仪器的输出和输入间的矛盾。仪器联用有"相对独立式"和"交互式"两种。对于前者,不同的设备仍可以独立使用;而后者是将不同的仪器相互"嵌入"作为一个整体,以一种新的设备出现。另外,有的文献也将一种仪器操作或样品前处理完成后,收集样品再离线(offline)导入另一种仪器分析的方法也归属为联用技术。

仪器联用比单一的仪器分析技术具有更多的优点:弥补单一分析技术存在的缺陷,优势互补,扩大了仪器分析的应用范围;可将净化、富集、分离、定量、定性和结构解析等融为一体,形成一种完整的分析过程;结合计算机处理的联用技术还体现在可获得更多信息(例如,单独使用气相色谱只获得保留时间、强度两维信息,单独使用质谱也只获得质荷比和强度二维信息,而气相色谱 - 质谱联用可得到质量、保留时间、强度三维信息,增加一维信息意味着增加了解决问题的能力);联用技术还带来许多无形的利益,包括降低成本。

仪器联用技术的关键是"接口"。对接口的一般要求是:

1. 可进行有效的样品传递 通过接口进入下一级仪器的样品量应不少于全部样品的 30%,以保证整个仪器的灵敏度。样品传递应具有很好的重现性,以保证整个分析的精密度。

2. 利于前后仪器的衔接和匹配 接口应满足两级仪器任意选择操作模式,符合两级仪器操作条件,如色谱-质谱联用系统应保证不影响前级色谱的分离柱效,对于接口处的连接应压力匹配并具有组分浓缩的作用,即同时满足色谱仪对组分的分离性能的要求和质谱仪对样品进样条件的要求;样品通过接口时不发生化学变化,如果发生化学变化,则应遵循一定的规律,以便推断化学变化前的组成和结构;本身的操作简单,方便,可靠。

二、仪器联用分析种类和应用

分析仪器的联用可以是光谱技术的联用、色谱技术的联用或者是分离技术与光谱/质谱技术的联用等。在分离分析和鉴定前,样品前处理装置也可进行在线连接。目前,最常见的联用技术是将分离能力强的色谱技术与质谱或光谱等检测技术相结合。色谱法和光谱法/质谱法的联用可以综合色谱分离技术和质谱法/光谱法优异的鉴定能力,成为分析复杂混合物的有效方法。

常见的仪器联用分析技术包括:①色谱-质谱联用技术:气相色谱-质谱联用技术(GC-MS)、高效液相色谱-质谱联用技术(HPLC-MS)和毛细管电泳-质谱联用技术(CE-MS)等;②色谱-光谱联用技术:色谱-氢化物发生-原子荧光联用技术(GC/HPLC/CE-HG-AFS)、气相色谱-电感耦合等离子体-原子发射光谱/质谱联用技术(GC-ICP-AES)、高效液相色谱-电感耦合等离子体-原子发射光谱联用技术(HPLC-ICP-AES)、毛细管电泳-电感耦合等离子体-原子发射光谱联用技术(CE-ICP-AES)、气相色谱-傅里叶变换红外光谱联用技术(GC-FTIR)和高效液相色谱-核磁共振谱联用技术(HPLC-NMR)等;③色谱-色谱联用技术,如液相色谱-气相色谱联用技术(HPLC-GC);④其他联用技术,如流动注射与色谱-质谱联用技术、超临界流体萃取-质谱联用技术(SFC-MS)、热重分析与质谱分析联用技术等。

(一)色谱-质谱联用技术

1. 气相色谱-质谱联用技术(GC-MS)　GC-MS是最早开发的色谱-质谱联用仪器,起始于20世纪50年代末。该技术可将色谱对复杂基质化合物的高分离度和质谱对化合物独特的选择性结合为一体,使得分离和鉴定同步进行。

气相色谱法和质谱法的许多共同点为两种分析仪器联用提供了有利的接口条件:①气相色谱流动相及分离的样品状态都是气态,与质谱分析的进样要求相匹配;②气相色谱分析的化合物沸点范围适合于质谱分析;③两种检测方法的检测灵敏度相当,气相色谱分离的组分足以被质谱检测;④两种检测方法对样品制备和预处理要求有相同之处。在GC-MS联用中,色谱系统作为质谱的进样系统对分析样品进行初步分离,由色谱出来的样品通过接口进入质谱系统。质谱系统可给出样品的准确分子量和一些结构信息。

GC-MS联用仪能将一切可气化的混合物进行有效的分离并准确地定性、定量。气质联用仪在许多领域都得到了广泛的应用,大到行星间的探测,小到环境中有机污染物的检测,是目前能够为10^{-15}级试样提供结构信息的最主要分析工具之一。

2. 高效液相色谱-质谱联用技术(HPLC-MS)　又叫液相色谱-质谱联用技术(LC-MS),始于20世纪70年代。该技术以液相色谱作为分离系统,质谱作为检测系统,将分离技术与检测技术相结合,是分离科学领域中一项新技术的突破。LC-MS联用技术通过"接口"把液相色谱和质谱连接,将液相色谱对复杂样品的高分离能力与质谱对样品的高灵敏度、高选择性和鉴定结构的优点结合起来,已成为目前未知混合物中多组分化合物的分离、定量分析和鉴定最理想的手段之一。

3. 毛细管电泳-质谱联用技术(CE-MS)　毛细管电泳具有分离效率高、分析速度快、样品适应面宽、试剂和样品消耗量少、分离模式多等特点,然而由于 CE 进样量少,采用紫外检测器时又因为光程短而导致检测灵敏度比较低。当利用激光诱导荧光检测器检测时,虽然灵敏度较高,但是只适用于有荧光性质的物质,对其他物质进行分析往往需要比较复杂的衍生化处理。质谱检测不仅有较高的灵敏度,同时具有较强的定性能力,能够提供样品的结构信息。因此,自 1987 年 Smith 等首次提出 CE-MS 联用以来,作为具有高分离效率和高灵敏度的方法,其应用受到了广泛关注,并得到了迅速发展。

CE-MS 联用分为在线联用和离线联用两种方式。CE-MS 在生命科学以及与人类生存息息相关的食品、药品领域发挥着重要的作用。例如,应用于代谢组学研究及生物标志物筛选中的应用、食品中残留有机污染物的检测、药物及其代谢物的分析等。

4. 色谱 - 电感耦合等离子体 - 质谱联用技术　电感耦合等离子体质谱(inductively coupled plasma-mass spectrometry,ICP-MS)法已广泛应用于痕量和超痕量元素的分析。由于元素的化学及生物学行为与其存在的形态息息相关,同一元素的不同形态化合物的毒性并不相同,因此获得样品中元素的形态信息就显得尤为重要。但是,样品注入等离子体炬后在瞬间被原子化和离子化,ICP-MS 分析时无法得到元素化学形态的信息。GC-ICP-MS 或 HPLC-ICP-MS 则可实现元素的形态分析,这也是近年来金属组学或金属蛋白组学研究的发展方向之一。

(二) 色谱 - 光谱联用技术

1. 色谱 - 原子光谱联用技术　色谱与原子光谱联用可以充分利用色谱的高分离性能和原子光谱的高灵敏度和高选择性的优点,实现优势互补,是解决复杂基体中痕量元素形态分析的重要途径。

(1) 色谱 - 电感耦合等离子体 - 原子发射光谱联用技术:ICP-AES 已经发展为一种常规的元素分析技术。经 GC 或 HPLC 分离的化合物通过接口在线导入 ICP-AES,可以对化合物中所含金属元素进行定性识别和定量分析。GC-ICP-AES 和 HPLC-ICP-AES 已成为有机金属化合物分析的重要手段。

(2) 色谱 - 原子荧光联用技术:HG-AFS 对于一些特定元素(As、Hg、Se 等)具有很高分析灵敏度,且仪器结构简单,价格低廉,与高分离效能的色谱分离技术的完美结合,可实现对这些元素的形态分析。尤其是蒸气发生进样技术,能够使待测组分与基体有效分离,具有极强的耐高盐组分和有机组分的能力,能够和任何的色谱分离条件相匹配。目前,AFS 与色谱的联用系统主要有气相色谱与 AFS(GC-AFS)、液相色谱与 AFS(HPLC-AFS)和毛细管电泳与 AFS 联用(CE-AFS)。GC-AFS 主要用于有机汞、有机铅及有机锡化合物等气化温度较低且稳定性较高的元素价态分析;HPLC-AFS 主要应用于无机及小分子的有机金属化合物(如无机砷、汞、硒及其有机化合物)和大分子的金属缔合物(如金属硫蛋白)等物质分离。

2. 色谱与其他光谱联用技术　包括气相色谱 - 傅里叶变换红外光谱联用技术(GC-FTIR)、高效液相色谱 - 核磁共振谱联用技术(HPLC-NMR)、高效液相色谱 - 核磁共振谱 - 质谱联用技术(HPLC-NMR-MS)等。GC-FTIR 技术可以弥补 GC-MS 难以鉴别同分异构体的局限性,可提供精确的分子结构信息,易于区分同分异构体。HPLC-NMR 与已经成熟的高效液相色谱 - 质谱联用技术(HPLC-MS 及 LC-MS-MS)实现优势互补,主要用于混合物成分的结构鉴定。HPLC-NMR-MS 联用技术则能够同时获得互补的 NMR 及 MS 数据。这种双重联用系统的最大优势在于,建立了 NMR 及 MS 之间数据的对应关系,消除了由于色谱行为的差异可能造成的 HPLC-NMR 及 HPLC-MS 实验结果不相关的问题,为结构解析奠定基础,对于复杂粗提物或难分离组分的分析更为重要。同时检测 NMR 及 MS 数据也可避免因样品不稳定造成分析结果的差异。以 MS 为检测器还可以监测峰纯度，控制 NMR 在停止流动模式下检测组分，这也使得 HPLC-NMR-MS 可以检测无发色团的物质，扩大其适用范围。

（三）色谱 - 色谱联用技术

当单一色谱分离模式不能完全分离样品时，可将不同的分离模式的色谱技术通过接口联结起来，用于提高色谱的分离能力，即为色谱 - 色谱联用技术，也称多维色谱（multi-dimensional chromatography）。色谱 - 色谱联用时的技术关键是将前一级色谱分不开的组分切换到另一根色谱柱或另一种色谱分离模式进行二级分离，以实现对痕量组分的准确分析。

按照两级色谱流动相是否为同一流动相（气体或液体），色谱 - 色谱联用技术可以分为以下几种联接方式：①由同一类流动相（气体或液体），不同分离模式或不同选择性色谱柱串联组成，如气相色谱 - 气相色谱联用（GC-GC）、液相色谱 - 液相色谱联用（LC-LC），超临界流体色谱 - 超临界流体色谱联用（SFC-SFC）等。②由不同类流动相，不同分离模式或不同选择性色谱柱串联组成，如液相色谱 - 气相色谱联用（LC-GC）、液相色谱 - 超临界色谱联用（LC-SFC），液相色谱 - 毛细管电泳联用（LC-CE）及气相色谱 - 薄层色谱联用（GC-TLC）、超临界流体色谱 - 薄层色谱联用（SFC-TLC）和液相色谱 - 薄层色谱联用（HPLC-TLC）等。

其中，GC-GC 已有 30 多年的历史，仪器已商品化，在工业分析中得到广泛的应用，以 5E-52 毛细管为分离柱，可以分析柠檬油的对映异构体。LC-LC 联用于 20 世纪 70 年代提出，其技术的关键是柱切换，通过改变色谱柱与色谱柱、进样器与色谱柱、色谱柱与检测器之间的连接，从而改变流动相的流向，实现样品的分离、净化、富集、制备和检测。液相色谱有多种分离模式，可以灵活选用分离模式的组合，其选择性调节能力远大于 GC-GC 联用技术，具有更强的分离能力。超临界流体色谱 - 超临界流体色谱（SFC-SFC）及 SFC-LC，SFC-CE 等是 20 世纪 90 年代中后期发展起来的联用技术。

每级色谱可以根据需要分别接不同类型的检测器，前级色谱最好选择非破坏性检测器（如气相色谱的热导检测器，液相色谱的紫外 - 可见光检测器、示差折光检测器等），这样从前级色谱检测器出来的组分可直接进入后一级色谱系统。色谱 - 色谱联用系统还可以再与质谱仪、傅里叶变换光谱仪、原子光谱仪等一起联用，联用方式及接口视第二级色谱类型及分离模式所决定。

多维色谱可以极大地增加峰容量。但传统的多维色谱如 GC-GC 仅拓展了一维色谱的分离能力，改进了部分感兴趣组分的分离问题；由于组分没有经过聚焦而直接进样，使第二维峰展宽，损失了分辨率；而且第二维的分析速度一般较慢，它只是把第一支色谱柱流出的部分馏分简单地转移到第二支色谱柱上进行进一步的分离，不能完全利用一维的信息。20世纪 90 年代初出现了一种新的多维色谱 - 全二维色谱（comprehensive two-dimensional gas chromatography，GC×GC）。GC×GC 是把分离机理不同而又互相独立的两根色谱柱以串联方式结合成的二维色谱。两根色谱柱由调制器连接，起捕集、聚焦、再传送的作用；经第一根色谱柱分离后的每一个峰，都需进入调制器再以脉冲方式送到第二根色谱柱进行进一步的分离；二维信号矩阵经处理后，得到以柱 1 保留时间为第一横坐标，柱 2 保留时间为第二横坐标，信号强度为纵坐标的三维色谱图或二维轮廓图。GC×GC 具有以下的优点：①峰容量大，一般二维气相色谱的峰容量为二柱峰容量之和；而 GC×GC 的峰容量为二柱峰容量之积；②分析速度快；③检测灵敏度提高，因组分在流出柱 1 后经过聚焦，提高了柱 2 分离后在检测器上的浓度；④可以选择不同保留机制的两根色谱柱，提供更多的定性分析参考信息；

⑤可用于定量分析。目前 GC×GC 主要应用于石油产品领域、环境保护、农残和食品等复杂成分的分析。

第二节 气相色谱 - 质谱联用技术

气相色谱 - 质谱联用仪(GC-MS)是利用气相色谱对混合物的高效分离能力和质谱对纯物质的准确鉴定能力而开发的较早实现联用技术的分析仪器。1957 年,J.C Holmes 和 P.A Morrell 首次实现了气相色谱和质谱联用。经过近 60 年的长足发展,目前 GC-MS 已成为复杂混合物分析最为有效的手段之一。一方面,GC-MS 被用于定量分析;另一方面,目前市售的有机质谱仪,如磁质谱、四极杆质谱、离子阱质谱、飞行时间质谱和傅里叶变换质谱等均能与气相色谱联用。

一、仪器系统和工作原理

GC-MS 仪器系统由气相色谱仪、接口,质谱仪和计算机组成(图 20-1)。气相色谱仪是组分的分离器;负责分离样品中各组分;接口是气相色谱和质谱之间的适配器,将气相色谱流出的各组分送入质谱仪进行分析;质谱仪将接口依次引入的各组分进行分析,成为气相色谱仪的检测器;计算机系统是 GC-MS 的中央控制单元,控制气相色谱、接口和质谱仪,并进行数据处理和采集。

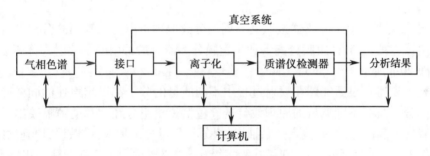

图 20-1 GC-MS 构成示意图

(一) 接口

实现 GC-MS 联用的首要技术问题是如何将色谱柱流出组分送入质谱仪的离子源。GC 的柱出口压力一般是大气压($1.01×10^5$Pa),而质谱仪是在高真空下(一般低于 10^{-3}Pa)工作,压差达到 10^8 倍以上。因此,必须要有一个接口解决气相色谱仪的出口大气压工作条件和质谱仪的高真空操作条件的连接和匹配。另外,由于色谱柱流出的气体中含有大量的载气,接口还应排除载气,使被测物经浓缩后进入离子源。

目前最常用的接口有直接导入型、开口分流型和分子分离器三种。

1. 直接导入型接口　直接导入型接口是最常见、最简单的接口,其结构示意图见图 20-2。它是将色谱柱直接插入质谱仪的离子源内。此种操作下,来自气相色谱的载气和待测组分进入离子源。载气是惰性气体,不受电场影响,被真空泵抽走;待测组分形成带电粒子,在电场作用下加速向质量分析器运动。此时的接口有两个作用:一是支撑插入端毛细管,使其准确定位;二是保持温度,使色谱柱流出物始终不产生冷凝。这种接口组件结构简单,容易维护,样品的降解率损失小,灵敏度高,应用广泛。但此类接口只适合小口径毛细管柱,不适合流出孔径过大的大口径毛细管柱和填充柱。同时存在以下缺点:由于色谱柱出口直接插入离子源,处于真空条件下,柱效率损失较大,需要调节色谱的流动条件;对仪器的真空系统要求也较高,最大载气流量受真空度的影响较大;色谱柱流失的固定相也会随着样品全部进入离子源,容易造成离子源的污染;载气和样品同时进入离子源,氦气虽然质量较小,容易被真空泵抽走,但是在 70eV 下仍会被电离,会产生一定的噪声,对基线会有一些影响。

2. 开口分流型接口 将色谱柱流出物的一部分送入质谱仪,称为分流型接口(图 20-3)。开口分流型接口是最常用的分流型接口的一种,是毛细管柱气相色谱 - 质谱联用最常用的接口。气相色谱柱的一段插入接口,其出口正对着另一毛细管,该毛细管称为限流毛细管,限流毛细管外面有一根衬管,使两根毛细管管端易于对准。将装有限流毛细管和色谱毛细管柱置于一个充满氦气的外套管中。当色谱柱的流量大于质谱仪的工作流量时,过多的色谱柱流出物和载气随着氦气流出接口;当色谱柱的流量小于质谱仪的工作流量时,外套管中的氦气提供补给。由于接口处于常压氦气的保护,色谱柱出口处于常压,因此联用时不影响色谱柱的分离效能,更换色谱柱时不影响质谱仪的工作。这种接口结构简单,但不适用于填充柱。

3. 分子分离器 分子分离器按照其不同的分离原理可以分为喷射式分离器、泻流型微孔玻璃分离器、渗透型硅橡胶膜分离器和半透膜分离器。最常用的是喷射式分离器,其结构示意图如图 20-4 所示。

喷射式分离器是根据气体在喷射过程中不同质量的分子都以超声速的同样速度运动,不同质量的分子具有不同能量的原理设计的。色谱流出组分经狭窄的喷嘴喷出后,相对分子量小的载气扩散快,大部分被真空泵抽走;组分气相对分子量大,扩散慢,得到浓缩后进入接受口。喷射式分离器有单级式、双极式和三级式。单级式适用于毛细管柱气相色谱 - 质谱;

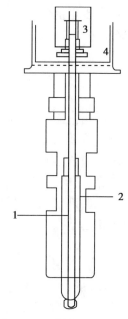

图 20-2 直接导入型接口
1. 毛细管柱;2. 柱导引管;
3. 离子源;4. 真空系统

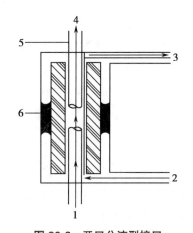

图 20-3 开口分流型接口
1. 毛细管流出物;2. 吹扫气入口;3. 吹扫气出口;
4. 至离子源;5. 高真空密封;6 吹扫气 / 气相色谱柱隔

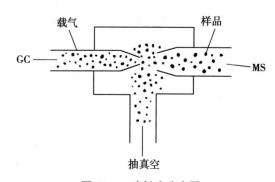

图 20-4 喷射式分离器

双极式具有较高的浓缩系数，适用于填充柱气相色谱-质谱。喷射式分离器具有体积小、试样在分离器停留时间短、热解和记忆效应少的优点，缺点是制造困难、喷嘴容易被堵塞。

（二）质谱仪

质谱仪的构成和原理参见本书第十九章相关内容。本节只对 GC-MS 联用的质谱仪真空系统、电离源和质量分析器进行简要说明。

1. 真空系统　GC-MS 中质谱仪离子源和质量分析器都必须处于高真空状态下工作，否则会造成离子源灯丝的损坏，本底和图谱复杂化。分子泵、机械泵的抽速越大、达到真空要求的时间越短。GC-MS 中要求工作泵具有高的抽速。

2. 电离源　将分子转化为气态离子的电离源种类较多，常用于 GC-MS 联用的主要是电子轰击源（EI）和化学电离源（CI）。

EI 源是质谱仪离子源中最常用的一种，结构稳定，灵敏度高，产生的碎片离子多，结构信息丰富，有利于结构分析。已有大量标准图谱被收录成库，方便检索和定性确认。CI 源得到的离子多数是准分子离子，即 $(M+H)^+$，分子断裂的碎片较少，有利于测定化合物的分子量，是 EI 源的有效补充。

3. 质量分析器　一般质谱仪对扫描速度的要求不高。GC 中组分浓度随着时间而变化，而 MS 的基本要求是记录质谱时组分的分压（浓度）保持恒定，GC-MS 联用时，大多数常规质谱仪的扫描速度对于填充柱来说是足够的。但对于色谱出峰速度极快（以秒计）的毛细管柱却存在问题。一个完整的色谱峰通常需要至少 6 个以上的数据点，因此质谱仪只有具有较高的扫描速度，才能在很短的时间内完成多次全质量范围的质量扫描。此外，因为常常需要从连续记录的质谱中获得重建色谱图，质谱采集速度越快，用以确定色谱峰形的数据点越多，因此，MS 具有高的扫描速度或检测速度十分重要。

GC-MS 联用技术一般采用四极杆质量分析器、离子阱质量分析器、飞行时间质量分析器以及混合型质量分析器。傅里叶变换质谱（FTIR-MS）具有很高的质谱采集速度，可以满足空心毛细管柱气相色谱和质谱联用的需要。

（三）GC-MS 工作原理

GC-MS 的工作原理如图 20-5 所示。当一个混合组分进入气相色谱仪的进样器后，样品被加热气化；载气载着样品气通过色谱柱，色谱柱内填充某种固定相，不同分析对象应选择不同的固定相，样品组分在一定的操作条件下完成分离过程，依次到达色谱柱出口。如果在色谱柱出口安装某种器件使到达柱出口的某组分转化为电信号，再经过放大器放大后即可得到该组分的色谱峰形，此器件即为色谱仪中的检测器。在 GC-MS 中，用离子源中的一个总离子检测极作为 GC 的检测器。在色谱柱的出口，通过分子分离器接口将大部分的载气除去（避免破坏质谱仪的真空条件），保留组分的分子和很少的一部分载气进入质谱仪的离子源中。

样品中的中性分子进入质谱仪的离子源后，被电离为带电离子；来自 GC 的一部分载气（通常为氦气）和质谱仪内残余气体分子一起电离为离子构成本底。样品离子和本底离子一起被离子源的加速电压加速，射向质谱仪的分析器中；进入分析器前，设计好的总离子检测极收集总离子的一部分，经放大器放大记录下来得到的图形即为该组分的色谱峰。总离子色谱峰由峰底到峰顶再下降的过程，即为该组分出现在离子源的过程。

目前，质谱仪都与数据系统连接，得到的质谱信号可以通过计算机接口，由计算机记录。每次操作，从进样起，质谱仪在预定的质谱范围内，磁场作自动循环扫描，每次扫描给出一组

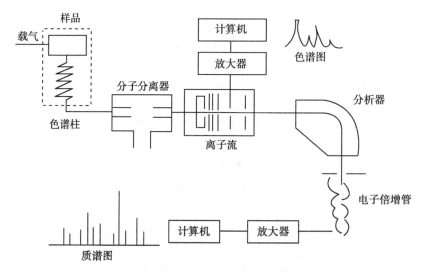

图 20-5 GC-MS 工作原理示意图

质谱,由计算机算出每组质谱的全部峰强度总和作为再现色谱峰的纵坐标;每次扫描的起始时间 $t_1, t_2, t_3, \cdots$ 作为横坐标。这样每次扫描给出一个点,这些点连线给出一个再现的色谱峰。再现色谱峰与总离子色谱峰相似,数据系统可以给出每个再现色谱峰的保留时间。利用再现色谱峰的峰面积可以进行定量分析,也可以任意调出色谱上任何一点对应的一组质谱。

(四)GC-MS 特点

与气相色谱法相比,GC-MS 联用具有以下特点:

1. 定性参数增加,定性可靠 与 GC 相比,GC-MS 可以提供保留时间外,还能提供质谱图。由质谱图中的结构碎片等信息进行定性,使 GC-MS 远比 GC 可靠。

2. 灵敏度高 GC-MS 是一种通用型的色谱检测方法,MS 灵敏度远高于 GC 方法中的任何一种。

3. 信噪比高 与 GC 相比,GC-MS 的化学噪声降低,信噪比提高,采用质量色谱图、选择离子检测等技术可以减少复杂体系的基质干扰,提高信噪比。

另外,与 GC 相比,GC-MS 能够检测尚未分离的色谱峰。

二、分析条件的选择和优化

GC-MS 分析条件包括选择和优化色谱和质谱条件。一般通过查阅文献资料,了解待测分离组分的理化性质和分析条件,在此基础上进行色谱和质谱条件的选择和优化。

(一)气相色谱条件的选择和优化

色谱柱(类型、固定液种类)、载气(流量、线速度)、柱温、进样量等要考虑与 MS 相匹配。例如,对于常用的 MS,一般都采用毛细管柱。最常用的是内径 0.25mm、0.32mm 的色谱柱,只有使用能除去溶剂的开口分流接口装置,才能使用内径 0.53mm 的色谱柱;在载气方面,流量和线速度应选取 GC-MS 仪接口允许的范围内;为减少载气流量,常采用较低的流量和较高的柱温,载气的线速度应等于或略高于最佳线速度。

(二)质谱仪的操作条件

质谱分析条件包括离子源类型、电离电压、扫描速度、质量范围、离子源温度等。要按照分析要求和仪器能达到的性能来综合考虑质量色谱图的质量范围、分辨率和扫描速度。一般以气相色谱峰宽的1/10来初定扫描周期，由所需色谱图的质量范围、分辨率和扫描周期初定扫描速度，再实际测定，直至仪器性能满足要求为止。

（三）基质效应

GC-MS技术中需要考虑基质效应（matrix effect，ME）的问题。基质效应是指在样品测试过程中，因待测物以外的其他物质的存在，直接或间接影响待测物响应的现象。

根据基质对检测信号响应值的不同影响，基质效应可分为基质增强效应和减弱效应。增强效应即基质成分的存在减少了色谱系统活性位点与待测物分子作用的机会，使得待测物检测信号增强的现象，此时，样品中的杂质组分分子与待测物分子竞争进样口或柱头的金属离子、硅烷基以及不挥发性物质等所形成的活性位点，从而使待测物与活性位点的交互反应机会减少、待测物分子的损失减少，相同含量的待测物在实际样品中要比在纯溶剂标样中的响应值高。减弱效应是指基质成分的存在使仪器检测信号减弱的现象。在GC-MS分析中大多数农药表现出不同程度的基质增强效应。

关于基质效应的产生机制目前还不十分清楚。在GC-MS分析中，一般认为，通过将样品基质中待测物与纯溶剂或流动相中待测物响应值的比较可以确定基质效应的存在。

影响基质效应的因素包括：样品中基质的含量；分析物的化学结构、性质；分析物在基质中的浓度；进样技术；进样口的结构、活性位点的数量；衬管、柱子的污染状况；载气的流速、压力；分析时间、分析温度等。

可以采用以下办法对基质效应进行消除与补偿：采用多重方式净化样品、去除杂质的干扰；优化进样技术；对仪器系统的正确操作和维护以及适当的分析策略；采用标准加入法或同位素标记内标物或氘代内标或基质匹配标准校正；通过使用合适的掩蔽剂以阻止活性位点与待测物之间的相互作用；采用化学计量学方法对基质效应问题进行校正和评估等。

三、定性和定量分析

（一）GC-MS提供的信息

GC-MS提供的信息包括色谱保留值、总离子流色谱图、质量色谱图、选择离子检测图和质谱图。色谱保留值常可作为质谱定性分析的一个辅助信息。质谱图是GC-MS联用中最重要的谱图，化合物结构、相对分子质量等特征信息都是从质谱图经过计算机的谱图库检索得到。

1. 总离子流色谱图（total ion chromatogram，TIC） 在GC-MS分析中，经色谱分离流出的组分不断进入质谱，质谱连续扫描进行数据采集，每一次扫描得到一张质谱图；由于样品浓度随着时间变化，得到的质谱图也随时间变化；一个组分从色谱柱开始流出到完全流出大约需要10秒，计算机可以得到这个组分10个浓度下的质谱图。计算机随即将每一张质谱图中所有离子强度相加，得到一个总的离子流强度。这些随时间变化的总离子流强度所描绘的曲线就是总离子流色谱图或者由质谱重建而成的重建离子色谱图（图20-6）。每一次扫描的总离子流强度随着色谱流出组分浓度变化，以总离子流强度值为纵坐标、时间为横坐标作图，得到连续扫描的总离子流强度随扫描时间变化的曲线，也就是色谱流出组分浓度随扫描时间变化的曲线。这总离子流色谱图是包含了样品所有组分的质谱，只要色谱柱相同，总离子流色谱图与一般色谱仪得到的色谱图外形一致，样品的出峰顺序相同。

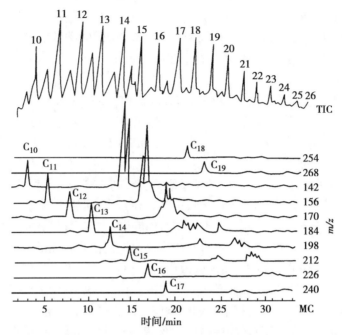

图 20-6　总离子流色谱图和质量色谱图

2. 质量色谱图（mass chromatogram，MC）　质量色谱图是由总离子流色谱图重新建立的特定质量离子强度随扫描时间变化的离子流图。因为只是从每一次扫描范围内选择一个质量或几个特征质量的离子，所以也称为提取离子流色谱图。质量色谱图比总离子流色谱图简洁，消除了背景干扰，信噪比更好（图 20-6）。

可以根据分析目的，对原选定质量范围内的任意质量，绘制和总离子流色谱图对应的质量色谱图。利用质量色谱图的峰面积或相对峰强度比，可以对组分进行定性定量分析。利用质量色谱图法进行搜寻目标化合物，可以快速鉴别化合物类型或检查色谱峰的纯度，即利用化合物特征离子质量色谱保留时间的差异，分辨共流出的色谱峰。如果色谱峰是单一化合物，则该化合物的几个主要特征离子的质量色谱峰应该是重叠的，保留时间是一致的。

选择离子色谱图（selected ion monitoring chart，SIM）又称质量碎片图（mass fragmentogram，MF），是 GC-MS 联机时，对预先选定的某个或几个特征质量峰，进行单离子或多离子检测而获得的某种或几种质荷比的离子流强度随时间变化的情况。SIM 的检测灵敏度比总离子流检测高 2~3 个数量级，原因是质谱仪仅对少数特征离子反复自动扫描可以获得更大的信号强度。SIM 图形与质量色谱相似，但质量色谱图是在分析过程中由计算机系统来实施，SIM 则可以由质谱仪硬件或计算机系统实施。

（二）定性分析

通过 GC-MS 联用分析得到全扫描总离子流图后即可根据质谱图进行未知物谱图的解析。一般先确定分子离子峰，然后拟出可能的分子式，再与标准谱图对照进行验证。随着计算机技术的飞速发展，目前上述几个步骤可以通过计算机完成，即谱库检索。标准谱库是将在标准电离条件（电子轰击源，70eV 电子束轰击）下得到的化合物标准质谱图归纳总结并开发，存储于计算机中，并作为已知化合物的标准质谱库。

GC-MS 最主要的定性方式是谱库检索。其关键在于：①谱库的容量；②高质量的质谱图；③结合其他参数，如未知物的理化性质、色谱保留值（标准样品或标准柱的保留时间）、红外光谱、核磁共振谱等。

目前,最常见的质谱谱库包括以下 6 个:

1. NIST 库 有 6 万多张标准质谱图。由美国国家科学技术研究所(National Institute of Sciences and Technology)出版。

2. NIST/epa/nih 库 由美国国家科学技术研究所、美国环保局和美国国立卫生研究院共同出版。是应用最广泛的质谱库,几乎所有的 GC-MS 联用仪都有配备。各仪器公司所配用的 NIST/epa/nih 库含有的标准质谱图的数目可能有所不同,这可能是因为各仪器公司选择的谱库版本不同,配置也有所不同。另外,质谱工作者还可以将自己实验中得到的标准质谱图及数据用文本文件保存在使用者的库中,或者自己建立使用者库,这些都使不同仪器公司提供的 NIST/EPA/NIH 库所含有的标准质谱图的数目有所不同。NIST/EPA/NIH 库检索方式有两种:一种是在线检索,一种是离线检索。

3. Wisley 库 第六版本的 Wisley 库收有标准质谱图 23 万张,第六版本的 Wisley/NIST 库收有标准质谱图 27 万 5 千张,Wisley 选择库收有 9 万张标准质谱图。在 Wisley 库中同一个化合物可能有重复的不同来源的质谱图。

4. 农药库 含有 300 多个农药的标准质谱图。

5. 药物库 内有 4000 个化合物的标准质谱图,包括药物、杀虫剂、环境污染物及其代谢产物和它们的衍生产物的标准质谱图。

6. 挥发油库 内有挥发油的标准质谱图。

前三个是通用质谱库,一般的 GC-MS 联用仪上配有其中一个或两个谱库,后三个是专用质谱库,根据工作的需要可以选择性使用。

(三)定量分析

GC-MS 的定量分析首先要选定目标化合物的质量范围,然后用单离子检测法或多离子反应监测法进行测定。定量的方法有内标法和外标法。

1. 外标法定量 取一定浓度的外标物,在适合的条件下对其特征离子峰进行扫描,记下离子峰面积,以峰面积对样品浓度绘制校正曲线。在相同条件下,对未知样品进行 GC-MS 分析,然后根据校正曲线计算试样中待测组分的含量。外标法的误差一般在 10% 以内,样品在处理和转移过程中存在损失以及仪器条件的变化引起此误差。

2. 内标法定量 选取与被测物的化学结构相似的化合物 A 作内标物,并称取一定量加入到已知量的待测组分 B 中,质谱仪聚焦在待测组分 B 的特征离子和内标物的特征离子上。由待测组分 B 峰面积与内标物 A 峰面积之比值对它们进样量之比绘制校正曲线。在相同条件下测出试样中的这一比值,对照校正曲线即可求出试样中待测组分 B 的含量。内标法的困难在于内标物的选择,其误差比外标法小,也可采用同位素标记物作内标物。

四、技术应用

GC-MS 技术经过 50 多年的发展,技术愈见成熟,已经逐渐成为微量、痕量有机物分析的重要手段之一,广泛应用于许多领域:空气、水质和食品中化学物和污染物检测;医药中挥发油、甾类、生物碱、脂肪酸、脂溶性成分等的检测;法医学中对燃烧、爆炸现场的调查,各类案件现场的各种残留物检验,纤维、呕吐物、血迹等的鉴定;生物体液中麻醉剂、违禁药及中枢神经系统兴奋剂等物质的检测以及生物大分子的研究等都离不开 GC-MS 技术。

目前,卫生检验中所涉及的许多微量、痕量有机物检测均采用 GC-MS 作为国内外法定的标准分析方法。

第三节　高效液相色谱 - 质谱联用技术

高效液相色谱 - 质谱联用技术（high performance liquid chromatography-mass spectrometry，HPLC-MS）简称液 - 质联用技术（LC-MS）。该技术始于 20 世纪 70 年代，以液相色谱作为分离系统，质谱作为检测系统，将分离技术与检测技术相结合，是分析科学领域中一项新技术的突破。与 GC-MS 技术不同，LC-MS 技术经历了一个更长的实践研究过程，直到 20 世纪 80 年代中期，在解决了真空、接口等技术之后，才使得 HPLC-MS 步入实用性阶段，20 世纪 90 年代初才出现商品化 HPLC-MS 仪器。随着联用技术的日趋成熟，HPLC-MS 技术日益显示出优越的性能，弥补了 GC-MS 技术应用的局限性。

一、仪器系统和特点

（一）仪器系统及原理

HPLC-MS 仪器系统与 GC-MS 类似，由高效液相色谱仪、接口、质谱仪和计算机四部分组成。液相色谱部分包括高压输液系统、进样系统和分离系统；质谱部分包括离子源、质量分析器、检测器和记录系统。质谱仪是液相色谱仪的检测器，液相色谱仪是质谱仪的分离装置。通过计算机进行校准质谱仪、设置色谱和质谱的工作条件、数据的收集和处理以及库检索的工作。

试样先通过液相色谱系统进样，色谱柱分离，然后进入接口；在接口中，试样被离子化，再聚焦于质谱的质量分析器中，根据质荷比不同而被分离检测，获得各种色谱和质谱数据。按照联用的要求，接口和质量分析器是至关重要的两个部分。

1. 接口和离子化方式　接口技术是液 - 质联用中最重要的技术问题，它要解决液相色谱的输出和质谱的输入二者之间的衔接问题。接口的存在不但要满足色谱仪对组分的分离性能的要求，而且要满足质谱仪对样品进样条件的要求。此接口必须解决以下三个主要的问题：①在样品进入质谱电离之前，必须除去液相色谱流动相中大量的溶剂；②流动相中必须提供足够多的离子供质谱分析；③必须去除流动相中可能对质谱造成污染的杂质。

在液 - 质联用发展过程中，先后引入了 20 多种不同的接口技术，主要包括传送带接口、粒子束接口、直接导入接口和热喷雾接口。上述所有技术均有各自的缺陷，因此均没有得到商业化的生产和应用。直到 20 世纪 90 年代初，大气压电离接口技术（atmospheric pressure ionization，API）的出现和成熟，才有了被广泛接受的商品接口及成套的仪器，液 - 质联用技术得到迅速发展。

API 接口是商品化 HPLC-MS 仪器采用最广泛的接口。常规的质谱电离技术电离样品是在高真空下进行，即在连接 HPLC 和 MS 时，为避免溶剂进入离子源破坏真空，在样品进入离子源之前需要将溶剂去除。API 技术是大气压状态下的电离技术，它用于连接 HPLC 和 MS 时，HPLC 柱后流出物首先在大气压下电离，然后带电离子从溶剂中分离出来进入高真空的质谱。这种接口技术更容易与 HPLC 匹配，而且样品的离子化是在处于大气压下的离子化室内完成，离子化效率高，极大地增强了分析的灵敏度和稳定性。API 主要包括电喷雾离子化（electrospray ionization，ESI）、大气压化学离子化（atmospheric pressure chemicalionization，APCI）和大气压光离子化（atmospheric pressure photoionization，APPI）等模式，API 几种模式的共同点是最软的离子化技术,可以获得与分子离子有关的信息而得到的化合物的分子量。

（1）电喷雾化接口（ESI），又称电喷雾离子化接口：ESI是接口中最成功的接口之一,其结构示意图见图20-7所示。

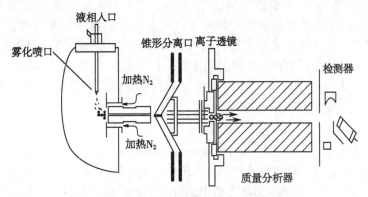

图20-7　LC-MS电喷雾电离源结构示意图

ESI主要是基于液体离子化及溶液中其他离子蒸发转化为气相的原理,其离子化过程包括初始带电液滴的形成和随后的带电液滴连续裂变两个过程。

样品溶液经色谱柱分离,流经色谱管,到达雾化喷口,喷口上加有3kV~5kV的电压。ESI的第一步就是将液体雾化成小液滴,在雾化气和高温的作用下,溶剂蒸发,液滴持续缩小,这一步需要借助不同的技术（如氮气或空气同轴喷雾器）输入干燥的气体（同时也作为雾化气）,使得在更高的流速下,极性溶剂迅速蒸发。带电液滴的表面积即不断缩小,表面电荷密度逐渐增大,当密度达到"Rayleigh极限"时,带电雾滴中的样品就会由于雾滴发生"库仑爆裂"而分离出来,形成样品离子。带电的碎片离子就在电场的作用下进入质谱的质量分析器进行分析。

ESI灵敏度高,适用范围广泛,可用于分析离子型化合物、极性化合物、难挥发或热敏感化合物。另外,在ESI中某些化合物可形成多电荷离子,所以ESI也可用于分析高分子量化合物。采用ESI接口时分析物须在溶液中形成离子,因此流动相的选择、缓冲盐的添加、流速的选择都会对其灵敏度有较显著影响。

（2）大气压化学电离（APCI）：APCI离子化属于化学电离（chemical ionization,CI）,是在大气压下利用电晕放电使气相样品与流动相电离的一种离子化技术。

APCI的结构与电喷雾源大致相同。不同之处在于APCI的喷嘴下游放置一个针状电晕放电针（也称为放电电极）（图20-8）。经色谱柱分离的样品溶液随流动相一起到达源内的石英管,经加热并在雾化气和辅助加热气的共同作用下,溶液汽化。通过放电针的高压放电,

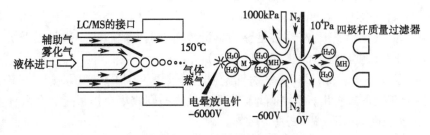

图20-8　APCI的结构示意图

使雾化气或空气中某些中性分子电离,产生 H_3O^+,N_2^+,O_2^+ 和 O^+ 等初级离子,溶剂分子也会被电离,这些离子与分析物分子进行离子 - 分子反应,使分析物分子离子化。该反应过程包括由质子转移和电荷交换产生正离子,质子脱离和电子捕获产生负离子等。

APCI 方式主要适用于非极性或低、中等极性且对热稳定的化合物,能适应 0.2~2ml/min 的宽流量变化范围。有些分析物由于结构和极性方面的原因,用 ESI 不能产生足够强的离子,可以采用 APCI 方式增加离子产率,可以认为 APCI 是 ESI 的补充。APCI 主要产生的是单电荷离子,所以分析的化合物分子量范围小于 1300amu。用这种电离源得到的质谱很少有碎片离子,主要是准分子离子。APCI 源的主要缺陷是容易产生大量的溶剂离子与样品离子一起进入质谱仪,造成较高的化学噪声。

(3)其他接口技术:除以上两种常用的接口外,还有以下几种。

1)大气压光离子化(atmospheric pressure photoionization,APPI):该接口是近几年发展起来的大气压离子化接口。APPI 源与 APCI 源的电离机制基本相似,只是用紫外灯取代 APCI 源的电晕放电,是利用光化学作用将气相中的样品电离的离子化技术。在该接口下,化合物是在气相中离子化的,ESI、APCI 难以离子化的化合物可考虑用此接口。它主要是由氙灯带所形成的光子束与雾化蒸汽相互作用实现的。其结构见图 20-9。采用该接口时,需要加入添加剂,该添加剂首先被离子化,从而发挥光子束与目标分析物的媒介作用。常选用丙酮、甲苯或苯甲酸等溶剂充当媒介作用,促使形成带正电荷的分析物。

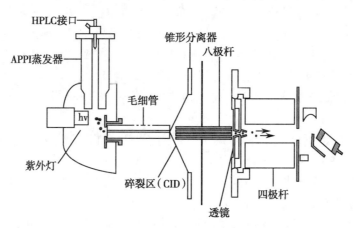

图 20-9　APPI 的结构示意图

2)离子喷雾接口(ion spray ionization,IS):离子喷雾接口是一种气动辅助电喷雾接口。IS 要求高效液相色谱流动相的流速为 0.05~0.20ml/min,其毛细管安置在外部真空管中,样品经过后,外部管的气体随后通过毛细管,喷射出同轴气体。为了避免非挥发性化合物(如盐)污染离子源,可用离轴电喷雾取样代替轴上取样孔取样。

3)涡流离子喷雾接口(turbo ion spray):该接口广泛应用于高流速下传统的高效液相色谱。在相对高的气体温度下,需要将足够的热量传递给蒸发的微滴。这股热干燥气体引起了逆流,从而进入到喷雾器中(与喷雾器呈 90°)。

4)Z- 喷雾(Z-spray):该接口是一种带有加热下干燥气体的电喷雾接口。离子从喷雾器到采样锥以正交形式喷出,而大液滴及非挥发性物质则收集在挡板上。在采样锥孔后的膨胀区域,离子正交喷入质谱的高真空区域。

5)纳升电喷雾(nano-ESI):该接口不同于传统的电喷雾接口。将毛细管用到 nano-ESI

针上,从而得到1~2μm的喷雾孔。该接口可以在没有溶剂泵的情况下产生低流速。在探针的感应下,约1μl溶剂进入毛细管内,该探针安置在API离子源内。该接口下形成的液滴比传统离子源形成的液滴小100~1000倍。nano-ESI适用于蛋白质、肽类等生物大分子的检测。

2. 质量分析器 LC-MS中使用的质量分析器包括四极杆质量分析器(quadruple mass analyzer,Q)、离子阱质量分析器(ion trap mass analyzer,IT)、飞行时间质量分析器(time of flight,TOF)和具有串联质谱功能的质量分析器(liquid chromatogram tandem mass spectrometry,LC-MS/MS)。前三种质量分析器在第十九章中已有讨论,本章节主要介绍液相色谱串联质谱法。

LC-MS/MS指的是液相色谱与一级质谱、二级质谱、多级质谱间的联用技术,但在国际上最为常用的是液相色谱 - 串联二级质谱技术的应用。串联质谱法又称为质谱 - 质谱法,是时间或空间上两级质量分析的结合。质谱的串联上由两个以上的质量分析器构成,常用的如四极杆串联(Q-Q-Q)、四极杆 - 离子阱串联(Q-Trap)、四极杆 - 飞行时间串联(Q-TOF)等。

串联质谱的优势在于能够提供足够的化合物结构信息用于定性分析,准确可靠。由于在母离子碰撞前,样本中共流出物产生的干扰离子已被排除,特征母离子和子离子的——对应性使排除干扰能力强。定量时本底值低,检测灵敏度高。因此,串联质谱特别适用于分析背景干扰严重、定性困难、被测化合物含量很低的样品。串联质谱是目前对复杂基质样品中痕量化合物进行定性、定量分析最有效的方法之一,也是权威检测机关进行仲裁分析的有效手段。

(1)MS/MS分析的基本原理:MS/MS的分析过程见图20-10所示。①选择合适的电离方式将目标物电离为碎片离子,用质量分析装置把不同质荷比的离子分开,经检测器检测,得到样品的一级质谱图;②从一级质谱碎片离子中筛选特征的碎片离子并储存为母离子(如图20-10中的m/z=129的离子);③母离子与气体(又称碰撞气或靶气,常用的气体有$He、H_2、CH_4、Ar$等)进行碰撞诱导裂解,使母离子裂解产生子离子;④收集子离子,得到目标物的二级质谱图(如图20-10中的m/z=129的离子)。

(2)MS/MS技术的分类:MS/MS分为空间串联型质谱 - 质谱仪和时间串联型质谱 - 质谱仪。

1)空间串联型质谱 - 质谱仪:这类仪器是两个以上的质量分析器联合使用,两个分析器间有一个碰撞活化室,目的是将前级质谱仪选定的离子打碎,由后一级质谱仪分析。空间串联型 MS/MS 仪又分为磁扇型串联,四极杆串联,混合串联等类型。若用 B 表示扇形磁场,E 表示扇形电场,Q 表示四极杆,TOF 表示飞行时间分析器,磁扇型串联 MS/MS 仪有 BEB,EBE,BEBE 等;四极杆 MS/MS 仪的典型代表是三重四极杆质谱仪(简称 Q-Q-Q);混合型 MS/MS 仪有 BE-Q,Q-TOF,Q-Trap,EBE-TOF 等。

2)时间串联型 MS/MS 仪:这类仪器只有一个质量分析器,前一时刻选定离子,在分析器内打碎后,后一时刻再进行分析。时间串联型 MS/MS 仪的典型代表是离子阱质

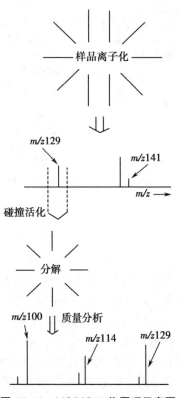

样品离子化

m/z129   m/z141

m/z ⟶

碰撞活化

分解

m/z100   质量分析

m/z114   m/z129

图 20-10 MS/MS 工作原理示意图

谱仪和回旋共振质谱仪。

（3）三重四极杆串联质谱技术：是使用三组四极杆质量分析器进行 MS/MS 分析，其结构如图 20-11 所示。第一组四极杆质量分析器作为滤质器（MS1），仅使质量范围很窄的离子通过；第二组四极杆即为碰撞室（collision activated dissociation，CAD），对滤过的离子进行碰撞，并使之到达第三组四极杆质量分析器（MS2），第三组四极杆对离子进行质量分离并扫描得到子离子质谱图。由于上述每一步骤都需要在一个独立的四极杆中进行，所以这种三重四极杆串联质谱称为空间串联式质谱仪。与单四极杆质量分析器相比，三重四极杆 MS/MS 对样品的纯度要求低，可以简化样品前处理程序，缩短分析时间；定性功能更加完善，能够提供充分的结构鉴定信息。但相比 Q-TOF 和 Q-Trap，其质谱过程中存在离子传输损耗，灵敏度较低。

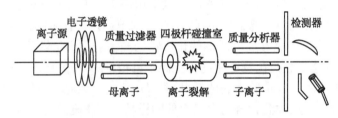

图 20-11　三重四极杆 MS/MS 结构示意图

与单四极杆质量分析器相比，除了全扫描和选择离子监测模式外，串联质谱仪可通过子离子扫描、母离子扫描、中性丢失扫描和多反应监测扫描四种扫描方式（图 20-12），获得丰富的目标物结构信息。

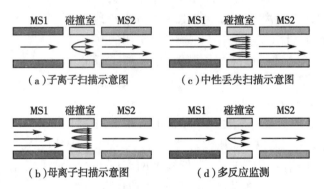

图 20-12　三重四级杆 MS/MS 扫描方式

1）子离子扫描：在一级 MS1 谱图中选择特征的离子碎片（简称母离子），经合适的碰撞诱导解离电压将母离子进一步裂解，在 MS/MS 谱图中获得全部碎片离子（简称子离子）的二级质谱图 MS2。该模式多用于化合物的鉴定和结构剖析，以及复杂混合物的分析研究。子离子扫描模式是最常用的 MS/MS 分析方式。

2）母离子扫描：又称前体离子扫描，MS1 设定为全扫描，MS2 设为一定的质荷比。选择 MS/MS 谱图中的某个子离子，在 MS 谱图中可获得该子离子的所有母离子。该模式主要用于追溯子离子的来源，寻找其母离子，能对产生某种特征离子的一类化合物进行快速筛选，用于化合物结构和同系物分析。

3）中性丢失扫描：固定质量差（$\Delta m/z$），同时扫描 MS 谱图（MS1）和 MS/MS 谱图（MS2），所得的 MS/MS 谱图是 MS 通过裂解丢失了中性碎片（Δm/z）的离子。该模式用于鉴定化合物的特定官能团或具有特定开裂方式的一类化合物。

4）多反应监测模式（multiple reaction monitoring，MRM）：在 MS1 中选择一个或几个特定离子（图中只选一个），经碰撞后在 MS2 选择一个特定的子离子进行检测，只有同时满足 MS1 和 MS2 选定的一对离子时，才有信号，即在选择母离子的最佳质谱条件下，优化碰撞能量，得到子离子碎片。MRM 增强了分析的选择性，有利于针对性地对混合组分中化合物灵敏检测。

（4）离子阱串联质谱技术：离子阱 MS/MS 主要使用离子阱质量分析器，MS/MS 分析的全部过程都是在离子阱中完成。因其分析步骤都在同一空间中依次完成，所以离子阱 MS/MS 被称为时间串联式质谱仪。其工作原理是通过环电极上的射频电压和端电极上的固定频率电压的作用，各种离子被保留在阱内或选择性地被排出阱外。通过一定的参数设置，离子阱可以按预定程序排除不需要的碎片离子，仅仅保留质量范围很窄的碎片离子。留在离子阱中的离子（母离子）进一步断裂，产生子离子。

不同类型的质谱检测器具有各自的优点和局限性，将这些不同类型的质谱检测器进行线性联用，使 MS/MS 具有多样性的性能，可以扩大 LC-MS/MS 联用技术的使用范围。如四极杆 - 离子阱（Q-IT），四极杆线性离子阱（QLIT）、四极杆 - 飞行时间质谱阱（Q-TOF）和离子阱 - 飞行时间质谱阱（IT-TOF）等，其中 TOF 作为串联的第二个质量分析器具有广阔的前景。下面对 Q-Trap 和 Q-TOF 作简单介绍。

Q-Trap 是将串联四极杆和离子阱技术结合在一起的串联质谱。在 Q-Trap 中，一般是将三重四极杆质谱仪中最后一级四极杆改为线性离子阱设计而成，通过 ESI 和（或）APCI 接口与液相色谱联用。Q-Trap 兼具串联四极杆和离子阱的功能，在采集模式上可采用更为高效的预设定多反应监测 - 信息依赖性采集 - 增强子离子扫描模式，因此 Q-Trap 既可作定性分析，也可以作定量测定，还可作为独立的两种仪器进行操作。目前，Q-Trap 应用领域包括药物开发、农药、兽药残留分析、有机化学、配位化学研究等。具体体现在：对药物代谢物进行快速定性鉴定和定量分析；表征合成药物、天然产物提取物等的结构，推测其断裂机理，并快速定量；农 / 兽药残留定性和定量分析；食品 / 环境中毒物分析；遗传疾病的临床诊断分析以及蛋白质组学（多肽、蛋白及其他生物活性物质）的定性、定量研究等。

Q-TOF 是将四极杆质量分析器和飞行时间质谱串联的质谱仪。采用四极杆作为质量过滤器，以 TOF 作为质量分析器，进行二级质谱 MS/MS 分析时，第一重四极杆选择母离子，加速至一定能量，进入只有射频的四极（或六极）碰撞池与惰性气体碰撞而碎裂，生成产物离子，这些离子再经加速和聚焦进入 TOF 分析器，按照质荷比进行分离。Q-TOF 分辨率和质量精度明显优于三重四极杆质谱，是一类能够同时定性定量的质谱。Q-TOF 的优势在于：可在宽质量范围内实现高分辨，得到物质准确分子量；能够获得真实的同位素峰形分布，得到未知物的分子式；具有高灵敏度的 MS/MS 功能，能实现母离子和子离子的精确质量测定；质量范围宽，既可用于小分子化合物的精确定性与定量，也可用于蛋白质组学和多肽的研究。

3. 串联质谱的优势　MS/MS 综合使用了保留时间、母离子、子离子和实验参数的条件，为目标物的鉴定提供了高水平的选择性；在对离子检测前就排除了样品基质中的干扰组分，因而即使对基体复杂的样品也可以达到较高的灵敏度；利用 MS/MS 检测方式可以将在色谱分离过程不能完全分开的具有不同母离子的共流出物通过设置多通道监测方式（MRM）将其分离。

（二）LC-MS 的特点

LC-MS 具有以下 6 个方面的优点：

1. 分析范围广　应用于多个领域，能解决许多其他分析方法无能为力的复杂样品分析。

2. 分离能力强　在 HPLC 上没有完全分离的化合物可以通过 MS 的特征分子离子抽提出各自的色谱图从而进行定性和定量分析。

3. 定性结果可靠　MS 可以给出化合物准确的分子量和丰富的结构信息。

4. 检出限低　MS 具有高灵敏度，特别是在三重四级杆质谱的多反应监测模式下，检出限能达到 ng/L 数量级。

5. 分析速度快　LC-MS 使用的色谱柱为窄径柱，填料为小粒径填料，极大地缩短了分析时间，提高了分离效率。

6. 自动化程度高　LC-MS 具有高度自动化的操作系统。LC/MS 联用仪器已经可以实现从进样到数据处理的全自动化操作。

二、分析条件的选择和优化

LC-MS 分析条件包括选择和优化液相色谱分析条件、质谱条件和接口的选择。一般通过查阅文献资料，了解待测分离组分的理化性质和分析条件，在此基础上进行色谱和质谱条件的选择和优化。

（一）接口的选择

ESI 和 APCI 各有优缺点，因此在实际应用它们互相补充。ESI 适合中等极性到强极性的化合物，特别是那些在溶液中能预先形成离子的化合物和可以获得多个质子的大分子（蛋白质）；ESI 对极性强的小分子分析也能得到满意的结果。APCI 不适合带多个电荷的大分子，它的优势在于分析非极性或中等极性的小分子。表 20-1 为 ESI 和 APCI 的比较，在实际分析中，应该针对不同的样品、不同的分析目的选用不同的接口。

表 20-1　ESI 和 APCI 的比较

比较项目	ESI	APCI
可以分析样品	极性较大的分子如蛋白质、肽类、低聚核苷酸、儿茶酚胺和季铵盐等	非极性/中等极性的小分子，如脂肪酸、邻苯二甲酸等
不能分析样品	极端非极性样品	非挥发性和热稳定性差的样品
基质和流动相的影响	基质和流动相对 ESI 的影响较大，对挥发性很强的缓冲溶液也要求使用较低的浓度	对基质和流动相的敏感程度比 ESI 小，可以使用稍高浓度的挥发性强的缓冲溶液
溶剂	溶剂及 pH 对分析物的离子化效率有较大的影响	溶剂对分析物的离子化效率影响大；pH 对分析物的离子化效率有一定的影响
流动相速度	低流速（<100μl/min）下工作良好	高流速（>750μl/min）下好于 ESI；低流速（<100μl/min）下工作不好

（二）正、负离子模式的选择

一般的商品仪器中，ESI 和 APCI 接口都有正负离子测定模式可供选择。一般不要选择两种模式同时进行，建议根据文献选择正、负离子模式。

选择的一般原则为：正离子模式适合于碱性样品，可用乙酸或甲酸对样品加以酸化；当样品中含有仲氨或叔氨时可优先考虑使用正离子模式。负离子模式适合于酸性样品，可用氨水或三乙胺对样品进行碱化；当样品中含有较多的强电负性基团，如含氯、含溴和多个羟基时可尝试使用负离子模式。

（三）基质效应

在 LC-MS 中，由于质谱检测的高选择性，基质效应的影响在色谱图上往往观察不到，即空白基质色谱图表现为一条直线，但这些共流出组分会改变待测物的离子化效率，引起对待测物检测信号的抑制或提高。

1. 基质效应的来源　　在 LC-MS 中，基质效应包括化学基质和生物学基质。化学基质和生物学基质的干扰可以体现为两个方面：未知基质对被分析组分离子化效率的影响和在低分辨率仪器上相同质量数共存干扰离子的不可分辨。前者是主要的，后者则出现较少。由于化学基质和内源性的生物学基质对于被测定化合物来说可能是数十倍甚至是更高的量，其干扰的严重程度是不言而喻的，在低浓度组分的分析中是导致误差的主要因素。

化学基质的影响主要体现在缓冲溶液的种类、浓度及溶剂的纯度上。要特别注意难挥发盐（如磷酸盐）的累积效应（难挥发盐在喷口和其他附件上的沉积）。

当 LC-MS 应用于生物样品的分析时，基质效应主要来源于生物样品的内源性组分。内源性组分是指样品中存在的有机和无机成分，经前处理后仍存在于提取液中。包括离子颗粒物成分（电解质、盐类）、强极性化合物（酚类、色素）和各种有机化合物（糖类、胺类、尿素、脂类、肽类及其分析目标物的同类物及其代谢物）。在生物样品中，磷脂是最主要的内源性组分，对 ESI 和 APCI 均会产生离子抑制作用。具有表面活性的甘油磷脂酰胆碱是最强的内源性组分。

外源性组分同样会带来基质效应，它由样品前处理过程引入，包括塑料和聚合物的残留、邻苯二甲酸盐、清洁剂（烷基酚）、离子对试剂、有机酸、缓冲液、固相萃取柱材料和流动相等。另外，APCI 离子化方式比 ESI 对基质效应更敏感。基质效应不但与离子化方式有关，而且与各个仪器厂家的源设计也有关。

2. 基质效应的消除　　影响基质效应的因素包括样品、样品基质、样品前处理过程、色谱条件、色谱分离效果、流动相和离子化等；消除或降低基质效应，首先要有合适的样品前处理方法，其次要有分离良好的液相条件，具体如下：

（1）选择合适的样品前处理：改进前处理方法、纯化样品、尽可能地减少最终提取液中的基质成分是最有效、彻底地消除基质效应的方法。例如，关于生物样品，利用有机溶剂蛋白质沉淀法或稀释法处理的样品，其基质效应明显高于液液萃取和固相萃取方法。

（2）同位素内标：同位素内标不但可抵消质谱离子化时的基质效应，还可消除样品前处理过程中的差异。例如，对 20 个组织中添加醋酸曲安缩松的样品进行比较发现，使用氟氢可的松作内标时信号强度的相对标准偏差为 32.6%，使用同位素内标醋酸曲安缩松 -d$_6$，其相对标准偏差可降为 5.7%。但同位素内标购置困难，且在多个分析物同时检测时，由于存在极性差异，即使是同类物的同位素内标也很难抵消基质效应，造成定量结果偏差。

（3）改变被测物的色谱分离条件：即通过优化色谱分离条件使得内源性杂质与待测物分离。采用反相色谱法分离时，最初流出的主要是基质中的极性成分，而这些极性成分往往是引起基质效应的主要原因。当待测组分的色谱保留时间较短时（<3 分钟），其受基质效应

影响较大。因此,改善色谱分析条件,适当地延长待测组分的保留时间(但要兼顾样品运行时间延长带来的峰展宽、灵敏度下降的问题),有利于减少基质对测定的影响。

(4)采用小进样量:在保证灵敏度的情况下,采用小进样体积,可以适当降低基质效应。由于自动进样器的广泛应用,目前即使很小的进样体积也能实现良好的进样精密度。

(5)利用液相色谱电解质效应(LC-electrolyte effects):利用在流动相中添加极少量不同的有机酸/碱促进待测物离子化,从而减少基质效应的影响。

(6)使用较低的流速:在 LC-MS 中,尤其是使用 ESI 离子源时,较低的流速可以使同时离子化的化合物减少,降低了待测成分与基质成分在电离过程中的竞争,从而减弱基质效应。

(7)改用不同的离子源:通常 ESI 对于基质效应的敏感程度要高于 APCI。对于特定的化合物,特别是对于蛋白质沉淀法处理的样品,若采用 ESI 有明显的基质效应,更换成 APCI 源或 APPI 源可能是一种简单易行的方法。

(四)LC 分析条件的选择和优化

LC 分析条件的选择要考虑两个因素:使分析样品得到最佳分离条件和最佳电离条件。如果二者发生矛盾,则要寻求折中条件。LC 可选择的条件主要包括流动相种类和流量的大小。ESI 和 APCI 分析时常用的流动相为甲醇、乙腈、水和它们不同比例的混合物以及一些挥发性的缓冲盐,如甲酸铵、乙酸铵等调节 pH。由于要考虑喷雾雾化和电离,因此,有些溶剂不适合于作流动相。不适合的溶剂和缓冲液包括无机酸、不挥发的盐(如磷酸盐)和表面活性剂。不挥发性的盐会在离子源内析出结晶,而表面活性剂会抑制其他化合物电离。HPLC 常用的磷酸缓冲溶液和一些离子对试剂(如三氟甲酸等)要尽量避免使用,不得不使用时也要采用较低的浓度。

对于选定的溶剂体系,可以通过调整溶剂比例和流量以实现好的分离。一般情况下,流动相流速越大,离子化效率越低,而一定内径的 HPLC 柱又要求适当的流速以保证分离效率。因此,流速的选择要兼顾 LC 的分离效率和 ESI 的离子化效率。条件允许的情况下最好采用低流速、细内径的色谱短柱(柱长 <100mm),此时 HPLC 的 UV 图上并不能获得完全分离,但由于质谱定量分析时使用 MRM 功能(不要求各组分完全分离),这对于大批量定量分析可以节省大量的时间。值得注意的是对于 LC 分离的最佳流量,往往超过电喷雾允许的最佳流量,此时需要采取柱后分流,以达到好的雾化效果。一般情况下,不加热 ESI 的最佳流速是 1~50μl/min,应用 4.6mm 内径 LC 柱时要求柱后分流。目前大多采用 l~2.1mm 内径的微柱,ESI 源最高允许 lml/min,建议使用 200~400μl/min;APCI 源的最佳流速约 lml/min,常规内径 4.6mm 柱最合适。

(五)质谱仪的操作条件

质谱分析条件包括辅助气体流量和温度的选择等。质谱条件的选择主要是为了改善雾化和电离状况,提高灵敏度。雾化气(氮气)对流出液形成喷雾有影响,干燥气(氮气)影响喷雾去溶剂效果,碰撞气(氩气)影响二级质谱的产生。操作中温度的选择和优化主要是指接口的干燥气体而言,一般情况下选择干燥气温度高于分析物的沸点 20℃左右即可。对热不稳定性化合物,要选用更低的温度以避免显著的分解。选用干燥气温度和流量大小时还要考虑流动相的组成,有机溶剂比例高时可采用适当低的温度和小一点的流量。

调节雾化气流量和干燥气流量可以达到最佳雾化条件。改变喷嘴电压和透镜电压等可以得到最佳灵敏度。对于多级质谱仪,还要调节碰撞气流量和碰撞电压及多级质谱的扫描条件。

(六) 样品的前处理

进行 LC-MS 分析之前需要对样品进行前处理,这是从保护仪器角度出发,防止固体小颗粒堵塞进样管道和喷嘴污染仪器,降低分析背景,排除对分析结果的干扰。例如,从 ESI 电离的过程分析看,ESI 电荷是在液滴的表面,样品与杂质在液滴表面存在竞争,不挥发物(如磷酸盐等)会妨碍带电液滴表面挥发,导致大量杂质阻碍带电样品离子进入气相状态,增加了电荷中和的可能。

常用的样品前处理方法包括超滤、溶剂萃取/去盐、固相萃取、灌注净化/去盐、色谱分离、亲和技术分离、甲醇或乙腈沉淀蛋白、酸水解、酶解和衍生化等。

三、定性定量分析

(一) 定性分析

LC-MS 中常用的 ESI、APCI 为软电离源,谱图中只有准分子离子,碎片少,只能提供未知化合物的分子量信息,结构信息少,而且不像 GC-MS 具有库检索定性,LC-MS 主要依靠标准品对照。其中最有用的谱图是特征离子的质量色谱图。在复杂混合物分析及痕量分析时,它既有保留值信息,又具备化合物结构的特征,抗化学干扰性能好。通常只要样品与标准品的色谱保留时间一致,质谱图相同,即可定性,少数同分异构体例外。

LC-MS 的定性分析通常实施的具体方法是通过试样色谱图的保留时间与相对应标准品的保留时间、各色谱峰的特征离子与相应标准溶液各色谱峰特征离子相对照定性。试样与标准品保留时间的相对偏差在 ±2.5% 以内;试样特征离子的相对丰度与浓度相当,混合标准溶液的相对丰度一致,相对丰度偏差不超过表 20-2 的规定,则可判断试样中存在相应的被测物。

表 20-2　定性测定时相对离子丰度的最大允许偏差

相对离子丰度	>50%	20%~50%	10%~20%	≤10%
允许的大偏差	±20%	±25%	±30%	±50%

对于未知化合物,必须使用串联质谱或通过分离富集或定向合成等途径获得单体,再结合 NMR、IR、X-ray 等分析方法确证其结构。

(二) 定量分析

LC-MS 的定量分析采用外标法或内标法,但受到色谱分离效果的限制,一个色谱峰可能包含几种不同的组分,给定量分析造成误差。因此,LC-MS 的定量分析与 GC-MS 不同,不用总离子流色谱图,而常采用多离子监测色谱图让不相关的组分不出峰而减少组分间的相互干扰。

四、技术应用

随着联用技术的快速发展,LC-MS 已经被广泛地应用于医药、卫生、环境、食品等领域。在非挥发性化合物、极性化合物、热不稳定化合物和大分子量化合物分析测定及鉴定方面具有很大的优势。目前,LC-MS 已作为国内外法定的标准分析方法。

第四节 电感耦合等离子体质谱法及联用技术

电感耦合等离子体质谱法（inductively coupled plasma-mass spectrometry，ICP-MS）是 20 世纪 80 年代发展起来的微量、痕量元素和同位素分析测试技术，它是以独特的接口技术将电感耦合等离子体的高温电离特性与质谱仪的灵敏快速扫描的优点相结合而形成一种高灵敏度的分析手段，被誉为"21 世纪最激动人心的发展"。

一、电感耦合等离子体质谱法

如前所述，电感耦合等离子体原子发射光谱法（ICP-AES）以其高灵敏度、低检出限、宽动态线性范围以及多元素同时检测的优势使其在短时间内发展成为痕量多元素同时检测的重要技术，但又由于其基体干扰和光谱干扰问题而受到制约。直到 20 世纪 80 年代，原子发射光谱中的 ICP 作为无机质谱的离子源及接口问题的技术难题解决后，ICP-MS 在无机元素超痕量分析方面获得了巨大成功，并且迅速发展。

（一）工作原理和基本装置

对元素质谱分析的主要要求是所采用的离子源能使样品尽可能完全解离，同时要产生高产率的单电荷离子，而多原子及双电荷离子产率尽可能低。其基本过程是样品溶液雾化、雾化的样品中待测成分原子化和离子化、不同质荷比的离子或离子团通过接口进入质量分析器而分离检测。

1. 工作原理 样品溶液在蠕动泵和雾化气的共同作用下经雾化器的雾化作用形成气溶胶进入雾化室，经雾化室选择后，较小粒径的气溶胶在 6000~8000K 高温的等离子体中被去溶、蒸发、原子化和离子化，绝大部分变成带一个电荷的正离子（图 20-13），离子在由雾化气、辅助气和冷却气形成的高速氩气流（可达 15L/min）作用下，经采样锥和分离锥进入质谱仪的真空系统，在离子透镜的能量聚焦作用后，不同质荷比离子选择性的通过质量分

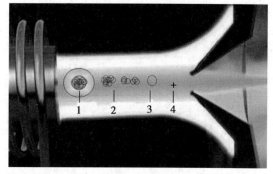

图 20-13 ICP-MS 分析的原子化过程示意图
1. 气溶胶干燥；2. 粒子蒸发与解离；3. 解离成单原子且电离；
4. 正离子

析器，最后到达检测器进行检测。通常采用的是配置电子倍增管的脉冲计数检测器。

2. 基本装置 ICP-MS 装置主要由进样系统、等离子体源、离子提取系统（接口）、真空系统、离子分离检测系统（质谱仪和离子检测器）等组成（图 20-14）。

（1）进样系统：ICP-MS 分析要求样品以气体、蒸气或气溶胶的形式进入等离子体，因此，如果待分析的样品是固体或液体，就要通过适当的样品前处理及进样系统将不同的样品形态转化为满足分析要求的样品形式。固体样品可以通过溶解、消解、灰化、萃取等方法转化为液体，再通过溶液的雾化转化气溶胶，或者通过激光烧蚀直接导入 ICP；液体样品可通过氢化物发生、电热蒸发等直接导入 ICP，而经过超临界流体萃取、流动注射或高效液相色谱分离的样品由雾化器雾化后导入 ICP；气体样品和气相色谱分离出来的样品经适当过滤或分流进样。样品的导入及雾化参见本书第七章相关内容。

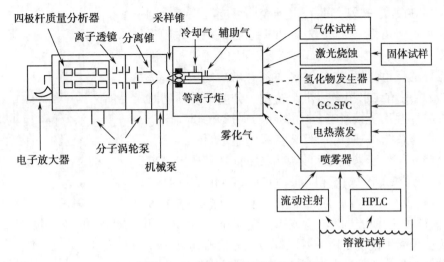

图 20-14 ICP-MS 基本装置示意图

（2）炬管与等离子体：炬管和等离子体特点与 ICP-AES 基本相同，只是炬管和等离子体通常以水平方式放置。

ICP-MS 以 ICP 作为原子化装置和离子源（其主体结构见第七章内容）。以 ICP 为离子源的优点在于：高温高能量（7000~8000K）；样品的高效解离；能产生高产率的单电荷离子（离子效率 90% 以上）；谱线简单；成本低。

1）样品溶液在 ICP 中的历程：样品溶液经雾化形成的气溶胶或其他来源的气溶胶样品，在 ICP 中形成蒸气态原子后进行离子化。其基本过程是：

气溶胶 $M(H_2O)^+X^- \Longrightarrow$ 固体 $(MX)n^- \Longrightarrow$ 气体 $MX \Longrightarrow$ 原子 $M \Longrightarrow$ 离子 M^+

2）ICP 离子源中的物质：①已电离的待测元素：$As^+,Pb^+,Hg^+,Cd^+,Cu^+,Zn^+,Fe^+,Ca^+,K^+\cdots\cdots$；②主体：Ar 原子（>99.99%）；③未电离的样品基体：$Cl,NaCl(H_2O)n,SOn,POn,CaO,Ca(OH)n,FeO,Fe(OH)n\cdots\cdots$这些成分会沉积在采样锥、截取锥、第一级提取透镜、第二级提取透镜（以上部件在真空腔外）、透镜、四极杆、检测器上（按先后顺序依次减少），是样品分析不稳定因素和仪器遭受污染的因素；④已电离的样品基体：$ArO^+,Ar^+,ArH^+,ArC^+,ArCl^+,ArAr^+$（Ar 基分子离子），$CaO^+,CaOH^+,SOn^+,POn^+,NOH^+,ClO^+\cdots\cdots$（样品基体产生），这些成分因为分子量与待测元素（如 Fe、Ca、K、Cr、As、Se、P、V、Zn、Cu 等）的原子量相同，是测定这些元素的主要干扰。

特别需要注意的是，1ng/L 浓度的样品元素在 0.4ml/min 速度进样时，相当于每秒进入仪器 $>10^7$ 个原子，而在检测器得到的离子数在 10~1000 之间，即 >99.99% 的样品及其基体停留在仪器内部或被排废消除。因此，加大进样量提高灵敏度的后果是同时加大仪器受污染的速度。

（3）离子提取系统：离子提取系统的作用是从等离子体炬中提取离子并将其送入真空系统。其核心部位是等离子体与质谱相连的接口。该接口装置是将一个采样孔径为 0.75~1mm 的采样锥（sampling cone）靠近等离子炬管，锥间孔对准炬管的中心通道，锥顶与炬管口距离为 1cm 左右。在采样锥的后面装有分离锥（skimmer cone），两锥尖之间的安装距离为 6~7mm，并在同一轴心线上。等离子体产生的离子经过采样锥孔时，在辅助气气流推动和高真空负压下形成超声速喷射流，其中心部分进入分离锥孔（图 20-15）。

采样锥在使用一段时间后，由于表面可能沉积氧化物而引起锥面不清洁，要进行清洗。对于铜锥和镍锥，先用很细的砂纸（1000目以上）在流水中对锥表面均匀地进行擦洗至恢复锥体的亮色，然后放入0.2%的稀硝酸中超声波清洗数分钟，最后用超纯水洗净后烘干待用。分离锥的顶端对ICP-MS的灵敏度有直接影响，使用时小心保护并适时清洗。

（4）真空系统：一般由三级真空系统组成（图20-14）。第一级真空系统位于采样锥和分离锥之间（从采样锥进来的高温离子流在此区域快速膨胀而被冷却），由机械泵完成，真空度较低（数百帕）。第二级真空系统紧接着离子透镜位置，一般由一个分子涡轮泵或扩散泵来维持。第三级真空系统位于离子透镜之后的四级杆质量分析器和离子检测器部位，要求真空度至少达到6×10^{-5}Pa，由高性能的分

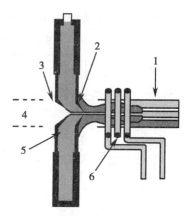

图20-15 离子提取系统示意图
1. 等离子体炬；2. 采样锥；3. 分离锥；
4. 离子透镜；5. 真空；6. RF线圈

子涡轮泵来维持。可见，ICP-MS系统在远离等离子体区域的轴向方向的真空度是逐渐增加的。目前，鉴于分子涡轮泵性能的不断提高，抽真空的能力越来越强。现代ICP-MS设备大多采用了一个机械泵加一个分子涡轮泵的两级真空系统。

（5）离子分离检出系统

1）离子分离检出的一般过程：经分离锥进来的离子流首先要经过离子透镜系统。离子透镜的作用是将离子聚焦成一个方向进入分离检测系统，其工作原理是在离子透镜（串联起来的电极）两端施加不同的电压，离子在电势差的作用下被加速，从而使离子沿轴向运动而不致偏离损失。

离子经过二级真空系统后，再经离子透镜进入分离系统。分离系统与有机质谱原理大致相同。但在进入电磁场分离之前需去除背景干扰，这里主要是指光子的干扰。进来的高速离子流具有光子的特征，若不去除，会导致由光子效应引起的电子倍增检测器上较高的背景。去除的方法是在离子通道中加上一个离子偏转筒或光子挡板。

去除光子干扰后的离子在四极杆质量分析器的作用下按质荷比（m/z）进行分离，只有满足一定质荷比的离子才允许进入后面的离子检出系统进行检测。现代质谱仪通常在四极杆质量分析器前加入六极杆或八极杆技术，即通过改变六极或八极金属杆上的电压，使不被检测的大多数离子不进入四极杆质量分析器的中心通道，而是落在金属杆上被真空抽走。因而可使ICP-MS分析中的空间电荷效应降低，减少对目标元素的干扰。

2）四极杆质量分析器：四极杆质量分析器是ICP-MS的核心部件，其构成和工作原理见本书第十九章相关内容。

3）离子检测器：ICP-MS离子检测器的种类及要求见本书第十九章相关内容。

（6）数据采集处理系统：见本书第十九章相关内容。

（二）技术特点及分析性能

1. 技术特点　ICP-MS可以用于物质试样中一个或多个元素的同时定性、半定量和定量分析；ICP-MS可以测定的质量范围为3~300原子单位，分辨能力小于1原子单位；因为在ICP源中大多数元素的电离效率达75%以上（图20-16），因此能测定周期表中几乎所有的元素；大多数元素的检出限很低，标准偏差为2%~4%。每元素测定时间为10秒，非常适合多元素的同时测定分析。

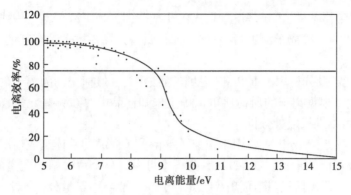

图 20-16　ICP 电离效率与电离能量的关系

2. 分析性能　ICP-MS 离子源具有优良的长程稳定性,且实现从进样到数据处理的全程自动化和远程控制,具有良好的分析性能(表 20-3)。与传统的无机分析技术相比,ICP-MS 提供了最低的检出限、最宽的动态线性范围、干扰少、分析精度高、速度快,可进行多元素的同时测定,并可提供同位素及其比值的信息。在进行含量较低的多个元素同时分析、且样品量较大时,ICP-MS 是最佳的选择。

表 20-3　ICP-MS 与其他分析方法性能比较

性能	ICP-MS	ICP-AES	GF-AAS	FL-AAS
可测元素	几乎所有元素	较多	较少	较少
干扰程度	极小	大	较小	很大
线性范围(数量级)	8~9	4~6	2~3	2~3
同位素分析	能	不能	不能	不能
灵敏度	最高	低	高	低
检出限	$10^{-15} \sim 10^{-12}$	10^{-9}	$10^{-12} \sim 10^{-9}$	10^{-9}
样品用量	少	较多	很少	多
半定量分析	能	能	不能	不能
同时分析能力	多元素	多元素	单元素 *	单元素 *
使用要求	高	较低	较高	低

* 注:某些全谱扫描的仪器可进行多元素同时分析

(三)电感耦合等离子体质谱法的应用

1. 分析条件的设置　ICP-MS 主要由 ICP 焰炬、接口装置和质谱仪三部分组成。若使其具有良好的工作状态,必须设置各部分的工作条件。

(1)ICP 工作条件:主要包括 ICP 功率、载气、辅助气和冷却气流量、样品提升速度等。ICP 功率一般为 1KW 左右,冷却气流量为 10~15L/min,辅助气流量和载气流量约为 1L/min,调节载气流量会影响测量灵敏度。样品提升量为 1ml/min。

(2)接口装置工作条件:ICP 产生的离子通过接口装置进入质谱仪。接口装置的主要参数是采样深度,也即采样锥孔与焰炬的距离。要调整两个锥孔的距离,同时要调整透镜电压,使离子有很好的聚焦。

（3）质谱仪工作条件：主要是设置扫描的质量范围。为了减少空气中成分的干扰，一般要避免采集 N_2、O_2、Ar 等离子。进行定量分析时，质谱扫描要挑选没有其他元素及氧化物干扰的质量。

2. 元素定性定量分析 由 ICP-MS 得到的质谱图，一般横坐标为离子的质荷比，纵坐标为离子的计数值。根据离子的质荷比可以确定未知样品中存在哪些元素；而根据某一质荷比下的计数，则可以进行定量分析。

（1）定性分析：定性分析主要用于快速了解待分析样品的基体组成情况，以便确定目标元素的存在以及可能的干扰。在 ICP-MS 分析中可通过一个短时间的全谱质谱扫描以获得整个质量范围内的质谱信息（即质谱图）。定性分析一般与半定量分析同步进行。

（2）半定量分析：当不仅需要了解待分析样品的物质组成基体情况，还需要知道样品中待测元素的大致含量以便更好地制备标准溶液时，利用 ICP-MS 仪器所提供的软件很容易获得半定量分析结果。具体的操作步骤包括：测定包含低、中、高质量数元素（一般需 5~8 个元素）的混合标准溶液，根据周期表中元素的电离度以及同位素丰度等数据，获得质量数 - 灵敏度响应曲线。利用该曲线校正所用仪器的多元素灵敏度，存储灵敏度信息，然后测定未知样品。未知样品中所有元素的浓度都可根据该响应曲线求出，从而获得样品的半定量分析结果。一般 ICP-MS 半定量分析误差可以控制在 ±（30%~50%）之间，甚至更好（20% 以内）。在用标准加入法进行定量分析前，用 ICP-MS 的半定量分析手段预先确定标准加入量的大小，可提高标准加入法定量分析的准确度。

（3）定量分析：应用各种标准品和工作曲线等对目标元素的含量进行精确的浓度测定即为定量分析，包括外标校正曲线法、内标校正法、标准加入法和同位素稀释法等。与其他定量方法相似，ICP-MS 定量分析通常采用标准曲线法，即配制一系列标准溶液，由得到的标准曲线求出待测组分的含量。运用外标校正曲线法进行定量分析时，样品准备过程简单、直接，适合大量样品的日常分析。如果待测样品的基体比较简单，测定结果具有良好的准确性和精密度。但如果样品基体复杂，受基体效应的影响，灵敏度可能产生改变。此时可通过将样品和标准匹配的方法在一定程度上予以校正。因此，在外标校正曲线法中通常同时加入内标以校正样品的基体效应。

1）内标校正法：内标校正法已成功用于多种质谱分析方法中。在该法中，需要用一个元素作为参考点对另一个元素或多个元素的测定进行校正。

内标元素的选择条件包括：其化学与物理性质应尽可能接近待测元素的性质；在等离子体中的行为能准确地反映被测元素的行为；内标元素不应受同量异位素重叠或多原子离子的干扰或对被测元素的同位素测定产生干扰；所选择的内标元素应具有较好的测试灵敏度；如果选择样品中固有的元素作为内标元素，则要考虑其在样品中浓度要适宜，使其所产生的信号强度不受仪器记数统计的限制。

多元素测量中经常采用的两个内标元素是 In 和 Rh。两个元素的质量都居于质量范围的中间部分（^{115}In 和 ^{103}Rh），它们在多种样品中的浓度都很低，几乎 100% 电离（电离度：In=98.5%，Rh=93.8%），都不受同量异位素重叠干扰，都是单同位素（^{103}Rh=100）或具有一个丰度很高的主同位素（^{115}In=95.7%）。其他用来作为内标元素的还有 ^{45}Sc、^{89}Y、^{69}Ga、^{72}Ge、^{133}Cs、^{159}Tb、^{169}Tm、^{185}Re、^{193}Ir、^{205}Tl、^{209}Bi 等。

内标校正可用于：①监测和校正信号的短期漂移；②监测和校正信号的长期漂移；③可校正一般的样品基体影响。

2）同位素稀释法：稳定同位素稀释法是一种非常有用的元素分析方法。方法的基本原理是在样品中掺入已知量的某一被测元素的浓缩同位素后，测定该浓缩同位素与该元素的另一参考同位素的信号强度的比值变化。从加入和未加入浓缩同位素稀释剂样品中的同位素的比值变化上，可计算出样品中该元素的浓度。该方法可用于至少具有两个稳定同位素的元素分析。其定量依据是：

$$C_X=[M_S K(A_S-B_S R)]/[W(BR-A)]$$

C_X：样品中被测元素的浓度；M_S：掺入物的质量；W：样品质量；K：被测元素原子量与浓缩物原子量的比值；A：参考同位素的天然丰度；B：浓缩同位素的天然丰度；A_S：参考同位素在浓缩物中的丰度；B_S：浓缩同位素在浓缩物中的丰度；R：加入浓缩物后样品中参考同位素和浓缩同位素的比值。

具体分析步骤为：①测定未加浓缩同位素稀释剂的样品，估计被测成分的浓度，计算需要加入的浓缩同位素的量 M_S；②在样品中加入浓缩同位素稀释剂，其中 A_S 和 B_S 值已知，计算 K 值；③测定"改变了的"同位素比值 R；④计算样品中被测元素的浓度 C_X。

同位素稀释法是迄今为止最准确的元素分析方法之一，不受化学和物理因素的干扰；不受样品基体干扰和分析方法的系统误差干扰；可用于元素的形态分析。但不能用于单同位素分析；测定前需要进行预分析；同位素稀释剂价格昂贵。

（4）同位素比值测定：同位素比值测定在医学、卫生学及地球科学领域极其重要。例如：营养成分的代谢与同位素示踪、地质年龄测定及同位素示踪等。在 ICP-MS 技术出现以前，同位素比值的测定都是采用热原子化和离子化，在一个或多个电热灯丝上将试样解离、原子化和离子化后，将生成的离子引入到双聚焦质谱仪上再进行同位素比值的测定，相对标准偏差可达 0.01%，相当精确但非常费时。采用 ICP-MS 法，分析一个试样只需几分钟，相对标准偏差可达 0.1%~1%，能满足一般分析要求，同时还可进行多元素测定，大大扩展了同位素比值测量的应用。

同位素比值分析已广泛用于药材和毒品来源鉴定。利用碰撞池系统的电感耦合等离子体质谱测定锌、铁稳定同位素在人体中的代谢研究等。例如：$^{57}Fe/^{56}Fe$ 的天然同位素比值约为 0.02399。在喂食 ^{57}Fe 的第一天，粪便中的 $^{57}Fe/^{56}Fe$ 比值升高，代表有一部分 ^{57}Fe 未经过吸收就直接排出体外。$^{57}Fe/^{56}Fe$ 比值在第三天达到最高，然后迅速降低，在第 5 天粪便该同位素比值就变化到与天然同位素比相近。而后续几天采样测定的变化很小，表示不经过人体吸收而直接排泄的 ^{57}Fe 已经基本通过粪便排泄出体外。通过同位素比值的测定可计算喂食的 ^{57}Fe 量和排泄的 ^{57}Fe 的总量，从而可计算出人体对 ^{57}Fe 元素的吸收比率和代谢排泄比率。

3. 元素形态分析 根据传统分析方法所提供的元素总量的信息已经不能对某一元素的毒性、生物效应以及对环境的影响做出科学的评价。为此，分析工作者必须提供元素的不同存在形态的相关信息。元素形态具有多样性、易变性、迁移性等不同于常规分析对象的特点，因此其分析方法也成为一个崭新的研究领域，即"元素形态分析"。

元素形态分析（elemental speciation）是指样品中元素的种类、分布、价态、络合态及分子结构分析。元素形态不同于元素价态，同一元素的相同价态可能有多种形态，如价态为五的砷元素，其元素形态可分为无机态和多种有机态的砷形态。不同元素的主要常见形态如表 20-4 所示。

表 20-4 不同元素的主要常见形态

元素名称	元素形态
As	三价无机砷［As（Ⅲ）］,五价无机砷［As（Ⅴ）］,一甲基砷［MMA（Ⅴ）］,二甲基砷［DMA（Ⅴ）］,砷甜菜碱(AsB),砷胆碱(AsC),砷糖(AsS)等
Hg	无机汞［Hg（Ⅱ）］,一甲基汞［MeHg（Ⅰ）］,二甲基汞［(Me)₂Hg］
Cr	三价铬［Cr（Ⅲ）］,六价铬［Cr（Ⅵ）］,吡啶羧酸铬,氨基酸螯合铬等
Se	四价硒［Se（Ⅳ）］,六价硒［Se（Ⅵ）］,硒代胱氨酸(SeCys),硒代蛋氨酸(SeMet),硒多糖,硒多肽,硒蛋白等
Pb	二价铅［Pb（Ⅱ）］,三甲基铅(TriML),四乙基铅(TetrEL)等
Sn	一丁基锡(MBT),二丁基锡(DBT),三丁基锡(TBT),一苯基锡(MPhT),四苯基锡(TPeT),三苯基锡(TPhT)等

目前,一个新的发展趋势是将 ICP-MS 与各种分离方法结合起来,以提供元素化学形态的识别与定量分析方面的信息,尤其是对那些毒性由其化学形态决定的元素,如 As、Se、Pb、Hg 等更是如此。近年来,已发展了 ICP-MS 与 FIA、HPLC、GC 以及 CE 联用的技术,并用于不同样品中元素形态的分析中,详见本章 ICP-MS 联用技术分析。

（四）干扰及消除

ICP-MS 的图谱非常简单,容易解析和解释。但是,也不可避免地存在相应的干扰问题。干扰问题是影响获得好的准确度和精密度的最大障碍。ICP-MS 分析中的干扰一般可分为质谱干扰和非质谱干扰两大类。凡是造成目标分析元素质量数发生变化(增大、减少)的因素都可视为质谱干扰,其他类型的干扰则可归纳为非质谱干扰。

1. 质谱干扰 当等离子体中离子种类与分析物离子具有相同的质荷比,即产生质谱干扰。质谱干扰有四种:同质量类型离子、多原子或加合离子、氧化物和氢氧化物离子、仪器和试样制备所引起的干扰。

（1）同质量类型离子干扰:同质量类型离子干扰是指两种不同元素有几乎相同质量的同位素。对使用四级杆质量分析器的原子质谱仪来说,同质量类指的是质量相差小于一个原子质量单位的同位素。使用高分辨率仪器时质量差可以更小一些。周期表中多数元素都有同质量类型重叠的一个、二个甚至三个同位素。例如:铟有 $^{113}In^+$ 和 $^{115}In^+$ 两个稳定的同位素,前者与 $^{113}Cd^+$ 重叠,后者与 $^{115}Sn^+$ 重叠。另外,常见的还有: ^{40}Ar 对 ^{40}Ca 的干扰, ^{48}Ca 对 ^{48}Ti 的干扰, ^{114}Sn 对 ^{114}Cd 的干扰等。

因为同质量重叠可以从丰度表上精确预计,此干扰的校正可以用适当的计算机软件进行。现在许多仪器已能自动进行这种校正。

（2）多原子离子干扰:多原子离子(或分子离子)是 ICP-MS 中干扰的主要来源。所谓多原子离子是指在等离子区,样品本身和等离子体中未完全分解的分子发生电离,或样品中高浓度的组分相互或者与等离子体本身的离子结合产生的新的离子,而这些新产生离子的质量数恰好与需测试的目标元素的质量数重叠(采用四极杆质量分析器的质谱仪无法分辨出来)。一般认为,多原子离子并不存在于等离子体中,而是在离子的引出过程中,由等离子体中的组分与基体或大气中的组分相互作用而形成。例如 ^{63}Cu 和 ^{65}Cu 是 Cu 的两个同位素,但 ^{63}Cu 受多原子离子 $^{40}Ar^{23}Na^+$ 的干扰,故在分析高 Na 含量基体中的 Cu 含量时,一般选择 ^{65}Cu 而不是 ^{63}Cu 来进行数据采集,目的就是为了避免多原子离子的干扰。又如, ^{56}Fe 的测定

受到 $^{40}Ar^{16}O^+$ 和 $^{40}Ca^{16}O^+$ 的干扰、^{51}V 受到 $^{35}Cl^{16}O^+$ 的干扰、^{75}As 受到 $^{40}Ar^{35}Cl^+$ 的干扰、^{80}Se 受到 $^{80}Ar_2^+$ 的干扰等。多原子离子干扰一般只影响质量数 80 以下（包括 80）的轻质量数元素，而对重质量数元素的影响不大。氧化物干扰其实也是多原子离子干扰的一种，它可以成为多原子离子干扰大小的指标。

氢和氧占等离子体中原子和离子总数的 30% 左右，余下的大部分是由 ICP 炬的氩气产生的。ICP-MS 的背景峰主要是由这些多原子离子产生的。它们有两组：以氧为基础质量较轻的一组和以氩为基础较重的一组，两组都包括含氢的分子离子，例如，$^{16}O_2^+$ 干扰 $^{32}S^+$。

消除多原子离子干扰的方法包括以下几点：采用适当的分离方法如萃取、离子交换、共沉淀和色谱等技术除去样品中的干扰基体；利用理论或经典的干扰校正方程进行校正；通过优化 ICP-MS 的仪器参数以及冷等离子体技术；发展碰撞／反应池技术等。

（3）氧化物和氢氧化物离子干扰：在 ICP-MS 中，另一个重要的干扰因素是由分析物、基体组分、溶剂和等离子气体等形成的氧化物和氢氧化物，其中分析物和基体组分的这种干扰更为明显些。它们几乎都会在某种程度上形成 MO^+ 和 MOH^+ 离子，M 表示分析物或基体组分元素，进而有可能产生与某些分析物离子峰相重叠的峰。

ICP-MS 分析中氧化物响应的程度通常以氧化物离子峰的大小对元素本身离子峰大小的比值 MO^+/M^+ 表示，通常用百分数表示。这种表示是正确比值 $MO^+/(MO^++M^+)$ 的近似，因为在正常操作条件下氧化物产率一般都很低，很少会超过 5%，因此这种近似表示是可以接受的。在分析不易形成氧化物的元素时一般可忽略氧化物产率的影响；但在分析易形成氧化物的元素时，氧化物离子的干扰问题不容忽视。如轻稀土元素在等离子体区很容易形成氧化物，因而轻稀土元素和氧的加合物会影响到与该氧化物质量数相当的重稀土元素的测量结果，所以在对稀土元素的测试过程中一定要注意控制氧化物离子的干扰。

影响氧化物产率的主要因素有雾化室温度、正向功率、载气（雾化气）流速和采样深度。减少进入等离子区的水量，特别是较低的氧含量能减少氧化物离子的比例。通过降低雾化室温度，减少载气流速和增大采样深度，可达到此目的，从而可大大降低氧化物产率。另外，射频发生器的正向功率也会影响到氧化物产率，一般提高正向功率会降低氧化物产率。因为随着正向功率的提高，等离子区的温度也随之提高，可促进已经形成的氧化物的解离，从而降低氧化物产率。但要注意的是，等离子体温度的提高也会增加二价离子的数量，所以需将正向功率设置在一个折中条件下的合适值。

商品化的 ICP-MS 仪器中氧化物指标一般采用 CeO/Ce 的比值，因为 Ce 是除了 Si 之外最易形成氧化物的元素，所以常用 CeO/Ce 的比值来监控等离子体区域氧化物产率的情况。在优化的标准仪器参数条件下，配备了半导体制冷雾室的 ICP-MS 仪器的 CeO/Ce 比值一般可控制在 3% 甚至更低；若使用热焰模式，CeO/Ce 的比值一般控制在 6% 之内即可。

氧化物的形成与许多实验条件有关，例如进样流速、射频能量、取样锥 - 分离锥间距、取样孔大小、等离子气体成分、氧和溶剂的去除效率等。调节这些条件可以解决些特定的氧化物和氢氧化物重叠问题。

（4）仪器和试样制备所引起的干扰：等离子体气体通过采样锥和分离锥时，活泼性氧离子会从锥体镍板上溅射出镍离子。采取措施使等离子体的电位下降到低于镍的溅射阈值，可使此种效应减弱甚至消失。

痕量浓度水平上常出现与分析物无关的离子峰，例如在几个 μg/L 的水平出现的铜和锌通常是存在于溶剂酸和去离子水中的杂质。因此，进行超纯分析时，必须使用超纯水和溶剂。

最好用硝酸溶解固体试样,因为氮的电离电位高,其分子离子相当弱,很少有干扰。

2. 非质谱干扰 非质谱干扰一般可分为基体干扰、物理效应干扰和其他干扰。

（1）基体干扰:与ICP-AES类同,易电离元素（如K、Na、Ca、Mg、Cs、Al等）在等离子体中浓度的增加将会极大地增加等离子中的电子数量,从而引起等离子体平衡转变,造成基体干扰,又称为电离干扰。基体干扰的结果一般是造成目标分析元素信号的降低,即抑制效应,但在某些情况下反而引起信号的增强,即增强效应。试样固体含量高会影响雾化和蒸发溶液以及产生和输送等离子体的过程。试样溶液提升量过大或蒸发过快,等离子体炬的温度就会降低,影响分析物的电离,使被分析物的响应下降。通常,当溶液中溶解总固体的量在0.2%以下时,由于基体干扰造成的影响一般很小,可通过在样品中加入内标元素进行校正。但高纯材料等简单基体样品中待测元素含量很低,基体效应会严重影响测定的检测限。实验证明,基体抑制的程度与基体原子的质量有关,被测物的原子质量越低或被测物的电离度越低,基体元素对被测物的离子计数率的影响就越大。当基体干扰不是很严重时,还可通过稀释、标准溶液的基体匹配、标准加入或者同位素稀释法来克服。当基体干扰很严重时,最令人满意的方法是采用离子交换分离或共沉淀分离等技术将被测元素与基体分离。另外,基体干扰也可通过近期发展起来的碰撞/反应池技术得到一定的克服。

（2）物理效应干扰:ICP-MS中有两种物理效应干扰。一种是与ICP-AES分析类似的干扰,即记忆效应。ICP-MS中所谓记忆效应是指分析测试的结果与分析质量受此次分析测试之前样品中基体及其他高含量元素由于吸附或其他物理效应而附着在连接管道、雾化室、等离子体炬管口,尤其是采样锥及截取锥表面所造成的影响。一方面,记忆效应可影响待分析样品中某些元素的准确测定;另一方面,会产生噪声,影响测定的稳定性及测定的精度。由于ICP-MS分析的灵敏度更高,因而其分析中的记忆效应也就更严重一些。已观察到B和Hg等元素具有比较严重的记忆效应,在测试这些元素时要特别注意记忆效应的干扰。克服记忆效应的方法通常是在每一样品分析结束之后,用适当的酸（一般是2%的硝酸溶液）或其他试剂在线清洗管路及其他相关器件,然后再进下一样品。此类干扰严重时须拆下采样锥及截取锥进行仔细的清洗。

另外一种物理干扰是由于样品锥孔壁的一部分与等离子体接触,而锥的温度因材料性质及为防止被等离子体中活性成分腐蚀而限制在500℃以下,因此形成一个在等离子体中已蒸发出来的待分析物又重新冷凝的区域,因而在锥孔尖部冷凝形成一层细粉末,通常为样品基体的氧化物。冷凝与沉积的速度与程度与待分析样品溶液中可溶性固体TDS总量及样品基体的化学性质有关。当沉积严重时,锥孔会变形甚至被堵塞,导致测定信号的下降（有时先上升后下降）,稳定性变差。这种影响与样品锥的设计、仪器的一体化设计等仪器硬件有关,通过仔细调节ICP-MS的仪器操作条件（如功率、载气流速以及样品基体浓度、样品提升速率等）可减小这种影响,但这种影响是不可能被完全消除的,是现代ICP-MS分析技术的瓶颈之一。

（3）其他非质谱干扰:其他非质谱干扰之一是所谓空间电荷效应。离子在离开截取锥向质量分离器飞行的过程中,由于只剩下带正电荷的离子,因而造成同种电荷离子相互排斥,质量数较轻的同位素离子受排斥力作用而容易丢失,引起信号减弱;而质量数较大的离子在排斥力作用下仍能保持在飞行的路线上而产生较强的信号。这种由于受同种电荷排斥力作用而使质量数较轻的离子信号减弱、质量数较重的离子信号增强的现象称为空间电荷效应。空间电荷效应一般影响轻质量数元素的测定,可通过优化数据参数,即通过调节离子透镜或四级杆电压等参数,将此类干扰降至最低。

另外一种非质谱干扰是离子传输效率。离子传输效率发生在离子从进入采样锥开始到最终被检测器检测的整个过程中,不同质量数的离子在经过采样锥、截取锥、离子透镜、四级杆分离器和检测器时,质量数较小的离子具有较大的传输效率而产生较强的信号;而质量数较大的离子则因传输效率低而使信号较弱。离子传输效率产生影响的结果与空间电荷效应正好相反,可通过一个折中的仪器参数来调节,将这两种效应产生的影响降至最小。当然,这两种效应的影响是不能完全避免的。

(五)电感耦合等离子体质谱仪的维护

为使 ICP-MS 质谱仪处于良好的运行态,需要对主要部件进行经常性的维护,尤其是高温炬管、雾化部件等。

1. 进样系统　主要是雾化室和雾化器的清理。拆卸并清理雾化室/雾化器。必要时可浸入 1% 硝酸溶液中,超声波清洗数分钟。

2. ICP 炬管　目视检查炬管的磨损情况及清洁度。按仪器使用程度拆卸清理或更换炬管。为了清理炬管,可将其浸入盛有 1% 硝酸溶液的超声波清洗器中清洗,然后用去离子水漂洗。如果炬管不能清洗或已损坏,则要求更换。

3. 接口　主要包括对采样锥、分离锥及 O 形圈的维护。如果真空度有异常,则应检查接口情况:采样锥和分离锥锥孔是否有变化、是否有残留物,检查 O 形圈的磨损情况。如有必要,进行清理或更换。

4. 冷却器　主要是检查液位、液体压力和温度,清理泵过滤网以及冷却器泵的润滑情况。

5. 质谱部分　主要是周期性检查空气入口过滤器。

二、色谱 - 电感耦合等离子体质谱联用技术原理与应用

元素的不同存在形态决定了其在环境、医药卫生和生命过程中表现出不同的行为,不同的元素形态由于具有不同的物理化学性质和生物活性。例如,Cr(Ⅲ)是维持生物体内葡萄糖平衡以及脂肪蛋白质代谢的必需元素之一,而 Cr(Ⅵ)却对生物体具有很大的毒性和致癌作用,原因在于其更强的氧化性和化学活性及迁移性。因此,元素形态分析在卫生分析化学研究和实际工作中具有重要的意义。

元素形态分析的一般思路是:先对元素的各种形态/组态进行有效分离,然后再进行检测。早期的形态分析一般采用差减法进行测定,通过控制某些测量条件,实现总量和某些元素形态的测量,然后通过差减的方法得到其他元素形态的含量信息。如通过测量总砷和三价砷,二者相减即可得到五价砷的浓度;如通过四价硒和总硒的测量,即可测得六价硒的含量。差减法相对比较简单,整个分析过程对实验条件的要求不高,但是该方法仅仅适用于元素形态较少的条件,且操作较为烦琐。近年来,结合色谱的高效分离技术与高灵敏的电感耦合等离子体质谱检测技术的联用技术实现了元素多种形态的同时分析和自动化。

(一)技术原理与联用装置

1. 技术原理与仪器组成　经过处理的样品溶液经色谱柱将不同的元素形态分离,而后通过"接口"或在线引入 ICP 的雾化系统进行分析质谱检测。色谱 - 电感耦合等离子体质

谱联用技术装置由色谱系统、ICP-MS、接口和计算机四大部分组成。色谱分离试样中各组分，是形态分离器；接口装置将色谱流出的各组分送入 ICP-MS 进行检测，是色谱和 ICP-MS 之间流量、压力等的适配器；ICP-MS 将接口依次引入的各组分进行分析，是组分的鉴定器；计算机系统控制仪器各部分，并进行数据采集和处理，同时获得色谱和质谱数据，从而达到定性和定量分析的目的。

2. 联用类型及装置　高效液相色谱 - 电感耦合等离子体质谱联用装置见图 20-17。该技术的关键是接口问题：前后仪器的衔接，包括样品的流速、压力、流动相种类等。由于 HPLC 的流速通常为 0.1~1ml/min，与 ICP 常用的气动雾化器、交叉流雾化器、Babington 雾化器和同心雾化器的样品导入流速是相匹配的，而且 HPLC 柱后流出液压力与 ICP-MS 的样品导入系统都是在常压下进行的，因此常规的 HPLC 与 ICP-MS 的接口问题最简单，经 HPLC 分离的样品流出液可以直接导入后续的 ICP 雾化器。该接口通常用聚四氟乙烯（PTFE）管（I.D.0.14~0.17mm）或不锈钢管完成。为减少传输管线的死体积，防止色谱峰变宽，接口管子要尽可能短。

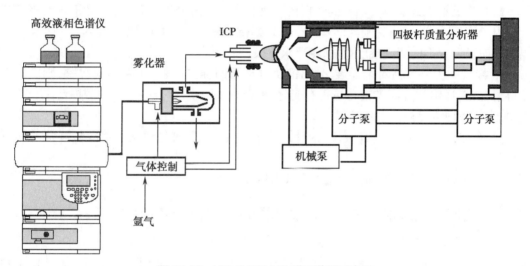

图 20-17　HPLC-ICP-MS 联用装置示意图

但是，由于 HPLC 流动相通常含有一定比例的有机溶剂或高含量的无机盐，而有机溶剂在 ICP 中所产生的碳及无机盐的不完全分解可造成 ICP-MS 的进样管、采样锥、截取锥的锥孔变得越来越小甚至堵塞，导致 ICP-MS 信号不稳定，尤其是在梯度洗脱时，这种现象更加严重。因此，在 HPLC-ICP-MS 技术问题上，HPLC 流动相组成受到限制。通常采用 3 种方法解决这一接口问题：①改进 ICP 进样方式。如前所述，超声雾化是 ICP 的另一种样品导入方式，超声雾化不受载气流速的影响，雾化效率高，利于提高 ICP 检测灵敏度。但易受溶液性质（黏度、颗粒度等）的影响，且有一定的记忆效应。②采用 HPLC 小径柱技术。色谱小柱（I.D.2.0mm、1.0mm 微柱及 300μm 的毛细管柱）可以降低流动相消耗量及组分在色谱柱的分散变宽，提高柱效。③对于有机流动相，往载气流中添加一定比例（数量与有机物组成和流速有关，一般约占氩气流量的 10%）的氧气。

需要指出，HPLC-ICP-MS 只是跟踪元素形态中的金属信号变化，要确定形态分子的组成还需参照其他分析信息，其中 NMR 技术和 HPLC 与 ESI-MS（电喷雾电离质谱）联用技术是确定形态分子组成、结构的有效方法，借助于这些分离、分析技术可发现未知的元素形态分子并确定其组成。

其他色谱 - 电感耦合等离子体质谱联用装置,如气相色谱 - 电感耦合等离子体质谱(GC-ICP-MS)、高效毛细管电泳 - 电感耦合等离子体质谱(HPCE-ICP-MS)等,与 HPLC-ICP-MS 不同之处在于流动相的组成、种类以及样品引入量等,因此在接口方面有一些特殊的要求。GC-ICP-MS 联用时不会增加等离子体的本底信号,具有 100% 的进样效率,不需要去除溶剂效应,可以使用同位素稀释法测定。用于 GC-ICP-MS 的气相色谱类型呈现多样化,包括填充柱、毛细管柱和多孔毛细管柱。GC-ICP-MS 接口设计的关键是要避免传输过程中分析物冷凝,可以通过加热接口或气溶胶载带两种方式实现。目前,市场上已有商品化的接口装置和联用工具包出售。

(二) 分析条件的选择

1. 形态分析中的样品前处理方法　在环境、材料和生物医学样品的元素形态分析中,由于基体复杂且各形态的含量较低,需要对样品进行分离和富集处理,且要求在处理过程中不引起形态发生变化。传统的元素测定样品前处理方法(消解、灰化等)适用于元素总量的测定,但不能满足元素形态分离及检测要求。待测样品中元素以何种价态、结合态形式存在,并将这些形态通过样品处理"原样地"与基体物质分离,对于形态分析过程是至关重要的。

适用于元素形态分析样品前处理的方法有:微波辅助萃取、固相微萃取、加速溶剂萃取、浊点萃取等。液 - 液(微)萃取、共沉作用、膜分离、流动注射微型柱等技术可用于元素形态的分类富集。目前,流动注射与 HPLC-ICP-MS 联用(FIA-HPLC-ICP-MS)作为形态分析样品前处理的方法,能在线完成元素各种形态的分离、富集和检测,是形态分析中前处理的有效途径。形态分析中的样品前处理具体方法可参考本书第二十一章相关内容。

2. 分析条件的选择　色谱分析条件是实现元素形态分离的保证。待分析元素的种类、价态以及络合态的有机物性质是影响色谱条件的重要因素。同常规的色谱分析一样,元素形态分离的色谱条件包括:流动相、分离柱、流速、柱温、pH 以及洗脱方式等。其特殊之处在于,色谱分析条件应与后续接口及质谱分析相匹配。

以 HPLC-ICP-MS 分析为例,用于元素形态分离的 HPLC 类型有多种。分配色谱常采用反相键合色谱柱,流动相常选用甲醇、乙腈、水和无机盐化合物,流速 0.5~1.0ml/min。用于元素形态分析的离子对色谱的类型为键合反相离子对色谱,常以非极性烷基键合相为固定相,将含低浓度(0.001~0.005mol/L)的反离子水溶性缓冲液加入到普通的反相色谱流动相(水、甲醇、乙腈等)中作为流动相。根据分离形态的酸碱性不同,只要改变流动相的 pH、反离子种类及浓度即可控制各形态的保留值。但是,用反相键合离子对色谱法分离元素形态的主要缺点是:流动相的 pH 一般只能在 2~8 之间,否则将影响固定相的稳定性。研究元素与不同分子量化合物的结合形态(例如,金属蛋白、金属肽络合物等)时,需要用排阻色谱法(size-exclusion chromatography,SEC)分离。接口及质谱条件依据不同的形态分析装置来确定。

(三) 应用及案例

ICP-MS 联用技术已广泛应用于环境、材料、食品及生物医学样品中元素的形态分析。例如,HPLC-ICP-MS 用于水、食品及环境中砷、铬、汞、硒、锌、铜等元素形态的分析;GC-ICP-MS 用于环境中锡、铅等元素形态的分析等。以产品中的锡形态分析为例(图 20-18)。

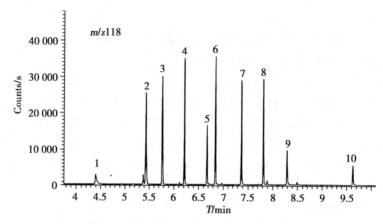

图 20-18　金属锡 GC-ICP-MS 形态分析

1. 无机锡(Sn);2. 一丁基锡(MBT);3. 三丙基锡(TPrT);4. 二丁基锡(DBT);5. 一苯基锡(MPhT);6. 三丁基锡(TBT);
7. 四丁基锡(TeBT);8. 四苯基锡(TPeT);9. DPhT 二苯基锡;10. 三苯基锡(TPhT)

样品前处理:取样品 0.5g 放于离心管中,加入 0.1ml 内标 TPrT(3μg/ml)、2g NaCl、12ml 甲苯(含 0.1% 环庚三烯酚酮)、10ml 盐酸甲醇(1mol/L) 溶液,振摇 60 分钟,加入 10ml 水振摇 10 分钟后离心 20 分钟(2000r/min)。取有机相转移入另一离心管中,用 N_2 吹浓缩至 5ml,加 5ml 醋酸盐缓冲溶液(1mol/L,pH=5)、15ml 水和 0.2ml 四乙基硼酸钠(5%),振摇 10 分钟后离心 2 分钟(2000r/min)。取有机相转移入另一离心管中,加 2g 无水硫酸钠,手动振摇后离心 2 分钟(2000r/min)。取 1μl 按表 20-5 中的条件进行 GC-ICP-MS 分析。

表 20-5　优化的 GC-ICP-MS 分析条件

ICP-MS 参数	
射频功率(kW)	1.2
等离子体气(L/min)	16.4
辅助气(L/min)	0.93
载气(L/min)	1.0
采样深度(mm)	5.8
测量质量数	120
驻留时间(ms)	100
传输线接口参数	
传输线柱	非活性毛细管柱(1.5m × 0.32mm)
GC 侧加热温度(℃)	280
炬管侧加热温度(℃)	240
GC 参数	
注射模式	PTV 溶剂放空模式
色谱柱	DB1(30m × 0.32mm × 0.25μm)
进样体积(μl)	25~100
进样口温度(℃)[驻留时间(min)]	−10[1.5*,4.1**]~450[4.0]~250[0]

ICP-MS 参数	
进样口温度升温速率（℃/min）	720（−10~450），−60（450~250）
氦气泄气流速（ml/min）	100
泄气结束时间（min）	1.4*，4.0**
氦气冲洗流速（ml/min）	50
冲洗开始时间（min）	2.7*，5.3**
炉温（℃）[驻留时间（min）]	50[2.8*，5.4**]~180[0]~220[0]~300[2.7]
炉温升温速率（℃/min）	90（50~180），20（180~220），80（220~300）
氦载气流速（ml/min）	2

注:* 进样 25μl;** 进样 100μl

本 章 小 结

1. 基本知识　仪器联用技术的概念和种类;气相色谱 - 质谱联用（GC-MS）仪器和工作原理、接口类型、分析条件的选择和优化及定性定量分析的应用;液相色谱 - 质谱联用技术（LC-MS）的仪器和工作原理、常用接口及质量分析器、分析条件的选择和优化,以及定性定量分析应用;串联质谱及应用;电感耦合等离子体质谱法（ICP-MS）基本概念、原理、仪器组成、应用及其与色谱联用技术。涉及的重要概念有:联用技术、GC-MS、LC-MS、ICP-MS、HPLC-ICP-MS、GC-ICP-MS、同位素稀释法、元素形态分析、TIC、质量色谱图、SIM、MRM。

2. 核心内容　仪器联用技术已成为有机化合物定性定量分析、结构鉴定及元素形态研究的必备工具。色谱 - 质谱联用及串联质谱技术发展成熟,应用广泛。串联质谱能为基体复杂的样品提供较高的灵敏度,为目标物的鉴定提供高水平的选择性。仪器联用的关键是"接口"技术,重点是结构原理,难点是仪器的条件及方法的优化。ICP-MS 具有多种痕量或超痕量元素同时检测能力,并能提供同位素信息。ICP-MS 与色谱联用能完成元素的价态、络合态分析,结合串联质谱、IR、NMR 等可进行有机金属化合物的结构解析。

3. 学习要求　了解串联质谱技术分类和 ICP-MS 的分析性能,以及色谱 - 质谱联用技术在各个领域中的应用;掌握色谱 - 质谱联用技术原理和 ICP-MS 分析原理、仪器构成及分析条件优化方法;熟悉色谱 - 质谱联用技术接口,以及定性定量分析方法。

（杨冰仪,李　磊）

思考题

1. 简述 GC-MS 仪器系统和工作原理。
2. 色谱 - 质谱联用技术的关键问题是什么?
3. 简述 LC-MS 常用的接口技术及其特点。
4. 简述串联质谱技术的分析流程。

5. MRM 技术适用于哪些体系成分的分析？

6. 解释 ICP-MS、HPLC-IPC-MS 基本概念。

7. 简述 ICP-MS 技术特点及应用。

8. 试述 ICP-MS 基本原理及仪器组成。

9. 试述色谱 - 电感耦合等离子体质谱联用技术原理与应用。

第二十一章　仪器分析样品前处理技术原理和装置

现代仪器分析所面临的样品性质复杂程度前所未有：分析对象不仅包括气、液、固相中所有物质，且往往以多相形式存在；其组成不但复杂，而且测定时往往相互干扰；被检测物的浓度要求越来越低，且浓度水平常处在动态变化中，因而给分析带来了一系列困难。尤其是各种环境和生物样本，采集后直接进样分析的可能性很小，一般都要经过样品的前处理或样品制备才能测定。

例如，有些环境/食品污染物或者重要的生物活性成分含量很少，但对人类健康产生较大的影响，而仪器设备的灵敏度往往达不到检测要求，一般需要通过样品前处理过程来分离和富集目标分析物并除去样品基质中的干扰。

目前，基于对待测成分以及满足仪器性能的需要，已发展了多种样品前处理方法及相应的装置。本章主要结合前述章节中相应的仪器分析技术需要，介绍离线或在线仪器分析样品前处理技术原理及相应的装置。

第一节　概　　述

一、样品前处理的必要性和重要性

样品前处理（sample pretreatment）是指为满足对待测物检测和维护仪器性能的需要，在仪器分析前对样品进行适当处理（如提取、净化、衍生化等）和制样（如溶解、稀释）的过程及方法。为了保护仪器设备，获得理想的分析数据，几乎所有的样品都要经过前处理才能进行分析。样品前处理是仪器分析中重要且关键的步骤。

一个完整的样品分析，通常包括采样、前处理、分离（separation）、检测、数据分析 5 个环节。大多数情况下，样品前处理意味着将目标物质从各种样品的"原始基质"（primary matrix）中分离至"次级基质"（secondary matrix）中，并同时完成干扰成分的去除及目标物质的浓集，即经过净化和浓缩后，将原始样品制备成待测样品，以适于后续的分析检测。样品前处理的重要性体现在其对定性或定量分析的灵敏度、准确度和精密度有极大影响，是决定分析结果的可靠性的关键因素，甚至决定了后续分析可行性。

随着分析化学的发展，各种高自动化、高灵敏度的检测技术和相关的仪器不断出现，但目前样品前处理所需的时间，仍占整个样品分析周期的 60% 以上，分析效率的提高有赖于快速的样品前处理过程，而样品分析的成本消耗主要是前处理时消耗的试剂、器材，以及后续分析仪器的运行。因此，好的样品前处理方法可以有效地提高分析工作效率、降低工作成本。现代分析工作的挑战不是缺乏高端的分析仪器，而是缺乏高效的样品前处理技术。样品前处理已成为现代分析化学发展的瓶颈问题，不仅重要，而且必要。

二、样品前处理目的和意义

（一）提高灵敏度，降低检出限

对于仪器分析而言，分析方法灵敏度除了与仪器检测器（例如，选择灵敏度高的通用型检测器或采用选择性检测器）、仪器条件等有关外，还有赖于样品前处理。通过适当的样品前处理，可以除去样品中的杂质，降低仪器系统噪声。当样品浓度低于仪器检出限时，采用浓缩、富集待测成分的方法（例如，液 - 液萃取、固相萃取、固相微萃取等）方法往往是提高分析灵敏度的有效途径。

（二）提高检测精密度

仪器分析过程中，从样品称量、处理、溶液配制到测定及结果处理等每一个环节都可能影响分析结果的精密度，即存在影响结果的不确定因素。例如，样液制备时试液容积就存在容量瓶标示不确定度和因温度变化引起的相对标准不确定度，以及因基准物质纯度引起的标准溶液不确定性等。

对于基质复杂的样品，样品前处理能去除影响仪器分析的诸多不确定因素，提高样品分析基体的一致性和均匀性，提高检测精密度。

（三）提高仪器分析方法选择性

要在复杂体系中捕捉到某个待测成分的信号，就要增强该成分的检出响应，提高方法选择性。理想的样品前处理方法可以很好地完成样品的净化，适应分析仪器的要求，使检测干扰和噪声水平降低，提高检测的选择性，从而使分析仪器本身具有的灵敏度和准确性等工作效能可以正常发挥。

（四）延长仪器设备使用寿命

购置和使用分析仪器（尤其是大型仪器设备）的费用高，考虑到仪器使用经济性，要在保证测量准确性前提下，延长仪器设备使用寿命。规范使用分析仪器并进行正确维护是提高仪器使用性能、增加使用年限的关键；同时，由于样品形态及组成各异，其中的有害物质、强酸强碱物质、生物大分子等都可能对仪器性能产生影响，而通过适当、针对性的样品前处理，可以除去这些对设备可能产生危害的成分。

（五）减少样品质量和体积，利于样品保存和运输

大型精密仪器分析工作多在实验室进行。但卫生分析的很多工作需要在现场采样。考虑到样品性状和待测成分稳定性以及体积大、质量重的样品（如环境水样）运输困难，往往在对样品进行现场采样的同时进行样品前处理。例如，在水污染物监测中，可以用固相萃取处理方法将几十升水的待测成分浓集于一个小柱上，然后带回实验室进行检测分析。

三、样品前处理的基本要求

仪器分析样品复杂，待测成分组成和存在形态各异，不可能有统一的样品前处理方法。对于一个具体的分析任务，采用什么样的样品制备及前处理方法，要进行针对性分析，找出最佳方案。一般来说，要满足下列各项基本要求：

（一）能最大限度地除去影响仪器测定的干扰物

样品除杂和净化程度是衡量仪器分析样品前处理是否有效的重要指标。去除样品待测成分分析的干扰物是提高仪器分析选择性和精密度、改善分析灵敏度的重要内容。

（二）使待测成分的回收率高

回收率是衡量待测成分测定准确性的重要指标。回收率高低涉及仪器分析测定结果的重复性，也会影响测定的灵敏度和精密度。无论采用何种样品前处理方法，都要确保待测成分有较高的回收率。

（三）操作过程要简便

作为仪器分析的重要过程，简单、快速的样品前处理操作是对仪器分析工作的基本要求。而尽可能少的前处理步骤可以减少可能的操作污染，也可避免待测成分损失。因此，发展与检测设备能够联用的在线样品前处理装置可在很大程度上满足这一要求。

（四）要求成本低

降低样品前处理成本是改善仪器分析经济性的重要环节。在满足样品前处理要求的前提下，尽量避免使用昂贵的仪器与试剂。低廉、高效样品前处理技术利于在实际工作中共同应用，因而也降低了实验室间测量的不确定性。

（五）不会对人体或环境产生较大影响

无论是仪器分析本身，还是样品前处理过程，都要尽量不使用或减少使用对环境或人体有害的化学、生物试剂。这在一定程度上推动了环境友好的样品前处理方法（如固相萃取等）的发展。

另外，发展样品前处理方法，尽可能使其有广泛的应用范围，同时适于公共卫生现场操作。

四、样品前处理发展趋势

现代分析化学的发展给样品预处理技术带来了广阔的发展机遇和新的挑战。不用或少用有机溶剂的环境友好技术、更好的选择性、更快的样品处理速度、更高的回收率、重复性和更宽的线性范围以适于高通量分析，以及更高的自动化程度的样品预处理方法和技术成为样品预处理技术的发展趋势，而相应的样品预处理装置要求小型化、整体化、在线联用一体化。

（一）自动化、高效率、便捷化

相对于纯样品的分析检测，样品前处理劳动强度大，所需时间长。应用智能机械实现操作自动化并且高效可控是样品前处理技术发展的必然趋势。这种发展有赖于样品前处理装置的革新。

（二）在线联用前处理技术

在提高样品前处理设备本身自动化程度的同时，要发展样品处理 - 分析仪器在线联用方法，可以减少劳动强度，实现样品前处理与后续检测的无缝对接，防止或减少人工操作中间环节可能产生的误差，提高后续分析检测的灵敏度、准确性与重现性。对于提升仪器分析整体性和自动化程度具有重要意义。

（三）环境与健康友好

为了解决传统的样品前处理方法中溶剂带来的环境污染及影响健康等不良影响，无溶剂或少溶剂样品处理方法发展较快。

第二节　仪器分析常用的样品前处理技术

一、加速溶剂萃取

加速溶剂萃取（accelerated solvent extraction，ASE）是一种通过改变萃取条件（通常是萃取剂的温度和压力）提高溶剂萃取效率并加快萃取速度的方法。该方法处理的对象是固体或半固体样品，又称高压溶剂萃取、加压液相萃取或加压流体萃取。加速溶剂萃取常用的温度为 50~200℃、压力为 1000~3000psi 或 10.3~20.6MPa。

（一）原理与特点

提高萃取剂温度可以增加待测成分在溶剂中的溶解度和扩散速度，而高压可使液体萃取相维持更高的沸点温度，降低液体黏度，推进溶剂与待测物的结合和溶出速度。

与传统的索氏提取方法相比，ASE 的突出优点如下：

1. 污染小　在密闭萃取系统中完成，减少了溶剂挥发对环境的污染。

2. 有机溶剂用量少　通常所用萃取液为 15~45ml。10g 样品一般仅需 15ml 溶剂。

3. 萃取速度快　通常 15 分钟内就能完成一次萃取工作。

4. 萃取性能好　萃取效率和回收率高，选择性好，已列入美国 EPA 标准方法。

5. 基体影响小　对不同基体可用相同的萃取条件。

6. 使用性能好　使用方便，安全性好，能够实现自动化萃取。

（二）萃取条件的选择

ASE 具有萃取的一般特征，其萃取效率的大小，除了受萃取温度和压力因素影响外，与所用萃取溶剂种类、用量及样品的基质特性等有关。一种理想的 ASE 条件应从以下几个方面考虑：

1. 溶剂　一般来说，适于传统萃取方法的溶剂或混合溶剂都可用于 ASE，但要掌握以下原则：萃取溶剂在不受样品基质干扰的情况下保持对目标分析物的溶解能力，同时还应考虑对其他萃取参数的影响和萃取剂用量；为避免强酸对仪器系统的腐蚀，一般不能使用强酸性溶剂（如盐酸、硝酸、硫酸等）。如果使用乙酸或磷酸等弱酸，其比例宜控制在 10% 以内。

2. 温度　温度是 ASE 最重要的参数条件。选择萃取温度时，应同时考虑分析物的热解温度，一般从热解温度以下 20℃开始试验。如果不明确分析物的热解温度，一般以 100℃作为起始温度。大多数 ASE 试验温度在 75~125℃。

3. 压力　提高系统压力能使溶剂在温度高于沸点时仍保持液态。ASE 的压力通常都适当地高过保持溶剂为液体时所需要的最低压力，多数选择在 1000~2000psi（7~14MPa）。1500psi（10MPa）为其标准压力。

4. 萃取循环和时间　为提高萃取效率，ASE 可以采取分次循环萃取方式，将萃取溶剂分次引入到萃取池中顺序完成萃取 - 收集 - 萃取。每个循环设定一定的萃取时间，最后一次循环后使用氮气吹扫。具体的循环次数和时间可以同时综合考虑。

5. 样品要求　为保证萃取快速、高效，要使分析物与萃取溶剂充分接触。因此，在萃取前要将样品进行适量的干燥和研磨，并保持一定的分散度。通常样品粒径要研磨至 0.5mm以下，并适量加入一些惰性物质（如沙子、硅藻土等）作为分散剂，以防细微颗粒的团聚。另外，可以在样品中加入适量的干燥剂，如硫酸钠、硅藻土或纤维素。

一般 ASE 设备默认的萃取条件为:压力 1500psi,温度 100℃,静态时间 5 分钟,静态循环数 1 次,吹扫时间 60 秒,冲洗体积分数 60%。以此为基础,对各参数进行调节优化。

(三)萃取装置及工作流程

1. **仪器构成**　ASE 仪由溶剂瓶、泵、气路、加温炉、不锈钢萃取池和收集瓶等构成(图 21-1)。

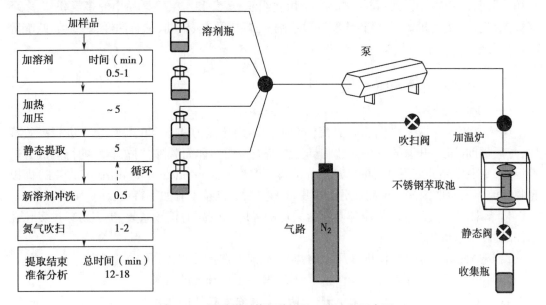

图 21-1　加速溶剂萃取装置及工作流程示意图

(1)溶剂瓶:不同仪器配置的溶剂瓶数量不同。每个瓶可装入不同的溶剂,可选用不同溶剂先后萃取或交替选择性萃取相同的样品,也可用同一溶剂萃取不同的样品。

(2)泵:用于输送萃取溶剂,其供液压力范围为 3.5~20.7MPa。鉴于压力会随温度的变化而变化,仪器上装配的压力感应器可以自动调节形成稳定的压力。

(3)气路:常用氮气吹扫样品以获得全部萃取液,而且可以吹扫管道起清洗作用,避免样品的交叉污染。

(4)加温炉:用于加热萃取池以提供萃取所需的温度。最高温度可达 200℃。

(5)萃取池:为不锈钢材料制造,垂直装配,液体从顶部流向底部。池盖带有压力密封垫,在一定压力下可自动密封。不同型号的萃取装置可以配备不同体积(一般低于 100ml)和不同数量的萃取池。可以独立控制每个萃取池的温度和压力条件。

(6)收集瓶:用于收集萃取液。可通过红外探头监测进入收集瓶的液体和液面。可根据萃取要求,配置不同数量和体积的收集瓶。

2. **工作流程**　一般地,ASE 工作程序(图 21-1)如下:将准备好的样品装入不锈钢萃取池,拧紧池盖,放到圆盘式传送装置上,将萃取池送入加热炉腔并与相对编号的收集瓶连接,泵将溶剂输送到萃取池。萃取池在加热炉被加温和加压,在设定的温度和压力下静态萃取一定时间。可多次少量向萃取池加入清洗溶剂,萃取液自动经过滤膜进入收集瓶。用氮气吹洗萃取池和管道,萃取液全部进入收集瓶待分析。完成后,萃取池返回圆盘传送装置开始下一个样品的萃取。大部分 ASE 过程可在 20 分钟内完成。

目前,商品化的 ASE 装置可同时实现对多个样品的全自动连续萃取,根据实验要求、样品性质和样品量的多少进行选择。为了进一步提高萃取效率,结合其他装置(例如,超临界流体装置、膜装置)改造或联用(例如,与固相萃取联用等)的设备也不断出现。

(四)应用

ASE具有突出的优点,已受到卫生分析化学界的极大关注。目前,该技术已在环境卫生、食品和药物分析、聚合物分析等领域得到大量应用。特别是环境和食品分析中,已广泛用于土壤、污泥、沉积物、大气颗粒物、粉尘、动植物组织、蔬菜和水果等样品中的多氯联苯、多环芳烃、有机磷(或有机氯)、农药、苯氧基除草剂、三嗪除草剂、柴油、总石油烃、二噁英、呋喃等的萃取分析。

二、超临界流体萃取

(一)原理与特点

超临界流体萃取是借助超临界流体较强的溶剂化能力和很高的传质速率进行高效萃取,然后借助减压、升温的方法使超临界流体变成普通气体而脱除,对被萃取的待测成分进行提取,实现样品分离提纯目的。超临界流体萃取法(supercritical fluid extraction,SFE)即以超临界流体为萃取剂进行待测成分分离提取的方法。该技术有如下特点:

1. 萃取效率高 超临界流体具有比较低的黏度和较高的扩散系数,更容易穿过多孔性基体,提高了萃取效率。

2. 选择性好 通过对温度和压力的调节,能建立选择性比较高的萃取方法。

3. 环境友好 常用二氧化碳作为萃取剂,减少了对环境的污染。

4. 萃取稳定好 在接近室温下进行,防止热不稳定物质的氧化和分离。

5. 可用于联用分析 可以与色谱技术直接进行联用,有利于挥发性有机化合物的定性定量分析。

(二)技术条件的选择

1. 萃取剂 必须考虑操作的安全性和便利性,既对分析物有良好的溶解能力,同时也有较好的选择性。二氧化碳是人们首选的萃取气体,其临界温度为31.06℃,临界压力为7.39MPa,临界条件容易达到。另外,其化学性质不活泼,无色、无味、无毒,安全性好,价格便宜,纯度高,容易获得。

为了解决极性物质的萃取问题,目前一般有两种普遍采用的方法:一种是在非极性的二氧化碳超临界流体中加入极性有机溶剂作极性改性剂;另一种是选择或开发其他适用的极性超临界流体。

2. 萃取压力和温度 在SFE过程中,温度与压力决定了超临界流体的密度。密度又与萃取效果有着紧密的联系。一般情况下,分析物在超临界流体密度最大时溶解度最大。所以,应在实验的基础上选择最佳温度,以形成超临界流体的最佳密度。在温度不变的情况下,超临界流体中物质的溶解度随压力的升高而增大。在具体应用中,需考虑分析物本身的特点,综合考虑温度和压力两个影响因素,优化萃取条件。

3. 萃取时间 萃取时间太短会导致目标化合物的损失,过长则会增加劳动强度和运行成本。适当延长萃取时间可以提高样品回收率。

4. 超临界流体流量 超临界流体的流量对溶质的回收率有着显著的影响。流速大时,单位时间内通过的超临界流体多,与基体接触时间短,分析物向超临界流体的转移少。一般地,流速适于控制在1~4ml/min。但是对于易挥发组分,超临界流体的流量宜控制在1ml/min

以下。

5. 萃取池几何形状和尺寸　为减少死体积,常用的萃取池容积为 0.1~50ml,直径一般不大于 3cm。在满足分析要求的条件下,应该尽可能减少样品用量。样品的颗粒越细小,萃取效果就会更好。另外,在萃取之前,必须设法减少样品中水的含量,最常用的方法就是对样品进行干燥。

(三) 萃取装置

SFE 的一般过程是:待测分析物从基体中脱离,溶解于超临界流体中,通过超临界流体的流动被送入收集系统,再经升温或者降压,除去超临界流体,收集纯的目标物。

SFE 装置的基本设计有四部分:超临界流体提供系统(高压泵)、萃取池(器)、控制器和样品收集系统(图 21-2,图 21-3)。萃取剂由注射泵泵入,当需要在萃取剂中加入改性剂时,还需要一台改性剂的发送泵和一个混合室。

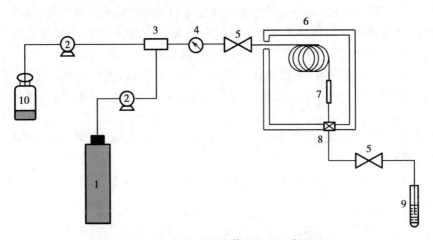

图 21-2　超临界流体萃取流程示意图

1. 液体 CO_2 钢瓶;2. 高压泵;3. 三通;4. 压力表;5. 开关阀;6. 炉箱;7. 萃取池;
8. 阻尼器;9. 收集器;10. 改性剂瓶

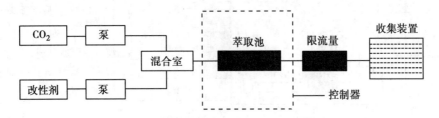

图 21-3　超临界流体萃取系统示意图

(四) 应用

SFE 技术已广泛应用于生物样品、天然产物等中农药、PCBs、PAHs、烃类、酚类等非极性到中等极性有机化合物提取中。因为超临界流体在升温或降压情况下很容易被除去,因此很容易实现 SFE 与色谱或光谱仪器的联用。已有的联用技术有:SFE-GC、SFE-HPLC、SFE-MS、SFE-SFC、SFE-FIR、SFE-NMR 等。

三、微波辅助样品前处理技术

微波是波长在 300MHz~300GHz 范围内的电磁波,其能量不足以破坏化学键,但却足以引发分子转动或离子转动,从而产生热能。微波加热具有速度快、加热均匀、高效节能、安全清洁的特点,且对介电性质不同的物料呈现出选择性加热,对于不吸收微波的非极性溶剂,微波几乎不起加热作用。目前,微波辅助消解、微波辅助萃取已被广泛应用于样品的前处理。

(一) 微波辅助提取法

微波辅助提取法(microwave assisted extraction,MAE)是利用电磁场的作用使固体或半固体物质中的某些有机物成分或无机配合物与基体有效地分离进入提取剂,并能保持分析对象的原本化合物状态的一种分离方法。

1. 原理与特点 微波辐射高频电磁波,穿透提取介质到达物料内部,引发分子转动或离子转动,从而产生热能。样品内部温度的迅速上升致组织细胞破裂,目标成分自由流出,并扩散至提取剂中。另一方面,微波所产生的电磁场可加速被萃取组分的分子由固体内部向固液界面扩散的速率,从而提高提取效率。

在 MAE 中,吸收微波能力的差异可使基体物质的某些区域或萃取体系中的某些组分被选择性加热,从而使被萃取物质从基体或体系中分离,进入到具有较小介电常数、微波吸收能力相对较差的提取溶剂(例如,非极性溶剂)中,以实现 MAE 的选择性。

MAE 具有以下特点:提取速度快;试剂用量少,安全清洁;选择性较好,提取效率高,利于减小待测物测定的干扰;结果不受物质含水量的影响,测定回收率较高;不存在热惯性,因而过程易于控制。

2. 技术要求与装置 根据萃取罐的类型,MAE 装置可分为两大类:密闭式 MAE 装置和开罐式聚焦 MAE 装置。

(1)密闭式:密闭式 MAE 装置是由炉腔、萃取单元、监视装置及一些电子器件所组成(图 21-4)。

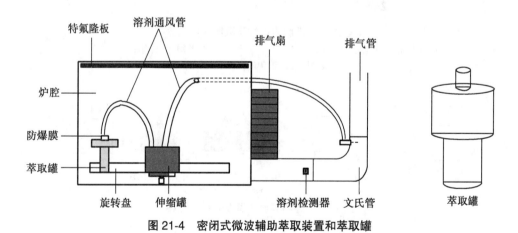

图 21-4 密闭式微波辅助萃取装置和萃取罐

(2)开罐式:与密闭式 MAE 装置基本相似,只是其微波是通过微波导管聚焦在萃取系统(样品)之上,因此又称为聚焦式 MAE 装置。萃取罐是与大气连通的,即在大气压下进行萃取(压力恒定),所以只能实现温度控制。与密闭式 MAE 装置相比,该装置有如下优点:在常压下操作更安全,尤其在使用有机溶剂时;萃取罐可使用多种制作材料,如硼化玻璃、石英玻璃、PTFE 等;聚焦方式提高了微波能利用的有效性,节省能源。

MAE 技术不仅可以与色谱、光谱等检测技术联用,还可以与其他样品处理技术联用,如固相微萃取、固相萃取、液相微萃取、流动注射等。其中尤以 MAE-顶空固相微萃取联用技术应用最广泛。

3. 应用　MAE 技术已应用于各种类型样品和化合物的萃取与分离,在仪器分析样品前处理和天然产物功能成分提取方面有着广阔的发展前景。例如,环境样品中的苯系物、多氯联苯、多环芳烃等有机物的提取以及食品、环境中金属元素形态的提取分离等,MAE 都取得了很好的效果。

(二) 微波辅助消解法

将传统的湿法消解液(硝酸、盐酸、浓硫酸、高氯酸、过氧化氢或它们的混合物等)与样品一起加入到微波消解罐中,在微波作用下快速加热进行消解。

微波辅助消解可几十至几百倍地加快化学反应速度,逐渐受到重视。根据微波作用方式的不同,微波辅助样品消解装置可以分为密闭高压微波样品消解系统和全自动聚焦微波消解系统,密闭系统是反应容器在中压或高压条件下工作,聚焦微波消解系统是在密闭系统应用的基础上发展而来,在常压条件下进行样品处理。两者的应用性能各有利弊。

1. 密闭高压微波样品消解系统　将样品和试剂置于密闭的样品消解罐中,用特殊盖帽装置使整个样品在反应处理全过程中处于严格高压密闭状态,然后将样品罐置于微波场中进行加热。在微波加热的过程中,样品罐内的温度和压力急剧上升,通常处理温度可达到或超过试剂的沸点。在高温高压条件下,样品很快被消解(图 21-5)。这类装置一般选用 PTFE、高温玻璃、石英、PFA 或强化 TFM 作为样品罐材料。目前,商品化的微波消解仪已有自动化强度更高的连续微波消解系统。

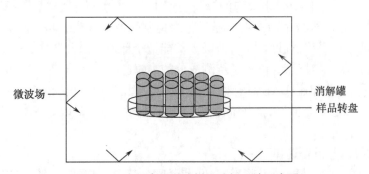

微波场　　　　　　　　　消解罐
　　　　　　　　　　　　样品转盘

图 21-5　密闭高压微波样品消解系统示意图

密闭高压式的主要设计是通过高压提高体系沸点,其优点是消解效率高且在密闭状态下无元素损失。缺点是高压大幅提高效率但同时也必然带来危险,一般样品处理量也较小。

2. 全自动聚焦微波消解系统　聚焦微波系统的优点是安全,可在常压条件下处理较大样品量,如:消解有机样品达每罐 10g 以上,样品萃取达每罐 50g。全自动聚焦微波的设计取得以下突破:

(1) 回收率:专业聚焦微波消解设计是通过回流系统解决挥发性元素损失的问题,使每一通道的回流冷凝器接口与自动添加试剂的入口合二为一,附着在冷凝回流系统和后续通道上的挥发性元素在添加试剂流入时被冲刷回流进入反应罐。高效长颈冷凝回流系统能防止在反应过程中挥发元素的流失,改善回收率达 99.9%。

(2) 高效率:在难消解样品的处理能力上由于可自由选择高沸点酸来提高体系温度、加快反应速度,另外可中途进行自动试剂添加,在反应后续阶段添加过氧化氢强化消解反应,提高消解效率。

（3）安全性：与密闭式相比不仅元素的完整性得到了保证，且安全性更高。专业型聚焦微波样品处理系统的特征是自动化和灵活多样的能力，具备多通道自动试剂添加系统，无需人工添加试剂和样品转移，可一次性完成消解、萃取、蒸发浓缩和定容等全过程。特别是聚焦微波辐射自动功率控制样品反应的温度变化，保证了实验的重复性和再现性。

由于聚焦微波样品前处理技术强大的处理能力和高安全性，比密闭式消解更加具有应用的广泛性，在部分先进国家的市场占有率已接近和超过于密闭式消解。

3. 应用　在进行元素分析和测定前，要对样品进行干灰化或湿消化（见本套教材《分析化学》）。微波辅助消解法比传统的湿消化方法更快速，对有机物的破坏更彻底，并最大限度地减少操作污染。在 AAS、AFS、ICP-AES、ICP-MS 等仪器分析中常作为优先选择的样品处理方法。

四、超声波辅助提取法

超声波是一种频率高于 20kHz 的弹性机械振动波。超声波辅助提取法（ultrasound assisted extraction，UAE）是利用超声波的空化作用、机械效应和热效应等加速组织细胞内待测物质的释放、扩散和溶解，显著提高提取效率的提取方法。

（一）原理与特点

UAE 的主要理论依据是超声的空化效应、热效应和机械作用。当大能量的超声波作用于介质时，介质被撕裂成许多小空穴，这些小空穴瞬时闭合，并产生高达 3000MPa 的瞬间压力（空化现象）。超声空化中微小气泡的爆裂会产生极大的压力，使样品组织破裂在瞬间完成，同时超声波产生的机械振动作用加强了胞内物质的释放、扩散和溶解，从而显著提高提取效率。超声波在介质传播过程中，将所吸收的能量全部或大部分转变成热能，从而导致介质本身和样品温度的瞬时升高，增大了待测成分的溶解速度。

与水提、醇沉工艺相比，UAE 具有如下突出特点：无需高温，减少能耗，并减少对待测成分的破坏；常压萃取，安全性好，操作简单易行，维护保养方便；萃取效率高，适用性广；萃取工艺成本低。

（二）技术要求与设备选择

影响 UAE 效率的因素主要有频率、时间和温度。其中，频率是主要影响因素，温度和时间是次要因素。根据不同的样品性状及待提取成分的理化性质，选择适宜的提取频率、时间和温度。一般情况下，温度不超过 60℃，超声处理 20~45 分钟可获得较好的提取效率。超声频率的变化范围较大，要根据样品及目标成分性质，通过实验进行优化。

实验室用 UAE 装置有浴槽式和探针式两种。超声波浴槽应用较广，样品处理量较大，因带有恒温箱和较低的能量，对金属有机化合物的破坏程度较低，较适于金属元素化学物形态、样品量较大时的提取研究。但是，浴槽式超声波装置的超声波能量分布不均匀，且有可能随时间的变化而衰减，导致提取产率较低，也降低了实验的重现性。超声波探针可能将能量集中在样品某一范围，因而在样品中能提供有效的空穴作用，样品处理时间短，目标成分的提取产率高。

从操作方式上分，UAE 装置有手动方式和连续系统。连续 UAE 的主要优点是样品和试剂消耗量少，在操作时，提取剂连续流过样品有两种模式：敞开系统和封闭系统。敞开系统中，新鲜的萃取剂连续流过样品，传质平衡转变为分析物进入液相的溶解平衡，其缺点是萃取物被稀释。对于封闭系统，一定体积的萃取剂连续循环使用，萃取完毕后，可以将萃取物输送到后面连续的管路中,实现在线浓缩、衍生或检测。

作为仪器分析样品前处理的重要技术,UAE 在天然产物生物活性成分分析、环境化学物检测及食品、化工产品测定中都有广泛的应用。

五、新型液 - 液萃取法

液 - 液萃取(liquid-liquid extraction,LLE),又称溶剂萃取或抽提,是利用混合物中各组分在两种互不相溶的溶剂中分配系数的不同而达到分离的方法。LLE 是实验室常用的萃取净化技术,通过溶剂的选择控制萃取过程的选择性和分离效率。通常情况下,一种溶剂是水(样品),另一种是有机溶剂(萃取剂),在分液漏斗中反复振荡来完成。其基本原理和条件优化可参考本套教材《分析化学》相关内容。

考虑到仪器分析检测灵敏度、萃取效率和后续联用技术等的需要,已发展多种新型的 LLE 法。

(一)连续液 - 液萃取法

采用对目标物具有良好选择性、比水重的有机溶剂作为萃取剂。将萃取剂置于烧瓶中不断加热,并在通往样品溶液上方的冷凝管中冷凝,经过待萃取的水相后富集样品中的待测成分,再回流到烧瓶中(图 21-6)。反复多次萃取后,去除了水相中的杂质,提高了目标物的富集倍数。该方法无需人工操作,萃取剂和样品用量少,效率高;但高挥发性待测成分可能损失,热不稳定的化合物也可能降解。

(二)浊点萃取法

均一的非离子表面活性剂在水中的溶解度随温度升高而降低,温度升高到一定温度(即浊点温度)时出现浑浊,经放置或离心后可得到两个透明的液相,一相为小体积的表面活性剂相或胶束相,约占总体积的 5%,另一相为水相,其中表面活性剂浓度为临界胶束浓度。该过程可逆,若降低温度,则两相消失再次形成均一溶液,样品中的疏水性物质与表面活性剂的疏水基结合,被萃取进入胶束相,亲水性物质则留在水相中,同时由于胶束相的体积远小于水相,分析物在与基体成分分离的同时也得到一定程度的富集。这种基于非离子型表面活性剂溶液的浊点现象和胶束增溶效应分离样品中疏水性物质与亲水性物质的 LLE 技术即为浊点萃取法(cloud point extraction,CPE)。

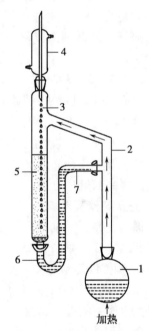

图 21-6 连续液 - 液萃取装置结构示意图
1. 萃取剂收集器;2. 气态溶剂;
3. 萃取溶剂;4. 冷凝器;5. 萃取液;
6. 溶剂返回管;7. 萃取溶剂返回到收集器

CPE 的萃取效果在很大程度上取决于表面活性剂的浊点温度。可以通过改变表面活性剂的种类和浓度、溶液的酸碱度、离子强度、平衡温度和时间,同时结合离心等优化 CPE 过程。

1. 表面活性剂的种类和浓度 浊点温度与表面活性剂分子结构和浓度有关。表面活性剂中疏水链长度的增加有助于浊点温度下降,提高待测物的萃取率,但分配系数和相体积比可能有所降低。

增加表面活性剂的浓度可以提高萃取率。为了提高浓缩因子,可以降低表面活性剂浓度。但如果分层后胶束体积过小,则不利于分层后两相分离,影响方法的准确性和重现性。因此,CPE 萃取要选择具有合适疏水性和浓度的理想表面活性剂。目前,用于 CPE 的多为非离子表面活性剂聚乙二醇辛基苯基醚 Triton X-114、Triton X-100 及正烷基苯基聚己二醇醚 PONPE 7.5 等。

2. 添加剂　在 CPE 中,浊点温度通常要低于 100℃。添加剂能显著改变表面活性剂的浊点温度。考虑到分析需要,可在溶液系统中加入某些试剂调整浊点温度,例如,Triton X-100 的浊点是 65℃,若在其中加入无机电解质,可使胶束中的氢键断裂,引起疏水基脱离水相,使浊点下降。但电解质的增加可能因溶液中离子强度的增大而增大络合物在水相中的溶解度,导致萃取率下降。

3. 溶液 pH　pH 是影响 CPE 的另一个因素,其影响程度与被萃取物及表面活性剂的性质有关。在萃取生物样品(例如,蛋白质)时,pH 应控制在等电点附近,此时蛋白质具有较强的疏水性,易被萃取入表面活性剂相。利用 CPE 进行金属离子富集时,也要通过形成金属螯合物的形式进行萃取,而 pH 影响络合物的形成。研究合适的酸度条件,有利于金属离子与络合剂形成螯合物,从而获得满意的萃取率。pH 对阴离子表面活性剂的影响较大。

4. 平衡温度和时间　一般而言,提高平衡温度,萃取效率和浓缩因子增大。当平衡温度比表面活性剂的浊点温度高 15~20℃即可获得较好的萃取效率。适当的平衡时间对于较高的萃取率是必需的。

CPE 不使用挥发性有机溶剂,环境友好,已成功地应用于金属螯合物、生物大分子的分离与纯化及环境样品的前处理中。可作为高效液相色谱、流动注射分析、毛细管电泳等仪器分析的样品前处理方法。

(三)单滴微萃取

微型化是样品前处理技术的新趋势,缩减提取程序、减少溶剂用量,由此产生了一些新的微萃取方法。单滴微萃取(single-drop microextraction,SDME)是建立在痕量分析物在微升级有机萃取剂微滴与水相或气相之间的分配平衡基础上的一种新型、环境友好的样品前处理技术,又叫悬滴萃取。它集萃取、富集于一体,具有成本低、装置简单、易于操作、有机溶剂用量少以及富集效率高等特点。

取一定体积的试样(通常为 ml 级)置于带密封隔膜或密封塞的萃取容器内,萃取容器置于磁力搅拌器(可以配备保温装置)上或恒温水浴锅中。用微量注射器吸取几微升萃取剂,并固定在萃取容器的上方。将微量注射器针尖穿过密封隔膜或密封塞插入萃取容器内。将针头直接浸没于样品溶液内(液 - 液微萃取,图 21-7)或样品溶液之上一定距离(气 - 液微萃取,图 21-8)。从微量注射器中压出预先吸取的微量萃取剂,在针端形成液滴。以一定的速度搅拌样品溶液,萃取一定时间(通常为几分钟)。待萃取完成后,将微滴缩回注射器内。微量注射器内含有待测成分的微滴萃取物可用于直接测定。

SDME 在挥发性或半挥发性化合物测定的样品前处理中得到了大量应用。应用的关键是优化萃取参数。影响单滴微萃取效率的因素很多,包括萃取溶剂、萃取温度、萃取时间、搅拌、液滴体积和缓冲液等。要求萃取溶剂水溶性和挥发性相对较低。通常芳香族溶剂比脂肪族溶剂具有更高的灵敏度。温度是影响萃取效率的一个主要参数,最好的方法是尽量保持萃取液滴低温,而样品溶液温度相对较高。过长的萃取时间会导致微滴减小或脱落,

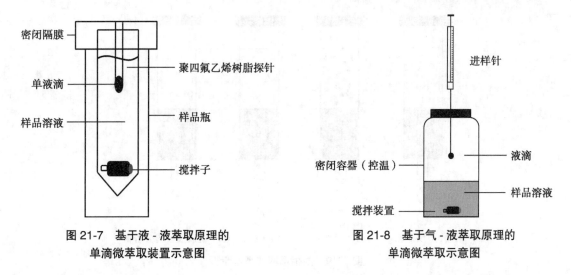

图 21-7 基于液 - 液萃取原理的
单滴微萃取装置示意图

图 21-8 基于气 - 液萃取原理的
单滴微萃取示意图

萃取时间常选择在 10~30 分钟之间。萃取的分析物的量取决于液滴的量,一般使用 1~2μl 的液滴。

六、固相萃取法

固相萃取(solid phase extraction,SPE)是利用固体吸附剂将目标化合物吸附,使之与样品的基体及干扰化合物分离,然后再用洗脱液洗脱,以净化样品、分离和富集待测成分的样品前处理技术。SPE 的主要目的在于降低样品基质干扰,提高检测灵敏度。

(一)原理与特点

SPE 是基于待测样品中的各种成分在固相(吸附剂)和液相(洗脱剂)之间的分配差异,进行选择性吸附和选择性洗脱。固相吸附剂与待测成分间可通过疏水作用、离子交换、物理吸附等产生的作用力进行吸附或保留。较常用的模式是:使样品溶液通过吸附剂,保留其中待测物质,再选用适当强度的洗脱剂冲去杂质,然后用少量溶剂迅速洗脱待测物质。也可选择性吸附干扰杂质,而让被测物质流出;或同时吸附杂质和被测物质,再使用合适的洗脱剂选择性洗脱待测物质。

与 LLE 相比,SPE 具有如下优点:①回收率和富集倍数高;②有机溶剂消耗量低,可减少对环境的污染;③采用高效、高选择性的吸附剂,能更有效地将分析物及干扰组分分离;④无相分离操作过程,容易收集分析物;⑤能处理小体积试样;⑥操作简便、快速、费用低、易于实现自动化及其他分析仪器的联用。

(二)固相萃取的一般方法

一个完整的 SPE 步骤包括固相萃取柱的预处理(conditioning)、上样(loading)、净化(washing)、洗脱(elution)并收集分析物四个步骤(图 21-9)。

1. 预处理 在萃取样品之前,必须用一定量溶剂冲洗萃取柱,对吸附剂进行润湿和活化处理,以提高目标分析物与固相表面紧密接触的程度,也可除去填料中可能存在的杂质,减少污染。

例如,最常用的固体吸附剂 C_{18} 键合硅胶填料,可用甲醇有效地去除其所含杂质。然后再用另一种溶剂使固定相溶剂化,以便样品中的分析物能更好地保留。要求该溶剂的极性强度应与样品溶液的溶剂强度一致,若使用极性太强的溶剂会导致待测成分的回收率下降,

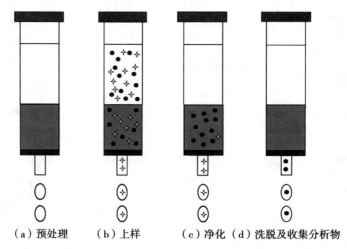

（a）预处理　（b）上样　（c）净化　（d）洗脱及收集分析物

图 21-9　固相萃取的基本步骤

例如,用 C_{18} 键合硅胶固定相萃取水样中的疏水性有机物时,应采用 pH 及其他成分与实际水样尽量一致的蒸馏水。一般情况下,为每 100mg 固定吸附相使用 1~2ml 活化溶剂。离子交换填料一般用 3~5ml 去离子水或低浓度的离子缓冲溶液来预处理。

值得注意的是,SPE 填料从预处理到样品加入都应该保持湿润,否则将会使填料干裂或进入气泡,导致柱效降低、回收率下降、重现性变差。

2. 上样　对于保留待测成分的 SPE 柱,上样就是将样品用一定的溶剂溶解,转移入柱并使组分保留在柱上;对于保留杂质的 SPE 柱,上样就是将样品转移入柱后,大部分待测成分会随样品基液流出(这时需要收集样品),杂质被保留在柱上。

常用的是将待测成分保留在 SPE 柱上。可利用加压、抽真空或离心的方法使样品溶液以适当流速通过经预处理的 SPE 小柱,待测成分即被吸附在柱填料上。为了使待测成分更好地被保留,上样时应采用极性弱的溶剂,以获得较高的回收率和富集倍数。

3. 净化　净化是为了除去吸附在 SPE 柱上的少量基体干扰成分。一般选择中等强度的混合溶剂尽可能除去基体中的干扰组分,又不会导致待测物的流失。如反相萃取体系常选用一定比例组成的有机溶剂 - 水混合液,有机溶剂比例应大于样品溶液而小于洗脱剂溶液。

淋洗溶剂的选择原则是:尽可能将干扰组分从固定相上洗脱完全,但又不能洗脱任何待分析物。

4. 洗脱并收集分析物　选择适当的洗脱溶剂洗脱被分析物,收集洗脱液,挥干溶剂以备后用或直接进行在线分析。为了尽可能将分析物洗脱,使比分析物吸附更强的杂质留在 SPE 柱上,需要选择强度合适的洗脱溶剂。

（1）溶剂强度应足够大:以保证吸附在固定相上的分析物定量洗脱下来。洗脱剂的用量一般为 0.5~0.8ml/100mg 固定相。

（2）选择的洗脱溶剂应与后续的分析相适应:若选择易挥发的溶剂,定量洗脱分析物后还要用氮气等惰性气体将该溶剂吹干,再用合适溶剂溶解分析物定容后测定,操作烦琐。

（3）应选择黏度小、纯度高、毒性小并与分析物和固定相不发生反应的溶剂:溶剂不对分析物的检测产生干扰。选择单一溶剂效果不理想时,可考虑使用混合溶剂进行洗脱。

（三）固相萃取装置

1. **基本装置** SPE 的基本装置包括 SPE 柱和 SPE 过滤装置。如图 21-10 是负压式 SPE 过滤装置示意图。SPE 柱的体积为 1~50ml 不等，最常用的是 1~6ml，里面填充 0.05~2g 吸附剂。在填料的上下端各有一个筛板，材料为聚乙烯、聚丙烯、聚四氟乙烯或不锈钢等，以防止填料的流失。

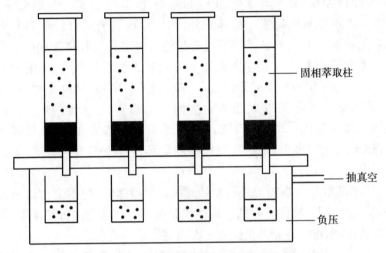

图 21-10 负压式固相萃取过滤装置示意图

SPE 柱的核心是吸附剂填料。主要类型有键合硅胶基质填料、高分子聚合物基质填料、无机吸附性填料、复合填料等。硅胶基质刚性大，不易变形，通过表面接枝功能基团或改性可获得不同类型的分离介质。硅胶基质填料种类多，可选性强，是 SPE 中常用的吸附剂，但硅胶基质填料的化学稳定性差，pH 适用范围为 2~8。聚合物基质填料具有比硅胶基质更强的吸附性，pH 适用范围广（0~14），在 SPE 中的使用量不断增加。为了增加聚合物基质填料的机械强度，开发无机/高分子聚合物复合 SPE 填料已成为分析化学领域新的课题。

SPE 吸附剂的粒径多为 30~100μm，使用最多的是 C_{18} 键合硅胶，该填料疏水性强，对水相中大部分有机物有保留。其他填料还有 C_8、苯基、氰基、氨基、双醇基键合硅胶、活性炭、碳分子筛、氧化铝、硅酸镁、离子交换剂、排阻色谱填料、免疫亲和色谱填料等。近年来，基于简化 SPE 操作、提高填料亲和性及选择性需要，开发了多壁碳纳米管、磁性石墨烯纳米粒子及分子印迹高聚物填料等。石墨烯是一种新型的碳纳米材料，其结构中含有离域的 π 电子体系，可以和苯环形成强的 π-π 作用力，这就预示着它可能是一种对含苯环物质具有较强吸附作用的潜在吸附剂。将新兴的石墨烯材料与磁性纳米技术相结合，使用化学沉淀法合成磁性石墨烯纳米材料，将其作为 SPE 介质用以富集环境中的痕量化合物，该方法操作简便、灵敏、具有较好的重现性。

SPE 加样过程中，需要通过适当的方法使样品溶液通过 SPE 柱，使待分析物吸附在填料上。洗脱过程中，同样需要使溶剂通过 SPE 柱或盘，使待分析物解吸。以上步骤需要借助于 SPE 过滤装置完成，采用柱前加压或柱后加负压抽吸的方式实现。加压或负压抽吸可加快过滤速度，使溶液易于进入固定相的孔隙，保证在较短时间内处理更多的样品溶液，有利于样品溶液与固定相更紧密接触，从而提高萃取效率。

2. 圆盘固相萃取装置　SPE 的另一种构型是固相萃取圆盘,又称膜片式固相萃取。将粒径 10μm 左右的萃取介质颗粒加载在聚四氟乙烯、聚氯乙烯或多孔玻璃纤维基体上,经紧密压制后形成直径 4~96mm、厚度 0.5~1mm 的膜状结构。其中,玻璃纤维基体较为坚固,无需支撑,且不易堵塞。

由于 SPE 圆盘流速快,不易堵塞,常用于从大量水样中萃取痕量有机污染物。应用的化合物包括多环芳烃(PAHs)、多氯联苯(PCBs)、杀虫剂、除草剂、邻苯二甲酸酯等。

3. 真空多歧管固相萃取装置　在日常分析时,往往需要同时处理多个样品。真空多歧管 SPE 装置上层为萃取板,SPE 小柱通过密封的入口堵头与收集箱相连。收集箱一般为玻璃缸,便于观察萃取过程。收集箱内装备了可调节的收集架系统,适用于多种类型和大小的收集器,如小试管(10ml)、大试管(16ml)、容量瓶(1~10ml)和许多种类的自动进样瓶。为防止萃取过程的交叉污染,在多歧管装置盖上的阀口插入一次性的聚四氟乙烯或聚丙烯针头,将样品引入玻璃缸内。玻璃箱下方有一个耐溶剂真空表和阀门,与真空泵相连。这种装置不仅可以同时处理多个样品,还可以控制样品通过吸附剂的速度,实现萃取过程自动化。

4. 全自动固相萃取仪　当需要进行前处理的样品很多时,使用全自动 SPE 仪可避免重复的人工操作及人为误差,确保良好的重现性和精确性。自动化的方法结果重现性好,便于方法的实验室间转移和建立行业乃至国家的实验室标准。

5. 固相萃取联用装置　作为一种有效的样品前处理手段,SPE 技术主要以离线方式与后续分析方法联用,但离线操作费时,且操作过程易于被污染,洗脱液往往需要进一步蒸发浓缩才能进行分析。在线 SPE 技术则可以克服以上缺点,使整个操作过程更加方便、快捷,重现性更好。目前,SPE 主要与 HPLC 在线联用,通过阀切换技术将 SPE 处理试样与分析统一在一个系统中实现(图 21-11)。除此之外,SPE 技术还可以与 GC、CE 等分析方法在线联用。

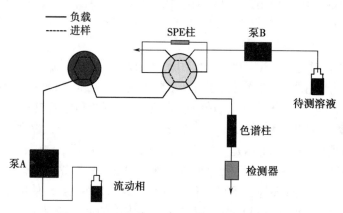

图 21-11　固相萃取 - 高效液相色谱联用装置

另外,将固相基质加载于芯片的微通道内,以压力或电动力为驱动力,由微阀或微泵控制进行的在线样品处理技术称为微流控芯片 SPE,即芯片上的 SPE。与传统的 SPE 技术不同的是,除了采用电渗驱动等特殊方式,该技术还具有微型化和在线处理的特点。把 SPE 柱直接制作到芯片上,不仅能提高系统集成度,消除接口带来的死体积,还能避免离线处理过程中试样损失和被污染等诸多问题。

（四）固相萃取的应用

SPE 技术所具有的高效萃取能力及简便的操作过程使其在样品前处理中迅速发展起来。在环境、生物、食品以及药物检测方面均有较多应用，并已经作为许多国家标准或法定检测方法的样品前处理内容。

七、固相微萃取

固相微萃取（solid phase micro-extraction，SPME）是在 SPE 技术上发展起来的一种集采样、萃取、浓缩和进样于一体的无溶剂样品微萃取新技术。与其他的样品前处理技术相比，SPME 法具有操作简便、分析时间短、样品需要量小、无需萃取溶剂、重现性好、特别适合现场分析等优点。

（一）原理及萃取模式

SPME 是一个基于待测物质在样品及萃取涂层中的分配平衡的萃取过程。涂层萃取分析物存在两种不同的机理：吸附和吸收。SPME 有三种基本的萃取模式：直接萃取、顶空萃取和膜保护萃取。

1. 直接萃取　涂有萃取固定相的石英纤维被直接插入到样品中，待测成分通过吸附或吸收直接从样品中转移到萃取固定相中。在操作过程中，常用搅拌方法来加速分析组分从样品扩散到萃取固定相的边缘。对于气体样品而言，自然对流已经足以加速分析组分在两相之间的吸附平衡。但是对于液体样品，需要有效地混匀方法来实现样品中组分的快速扩散，例如，加快样品流速、晃动萃取纤维头或样品容器、转子搅拌及超声等。直接 SPME 法适用于较洁净的液体样品。

2. 顶空萃取　在顶空萃取模式中，被分析组分首先从液相扩散穿透到气相，然后再从气相转移到萃取固定相中。这种模式可以避免萃取固定相受到某些样品基质（比如人体分泌物或尿液）中高分子物质和不挥发性物质的污染。挥发性组分比半挥发性组分萃取速度快。顶空 SPME 法适应范围是样品复杂且有大分子干扰的情况。

3. 膜保护萃取　主要目的是为了在分析很脏的样品时保护萃取固定相避免受到损伤。与顶空萃取 SPME 相比，该方法对难挥发性物质组分的萃取富集更为有利。另外，由特殊材料制成的保护膜对萃取过程提供了一定的选择性。

（二）装置及操作过程

SPME 基本装置（图 21-12 和图 21-13）类似于一支气相色谱的微量进样器，由手柄和萃取头两部分组成。萃取头是在一根石英纤维上涂上固相微萃取涂层，外套细不锈钢管以保护石英纤维不被折断，纤维头可在钢管内伸缩。手柄用于安装和固定萃取头，通过手柄的推动，萃取头可伸出不锈钢针管。

SPME 可与 GC、HPLC 等分析技术联用，实现对复杂样品的快速分析（图 21-14）。其中，SPME-GC 联用技术无需特殊接口装置，与 GC 联用时，SPME 装置直接插入色谱仪进样口，被萃取在石英纤维固定相上的分析物在汽化室 200~300℃下热脱附。SPME-HPLC 联用时，需要一个接口，实现分析物的解吸。解吸溶液可为流动相，或从流通阀其他入口导入的解吸溶液。接口装置的商品化也使该技术的应用逐渐扩大，特别是管内 SPME-HPLC 的联用能使整个分析过程自动化，成为重要的发展方向之一。另外，SPME 与 CE、IR 等分析仪器的联用也在研究和发展之中。

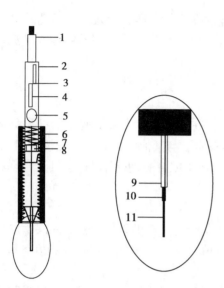

图 21-12　用于 GC 的固相微萃取装置示意图

1. 推杆;2. 手柄筒;3. 支撑推杆旋钮;4. Z 形支点;
5. 透视窗;6. 针头长度定位器;7. 弹簧;8. 密封隔膜;
9. 隔膜穿透针;10. 纤维固定管;11. 涂层

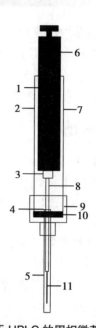

图 21-13　用于 HPLC 的固相微萃取装置示意图

1. 固定螺丝;2. 狭槽;3. 不锈钢螺旋套管;
4. 密封隔膜;5. 针管;6. 推杆;7. 手柄筒;8. 钢针;
9. 螺旋;10. 针套管;11. 涂层

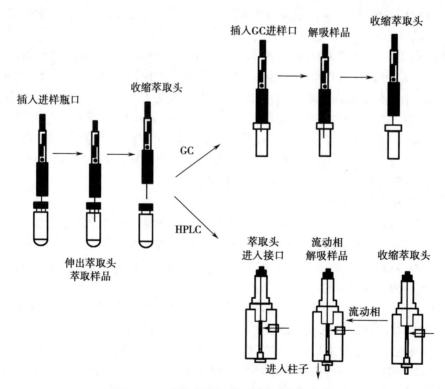

图 21-14　固相微萃取联用操作步骤示意图

　　微萃取固定相涂层是整个装置的核心。目前已有商品化生产的 SPME 涂层(例如,用于萃取挥发性和非极性化合物的聚二甲基硅氧烷 PDMS、用于极性和挥发性化合物萃取的复合涂层聚二甲基硅氧烷 / 二乙烯基苯 PDMS/DVB、用于痕量挥发性有机化合物萃取的聚二甲基硅氧烷 / 碳分子筛 PDMS/CAR 等）和不断出现的非商品化涂层。SPME 涂层的种类是影响分析灵敏度和选择性的最重要因素。与其他的萃取方法一样，SPME 同样遵循"相似相溶"规则：非极性涂层选择性吸附或吸收非极性化合物；极性涂层选择性吸附或吸收极性化合物。

选用的 SPME 涂层必须满足以下几点要求：具有较大的分配系数，对有机分子有较强的萃取富集能力；要有合适的分子结构，保证分析物在其中有较快的扩散速度，能在较短时间内达到分配平衡，并在热解吸时能迅速脱离固定相涂层，而不会造成峰的扩宽；考虑到 SPME 主要与色谱技术联用，涂层本身性质必须满足色谱分析要求。如与气相色谱联用，由于萃取物是由 GC 汽化室高温解吸，因此要求 SPME 涂层有良好的热稳定性。与液相色谱联用时，则要求涂层具有很好的耐溶剂性能。

SPME 的操作过程简单，分为萃取和解吸两个步骤。首先将萃取器针头插入样品瓶，使带有吸附涂层的萃取纤维暴露在样品中的萃取过程，然后是将完成萃取的萃取器针头插入分析仪器口进行解吸测定的过程。

SPME 操作时需注意以下问题：应必须在低于涂层化合物的最高使用温度下使用，且萃取纤维不能直接插入浸没在纯有机相或高盐度溶液中，以免涂层溶解，发生剥裂；涂层纤维比较脆弱易断，伸出和缩回该涂层时，必须小心操作，以免折断。

八、吹扫捕集技术

吹扫捕集技术（purge and trap，PAD）是以气体为萃取相，利用气体吹出样品中的挥发性待测物，再以低温或吸附剂捕集的方法收集净化待测物的样品前处理方法。PAD 的实质是一种非平衡态的连续气相萃取技术，又称动态顶空浓缩法。

（一）原理与特点

PAD 过程一般分为吹扫、吸附和解吸三个步骤。将惰性气体吹扫气体（通常为氮气）通入样品溶液鼓泡，在持续的气流吹扫下，样品中的挥发性组分随吹扫气逸出，并通过一个装有吸附剂的捕集装置进行浓缩，经一定时间之后，待测组分全部或定量地进入捕集器。关闭吹扫气后，由切换阀将捕集器接入 GC 的载气气路，同时快速加热捕集管使捕集的样品组分解吸后随载气进入 GC 分离分析。所以，PAD 的过程就是：动态顶空萃取 - 吸附捕集 - 热解吸 -GC 分析。

理论上要求分析物在吸附剂上的量不超过泄露体积。泄露体积（break through volume，BTV）指特定温度下某化合物被吹扫而完全通过捕集管内 1.0g 吸附剂时所需的载气体积（即分析物的保留体积），是一个与吸附剂吸附能力有关的参量。一般地，捕集管长 5~30cm、直径约 0.6cm，吸附剂质量在 1.0g 左右。

该方法具有快速、准确、高灵敏度、高富集效率、高精密度和不使用有机溶剂等优点，能够与 GC、GC-MS、GC-FTIR 和 HPLC 等分析仪器联用，实现吹扫、捕集、色谱分离全过程的自动化而不损失精密度和准确度。PAD 技术对于沸点在 200℃以下疏水性的挥发性有机物有较高的富集效率，而水溶性较大的挥发性有机物，可适当延长吹扫时间或加热样品以提高吹扫效率。

PAD 与热解吸结合简化了样品处理过程，对 GC 而言未经稀释的热吹脱产物有利于尖锐对称色谱峰的形成，所以 PAD 法的灵敏度比溶剂萃取法高得多，检测限达到 1μg/kg 数量级,是一种高效的样品前处理技术。

（二）影响吹扫捕集效率的因素

吹扫效率是在 PAD 过程中,被分析组分能被吹出回收的百分数。影响吹扫效率的因素主要有吹扫温度、样品的溶解度、吹扫气的流速及吹扫时间、捕集效率、解吸温度及时间等。

1. 吹扫温度　提高吹扫温度,相当于提高蒸气压,因此吹扫效率也会提高。但是温度过高,带出的水蒸气量增加,不利于下一步的吸附,给非极性的气相色谱分离柱的分离也会带来困难,且水对火焰类检测器具有淬灭作用,所以一般选取 50℃ 为常用温度。对于高沸点强极性组分,可以采用更高的吹扫温度。

2. 样品的溶解度　溶解度越高的组分,其吹扫效率越低。对于高水溶性组分,只有提高吹扫温度才能提高吹扫效率。盐效应能够改变样品的溶解度,通常盐的含量可加到 15%~30%,不同的盐对吹扫效率的影响也不同。

3. 吹扫气的流速及吹扫时间　吹扫气的体积等于吹扫气的流速与吹扫时间的乘积,通常用控制气体体积来选择合适的吹扫效率。气体总体积越大,吹扫效率越高。但是总体积太大,对后续的捕集效率不利,会将捕集在吸附剂或冷阱中的被分析物吹落。因此,吹扫气总体积一般控制在 400~500ml 之间。

4. 捕集效率　吹出物在吸附剂或冷阱中被捕集,捕集效率对吹扫效率影响较大,捕集效率越高,吹扫效率越高。冷阱温度直接影响捕集效率,选择合适的捕集温度可以得到最大的捕集效率。

5. 解吸温度及时间　一个快速升温和重复性好的解吸温度是吹扫捕集 - 气相色谱分析的关键。它影响整个分析方法的准确度和精密度。较高的解吸温度能够更好地将挥发物送入气相色谱柱,得到窄的色谱峰。因此,一般都选择较高的解吸温度,对于水中的有机物(主要是芳烃和卤化物),解吸温度通常采用 22℃。在解吸温度确定后,解吸时间越短越好,从而得到好的对称的色谱峰。

（三）吹扫捕集装置及操作步骤

吹扫装置、捕集管及解吸系统是组成吹扫捕集器的三大部分,由不锈钢管、六通阀、接头套管和阀门等配件把各部分连接起来(图 21-15)。

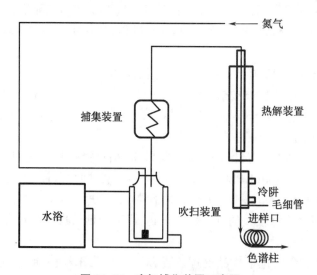

图 21-15　吹扫捕集装置示意图

1. 吹扫装置　一般用硼硅酸盐玻璃作基本材质,有 U 形管状、三颈瓶状及顶空瓶等造型。吹扫瓶与捕集管、导气管间由套管、调位螺母等配件连接,并用聚四氟乙烯胶带密封接口以保证气密性。吹扫气从水样底部引入,当气体流经扩散管时直接产生大量均匀的细小气泡以提高吹扫效率。

当灵敏度达到方法的检出限时,尽量使用容积小的吹扫装置,以减少顶空体积对吹扫效率的影响,还可以缩短分析时间,提高效率。但容积大的吹扫装置在单次测定中能够检测更多样品量,获得高灵敏度。例如,结合 GC 或 GC-MS 分析技术,用容量 1000ml 的吹扫瓶甚至可以分析水中浓度低至 1ng/kg 的苯。

2. 捕集管　捕集管的设计围绕高效吸附,快速解吸和窄带富集来进行,通常装填多层各异的吸附剂床,以有效富集分子量范围宽、极性差异大的化合物。首次使用捕集器时,需在 180℃惰性气体流速不小于 20ml/min 的条件下反吹过夜。为保证系统正常运作,当捕集管的吸附和解析效率降低时,必须更换捕集管。

3. 解吸系统　解析系统是一个程序控温装置,能准确、快速、均匀地对捕集器加热。解析阶段要确保捕集器均匀加热,气路及六通阀的温度不低于 100℃,防止气体样品冷凝。解吸器应具有快速升温的能力,保证在解吸气流到达前 45 秒内快速将捕集器加热至预定温度。

吹扫捕集 - 气相色谱法的分析步骤大致如下:取一定量的样品加入到吹扫瓶中;将经过硅胶、分子筛选和活性炭干燥净化的吹扫气,以一定流量通入吹扫瓶,以吹脱出待测的挥发性组分;吹脱出的组分被保留在吸附剂或冷阱中;打开六通阀,把吸附管置于气相色谱的分析流路;加热吸附管进行脱附,挥发性组分被吹出并进入分析柱进行色谱分析。

（四）吹扫捕集技术应用

几乎所有水溶液及固体样品中的挥发和半挥发性有机化合物的分析都可应用 PAD 法净化、富集。吹扫捕集 - 气相色谱、吹扫捕集 - 气相色谱 - 质谱联用法已得到广泛应用。但由于吹扫效率波动较大、水蒸气的干扰和吸附剂效能的差异,PAD 法存在回收率波动较大的缺点。开发新型吸附剂和改进除水技术将是 PAD 技术发展的方向。

九、热解吸技术

在使用固体吸附材料进行大气或液体样品的浓缩富集,以及在使用固体萃取、固相微萃取、吹扫捕集等时,从固体吸附剂上将待测组分解吸下来的方法主要有热解吸和溶剂解吸两种,其中热解吸是应用最广泛的方式。

热解吸(thermal desorption,TD)是利用加热升高温度使固体吸附剂上待测成分解吸下来的方法。

（一）原理与特点

吸附剂与被吸附物之间的吸引力与温度有关。温度越低,吸附剂与被吸附物之间的吸附力越强;温度越高,吸附剂与被吸附物之间的吸附力变弱。当温度高到一定程度时,被吸附物就会从吸附剂上脱离。因此,加热可以使吸附在吸附剂上的待测物解吸下来。

无需有机溶剂的热解吸样品前处理技术具有以下特点:热解吸可进行 100% 的样品组分的色谱分析,使灵敏度大大提高;在色谱分析中因无溶剂峰,可进行宽范围挥发性物质分析,保留时间短的样品组分不会受到溶剂峰的干扰;热解吸不使用有机溶剂,减少和消除了由于溶剂汽化和废弃物对环境的污染以及对人体健康的影响;热解吸和气相色谱或质谱联用,易于实现自动化,可进行复杂样品的分析测定,具有广泛的应用范围。但样品完全解吸可能需要较长的时间,样品处理的费用可能较高。

(二)热解吸装置

热解吸装置一般由加热器、气体流量控制器、传输管等部分组成。加热源通常是带状的加热器或者是管式炉,加热到200~250℃进行解吸。图21-16给出了热解吸装置的基本结构示意图。吸附管或样品放在由温度控制器控制的解吸管内,控制温度控制器设定的加热方法升温解吸管,气流控制器控制载气(一般是N_2或He)的流量,被热解吸的组分随载气进入GC或GC-MS进行分析。待测组分经热解吸后直接进行测定时,因解吸过程慢导致检测色谱峰变宽,通常采用后接冷聚焦装置将热解吸的样品流低温冷冻在冷阱中,然后快速加热"闪蒸",使样品流以窄谱带形式进入色谱系统,提高色谱分离效率。

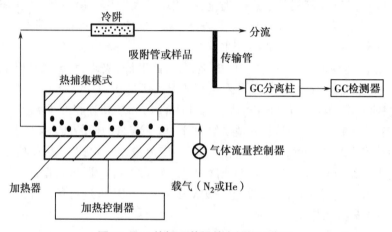

图 21-16 热解吸装置基本结构示意图

(三)热解吸应注意的问题

热解吸的基础是待测物从吸附材料上被全部解吸出来,即通过加热使样品中的有机物挥发出来而不发生降解且不产生副产物。因此控制样品温度、加热速率和采样时间非常重要。实验中需要优化采样体积、温度、载气流量、吸附剂选择、吸附速率与分析仪器的接口等条件。

热解吸温度要求严格控制升温速率和最终温度。升温速率越快、最终温度越高,解吸速度越快,进入色谱柱的初始样品谱带越窄,但温度上限受样品或吸附剂热稳定性的限制。解吸时间主要取决于待测物与样品基质作用的大小。解吸过程往往是较慢的,需要较长时间,会导致初始谱带宽度加宽,不利于分离,一般需要采用冷冻聚焦等技术来改善分离效率。

热解吸过程中载气的流速也对热解吸有影响,一般是载气的流速越快,越有利于热解吸,但这受到色谱柱的限制。

(四)应用

热解吸技术被广泛用于工业分析,环境监测,挥发性、半挥发性有机物测定等方面,包括工业安全卫生分析、环境监测、食品中挥发性香味和风味化合物的组成分析、固体基质中可热降解化合物的组成分析等。

十、凝胶渗透色谱净化处理技术

凝胶渗透色谱(gel permeation chromatography,GPC)是以样品中溶质分子的体积(即流体力学体积）大小不同而对物质进行分离和净化的方法。GPC分离过程的实质是根据体积排阻的原理,在有机溶剂和疏水性凝胶（主要是交联二乙烯基苯-苯乙烯共聚物）之间进行的一个清洗过程,所以GPC对于从样品提取物中除去高分子量组分来说是一种非常有效的手段,可以用于在进行LC、GC或GC-MS等分析之前,清除样品中的类脂、聚合物、蛋白质、天然树脂及其他细胞组分,得到净化后的样品洗脱液数毫升,然后浓缩,最后进行色谱分析。将GPC与色谱仪器在线联用,可减少样品用量,缩短样品处理时间,实现操作自动化,提高分析鉴定的稳定性、精密度和灵敏度。

GPC技术在国外已经应用得较为普遍,早在20世纪70年代末就已经有用光度法分析蔬菜、水果和农作物样品中的有机磷农药时采用自动GPC技术对样品进行前处理的报道。经过多年的应用和发展,GPC在我国农药残留前处理分离、净化方面的应用越发普遍,尤其是在富含脂肪、色素等大分子的样品分离净化方面,具有明显的净化效果。

十一、膜分离净化技术

膜分离技术作为一种高通量、自动化的在线样品前处理技术得到快速发展。膜分离过程是分子级别的分离,因而分离效率高;在常温下进行,特别适用于热敏性物质;过程中不发生相变,是单纯的物理变化,能耗低、运行成本低且无二次污染。一般膜分离是在压力的作用下进行的,分离过程在瞬间完成,因此具有装置简单、结构紧凑、设备体积小、更易于操作和实现系统自动化运行等优点。

膜分离净化技术是指以选择性透过膜为分离介质,通过在膜两侧施加某种推动力,如压力差、浓度差、电位差等,使样品一侧中的欲分离组分选择性地透过膜,低分子溶质通过膜,大分子溶质被截留,以此来分离溶液中不同分子量的物质,从而达到分离、提纯的目的。

用于样品处理的膜分离过程主要有渗析、电渗析、过滤及膜萃取等。不同的膜材料对不同的物质具有特征的选择性分离性质。聚四氟乙烯膜对某些半挥发性的物质具有选择分离作用。微孔膜也常常用来分离某些较大的半挥发性分子。由聚二甲基硅氧烷制成的膜材料的应用最为广泛,其分离机理一般认为是溶解-扩散模型,非常适合于VOCs类物质的测定,可检测的挥发性物质种类涉及烃类、芳香烃、氯代烃、胺类化合物、羰基化合物、醇（酚）类以及杂环类化合物等。

膜分离模块的结构设计是膜分离技术的研究热点之一。将各种膜分离模块与分析仪器联用,实现在线分析,可以大大提高分析速度,减少样品的储存与运输等程序,提高分析测定的效率,降低分析测试费用。膜分析技术与其他分离技术联用是膜分离技术在分析化学领域中应用的发展趋势之一。

1. 膜分离-质谱联用　膜的一侧直接与质谱仪器的真空离子源相连,另一侧暴露在气体样品中,气体中的有机物分子通过膜吸附扩散蒸发到质谱的离子源。这种结构非常适合于测定有机挥发物。

2. 膜分离-气相色谱联用　膜萃取模块与气相色谱系统联用,可以对气体样品中的挥发性物质进行连续测定。所使用的膜包括中空纤维膜以及平板膜,其中中空纤维膜由于单位表面积大,吸附密度高而更显优越性。如采用液-液-液微孔膜萃取与毛细管气相色谱联用可测定环境样品中的硝基苯酚类化合物。

3. 膜分离-液相色谱（液相色谱-质谱）联用　膜分离技术与毛细管电泳技术联用可测定环境样品中的芳香胺类化合物。膜分离技术还可以与超临界流体技术及低温技术等联用,这样可以扩散并解决某些低挥发性或者不挥发性物质的分离与浓缩问题。膜分离模块与 HPLC 系统联合,配以不同的检测器,可以进行一些半挥发性物质的测定,还可以进行一些农药残留、除草剂的测定。采用中空纤维膜的液-液-液微萃取技术与毛细管液相色谱联用还可测定一些硝基苯酚类化合物。

本 章 小 结

1. 基础知识　仪器分析样品前处理概念、常见的方法及原理、技术流程及相应的装置,包括高效的提取方法(例如,加速溶剂萃取、超临界流体萃取、微波辅助提取、超声波辅助提取等)及高选择性的净化和富集方法(例如,浊点萃取、单滴微萃取、固相萃取、固相微萃取、吹扫捕集、热解吸、凝胶渗透色谱净化、膜分离净化等)。

2. 核心内容　仪器分析样品前处理具有必要性和针对性。经过处理的样品应满足待测物分析要求并利于仪器工作性能的发挥。重点是结合基本原理优化样品处理技术参数,其难点是样品前处理方法及参数与检测仪器的匹配。配合后续仪器分析的前处理装置将向自动、高效、便捷,并与检测设备在线一体化的趋势发展。

3. 学习要求　了解常见样品前处理方法的应用;掌握常用样品前处理的基本原理和方法;熟悉常见样品前处理的设备。结合具体的分析任务和样品特性,学会选择和设计适当的样品前处理方法。

(李 磊,许 茜)

思考题

1. 简述仪器分析样品前处理的必要性和基本要求。
2. 试述仪器分析样品前处理的目的和意义。
3. 比较加速溶剂萃取法与其他提取方法在原理和应用上的异同。
4. 有哪些样品前处理净化方法实现了与检测设备的在线操作?并说明其应用。

附录一　压力单位换算关系

单位	Pa	bar	torr	atm
Pa	1	0.000010	0.007501	9.87×10^{-6}
Bar	100 000	1	750.075	0.98692
torr	133.32	0.0013332	1	0.0013158
atm	101 325	1.01325	760	1

附录二　质谱中丢失的常见中性碎片质量及组成

丢失的中性碎片质量	元素组成	丢失的中性碎片质量	元素组成
1	H	36	$HCl, 2H_2O$
15	CH_3	37	$HCl+H$
16	NH_2	38	C_3H_2, C_2N, F_2
17	HO	39	C_3H_3, HC_2N
18	H_2O	40	$CH_3C{\equiv}CH$
19	F	41	$CH_2{=}CHCH_2$
20	HF	42	$CH_2{=}CHCH_3, CH_2{=}C{=}O$
26	$C_2H_2, C{\equiv}N$	43	$C_3H_7, CH_2{=}C{=}O$
27	$HCN, CH_2{=}CH$	44	$CH_2{=}CHOH, CO_2, N_2O$
28	$CH_2{=}CH_2, CO, HCN{-}H, N_2$	45	$CH_3CHOH, CH_3CH_2O, COOH$
29	CH_3CH_2, CHO	46	CH_3CH_2OH, NO_2
30	$NH_2CH_2, CH_2O, NO, C_2H_6$	47	CH_3S
31	OCH_3, CH_2OH, CH_3NH_2	48	CH_3SH, SO, O_3
32	CH_3OH, S	49	CH_2Cl
33	HS, CH_3+H_2O	51	CHF_2
34	H_2S	52	C_4H_4, C_2N_2
35	Cl	53	C_4H_5

丢失的中性碎片质量	元素组成	丢失的中性碎片质量	元素组成
54	$CH_2\!=\!C_2H_2\!=\!CH_2$	73	$CH_3CH_2OC\!=\!O$
55	$CH_2CH\!=\!CHCH_3$	74	C_4H_9OH
56	$CH_2\!=\!CHCH_2CH_3,2CO$	75	C_6H_3
57	C_4H_9,C_2H_5CO	76	C_6H_4,CS_2
58	NCS,C_4H_{10},CH_3COCH_3	77	C_6H_5,CS_2H
59	$CH_3OC\!=\!O,CH_3CONH_2$	78	C_6H_6,CS_2H_2,C_5H_4N
60	C_3H_7OH	79	Br,C_5H_5N
61	CH_3CH_2S	80	HBr
62	$H_2S+CH_2\!=\!CH_2$	85	$CClF_2$
63	CH_2CH_2Cl	100	$CF_2\!=\!CF_2$
64	C_5H_4,S_2,SO_2	119	$CF_3\!-\!CF_2$
68	$CH_2\!=\!CCH_3CH\!=\!CH_2$	122	C_6H_5COOH
69	CF_3,C_5H_9	127	I
71	C_5H_{11}	128	HI

附录三　一些常见的碎片离子

m/z	元素组成或可能结构式	m/z	元素组成或可能结构式
27	C_2H_3	43	$C_3H_7,CH_3C\!=\!O,C_2H_5N,CONH$
28	C_2H_4,CO	44	$CH_3CH\!=\!O,CH_3CHNH_2,CO_2,$ $NH_2C\!=\!O,(CH_3)_2N$
29	C_2H_5,CHO	45	$CH_3CH\!=\!OH,CH_2\!=\!OCH_3,$ $C_2H_5O,COOH,CHS$
30	CH_2NH_2,NO	46	$NO_2,CH_2\!=\!S$
31	$CH_2\!=\!OH,OCH_3$	47	CH_2SH,CH_3O_2
32	O_2	48	CH_3SH
33	SH,CH_2F,CH_3OH_2	49	CH_2Cl
34	H_2S	50	C_4H_2
35	H_3S	51	C_4H_3,CHF_2
36	HCl	52	C_4H_4
39	C_3H_3	53	C_4H_5
40	$CH_2C\!=\!N$	54	C_4H_6,C_2H_4CN
41	C_3H_5,CH_3CN,C_2H_5N	55	$C_4H_7,CH_2\!=\!CHC\!=\!O$
42	C_3H_6,C_2H_4N	56	C_3H_6N,C_4H_8

m/z	元素组成或可能结构式	m/z	元素组成或可能结构式
57	$C_4H_9, C_2H_5C{=}O$	90	CH_3CHONO_2, C_7H_6
58	$CH_3{-}C(CH_3){=}O, (CH_3)_2N{=}CH_2,$ $C_2H_5CHNH_2, C_2H_2S$	91	$C_7H_7, (CH_2)_4Cl$
59	$(CH_3)_2COH, COOCH_3, CH_2{=}C(OH){-}NH_2, CH_2{=}CHNHOH, NHCS$	92	C_6H_6N
60	$CH_2{=}C(OH){-}OH, CH_2{=}O{-}NO,$ HOC_2H_4OH, C_2H_4S	93	C_7H_9, CH_2Br
61	$CH_3COOH_2, C_2H_4SH, CH_2SCH_3$	94	$CH_2{=}CH{-}C_4H_3O, C_6H_6O,$ $C({=}O){-}C_4H_4N$
63	C_5H_3	95	$C({=}O){-}C_4H_3O$
64	C_5H_4	96	$C_5H_{10}C{=}N$
65	C_5H_5	97	$C_5H_5S, C_6H_{11}N$
66	C_5H_6	98	$CH_3(N){-}NC_5H_9$
67	C_5H_7	99	$C_7H_{15}, C_6H_{11}O$
68	$CH_2CH_2CH_2C{=}N$	100	$CH_2{=}NC_4H_8O, C_4H_9C(CH_3){=}O$
69	$C_5H_9, CF_3, CH_3CH{=}CHC{=}O,$ $CH_2{=}C(CH_3)C{=}O$	101	$C_4H_9OC{=}O$
70	C_5H_{10}, C_4H_8N	103	$C_6H_5CH{=}CH, (CH_3)_3SiO{=}CH_2$
71	$C_5H_{11}, C_3H_7C{=}O$	104	$C_2H_5CHONO_2, C_6H_5CH{=}CH_2,$ $C_6H_4({=}CH_2)_2$
72	$C_2H_4CONH_2, CH_2{=}N{=}CS$	105	$C_6H_5CO, C_6H_5N_2$
74	$CH_2{=}C(OH){-}OCH_3$	109	$C_5H_7N_3, C_6H_9C{=}O$
75	$C_6H_3, CH_3O{-}CH{=}O{-}CH_3$	111	$C({=}O){-}C_4H_3S$
76	$C_6H_4, CH_2{-}NO_3$	119	CF_3CH_2, C_9H_{11}
77	C_6H_5	120	$C_7H_4O_2$
78	C_6H_6	121	C_9H_{13}
79	C_6H_7, C_5H_5N	122	$C_6H_5COOH, C_8H_{10}O$
80	HBr, C_5H_6N	123	$C_6H_5COOH_2, C_8H_{11}O$
81	C_5H_5O, C_6H_9	127	$C_{10}H_7, I$
82	$C_4H_8CN, CCl_2, C_6H_{10}$	129	$(CH_2)_6COOH$
83	H_4PO_3	130	C_9H_8N, C_8H_4NO
85	$C_6H_{13}, C_5H_9O, C_4H_5O_2$	131	C_9H_7O, C_3F_5
86	$C_5H_{12}N$	135	C_4H_8Br
88	C_4H_8O	139	$C_{11}H_7$
89	$C_7H_5, O{=}COC_3H_7$	141	$C_{11}H_9$

续表

m/z	元素组成或可能结构式	m/z	元素组成或可能结构式
142	$C_{10}H_8N$, CH_3I	160	$C_{10}H_{10}NO$
143	$(CH_2)_6COOCH_3$	165	$C_{13}H_9$
147	C_9H_7S	166	$C_{12}H_8N$
149	$C_6H_4(C\!\!=\!\!O)_2OH$	167	$C_{12}H_9N$, $C_{13}H_{11}$
152	$C_{12}H_8$	190	$C_{11}H_{12}NO_2$

附录四　主要基团的红外特征吸收峰

基团	振动类型	波数 /cm⁻¹	波长 /μm	强度	备注
一、烷烃类	CH 伸	3000~2843	3.33~3.52	中、强	分为反称与对称
	CH 伸（反称）	2972~2880	3.37~3.47	中、强	
	CH 伸（对称）	2882~2843	3.49~3.52	中、强	
	CH 弯（面内）	1490~1350	6.71~7.41		
	C—C 伸	1250~1140	8.00~8.77		
二、烯烃类	CH 伸	3100~3000	3.23~3.33	中、弱	C=C=C 为 2000~1925cm⁻¹
	C=C 伸	1695~1630	5.90~6.13		
	CH 弯（面内）	1430~1290	7.00~7.75	中	
	CH 弯（面外）	1010~650	9.90~15.4	强	
	单取代	995~985	10.05~10.15	强	
		910~905	10.99~11.05	强	
	双取代				
	顺式	730~650	13.70~15.38	强	
	反式	980~965	10.20~10.36	强	
三、炔烃类	CH 伸	~3300	~3.03	中	
	C≡C 伸	2270~2100	4.41~4.76	中	
	CH 弯（面内）	1260~1245	7.94~8.03		
	CH 弯（面外）	645~615	15.50~16.25	强	
四、取代苯类	CH 伸	3100~3000	3.23~3.33	变	三、四个峰,特征
	泛频峰	2000~1667	5.00~6.00		
	骨架振动($\nu_{C=C}$)				
		1600 ± 20	6.25 ± 0.08		
		1500 ± 25	6.67 ± 0.10		
		1580 ± 10	6.33 ± 0.04		
		1450 ± 20	6.90 ± 0.10		
	CH 弯（面内）	1250~1000	8.00~10.00	弱	
	CH 弯（面外）	910~665	10.99~15.03	强	确定取代位置
单取代	CH 弯（面外）	770~730	12.99~13.70	极强	五个相邻氢
邻双取代	CH 弯（面外）	770~730	12.99~13.70	极强	四个相邻氢
间双取代	CH 弯（面外）	810~750	12.35~13.33	极强	三个相邻氢

基团	振动类型	波数/cm^{-1}	波长/μm	强度	备注
		900~860	11.12~11.63	中	一个氢（次要）
对双取代	CH 弯（面外）	860~800	11.63~12.50	极强	二个相邻氢
1,2,3,三取代	CH 弯（面外）	810~750	12.35~13.33	强	三个相邻氢与间双易混
1,3,5,三取代	CH 弯（面外）	874~835	11.44~11.98	强	一个氢
1,2,4,三取代	CH 弯（面外）	885~860	11.30~11.63	中	一个氢
		860~800	11.63~12.50	强	二个相邻氢
*1,2,3,4 四取代	CH 弯（面外）	860~800	11.63~12.50	强	二个相邻氢
*1,2,4,5 四取代	CH 弯（面外）	860~800	11.63~12.50	强	一个氢
*1,2,3,5 四取代	CH 弯（面外）	865~810	11.56~12.35	强	一个氢
* 五取代	CH 弯（面外）	~860	~11.63	强	一个氢
五、醇类、酚类	OH 伸	3700~3200	2.70~3.13	变	
	OH 弯（面内）	1410~1260	7.09~7.93	弱	
	C—O 伸	1260~1000	7.94~10.00	强	
	O—H 弯（面外）	750~650	13.33~15.38	强	液态有此峰
OH 伸缩频率					
游离 OH	OH 伸	3650~3590	2.74~2.79	强	锐峰
分子间氢键	OH 伸	3500~3300	2.86~3.03	强	钝峰（稀释向低频移动*）
分子内氢键	OH 伸（单桥）	3570~3450	2.80~2.90	强	钝峰（稀释无影响）
OH 弯或 C—O 伸					
伯醇（饱和）	OH 弯（面内）	~1400	~7.14	强	
	C—O 伸	1250~1000	8.00~10.00	强	
仲醇（饱和）	OH 弯（面内）	~1400	~7.14	强	
	C—O 伸	1125~1000	8.89~10.00	强	
叔醇（饱和）	OH 弯（面内）	~1400	~7.14	强	
	C—O 伸	1210~1100	8.26~9.09	强	
酚类（ΦOH）	OH 弯（面内）	1390~1330	7.20~7.52	中	
	Φ—O 伸	1260~1180	7.94~8.47	强	
六、醚类	C—O—C 伸	1270~1010	7.87~9.90	强	或标 C—O 伸
脂链醚	C—O—C 伸	1225~1060	8.16~9.43	强	
脂环醚	C—O—C 伸（反称）	1100~1030	9.09~9.71	强	
	C—O—C 伸（对称）	980~900	10.20~11.11	强	
芳醚	=C—O—C 伸（反称）	1270~1230	7.87~8.13	强	氧与侧链碳相连的芳醚
（氧与芳环相连）	=C—O—C 伸（对称）	1050~1000	9.52~10.00	中	同脂醚
	CH 伸	~2825	~3.53	弱	O—CH$_3$ 的特征峰
七、醛类	CH 伸	2850~2710	3.51~3.69	弱	一般 ~2820cm^{-1}
（—CHO）					及 ~2720cm^{-1} 两个带
	C=O 伸	1755~1665	5.70~6.00	很强	
	CH 弯（面外）	975~780	10.2~12.80	中	
饱和脂肪醛	C=O 伸	~1725	~5.80	强	
α,β- 不饱和醛	C=O 伸	~1685	~5.93	强	
芳醛	C=O 伸	~1695	~5.90	强	

基团	振动类型	波数 /cm⁻¹	波长 /μm	强度	备注
八、酮类	C=O 伸	1700~1630	5.78~6.13	极强	
＼C=O ／	C—C 伸	1250~1030	8.00~9.70	弱	
	泛频	3510~3390	2.85~2.95	很弱	
脂酮					
饱和链状酮	C=O 伸	1725~1705	5.80~5.86	强	
α,β- 不饱和酮	C=O 伸	1690~1675	5.92~5.97	强	C=O 与 C=C 共轭向低频移动
β 二酮	C=O 伸	1640~1540	6.10~6.49	强	谱带较宽
芳酮类	C=O 伸	1700~1630	5.88~6.14	强	
Ar—CO	C=O 伸	1690~1680	5.92~5.95	强	
二芳基酮	C=O 伸	1670~1660	5.99~6.02	强	
1- 酮基 -2- 羟基（或氨基）芳酮	C=O 伸	1665~1635	6.01~6.12	强	
脂环酮					
四环元酮	C=O 伸	~1775	~5.63	强	
五元环酮	C=O 伸	1750~1740	5.71~5.75	强	
六元、七元环酮	C=O 伸	1745~1725	5.73~5.80	强	
九、羧酸类（—COOH）	OH 伸	3400~2500	2.94~4.00	中	在稀溶液中，单体酸为锐峰在 ~3350cm⁻¹；二聚体为宽峰，以 ~3000cm⁻¹ 为中心
	C=O 伸	1740~1650	5.75~6.06	强	
	OH 弯（面内）	~1430	~6.99	弱	
	C—O 伸	~1300	~7.69	中	
	OH 弯（面外）	950~900	10.53~11.11	弱	
脂肪酸					
R—COOH	C=O 伸	1725~1700	5.80~5.88	强	
α,β- 不饱和酸	C=O 伸	1705~1690	5.87~5.91	强	
芳酸	C=O 伸	1700~1650	5.88~6.06	强	氢键
十、酸酐					
链酸酐	C=O 伸（反称）	1850~1800	5.41~5.56	强	共轭时每个谱带降 20cm⁻¹
	C=O 伸（对称）	1780~1740	5.62~5.75	强	
	C—O 伸	1170~1050	8.55~9.52	强	
环酸酐（五元环）	C=O 伸（反称）	1870~1820	5.35~5.49	强	共轭时每个谱带降 20cm⁻¹
	C=O 伸（对称）	1800~1750	5.56~5.71	强	
	C—O 伸	1300~1200	7.69~8.33	强	
十一、酯类	C=O 伸（泛频）	~3450	~2.90	弱	
⫽O —C—O—R	C=O 伸	1770~1720	5.65~5.81	强	多数酯
	C—O—C 伸	1280~1100	7.81~9.09	强	
C=O 伸缩振动					
正常饱和酯	C=O 伸	1744~1739	5.73~5.75	强	
α,β- 不饱和酯	C=O 伸	~1720	~5.81	强	
δ- 内酯	C=O 伸	1750~1735	5.71~5.76	强	
γ- 内酯（饱和）	C=O 伸	1780~1760	5.62~5.68	强	
β- 内酯	C=O 伸	~1820	~5.50	强	

基团	振动类型	波数 /cm⁻¹	波长 /μm	强度	备注
十二、胺	NH 伸	3500~3300	2.86~3.03	中	伯胺强,中;仲胺极弱
	NH 弯（面内）	1650~1550	6.06~6.45		
	C—N 伸	1340~1020	7.46~9.80	中	
	NH 弯（面外）	900~650	11.1~15.4	强	
伯胺类	NH 伸（反称、对称）	3500~3400	2.86~2.94	中、中	双峰
	NH 弯（面内）	1650~1590	6.06~6.29	强、中	
	C—N 伸	1340~1020	7.46~9.80	中、弱	
仲胺类	NH 伸	3500—3300	2.86—3.03	中	一个峰
	NH 弯（面内）	1650—1550	6.06—6.45	极弱	
	C—N 伸	1350—1020	7.41—9.80	中、弱	
叔胺类	C—N 伸（芳香）	1360~1020	7.35~9.80	中、	
十三、酰胺	NH 伸	3500~3100	2.86~3.22	强	伯酰胺双峰
（脂肪与芳香酰胺数					仲酰胺单峰
据类似）	C═O 伸	1680~1630	5.95~6.13	强	谱带 I
	NH 弯（面内）	1640~1550	6.10~6.45	强	谱带 II
	C—N 伸	1420~1400	7.04~7.14	中	谱带 III
伯酰胺	NH 伸（反称）	~3350	~2.98	强	
	（对称）	~3180	~3.14	强	
	C═O 伸	1680~1650	5.95~6.06	强	
	NH 弯（剪式）	1650~1620	6.06~6.15	强	
	C—N 伸	1420~1400	7.04~7.14	中	
	NH₂ 面内摇	~1150	~8.70	弱	
	NH₂ 面外摇	750~600	1.33~1.67	中	
仲酰胺	NH 伸	~3270	~3.09	强	
	C═O 伸	1680~1630	5.95~6.13	强	
	NH 弯 +C—N 伸	1570~1515	6.37~6.60	中	两峰重合
	C—N 伸 +NH 弯	1310~1200	7.63~8.33	中	两峰重合
叔酰胺	C═O 伸	1670~1630	5.99~6.13		
十四、氰类化合物					
脂肪族氰	C≡N 伸	2260~2240	4.43~4.46	强	
α、β 芳香氰	C≡N 伸	2240~2220	4.46~4.51	强	
α、β 不饱和氰	C≡N 伸	2235~2215	4.47~4.52	强	
十五、硝基化合物					
R—NO₂	NO₂ 伸（反称）	1590~1530	6.29~6.54	强	
	NO₂ 伸（对称）	1390~1350	7.19~7.41	强	
Ar—NO₂	NO₂ 伸（反称）	1530~1510	6.54~6.62	强	
	NO₂ 伸（对称）	1350~1330	7.41~7.52	强	

参考文献

1. 邹学贤. 分析化学. 北京:人民卫生出版社,2006
2. 郭爱民,杜晓燕. 卫生化学. 第 7 版. 北京:人民卫生出版社,2013
3. 杜晓燕. 现代卫生化学. 第 2 版. 北京:人民卫生出版社,2009
4. 尹华,王新宏. 仪器分析. 北京:人民卫生出版社,2012
5. 李发美. 分析化学. 第 6 版. 北京:人民卫生出版社,2007
6. 林金明. 化学发光基础理论与应用. 北京:化学工业出版社,2004
7. 赵藻藩,周性尧,张悟铭. 仪器分析. 北京:高等教育出版社,1990
8. 许春向,邹学贤. 现代卫生化学. 北京:人民卫生出版社,2000
9. 李安模,魏继中. 原子吸收及原子荧光光谱分析. 北京:科学出版社,2000
10. 邓勃,何华焜. 原子吸收光谱分析. 北京:化工工业出版社,2004
11. 刘明钟. 原子荧光光谱分析. 北京:化工工业出版社,2008
12. 张锦茂. 原子荧光光谱分析技术. 北京:中国标准出版社,2011
13. 郑国经. 电感耦合等离子体原子发射光谱分析技术. 北京:中国质检出版社,2011
14. 辛仁轩. 等离子体发射光谱分析. 第 2 版. 北京:化学工业出版社,2011
15. 郭德济. 光谱分析法. 第 2 版. 重庆:重庆大学出版社,1994
16. 黄杉生. 分析化学. 北京:科学出版社,2008
17. 潘祖亭,李步海,李春涯. 分析化学. 北京:科学出版社,2010
18. 孙汉文. 原子光谱分析. 北京:高等教育出版社,2002
19. 高向阳. 新编仪器分析. 第 3 版. 北京:科学出版社,2013
20. 屠一峰,严吉林,龙玉梅. 现代仪器分析. 北京:科学出版社,2011
21. 奚治文,曾永昌,向立人. 仪器分析. 成都:四川大学出版社,1992
22. 李启隆,胡劲波. 电分析化学. 第 2 版. 北京:北京师范大学出版社,2007
23. 奚治文,刘立尭,段士斌. 电分析化学原理及仪器使用技术. 成都:四川科学技术出版社,1988
24. 温金莲. 分析化学笔记. 北京:科学出版社,2010
25. 武汉大学. 分析化学. 第 5 版. 北京:高等教育出版社,2007
26. 于世林. 图解高效液相色谱技术与应用. 北京:科学出版社,2009
27. 周颖. 卫生分析化学. 上海:复旦大学出版社,2014
28. 孙毓庆. 现代色谱法及其在医药中的应用. 北京:人民卫生出版社,1998
29. 杨根元. 实用仪器分析. 北京:北京大学出版社,2010
30. 胡曼玲. 卫生化学. 第五版. 北京:人民卫生出版社,2004
31. 牟世芬. 离子色谱方法及应用. 北京:化学工业出版社,2000
32. 汪聪慧. 有机质谱技术与方法. 北京:中国轻工业出版社,2011
33. 赵墨田,曹永明,陈刚. 无机质谱概论. 北京:化学工业出版社,2006
34. 张正行. 有机光谱分析. 北京:人民卫生出版社,2009
35. 陈耀祖,涂亚平. 有机质谱原理及应用. 北京:科学出版社,2001
36. 倪坤仪. 仪器分析. 南京:东南大学出版社,2003
37. 田丹碧. 仪器分析. 北京:化学工业出版社,2004

38. 孙风霞 . 仪器分析 . 北京:化学工业出版社,2004

39. 王小如 . 电感耦合等离子体质谱应用实例 . 北京:化学工业出版社,2005

40. 冯玉红 . 现代仪器分析实用教程 . 北京:北京大学出版社,2008

41. 李攻科,胡玉玲,际贵华 . 样品前处理仪器与装置 . 北京:化学工业出版社,2007

42. 张兰英,饶竹,刘娜 . 环境样品前处理技术 . 北京:清华大学出版社,2008

43. 许国旺 . 现代色谱分析 . 北京:化学工业出版社,2004

44. Ana M. García-Campaña,Willy R. G. Baeyens. Chemiluminescence in Analytical Chemistry. New York:Marcel Dekker Inc. ,2001

45. Kellner R,Mermet JM,Otto M,et al. Analytical Chemistry:A Modern Approach to Analytical Science. 2nd ed. Weinheim:Wiley-VCH,2004

46. O. David Sparkman,Zelda E. Penton,Fulton G. Kitson. Gas Chromatography and Mass Spectrometry:A Practical Guide. 2nd ed. Oxford:Academic Press Inc,2011

中英文名词对照索引

X 射线分析法　X-ray analysis / 144

X 射线吸收法　X-ray absorption analysis / 148

X 射线衍射分析法　X-ray diffraction analysis / 147

X 射线荧光分析法　x-ray fluorescence analysis / 146

A

安培检测器　ampere detector / 299,322

B

半高峰宽 $W_{h/2}$　peak width at half-height / 225

饱和荧光　saturated fluorescence / 107

保留时间 t_R　retention time / 226

保留体积 V_R　retention volume / 226

保留值　retention value / 226

标准参考物质　standard reference material,SRM / 8

标准偏差 σ　standard deviation / 225

标准曲线　standard curve / 9

波长准确度　wavelength accuracy / 36

薄层色谱法　thin layer chromatography / 220

薄膜色谱法　thin film chromatography / 220

不对称电位　asymmetry potential / 167

C

参比电极　reference electrode / 161

残余电流　residual current / 181,183

常规脉冲极谱法　normal pulse polarography,NPP / 191

超高效液相色谱　ultra performance liquid chromatography,UPLC / 221

超高效液相色谱法　ultra performance liquid chromatography,UPLC / 305

超临界流体萃取法　supercritical fluid extraction,SFE / 432

超临界流体色谱法　supercritical fluid chromatography,SFC / 343

超声波辅助提取法　ultrasound assisted extraction,UAE / 436

尺寸排阻色谱法　size exclusion chromatography / 220

充电电流　charging current / 183

传质阻力　mass transfer resistance / 232,301

吹扫捕集技术　purge and trap,PAD / 445

核磁共振波谱法　nuclear magnetic resonance spectroscopy,NMR / 137

D

单滴微萃取　single-drop microextraction,SDME / 438

单扫描极谱法　single sweep polarography / 187

单色器　monochromator / 32

单一同位素离子　monoisotopic ion / 366,367

氮磷检测器　NP detector,NPD / 263

等度洗脱　isocratic elution / 294

电导　conductance / 201

电导滴定法　conductometry titration / 201,206

电导分析法　conductometry / 201

电导检测器　conductance detector / 322

电感耦合等离子体原子发射光谱（ICP-AES）/ 122

电荷耦合阵列检测器　charge-coupled device array detector,CCD 检测器 / 34

电化学　electrochemistry / 158

电化学发光　electro-chemiluminescence,ECL / 65

电化学分析法　electrochemical analysis / 158

电化学生物传感器　electrochemical biosensor / 214

Z

08